线性代数入门

梁 鑫　田 垠　杨一龙　编著

清華大學出版社
北 京

内 容 简 介

线性代数是当代大学生的必修科目，也是当前科学技术领域的数学基础和通用语言. 随着数据科学的发展，线性代数的地位越来越重要. 本书前六章是线性代数的基础，主要讨论 $\mathbb{R}^n$ 的结构，内容包括向量、矩阵、子空间、内积、行列式、特征值等；后两章是对基础内容的升华，主要讨论抽象的线性空间、线性映射、内积等内容.

本书可作为线性代数课程的教材或参考书.

图书在版编目(CIP)数据

线性代数入门/梁鑫，田垠，杨一龙编著. —北京：清华大学出版社，2022.6 (2024.8 重印)
ISBN 978-7-302-60971-1

Ⅰ. ①线…　Ⅱ. ①梁…　②田…　③杨…　Ⅲ. ①线性代数　Ⅳ. ①O151.2

中国版本图书馆 CIP 数据核字(2022)第 089506 号

责任编辑：刘　颖
封面设计：傅瑞学
责任校对：王淑云
责任印制：沈　露

出版发行：清华大学出版社
网　　址：https://www.tup.com.cn, https://www.wqxuetang.com
地　　址：北京清华大学学研大厦 A 座　　**邮　　编**：100084
社 总 机：010-83470000　　**邮　　购**：010-62786544
投稿与读者服务：010-62776969, c-service@tup.tsinghua.edu.cn
质 量 反 馈：010-62772015, zhiliang@tup.tsinghua.edu.cn
印 装 者：三河市龙大印装有限公司
经　　销：全国新华书店
开　　本：185mm × 260mm　　**印　　张**：21　　**字　　数**：468 千字
版　　次：2022 年 7 月第 1 版　　**印　　次**：2024 年 8 月第 5 次印刷
定　　价：59.80 元

产品编号：097005-01

前　言

线性代数是当代高等院校学生的必修科目，也是当前科学技术领域的数学基础和通用语言. 随着时代的发展和社会的进步，计算机技术和数据科学逐步渗透、应用甚至开始主导不少科学研究和工程技术领域. 在新形势下，线性代数变得越来越重要. 另一方面，为了更好地建设国家、服务社会，教师和学生都迫切地希望能更快更好地教会、学会基础课程. 教好、学好线性代数，离不开体系完整、简明易懂的入门教材. 本书正是为此而编写的.

线性代数研究线性空间和线性映射理论，其基础是向量和矩阵的性质. 本书精心选择了教学内容，重点阐述最主要的、最常用的知识点，并辅以常见而易于理解的工程实例.

绪论简述了线性代数的整体框架，作者希望读者能够在学前和学后认真阅读，以便纲举目张，对线性代数有一个整体性认识. 第 0 章主要用来应对中小学数学教育内容不断减少的问题，供读者了解数学的基本逻辑工具. 第 1 章至第 4 章是最基本的主干内容，可以认为是中学数学的简单拓展，是各个专业的学生都务求精熟的部分；第 5 章至第 6 章是另一部分基本内容，是自然科学、工程技术、社会科学等专业的学生应当掌握的内容. 这两部分是线性代数的初等部分，是抽象理论的具体实例. 第 7 章至第 8 章是线性代数中抽象理论的介绍，是线性代数的真正入门. 读者应注意随时对照初等部分，发现相同和不同，加深对抽象理论的理解. 掌握这部分内容的读者应能在学习其他课程中不断发现和应用线性空间和线性映射理论. 这样安排教学内容，既利于读者由浅入深，自具体而抽象地学习线性代数，又便于课时不足的读者只学习部分内容就能了解到线性代数的概貌.

“熟能生巧”“练习铸就大师”. 学好线性代数，必须得有习题辅助. 本书安排了大量不同类型、由易到难的习题，以供读者使用. 只有当学生清楚地知道自己答题是否正确时，才能谈得上学会相应的知识. “学而不思则罔，思而不学则殆.” 中学生常有些不好的学习习惯，如只看正文不做题，或不看正文只做题. 作者希望读者能在练习中不断熟悉和复习相关知识，当习题做不出时反复阅读思考正文中的知识点，尝试使用相关知识点来解决问题. 另外，读者应当认识到，有些较难的习题不是每个人都能做出，但只要尽力思考，即使没有找到解决问题的办法，也已经在思考过程中复习了相关知识，锻炼了分析能力，并非一无所获.

本书将定义、定理、命题、推论、例、注等统一编号为 $a.b.c$，表示第 a 章第 b 节第 c 项定义、定理或其他内容，其中加 ☕ 的章节属于选讲内容；将习题、阅读材料等集中放在每节之后，并统一编号为 $a.b.c$，表示第 a 章第 b 节第 c 项习题或阅读材料，其中

加 ☕ 或 ☕☕ 的习题是较难或更难的选做题. 另外, 为提示读者, 本书中的例以 ☺ 结束, 证以 □ 结束, 其他部分材料换用不同于正文的字体.

本书最后列出名词索引、人名表、符号表, 以供读者查阅. 正文中出现的人名除华人外一般以拉丁转写形式出现, 并在人名表中提供了原文和常见译法.

本书可作为高等院校线性代数课程的教材, 也可作为自学或复习的参考书. 本着体系的完整性和严谨性, 作者对所有命题都提供了证明, 有些命题还有多个证明, 从而使知识体系在逻辑上尽量扎实可靠. 教师可以根据教学要求和课时限制自行调整. 根据作者的授课经验, 完整讲述本书内容, 第 1 章至第 4 章用 35~40 学时, 第 5 章至第 6 章用 15~20 学时, 第 7 章至第 8 章用 16~20 学时, 供参考.

本书参考了不少国内外教材, 部分习题也来源于此. 现列出供读者参阅:

[1] G. Strang. 线性代数 [M]. 5 版. 北京: 清华大学出版社, 2019.
[2] А.И. Кострикин. 代数学引论（一）[M]. 2 版. 张英伯, 译. 北京: 高等教育出版社, 2006.
[3] А.И. Кострикин. 代数学引论（二）[M]. 3 版. 牛凤文, 译. 北京: 高等教育出版社, 2008.
[4] 丘维声. 简明线性代数 [M]. 北京: 北京大学出版社, 2002.
[5] 蓝以中. 高等代数简明教程（上、下）[M]. 北京: 北京大学出版社, 2002.
[6] 史明仁. 线性代数六百证明题详解 [M]. 北京: 北京科学技术出版社, 1985.

本书是在清华大学数学科学系和丘成桐数学科学中心的领导与线性代数教学团队的大力支持下完成的, 并在 2020 年初稿完成后在清华大学大范围试用了两年, 获得了大量颇有价值的意见. 作者感谢张友金、朱敏娴、刘思齐、王浩然、曹晋、蔚辉、孙晟昊、袁瑶、刘余及其他同事对写书的倡议和支持、对初稿的指正与对体系的建议, 并感谢探微书院化 12 班刘桓瑀同学对书稿的建议. 作者感谢本书的责任编辑刘颖为本书付出的辛勤劳动.

本书得到了清华大学教学改革项目的资助.

作者始终努力使本书准确可靠, 但精力和水平所限, 书中的错误在所难免. 欢迎广大读者对本书提出宝贵意见, 指出本书的逻辑上的、文字上的、排版上的任何错误. 作者向所有关心本书的人致以诚挚的感谢!

梁鑫　田垠　杨一龙

2022 年 1 月于北京

目　　录

绪论 ············ 1

第 0 章　预备知识 ············ 7

0.1　逻辑与集合 ············ 7

0.2　间接证明法 ············ 9

0.3　映射 ············ 13

第 1 章　线性映射和矩阵 ············ 16

1.1　基本概念 ············ 16

1.2　线性映射的表示矩阵 ············ 27

1.3　线性方程组 ············ 37

1.4　线性映射的运算 ············ 49

1.4.1　线性运算 ············ 49

1.4.2　复合 ············ 52

1.5　矩阵的逆 ············ 65

1.5.1　初等矩阵 ············ 65

1.5.2　可逆矩阵 ············ 66

1.5.3　等价关系 ············ 71

1.6　分块矩阵 ············ 76

1.7　LU 分解 ············ 87

第 2 章　子空间和维数 ············ 94

2.1　基本概念 ············ 94

2.2　基和维数 ············ 104

2.2.1　向量的线性关系 ············ 104

2.2.2　基和维数 ············ 108

2.3　矩阵的秩 ············ 112

2.4　线性方程组的解集 ············ 120

第 3 章 内积和正交性 ······ 130
3.1 基本概念 ······ 130
3.1.1 内积 ······ 130
3.1.2 标准正交基 ······ 133
3.2 正交矩阵和 QR 分解 ······ 139
3.2.1 正交矩阵 ······ 139
3.2.2 QR 分解 ······ 142
3.3 子空间和投影 ······ 149
3.3.1 正交补 ······ 151
3.3.2 正交投影 ······ 153
3.3.3 最小二乘问题 ······ 155

第 4 章 行列式 ······ 162
4.1 引子 ······ 162
4.2 行列式函数 ······ 165
4.3 行列式的展开式 ······ 176

第 5 章 特征值和特征向量 ······ 187
5.1 引子 ······ 187
5.2 基本概念 ······ 191
5.3 对角化和谱分解 ······ 199
5.4 相似 ······ 208

第 6 章 实对称矩阵 ······ 219
6.1 实对称矩阵的谱分解 ······ 219
6.2 正定矩阵 ······ 227
6.3 奇异值分解 ······ 234
6.3.1 基本概念 ······ 235
6.3.2 ☕ 低秩逼近 ······ 239

第 7 章 线性空间和线性映射 ······ 246
7.1 线性空间 ······ 246
7.2 基和维数 ······ 253
7.3 线性映射 ······ 260
7.4 向量的坐标表示 ······ 266
7.5 线性映射的矩阵表示 ······ 274

第 8 章 内积空间 ······ 287
8.1 欧氏空间 ······ 287
8.2 欧氏空间上的线性映射 ······ 297
8.3 酉空间 ······ 305
8.3.1 基本概念 ······ 305
8.3.2 ☕ 快速 Fourier 变换 ······ 310

名词索引 ······ 318

人名表 ······ 324

符号表 ······ 325

绪　论

线性代数这门学科，以研究**线性系统**为目的，是一个从理论到应用都相当完善的数学分支. 线性系统是什么呢?

我们先从系统说起. 系统是指由若干个相互作用和相互依赖的事物组合而成的具有特定功能的一个整体. 例如一个由若干部件组成的机器，可以对“输入”进行运算或处理，得到“输出”:

$$\text{输入} \to \text{系统/机器} \to \text{输出}.$$

而线性系统是指，这个系统的输入与输出符合叠加原理，即如下两条性质：输入放大或缩小某一倍数，则产生的输出也放大或缩小相同倍数，这称为**齐次性**；两组输入所产生的总输出是二者分别产生的独立输出之和，这称为**可加性**.

下面来看几个具体的例子.

- 一个大型代工厂是一个系统：以工人的工时作为输入，以不同产品的数量作为输出. 二者的关系满足叠加原理.
- 由刚性杆组成的复杂支架是一个系统：在支架上端放置若干重物，将重物重量作为输入；支架下端以若干地秤支撑，将地秤测得的重量作为输出. 根据 Newton 定律，二者的关系满足叠加原理.
- 由电阻组成的电路是一个系统：在若干对节点间接入电压表，将电压值作为输入；在若干节点处接入电流表，将电流值作为输出. 根据 Kirchhoff 定律，二者的关系满足叠加原理.

这些例子是大量实际问题中的几个代表. 今后读者会发现，日常生产生活中总会遇到类似的问题. 这些问题有时规模很大、未知数很多，但都可以利用线性代数知识使用计算机来解决. 我们将看到，线性系统虽然应用十分丰富，但它的数学本质并不复杂.

给定一个线性系统，它内部的运作方式我们还不清楚. 能够清楚知道的是，它需要 n 个输入 $x_1, x_2, \cdots, x_n$，并生成 m 个输出 $y_1, y_2, \cdots, y_m$. 换句话说，目前它还是一个黑盒子，给出任意输入，我们不知道它会输出什么.

想要搞清楚系统如何运作，我们可以对它进行测试，即给定一组输入，测量其输出. 我们先考虑最简单的输入，即只对某一个输入项输入:

- 先指定 $x_1 = 1$，其他输入项是 0，这时我们测出输出项依次为 $y_1 = a_{11}, y_2 = a_{21}, \cdots, y_m = a_{m1}$.
- 再指定 $x_2 = 1$，其他输入项是 0，这时输出项依次为 $y_1 = a_{12}, y_2 = a_{22}, \cdots, y_m =$

a_{m2}.

- 依次类推，直到指定 $x_n = 1$，其他输入项是 0，这时输出项依次为 $y_1 = a_{1n}, y_2 = a_{2n}, \cdots, y_m = a_{mn}$.

根据叠加原理中的齐次性，我们可以得到以下结论：

- 当 x_1 任意，其他输入项是 0 时，输出项必然为 $y_1 = a_{11}x_1, y_2 = a_{21}x_1, \cdots, y_m = a_{m1}x_1$.
- 当 x_2 任意，其他输入项是 0 时，输出项必然为 $y_1 = a_{12}x_2, y_2 = a_{22}x_2, \cdots, y_m = a_{m2}x_2$.
- 依次类推，当 x_n 任意，其他输入项是 0 时，输出项必然为 $y_1 = a_{1n}x_n, y_2 = a_{2n}x_n, \cdots, y_m = a_{mn}x_n$.

再根据叠加原理中的可加性，我们就知道，任意输入项 $x_1, x_2, \cdots, x_n$ 与其输出项 $y_1, y_2, \cdots, y_m$ 满足：

$$\begin{cases} a_{11}x_1 + a_{12}x_2 + \cdots + a_{1n}x_n = y_1, \\ a_{21}x_1 + a_{22}x_2 + \cdots + a_{2n}x_n = y_2, \\ \qquad\qquad\vdots \\ a_{m1}x_1 + a_{m2}x_2 + \cdots + a_{mn}x_n = y_m. \end{cases} \tag{0.0.0}$$

可以看到，任意输入项和输出项之间的关系构成了一个多元一次方程组，又称为线性方程组. 这就是线性系统得名的原因.

容易看到，整个线性系统由 a_{ij} 这 mn 个数唯一确定. 换句话说，只要进行了前述的 n 组测试，得到了这些 a_{ij}，这个线性系统对我们来说就变得透明，不再是一个黑盒子了.

四个基本问题 现在假设某个线性系统已知，或者说任意输入项与输出项之间的关系已知. 如果系统有一个未知的输入，能否通过观察其输出来反推这个输入呢？对于不同的系统，可能会出现以下三种情形：

1. 存在唯一一组输入得到给定的输出. 例如，由电阻组成的电路这一系统，对输出的电流，只可能有唯一的输入电压.
2. 存在不只一组输入得到给定的输出. 那么根据叠加原理，一定有无穷多组输入都能得到给定的输出，这是因为如果两组输入 $u_1, u_2, \cdots, u_n$ 和 $v_1, v_2, \cdots, v_n$ 得到同一输出，那么 $tu_1 + (1-t)v_1, tu_2 + (1-t)v_2, \cdots, tu_n + (1-t)v_n$ 也将会得到相同的输出. 例如，服装厂这一系统，对输出指定数量的衣服，既可以是这个工人花费工时做的，也可以是那个工人花费工时做的，也可能是这些工人按照任意比例分配工时完成的. 这里的输入有无数种可能.
3. 不存在输入得到给定的输出. 事实上这意味着，无论输入什么都不可能得到这种输出！尽管听起来略显怪异，但实践中仍有可能发生. 例如，CT 扫描机这一系统，输入人，输出 X 光片. 受灰尘、机械错位、计算机误差等因素影响，可能得到的 X 光片和真实情况有微小偏差. 这个微小偏差很可能使得这个 X 光片不能百分之百地符合任何人的真实情况. 另一方面，实际上这个误差并不影响医生诊断，X 光片不需要完全真实，只要它和真实情况足够接近就足够了. 换句话说，测量总有误差，因此测量结果并不一定是系统的真实输出. 但理论上讲，测量值和真实的输出应该非常接近. 尽管测量结果不可能从输入得到，但是我们可以在所有可能的输出结果中找到最接近测量结果的那个输出. 它应该是最有可能的真实的系统输出.

在数学上，我们是在研究线性方程组 (0.0.0)，其中输出 $y_1, y_2, \cdots, y_m$ 已知，需要求解的是未知的输入 $x_1, x_2, \cdots, x_n$.

在上面提到的三种情形中，前两种情形分别意味着线性方程组 (0.0.0) 有唯一解或有无穷多解，此时我们希望计算出解. 对这两种情形的考察构成了线性代数的一个核心问题——**线性方程组求解问题**.

而后一种情形意味着线性方程组 (0.0.0) 无解，这时我们希望计算出某组 $x_1, x_2, \cdots, x_n$，使得方程组左端的值和右端给定的值最接近. 对这种情形的考察构成了线性代数的一个重要问题——**最小二乘问题**.

在很多实际问题中，我们常常需要考虑自反馈系统，即将给定输入通过系统演化产生的输出作为新的输入继续演化，并不断重复这一过程直到达到我们需要的演化次数为止，或者直到系统稳定下来，即输出和输入相同. 例如，对某个范围的人群，将每一年的人口数量作为输入，都可以得到作为输出的第二年的人口数量，而这个输出可以再次作为输入，得到第三年的人口数量，以此类推. 我们希望得到第三十年的人口数量，或者当人口数量不再变化时的人口数量. 我们可以提出问题:

1. 如何计算出达到演化次数时的输出? 当然我们可以逐次计算，但是否有快速计算的方法?
2. 如何计算系统稳定时的输入或输出?

对这两个问题的考察构成了线性代数的另一个核心问题——**特征值问题**.

有时我们希望用简单的系统来模拟一个复杂的系统，即用远少于 mn 个数来描述由前述 mn 个数所代表的系统. 例如，一张数码照片，由于计算机存储不足或网络带宽限制，我们希望对它进行压缩. 压缩的过程中可能会丢失一些信息，但我们希望，在保证压缩程度的同时丢失的信息尽量少. 这需要考虑这样的问题:

1. 如何计算出这样的简单系统?
2. 如何衡量模拟的好坏?

对这两个问题的考察构成了线性代数的另一个重要问题——**奇异值问题**.

线性方程组求解问题、最小二乘问题、特征值问题和奇异值问题，是线性代数理论与应用中的**基本问题**，矩阵计算就是围绕着这四个问题展开的.

两个核心概念 数学上，为了便于开展对前述的系统、输入、输出等理念及上面提出的基本问题进行研究，我们需要将其数学化.

在考虑线性系统时，我们常常把一组输入或一组输出称为一个**向量**；所有可以叠加的向量构成的集合称为一个**线性空间**. 由于每个输入项和输出项都是一个数，当它们都只有有限多个时，向量，作为一组输入或者一组输出，常常可以写成一个数组.

向量，也就是线性空间中的元素，最重要的特点是可以进行线性运算. 这是叠加原理赋予向量的运算.

而线性系统的处理过程，或者说从输入到输出的对应关系，称为一个**线性映射**. 特别地，如果输入项和输出项都只有有限多个，对应的线性映射常常可以写成一个数表，称为**矩阵**.

以线性方程组 (0.0.0) 为例，输入 x_j 组成的数组就是向量 $\begin{bmatrix} x_1 \\ x_2 \\ \vdots \\ x_n \end{bmatrix}$，输出 y_i 组成的数组也是向量 $\begin{bmatrix} y_1 \\ y_2 \\ \vdots \\ y_m \end{bmatrix}$. 而描述系统只需要知道 a_{ij} 的值，它们组成的数表就是矩阵 $\begin{bmatrix} a_{11} & a_{12} & \cdots & a_{1n} \\ a_{21} & a_{22} & \cdots & a_{2n} \\ \vdots & \vdots & & \vdots \\ a_{m1} & a_{m2} & \cdots & a_{mn} \end{bmatrix}$. 我们还可以把线性方程组 (0.0.0) 写成：

$$\begin{bmatrix} a_{11} & a_{12} & \cdots & a_{1n} \\ a_{21} & a_{22} & \cdots & a_{2n} \\ \vdots & \vdots & & \vdots \\ a_{m1} & a_{m2} & \cdots & a_{mn} \end{bmatrix} \begin{bmatrix} x_1 \\ x_2 \\ \vdots \\ x_n \end{bmatrix} = \begin{bmatrix} y_1 \\ y_2 \\ \vdots \\ y_m \end{bmatrix}.$$

可以看到，线性方程组可以把向量和矩阵有机地联系起来.

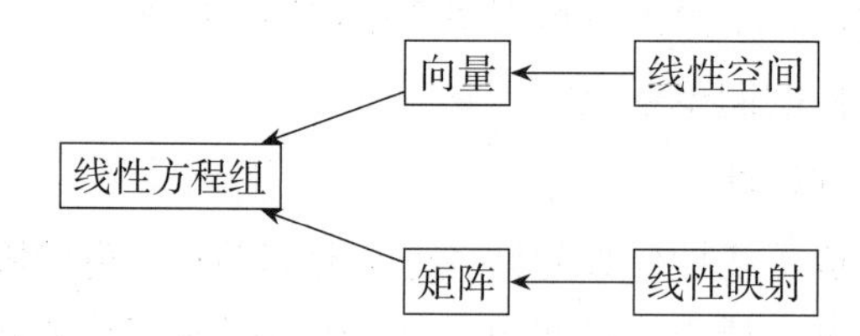

上面介绍了许多概念. 这些概念总结如下:

- 线性空间和线性映射是对所研究的问题提出的高层次概念, 是我们推导的基石和思考问题的凭借;
- 向量和矩阵是所研究的问题自然导出的低层次概念, 是我们计算的对象和获得结果的媒介;
- 线性方程组是向量和矩阵之间的联系, 很多问题的解决方案常常归结于对一个线性方程组求解.

线性空间和线性映射是线性代数研究中的**核心概念**, 可以说线性代数就是关于线性空间和线性映射的代数学.

研究思想和常用技巧 在学习、掌握到精通线性代数的过程中, 在利用线性代数尝试解决实际问题时, 我们常常使用许多数学思想来攻克问题, 获得解决方案.

(1) 简化问题, 化全局为局部 例如, 前面提到线性方程组的解如果不止一组, 就必然有无穷多组, 但是这无穷多组解是由两组解获得的. 反过来问, 如果我们知道有无穷多组解, 那么这些解能否由有限组解获得? 又如前所述, 我们获得一个有 n 个输入项的线性系统的全部信息, 并不需要知道所有可能的输入对应的输出, 只需要知道 n 组输入对应的输出就足够了. 这二者启发了线性空间的基和子空间分解等概念, 落实在矩阵上就是矩阵分块的技巧.

(2) 分解问题, 化复杂为简单 如前述, 一个有 n 个输入项、m 个输出项的线性系统可以用 mn 个数来表示, 这可能是很复杂的; 但有些线性系统的演化可能产生简单的效果. 如果一个线性系统可以分解成一系列简单的系统的组合, 那么线性系统的特性将容易把握得多. 这启发了映射标准形的概念, 落实在矩阵上就是矩阵分解的技巧.

(3) 归约问题, 化未知为已知 面对一个解决方案尚不明确的问题, 最直接的指导方针并不是随便尝试以期起效, 而是将问题划归成一个解决方案已经存在的问题. 有些读者熟知的数学归纳法就是一例. 如果我们能把某个问题都化归成已获解决的若干类简单问题之一, 例如已提及的标准形, 那么问题将容易获得解决, 这启发了等价类的概念, 落实在矩阵上就是矩阵变换的技巧.

矩阵分块、矩阵分解、矩阵变换是线性代数中最常用的推理和计算技巧. 可以看到, 矩阵是利用线性代数解决问题的**计算重点**.

总的来说, 我们这门课程将围绕着上述四个基本问题、两个核心概念展开, 利用上述研究思想和推理技巧, 来阐述完善的数学理论, 推导有效的计算方法, 并为后续的理论科学和应用技术课程提供必要的基础.

下面我们再举一些小例子, 读者可以先自行思考一下问题的解决之道.

- 解方程组: 一百根参数已知的相同弹簧串联在一起, 两端挂在给定间距的天花板和地板上, 如何计算每根弹簧拉伸的长度.
- 最小二乘: 有人说严刑峻法能威慑潜在犯罪分子从而遏制犯罪; 有人说严刑峻法变相鼓励犯罪分子犯重罪; 现有世界上 58 个国家死刑执行率与重罪率的统

计数据，如何用数据来判断不同说法的正确性.

- 特征值：甲有 100 元，乙和丙没有钱；甲将自己的钱的一半给乙，乙再将自己的钱的三分之一给丙，丙再将自己的钱的四分之一给甲，然后甲再将自己的钱的一半给乙，依次循环；如何计算最终达到稳定状态时三人的钱数.
- 奇异值：给定十个村庄的位置，修一条笔直的高速公路，再修一些小路将村庄和高速公路连通，如何修路能够使各小路长度的平方和最小.

在学习过线性代数后，读者将能够用一张纸徒手计算，得到上述问题的答案.

还有一些读者在中学时可能思考过但不曾得到结论的数学问题，在学习过线性代数后，将完全能够口述其中的原理.

- 多元一次方程组的所有解如何只用有限多个解表示；
- 如何获得一个一元高次方程的所有解的近似值；
- 平面上的二次曲线只有三种非退化的情形；
- 平面上保持距离的变换只有平移、旋转、镜射和滑移镜射；
- 平面上不改变共线关系的变换一定是保持距离的变换和正压缩的复合.

现在就让我们开始学习精巧而美妙的线性代数吧！

第 0 章 预备知识

0.1 逻辑与集合

首先回顾数学中常用的逻辑术语.

数学中，可以判断真假的陈述句称为**命题**. 其中判断为真的命题称为**真命题**，判断为假的命题称为**假命题**. 一个命题为真，常称为命题成立.

在进行逻辑推理时，最常使用的语句是

如果命题 A 成立，那么命题 B 成立　或简写成　若 A，则 B.

其中命题 A 常称为**条件**，命题 B 常称为**结论**. 如果由 A 通过推理可以得出 B，则上述语句是真命题. 此时称 A **蕴涵** B，又称 A 是 B 的**充分条件**，也称 B 是 A 的**必要条件**，记作 $A \Rightarrow B$，或 $B \Leftarrow A$. 如果 A 既是 B 的充分条件又是 B 的必要条件，则称 A 是 B 的**充分必要条件**，也称 A 和 B **等价**，或 A **当且仅当** B，记作 $A \Leftrightarrow B$.

例如，平面上两个三角形，如果全等，则一定相似. 因此全等是相似的充分条件，相似是全等的必要条件，即 "全等 $\Rightarrow$ 相似". 反过来，如果两个三角形相似，并不一定全等. 因此相似不是全等的充分条件，全等也不是相似的必要条件. 进而可知，相似和全等并不是充分必要条件.

命题添加逻辑联结词可以得到新的命题. 用 "且" 联结命题 A, B，得到新命题 "A 且 B"，记作 $A \wedge B$. A 且 B 成立当且仅当 A 和 B 同时成立. 用 "或" 联结命题 A, B，得到新命题 "A 或 B"，记作 $A \vee B$. A 或 B 成立当且仅当 A 和 B 至少有一个成立. 用 "非" 联结命题 A，得到新命题 "非 A"，记作 $\neg A$. 非 A 成立当且仅当 A 不成立.

含有变量的陈述句不一定能判断真假，也就不一定是命题，例如，"矩形是正方形". 如果在这种句子中添加一些对变量的限定词 (称为**量词**)，就能使其成为命题. 例如，"存在一个矩形是正方形" 或 "至少有一个矩形是正方形" 是真命题. "存在" 和 "至少有一个" 这种限定词称为**存在量词**，用 "$\exists$" 表示. 又如，"所有矩形都是正方形" 或 "任意矩形都是正方形" 或 "每一个矩形都是正方形" 是假命题. "所有" 和 "任意" 这种限定词称为**全称量词**，用 "$\forall$" 表示.

其次回顾关于集合的基本知识.

在数学研究中，研究对象常称为**元素**，而所研究对象的全体称为一个**集合**. 集合最重要的基本性质有两条:

1. 给定集合的元素是确定的，即给定一个集合和一个元素，必须能够对元素是否在集合中这一问题做出明确的判断；
2. 给定集合中的元素互不相同，即集合中的元素不重复出现.

不含任何元素的集合称为**空集合**，记作 $\varnothing$. 最常用的集合是由数组成的集合. 自然数的全体构成的集合称为自然数集，记作 $\mathbb{N}$. 类似地，有整数集 $\mathbb{Z}$、有理数集 $\mathbb{Q}$、实数集 $\mathbb{R}$、复数集 $\mathbb{C}$.

集合可以用列举法或描述法表示. 例如，在平面上取定平面直角坐标系 Oxy 之后，以 O 点为圆心的单位圆上横纵坐标都是整数的点所组成的集合 A 可以用如下记号表示：

$$A = \{(1,0),(0,1),(-1,0),(0,-1)\} = \big\{(x,y)\,\big|\,x,y\in\mathbb{Z}, x^2+y^2=1\big\}.$$

如果 x 是集合 X 的元素，就称 x **属于**集合 X，记作 $x\in X$；如果 x 不是集合 X 的元素，称 x **不属于**集合 X，记作 $x\notin X$.

给定集合 X 和 Y，如果 X 中的任意元素都在 Y 中，则称 X 是 Y 的**子集**，或 Y **包含** X，记作 $X\subseteq Y$ 或 $Y\supseteq X$. 如果 X 和 Y 互为子集，则两个集合的元素完全相同，则称 X 与 Y **相等**，记作 $X=Y$. 显然，它与 $X\subseteq Y$ 且 $Y\subseteq X$ 等价. 证明 $X\subseteq Y$ 和 $Y\subseteq X$ 都成立是今后证明 X,Y 两个集合相等的一个基本方法. 如果 $X\subseteq Y$，但 $X\neq Y$，则称 X 是 Y 的**真子集**，记作 $X\subsetneq Y$. 空集认为是任何集合的子集.

集合 X 与 Y 的公共元素组成的集合称为 X 与 Y 的**交（集）**，记作 $X\cap Y$. 显然，$X\cap Y\subseteq X, X\cap Y\subseteq Y$. 如果 X 与 Y 没有公共元素，则 $X\cap Y=\varnothing$. 容易看出，$X\cap Y=X$ 与 $X\subseteq Y$ 等价. 把 X 与 Y 中的所有元素合并在一起组成的集合称为 X 与 Y 的**并（集）**，记作 $X\cup Y$. 显然，$X\subseteq X\cup Y, Y\subseteq X\cup Y$. 容易看出，$X\cup Y=Y$ 与 $X\subseteq Y$ 等价. 从集合 X 中去掉属于 Y 的元素之后剩下的元素组成的集合，称为 X 对 Y 的**差（集）**，记作 $X\backslash Y$. 特别地，如果 $Y\subseteq X$，则称 $X\backslash Y$ 是 X 中 Y 的**补（集）**.

容易发现，逻辑运算的且、或、非，直接对应于集合运算中的交、并、补. 而命题的蕴涵关系对应于集合的包含关系. 我们有以下类比.

例 0.1.1 给定命题 A,B 和集合 S，令

$$X=\big\{s\in S\,\big|\,s\text{ 满足条件 }A\big\},\quad Y=\big\{s\in S\,\big|\,s\text{ 满足条件 }B\big\}.$$

1. $X\cap Y=\big\{s\in S\,\big|\,s\text{ 满足条件 }A\wedge B\big\}$.
2. $X\cup Y=\big\{s\in S\,\big|\,s\text{ 满足条件 }A\vee B\big\}$.
3. $S\backslash X=\big\{s\in S\,\big|\,s\text{ 满足条件 }\neg A\big\}$.
4. $X\subseteq Y$ 和 $A\Rightarrow B$ 等价.

设 X,Y,Z 是集合 S 的子集，容易验证以下运算律：

1. 交满足交换律和结合律，即 $X\cap Y=Y\cap X, (X\cap Y)\cap Z=X\cap(Y\cap Z)$；
2. 并满足交换律和结合律，即 $X\cup Y=Y\cup X, (X\cup Y)\cup Z=X\cup(Y\cup Z)$；

3. 交对并满足分配律，即 $(X \cup Y) \cap Z = (X \cap Z) \cup (Y \cap Z)$;
4. 并对交满足分配律，即 $(X \cap Y) \cup Z = (X \cup Z) \cap (Y \cup Z)$;
5. De Morgan 定律, 即 $S \backslash (X \cap Y) = (S \backslash X) \cup (S \backslash Y), S \backslash (X \cup Y) = (S \backslash X) \cap (S \backslash Y)$;
6. 包含关系具有传递性，即如果 $X \subseteq Y, Y \subseteq Z$，那么 $X \subseteq Z$.

类似地，对命题 A, B, C，有以下运算律:

1. 且满足交换律和结合律，即 $A \wedge B \Leftrightarrow B \wedge A, (A \wedge B) \wedge C \Leftrightarrow A \wedge (B \wedge C)$;
2. 或满足交换律和结合律，即 $A \vee B \Leftrightarrow B \vee A, (A \vee B) \vee C \Leftrightarrow A \vee (B \vee C)$;
3. 且对或满足分配律，即 $(A \vee B) \wedge C \Leftrightarrow (A \wedge C) \vee (B \wedge C)$;
4. 或对且满足分配律，即 $(A \wedge B) \vee C \Leftrightarrow (A \vee C) \wedge (B \vee C)$;
5. De Morgan 定律，即 $\neg(A \wedge B) \Leftrightarrow (\neg A) \vee (\neg B), \neg(A \vee B) \Leftrightarrow (\neg A) \wedge (\neg B)$.
6. 蕴涵关系具有传递性，即如果 $A \Rightarrow B, B \Rightarrow C$，那么 $A \Rightarrow C$.

以上运算规律的证明均留给读者. ☺

习题

练习 0.1.1 画出例 0.1.1 中的所有集合运算律的 Venn 图.

练习 0.1.2 对任意两个命题 A, B，$A \Rightarrow B$ 可以定义为 $B \vee (\neg A)$. 直观上可以如此理解：$B \vee (\neg A)$ 成立等价于 A 不成立或 B 成立，于是当 A 成立时必有 B 成立. 运用例 0.1.1 中的逻辑运算律，证明 $(A \Rightarrow B) \Leftrightarrow ((\neg B) \Rightarrow (\neg A))$.

练习 0.1.3 对任意三个命题 A, B, C，运用例 0.1.1 中的逻辑运算律，证明逻辑运算符合模律，即当 A 是 C 的必要条件时，$(A \wedge B) \vee C \Leftrightarrow A \wedge (B \vee C)$.

练习 0.1.4 对任意两个命题 A, B，我们定义运算异或 $A \oplus B$ 为 $(A \wedge (\neg B)) \vee (B \wedge (\neg A))$.

1. 按例 0.1.1 的条件画出 $A \oplus B$ 对应的 Venn 图.
2. 证明异或满足交换律和结合律.

0.2 间接证明法

数学结论的正确性必须通过逻辑推理加以证明. 除直接从条件出发推出结论外，也可以利用逻辑进行间接证明.

反证法 容易看出，“如果命题 A 成立，则命题 B 成立”，和“如果命题 B 不成立，则命题 A 不成立”这两个命题等价. 这就是**反证法**的理论基础. 反证法是间接证明的方法之一，即当需要证明 $A \Rightarrow B$ 时，先假设命题 B 不成立，再想办法证明命题 A 也不成立. 特别地，当没有命题 A，只有命题 B 时，只需假设命题 B 不成立，然后推出与已知条件或事实相抵触的条件（称为***矛盾***）即可.

例 0.2.1 证明：$\sqrt{2}$ 是无理数. ☺

证 假设命题不成立，即 $\sqrt{2}$ 是有理数，则可令 $\sqrt{2}=\dfrac{n}{m}$，其中 n,m 是互素的整数. 易得 $2m^2=n^2$，于是 n 是偶数. 设 $n=2s$，则 $2m^2=4s^2, m^2=2s^2$，因此 m 也是偶数. 这与 n,m 互素的假设矛盾. □

例 0.2.2 证明：素数有无穷多个. ☺

证 假设命题不成立，即只有有限个素数，设为 $p_1,p_2,\cdots,p_n$. 令 $N=p_1p_2\cdots p_n+1>1$. 显然任何 p_i 都不能整除 N. 这与任何大于 1 的正整数都是素数或多个素数的乘积这一结论矛盾. 根据反证法推出，一定存在无穷多个素数. □

由上面两个例子可以看出，反证法往往适用于“命题 B 不成立”比较好处理的情形.

数学归纳法 **数学归纳法**是一种数学证明方法，通常被用于证明某个给定命题在整个自然数范围内成立，包括第一数学归纳法和第二数学归纳法.

(1) 第一数学归纳法：给定一个与自然数 n 有关的命题 $P(n)$，如果

1. 可以证明当 n 取初始值 n_0 时命题 $P(n_0)$ 成立；
2. 假设当 $n=k\,(k\geqslant n_0)$ 时命题 $P(k)$ 成立，可以证明当 $n=k+1$ 时命题 $P(k+1)$ 也成立；

则对一切自然数 $n\geqslant n_0$，命题 $P(n)$ 都成立.

例 0.2.3 证明平方求和公式：$1^2+2^2+\cdots+n^2=\dfrac{n(n+1)(2n+1)}{6}$. ☺

证 当 $n=1$ 时，命题显然成立.

假设当 $n=k$ 时命题成立，即 $1^2+2^2+\cdots+k^2=\dfrac{k(k+1)(2k+1)}{6}$. 当 $n=k+1$ 时，可得 $1^2+2^2+\cdots+k^2+(k+1)^2=\dfrac{k(k+1)(2k+1)}{6}+(k+1)^2=\dfrac{(k+1)(k+2)(2k+3)}{6}$，此时命题也成立.

根据第一数学归纳法可知，命题对所有正整数 n 都成立. □

(2) 第二数学归纳法：给定一个与自然数 n 有关的命题 $P(n)$，如果

1. 可以证明当 n 取初始值 n_0 时命题 $P(n_0)$ 成立；
2. 假设当 $n\leqslant k\,(k\geqslant n_0)$ 时命题 $P(n)$ 成立，可以证明当 $n=k+1$ 时命题 $P(k+1)$ 也成立；

则对一切自然数 $n\geqslant n_0$，命题 $P(n)$ 都成立.

例 0.2.4 考虑 Fibonacci 数列 $F_0=0, F_1=1, F_n=F_{n-1}+F_{n-2}$，$n=2,3,\cdots$，证明其通项公式 $F_n=\dfrac{x_1^n-x_2^n}{x_1-x_2}$，其中 $x_1=\dfrac{1+\sqrt{5}}{2}, x_2=\dfrac{1-\sqrt{5}}{2}$ 是方程 $x^2-x-1=0$ 的两个根. ☺

证 当 $n=0$ 和 $n=1$ 时，命题显然成立.

假设当 $n \leqslant k\,(k \geqslant 2)$ 时命题成立，特别地，当 $n=k-1, k$ 时命题成立. 当 $n=k+1$ 时，有

$$\begin{aligned}
F_{k+1} &= F_k + F_{k-1} \\
&= \frac{x_1^k - x_2^k + x_1^{k-1} - x_2^{k-1}}{x_1 - x_2} \\
&= \frac{x_1^{k-1}(x_1+1) - x_2^{k-1}(x_2+1)}{x_1 - x_2} \\
&= \frac{x_1^{k-1}x_1^2 - x_2^{k-1}x_2^2}{x_1 - x_2} = \frac{x_1^{k+1} - x_2^{k+1}}{x_1 - x_2},
\end{aligned}$$

即命题也成立.

根据第二数学归纳法可知，命题对所有自然数 n 都成立. □

由这个例子可以看出，对比第一数学归纳法，第二数学归纳法第二条中的假设条件更强，因此适用范围更广.

读者需要注意，由于在例 0.2.4 的递推步骤中，$n=k+1$ 被化简成了 $n=k-1, k$ 的情形，这就要求 $k \geqslant 2$. 也就是说，在递推步骤中，$k=0,1$ 都是不适用的. 因此，在验证初始值时，既需要验证 $k=0$，也需要验证 $k=1$. 总之，凡是递推步骤不适用的 n 的取值，全都需要单独进行验证.

下面举一个错误使用数学归纳法的例子，其错误的核心就是忘记检验全部初始条件. 读者务必引以为戒!

例 0.2.5 我们将（错误地）证明，世界上所有的马都是同一种颜色的.

当 $n=1$ 时，只有一匹马，命题显然成立.

假设当 $n \leqslant k$ 时命题成立. 当 $n=k+1$ 时，在 $k+1$ 匹马中，除第一匹马外，剩下的 k 匹马是同一种颜色的，另一方面，除第二匹马外，剩下的 k 匹马也是同一种颜色的. 这样一来，全部 $k+1$ 匹马都只能是同一种颜色的.

于是命题对所有正整数 n 都成立.

这个证明的错误之处就在于，递推步骤中实际上隐含了假设 $n \geqslant 3$（读者可以思考一下为什么）. 因此这个归纳过程既需要验证 $n=1$ 的情形，也需要验证 $n=2$ 的情形. 而验证一下很容易发现，$n=2$ 时命题为假. 因此后面的递推步骤毫无意义. ☺

我们这里再给两个例子. 这两个例子仅需验证一种初始条件，但是递推步骤时，每个 $n=k$ 都需要用到各个 k 之前所有情形.

例 0.2.6 假设有一个 $a \times b$ 的巧克力排块. 那么需要掰几次才能把巧克力排块掰成 1×1 的小块呢? 下面证明，无论怎样掰，都需要 $ab-1$ 次才能做到（参见图 0.2.1）.

当 $a=b=1$ 时，命题显然成立.

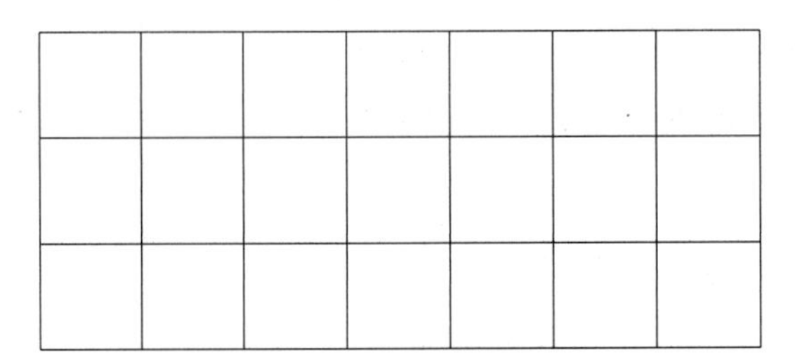

图 0.2.1 掰巧克力

假设 a,b 中至少有一个大于 1，不妨设 $a>1$. 如果将 a 行排块掰成 k 行和 $a-k$ 行，那么还剩 $k\times b$ 的排块和 $(a-k)\times b$ 的排块需要掰. 根据归纳假设，还需要 $(kb-1)+((a-k)b-1)$ 次才能掰成 1×1 的小块. 于是共需要掰 $1+(kb-1)+((a-k)b-1)=ab-1$ 次. ☺

例 0.2.7 令 p_n 为自然数中的第 n 个素数. 我们来证明，第 n 个素数 p_n 一定小于等于 $2^{2^{n-1}}$. ☺

证 当 $n=1$ 时，命题显然成立.

假设当 $n\leqslant k$ 时命题成立，下面考虑 p_{k+1}. 由例 0.2.2 可得，$p_{k+1}\leqslant p_1p_2\cdots p_k+1$. 根据归纳假设，我们有

$$p_{k+1}\leqslant p_1p_2\cdots p_k+1\leqslant 2^{2^0}2^{2^1}\cdots 2^{2^{k-1}}+1\leqslant 2^{2^0+2^1+\cdots+2^{k-1}}+1\leqslant 2^{2^k-1}+1\leqslant 2^{2^k}.$$

因此命题成立. □

习题

练习 0.2.1 请用反证法证明以下命题.

1. 若 $p>2$ 是素数，则 p 是奇数.
2. 对正整数 n，若 n^2 是奇数，则 n 是奇数.
3. 不存在最小的正有理数.

练习 0.2.2 经典逻辑的基本公理之一是排中律，即对任意命题 A，A 不能既不真又不假. 反证法可以看作排中律的推论，即如果我们发现 A 不能是错的，那么 A 就只能是对的. 因此，想要证明命题 A 真，不妨挑一个命题 B，先证明 $B\Rightarrow A$，再证明 $(\neg B)\Rightarrow A$. 那么 A 就必须是真的了. 给定命题：存在两个无理数 a,b，满足 a^b 是一个有理数. 请先假设 $\sqrt{2}^{\sqrt{2}}$ 是有理数，再假设 $\sqrt{2}^{\sqrt{2}}$ 是无理数，针对两种情形讨论来证明这个命题.

练习 0.2.3 证明 $2^{2^{n-1}}-1$ 必然至少有互异的 $n-1$ 个奇素因数.（因此第 n 个素数 p_n 一定小于等于 $2^{2^{n-1}}$.）

提示：运用因式分解 $x^2-1=(x+1)(x-1)$；并注意对任意 $m\neq n, 2^{2^m}+1$ 与 $2^{2^n}+1$ 互素.

练习 0.2.4 假设有一个 $a\times b$ 的巧克力排块，我们需要将它掰成 1×1 的小块，在掰的同时会被打分. 假设掰一次将 $x+y$ 块掰成了 x 块和 y 块，则得分 xy. 证明：当巧克力被完全掰成 1×1 的小块时，总得分永远为 $\dfrac{1}{2}ab(ab-1)$.

0.3 映　　射

最后回顾关于映射的基本概念.

设有集合 X 和 Y, 如果 X 中的任意元素 x, 都以某种法则 f 对应于 Y 中唯一一个元素, 则称这个对应的法则 f 是集合 X 到集合 Y 的一个**映射**, X 中的元素 x 所对应的 Y 中的元素常记作 $f(x)$.

映射用如下记号表示:

$$\begin{aligned} f\colon\ X &\to Y, \\ x &\mapsto f(x). \end{aligned}$$

这里, 集合 X 称为映射 f 的**定义域**, 集合 Y 称为映射 f 的**陪域**. 设 $x \in X, y = f(x) \in Y$, 我们称 y 为 x 在映射 f 下的**像**, x 为 y 在 f 下的**原像**. 注意, Y 中的元素不一定都有原像; 有原像时, 原像也可能不唯一. 定义域 X 中所有元素在 f 下的像构成 Y 的一个子集 $\{f(x) \mid x \in X\}$, 称为映射 f 的**像集或值域**, 记作 $f(X)$.

两个映射 $f, g\colon X \to Y$ 相等, 当且仅当对任意 $x \in X$, $f(x) = g(x)$.

根据映射的像集和原像的性质, 我们考虑如下三种特殊情形:

1. 如果对 X 中的任意两个不同元素 x_1, x_2, 都有 $f(x_1) \neq f(x_2)$, 则称 f 是一个**单射**; 即, 任何元素的原像至多只有一个.
2. 如果对 Y 中的任意元素 y, 都存在 X 中的某个 x, 使得 $y = f(x)$, 则称 f 是一个**满射**; 即, f 的像集 $f(X) = Y$.
3. 映射 f 既是单射又是满射, 则称 f 是一个**双射**. 双射 f 给出了集合 X 和 Y 之间的一个一一对应.

映射之间最重要的运算是两个映射的复合. 设 X, Y, Z 是三个集合, $f\colon X \to Y$, $g\colon Y \to Z$ 是两个映射, 则可以定义一个映射

$$\begin{aligned} h\colon\ X &\to Z, \\ x &\mapsto h(x) = g(f(x)), \end{aligned}$$

称其为 g 与 f 的**复合**, 记作 $h = g \circ f$. 可以如下表示:

$$\begin{array}{ccccc} X & \xrightarrow{f} & Y & \xrightarrow{g} & Z, \\ x & \mapsto & f(x) & \mapsto & g(f(x)). \end{array}$$

注意, 只有当 f 的陪域与 g 的定义域相同时, 才能定义二者的复合. 设 X, Y, Z, W 是四个集合, $f\colon X \to Y, g\colon Y \to Z, h\colon Z \to W$ 是三个映射, 则两种不同顺序的复合是同一个 X 到 W 的映射: $h \circ (g \circ f) = (h \circ g) \circ f$, 即映射的复合运算满足结合律. 因此, 这个映射可以写成 $h \circ g \circ f$ 而不会引起混淆.

当映射 f 的定义域和陪域都是 X 时, 称 f 是集合 X 上的一个**变换**. 容易看到, 一个变换永远可以跟自身复合, 记 $f^2 = f \circ f, f^n = f^{n-1} \circ f, n \geqslant 1$. 任意集合 X 上都有

一个特殊的变换，它把 X 中的任意元素 x 映到 x 本身，称为 X 上的**恒同变换**，记作 id_X，即 $\mathrm{id}_X(x)=x$，对任意 $x\in X$ 都成立．特别地，恒同变换与映射的复合不改变映射：对任意映射 $f\colon X\to Y$，都有 $f\circ\mathrm{id}_X=f=\mathrm{id}_Y\circ f$.

定义 0.3.1　设 $f\colon X\to Y$ 是一个映射，若存在另一个映射 $g\colon Y\to X$，满足 $f\circ g=\mathrm{id}_Y, g\circ f=\mathrm{id}_X$，则称映射 f **可逆**，称 g 是 f 的一个**逆（映射）**.

容易看出，当 f 可逆时，它的逆映射是唯一的，称为 f 的逆，记作 f^{-1}.

利用映射复合和恒同变换，可以给出单射、满射和双射的等价描述.

命题 0.3.2　对映射 $f\colon X\to Y$，若 $X\neq\varnothing$，则有

1. f 是单射当且仅当存在另一个映射 $g\colon Y\to X$，使得 $g\circ f=\mathrm{id}_X$；
2. f 是满射当且仅当存在另一个映射 $g\colon Y\to X$，使得 $f\circ g=\mathrm{id}_Y$；
3. f 是双射当且仅当 f 可逆，即存在另一个映射 $g\colon Y\to X$，使得 $f\circ g=\mathrm{id}_Y$，$g\circ f=\mathrm{id}_X$.

命题的证明留作习题.

习题

练习 0.3.1　判断下列映射是否为单射、满射、双射，并写出双射的逆映射：

1. $f\colon\mathbb{R}\to\mathbb{R}$, $x\mapsto x+1$.
2. $f\colon\mathbb{R}\to\mathbb{R}$, $x\mapsto 2x$.
3. $f\colon\mathbb{R}\to\mathbb{R}$, $x\mapsto 3$.
4. $f\colon\mathbb{R}\to\mathbb{R}$, $x\mapsto x^2$.
5. $f\colon(-\infty,0]\to\mathbb{R}$, $x\mapsto x^2$.
6. $f\colon\mathbb{R}\to(0,\infty)$, $x\mapsto \mathrm{e}^x$.
7. $f\colon\left[-\dfrac{3\pi}{2},-\dfrac{\pi}{2}\right]\to[-1,1]$, $x\mapsto\sin x$.

练习 0.3.2　对复合映射 $f=g\circ h$，证明或举出反例.

1. g,h 都是满射，则 f 是满射.
2. g,h 都是单射，则 f 是单射.
3. h 不是满射，则 f 不是满射.
4. g 不是满射，则 f 不是满射.
5. g 不是单射，则 f 不是单射.
6. h 不是单射，则 f 不是单射.
7. g,h 都不是双射，则 f 不是双射.

练习 0.3.3

1. 在不改变对应法则和定义域的前提下，$\mathbb{R}$ 上的变换 $f(x)=x^2+2x+3$，把陪域换成哪个集合，得到的映射是满射?
2. 证明映射 $f\colon[0,1]\to\mathbb{R}, f(x)=x$ 是单射.

练习 0.3.4　下列 $\mathbb{R}$ 上的变换，哪些满足交换律 $f\circ g=g\circ f$?

1. $f(x)=x+1, g(x)=2x$.
2. $f(x)=x^2, g(x)=x^3$.
3. $f(x)=2^x, g(x)=3^x$.
4. $f(x)=2x+1, g(x)=3x+2$.
5. $f(x)=2x+1, g(x)=3x+1$.
6. $f(x)=\sin x, g(x)=\cos x$.

练习 0.3.5 对 $\mathbb{R}$ 上的变换 $f(x)=2x+1$ 和 $g(x)=ax+b$，求实数 a,b，使得 $f\circ g=g\circ f$.

练习 0.3.6 在化简函数 $\arccos\circ\sin\colon\left[-\frac{\pi}{2},\frac{\pi}{2}\right]\to[0,\pi]$ 的下列步骤中，分别利用了映射的哪些性质？

1. 如果 $y=(\arccos\circ\sin)(x)$，则 $\cos y=(\cos\circ(\arccos\circ\sin))(x)$.
2. $\cos\circ(\arccos\circ\sin)=(\cos\circ\arccos)\circ\sin$.
3. $(\cos\circ\arccos)\circ\sin=\mathrm{id}_{[0,1]}\circ\sin$.
4. $\mathrm{id}_{[0,1]}\circ\sin=\sin$.

综上得 $\sin x=\cos y$，由此推断化简结果.

练习 0.3.7 用数学归纳法证明，任取有限个映射 $f_1,f_2,\cdots,f_n$，如果对 $1\leqslant i\leqslant n-1$，$f_{i+1}$ 的定义域都等于 f_i 的陪域，则复合映射 $f_n\circ\cdots\circ f_2\circ f_1$ 不因映射复合的计算次序而改变.

练习 0.3.8 证明，任意映射 f 都存在分解 $f=g\circ h$，其中 h 是满射，g 是单射.

练习 0.3.9 给定映射 h,g 和 $f=g\circ h$，证明，若 f 是双射，则 h 是单射，g 是满射.

练习 0.3.10 证明命题 0.3.2.

第 1 章 线性映射和矩阵

线性代数这门学科，以研究**线性系统**为目的，是一个从理论到应用都相当完善的数学分支. 我们先从系统说起. 系统是指由若干个互相作用和互相依赖的事物组合而成的具有特定功能的一个整体. 比较简单的一种是集合之间的映射：

$$\text{输入} \xrightarrow{\text{系统}} \text{输出}.$$

读者在中学学习的函数是一种特殊的映射，即从实数集到实数集的映射. 在本书中，我们用 $\mathbb{R}$ 来表示实数集，而 $\mathbb{N}, \mathbb{Z}, \mathbb{Q}, \mathbb{C}$ 分别表示自然数集、整数集、有理数集和复数集.

1.1 基本概念

我们从一个简单的系统开始.

例 1.1.1 (桥墩载荷) 如图 1.1.1 所示，有一座桥，桥长为 d，假设桥两端各有一桥墩，不考虑桥面和桥墩的重力、厚度. 在距左侧 S_1 桥墩 l_1 处放置一重物，重力为 F_1. 问两个桥墩各承担了多少载荷？

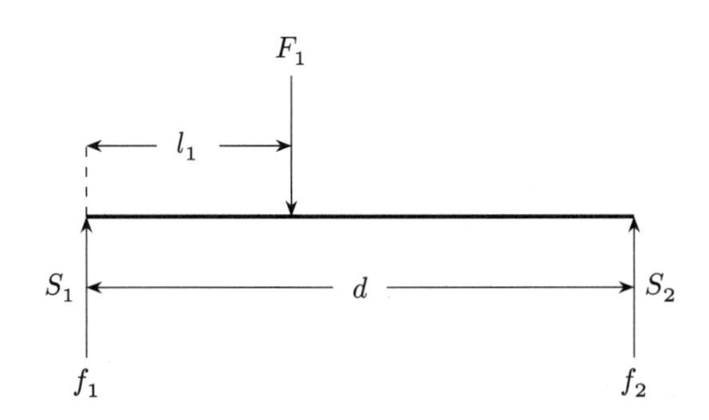

图 1.1.1 桥墩载荷：单重物

只需杠杆原理我们就可以求出答案. 考虑以 S_1 为支点、桥面为杆臂的杠杆，显然 $F_1 l_1 = f_2 d$，因此 $f_2 = \dfrac{l_1}{d} F_1$. 再考虑以 S_2 为支点的杠杆，有 $F_1(d - l_1) = f_1 d$，因此 $f_1 = \dfrac{d - l_1}{d} F_1$. 也可以利用力平衡，$f_1 = F_1 - f_2$ 求出 f_1.

下面考虑两个重物的情形. 如图 1.1.2 所示，在距左侧 S_1 桥墩 l_1 处放置一重物，重力为 F_1；在距左侧 S_1 桥墩 l_2 处放置一重物，重力为 F_2. 问两个桥墩各承担了多少载荷？

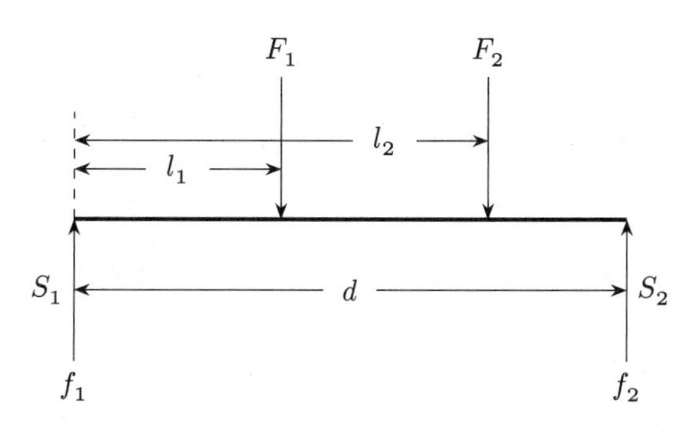

图 1.1.2 桥墩载荷：双重物

利用杠杆原理，考虑以 S_1 为支点、桥面为杆臂的杠杆，显然 $F_1l_1+F_2l_2=f_2d$，因此 $f_2=\frac{l_1}{d}F_1+\frac{l_2}{d}F_2$. 考虑以 S_2 为支点的杠杆，有 $F_1(d-l_1)+F_2(d-l_2)=f_1d$，因此 $f_1=\frac{d-l_1}{d}F_1+\frac{d-l_2}{d}F_2$. 也可以利用力平衡，$f_1=F_1+F_2-f_2$ 求出 f_1.

固定重物的位置，把重力 F_1,F_2 视为系统的输入，两个桥墩的载荷 f_1,f_2 视为系统的输出．系统中的输入和输出满足**叠加原理**，即，

1. 输入放大或缩小某一倍数时，输出也放大或缩小同一倍数；
2. 两组输入所产生的输出是二者分别产生的独立输出之和.

满足叠加原理的系统称为**线性系统**.

更一般地，在任意多位置上放置任意重物，我们都可以直接写出两个桥墩的载荷的表达式. ☺

上面描述的线性系统里，输入和输出只有有限多个，二者都可以表示成有序数组，我们把有序数组称为向量.

定义 1.1.2 (向量) 一个 m 元有序数组 $\boldsymbol{a}=\begin{bmatrix}a_1\\a_2\\\vdots\\a_m\end{bmatrix}$ 称为一个 m 维**向量**，实数 $a_1,a_2,\cdots,a_m$ 称为向量 $\boldsymbol{a}$ 的**分量**或**坐标**.

分量都是实数的 m 维向量的全体构成的集合记为 $\mathbb{R}^m$.

注 1.1.3 分量都是复数的 m 维向量的全体构成的集合记为 $\mathbb{C}^m$. 分量也可以取其他范围内的数，本书主要讨论分量为实数和复数的两种情形.

两个向量**相等**是指二者的每个分量都相等. 向量常用黑体小写字母表示[①]，如 $\boldsymbol{a}$. 由于分量纵向排列，向量又称为列向量.根据需要，向量也可以把分量横向排列，称为行向量.为

① 手写时可以直接写字母，也可以在字母上加箭头，如 $\vec{a}$.

了与列向量区分，用符号 $\boldsymbol{a}^{\mathrm{T}}$ 表示行向量，即如果 $\boldsymbol{a}=\begin{bmatrix}a_1\\a_2\\\vdots\\a_m\end{bmatrix}$，则 $\boldsymbol{a}^{\mathrm{T}}=\begin{bmatrix}a_1 & a_2 & \cdots & a_m\end{bmatrix}$.

现在，例 1.1.1 中两个重物的线性系统可以表示成如下映射：

$$\begin{aligned}\mathbb{R}^2 &\to \mathbb{R}^2,\\ \begin{bmatrix}F_1\\F_2\end{bmatrix} &\mapsto \begin{bmatrix}f_1\\f_2\end{bmatrix}=\begin{bmatrix}\dfrac{d-l_1}{d}F_1+\dfrac{d-l_2}{d}F_2\\ \dfrac{l_1}{d}F_1+\dfrac{l_2}{d}F_2\end{bmatrix}.\end{aligned}$$

一般地，n 个输入 m 个输出的线性系统可以表示成如下映射：

$$\begin{aligned}f:\quad \mathbb{R}^n &\to \mathbb{R}^m,\\ \boldsymbol{x}=\begin{bmatrix}x_1\\x_2\\\vdots\\x_n\end{bmatrix} &\mapsto \boldsymbol{y}=\begin{bmatrix}y_1\\y_2\\\vdots\\y_m\end{bmatrix}=\begin{bmatrix}a_{11}x_1+a_{12}x_2+\cdots+a_{1n}x_n\\a_{21}x_1+a_{22}x_2+\cdots+a_{2n}x_n\\\vdots\\a_{m1}x_1+a_{m2}x_2+\cdots+a_{mn}x_n\end{bmatrix}.\end{aligned}\tag{1.1.1}$$

我们将在下节说明该表示的正确性.

线性系统中的输入和输出，也就是向量，需要满足叠加原理：可加性要求任意两个向量之间可以相加，而齐次性要求任意一个向量可以放缩某一倍数.

定义 1.1.4 (线性运算) 为 $\mathbb{R}^m$ 中的向量定义两种运算①

1. 两个 m 维向量的**向量加法**：$\begin{bmatrix}a_1\\a_2\\\vdots\\a_m\end{bmatrix}+\begin{bmatrix}b_1\\b_2\\\vdots\\b_m\end{bmatrix}:=\begin{bmatrix}a_1+b_1\\a_2+b_2\\\vdots\\a_m+b_m\end{bmatrix}$；

2. 一个 m 维向量与一个实数的**数乘**：$k\begin{bmatrix}a_1\\a_2\\\vdots\\a_m\end{bmatrix}:=\begin{bmatrix}ka_1\\ka_2\\\vdots\\ka_m\end{bmatrix}$；

向量的加法和数乘统称向量的**线性运算**.

带有线性运算的集合 $\mathbb{R}^m$，称为**向量空间** $\mathbb{R}^m$ 或**线性空间** $\mathbb{R}^m$.

注意，"线性空间 $\mathbb{R}^m$"中的向量能做加法和数乘，而"集合 $\mathbb{R}^m$"则不能，二者并不是同一个数学对象. 另外，线性空间 $\mathbb{R}^n$ 和线性空间 $\mathbb{R}^m$ 中的向量在 $m\neq n$ 时无法做加法；线性空间 $\mathbb{R}^m$ 上的数乘运算中的数，需要是实数.

① 表达式中，$A:=B$ 表示令 $A=B$ 或者把 B 记作 A；类似地，$A=:B$ 表示 $B:=A$.

线性运算本身需要满足一定的运算法则.

命题 1.1.5 线性空间 $\mathbb{R}^m$ 中的向量加法和数乘满足如下八条运算法则:

1. 加法结合律: $(\boldsymbol{a}+\boldsymbol{b})+\boldsymbol{c}=\boldsymbol{a}+(\boldsymbol{b}+\boldsymbol{c})$;
2. 加法交换律: $\boldsymbol{a}+\boldsymbol{b}=\boldsymbol{b}+\boldsymbol{a}$;
3. 零向量: 存在 m 维**零向量** $\boldsymbol{0}=\begin{bmatrix}0\\0\\\vdots\\0\end{bmatrix}$, 满足 $\boldsymbol{a}+\boldsymbol{0}=\boldsymbol{a}$;
4. 负向量: 对任意 $\boldsymbol{a}=\begin{bmatrix}a_1\\a_2\\\vdots\\a_m\end{bmatrix}$, 记 $-\boldsymbol{a}=\begin{bmatrix}-a_1\\-a_2\\\vdots\\-a_m\end{bmatrix}$, 则 $\boldsymbol{a}+(-\boldsymbol{a})=\boldsymbol{0}$, 称 $-\boldsymbol{a}$ 为 $\boldsymbol{a}$ 的**负向量**;
5. 单位数: $1\boldsymbol{a}=\boldsymbol{a}$;
6. 数乘结合律: $(kl)\boldsymbol{a}=k(l\boldsymbol{a})$;
7. 数乘关于数的分配律: $(k+l)\boldsymbol{a}=k\boldsymbol{a}+l\boldsymbol{a}$;
8. 数乘关于向量的分配律: $k(\boldsymbol{a}+\boldsymbol{b})=k\boldsymbol{a}+k\boldsymbol{b}$.

其中, $\boldsymbol{a},\boldsymbol{b},\boldsymbol{c}$ 是 $\mathbb{R}^m$ 中的向量, k,l 是实数.

命题的验证是直接的, 我们留给读者. 下面讨论运算法则的一些结果和注意事项.

1. 根据负向量性质, 我们可以定义向量的**减法**: $\boldsymbol{a}-\boldsymbol{b}=\boldsymbol{a}+(-\boldsymbol{b})$.
2. 根据加法结合律, 我们不需要区分加法运算的先后次序, 因此可以写 $\boldsymbol{a}+\boldsymbol{b}+\boldsymbol{c}=(\boldsymbol{a}+\boldsymbol{b})+\boldsymbol{c}=\boldsymbol{a}+(\boldsymbol{b}+\boldsymbol{c})$. 类似地, $kl\boldsymbol{a}=(kl)\boldsymbol{a}=k(l\boldsymbol{a})$.
3. 上面的运算法则使得我们能够“合并同类项”. 例如
$$2\boldsymbol{a}+4(2\boldsymbol{a}+(3\boldsymbol{b}+\boldsymbol{0}))+4((\boldsymbol{a}+(2+3)\boldsymbol{c})-\boldsymbol{a})=10\boldsymbol{a}+12\boldsymbol{b}+20\boldsymbol{c}.$$
4. 有关数乘的其他结果: $0\boldsymbol{a}=\boldsymbol{0}$, $(-1)\boldsymbol{a}=-\boldsymbol{a}$.
5. 特别注意, 向量之间**没有**直接的乘除法. 有时我们会写 $\dfrac{\boldsymbol{a}}{k}$, 这时 k 必须是实数而非向量. 向量出现在分母上, 意味着已经犯了十分严重的概念错误.

例 1.1.6 读者在中学学习过平面向量. 把平面向量的起点固定在原点, 它的坐标表示就是二维数组; 而平面向量线性运算的坐标表示就是上面定义的两种线性运算. 因此, 配备上线性运算, 所有以原点为起点的平面向量全体构成的集合就是线性空间 $\mathbb{R}^2$. ☺

有了线性空间中的线性运算，线性系统 (1.1.1) 的叠加原理可以具体地描述如下：

$$f(\boldsymbol{x}+\boldsymbol{x}')=\begin{bmatrix}a_{11}(x_1+x_1')+\cdots+a_{1n}(x_n+x_n')\\a_{21}(x_1+x_1')+\cdots+a_{2n}(x_n+x_n')\\\vdots\\a_{m1}(x_1+x_1')+\cdots+a_{mn}(x_n+x_n')\end{bmatrix}$$

$$=\begin{bmatrix}a_{11}x_1+\cdots+a_{1n}x_n\\a_{21}x_1+\cdots+a_{2n}x_n\\\vdots\\a_{m1}x_1+\cdots+a_{mn}x_n\end{bmatrix}+\begin{bmatrix}a_{11}x_1'+\cdots+a_{1n}x_n'\\a_{21}x_1'+\cdots+a_{2n}x_n'\\\vdots\\a_{m1}x_1'+\cdots+a_{mn}x_n'\end{bmatrix}=f(\boldsymbol{x})+f(\boldsymbol{x}'),$$

$$f(k\boldsymbol{x})=\begin{bmatrix}a_{11}kx_1+\cdots+a_{1n}kx_n\\a_{21}kx_1+\cdots+a_{2n}kx_n\\\vdots\\a_{m1}kx_1+\cdots+a_{mn}kx_n\end{bmatrix}=k\begin{bmatrix}a_{11}x_1+\cdots+a_{1n}x_n\\a_{21}x_1+\cdots+a_{2n}x_n\\\vdots\\a_{m1}x_1+\cdots+a_{mn}x_n\end{bmatrix}=kf(\boldsymbol{x}),$$

其中[①]，$\boldsymbol{x}=\begin{bmatrix}x_1\\x_2\\\vdots\\x_n\end{bmatrix},\boldsymbol{x}'=\begin{bmatrix}x_1'\\x_2'\\\vdots\\x_n'\end{bmatrix}\in\mathbb{R}^n,k\in\mathbb{R}$. 由观察可知，等式左边的 $\boldsymbol{x}+\boldsymbol{x}',k\boldsymbol{x}$ 是 $\mathbb{R}^n$ 中的线性运算，而等式右边的 $f(\boldsymbol{x})+f(\boldsymbol{x}'),kf(\boldsymbol{x})$ 是 $\mathbb{R}^m$ 中的线性运算.

定义 1.1.7 (线性映射) 映射 $f\colon\mathbb{R}^n\to\mathbb{R}^m$，如果满足

1. 任取 $\boldsymbol{x},\boldsymbol{x}'\in\mathbb{R}^n$，都有 $f(\boldsymbol{x}+\boldsymbol{x}')=f(\boldsymbol{x})+f(\boldsymbol{x}')$；
2. 任取 $\boldsymbol{x}\in\mathbb{R}^n,k\in\mathbb{R}$，都有 $f(k\boldsymbol{x})=kf(\boldsymbol{x})$；

则称 f 为从 $\mathbb{R}^n$ 到 $\mathbb{R}^m$ 的**线性映射**.

因此，(1.1.1) 式中的映射是线性映射.

线性映射把定义域上的加法映射成陪域上的加法，把定义域上的数乘映射成陪域上同一个数的数乘. 简单来说，线性映射保持线性运算. 例如，对任意线性映射 $f\colon\mathbb{R}^n\to\mathbb{R}^m$，都有 $f(k\boldsymbol{x}+k'\boldsymbol{x}'+k''\boldsymbol{x}'')=kf(\boldsymbol{x})+k'f(\boldsymbol{x}')+k''f(\boldsymbol{x}'')$. 特别地，线性映射把零向量映射到零向量：在定义中取常数 $k=0$，可以得到 $f(\mathbf{0}_n)=\mathbf{0}_m$，其中 $\mathbf{0}_n\in\mathbb{R}^n$ 是 $\mathbb{R}^n$ 中的零向量，而 $\mathbf{0}_m\in\mathbb{R}^m$ 是 $\mathbb{R}^m$ 中的零向量. 利用这个性质，可以对一些映射简单有效地做出其并非线性的判断.

例 1.1.8 线性映射在生活中随处可见.

① 注意，这里 $\boldsymbol{x}'$ 表示不同于 $\boldsymbol{x}$ 的另一个向量，而不是对向量 $\boldsymbol{x}$ 做了某种运算的结果. 类似地，后文出现的 $\widetilde{\boldsymbol{x}},\widehat{\boldsymbol{x}}$ 等都表示不同的向量.

1. 去超市买水果，在苹果、香蕉、樱桃之间选择. 潜在的购买空间是由这三种水果组成的一个线性空间 $\mathbb{R}^3$，设苹果 $\boldsymbol{a}=\begin{bmatrix}1\\0\\0\end{bmatrix}$，香蕉 $\boldsymbol{b}=\begin{bmatrix}0\\1\\0\end{bmatrix}$，和樱桃 $\boldsymbol{c}=\begin{bmatrix}0\\0\\1\end{bmatrix}$.
   而结账这个过程就是一个映射，它将水果组合，映射到对应的总价上. 如果苹果、香蕉和樱桃的每千克价格分别是 12.98 元、9.98 元和 129.98 元，那么"结账"这个映射可以表达为：

$$\begin{aligned}\text{结账：}\quad \mathbb{R}^3 &\to \mathbb{R},\\ \begin{bmatrix}x_1\\x_2\\x_3\end{bmatrix} &\mapsto 12.98x_1+9.98x_2+129.98x_3.\end{aligned}$$

   容易看出，这是一个线性映射. 例如，$\boldsymbol{x},\boldsymbol{x}'$ 分别代表两种水果组合，对 $\boldsymbol{x}+2\boldsymbol{x}'$ 结账时，总价等于对 $\boldsymbol{x}$ 结账的总价加上对 $\boldsymbol{x}'$ 结账的总价的 2 倍. 即，

$$\text{结账}(\boldsymbol{x}+2\boldsymbol{x}')=\text{结账}(\boldsymbol{x})+2\,\text{结账}(\boldsymbol{x}').$$

2. 假设每千克苹果含有 12 克纤维素和 135 克糖，每千克香蕉含有 12 克纤维素和 208 克糖，每千克樱桃含有 3 克纤维素和 99 克糖. 所有纤维素和糖的含量的组合组成一个二维线性空间 $\mathbb{R}^2$，设纤维素 $\boldsymbol{f}=\begin{bmatrix}1\\0\end{bmatrix}$，糖 $\boldsymbol{s}=\begin{bmatrix}0\\1\end{bmatrix}$. 把每种水果组合映射到对应的纤维素和糖的含量，是一个从 $\mathbb{R}^3$ 到 $\mathbb{R}^2$ 的映射，称为"营养"：

$$\begin{aligned}\text{营养：}\quad \mathbb{R}^3 &\to \mathbb{R}^2,\\ \begin{bmatrix}x_1\\x_2\\x_3\end{bmatrix} &\mapsto \begin{bmatrix}12x_1+12x_2+3x_3\\135x_1+208x_2+99x_3\end{bmatrix}.\end{aligned}$$

   容易看出，这是一个线性映射.

注意，这两个例子中的线性映射都具有形如 (1.1.1) 式的表达式. ☺

定义 1.1.9 (线性变换) 从 $\mathbb{R}^n$ 到自身的线性映射称为 $\mathbb{R}^n$ 上的**线性变换**.

特别地，$\mathbb{R}^n$ 上的 **恒同变换**

$$\begin{aligned}\boldsymbol{I}=\mathrm{id}:\quad \mathbb{R}^n &\to \mathbb{R}^n\\ \boldsymbol{x} &\mapsto \boldsymbol{x}\end{aligned}\tag{1.1.2}$$

是线性变换.

例 1.1.10　考虑例 1.1.6 中由平面向量构成的线性空间 $\mathbb{R}^2$，下面讨论平面①上的几类线性变换.

1. **旋转变换**: 对任意实数 θ, 将所有向量绕原点逆时针旋转 θ 大小的角. 这定义了一个 $\mathbb{R}^2$ 上的变换, 记为 $\boldsymbol{R}_\theta$. 图 1.1.3 证明了 $\boldsymbol{R}_\theta(k\boldsymbol{x}) = k\boldsymbol{R}_\theta(\boldsymbol{x})$, $\boldsymbol{R}_\theta(\boldsymbol{x}+\boldsymbol{x}') = \boldsymbol{R}_\theta(\boldsymbol{x}) + \boldsymbol{R}_\theta(\boldsymbol{x}')$.

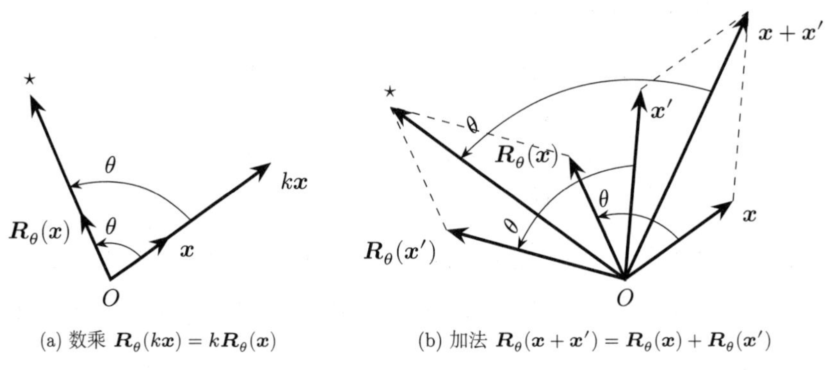

(a) 数乘 $\boldsymbol{R}_\theta(k\boldsymbol{x}) = k\boldsymbol{R}_\theta(\boldsymbol{x})$　　(b) 加法 $\boldsymbol{R}_\theta(\boldsymbol{x}+\boldsymbol{x}') = \boldsymbol{R}_\theta(\boldsymbol{x}) + \boldsymbol{R}_\theta(\boldsymbol{x}')$

图 1.1.3　旋转变换

因此, 旋转变换 $\boldsymbol{R}_\theta$ 是线性变换. 那么, 它是否具有形如 (1.1.1) 式的表达式呢? 由于 $\boldsymbol{R}_\theta$ 是线性的，我们有

$$\boldsymbol{R}_\theta\left(\begin{bmatrix}x_1\\x_2\end{bmatrix}\right) = \boldsymbol{R}_\theta\left(x_1\begin{bmatrix}1\\0\end{bmatrix} + x_2\begin{bmatrix}0\\1\end{bmatrix}\right) = x_1\boldsymbol{R}_\theta\left(\begin{bmatrix}1\\0\end{bmatrix}\right) + x_2\boldsymbol{R}_\theta\left(\begin{bmatrix}0\\1\end{bmatrix}\right).$$

容易知道

$$\boldsymbol{R}_\theta\left(\begin{bmatrix}1\\0\end{bmatrix}\right) = \begin{bmatrix}\cos\theta\\\sin\theta\end{bmatrix},\quad \boldsymbol{R}_\theta\left(\begin{bmatrix}0\\1\end{bmatrix}\right) = \begin{bmatrix}\cos(\theta+\frac{\pi}{2})\\\sin(\theta+\frac{\pi}{2})\end{bmatrix},$$

因此

$$\boldsymbol{R}_\theta\left(\begin{bmatrix}x_1\\x_2\end{bmatrix}\right) = x_1\begin{bmatrix}\cos\theta\\\sin\theta\end{bmatrix} + x_2\begin{bmatrix}-\sin\theta\\\cos\theta\end{bmatrix} = \begin{bmatrix}x_1\cos\theta - x_2\sin\theta\\x_1\sin\theta + x_2\cos\theta\end{bmatrix}.$$

注意，线性映射 $\boldsymbol{R}_\theta$ 仅仅由它在 $\begin{bmatrix}1\\0\end{bmatrix}$ 和 $\begin{bmatrix}0\\1\end{bmatrix}$ 这两个向量上的取值决定. 这是线性映射最特殊的地方. 我们称 $\begin{bmatrix}1\\0\end{bmatrix}$ 和 $\begin{bmatrix}0\\1\end{bmatrix}$ 这两个向量为 $\mathbb{R}^2$ 的**标准坐标向量**.

① 我们以后经常会直接把 $\mathbb{R}^2$ 称为平面，但要注意多数情形中 $\mathbb{R}^2$ 中的元素是向量，而不是点.

2. **反射变换**：给定过原点的直线 l_θ: $x_2\cos\theta - x_1\sin\theta = 0$，其中 θ 是直线与 x_1 坐标轴的夹角. 任意向量关于 l_θ 的反射，定义了一个 $\mathbb{R}^2$ 上的变换，记为 $\boldsymbol{H}_\theta$. 图 1.1.4 展示了 $\boldsymbol{H}_\theta(k\boldsymbol{x}) = k\boldsymbol{H}_\theta(\boldsymbol{x})$，$\boldsymbol{H}_\theta(\boldsymbol{x}+\boldsymbol{x}') = \boldsymbol{H}_\theta(\boldsymbol{x}) + \boldsymbol{H}_\theta(\boldsymbol{x}')$.

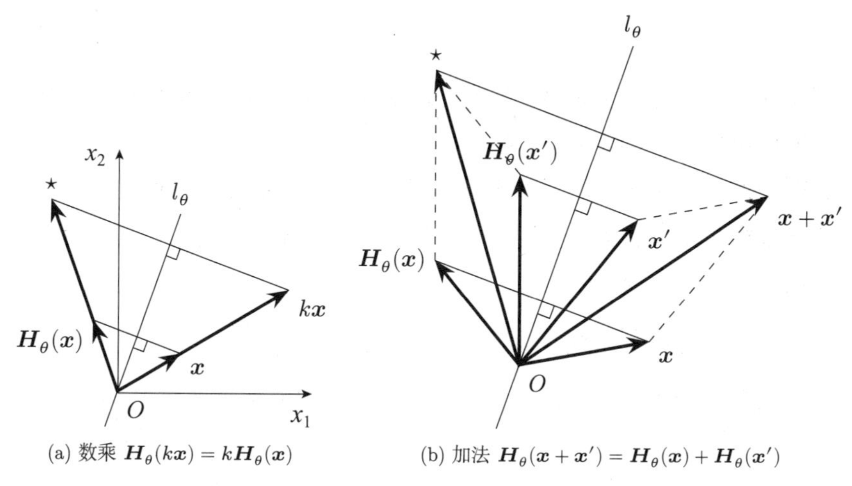

(a) 数乘 $\boldsymbol{H}_\theta(k\boldsymbol{x}) = k\boldsymbol{H}_\theta(\boldsymbol{x})$　　(b) 加法 $\boldsymbol{H}_\theta(\boldsymbol{x}+\boldsymbol{x}') = \boldsymbol{H}_\theta(\boldsymbol{x}) + \boldsymbol{H}_\theta(\boldsymbol{x}')$

图 1.1.4　反射变换

因此，反射变换 $\boldsymbol{H}_\theta$ 是线性变换. 类似地，由于

$$\boldsymbol{H}_\theta\left(\begin{bmatrix}1\\0\end{bmatrix}\right) = \begin{bmatrix}\cos 2\theta\\ \sin 2\theta\end{bmatrix},\quad \boldsymbol{H}_\theta\left(\begin{bmatrix}0\\1\end{bmatrix}\right) = \begin{bmatrix}\cos\left(2\theta - \dfrac{\pi}{2}\right)\\ \sin\left(2\theta - \dfrac{\pi}{2}\right)\end{bmatrix},$$

因此

$$\boldsymbol{H}_\theta\left(\begin{bmatrix}x_1\\x_2\end{bmatrix}\right) = x_1\begin{bmatrix}\cos 2\theta\\ \sin 2\theta\end{bmatrix} + x_2\begin{bmatrix}\sin 2\theta\\ -\cos 2\theta\end{bmatrix} = \begin{bmatrix}x_1\cos 2\theta + x_2\sin 2\theta\\ x_1\sin 2\theta - x_2\cos 2\theta\end{bmatrix}.$$

特别地，如果直线就是 x_1 坐标轴，即 $\theta = 0$，则 $\boldsymbol{H}_\theta\left(\begin{bmatrix}x_1\\x_2\end{bmatrix}\right) = \begin{bmatrix}x_1\\-x_2\end{bmatrix}$.

3. **对换变换**：对换 $\mathbb{R}^2$ 中向量的两个分量 x_1, x_2 也构成一个线性变换：

$$\begin{aligned}\boldsymbol{P}\colon\quad \mathbb{R}^2 &\to \mathbb{R}^2\\ \begin{bmatrix}x_1\\x_2\end{bmatrix} &\mapsto \begin{bmatrix}x_2\\x_1\end{bmatrix}.\end{aligned}$$

可以看到，其实 $\boldsymbol{P}$ 也是关于直线 $x_2 - x_1 = 0$ 的反射.

4. **伸缩变换**：设 $k\in\mathbb{R}$，定义一个 $\mathbb{R}^2$ 上的变换 $\boldsymbol{C}_k$，它把向量在 x_1 方向拉伸 k

倍，x_2 方向保持不变，其表达式为

$$\begin{aligned}\boldsymbol{C}_k\colon\quad \mathbb{R}^2 &\to \mathbb{R}^2\\ \begin{bmatrix}x_1\\x_2\end{bmatrix} &\mapsto \begin{bmatrix}kx_1\\x_2\end{bmatrix}.\end{aligned}$$

容易验证 $\boldsymbol{C}_k$ 是线性变换. 若 $k>0$，它把单位正方形 $\{0\leqslant x_1\leqslant 1, 0\leqslant x_2\leqslant 1\}$ 映射成矩形 $\{0\leqslant x_1\leqslant k, 0\leqslant x_2\leqslant 1\}$.

5. **投影变换**：当 $k=0$ 时，伸缩变换 $\boldsymbol{C}_0$ 是对 x_2 轴的垂直投影.
6. **错切变换**：设 $k\in\mathbb{R}$，定义 $\mathbb{R}^2$ 上的一个变换 $\boldsymbol{S}_k$，它把 x_1 方向的 k 倍加到 x_2 方向上，并保持 x_1 方向不变，其表达式为

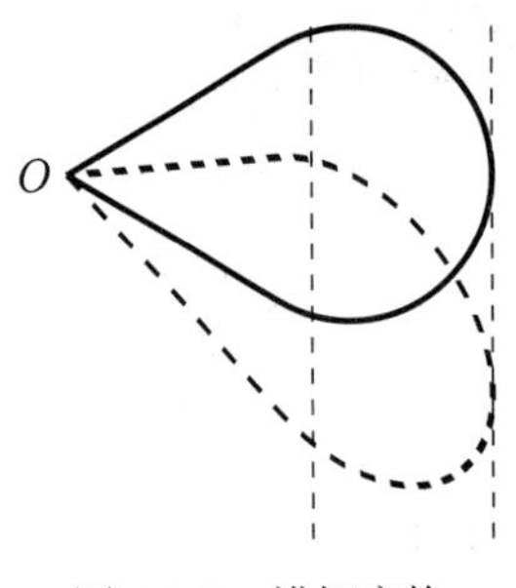

图 1.1.5 错切变换

$$\begin{aligned}\boldsymbol{S}_k\colon\quad \mathbb{R}^2 &\to \mathbb{R}^2\\ \begin{bmatrix}x_1\\x_2\end{bmatrix} &\mapsto \begin{bmatrix}x_1\\kx_1+x_2\end{bmatrix}.\end{aligned}$$

容易验证 $\boldsymbol{S}_k$ 是线性变换. 它把单位正方形 $\{0\leqslant x_1\leqslant 1, 0\leqslant x_2\leqslant 1\}$ 映射成平行四边形 $\{0\leqslant x_1\leqslant 1, kx_1\leqslant x_2\leqslant kx_1+1\}$，而面积保持不变（参见图 1.1.5）. ☺

例 1.1.11 容易验证，以下这几个映射都**不是**线性映射.

1. 平面上的平移变换：设 $\boldsymbol{a}=\begin{bmatrix}a_1\\a_2\end{bmatrix}$ 是平面向量，$\boldsymbol{T_a}\colon\mathbb{R}^2\to\mathbb{R}^2$ 是关于向量 $\boldsymbol{a}$ 的平移，其表达式为

$$\begin{aligned}\boldsymbol{T_a}\colon\quad \mathbb{R}^2 &\to \mathbb{R}^2\\ \begin{bmatrix}x_1\\x_2\end{bmatrix} &\mapsto \begin{bmatrix}x_1+a_1\\x_2+a_2\end{bmatrix}.\end{aligned}$$

当 $\boldsymbol{a}\neq\boldsymbol{0}$ 时，$\boldsymbol{T_a}(\boldsymbol{0})=\boldsymbol{0}+\boldsymbol{a}=\boldsymbol{a}$，即 $\boldsymbol{T_a}$ 不保持零向量，因此 $\boldsymbol{T_a}$ **不是**线性映射.

类似地，如果直线 l 不经过原点，那么关于 l 的反射变换就不是线性映射.

2. 取长度：定义映射 $l\colon\mathbb{R}^2\to\mathbb{R}$，它将平面上的任意向量 $\boldsymbol{x}$ 映射到这个向量的长度. 其表达式为

$$\begin{aligned}l\colon\quad \mathbb{R}^2 &\to \mathbb{R}\\ \begin{bmatrix}x_1\\x_2\end{bmatrix} &\mapsto \sqrt{x_1^2+x_2^2}.\end{aligned}$$

3. 绕圆旋转：定义映射 $c\colon\mathbb{R}\to\mathbb{R}^2$，它将输入的角度映射到单位圆上对应的位置.

如果将输入看作时间，那么这个映射就可以看作是一个点匀速绕定点旋转 (参见图 1.1.6). 这个映射的表达式为

$$\begin{aligned} c:\ \mathbb{R} &\to \mathbb{R}^2 \\ \theta &\mapsto \begin{bmatrix}\cos\theta \\ \sin\theta\end{bmatrix}. \end{aligned}$$

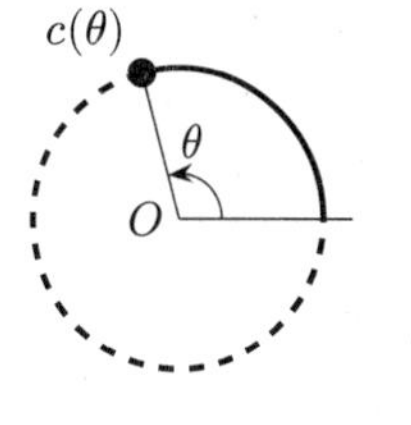

图 1.1.6 匀速圆周运动

4. 齐次非线性：定义映射 $f\colon \mathbb{R}^2 \to \mathbb{R}$. 其表达式为

$$\begin{aligned} f:\ \mathbb{R}^2 &\to \mathbb{R} \\ \begin{bmatrix}x_1 \\ x_2\end{bmatrix} &\mapsto (x_1^3 + x_2^3)^{\frac{1}{3}}. \end{aligned}$$

注意，这个映射虽然满足 $f(k\boldsymbol{a}) = kf(\boldsymbol{a})$，但是 $f(\boldsymbol{a}+\boldsymbol{b}) \neq f(\boldsymbol{a}) + f(\boldsymbol{b})$. ☺

映射 $f\colon \mathbb{R}^n \to \mathbb{R}^m$, 单独看 $\mathbb{R}^m$ 中任意一个分量的表达式，都是自变量 $x_1, x_2, \cdots, x_n$ 的多元函数. 可以观察到，例 1.1.10 中的线性映射，每一个分量都是自变量的**线性函数**，即常数项为零的一次函数，形如 $a_1x_1 + a_2x_2 + \cdots + a_nx_n$；而例 1.1.11 中的反例，映射的分量并不是线性函数. 那么，线性映射的分量是不是总是线性函数呢?

习题

练习 1.1.1 如图 1.1.7 所示，钟表表盘上对应整点有 12 个向量，其中 12 点对应向量为 $\begin{bmatrix}0 \\ 1\end{bmatrix}$.

1. 计算 12 个向量之和.
2. 不计 2 点方向向量，计算其他 11 个向量之和.
3. 假设这 12 个向量的起点从表盘中心移到 6 点，则 12 点对应向量变为 $\begin{bmatrix}0 \\ 2\end{bmatrix}$. 计算此时 12 个向量之和.

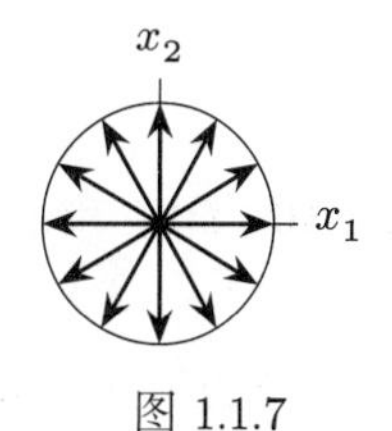

图 1.1.7

练习 1.1.2 如果平面上的向量 $\begin{bmatrix}a \\ b\end{bmatrix}$ 与 $\begin{bmatrix}c \\ d\end{bmatrix}$ 共线，那么 $\begin{bmatrix}a \\ c\end{bmatrix}$ 与 $\begin{bmatrix}b \\ d\end{bmatrix}$ 是否共线?

练习 1.1.3 证明命题 1.1.5.

练习 1.1.4

1. 如果只用加法交换律，不用加法结合律，那么 $(\boldsymbol{a}+\boldsymbol{b})+\boldsymbol{c}$ 有多少种与之相等的表达式?
2. 如果只用加法结合律，不用加法交换律，那么 $((\boldsymbol{a}+\boldsymbol{b})+\boldsymbol{c})+\boldsymbol{d}$ 有多少种与之相等的表达式?

练习 1.1.5 判断下列映射是否为线性映射:

1. $f\colon \mathbb{R} \to \mathbb{R}$, $x \mapsto x+1$.
2. $f\colon \mathbb{R} \to \mathbb{R}$, $x \mapsto 2x$.
3. $f\colon \mathbb{R} \to \mathbb{R}$, $x \mapsto 0$.
4. $f\colon \mathbb{R} \to \mathbb{R}$, $x \mapsto 1$.
5. $f\colon \mathbb{R} \to \mathbb{R}$, $x \mapsto x^2$.
6. $f\colon \mathbb{R} \to \mathbb{R}$, $x \mapsto 2^x$.
7. $f\colon \mathbb{R}^2 \to \mathbb{R}^3$, $\begin{bmatrix} x \\ y \end{bmatrix} \mapsto \begin{bmatrix} x+y \\ y-x \\ 2x \end{bmatrix}$.
8. $f\colon \mathbb{R}^2 \to \mathbb{R}^3$, $\begin{bmatrix} x \\ y \end{bmatrix} \mapsto \begin{bmatrix} x+1 \\ y-x \\ 2x \end{bmatrix}$.

练习 1.1.6 设 $f\colon \mathbb{R} \to \mathbb{R}$ 是线性映射，证明存在实数 k，使得 $f(x) = kx$.

练习 1.1.7 设映射 $f\colon \mathbb{R}^3 \to \mathbb{R}^2, f\left(\begin{bmatrix} x \\ y \\ z \end{bmatrix}\right) = \begin{bmatrix} g(x,y,z) \\ h(x,y,z) \end{bmatrix}$，其中 $g, h\colon \mathbb{R}^3 \to \mathbb{R}$. 证明 f 是线性映射当且仅当 g, h 都是线性映射.

练习 1.1.8 设 $\boldsymbol{x}_1 = \begin{bmatrix} 1 \\ 0 \end{bmatrix}, \boldsymbol{x}_2 = \begin{bmatrix} 1 \\ 1 \end{bmatrix}, \boldsymbol{x}_3 = \begin{bmatrix} 0 \\ 1 \end{bmatrix}, \boldsymbol{b}_1 = \begin{bmatrix} 1 \\ 1 \\ 0 \end{bmatrix}, \boldsymbol{b}_2 = \begin{bmatrix} 1 \\ 0 \\ 1 \end{bmatrix}, \boldsymbol{b}_3 = \begin{bmatrix} 0 \\ 1 \\ 1 \end{bmatrix}$，是否存在线性映射 $f\colon \mathbb{R}^2 \to \mathbb{R}^3$，满足 $f(\boldsymbol{x}_i) = \boldsymbol{b}_i, i = 1,2,3$?

练习 1.1.9 判断下列映射是否为线性映射:

1. 给定 $\boldsymbol{a} \in \mathbb{R}^m$，$f\colon \mathbb{R} \to \mathbb{R}^m, f(k) = k\boldsymbol{a}$.
2. 给定实数 k，$f\colon \mathbb{R}^m \to \mathbb{R}^m, f(\boldsymbol{a}) = k\boldsymbol{a}$.
3. $f\colon \mathbb{R}^{m+1} \to \mathbb{R}^m, f\left(\begin{bmatrix} a_1 \\ \vdots \\ a_m \\ a_{m+1} \end{bmatrix}\right) = a_{m+1}\begin{bmatrix} a_1 \\ \vdots \\ a_m \end{bmatrix}$.

练习 1.1.10 给定三维向量 $\boldsymbol{a} = \begin{bmatrix} a_1 \\ a_2 \\ a_3 \end{bmatrix}, \boldsymbol{b} = \begin{bmatrix} b_1 \\ b_2 \\ b_3 \end{bmatrix}$，定义:

1. 二者**点积**为 $\boldsymbol{a} \cdot \boldsymbol{b} := a_1b_1 + a_2b_2 + a_3b_3$.
2. 二者**叉积**为 $\boldsymbol{a} \times \boldsymbol{b} := \begin{bmatrix} a_2b_3 - a_3b_2 \\ a_3b_1 - a_1b_3 \\ a_1b_2 - a_2b_1 \end{bmatrix}$.

那么给定 $\boldsymbol{a} \in \mathbb{R}^3$，映射 $f\colon \mathbb{R}^3 \to \mathbb{R}, \boldsymbol{b} \mapsto \boldsymbol{a} \cdot \boldsymbol{b}$ 和 $g\colon \mathbb{R}^3 \to \mathbb{R}^3, \boldsymbol{b} \mapsto \boldsymbol{a} \times \boldsymbol{b}$ 是否为线性映射?

练习 1.1.11 给定平面上任意面积为 1 的三角形，经过下列变换之后，其面积是否确定? 如果是，面积为多少? (不需严谨证明，猜测答案即可.)

1. 旋转变换.
2. 反射变换.
3. 对 x_2 投影的投影变换.
4. x_1 方向拉伸 3 倍，x_2 方向不变的伸缩变换.
5. 把 x_1 方向的 3 倍加到 x_2 方向上，保持 x_1 方向不变的错切变换.

练习 1.1.12 设 $\mathbb{R}^2$ 上的变换 $f\left(\begin{bmatrix}x\\y\end{bmatrix}\right)=\begin{bmatrix}-y+1\\x+2\end{bmatrix}$.

1. 证明 f 不是线性变换.
2. 构造分解 $f=g\circ h$, 其中 g 是 $\mathbb{R}^2$ 上的平移变换, h 是 $\mathbb{R}^2$ 上的线性变换. (这种平移与线性变换的复合称为仿射变换. 注意, 平移变换并不是线性变换.)

练习 1.1.13 ☕ 设连续函数 $f\colon \mathbb{R}\to\mathbb{R}$ 满足 $f(a+b)=f(a)+f(b)$, f 是否为线性映射? (需要微积分知识)

1.2 线性映射的表示矩阵

本节主要讨论线性映射是不是总具有 (1.1.1) 式的形式.

我们称线性空间中的一组向量 $\boldsymbol{a}_1,\boldsymbol{a}_2,\cdots,\boldsymbol{a}_n$ 为一个向量组. 注意, $\boldsymbol{a}_j$ 中 a 用黑体, 表示它是一组向量中的第 j 个向量, 而不是某个向量的第 j 个分量. 首先考虑定义域 $\mathbb{R}^n$ 中一组特殊的向量

$$\boldsymbol{e}_1=\begin{bmatrix}1\\0\\\vdots\\0\end{bmatrix},\quad \boldsymbol{e}_2=\begin{bmatrix}0\\1\\\vdots\\0\end{bmatrix},\quad \cdots,\quad \boldsymbol{e}_n=\begin{bmatrix}0\\0\\\vdots\\1\end{bmatrix}.$$

这组向量称为 $\mathbb{R}^n$ 的**标准坐标向量组**, 其中 $\boldsymbol{e}_i$ 称为第 i 个**标准坐标向量**. 这组向量的一个特殊之处在于, $\mathbb{R}^n$ 中的任意向量 $\boldsymbol{x}=\begin{bmatrix}x_1\\x_2\\\vdots\\x_n\end{bmatrix}$ 都可以由它们做线性运算得到:

$$\boldsymbol{x}=x_1\boldsymbol{e}_1+x_2\boldsymbol{e}_2+\cdots+x_n\boldsymbol{e}_n.$$

对线性映射 f, 由于线性映射保持线性运算, 因此有

$$f(\boldsymbol{x})=x_1f(\boldsymbol{e}_1)+x_2f(\boldsymbol{e}_2)+\cdots+x_nf(\boldsymbol{e}_n). \tag{1.2.1}$$

定义 1.2.1 (线性组合与线性表示) 给定 $\mathbb{R}^m$ 中向量组 $\boldsymbol{a}_1,\boldsymbol{a}_2,\cdots,\boldsymbol{a}_n$ 和一组数 $k_1,k_2,\cdots,k_n\in\mathbb{R}$, 称向量 $k_1\boldsymbol{a}_1+k_2\boldsymbol{a}_2+\cdots+k_n\boldsymbol{a}_n$ 是向量组 $\boldsymbol{a}_1,\boldsymbol{a}_2,\cdots,\boldsymbol{a}_n$ 的一个**线性组合**.

设 $\boldsymbol{b}$ 是 $\mathbb{R}^m$ 中的向量, 如果存在一组数 $k_1,k_2,\cdots,k_n\in\mathbb{R}$, 使得 $\boldsymbol{b}=k_1\boldsymbol{a}_1+k_2\boldsymbol{a}_2+\cdots+k_n\boldsymbol{a}_n$, 则称 $\boldsymbol{b}$ 可以被向量组 $\boldsymbol{a}_1,\boldsymbol{a}_2,\cdots,\boldsymbol{a}_n$ **线性表示**.

任意向量 $\boldsymbol{x}\in\mathbb{R}^n$ 都可以被标准坐标向量组 $\boldsymbol{e}_1,\boldsymbol{e}_2,\cdots,\boldsymbol{e}_n$ 线性表示, 而 $f(\boldsymbol{x})$ 也以同样方式被它们在 f 下的像 $f(\boldsymbol{e}_1),f(\boldsymbol{e}_2),\cdots,f(\boldsymbol{e}_n)$ 线性表示. 可以说明, 线性映射 f 由 n 个特殊的像 $f(\boldsymbol{e}_1),f(\boldsymbol{e}_2),\cdots,f(\boldsymbol{e}_n)$ 所决定.

命题 1.2.2 设 $f, g\colon \mathbb{R}^n \to \mathbb{R}^m$ 是两个线性映射，如果 $f(\boldsymbol{e}_i) = g(\boldsymbol{e}_i), i = 1, 2, \cdots, n$，则 $f = g$.

证 如果 $f(\boldsymbol{e}_i) = g(\boldsymbol{e}_i), i = 1, 2, \cdots, n$，则对任意 $\boldsymbol{x} \in \mathbb{R}^n$，都有

$$f(\boldsymbol{x}) = x_1 f(\boldsymbol{e}_1) + x_2 f(\boldsymbol{e}_2) + \cdots + x_n f(\boldsymbol{e}_n) = x_1 g(\boldsymbol{e}_1) + x_2 g(\boldsymbol{e}_2) + \cdots + x_n g(\boldsymbol{e}_n) = g(\boldsymbol{x}).$$

这意味着两个映射相等. □

这个命题解决了线性映射的唯一性问题, 那么存在性问题呢? 即, 任取 $\mathbb{R}^m$ 中的 n 个向量 $\boldsymbol{a}_1, \boldsymbol{a}_2, \cdots, \boldsymbol{a}_n$, 能否找到一个线性映射 $f\colon \mathbb{R}^n \to \mathbb{R}^m$, 满足 $f(\boldsymbol{e}_i) = \boldsymbol{a}_i, i = 1, 2, \cdots, n$? 答案是肯定的. 根据 (1.2.1) 式，首先定义映射

$$\begin{aligned} f\colon \quad \mathbb{R}^n \quad &\to \quad \mathbb{R}^m \\ \boldsymbol{x} = \begin{bmatrix} x_1 \\ x_2 \\ \vdots \\ x_n \end{bmatrix} \quad &\mapsto \quad x_1 \boldsymbol{a}_1 + x_2 \boldsymbol{a}_2 + \cdots + x_n \boldsymbol{a}_n. \end{aligned}$$

下面根据定义验证它是线性映射:

$$\begin{aligned} f(\boldsymbol{x} + \boldsymbol{x}') &= (x_1 + x_1')\boldsymbol{a}_1 + (x_2 + x_2')\boldsymbol{a}_2 + \cdots + (x_n + x_n')\boldsymbol{a}_n \\ &= (x_1 \boldsymbol{a}_1 + x_2 \boldsymbol{a}_2 + \cdots + x_n \boldsymbol{a}_n) + (x_1' \boldsymbol{a}_1 + x_2' \boldsymbol{a}_2 + \cdots + x_n' \boldsymbol{a}_n) \\ &= f(\boldsymbol{x}) + f(\boldsymbol{x}'), \end{aligned}$$

$$f(k\boldsymbol{x}) = kx_1 \boldsymbol{a}_1 + kx_2 \boldsymbol{a}_2 + \cdots + kx_n \boldsymbol{a}_n = k(x_1 \boldsymbol{a}_1 + x_2 \boldsymbol{a}_2 + \cdots + x_n \boldsymbol{a}_n) = kf(\boldsymbol{x}),$$

其中，$\boldsymbol{x} = \begin{bmatrix} x_1 \\ x_2 \\ \vdots \\ x_n \end{bmatrix}, \boldsymbol{x}' = \begin{bmatrix} x_1' \\ x_2' \\ \vdots \\ x_n' \end{bmatrix} \in \mathbb{R}^n, k \in \mathbb{R}$. 因此我们有如下结果，其中的唯一性由命题 1.2.2 保证.

命题 1.2.3 任取 $\mathbb{R}^m$ 中的 n 个向量 $\boldsymbol{a}_1, \boldsymbol{a}_2, \cdots, \boldsymbol{a}_n$，都存在唯一的线性映射 $f\colon \mathbb{R}^n \to \mathbb{R}^m$，满足 $f(\boldsymbol{e}_i) = \boldsymbol{a}_i, i = 1, 2, \cdots, n$.

这个命题从理论上完整地描述了线性映射. 一方面, 尽管定义域和陪域都包含无穷多个元素，但保持线性运算这一性质使得线性映射仅由它在标准坐标向量组 $\boldsymbol{e}_1, \boldsymbol{e}_2, \cdots, \boldsymbol{e}_n$ 上的取值唯一决定；另一方面，这 n 个取值在陪域中又是完全自由的，可以任意选取.

下面从计算的角度,具体地描述线性映射 $f\colon \mathbb{R}^n \to \mathbb{R}^m$. 设 $f(\boldsymbol{e}_i)=\boldsymbol{a}_i, i=1,2,\cdots,n$, 其中

$$\boldsymbol{a}_1=\begin{bmatrix}a_{11}\\a_{21}\\\vdots\\a_{m1}\end{bmatrix},\boldsymbol{a}_2=\begin{bmatrix}a_{12}\\a_{22}\\\vdots\\a_{m2}\end{bmatrix},\cdots,\boldsymbol{a}_n=\begin{bmatrix}a_{1n}\\a_{2n}\\\vdots\\a_{mn}\end{bmatrix}.$$

因为 $f(\boldsymbol{x})=x_1f(\boldsymbol{e}_1)+x_2f(\boldsymbol{e}_2)+\cdots+x_nf(\boldsymbol{e}_n)$, 所以线性映射 f 恰好具有 (1.1.1) 式中的形式. 把向量组 $\boldsymbol{a}_1,\boldsymbol{a}_2,\cdots,\boldsymbol{a}_n$ 并列排在一起, 得到一个矩形的数表:

$$A=\begin{bmatrix}a_{11}&a_{12}&\cdots&a_{1n}\\a_{21}&a_{22}&\cdots&a_{2n}\\\vdots&\vdots&&\vdots\\a_{m1}&a_{m2}&\cdots&a_{mn}\end{bmatrix},$$

数学上称之为**矩阵**. 我们用大写字母表示矩阵, 如 A. 上面的矩阵中, 每个元素带有两个下角标, 第一个下角标代表元素所在的行, 第二个下角标代表元素所在的列, 如 a_{ij} 就表示该元素位于第 i 行第 j 列的交叉点处, 称为矩阵 A 的 (i,j) 元①. 竖排的 n 个 $\mathbb{R}^m$ 中的向量

$$\boldsymbol{a}_1=\begin{bmatrix}a_{11}\\a_{21}\\\vdots\\a_{m1}\end{bmatrix},\boldsymbol{a}_2=\begin{bmatrix}a_{12}\\a_{22}\\\vdots\\a_{m2}\end{bmatrix},\cdots,\boldsymbol{a}_n=\begin{bmatrix}a_{1n}\\a_{2n}\\\vdots\\a_{mn}\end{bmatrix}$$

称为矩阵的**列向量**. 横排的 m 个 $\mathbb{R}^n$ 中的向量

$$\tilde{\boldsymbol{a}}_1^{\mathrm{T}}=\begin{bmatrix}a_{11}&a_{12}&\cdots&a_{1n}\end{bmatrix},\tilde{\boldsymbol{a}}_2^{\mathrm{T}}=\begin{bmatrix}a_{21}&a_{22}&\cdots&a_{2n}\end{bmatrix},\cdots,\tilde{\boldsymbol{a}}_m^{\mathrm{T}}=\begin{bmatrix}a_{m1}&a_{m2}&\cdots&a_{mn}\end{bmatrix}$$

称为矩阵的**行向量**. 有 m 行 n 列的矩阵简称为 $m\times n$ 矩阵. 矩阵既可以写成列向量组的横向排列 $A=\begin{bmatrix}\boldsymbol{a}_1&\boldsymbol{a}_2&\cdots&\boldsymbol{a}_n\end{bmatrix}$, 又可以写成行向量组的纵向排列 $A=\begin{bmatrix}\tilde{\boldsymbol{a}}_1^{\mathrm{T}}\\\tilde{\boldsymbol{a}}_2^{\mathrm{T}}\\\vdots\\\tilde{\boldsymbol{a}}_m^{\mathrm{T}}\end{bmatrix}$. 而 $m\times n$ 矩阵 A 的 (i,j) 元如果是 a_{ij}, 那么可以记作 $A=\begin{bmatrix}a_{ij}\end{bmatrix}_{m\times n}$. 两个矩阵**相等**是指二者的每个元素都相等. 根据定义, n 维行向量也是 $1\times n$ 矩阵, m 维列向量也是 $m\times 1$ 矩阵.

根据命题 1.2.2, 这个矩阵 A 完全决定一个线性映射 f; 根据命题 1.2.3, 任何矩阵 A 都唯一确定一个线性映射 f.

①具体计算或书写中, 为避免单下标和双下标中可能的歧义, 可以用逗号把双下标隔开, 如 $a_{i,j-1}$.

定义 1.2.4 (线性映射的表示矩阵) 设线性映射 $f\colon \mathbb{R}^n \to \mathbb{R}^m$, $\boldsymbol{e}_i\,(i=1,2,\cdots,n)$ 为 $\mathbb{R}^n$ 的标准坐标向量, 若 $\boldsymbol{a}_i = f(\boldsymbol{e}_i)$, 则称矩阵 $A = \begin{bmatrix} \boldsymbol{a}_1 & \boldsymbol{a}_2 & \cdots & \boldsymbol{a}_n \end{bmatrix}$ 为线性映射 f 在标准坐标向量下的**表示矩阵**.

以后我们用 $\boldsymbol{A}$ 表示这个线性映射①. 因此, $\boldsymbol{A}(\boldsymbol{x}) = x_1\boldsymbol{a}_1 + x_2\boldsymbol{a}_2 + \cdots + x_n\boldsymbol{a}_n$, 其中 $\boldsymbol{x} = \begin{bmatrix} x_1 \\ x_2 \\ \vdots \\ x_n \end{bmatrix} \in \mathbb{R}^n$, $\boldsymbol{a}_1, \boldsymbol{a}_2, \cdots, \boldsymbol{a}_n \in \mathbb{R}^m$ 是矩阵 A 的列向量组. 下面我们定义一种新的运算来表示像 $\boldsymbol{A}(\boldsymbol{x})$.

定义 1.2.5 (矩阵与向量的乘积) 定义 $m \times n$ 矩阵 A 和 n 维列向量 $\boldsymbol{x}$ 的乘积:

$$A\boldsymbol{x} = \begin{bmatrix} a_{11} & a_{12} & \cdots & \cdots & a_{1n} \\ a_{21} & a_{22} & \cdots & \cdots & a_{2n} \\ \vdots & \vdots & & & \vdots \\ a_{m1} & a_{m2} & \cdots & \cdots & a_{mn} \end{bmatrix} \begin{bmatrix} x_1 \\ x_2 \\ \vdots \\ \vdots \\ x_n \end{bmatrix} = \begin{bmatrix} a_{11}x_1 + a_{12}x_2 + \cdots + a_{1n}x_n \\ a_{21}x_1 + a_{22}x_2 + \cdots + a_{2n}x_n \\ \vdots \\ a_{m1}x_1 + a_{m2}x_2 + \cdots + a_{mn}x_n \end{bmatrix}.$$

注意, 根据定义, 当 $n \neq k$ 时, $m \times n$ 矩阵和 k 维列向量不能相乘.

把 A 写成列向量组的横向排列 $A = \begin{bmatrix} \boldsymbol{a}_1 & \boldsymbol{a}_2 & \cdots & \boldsymbol{a}_n \end{bmatrix}$, 则 $A\boldsymbol{x} = x_1\boldsymbol{a}_1 + x_2\boldsymbol{a}_2 + \cdots + x_n\boldsymbol{a}_n$, 即矩阵与向量的乘积是矩阵的列向量组的一个线性组合, 系数由 $\boldsymbol{x}$ 的分量给出.

例 1.2.6 当行向量 $\boldsymbol{a}^{\mathrm{T}} = \begin{bmatrix} a_1 & a_2 & \cdots & a_n \end{bmatrix}$ 与列向量 $\boldsymbol{x} = \begin{bmatrix} x_1 \\ x_2 \\ \vdots \\ x_n \end{bmatrix}$ 进行矩阵乘法时, 结果为 $\boldsymbol{a}^{\mathrm{T}}\boldsymbol{x} = a_1x_1 + a_2x_2 + \cdots + a_nx_n$. 这恰好是我们中学学过的二维向量的内积的推广, 我们称其为向量 $\boldsymbol{a}$ 和向量 $\boldsymbol{x}$ 的**内积**. 可见, 矩阵与列向量的乘积, 就是将这个矩阵的每一行对应的向量分别与这个列向量做内积而得到的向量, 即, 把 A 写成行向量组的纵向排列 $A = \begin{bmatrix} \tilde{\boldsymbol{a}}_1^{\mathrm{T}} \\ \tilde{\boldsymbol{a}}_2^{\mathrm{T}} \\ \vdots \\ \tilde{\boldsymbol{a}}_m^{\mathrm{T}} \end{bmatrix}$, 则

$$A\boldsymbol{x} = \begin{bmatrix} \tilde{\boldsymbol{a}}_1^{\mathrm{T}} \\ \tilde{\boldsymbol{a}}_2^{\mathrm{T}} \\ \vdots \\ \tilde{\boldsymbol{a}}_m^{\mathrm{T}} \end{bmatrix} \boldsymbol{x} = \begin{bmatrix} \tilde{\boldsymbol{a}}_1^{\mathrm{T}}\boldsymbol{x} \\ \tilde{\boldsymbol{a}}_2^{\mathrm{T}}\boldsymbol{x} \\ \vdots \\ \tilde{\boldsymbol{a}}_m^{\mathrm{T}}\boldsymbol{x} \end{bmatrix}, \tag{1.2.2}$$

① 黑体大写字母表示的映射在本书中常暗示其矩阵用相应的大写字母表示.

其中 $\tilde{\boldsymbol{a}}_i^{\mathrm{T}}, i=1,2,\cdots,m$，是 $1\times n$ 矩阵，而矩阵与列向量的乘积 $\tilde{\boldsymbol{a}}_i^{\mathrm{T}}\boldsymbol{x}$ 是 1×1 矩阵，也就是一个实数. ☺

于是，线性映射 $\boldsymbol{A}$ 就可以写成矩阵与向量的乘积的形式：$\boldsymbol{A}(\boldsymbol{x})=A\boldsymbol{x}$，而线性映射保持线性运算的性质就对应于乘积的运算法则.

命题 1.2.7 矩阵和向量的乘积对向量的线性运算满足分配律：

$$A(k_1\boldsymbol{x}_1+k_2\boldsymbol{x}_2)=k_1(A\boldsymbol{x}_1)+k_2(A\boldsymbol{x}_2).$$

例 1.2.8 对例 1.1.8 中的线性映射，我们计算其表示矩阵.

1. "结账"是一个从 $\mathbb{R}^3$ 到 $\mathbb{R}$ 的线性映射，其中定义域 $\mathbb{R}^3$ 的标准坐标向量分别是一千克苹果、一千克香蕉和一千克樱桃，它们对应的单价分别是 12.98 元、9.98 元和 129.98 元. 因此结账作为线性映射，它的表示矩阵是

$$\begin{aligned}A&=\begin{bmatrix}\text{结账(一千克苹果)} & \text{结账(一千克香蕉)} & \text{结账(一千克樱桃)}\end{bmatrix}\\&=\begin{bmatrix}12.98 & 9.98 & 129.98\end{bmatrix}.\end{aligned}$$

其表达式可以由矩阵和向量乘法给出

$$\boldsymbol{A}(\boldsymbol{x})=A\boldsymbol{x}=\begin{bmatrix}12.98 & 9.98 & 129.98\end{bmatrix}\begin{bmatrix}x_1\\x_2\\x_3\end{bmatrix}=12.98x_1+9.98x_2+129.98x_3.$$

2. "营养"是一个从 $\mathbb{R}^3$ 到 $\mathbb{R}^2$ 的线性映射. 它的表示矩阵为

$$\begin{aligned}A&=\begin{bmatrix}\text{营养(一千克苹果)} & \text{营养(一千克香蕉)} & \text{营养(一千克樱桃)}\end{bmatrix}\\&=\begin{bmatrix}12 & 12 & 3\\135 & 208 & 99\end{bmatrix}.\end{aligned}$$

其表达式为

$$\boldsymbol{A}(\boldsymbol{x})=A\boldsymbol{x}=\begin{bmatrix}12 & 12 & 3\\135 & 208 & 99\end{bmatrix}\begin{bmatrix}x_1\\x_2\\x_3\end{bmatrix}=\begin{bmatrix}12x_1+12x_2+3x_3\\135x_1+208x_2+99x_3\end{bmatrix}.$$ ☺

特别地，$\mathbb{R}^n$ 上的线性变换的表示矩阵是 $n\times n$ 矩阵，又称为 n 阶**方阵**.

例 1.2.9 考虑例 1.1.10 中平面向量构成的线性空间 $\mathbb{R}^2$ 上的线性变换的表示矩阵.

1. 旋转变换 $\boldsymbol{R}_\theta$ 的表示矩阵为

$$R_\theta=\begin{bmatrix}\cos\theta & -\sin\theta\\\sin\theta & \cos\theta\end{bmatrix}.$$

其表达式为

$$\boldsymbol{R}_\theta(\boldsymbol{x}) = R_\theta \boldsymbol{x} = \begin{bmatrix} \cos\theta & -\sin\theta \\ \sin\theta & \cos\theta \end{bmatrix} \begin{bmatrix} x_1 \\ x_2 \end{bmatrix} = \begin{bmatrix} x_1\cos\theta - x_2\sin\theta \\ x_1\sin\theta + x_2\cos\theta \end{bmatrix}.$$

2. 反射变换 $\boldsymbol{H}_\theta$ 的表示矩阵为

$$H_\theta = \begin{bmatrix} \cos 2\theta & \sin 2\theta \\ \sin 2\theta & -\cos 2\theta \end{bmatrix}.$$

其表达式为

$$\boldsymbol{H}_\theta(\boldsymbol{x}) = H_\theta \boldsymbol{x} = \begin{bmatrix} \cos 2\theta & \sin 2\theta \\ \sin 2\theta & -\cos 2\theta \end{bmatrix} \begin{bmatrix} x_1 \\ x_2 \end{bmatrix} = \begin{bmatrix} x_1\cos 2\theta + x_2\sin 2\theta \\ x_1\sin 2\theta - x_2\cos 2\theta \end{bmatrix}.$$

3. 对换变换 $\boldsymbol{P}$ 的表示矩阵为

$$P = \begin{bmatrix} 0 & 1 \\ 1 & 0 \end{bmatrix}.$$

其表达式为

$$\boldsymbol{P}(\boldsymbol{x}) = P\boldsymbol{x} = \begin{bmatrix} 0 & 1 \\ 1 & 0 \end{bmatrix} \begin{bmatrix} x_1 \\ x_2 \end{bmatrix} = \begin{bmatrix} x_2 \\ x_1 \end{bmatrix}.$$

4. 伸缩变换 $\boldsymbol{C}_k$ 的表示矩阵为

$$C_k = \begin{bmatrix} k & 0 \\ 0 & 1 \end{bmatrix}.$$

其表达式为

$$\boldsymbol{C}_k(\boldsymbol{x}) = C_k\boldsymbol{x} = \begin{bmatrix} k & 0 \\ 0 & 1 \end{bmatrix} \begin{bmatrix} x_1 \\ x_2 \end{bmatrix} = \begin{bmatrix} kx_1 \\ x_2 \end{bmatrix}.$$

5. 错切变换 $\boldsymbol{S}_k$ 的表示矩阵为

$$S_k = \begin{bmatrix} 1 & 0 \\ k & 1 \end{bmatrix}.$$

其表达式为

$$\boldsymbol{S}_k(\boldsymbol{x}) = S_k\boldsymbol{x} = \begin{bmatrix} 1 & 0 \\ k & 1 \end{bmatrix} \begin{bmatrix} x_1 \\ x_2 \end{bmatrix} = \begin{bmatrix} x_1 \\ kx_1 + x_2 \end{bmatrix}.$$

☺

下面介绍几类特殊的方阵，并讨论其对应线性变换的求原像问题.

容易得到，(1.1.2) 式中 $\mathbb{R}^n$ 上的恒同变换的表示矩阵为

$$\begin{bmatrix} 1 & 0 & \cdots & 0 \\ 0 & 1 & \ddots & \vdots \\ \vdots & \ddots & \ddots & 0 \\ 0 & \cdots & 0 & 1 \end{bmatrix},$$

即对角元素 (从左上到右下的对角线上的元素, 或者所在行数和所在列数相等的元素) 都是 1, 非对角元素都是 0. 这个矩阵称为 n 阶**恒同矩阵**或 n 阶**单位矩阵**, 记为 I_n. 它还可以用标准坐标向量组表示：$I_n = \begin{bmatrix} \boldsymbol{e}_1 & \boldsymbol{e}_2 & \cdots & \boldsymbol{e}_n \end{bmatrix} = \begin{bmatrix} \boldsymbol{e}_1^{\mathrm{T}} \\ \boldsymbol{e}_2^{\mathrm{T}} \\ \vdots \\ \boldsymbol{e}_n^{\mathrm{T}} \end{bmatrix}$. 对 $\mathbb{R}^n$ 中任意向量 $\boldsymbol{x}$，容易验证 $I_n\boldsymbol{x} = \boldsymbol{x}$. 这意味着它对应的线性映射 $\boldsymbol{I}$ 能够很容易地由像求出原像 (二者相等).

一般地, 非对角元素全为零的方阵称为**对角矩阵**, 而其中为零的元素往往省略不写:

$$D = \begin{bmatrix} d_1 & 0 & \cdots & 0 \\ 0 & d_2 & \ddots & \vdots \\ \vdots & \ddots & \ddots & 0 \\ 0 & \cdots & 0 & d_n \end{bmatrix} = \begin{bmatrix} d_1 & & & \\ & d_2 & & \\ & & \ddots & \\ & & & d_n \end{bmatrix} =: \operatorname{diag}(d_1, d_2, \cdots, d_n).$$

如果对角元素依次为 $d_1, d_2, \cdots, d_n$，那么这个对角矩阵常用 $\operatorname{diag}(d_1, d_2, \cdots, d_n)$ 表示.

如果对角矩阵的对角元素都不为零，则向量 $\boldsymbol{b} = \begin{bmatrix} b_i \end{bmatrix}$ 在对应线性映射 $\boldsymbol{D}$ 下的原像就是向量 $\boldsymbol{x} = \begin{bmatrix} \dfrac{b_i}{d_i} \end{bmatrix}$. 事实上，由

$$\begin{bmatrix} b_1 \\ b_2 \\ \vdots \\ b_n \end{bmatrix} = \begin{bmatrix} d_1 & & & \\ & d_2 & & \\ & & \ddots & \\ & & & d_n \end{bmatrix} \begin{bmatrix} x_1 \\ x_2 \\ \vdots \\ x_n \end{bmatrix} = \begin{bmatrix} d_1x_1 \\ d_2x_2 \\ \vdots \\ d_nx_n \end{bmatrix},$$

就能直接得到 $\boldsymbol{x}$ 的所有元素.

形如$U = \begin{bmatrix} u_{11} & u_{12} & \cdots & u_{1n} \\ & u_{22} & \cdots & u_{2n} \\ & & \ddots & \vdots \\ & & & u_{nn} \end{bmatrix}$的方阵称为$n$阶**上三角矩阵**，形如$L = \begin{bmatrix} l_{11} & & & \\ l_{21} & l_{22} & & \\ \vdots & \vdots & \ddots & \\ l_{n1} & l_{n2} & \cdots & l_{nn} \end{bmatrix}$的方阵称为 n 阶**下三角矩阵**. 如果上（下）三角矩阵的对角元素都是 0，则称为**严格上（下）三角矩阵**. 如果上 (下) 三角矩阵的对角元素都是 1, 则称为**单位上 (下) 三角矩阵**.

如果上三角矩阵的对角元素都不为零, 那么给定向量 $\boldsymbol{b}$，它在对应线性映射 $\boldsymbol{U}$ 下的

原像 $\boldsymbol{x}$ 也容易求得. 事实上，观察

$$\begin{bmatrix} b_1 \\ b_2 \\ \vdots \\ b_n \end{bmatrix} = \begin{bmatrix} u_{11} & u_{12} & \cdots & u_{1n} \\ & u_{22} & \cdots & u_{2n} \\ & & \ddots & \vdots \\ & & & u_{nn} \end{bmatrix} \begin{bmatrix} x_1 \\ x_2 \\ \vdots \\ x_n \end{bmatrix} = \begin{bmatrix} u_{11}x_1 + u_{12}x_2 + \cdots + u_{1n}x_n \\ u_{22}x_2 + \cdots + u_{2n}x_n \\ \vdots \\ u_{nn}x_n \end{bmatrix},$$

由第 n 个分量相等 $b_n = u_{nn}x_n$，立刻得到 $x_n = \dfrac{b_n}{u_{nn}}$. 把 x_n 代入第 $n-1$ 个分量相等的关系式 $b_{n-1} = u_{n-1,n-1}x_{n-1} + u_{n-1,n}x_n$，立得 $x_{n-1} = \dfrac{b_{n-1} - u_{n-1,n}x_n}{u_{n-1,n-1}}$. 类似进行下去，可得 $\boldsymbol{x}$ 的所有元素. 这种自下而上逐个代入从而求出每一个分量的方法，称为**回代法**.

类似地，如果下三角矩阵的对角元素都不为零，那么给定向量 $\boldsymbol{b}$，它在对应线性映射 $\boldsymbol{L}$ 下的原像 $\boldsymbol{x}$ 也容易求得. 事实上，观察

$$\begin{bmatrix} b_1 \\ b_2 \\ \vdots \\ b_n \end{bmatrix} = \begin{bmatrix} l_{11} & & & \\ l_{21} & l_{22} & & \\ \vdots & \vdots & \ddots & \\ l_{n1} & l_{n2} & \cdots & l_{nn} \end{bmatrix} \begin{bmatrix} x_1 \\ x_2 \\ \vdots \\ x_n \end{bmatrix} = \begin{bmatrix} l_{11}x_1 \\ l_{21}x_1 + l_{22}x_2 \\ \vdots \\ l_{n1}x_1 + l_{n2}x_2 + \cdots + l_{nn}x_n \end{bmatrix},$$

即可从第 1 个分量相等的关系开始计算，从 x_1 到 x_n 逐个得出 $\boldsymbol{x}$ 的所有元素. 这种自上而下逐个代入从而求出每一个分量的方法，称为**前代法**.

利用回代法或前代法可以求出向量在表示矩阵是对角元素都不为零的三角矩阵的线性映射下的原像. 那么对任意线性映射，有何方法来求解向量的原像呢？这将在下节详细阐述.

习题

练习 1.2.1 将下列向量 $\boldsymbol{b}$ 写成矩阵和向量乘积的形式：

1. $\boldsymbol{b} = 2\begin{bmatrix} 1 \\ 1 \end{bmatrix} + 4\begin{bmatrix} 0 \\ 1 \end{bmatrix} + 5\begin{bmatrix} 1 \\ 0 \end{bmatrix}$.

2. $\boldsymbol{b} = 5\begin{bmatrix} 1 \\ 2 \\ 3 \\ 4 \\ 5 \end{bmatrix} + 4\begin{bmatrix} 5 \\ 4 \\ 3 \\ 2 \\ 1 \end{bmatrix}$.

3. $\boldsymbol{b} = \begin{bmatrix} 2b + a + c \\ c - b \\ a + b + c \\ a + b \end{bmatrix}$，其中 a, b, c 为常数.

4. $\boldsymbol{b} = f\left(\begin{bmatrix} 1 \\ 2 \\ 3 \\ 4 \\ 5 \end{bmatrix}\right)$，其中 $f\colon \mathbb{R}^5 \to \mathbb{R}^5$ 是线性变换，满足 $f(\boldsymbol{e}_k) = k\boldsymbol{e}_{6-k}, k = 1, 2, \cdots, 5$.

5. 假设如果某天下雨，则第二天下雨概率为 0.8；如果当天不下雨，则第二天下雨概率为 0.3. 已知当天有一半的概率会下雨，令 $\boldsymbol{b} \in \mathbb{R}^2$，其两个分量分别是明天下雨和不下雨的概率.

练习 1.2.2 判断下列矩阵和向量的乘积是否良定义[①]. 在可以计算时，先将其写成列向量的线性组合，再进行计算：

1. $\begin{bmatrix}1&0\\1&1\\1&1\end{bmatrix}\begin{bmatrix}1\\3\end{bmatrix}$.
2. $\begin{bmatrix}1&0\\1&1\\1&1\end{bmatrix}\begin{bmatrix}1\\2\\3\end{bmatrix}$.
3. $\begin{bmatrix}1&0\\1&1\end{bmatrix}\begin{bmatrix}1\\3\end{bmatrix}$.
4. $\begin{bmatrix}1&0&0\\1&1&0\\1&1&1\end{bmatrix}\begin{bmatrix}1\\3\\5\end{bmatrix}$.
5. $\begin{bmatrix}1&0&0&0\\1&1&0&0\\1&1&1&0\\1&1&1&1\end{bmatrix}\begin{bmatrix}1\\3\\5\\7\end{bmatrix}$.
6. $\begin{bmatrix}1&2&3\\4&5&6\\7&8&9\end{bmatrix}\begin{bmatrix}1\\-2\\1\end{bmatrix}$.
7. $\begin{bmatrix}1&4&7\\2&5&8\\3&6&9\end{bmatrix}\begin{bmatrix}1\\-2\\1\end{bmatrix}$.
8. $\begin{bmatrix}1&1&0\\3&2&1\\7&4&3\end{bmatrix}\begin{bmatrix}1\\-1\\-1\end{bmatrix}$.
9. $\begin{bmatrix}1&3&7\\1&2&4\\0&1&3\end{bmatrix}\begin{bmatrix}1\\-1\\-1\end{bmatrix}$.
10. $\begin{bmatrix}1&3&7\\1&2&4\\0&1&3\end{bmatrix}\begin{bmatrix}2\\-3\\1\end{bmatrix}$.

练习 1.2.3 设 $A = \begin{bmatrix}0.8&0.3\\0.2&0.7\end{bmatrix}, \boldsymbol{u}_0 = \begin{bmatrix}1\\0\end{bmatrix}, \boldsymbol{v}_0 = \begin{bmatrix}1\\3\end{bmatrix}$. 对任意自然数 i，令 $\boldsymbol{u}_{i+1} = A\boldsymbol{u}_i, \boldsymbol{v}_{i+1} = A\boldsymbol{v}_i$.

1. 对 $i = 1,2,3,4$，计算 $\boldsymbol{u}_i, \boldsymbol{v}_i$.
2. 猜测 $\lim\limits_{i\to\infty} \boldsymbol{u}_i, \lim\limits_{i\to\infty} \boldsymbol{v}_i$.
3. 任取初始向量 $\boldsymbol{w}_0$，猜测极限 $\lim\limits_{i\to\infty} \boldsymbol{w}_i$，其中 $\boldsymbol{w}_{i+1} = A\boldsymbol{w}_i$；不同初始向量得到的极限在同一条直线上吗?

练习 1.2.4 设线性变换 f 的表示矩阵为 $A = \begin{bmatrix}1&0&0\\1&1&0\\1&1&1\end{bmatrix}$.

1. 令 $\begin{bmatrix}y_1\\y_2\\y_3\end{bmatrix} = \begin{bmatrix}1&0&0\\1&1&0\\1&1&1\end{bmatrix}\begin{bmatrix}x_1\\x_2\\x_3\end{bmatrix}$，将 y_1, y_2, y_3 分别用 x_1, x_2, x_3 表达出来.
2. 将 x_1, x_2, x_3 分别用 y_1, y_2, y_3 表达出来.
3. 找到矩阵 B，使得 $\begin{bmatrix}x_1\\x_2\\x_3\end{bmatrix} = B\begin{bmatrix}y_1\\y_2\\y_3\end{bmatrix}$.
4. 设 g 是由矩阵 B 决定的线性变换，证明 f, g 互为逆变换.

练习 1.2.5 计算下列线性映射 f 的表示矩阵：

① 所谓良定义，就是说定义不产生矛盾. 这里就是指可以按定义计算.

1. f 为 xy 平面向 y 轴的投影变换.

2. $f\colon \mathbb{R}^3 \to \mathbb{R}$，$f(\boldsymbol{x}) = \begin{bmatrix}1\\2\\3\end{bmatrix} \cdot \boldsymbol{x}$，其中点积的定义见练习 1.1.10.

3. $f\colon \mathbb{R}^3 \to \mathbb{R}^3$，$f(\boldsymbol{x}) = \begin{bmatrix}1\\2\\3\end{bmatrix} \times \boldsymbol{x}$，其中叉积的定义见练习 1.1.10.

4. $f\colon \mathbb{R}^4 \to \mathbb{R}^4$，$f\left(\begin{bmatrix}x_1\\x_2\\x_3\\x_4\end{bmatrix}\right) = \begin{bmatrix}x_1\\x_2\\x_3\\x_4+x_2\end{bmatrix}$.

5. $f\colon \mathbb{R}^4 \to \mathbb{R}^4$，$f\left(\begin{bmatrix}x_1\\x_2\\x_3\\x_4\end{bmatrix}\right) = \begin{bmatrix}x_4\\x_2\\x_3\\x_1\end{bmatrix}$.

6. $f\colon \mathbb{R}^m \to \mathbb{R}^m$，$f\left(\begin{bmatrix}x_1\\x_2\\\vdots\\x_m\end{bmatrix}\right) = \begin{bmatrix}x_m\\x_{m-1}\\\vdots\\x_1\end{bmatrix}$.

练习 1.2.6 考虑桥墩载荷问题，其中 l_1, l_2, d 作为常数.

1. 映射 f 输入 F_1, F_2 得到输出 f_1, f_2，写出 f 的表示矩阵.
2. 以桥梁的左端为支点，逆时针方向的力矩为 $df_2 - l_1F_1 - l_2F_2$. 以桥梁的右端为支点或者以桥梁的中点作为支点，都能类似地得到逆时针方向的力矩. 假设映射 f 的输入为 F_1, F_2, f_1, f_2，而输出为桥梁的左端、中点和右端的逆时针方向的力矩，写出 f 的表示矩阵.

练习 1.2.7 设 xy 平面 $\mathbb{R}^2$ 上的变换 f 是下列三个变换的复合：先绕原点逆时针旋转 $\dfrac{\pi}{6}$；然后进行一个保持 y 坐标不变，同时将 y 坐标的两倍加到 x 坐标上的错切；最后以直线 $x+y=0$ 为轴反射.

1. 证明 f 是线性变换.
2. 计算 $f(\boldsymbol{e}_1)$ 和 $f(\boldsymbol{e}_2)$.
3. 写出 f 的表示矩阵.
4. 计算 $f\left(\begin{bmatrix}3\\4\end{bmatrix}\right)$.

练习 1.2.8

1. 幻方矩阵是指元素分别是 $1, 2, \cdots, 9$ 的三阶矩阵 M，且每行、每列以及两条对角线上的三个元素之和都相同. 求 $M\begin{bmatrix}1\\1\\1\end{bmatrix}$ 的所有可能值.
2. 数独矩阵是指 9 阶矩阵 M，从上到下、从左到右依次分成九个 3×3 的子矩阵，且每行、每列以及九个子矩阵中的元素都是 $1, 2, \cdots, 9$. 求 $M\begin{bmatrix}1\\\vdots\\1\end{bmatrix}$ 的所有可能值.

练习 1.2.9 ☕ 证明，如果 n 阶方阵 A 对任意 n 维列向量 $\boldsymbol{x}$，都有 $A\boldsymbol{x}=\boldsymbol{0}$，则 A 是元素全为 0 的矩阵.

练习 1.2.10 ☕ 证明，如果 n 阶方阵 A 对任意 n 维列向量 $\boldsymbol{x}$，都存在依赖于 $\boldsymbol{x}$ 的常数 $c(\boldsymbol{x})$，满足 $A\boldsymbol{x}=c(\boldsymbol{x})\boldsymbol{x}$，则存在常数 c，使得 $A=cI_n$.

1.3 线性方程组

对线性映射 $\boldsymbol{A}\colon \mathbb{R}^n\to\mathbb{R}^m$，考虑求解原像的问题. 这等价于求解如下线性方程组：

$$\begin{cases} a_{11}x_1+a_{12}x_2+\cdots+a_{1n}x_n=b_1,\\ a_{21}x_1+a_{22}x_2+\cdots+a_{2n}x_n=b_2,\\ \qquad\vdots\\ a_{m1}x_1+a_{m2}x_2+\cdots+a_{mn}x_n=b_m.\end{cases}$$

例 1.3.1 (鸡兔同笼) 一个笼子中有鸡和兔共 8 只，二者共有 22 条腿，那么鸡和兔各有多少只?

利用二元一次方程组来求解. 设鸡有 x_1 只，兔有 x_2 只，那么：

$$\begin{cases} x_1+\ \ x_2=\ \ 8,\\ 2x_1+4x_2=22.\end{cases}$$

通过消元法，把第一式的 -2 倍加到第二式上，就有

$$\begin{cases} x_1+\ \ x_2=8,\\ \qquad 2x_2=6.\end{cases}$$

再给第二式乘以 $\dfrac{1}{2}$，得

$$\begin{cases} x_1+x_2=8,\\ \qquad x_2=3.\end{cases}$$

然后把第二式代入第一式 (也可以解释为把第二式的 -1 倍加到第一式上)，即得结果

$$\begin{cases} x_1\qquad =5,\\ \qquad x_2=3.\end{cases}$$ ☺

通过观察可知，在解线性方程组 $A\boldsymbol{x}=\boldsymbol{b}$ 的过程中，未知数没有参与任何计算. 因此，我们完全可以不写出未知数 $\boldsymbol{x}$，直接在**系数矩阵** A 和常数项 $\boldsymbol{b}$ 上计算，也就是在如下矩阵

$$\begin{bmatrix}A & \boldsymbol{b}\end{bmatrix}=\left[A\,\middle|\,\boldsymbol{b}\right]=\left[\begin{array}{cccc|c} a_{11} & a_{12} & \cdots & a_{1n} & b_1\\ a_{21} & a_{22} & \cdots & a_{2n} & b_2\\ \vdots & \vdots & & \vdots & \vdots\\ a_{m1} & a_{m2} & \cdots & a_{mn} & b_m\end{array}\right]$$

上计算，其中矩阵 $\begin{bmatrix} A & b \end{bmatrix}$ 称为线性方程组 $A\boldsymbol{x} = \boldsymbol{b}$ 的**增广矩阵**.

我们在增广矩阵上计算例 1.3.1：

$$\left[\begin{array}{cc|c} 1 & 1 & 8 \\ 2 & 4 & 22 \end{array}\right] \xrightarrow[\text{加到第二行}]{\text{第一行的 } -2 \text{ 倍}} \left[\begin{array}{cc|c} 1 & 1 & 8 \\ 0 & 2 & 6 \end{array}\right] \xrightarrow[\text{乘以 } \frac{1}{2}]{\text{第二行}} \left[\begin{array}{cc|c} 1 & 1 & 8 \\ 0 & 1 & 3 \end{array}\right] \xrightarrow[\text{加到第一行}]{\text{第二行的 } -1 \text{ 倍}} \left[\begin{array}{cc|c} 1 & 0 & 5 \\ 0 & 1 & 3 \end{array}\right].$$

上述解法中对线性方程组有如下两种变换：(1) 把某一方程的 k 倍加到另一方程上，用以消去某个变元；(2) 把某一方程乘以非零常数 k，使得某个变元的系数为 1. 对增广矩阵有相应的两种行变换. 反复利用二者，当系数矩阵变为恒同矩阵 I_2 时，得到方程组有唯一解，且解就由此时的常数项给出.

无论未知数有多少个，如果条件适合，那么我们都可以用同样的办法逐个消去等式中的未知数，直到得到线性方程组的解. 我们再来看另一个例子.

例 1.3.2 求解

$$\begin{cases} 2x_2 - x_3 = 1, \\ x_1 - x_2 + x_3 = 0, \\ 2x_1 - 2x_2 + 2x_3 = 1. \end{cases}$$

在增广矩阵上计算：

$$\left[\begin{array}{ccc|c} 0 & 2 & -1 & 1 \\ 1 & -1 & 1 & 0 \\ 2 & -2 & 2 & 1 \end{array}\right] \xrightarrow{\text{对换第一、二行}} \left[\begin{array}{ccc|c} 1 & -1 & 1 & 0 \\ 0 & 2 & -1 & 1 \\ 2 & -2 & 2 & 1 \end{array}\right] \xrightarrow[\text{加到第三行}]{\text{第一行的 } -2 \text{ 倍}} \left[\begin{array}{ccc|c} 1 & -1 & 1 & 0 \\ 0 & 2 & -1 & 1 \\ 0 & 0 & 0 & 1 \end{array}\right].$$

注意到，第三个方程 $0x_1 + 0x_2 + 0x_3 = 1$ 无解. 因此，原线性方程组无解. ☺

在这个例子中，出于形式美的需要，我们依然希望用一个方程消去其他方程中的 x_1. 由于第一个方程中 x_1 的系数为零，也就是系数矩阵左上角的元素 $a_{11} = 0$，我们需要首先对换第一行和第二行，才能再用新得到的第一行做行变换消去变元 x_1.

定义 1.3.3 (初等变换) 对线性方程组施加的如下三类变换的每一类都称为线性方程组的**初等变换**：

1. **对换变换**：互换两个方程的位置；
2. **倍乘变换**：把某个方程两边同乘一个非零常数 k；
3. **倍加变换**：把某个方程的 k 倍加到另一个方程上.

容易看到，初等变换可逆：

1. 对换变换的逆变换是它本身；
2. 参数为 k 的倍乘变换的逆变换也是倍乘变换，参数为 $\dfrac{1}{k}$；

3. 参数为 k 的倍加变换的逆变换也是倍加变换，参数为 $-k$.

由此得到如下重要的结论.

定理 1.3.4 线性方程组经某个初等变换后得到的新方程组与原方程组同解.

证 设线性方程组 $\boldsymbol{A}\boldsymbol{x}=\boldsymbol{b}$ 有一组解 $x_1=k_1,x_2=k_2,\cdots,x_n=k_n$，则有恒等式 $\boldsymbol{A}\boldsymbol{k}=\boldsymbol{b}$. 容易验证，如果对换两个方程的位置，那么再代入 $x_1=k_1,x_2=k_2,\cdots,x_n=k_n$，依旧得到恒等式，因此 $x_1=k_1,x_2=k_2,\cdots,x_n=k_n$ 仍然是新方程组的一组解. 类似地，方程组施加了倍加变换或者倍乘变换后，代入 $x_1=k_1,x_2=k_2,\cdots,x_n=k_n$ 后也得到恒等式，即它依旧是新方程组的一组解. 于是，原方程组的任意一组解都是新方程组的解.

反过来，由于初等变换可逆，新方程组也可以通过某个初等变换得到原方程组，因此新方程组的任意一组解都是原方程组的解. 于是两个方程组同解. □

如前解法中，在线性方程组上计算和在增广矩阵上计算完全相同. 因此，对应于线性方程组的初等变换，我们可以定义矩阵的初等变换.

定义 1.3.5 (初等行（列）变换) 对矩阵施加的如下三类变换的每一类都称为矩阵的**初等行（列）变换**:

1. **对换变换**: 互换两行（列）的位置;
2. **倍乘变换**: 某一行（列）乘以非零常数 k;
3. **倍加变换**: 把某个行（列）的 k 倍加到另一个行（列）上.

例 1.3.6 求解

$$\begin{cases} 2x_3+x_4=1, \\ x_1-x_2+4x_3=0. \end{cases}$$

在增广矩阵上计算:

$$\left[\begin{array}{cccc|c} 0 & 0 & 2 & 1 & 1 \\ 1 & -1 & 4 & 0 & 0 \end{array}\right] \xrightarrow[\text{第一、二行}]{\text{对换变换}} \left[\begin{array}{cccc|c} 1 & -1 & 4 & 0 & 0 \\ 0 & 0 & 2 & 1 & 1 \end{array}\right]$$

$$\xrightarrow[\text{第二行}]{\text{倍乘变换}} \left[\begin{array}{cccc|c} 1 & -1 & 4 & 0 & 0 \\ 0 & 0 & 1 & \frac{1}{2} & \frac{1}{2} \end{array}\right] \xrightarrow[\text{第一、二行}]{\text{倍加变换}} \left[\begin{array}{cccc|c} 1 & -1 & 0 & -2 & -2 \\ 0 & 0 & 1 & \frac{1}{2} & \frac{1}{2} \end{array}\right].$$

原方程组变换为

$$\begin{cases} x_1-x_2-2x_4=-2, \\ x_3+\frac{1}{2}x_4=\frac{1}{2}. \end{cases}$$

把 x_2,x_4 移到右边，得

$$x_1=-2+x_2+2x_4, \quad x_3=\frac{1}{2}-\frac{1}{2}x_4. \tag{1.3.1}$$

任取 x_2, x_4 的一组值，就得到方程组的一组解. 注意，在变换后的系数矩阵中，x_1, x_3 所在的两列恰好构成恒同矩阵 I_2. ☺

如例 1.3.6 中的 x_2, x_4 这类可以任意取值的未知数，称为**自由变量**，而取值依赖于右端项和自由变量的未知数，称为**主变量**. 而如 (1.3.1) 式这样的表达式，称为**通解**或**一般解**. 通解就是用含自由变量的表达式表示主变量. 注意，在变换后的系数矩阵中，主变量的系数组成的列恰好构成恒同矩阵，这使得我们可以通过移项直接写出通解.

在消元的过程中，首先选择的是主变量，其余的变量即为自由变量. 而主变量的选取并不是唯一的. 如在例 1.3.6 中，可以选择 x_2, x_4 为主变量进行消元，其对应的增广矩阵计算为

$$\left[\begin{array}{cccc|c} 0 & 0 & 2 & 1 & 1 \\ 1 & -1 & 4 & 0 & 0 \end{array}\right] \xrightarrow[\text{第一、二行}]{\text{对换变换}} \left[\begin{array}{cccc|c} 1 & -1 & 4 & 0 & 0 \\ 0 & 0 & 2 & 1 & 1 \end{array}\right] \xrightarrow[\text{第一行}]{\text{倍乘变换}} \left[\begin{array}{cccc|c} -1 & 1 & -4 & 0 & 0 \\ 0 & 0 & 2 & 1 & 1 \end{array}\right].$$

通解为 $x_2 = x_1 + 4x_3, \quad x_4 = 1 - 2x_3$.

在实际计算中，我们通常选择角标小的变量（对应矩阵中靠左的列）作为主变量进行消元. 观察上面的例子，对矩阵的计算总体上分两步.

第一步：从角标最小的变量开始，必要时通过换行把该变量的系数非零的方程换到上面，然后利用此方程向下消元. 变换后的矩阵满足如下特点：

1. 元素全为 0 的行（称为**零行**），只可能存在于下方；
2. 元素不全为 0 的行（称为**非零行**），从左数第一个不为 0 的元素（称为**主元**）的列指标随着行指标的增加而严格增加.

这样的矩阵称为**阶梯形矩阵**. 阶梯形矩阵具有如下形式：

$$\begin{bmatrix} & \bullet & * & \cdots & * & * & \cdots & * & * & \cdots & * & * & \cdots & * \\ & & & & \bullet & * & \cdots & * & * & \cdots & * & * & \cdots & * \\ & & & & & & & \bullet & * & \cdots & * & * & \cdots & * \\ & & & & & & & & & \ddots & \vdots & \vdots & & \vdots \\ & & & & & & & & & & \bullet & * & \cdots & * \\ & & & & & & & & & & & & & \end{bmatrix},$$

其中“$*$”表示可能不为 0 的数，“$\bullet$”表示一定不为 0 的数，即“$\bullet$”处元素是主元. 一个阶梯形矩阵的非零行数称为它的**阶梯数**. 当求解线性方程组时，把增广矩阵化成阶梯形矩阵后，就可以判断方程组解的情形.

在线性方程组的系数矩阵中，化成阶梯形后主元所在的列，对应着主变量的系数，称为**主列**；其他列，对应着自由变量的系数，称为**自由列**.

第二步：先通过倍乘变换将主元化成 1，然后从角标最大的主变量（对应矩阵中靠右的列）开始，依次向上消元. 变换后的矩阵仍是阶梯形矩阵，并满足如下特点：

1. 每个非零行的主元都是 1;
2. 每个主列除主元外的其他元素都是 0.

这样的阶梯形矩阵称为**行简化阶梯形矩阵**. 行简化阶梯形矩阵具有如下形式:

$$
\begin{bmatrix}
1 & * & \cdots & 0 & * & \cdots & 0 & * & \cdots & 0 & * & \cdots & * \\
 & & & 1 & * & \cdots & 0 & * & \cdots & 0 & * & \cdots & * \\
 & & & & & & 1 & * & \cdots & 0 & * & \cdots & * \\
 & & & & & & & & \ddots & \vdots & \vdots & & \vdots \\
 & & & & & & & & & 1 & * & \cdots & * \\
 & & & & & & & & & & & &
\end{bmatrix},
$$

注意, 在行简化阶梯形矩阵中, 主元所在的行和列的交叉点上的元素组成的矩阵是恒同矩阵. 当求解方程组时, 把增广矩阵化成行简化阶梯形矩阵后, 就可以写出它的通解.

下面, 我们来解决理论问题, 即说明使用初等变换就可以把矩阵化为阶梯形和行简化阶梯形.

定理 1.3.7

1. *任意矩阵都可以用对换行变换和倍加行变换化为阶梯形;*
2. *任意矩阵都可以用初等行变换化为行简化阶梯形.*

证 先证明第 1 条. 对 $m\times n$ 矩阵, 对 m 用数学归纳法. $m=1$ 时, 矩阵只有一行, 自然是阶梯形. 注意保持不变也是一种倍加变换, 故 $m=1$ 时, 线性方程组可以通过倍加变换化为阶梯形. 现假设对任意 n, $(m-1)\times n$ 矩阵都可以通过对换变换和倍加变换化为阶梯形, 考察 $m\times n$ 矩阵, 分如下情形讨论.

1. 如果 $a_{11}\neq 0$, 那么把第 1 行的 $-\dfrac{a_{i1}}{a_{11}}$ 倍加到第 i 个方程上 (倍加变换), 就可以把其他行中的第一个元素化成 0. 那么第 2 到 m 行和第 2 到 n 列交叉点上的元素组成的矩阵有 $m-1$ 行, 根据归纳假设, 可以化为阶梯形. 从而原矩阵也可以化为阶梯形.
2. 否则 $a_{11}=0$. 如果 $a_{21},\cdots,a_{m1}$ 中有某个不为 0, 记为 a_{i1}. 则把第 $1,i$ 两方程互换位置 (对换变换), 问题归于第一种情形.
3. 否则 $a_{11},\cdots,a_{m1}$ 全为 0, 即矩阵第 1 列元素全为 0, 则类似前面情形考察矩阵的其他列. 如果存在 $j\leqslant n$ 使得矩阵的第 $2,\cdots,j-1$ 列全为 0, 而第 j 列的元素不全为 0, 类似第一、二种情形, 可以将原方程组化为阶梯形.
4. 否则矩阵的所有元素全为 0, 则自然是阶梯形.

第 2 条留给读者. □

我们将在推论 2.3.4 中证明, 矩阵化成的行简化阶梯形唯一. 矩阵 A 的行简化阶梯形记为 $\mathrm{rref}(A)$.

阶梯形矩阵可以定性地判断方程组 $A\boldsymbol{x}=\boldsymbol{b}$ 是否有解. 具体来说, 用初等行变换把增广矩阵 $\begin{bmatrix}A & \boldsymbol{b}\end{bmatrix}$ 化成阶梯形, 系数矩阵 A 也同时化成了阶梯形. 此时就可以确定解的情形.

定理 1.3.8 (判定定理)

1. 如果 $\begin{bmatrix}A & \boldsymbol{b}\end{bmatrix}$ 对应的阶梯数比 A 对应的阶梯数多 1 (此时方程出现了矛盾), 则方程组无解.
2. 如果 $\begin{bmatrix}A & \boldsymbol{b}\end{bmatrix}$ 和 A 对应的阶梯数相等, 则方程组有解. 其中,
   (a) 如果阶梯形的阶梯数和未知数个数相等, 则方程组有唯一解;
   (b) 如果阶梯形的阶梯数小于未知数个数, 则方程组有无穷多组解.

例 1.3.2 中, $\begin{bmatrix}A & \boldsymbol{b}\end{bmatrix}$ 的阶梯数是 3, 而 A 的阶梯数是 2, 此时方程组无解. 例 1.3.1 中, $\begin{bmatrix}A & \boldsymbol{b}\end{bmatrix}$ 和 A 的阶梯数都是 2, 未知数个数也是 2, 此时方程组有唯一解. 例 1.3.6 中, $\begin{bmatrix}A & \boldsymbol{b}\end{bmatrix}$ 和 A 的阶梯数都是 2, 而未知数个数是 4, 此时方程组有无穷多组解.

线性方程组有解的情形下, 将增广矩阵化成阶梯形进行消元的办法, 称为 **Gauss 消元法**. 化为阶梯形后, 可以自下而上逐个代入从而求出主变量的表达式, 这种方法仍称为**回代法**; 也可以进一步将增广矩阵从阶梯形化成行简化阶梯形, 通过移项直接写出通解公式, 这种方法称为 **Gauss-Jordan 消元法**. 由于计算在矩阵上进行, Gauss 消元法和 Gauss-Jordan 消元法又称为矩阵消元法.

例 1.3.9 求解

$$\begin{cases} x_1+x_2-3x_3=-1, \\ 2x_1+x_2-2x_3=1, \\ x_1+x_2+x_3=3, \\ x_1+2x_2-3x_3=3. \end{cases}$$

利用第一个方程对 x_1 消元, 在增广矩阵上计算:

$$\left[\begin{array}{ccc|c} 1 & 1 & -3 & -1 \\ 2 & 1 & -2 & 1 \\ 1 & 1 & 1 & 3 \\ 1 & 2 & -3 & 3 \end{array}\right] \xrightarrow[\text{第一、二行}]{\text{倍加变换}} \left[\begin{array}{ccc|c} 1 & 1 & -3 & -1 \\ 0 & -1 & 4 & 3 \\ 1 & 1 & 1 & 3 \\ 1 & 2 & -3 & 3 \end{array}\right]$$

$$\xrightarrow[\text{第一、三行}]{\text{倍加变换}} \left[\begin{array}{ccc|c} 1 & 1 & -3 & -1 \\ 0 & -1 & 4 & 3 \\ 0 & 0 & 4 & 4 \\ 1 & 2 & -3 & 3 \end{array}\right] \xrightarrow[\text{第一、四行}]{\text{倍加变换}} \left[\begin{array}{ccc|c} 1 & 1 & -3 & -1 \\ 0 & -1 & 4 & 3 \\ 0 & 0 & 4 & 4 \\ 0 & 1 & 0 & 4 \end{array}\right].$$

可以看到，对矩阵上面的行计算时下面的行不变，因此只要按照从上到下的次序对行逐个计算，一次计算若干行也不会有干扰. 因此如果从头开始计算，可以写成

$$\left[\begin{array}{ccc|c}1&1&-3&-1\\2&1&-2&1\\1&1&1&3\\1&2&-3&3\end{array}\right]\to\left[\begin{array}{ccc|c}1&1&-3&-1\\0&-1&4&3\\0&0&4&4\\0&1&0&4\end{array}\right]\to\left[\begin{array}{ccc|c}1&1&-3&-1\\0&-1&4&3\\0&0&1&1\\0&0&4&7\end{array}\right]\to\left[\begin{array}{ccc|c}1&1&-3&-1\\0&1&-4&-3\\0&0&1&1\\0&0&0&3\end{array}\right].$$

增广矩阵的阶梯数大于系数矩阵的阶梯数，故原方程组无解. ☺

例 1.3.10 求解

$$\begin{cases}x_1+x_2-3x_4-x_5=0,\\x_1-x_2+2x_3-x_4=0,\\4x_1-2x_2+6x_3+3x_4-4x_5=0,\\2x_1+4x_2-2x_3+4x_4-7x_5=0.\end{cases}$$

这个线性方程组的常数项全是 0，因此不论何种初等行变换，对应的计算结果全为 0. 所以我们可以只对系数矩阵 A 做初等行变换：

$$\begin{bmatrix}1&1&0&-3&-1\\1&-1&2&-1&0\\4&-2&6&3&-4\\2&4&-2&4&-7\end{bmatrix}\to\begin{bmatrix}1&1&0&-3&-1\\0&-2&2&2&1\\0&-6&6&15&0\\0&2&-2&10&-5\end{bmatrix}$$

$$\to\begin{bmatrix}1&1&0&-3&-1\\0&-2&2&2&1\\0&0&0&9&-3\\0&0&0&12&-4\end{bmatrix}\to\begin{bmatrix}1&1&0&-3&-1\\0&-2&2&2&1\\0&0&0&9&-3\\0&0&0&0&0\end{bmatrix}.$$

化为阶梯形后，我们知道方程组有无穷多组解. 继续化为行简化阶梯形：

$$\cdots\to\begin{bmatrix}1&1&0&-3&-1\\0&1&-1&-1&-\frac{1}{2}\\0&0&0&1&-\frac{1}{3}\\0&0&0&0&0\end{bmatrix}\to\begin{bmatrix}1&0&1&-2&-\frac{1}{2}\\0&1&-1&-1&-\frac{1}{2}\\0&0&0&1&-\frac{1}{3}\\0&0&0&0&0\end{bmatrix}\to\begin{bmatrix}1&0&1&0&-\frac{7}{6}\\0&1&-1&0&-\frac{5}{6}\\0&0&0&1&-\frac{1}{3}\\0&0&0&0&0\end{bmatrix}.$$

于是通解为

$$x_1=-x_3+\frac{7}{6}x_5,\quad x_2=x_3+\frac{5}{6}x_5,\quad x_4=\frac{1}{3}x_5,$$

其中 x_1,x_2,x_4 是主变量，x_3,x_5 是自由变量. ☺

例 1.3.10 中方程组的常数项 $\boldsymbol{b}=\boldsymbol{0}$. 方程组 $A\boldsymbol{x}=\boldsymbol{0}$, 称为**齐次**线性方程组. 齐次线性方程组显然有一组解 $x_1=0, x_2=0, \cdots, x_n=0$, 称为**零解**或**平凡解**. 除此之外其他的解（如果存在）称为**非零解**或**非平凡解**. 对应地, 不是齐次的线性方程组, 称为**非齐次**线性方程组.

如果 $A\boldsymbol{x}=\boldsymbol{0}$ 成立, 则 $A(k\boldsymbol{x})=k(A\boldsymbol{x})=k\boldsymbol{0}=\boldsymbol{0}$. 因此, 齐次线性方程组如果有一个非零解, 则有无穷多组解. 阶梯形可以用来判断齐次线性方程组是否有非零解.

命题 1.3.11 一个齐次线性方程组只有零解当且仅当其系数矩阵的（行简化）阶梯形的阶梯数等于未知数个数. 等价地, 一个齐次线性方程组有无穷多组解当且仅当它的（行简化）阶梯形的阶梯数小于未知数个数.

证 由于常数项全为零, 只需化简系数矩阵. 由定理 1.3.8 立得结论. □

由此容易得到如下推论.

命题 1.3.12 一个齐次线性方程组中的方程个数小于未知数个数, 则一定存在非零解.

证 齐次线性方程组对应的阶梯形矩阵的阶梯数小于等于方程的个数, 因此小于未知数的个数, 所以一定存在非零解. □

命题 1.3.12 对齐次线性方程组解的定性判断, 不用通过计算化为阶梯形再得到, 因此常会带来一些便利.

习题

练习 1.3.1 把下列矩阵化为行简化阶梯形, 并回答问题:

1. $\begin{bmatrix} 1 & 2 & 3 & 4 & 5 \\ 6 & 7 & 8 & 9 & 10 \\ 11 & 12 & 13 & 14 & 15 \end{bmatrix}$, 化简后第一列是否为主列?

2. $\begin{bmatrix} 1 & 2 & 3 & 4 & 5 \\ 0 & 7 & 8 & 9 & 10 \\ 11 & 12 & 13 & 14 & 15 \end{bmatrix}$, 化简后第二列是否为主列?

3. $\begin{bmatrix} 1 & 2 & 3 & 4 & 5 \\ 0 & 0 & 8 & 9 & 10 \\ 11 & 12 & 13 & 14 & 15 \end{bmatrix}$, 化简后第三列是否为主列?

4. $\begin{bmatrix} 1 & 2 & 3 & 4 & 5 \\ 0 & 0 & 0 & 9 & 10 \\ 11 & 12 & 13 & 14 & 15 \end{bmatrix}$, 化简后第四列是否为主列?

5. $\begin{bmatrix} 1 & 2 & 3 & 4 & 5 \\ 0 & 0 & 0 & 0 & 10 \\ 11 & 12 & 13 & 14 & 15 \end{bmatrix}$, 化简后第五列是否为主列?

练习 1.3.2 下列线性方程组有解时，找到所有解；线性方程组无解时，对线性方程组做初等变换，得到矛盾表达式 $0=1$：

1. $\begin{bmatrix}1&2\\3&4\end{bmatrix}\begin{bmatrix}x\\y\end{bmatrix}=\begin{bmatrix}3\\7\end{bmatrix}$.

2. $\begin{bmatrix}1&3&5\\2&4&6\end{bmatrix}\begin{bmatrix}x\\y\\z\end{bmatrix}=\begin{bmatrix}0\\0\end{bmatrix}$.

3. $\begin{bmatrix}1&2\\3&4\\5&6\end{bmatrix}\begin{bmatrix}x\\y\end{bmatrix}=\begin{bmatrix}0\\0\\0\end{bmatrix}$.

4. $\begin{bmatrix}1&2\\3&4\\5&6\end{bmatrix}\begin{bmatrix}x\\y\end{bmatrix}=\begin{bmatrix}1\\0\\0\end{bmatrix}$.

5. $\begin{bmatrix}1&0&1\\2&3&5\end{bmatrix}\begin{bmatrix}x\\y\\z\end{bmatrix}=\begin{bmatrix}0\\0\end{bmatrix}$.

6. $\begin{bmatrix}1&2\\0&3\\1&5\end{bmatrix}\begin{bmatrix}x\\y\end{bmatrix}=\begin{bmatrix}0\\0\\0\end{bmatrix}$.

7. $\begin{bmatrix}1&2\\0&3\\1&5\end{bmatrix}\begin{bmatrix}x\\y\end{bmatrix}=\begin{bmatrix}1\\0\\0\end{bmatrix}$.

8. $\begin{bmatrix}2&-1&0&0\\-1&2&-1&0\\0&-1&2&-1\\0&0&-1&2\end{bmatrix}\begin{bmatrix}x\\y\\z\\t\end{bmatrix}=\begin{bmatrix}0\\0\\0\\5\end{bmatrix}$.

9. $\begin{bmatrix}2&1&0&0\\1&2&1&0\\0&1&2&1\\0&0&1&2\end{bmatrix}\begin{bmatrix}x\\y\\z\\t\end{bmatrix}=\begin{bmatrix}0\\0\\0\\5\end{bmatrix}$.

练习 1.3.3 将下列问题首先化成 $A\boldsymbol{x}=\boldsymbol{b}$ 的形式，然后求所有解：

1. 对 $\begin{bmatrix}1&2&3&4&5\\6&7&8&9&10\\11&12&13&14&15\end{bmatrix}$，如何将其第三列写成前两列的线性组合？

2. 对 $\begin{bmatrix}1&2&3&4&5\\6&7&8&9&10\\11&12&13&14&15\end{bmatrix}$，如何将其第四列写成前两列的线性组合？

3. 对 $\begin{bmatrix}1&2&3&4&5\\6&7&8&9&10\\11&12&13&14&15\end{bmatrix}$，如何将其第五列写成前两列的线性组合？

练习 1.3.4 求证：齐次线性方程组

$$\begin{cases}a_{11}x_1+a_{12}x_2=0,\\a_{21}x_1+a_{22}x_2=0\end{cases}$$

有非零解当且仅当 $a_{11}a_{22}-a_{12}a_{21}=0$.

练习 1.3.5 求满足下列条件的常数 b,c：

1. 方程组 $\begin{bmatrix}1&2\\3&b\end{bmatrix}\begin{bmatrix}x\\y\end{bmatrix}=\begin{bmatrix}3\\7\end{bmatrix}$ 无解.

2. 方程组 $\begin{bmatrix}3&2\\6&4\end{bmatrix}\begin{bmatrix}x\\y\end{bmatrix}=\begin{bmatrix}10\\c\end{bmatrix}$ 无解.

3\. 方程组 $\begin{bmatrix}2&5&1\\4&b&1\\0&1&-1\end{bmatrix}\begin{bmatrix}x\\y\\z\end{bmatrix}=\begin{bmatrix}0\\2\\3\end{bmatrix}$ 无解.

4\. 方程组 $\begin{bmatrix}b&3\\3&b\end{bmatrix}\begin{bmatrix}x\\y\end{bmatrix}=\begin{bmatrix}6\\-6\end{bmatrix}$ 有无穷多组解.

5\. 方程组 $\begin{bmatrix}2&b\\4&8\end{bmatrix}\begin{bmatrix}x\\y\end{bmatrix}=\begin{bmatrix}16\\c\end{bmatrix}$ 有无穷多组解.

6\. 方程组 $\begin{bmatrix}1&b&0\\1&-2&-1\\0&1&1\end{bmatrix}\begin{bmatrix}x\\y\\z\end{bmatrix}=\begin{bmatrix}0\\0\\0\end{bmatrix}$ 有非零解.

7\. 方程组 $\begin{bmatrix}b&2&3\\b&b&4\\b&b&b\end{bmatrix}\begin{bmatrix}x\\y\\z\end{bmatrix}=\begin{bmatrix}0\\0\\0\end{bmatrix}$ 有非零解（求三个不同的 b).

练习 1.3.6 设齐次线性方程组

$$\begin{cases}2x_1+x_2+\ x_3=0,\\ ax_1\qquad\ -\ x_3=0,\\ -x_1\qquad\ +3x_3=0\end{cases}$$

有非零解，求 a 的值，并求出所有的解.

练习 1.3.7 在如下关于 x_1,x_2,x_3 的线性方程组中，讨论在 p 取不同值时方程组是否有解，并在有解时，求出所有的解.

$$\begin{cases}px_1+\ x_2+\ x_3=1,\\ x_1+px_2+\ x_3=p,\\ x_1+\ x_2+px_3=p^2.\end{cases}$$

练习 1.3.8 设 $A=\begin{bmatrix}1&1&0\\-1&0&1\\0&-1&-1\end{bmatrix}, \boldsymbol{b}=\begin{bmatrix}b_1\\b_2\\b_3\end{bmatrix}$. 求证：

1. $A\boldsymbol{x}=\boldsymbol{b}$ 有解当且仅当 $b_1+b_2+b_3=0$.
2. 齐次线性方程组 $A\boldsymbol{x}=\boldsymbol{0}$ 的解集是 $\{k\boldsymbol{x}_1 \mid k\in\mathbb{R}\}, \boldsymbol{x}_1=\begin{bmatrix}1\\-1\\1\end{bmatrix}$.
3. 当 $A\boldsymbol{x}=\boldsymbol{b}$ 有解时，设 $\boldsymbol{x}_0$ 是一个解，则解集是 $\{\boldsymbol{x}_0+k\boldsymbol{x}_1 \mid k\in\mathbb{R}\}$.

练习 1.3.9 求三阶方阵 A, 使得线性方程组 $A\boldsymbol{x}=\begin{bmatrix}2\\4\\2\end{bmatrix}$ 的解集是 $\left\{\begin{bmatrix}2\\0\\0\end{bmatrix}+c\begin{bmatrix}1\\1\\0\end{bmatrix}+d\begin{bmatrix}0\\0\\1\end{bmatrix}\middle| c,d\in\mathbb{R}\right\}$.

练习 1.3.10

1. 构造三阶方阵，其元素各不相同，且行简化阶梯形有且只有一个主元.
2. ☕ 构造 100 阶方阵 A，所有元素非零，且行简化阶梯形恰有 99 个主元. 试描述 $A\boldsymbol{x}=0$ 的解集.

练习 1.3.11 给定线性方程组 $A\boldsymbol{x}=\boldsymbol{0}$，其中 A 是 100 阶方阵. 假设 Gauss 消元法计算到最后一行得到 $0=0$.

1. 消元法是在计算 A 的行的线性组合. 因此 A 的 100 行的某个线性组合是?
2. 计算出 $0=0$ 说明方程组有无穷多组解. 因此 A 的 100 列的某个线性组合是?
3. 试说明 Gauss 消元法计算出的零行的个数和自由变量的个数相等.

练习 1.3.12 仅用从上往下的倍加变换 (即把上面的行的若干倍加到下面的行上), 将下列矩阵化为阶梯形, 并分析其主元的规律:

$$1.\ \begin{bmatrix}1&1&&\\1&2&1&\\&1&2&1\\&&1&2\end{bmatrix}.\qquad 2.\ \begin{bmatrix}2&1&&\\1&2&1&\\&1&2&1\\&&1&2\end{bmatrix}.\qquad 3.\ \begin{bmatrix}2&-1&&\\-1&2&-1&\\&-1&2&-1\\&&-1&2\end{bmatrix}.$$

这些矩阵都是**三对角矩阵**, 即除对角元素及与其相邻的元素外其余元素都是零的方阵.

练习 1.3.13 求解

$$\begin{cases}x_1 & & & +x_n &= 0,\\ x_1+x_2 & & & &= 0,\\ & x_2+x_3 & & &= 0,\\ & & \ddots & &\vdots\\ & & & x_{n-1}+x_n &= 0.\end{cases}$$

练习 1.3.14 ☕ 证明用倍加变换与倍乘变换可以实现对换变换.

练习 1.3.15 证明定理 1.3.7 的第二部分.

练习 1.3.16 练习 1.2.8 中的数独矩阵经历哪些行变换或列变换后还是数独矩阵?

练习 1.3.17 (初等列变换在线性方程组上的含义) 考虑线性方程组 $\begin{bmatrix}1&2\\4&5\end{bmatrix}\begin{bmatrix}x\\y\end{bmatrix}=\begin{bmatrix}3\\6\end{bmatrix}$. 进行下列换元, 写出 x',y' 满足的方程组. 对比原方程组, 其系数矩阵做了哪种初等变换?

1. $x'=y,y'=x$. 2. $x'=2x,y'=y$. 3. $x'=x,y'=x+y$. 4. $x'=x+1,y'=y$.

练习 1.3.18 (方程、法向量与超平面) 给定原点 O, 则空间中的点 P 与向量 $\overrightarrow{OP}$ 一一对应. 空间中所有点构成的集合称为**点空间**, 上述一一对应是点空间到线性空间 $\mathbb{R}^3$ 的双射. 注意, 点空间与线性空间并不相同. 特别地, 空间中的点 P 也可用向量 $\overrightarrow{OP}\in\mathbb{R}^3$ 表示.

两个 $\mathbb{R}^3$ 中的向量垂直当且仅当其内积为零 (练习 1.1.10). 与空间中某个平面垂直的非零向量称为该平面的**法向量**. 考虑空间中以非零向量 $\begin{bmatrix}a\\b\\c\end{bmatrix}$ 为法向量的平面.

1. 给定 $\boldsymbol{p},\boldsymbol{q}\in\mathbb{R}^3$, 分别对应该平面上的两个点, 证明, $\begin{bmatrix}a&b&c\end{bmatrix}\boldsymbol{p}=\begin{bmatrix}a&b&c\end{bmatrix}\boldsymbol{q}$;
2. 设该平面经过对应于 $\boldsymbol{p}\in\mathbb{R}^3$ 的点, 令 $d=\begin{bmatrix}a&b&c\end{bmatrix}\boldsymbol{p}$, 证明, 平面是方程 $ax+by+cz=d$ 的解集.
3. 设 $a_1x+b_1y+c_1z=d_1$ 和 $a_2x+b_2y+c_2z=d_2$ 的解集平面平行, 试分析两个方程的系数间的关系.

4. 设 $\begin{bmatrix} a_1 \\ b_1 \\ c_1 \end{bmatrix}, \begin{bmatrix} a_2 \\ b_2 \\ c_2 \end{bmatrix}$ 为两个不共线的非零向量，则 $a_1x+b_1y+c_1z=d_1$ 与 $a_2x+b_2y+c_2z=d_2$ 的解集平面不平行，因此必相交于一条直线 l. 对方程做倍加变换，证明，$a_1x+b_1y+c_1z=d_1$ 与 $(a_1+a_2)x+(b_1+b_2)y+(c_1+c_2)z=d_1+d_2$ 的解集平面的交集还是直线 l.（从几何上看，倍加变换将一个平面沿相交直线旋转，因此不改变解集的交集.）

一个 m 元线性方程的解集是对应于 $\mathbb{R}^m$ 的点空间中的一个**超平面**，因此求解线性方程组等价于求若干超平面的交集.

练习 1.3.19 对下列问题，将其化成 $A\boldsymbol{x}=\boldsymbol{b}$，并找到所有解：

1. 考虑例 1.1.1 中的桥墩载荷问题. 假设重物的重力分别为 $F_1=2, F_2=3$，放置的位置 l_1, l_2 为未知变量，桥梁长度为 5. 如果两个桥墩的载荷分别为 $f_1=3, f_2=2$，求所有可能的 $\begin{bmatrix} l_1 \\ l_2 \end{bmatrix}$.
2. 笼中有若干鸡兔，每只鸡有一个头两条腿两只翅膀，每只兔有一个头四条腿没有翅膀. 笼中现有 4 个头、12 条腿、8 只翅膀，求鸡兔数目.
3. 设 $A=\begin{bmatrix} a & b \\ c & d \end{bmatrix}$ 满足 $A\begin{bmatrix} 1 \\ 1 \end{bmatrix}=\begin{bmatrix} 4 \\ 8 \end{bmatrix}$，且 A 第一列的元素之和为 2，求所有可能的 A.
4. 求平面上直线 $y=2x+3, y=-x+5$ 的交点.
5. 空间中有三个平面，分别经过点 $\begin{bmatrix} 4 \\ 0 \\ 0 \end{bmatrix}, \begin{bmatrix} 0 \\ 1 \\ -1 \end{bmatrix}, \begin{bmatrix} 2 \\ 0 \\ 2 \end{bmatrix}$，具有法向量 $\begin{bmatrix} 1 \\ 3 \\ 5 \end{bmatrix}, \begin{bmatrix} 1 \\ 2 \\ -3 \end{bmatrix}, \begin{bmatrix} 2 \\ 5 \\ 2 \end{bmatrix}$，求这三个平面的交点（练习 1.3.18）.
6. 空间中有一条经过原点的直线，并且与向量 $\begin{bmatrix} 1 \\ 1 \\ 0 \end{bmatrix}, \begin{bmatrix} 0 \\ 1 \\ 1 \end{bmatrix}$ 垂直，求所有直线上的点.
7. 空间中有一个平面经过点 $\begin{bmatrix} 1 \\ 1 \\ 0 \end{bmatrix}, \begin{bmatrix} 0 \\ 1 \\ 1 \end{bmatrix}, \begin{bmatrix} 1 \\ 0 \\ 1 \end{bmatrix}$，求所有与该平面垂直的向量.

练习 1.3.20 ☕ 如果线性方程组 $A\boldsymbol{x}=\boldsymbol{b}$ 和 $C\boldsymbol{x}=\boldsymbol{b}$，对任意 $\boldsymbol{b}$ 都有相同的解集，那么 $A=C$ 成立吗?

提示：取特殊的 $\boldsymbol{b}$.

练习 1.3.21 ☕ 设线性映射 $\boldsymbol{F}\colon \mathbb{R}^n \to \mathbb{R}^m$. 当 $n>m$ 时，$\boldsymbol{F}$ 是否可能是单射? 当 $n<m$ 时，$\boldsymbol{F}$ 是否可能是满射?

提示：把 $\boldsymbol{F}$ 的表示矩阵化为阶梯形.

1.4 线性映射的运算

本节主要讨论有关线性映射的两种运算，即线性运算和复合.

1.4.1 线性运算

定义 1.4.1 (映射的线性运算) 设 $\boldsymbol{A},\boldsymbol{B}\colon \mathbb{R}^n \to \mathbb{R}^m$ 是两个线性映射，$k \in \mathbb{R}$，定义两个新的映射：

$$\begin{aligned} \boldsymbol{A}+\boldsymbol{B}\colon \mathbb{R}^n &\to \mathbb{R}^m \\ \boldsymbol{x} &\mapsto \boldsymbol{A}(\boldsymbol{x})+\boldsymbol{B}(\boldsymbol{x}), \\ k\boldsymbol{A}\colon \mathbb{R}^n &\to \mathbb{R}^m \\ \boldsymbol{x} &\mapsto k\boldsymbol{A}(\boldsymbol{x}). \end{aligned}$$

称 $\boldsymbol{A}+\boldsymbol{B}$ 为 $\boldsymbol{A}$ 与 $\boldsymbol{B}$ 的和，$k\boldsymbol{A}$ 为数 k 与 $\boldsymbol{A}$ 的数乘.

注意，定义中涉及的运算是陪域 $\mathbb{R}^m$ 中的线性运算. 特别地，由于向量之间不能做乘除法，两个映射之间也没有乘除运算.

命题 1.4.2 映射 $\boldsymbol{A}+\boldsymbol{B}$ 和 $k\boldsymbol{A}$ 都是线性映射.

证 这里只验证 $\boldsymbol{A}+\boldsymbol{B}$ 的情形. 根据定义，

$$\begin{aligned} (\boldsymbol{A}+\boldsymbol{B})(\boldsymbol{x}+\boldsymbol{x}') &= \boldsymbol{A}(\boldsymbol{x}+\boldsymbol{x}')+\boldsymbol{B}(\boldsymbol{x}+\boldsymbol{x}') = \boldsymbol{A}(\boldsymbol{x})+\boldsymbol{A}(\boldsymbol{x}')+\boldsymbol{B}(\boldsymbol{x})+\boldsymbol{B}(\boldsymbol{x}') \\ &= \boldsymbol{A}(\boldsymbol{x})+\boldsymbol{B}(\boldsymbol{x})+\boldsymbol{A}(\boldsymbol{x}')+\boldsymbol{B}(\boldsymbol{x}') = (\boldsymbol{A}+\boldsymbol{B})(\boldsymbol{x})+(\boldsymbol{A}+\boldsymbol{B})(\boldsymbol{x}'), \end{aligned}$$

$$(\boldsymbol{A}+\boldsymbol{B})(k\boldsymbol{x}) = \boldsymbol{A}(k\boldsymbol{x})+\boldsymbol{B}(k\boldsymbol{x}) = k\boldsymbol{A}(\boldsymbol{x})+k\boldsymbol{B}(\boldsymbol{x}) = k(\boldsymbol{A}+\boldsymbol{B})(\boldsymbol{x}),$$

其中，$\boldsymbol{x},\boldsymbol{x}' \in \mathbb{R}^n, k \in \mathbb{R}$. □

在 $k\boldsymbol{A}$ 中取 $k=0$，得到一个特殊的线性映射，**零映射**，也用符号 $\boldsymbol{O}\colon \mathbb{R}^n \to \mathbb{R}^m$ 表示，满足 $\boldsymbol{O}(\boldsymbol{x})=\boldsymbol{0}$，对任意 $\boldsymbol{x}\in\mathbb{R}^n$ 都成立. 与零向量在线性空间 $\mathbb{R}^n$ 中的性质类似，零映射在映射的加法之下满足：$\boldsymbol{O}+\boldsymbol{A}=\boldsymbol{A}=\boldsymbol{A}+\boldsymbol{O}$. 我们也可以定义线性映射的**减法**：$\boldsymbol{A}-\boldsymbol{B}=\boldsymbol{A}+(-\boldsymbol{B})$，其中 $-\boldsymbol{B}=(-1)\boldsymbol{B}$.

所有 $\mathbb{R}^n$ 到 $\mathbb{R}^m$ 的线性映射构成一个集合，这个集合在映射加法和数乘两个运算下封闭. 这两个线性运算也满足类似于命题 1.1.5 中的八条运算法则.

由于线性映射与矩阵的对应，对矩阵也可以定义类似的线性运算.

定义 1.4.3 (矩阵的线性运算) 设 $A=\left[a_{ij}\right]_{m\times n}, B=\left[b_{ij}\right]_{m\times n}$ 是两个 $m\times n$ 矩阵，$k\in\mathbb{R}$，定义

$$A+B=\begin{bmatrix} a_{11} & a_{12} & \cdots & a_{1n} \\ a_{21} & a_{22} & \cdots & a_{2n} \\ \vdots & \vdots & & \vdots \\ a_{m1} & a_{m2} & \cdots & a_{mn} \end{bmatrix}+\begin{bmatrix} b_{11} & b_{12} & \cdots & b_{1n} \\ b_{21} & b_{22} & \cdots & b_{2n} \\ \vdots & \vdots & & \vdots \\ b_{m1} & b_{m2} & \cdots & b_{mn} \end{bmatrix}=\begin{bmatrix} a_{11}+b_{11} & a_{12}+b_{12} & \cdots & a_{1n}+b_{1n} \\ a_{21}+b_{21} & a_{22}+b_{22} & \cdots & a_{2n}+b_{2n} \\ \vdots & \vdots & & \vdots \\ a_{m1}+b_{m1} & a_{m2}+b_{m2} & \cdots & a_{mn}+b_{mn} \end{bmatrix};$$

$$kA = k\begin{bmatrix} a_{11} & a_{12} & \cdots & a_{1n} \\ a_{21} & a_{22} & \cdots & a_{2n} \\ \vdots & \vdots & & \vdots \\ a_{m1} & a_{m2} & \cdots & a_{mn} \end{bmatrix} = \begin{bmatrix} ka_{11} & ka_{12} & \cdots & ka_{1n} \\ ka_{21} & ka_{22} & \cdots & ka_{2n} \\ \vdots & \vdots & & \vdots \\ ka_{m1} & ka_{m2} & \cdots & ka_{mn} \end{bmatrix}.$$

命题 1.4.4 矩阵加法和数乘满足如下八条运算法则:

1. 加法结合律: $(A+B)+C = A+(B+C)$;
2. 加法交换律: $A+B = B+A$;
3. 零矩阵: $A + O_{m\times n} = A$, 其中 $O_{m\times n}$ 是所有元素全为 0 的矩阵, 称为 $m\times n$ **零矩阵**, 简记为 O;
4. 负矩阵: 对任意 $A = \begin{bmatrix} a_{11} & a_{12} & \cdots & a_{1n} \\ a_{21} & a_{22} & \cdots & a_{2n} \\ \vdots & \vdots & & \vdots \\ a_{m1} & a_{m2} & \cdots & a_{mn} \end{bmatrix}$, 记 $-A = \begin{bmatrix} -a_{11} & -a_{12} & \cdots & -a_{1n} \\ -a_{21} & -a_{22} & \cdots & -a_{2n} \\ \vdots & \vdots & & \vdots \\ -a_{m1} & -a_{m2} & \cdots & -a_{mn} \end{bmatrix}$,

   它满足 $A + (-A) = O$, 称它为 A 的**负矩阵**;
5. 单位数: $1A = A$;
6. 数乘结合律: $(kl)A = k(lA)$;
7. 数乘对数的分配律: $(k+l)A = kA + lA$;
8. 数乘对矩阵的分配律: $k(A+B) = kA + kB$.

根据负矩阵性质, 我们可以定义矩阵的**减法**: $A-B = A+(-B)$. 根据加法结合律, 我们不需要区分加法的计算次序, 因此我们可以写 $A+B+C = (A+B)+C = A+(B+C)$.

矩阵和向量的乘积对向量的线性运算满足分配律 (命题 1.2.7), 这里有如下类似结果.

命题 1.4.5 矩阵和向量的乘积对矩阵的线性运算满足分配律:

$$(k_1A_1 + k_2A_2)\boldsymbol{x} = k_1(A_1\boldsymbol{x}) + k_2(A_2\boldsymbol{x}).$$

例 1.4.6 (差分矩阵) $\mathbb{R}^n$ 中的向量 $\boldsymbol{x} = \begin{bmatrix} x_1 \\ x_2 \\ \vdots \\ x_n \end{bmatrix}$ 可以看成一个数列 $x_1, x_2, \cdots, x_n$. 在数列的相关计算中, 经常需要计算相邻两项的差. 由此我们定义 $\mathbb{R}^n$ 上的一个线性变换, 称为**向前差分**:

$$\begin{array}{ccc} \mathbb{R}^n & \to & \mathbb{R}^n \\ \begin{bmatrix} x_1 \\ x_2 \\ \vdots \\ x_n \end{bmatrix} & \mapsto & \begin{bmatrix} x_1 \\ x_2 - x_1 \\ \vdots \\ x_n - x_{n-1} \end{bmatrix}. \end{array}$$

它的表示矩阵是

$$D_{nn}=\begin{bmatrix}1&&&\\-1&1&&\\&\ddots&\ddots&\\&&-1&1\end{bmatrix},$$

其中对角元素全是 1, 其下方相邻的副对角线上的元素全是 -1, 其余元素全是 0, 这个矩阵称为**向前差分矩阵**. 它因对应变换取每一项与前一项的差而得名. 根据矩阵的线性运算, 差分矩阵可以分解为

$$D_{nn}=\begin{bmatrix}1&&&\\-1&1&&\\&\ddots&\ddots&\\&&-1&1\end{bmatrix}=\begin{bmatrix}1&&\\&1&&\\&&\ddots&\\&&&1\end{bmatrix}-\begin{bmatrix}&&&\\1&&&\\&\ddots&&\\&&1&\end{bmatrix}=:I_n-J_n.$$

而 $D_{nn}\boldsymbol{x}=I_n\boldsymbol{x}-J_n\boldsymbol{x}=\begin{bmatrix}x_1\\x_2\\\vdots\\x_n\end{bmatrix}-\begin{bmatrix}0\\x_1\\\vdots\\x_{n-1}\end{bmatrix}=\begin{bmatrix}x_1\\x_2-x_1\\\vdots\\x_n-x_{n-1}\end{bmatrix}$.

我们给出这个线性变换在一些数列上的作用. 从数列 $a_n=n^2$ 开始, 做一次向前差分得到等差数列, 再做一次得到常数数列 (不考虑第一项), 即

$$\begin{bmatrix}1\\4\\9\\16\\25\end{bmatrix}\mapsto\begin{bmatrix}1\\3\\5\\7\\9\end{bmatrix}\mapsto\begin{bmatrix}1\\2\\2\\2\\2\end{bmatrix};$$

从 Fibonacci 数列 $a_1=1,a_2=1,a_n=a_{n-1}+a_{n-2}$ 开始, 做一次向前差分后, 不考虑前面若干项, 得到的还是 Fibonacci 数列, 即

$$\begin{bmatrix}1\\1\\2\\3\\5\\8\\13\\21\\34\end{bmatrix}\mapsto\begin{bmatrix}1\\0\\1\\1\\2\\3\\5\\8\\13\end{bmatrix}\mapsto\begin{bmatrix}1\\-1\\1\\0\\1\\1\\2\\3\\5\end{bmatrix}.$$

类似地，也可以取每一项与后一项的差，得到的是**向后差分**和**向后差分矩阵**：

$$D_{nn}^{\mathrm{T}} = \begin{bmatrix} 1 & -1 & & \\ & 1 & \ddots & \\ & & \ddots & -1 \\ & & & 1 \end{bmatrix}.$$

这里，上角标 ^{T} 表示 D_{nn}^{T} 是由 D_{nn} 对调行和列的关系得到的. ☺

定义 1.4.7 (转置) 定义 $m \times n$ 矩阵 A 的**转置**：

$$A^{\mathrm{T}} = \begin{bmatrix} a_{11} & a_{12} & \cdots & a_{1,n-1} & a_{1n} \\ a_{21} & a_{22} & \cdots & a_{2,n-1} & a_{2n} \\ \vdots & \vdots & & \vdots & \vdots \\ a_{m1} & a_{m2} & \cdots & a_{m,n-1} & a_{mn} \end{bmatrix}^{\mathrm{T}} = \begin{bmatrix} a_{11} & a_{21} & \cdots & a_{m1} \\ a_{12} & a_{22} & \cdots & a_{m2} \\ \vdots & \vdots & & \vdots \\ a_{1,n-1} & a_{2,n-1} & \cdots & a_{m,n-1} \\ a_{1n} & a_{2n} & \cdots & a_{mn} \end{bmatrix},$$

即，A^{T} 是由对调 A 的行和列得到的 $n \times m$ 矩阵.

特别地，对应分量相同的列向量与行向量互为转置. 之前我们用 $\boldsymbol{a}$ 表示列向量，而用 $\boldsymbol{a}^{\mathrm{T}}$ 表示行向量，就是为了与此保持一致.

从定义来看，显然有 $(A^{\mathrm{T}})^{\mathrm{T}} = A$. 另外

$$\begin{bmatrix} \boldsymbol{a}_1 & \boldsymbol{a}_2 & \cdots & \boldsymbol{a}_n \end{bmatrix}^{\mathrm{T}} = \begin{bmatrix} \boldsymbol{a}_1^{\mathrm{T}} \\ \boldsymbol{a}_2^{\mathrm{T}} \\ \vdots \\ \boldsymbol{a}_n^{\mathrm{T}} \end{bmatrix}. \tag{1.4.1}$$

命题 1.4.8 矩阵的线性运算与转置满足如下运算法则：

$$(A+B)^{\mathrm{T}} = A^{\mathrm{T}} + B^{\mathrm{T}}, \quad (kA)^{\mathrm{T}} = kA^{\mathrm{T}}.$$

定义 1.4.9 (对称矩阵) 如果矩阵 A 满足 $A = A^{\mathrm{T}}$，就称之为**对称矩阵**. 如果矩阵 A 满足 $A = -A^{\mathrm{T}}$，就称之为**反对称矩阵**或**斜对称矩阵**.

显然，对称矩阵和反对称矩阵一定是方阵.

1.4.2 复合

在实践中，常常需要考虑多个系统的叠加，例如

$$\text{输入} \xrightarrow{\text{系统 1}} \text{中间输出} \xrightarrow{\text{系统 2}} \text{输出}.$$

这显然对应于映射的复合. 我们先看一个简单的例子.

例 1.4.10 考虑例 1.2.9 中平面向量构成的线性空间 $\mathbb{R}^2$ 上的线性变换的复合.

1. 旋转变换的复合还是旋转变换: $\boldsymbol{R}_{\theta_1} \circ \boldsymbol{R}_{\theta_2} = \boldsymbol{R}_{\theta_1+\theta_2} = \boldsymbol{R}_{\theta_2} \circ \boldsymbol{R}_{\theta_1}$. 特别地, $\boldsymbol{R}_\theta \circ \boldsymbol{R}_{-\theta} = \boldsymbol{R}_{-\theta} \circ \boldsymbol{R}_\theta = \boldsymbol{R}_0 = \boldsymbol{I}$.
2. 反射变换与自己的复合是恒同变换: $\boldsymbol{H}_\theta \circ \boldsymbol{H}_\theta = \boldsymbol{I}$.
3. 对换变换与旋转变换的复合: 两种复合 $\boldsymbol{P} \circ \boldsymbol{R}_\theta$ 和 $\boldsymbol{R}_\theta \circ \boldsymbol{P}$ 是否相等?
4. 伸缩变换的复合还是伸缩变换: $\boldsymbol{C}_{k_1} \circ \boldsymbol{C}_{k_2} = \boldsymbol{C}_{k_1 k_2} = \boldsymbol{C}_{k_2} \circ \boldsymbol{C}_{k_1}$. 特别地, 投影变换与自己的复合保持不变: $\boldsymbol{C}_0 \circ \boldsymbol{C}_0 = \boldsymbol{C}_0$.
5. 错切变换的复合还是错切变换吗?
6. 我们还可以考虑不同方向的伸缩变换、错切变换的复合, 留给读者思考.

注意, 上述线性变换的复合都还是线性变换. ☺

一般地, 多个线性映射的复合还是线性映射吗? 如果是, 其表示矩阵有何关系?

命题 1.4.11 设 $\boldsymbol{B}\colon \mathbb{R}^n \to \mathbb{R}^m, \boldsymbol{A}\colon \mathbb{R}^m \to \mathbb{R}^l$ 是两个线性映射, 则二者的复合映射 $\boldsymbol{A} \circ \boldsymbol{B}\colon \mathbb{R}^n \to \mathbb{R}^l$ 也是一个线性映射.

证 根据定义, 直接验证复合映射保持线性运算, 即对任意 $\boldsymbol{x}, \boldsymbol{x}' \in \mathbb{R}^n, k \in \mathbb{R}$,

$$(\boldsymbol{A} \circ \boldsymbol{B})(\boldsymbol{x} + \boldsymbol{x}') = \boldsymbol{A}(\boldsymbol{B}(\boldsymbol{x} + \boldsymbol{x}')) = \boldsymbol{A}(\boldsymbol{B}(\boldsymbol{x}) + \boldsymbol{B}(\boldsymbol{x}')) = (\boldsymbol{A} \circ \boldsymbol{B})(\boldsymbol{x}) + (\boldsymbol{A} \circ \boldsymbol{B})(\boldsymbol{x}'),$$

$$(\boldsymbol{A} \circ \boldsymbol{B})(k\boldsymbol{x}) = \boldsymbol{A}(\boldsymbol{B}(k\boldsymbol{x})) = \boldsymbol{A}(k\boldsymbol{B}(\boldsymbol{x})) = k\boldsymbol{A}(\boldsymbol{B}(\boldsymbol{x})) = k(\boldsymbol{A} \circ \boldsymbol{B})(\boldsymbol{x}).$$ □

设 $\boldsymbol{A}$ 和 $\boldsymbol{B}$ 的表示矩阵分别为 $l \times m$ 矩阵 $A = \begin{bmatrix} \boldsymbol{a}_1 & \boldsymbol{a}_2 & \cdots & \boldsymbol{a}_m \end{bmatrix}$ 和 $m \times n$ 矩阵 $B = \begin{bmatrix} \boldsymbol{b}_1 & \boldsymbol{b}_2 & \cdots & \boldsymbol{b}_n \end{bmatrix}$, 那么根据定义, 线性映射 $\boldsymbol{A} \circ \boldsymbol{B}$ 的表示矩阵 C 可以计算出来:

$$\begin{aligned} C &= \begin{bmatrix} \boldsymbol{A}(\boldsymbol{B}(\boldsymbol{e}_1)) & \boldsymbol{A}(\boldsymbol{B}(\boldsymbol{e}_2)) & \cdots & \boldsymbol{A}(\boldsymbol{B}(\boldsymbol{e}_n)) \end{bmatrix} \\ &= \begin{bmatrix} \boldsymbol{A}(\boldsymbol{b}_1) & \boldsymbol{A}(\boldsymbol{b}_2) & \cdots & \boldsymbol{A}(\boldsymbol{b}_n) \end{bmatrix} \\ &= \begin{bmatrix} A\boldsymbol{b}_1 & A\boldsymbol{b}_2 & \cdots & A\boldsymbol{b}_n \end{bmatrix}. \end{aligned}$$

这启发我们给出如下对矩阵乘法的定义.

定义 1.4.12 (矩阵乘法) 给定 $l \times m$ 矩阵 A 和 $m \times n$ 矩阵 $B = \begin{bmatrix} \boldsymbol{b}_1 & \boldsymbol{b}_2 & \cdots & \boldsymbol{b}_n \end{bmatrix}$, 定义二者乘积 AB 是如下 $l \times n$ 矩阵:

$$AB = A \begin{bmatrix} \boldsymbol{b}_1 & \boldsymbol{b}_2 & \cdots & \boldsymbol{b}_n \end{bmatrix} := \begin{bmatrix} A\boldsymbol{b}_1 & A\boldsymbol{b}_2 & \cdots & A\boldsymbol{b}_n \end{bmatrix}. \tag{1.4.2}$$

特别地, 对正整数 k, 方阵 A 的 k 次幂定义为 $A^k = \underbrace{AA\cdots A}_{k\,个}$.

矩阵乘法是矩阵与列向量乘法 (见定义 1.2.5) 的一个自然推广, 因为列向量是特殊的矩阵. 特别需要注意的是:

1. 两个矩阵 A, B 能够相乘，亦即乘积矩阵 AB 能够存在，必须要求 A 的列数与 B 的行数相同；此时，AB 的行数等于 A 的行数，AB 的列数等于 B 的列数. 这与映射的复合一致，而这对应着：如果映射 $\boldsymbol{A}$ 和 $\boldsymbol{B}$ 可以复合成 $\boldsymbol{A}\circ\boldsymbol{B}$，那么 $\boldsymbol{A}$ 的定义域必须等于 $\boldsymbol{B}$ 的陪域.
2. 乘积矩阵 AB 的第 k 列是 $A\boldsymbol{b}_k$，这说明，只有 B 的第 k 列 $\boldsymbol{b}_k$ 会影响 AB 的第 k 列，而 B 的其他列不会影响 AB 的第 k 列.

类似地，我们还可以得到 AB 的行向量的性质. 根据 (1.2.2) 式中矩阵与列向量的乘积，设 $A = \begin{bmatrix} \tilde{\boldsymbol{a}}_1^{\mathrm{T}} \\ \tilde{\boldsymbol{a}}_2^{\mathrm{T}} \\ \vdots \\ \tilde{\boldsymbol{a}}_l^{\mathrm{T}} \end{bmatrix}, B = \begin{bmatrix} \boldsymbol{b}_1 & \boldsymbol{b}_2 & \cdots & \boldsymbol{b}_n \end{bmatrix}$，我们得到：

$$AB = \begin{bmatrix} A\boldsymbol{b}_1 & A\boldsymbol{b}_2 & \cdots & A\boldsymbol{b}_n \end{bmatrix} = \begin{bmatrix} \tilde{\boldsymbol{a}}_1^{\mathrm{T}}\boldsymbol{b}_1 & \tilde{\boldsymbol{a}}_1^{\mathrm{T}}\boldsymbol{b}_2 & \cdots & \tilde{\boldsymbol{a}}_1^{\mathrm{T}}\boldsymbol{b}_n \\ \tilde{\boldsymbol{a}}_2^{\mathrm{T}}\boldsymbol{b}_1 & \tilde{\boldsymbol{a}}_2^{\mathrm{T}}\boldsymbol{b}_2 & \cdots & \tilde{\boldsymbol{a}}_2^{\mathrm{T}}\boldsymbol{b}_n \\ \vdots & \vdots & & \vdots \\ \tilde{\boldsymbol{a}}_l^{\mathrm{T}}\boldsymbol{b}_1 & \tilde{\boldsymbol{a}}_l^{\mathrm{T}}\boldsymbol{b}_2 & \cdots & \tilde{\boldsymbol{a}}_l^{\mathrm{T}}\boldsymbol{b}_n \end{bmatrix} = \begin{bmatrix} \tilde{\boldsymbol{a}}_1^{\mathrm{T}}B \\ \tilde{\boldsymbol{a}}_2^{\mathrm{T}}B \\ \vdots \\ \tilde{\boldsymbol{a}}_l^{\mathrm{T}}B \end{bmatrix}. \tag{1.4.3}$$

这说明, AB 的第 i 行是 $\tilde{\boldsymbol{a}}_i^{\mathrm{T}}B$, 仅由矩阵 A 的第 i 行 $\tilde{\boldsymbol{a}}_i^{\mathrm{T}}$ 和矩阵 B 决定. 具体到 $C = AB$ 的每个元素，设 $A = \begin{bmatrix} a_{ij} \end{bmatrix}_{l\times m}, B = \begin{bmatrix} b_{jk} \end{bmatrix}_{m\times n}, C = \begin{bmatrix} c_{ik} \end{bmatrix}_{l\times n}$，我们有

$$c_{ik} = \tilde{\boldsymbol{a}}_i^{\mathrm{T}}\boldsymbol{b}_k = a_{i1}b_{1k} + a_{i2}b_{2k} + \cdots + a_{im}b_{mk} = \sum_{j=1}^{m} a_{ij}b_{jk}. \tag{1.4.4}$$

这里我们引入了求和号 $\sum$，其中求和号后面是一个带变动下角标 j 的项，求和号上下提示了变动下角标及其变化范围，即求和式表示变动下角标取遍变化范围对应的所有项的和. 注意, 这里一共涉及三个下角标 i, j, k，求和仅仅针对变动下角标 j，而下角标 i, k 都固定不变. 因此，矩阵乘法可表示为

$$\begin{bmatrix} a_{11} & a_{12} & \cdots & a_{1m} \\ a_{21} & a_{22} & \cdots & a_{2m} \\ \vdots & \vdots & & \vdots \\ a_{l1} & a_{l2} & \cdots & a_{lm} \end{bmatrix} \begin{bmatrix} b_{11} & b_{12} & \cdots & b_{1n} \\ b_{21} & b_{22} & \cdots & b_{2n} \\ \vdots & \vdots & & \vdots \\ b_{m1} & b_{m2} & \cdots & b_{mn} \end{bmatrix} = \begin{bmatrix} \sum\limits_{j=1}^{m} a_{1j}b_{j1} & \sum\limits_{j=1}^{m} a_{1j}b_{j2} & \cdots & \sum\limits_{j=1}^{m} a_{1j}b_{jn} \\ \sum\limits_{j=1}^{m} a_{2j}b_{j1} & \sum\limits_{j=1}^{m} a_{2j}b_{j2} & \cdots & \sum\limits_{j=1}^{m} a_{2j}b_{jn} \\ \vdots & \vdots & & \vdots \\ \sum\limits_{j=1}^{m} a_{lj}b_{j1} & \sum\limits_{j=1}^{m} a_{lj}b_{j2} & \cdots & \sum\limits_{j=1}^{m} a_{lj}b_{jn} \end{bmatrix}.$$

注意，(1.4.2) 式、(1.4.3) 式和 (1.4.4) 式都可以作为矩阵乘法的定义，因为三者互相等价.

矩阵乘积的公式在计算中必不可少，而它和映射复合之间的对应关系，对我们的理解十分重要. 根据定义 1.4.12，可以直接得出下面的结果.

命题 1.4.13 设 $\boldsymbol{A}\colon \mathbb{R}^m \to \mathbb{R}^l, \boldsymbol{B}\colon \mathbb{R}^n \to \mathbb{R}^m$ 是两个线性映射，记二者的表示矩阵分别为 A 和 B，则复合映射 $\boldsymbol{A}\circ\boldsymbol{B}\colon \mathbb{R}^n \to \mathbb{R}^l$ 的表示矩阵为 $C = AB$.

一个直接的推论是，对任意列向量 $\boldsymbol{x} \in \mathbb{R}^n$，都有

$$(AB)\boldsymbol{x} = (\boldsymbol{A}\circ\boldsymbol{B})(\boldsymbol{x}) = \boldsymbol{A}(\boldsymbol{B}(\boldsymbol{x})) = \boldsymbol{A}(B\boldsymbol{x}) = A(B\boldsymbol{x}), \tag{1.4.5}$$

即矩阵与列向量乘积和矩阵乘积有结合律. 更一般地，我们有如下重要的运算法则.

命题 1.4.14 矩阵乘法满足结合律：$A(BC) = (AB)C$.

证 1 令 $C = \begin{bmatrix}\boldsymbol{c}_1 & \boldsymbol{c}_2 & \cdots & \boldsymbol{c}_n\end{bmatrix}$，则

$$\begin{aligned} A(BC) &= A\left(B\begin{bmatrix}\boldsymbol{c}_1 & \boldsymbol{c}_2 & \cdots & \boldsymbol{c}_n\end{bmatrix}\right) \\ &= A\begin{bmatrix}B\boldsymbol{c}_1 & B\boldsymbol{c}_2 & \cdots & B\boldsymbol{c}_n\end{bmatrix} \\ &= \begin{bmatrix}A(B\boldsymbol{c}_1) & A(B\boldsymbol{c}_2) & \cdots & A(B\boldsymbol{c}_n)\end{bmatrix} \qquad (\text{由 (1.4.5) 式}) \\ &= \begin{bmatrix}(AB)\boldsymbol{c}_1 & (AB)\boldsymbol{c}_2 & \cdots & (AB)\boldsymbol{c}_n\end{bmatrix} \\ &= (AB)\begin{bmatrix}\boldsymbol{c}_1 & \boldsymbol{c}_2 & \cdots & \boldsymbol{c}_n\end{bmatrix} = (AB)C. \end{aligned}$$ □

证 2 设 $\boldsymbol{A}, \boldsymbol{B}, \boldsymbol{C}$ 是三个线性映射，其表示矩阵分别为 A, B, C，则复合映射 $\boldsymbol{A}\circ\boldsymbol{B}$ 和 $\boldsymbol{B}\circ\boldsymbol{C}$ 的表示矩阵分别为 AB 和 BC. 因此，$(\boldsymbol{A}\circ\boldsymbol{B})\circ\boldsymbol{C}$ 和 $\boldsymbol{A}\circ(\boldsymbol{B}\circ\boldsymbol{C})$ 的表示矩阵分别为 $(AB)C$ 和 $A(BC)$. 映射的复合具有结合律 $(\boldsymbol{A}\circ\boldsymbol{B})\circ\boldsymbol{C} = \boldsymbol{A}\circ(\boldsymbol{B}\circ\boldsymbol{C})$，因此表示矩阵相等，即 $(AB)C = A(BC)$. □

证 3 还可以根据 (1.4.4) 式直接计算. 设 $A = \begin{bmatrix}a_{ij}\end{bmatrix}_{l\times m}, B = \begin{bmatrix}b_{jk}\end{bmatrix}_{m\times n}, C = \begin{bmatrix}c_{ks}\end{bmatrix}_{n\times p}$，则 $(AB)C$ 的 (i,s) 元是 $\displaystyle\sum_{k=1}^{n}\left(\sum_{j=1}^{m} a_{ij}b_{jk}\right)c_{ks}$，而 $A(BC)$ 的 (i,s) 元是 $\displaystyle\sum_{j=1}^{m} a_{ij}\left(\sum_{k=1}^{n} b_{jk}c_{ks}\right)$. 根据数的乘法结合律和求和顺序的交换性，二者都等于 $\displaystyle\sum_{j=1}^{m}\sum_{k=1}^{n} a_{ij}b_{jk}c_{ks}$. □

根据命题 1.4.14 的乘法结合律，我们不需要区分矩阵乘法的计算次序，因此可以写 $ABC = (AB)C = A(BC)$.

矩阵乘法与数的乘法最重要的区别在于，乘法交换律和消去律一般不成立：

1. AB, BA 不一定同时存在；即便都存在，仍然需要 A, B 是同阶方阵，才能保证 AB, BA 是同阶方阵.

2. 即使 A, B, AB, BA 都是同阶的方阵，也存在 A, B 使得 $AB \neq BA$，例如

$$\begin{bmatrix}0 & 1\\0 & 0\end{bmatrix}\begin{bmatrix}0 & 0\\1 & 0\end{bmatrix}=\begin{bmatrix}1 & 0\\0 & 0\end{bmatrix}, \qquad \begin{bmatrix}0 & 0\\1 & 0\end{bmatrix}\begin{bmatrix}0 & 1\\0 & 0\end{bmatrix}=\begin{bmatrix}0 & 0\\0 & 1\end{bmatrix}.$$

3. 两个非零矩阵的乘积**可能**是零矩阵. 例如

$$\begin{bmatrix}0 & 1\\0 & 0\end{bmatrix}\begin{bmatrix}0 & 1\\0 & 0\end{bmatrix}=\begin{bmatrix}0 & 0\\0 & 0\end{bmatrix}.$$

因此 $AB = O$ **不能**推出 $A = O$ 或 $B = O$. 更一般地，消去律也**不一定**成立：$AB = AC, A \neq O$ 不能直接推出 $B = C$.

由于交换律一般不成立，矩阵乘法的左右顺序十分重要. 乘积 AB，我们常读作 "A（左）乘 B" 或者 "B 右乘 A".

如果 $AB = BA$，我们称 A, B **可交换**. 此时 A, B 一定是同阶方阵.

注意，矩阵乘法的特殊之处，和映射复合的性质类似. 例如，两个一般的映射不一定可以复合；即便是同一集合上的两个变换，两种不同顺序的复合得到的变换也不一定相同. 类似地，如果两个映射 $\boldsymbol{A}, \boldsymbol{B}$ 满足 $\boldsymbol{B} \circ \boldsymbol{A} = \boldsymbol{A} \circ \boldsymbol{B}$，则称 $\boldsymbol{A}, \boldsymbol{B}$ **可交换**.

例 1.4.15 考虑例 1.4.10 中线性变换的复合对应的矩阵乘法.

1. 旋转变换的复合还是旋转变换：$\boldsymbol{R}_{\theta_1} \circ \boldsymbol{R}_{\theta_2} = \boldsymbol{R}_{\theta_1+\theta_2} = \boldsymbol{R}_{\theta_2} \circ \boldsymbol{R}_{\theta_1}$. 对应的矩阵乘法为

$$\begin{bmatrix}\cos\theta_1 & -\sin\theta_1\\ \sin\theta_1 & \cos\theta_1\end{bmatrix}\begin{bmatrix}\cos\theta_2 & -\sin\theta_2\\ \sin\theta_2 & \cos\theta_2\end{bmatrix}=\begin{bmatrix}\cos(\theta_1+\theta_2) & -\sin(\theta_1+\theta_2)\\ \sin(\theta_1+\theta_2) & \cos(\theta_1+\theta_2)\end{bmatrix}.$$

2. 反射变换与自己的复合是恒同变换：$\boldsymbol{H}_\theta \circ \boldsymbol{H}_\theta = \boldsymbol{I}$. 对应的矩阵乘法为

$$\begin{bmatrix}\cos 2\theta & \sin 2\theta\\ \sin 2\theta & -\cos 2\theta\end{bmatrix}\begin{bmatrix}\cos 2\theta & \sin 2\theta\\ \sin 2\theta & -\cos 2\theta\end{bmatrix}=\begin{bmatrix}1 & 0\\0 & 1\end{bmatrix}=I_2.$$

3. 对换变换与旋转变换的复合：先计算 $\boldsymbol{P} \circ \boldsymbol{R}_\theta$ 和 $\boldsymbol{R}_\theta \circ \boldsymbol{P}$. 我们直接计算对应的矩阵乘法，有

$$\begin{bmatrix}0 & 1\\1 & 0\end{bmatrix}\begin{bmatrix}\cos\theta & -\sin\theta\\ \sin\theta & \cos\theta\end{bmatrix}=\begin{bmatrix}\sin\theta & \cos\theta\\ \cos\theta & -\sin\theta\end{bmatrix},$$

$$\begin{bmatrix}\cos\theta & -\sin\theta\\ \sin\theta & \cos\theta\end{bmatrix}\begin{bmatrix}0 & 1\\1 & 0\end{bmatrix}=\begin{bmatrix}-\sin\theta & \cos\theta\\ \cos\theta & \sin\theta\end{bmatrix}.$$

显然二者不相等. 事实上，二者的关系是正弦的系数互为相反数而余弦的系数相等，而这恰好是 θ 换成 $-\theta$ 的效果. 因此，我们有 $\boldsymbol{P} \circ \boldsymbol{R}_\theta = \boldsymbol{R}_{-\theta} \circ \boldsymbol{P}$. 从

几何直观上看，旋转再翻折，等价于翻折再反向旋转. 类似地，我们可以验证，反射变换与旋转变换之间满足 $\boldsymbol{H}_{\theta_2}\circ\boldsymbol{R}_{\theta_1}=\boldsymbol{R}_{-\theta_1}\circ\boldsymbol{H}_{\theta_2}$.

4. 伸缩变换的复合还是伸缩变换：$\boldsymbol{C}_{k_1}\circ\boldsymbol{C}_{k_2}=\boldsymbol{C}_{k_1k_2}=\boldsymbol{C}_{k_2}\circ\boldsymbol{C}_{k_1}$，对应的矩阵乘法为

$$\begin{bmatrix}k_1 & 0\\0 & 1\end{bmatrix}\begin{bmatrix}k_2 & 0\\0 & 1\end{bmatrix}=\begin{bmatrix}k_1k_2 & 0\\0 & 1\end{bmatrix}.$$

5. 错切变换的复合还是错切变换：$\boldsymbol{S}_{k_1}\circ\boldsymbol{S}_{k_2}=\boldsymbol{S}_{k_1+k_2}=\boldsymbol{S}_{k_2}\circ\boldsymbol{S}_{k_1}$. 对应的矩阵乘法为

$$\begin{bmatrix}1 & 0\\k_1 & 1\end{bmatrix}\begin{bmatrix}1 & 0\\k_2 & 1\end{bmatrix}=\begin{bmatrix}1 & 0\\k_1+k_2 & 1\end{bmatrix}.$$

需要指出的是，一般情形下，A 与 B 不可交换；而这里经常可交换的原因是矩阵具有特殊性. ☺

我们还关心映射的线性运算与复合之间的关系，以及矩阵的线性运算与乘法之间的关系.

命题 1.4.16 设 $\boldsymbol{B},\boldsymbol{B}':\mathbb{R}^n\to\mathbb{R}^m,\boldsymbol{A},\boldsymbol{A}':\mathbb{R}^m\to\mathbb{R}^l$ 是线性映射，$k\in\mathbb{R}$，则有如下运算法则：

1. 对加法的分配律：$(\boldsymbol{A}+\boldsymbol{A}')\circ\boldsymbol{B}=\boldsymbol{A}\circ\boldsymbol{B}+\boldsymbol{A}'\circ\boldsymbol{B},\boldsymbol{A}\circ(\boldsymbol{B}+\boldsymbol{B}')=\boldsymbol{A}\circ\boldsymbol{B}+\boldsymbol{A}\circ\boldsymbol{B}'$；
2. 对数乘的交换律：$k(\boldsymbol{A}\circ\boldsymbol{B})=(k\boldsymbol{A})\circ\boldsymbol{B}=\boldsymbol{A}\circ(k\boldsymbol{B})$.

命题 1.4.17 矩阵的乘法还满足如下运算法则：

1. 对加法的分配律：$(A+B)C=AC+BC,A(B+C)=AB+AC$；
2. 对数乘的交换律：$k(AB)=(kA)B=A(kB)$.

上面两个命题的验证是直接的，留给读者. 特别地，kI_n 称为**数量矩阵**，因为 kI_n 在矩阵乘法下的作用和数乘一样：$(kI_n)A=k(I_nA)=kA$.

矩阵的乘法和转置之间，有如下关系.

命题 1.4.18 设 A,B 分别是 $l\times m$ 矩阵和 $m\times n$ 矩阵，$\boldsymbol{a},\boldsymbol{x}$ 是 m 维列向量，则

1. $\boldsymbol{a}^{\mathrm{T}}\boldsymbol{x}=\boldsymbol{x}^{\mathrm{T}}\boldsymbol{a}$；
2. $(A\boldsymbol{x})^{\mathrm{T}}=\boldsymbol{x}^{\mathrm{T}}A^{\mathrm{T}}$；
3. $(AB)^{\mathrm{T}}=B^{\mathrm{T}}A^{\mathrm{T}}$.

证

1. 设 $\boldsymbol{a}=\begin{bmatrix}a_1\\a_2\\\vdots\\a_m\end{bmatrix},\boldsymbol{x}=\begin{bmatrix}x_1\\x_2\\\vdots\\x_m\end{bmatrix}$，计算可得

$$\boldsymbol{a}^{\mathrm{T}}\boldsymbol{x}=a_1x_1+a_2x_2+\cdots+a_mx_m=x_1a_1+x_2a_2+\cdots+x_ma_m=\boldsymbol{x}^{\mathrm{T}}\boldsymbol{a}.$$

2. 设 $A=\begin{bmatrix}\tilde{\boldsymbol{a}}_1^{\mathrm{T}}\\ \tilde{\boldsymbol{a}}_2^{\mathrm{T}}\\ \vdots\\ \tilde{\boldsymbol{a}}_l^{\mathrm{T}}\end{bmatrix}$, 则 $A\boldsymbol{x}=\begin{bmatrix}\tilde{\boldsymbol{a}}_1^{\mathrm{T}}\boldsymbol{x}\\ \tilde{\boldsymbol{a}}_2^{\mathrm{T}}\boldsymbol{x}\\ \vdots\\ \tilde{\boldsymbol{a}}_l^{\mathrm{T}}\boldsymbol{x}\end{bmatrix}$, 其中, $\tilde{\boldsymbol{a}}_i\,(i=1,2,\cdots,l),\boldsymbol{x}$ 都是 m 维列向量,

满足 $\tilde{\boldsymbol{a}}_i^{\mathrm{T}}\boldsymbol{x}=\boldsymbol{x}^{\mathrm{T}}\tilde{\boldsymbol{a}}_i$. 根据 (1.4.1) 式, 我们有

$$(A\boldsymbol{x})^{\mathrm{T}}=\begin{bmatrix}\tilde{\boldsymbol{a}}_1^{\mathrm{T}}\boldsymbol{x}\\ \tilde{\boldsymbol{a}}_2^{\mathrm{T}}\boldsymbol{x}\\ \vdots\\ \tilde{\boldsymbol{a}}_l^{\mathrm{T}}\boldsymbol{x}\end{bmatrix}^{\mathrm{T}}=\begin{bmatrix}\boldsymbol{x}^{\mathrm{T}}\tilde{\boldsymbol{a}}_1 & \boldsymbol{x}^{\mathrm{T}}\tilde{\boldsymbol{a}}_2 & \cdots & \boldsymbol{x}^{\mathrm{T}}\tilde{\boldsymbol{a}}_l\end{bmatrix}=\boldsymbol{x}^{\mathrm{T}}\begin{bmatrix}\tilde{\boldsymbol{a}}_1 & \tilde{\boldsymbol{a}}_2 & \cdots & \tilde{\boldsymbol{a}}_l\end{bmatrix}=\boldsymbol{x}^{\mathrm{T}}A^{\mathrm{T}}.$$

3. 设 $B=\begin{bmatrix}\boldsymbol{b}_1 & \boldsymbol{b}_2 & \cdots & \boldsymbol{b}_n\end{bmatrix}$, 则

$$(AB)^{\mathrm{T}}=\begin{bmatrix}A\boldsymbol{b}_1 & A\boldsymbol{b}_2 & \cdots & A\boldsymbol{b}_n\end{bmatrix}^{\mathrm{T}}=\begin{bmatrix}(A\boldsymbol{b}_1)^{\mathrm{T}}\\ (A\boldsymbol{b}_2)^{\mathrm{T}}\\ \vdots\\ (A\boldsymbol{b}_n)^{\mathrm{T}}\end{bmatrix}=\begin{bmatrix}\boldsymbol{b}_1^{\mathrm{T}}A^{\mathrm{T}}\\ \boldsymbol{b}_2^{\mathrm{T}}A^{\mathrm{T}}\\ \vdots\\ \boldsymbol{b}_n^{\mathrm{T}}A^{\mathrm{T}}\end{bmatrix}=B^{\mathrm{T}}A^{\mathrm{T}}. \qquad \square$$

命题 1.4.14 和命题 1.4.18 的证明, 都把矩阵写成行向量组或者列向量组的形式来进行计算, 请读者仔细体会.

例 1.4.19 (弹簧振子) 读者在中学物理中学习过弹簧振子. 所谓弹簧振子, 就是不考虑摩擦阻力、不考虑弹簧质量、不考虑振子的大小和形状的理想化模型. 假设三根弹簧和三个振子如图 1.4.1 所示依次交替地挂在天花板下方, 弹簧的原始长度分别为 l_1,l_2,l_3, 劲度系数分别为 k_1,k_2,k_3, 振子的质量分别为 m_1,m_2,m_3. 系统处于静止状态, 问三个振子在哪里?

这一问题并不难. 我们先求三根弹簧的拉伸长度, 设每根弹簧的拉伸长度分别是 u_1, u_2, u_3. 对振子 m_3 受力分析, 利用 Hooke 定律, 易得 $k_3u_3=m_3g$, 于是 $u_3=g\dfrac{m_3}{k_3}$.

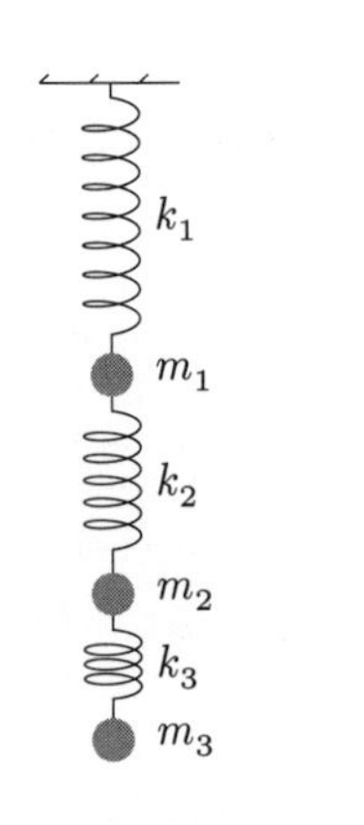

图 1.4.1 弹簧振子: 自由系统

对振子 m_2, m_3 整体受力分析, 易得 $k_2u_2=m_2g+m_3g$, 于是 $u_2=g\dfrac{m_2+m_3}{k_2}$. 对振子 m_1,m_2,m_3 整体受力分析, 易得 $k_1u_1=m_1g+m_2g+m_3g$, 于是 $u_1=g\dfrac{m_1+m_2+m_3}{k_1}$. 这就能得到 m_1 到天花板的距离是 $u_1+l_1=g\dfrac{m_1+m_2+m_3}{k_1}+l_1$, m_2 到天花板的距离是 $u_1+l_1+u_2+l_2=g\dfrac{m_1+m_2+m_3}{k_1}+l_1+g\dfrac{m_2+m_3}{k_2}+l_2$, m_3 到天花板的距离是 $u_1+l_1+u_2+l_2+u_3+l_3=g\dfrac{m_1+m_2+m_3}{k_1}+l_1+g\dfrac{m_2+m_3}{k_2}+l_2+g\dfrac{m_3}{k_3}+l_3$.

可以看到，如果我们增加弹簧和振子的数目，解将越来越复杂，虽然很有规律，但是并不容易用简单的公式表示.

我们用线性映射和矩阵的框架来分析. 首先我们可以看到，m_1 离天花板至少有 l_1 那么远，m_2 离天花板至少有 l_1+l_2 那么远，m_3 离天花板至少有 $l_1+l_2+l_3$ 那么远. 因此我们没有必要去计算振子到天花板的距离. 我们假设 m_1 到天花板的距离是 l_1+x_1，m_2 的是 $l_1+l_2+x_2$，m_3 的是 $l_1+l_2+l_3+x_3$.

把三个振子的位移 x_1, x_2, x_3 看作系统的输入，它们所受的拉力 f_1, f_2, f_3 看作系统的输出. 这个系统可以描述成以下三个系统的叠加:

$$\text{输入} = \text{振子的位移} \to \text{弹簧的拉伸长度} \to \text{弹簧的拉力} \to \text{振子所受的拉力} = \text{输出}.$$

我们把输入写成向量 $\boldsymbol{x} = \begin{bmatrix} x_1 \\ x_2 \\ x_3 \end{bmatrix}$. 那么弹簧的拉伸长度

$$\boldsymbol{u} = \begin{bmatrix} u_1 \\ u_2 \\ u_3 \end{bmatrix} = \begin{bmatrix} x_1 \\ x_2 - x_1 \\ x_3 - x_2 \end{bmatrix} = \begin{bmatrix} 1 & & \\ -1 & 1 & \\ & -1 & 1 \end{bmatrix} \begin{bmatrix} x_1 \\ x_2 \\ x_3 \end{bmatrix} = D_{33}\boldsymbol{x}.$$

从 $\boldsymbol{x}$ 到 $\boldsymbol{u}$ 构成了一个线性映射，其表示矩阵是向前差分矩阵 D_{33}.

下一步，三根弹簧提供的拉力就是

$$\boldsymbol{y} = \begin{bmatrix} y_1 \\ y_2 \\ y_3 \end{bmatrix} = \begin{bmatrix} k_1 u_1 \\ k_2 u_2 \\ k_3 u_3 \end{bmatrix} = \begin{bmatrix} k_1 & & \\ & k_2 & \\ & & k_3 \end{bmatrix} \begin{bmatrix} u_1 \\ u_2 \\ u_3 \end{bmatrix} = K_3\boldsymbol{u}.$$

从 $\boldsymbol{u}$ 到 $\boldsymbol{y}$ 构成了一个线性映射，其表示矩阵为对角矩阵 K_3.

最后，振子所受拉力为

$$\boldsymbol{f} = \begin{bmatrix} y_1 - y_2 \\ y_2 - y_3 \\ y_3 \end{bmatrix} = \begin{bmatrix} 1 & -1 & \\ & 1 & -1 \\ & & 1 \end{bmatrix} \begin{bmatrix} y_1 \\ y_2 \\ y_3 \end{bmatrix} = D_{33}^{\mathrm{T}}\boldsymbol{y}.$$

从 $\boldsymbol{y}$ 到 $\boldsymbol{f}$ 构成了一个线性映射，其表示矩阵为向后差分矩阵 D_{33}^{T}.

记振子的质量为 $\boldsymbol{m} = \begin{bmatrix} m_1 \\ m_2 \\ m_3 \end{bmatrix}$，则振子所受重力为 $\boldsymbol{g} = g\boldsymbol{m} = \begin{bmatrix} m_1 g \\ m_2 g \\ m_3 g \end{bmatrix}$. 利用力的平衡有 $\boldsymbol{f} = \boldsymbol{g}$. 注意 $D_{33}, K_3, D_{33}^{\mathrm{T}}$ 都是对角元素都不为零的三角矩阵，因此，利用前代法和回代法，我们可以逐步倒推，由 $\boldsymbol{f}$ 反解出 $\boldsymbol{x}$.

系统对应的映射可以分解为三个映射的复合，其矩阵分别为 $D_{33}^{\mathrm{T}}, K_3, D_{33}$，因此复合映射的矩阵为

$$D_{33}^{\mathrm{T}}K_3D_{33}=\begin{bmatrix}1&-1&\\&1&-1\\&&1\end{bmatrix}\begin{bmatrix}k_1&&\\&k_2&\\&&k_3\end{bmatrix}\begin{bmatrix}1&&\\-1&1&\\&-1&1\end{bmatrix}=\begin{bmatrix}k_1+k_2&-k_2&\\-k_2&k_2+k_3&-k_3\\&-k_3&k_3\end{bmatrix},$$

这是一个对称矩阵. 可以看到，从映射和矩阵的观点考虑问题，不仅可以很容易地把所列方程推广到任意数目的弹簧和振子上，而且能够更清楚地表示物理量之间的关系. K_3 反映了弹簧的性质，$\boldsymbol{m}$ 反映了振子的性质. 因此，当我们对向量和矩阵熟练之后，很容易就可以直接列出方程 $g\boldsymbol{m}=D_{33}^{\mathrm{T}}K_3D_{33}\boldsymbol{x}$，而不再需要通过分量的计算，分量的数目也就变得不那么重要了. ☺

习题

练习 1.4.1 设 A, B, C 分别是 $3\times5, 5\times3, 3\times1$ 矩阵，则 $BA, AB, BC^{\mathrm{T}}, A(B+C)$ 中哪些定义良好?

练习 1.4.2 设 $A=\begin{bmatrix}1&1&-1\\2&0&1\\1&-1&0\end{bmatrix}, B=\begin{bmatrix}1&0&1\\2&-1&0\\0&2&-2\end{bmatrix}$，求 $AB, BA, AB-BA$.

练习 1.4.3 计算:

1. $\begin{bmatrix}2&3\\5&7\end{bmatrix}\begin{bmatrix}2&0\\0&3\end{bmatrix}\begin{bmatrix}-7&3\\5&-2\end{bmatrix}$.
2. $\begin{bmatrix}-7&3\\5&-2\end{bmatrix}\begin{bmatrix}2&3\\5&7\end{bmatrix}$.
3. $\begin{bmatrix}17&-6\\35&-12\end{bmatrix}^5$.
4. $\begin{bmatrix}1&3&1\\2&2&1\\3&4&2\end{bmatrix}\begin{bmatrix}1&&\\&2&\\&&1\end{bmatrix}\begin{bmatrix}0&2&-1\\1&1&-1\\-2&-5&4\end{bmatrix}$.
5. $\begin{bmatrix}8&6&-6\\4&6&-4\\8&8&-6\end{bmatrix}^6$.

练习 1.4.4 考虑下列 $\mathbb{R}^2$ 上的线性变换.

1. 设 $\boldsymbol{R}_\theta(\boldsymbol{x})=R_\theta\boldsymbol{x}$，其中 $R_\theta=\begin{bmatrix}\cos\theta&-\sin\theta\\\sin\theta&\cos\theta\end{bmatrix}$. 求证:

   (a) $\boldsymbol{R}_\theta$ 是绕原点逆时针方向旋转角度 θ 的变换.

   (b) 分析当 θ 取何值时，存在常数 λ 和非零向量 $\boldsymbol{x}$，满足 $R_\theta\boldsymbol{x}=\lambda\boldsymbol{x}$.

   (c) 计算 $R_\theta^n, n>0, n\in\mathbb{N}$.

2. 设 $\boldsymbol{H}_\theta(\boldsymbol{x})=H_\theta\boldsymbol{x}$，其中 $H_\theta=\begin{bmatrix}\cos2\theta&\sin2\theta\\\sin2\theta&-\cos2\theta\end{bmatrix}$，而 $\boldsymbol{v}=\begin{bmatrix}\cos\theta\\\sin\theta\end{bmatrix}, \boldsymbol{w}=\begin{bmatrix}\sin\theta\\-\cos\theta\end{bmatrix}$ 是 $\mathbb{R}^2$ 中的向量. 求证:

   (a) $\boldsymbol{v}^{\mathrm{T}}\boldsymbol{w}=0, \boldsymbol{v}^{\mathrm{T}}\boldsymbol{v}=\boldsymbol{w}^{\mathrm{T}}\boldsymbol{w}=1; H_\theta\boldsymbol{v}=\boldsymbol{v}, H_\theta\boldsymbol{w}=-\boldsymbol{w}$. 试分析变换 $\boldsymbol{H}_\theta$ 的几何意义.

   (b) $H_\theta^2=I_2, H_\theta=I_2-2\boldsymbol{w}\boldsymbol{w}^{\mathrm{T}}$.

   (c) $R_{-\theta}H_\phi R_\theta=H_{\phi-\theta}, H_\phi R_\theta H_\phi=R_{-\theta}$，并分析其几何意义.

3. 设 $\boldsymbol{S}(\boldsymbol{x})=S\boldsymbol{x}$，其中 $S=\begin{bmatrix}1&0\\1&1\end{bmatrix}$. 设 λ 是常数，求证：$S\boldsymbol{x}=\lambda\boldsymbol{x}$ 有非零解当且仅当 $\lambda=1$，并求出所有的非零解；计算 $S^n, n>0, n\in\mathbb{N}$.

练习 1.4.5 计算：

1. $\begin{bmatrix}1&-1&-1&-1\\-1&1&-1&-1\\-1&-1&1&-1\\-1&-1&-1&1\end{bmatrix}^2$.

2. $\begin{bmatrix}1&-1&-1&-1\\-1&1&-1&-1\\-1&-1&1&-1\\-1&-1&-1&1\end{bmatrix}^k$.

练习 1.4.6 设 E_{ij} 是 (i,j) 元为 1，其余元素为 0 的矩阵，而 n 阶方阵 $J_n=\begin{bmatrix}0&1&&\\&\ddots&\ddots&\\&&0&1\\&&&0\end{bmatrix}$.

1. 计算 $A=I_2+J_2, B=I_2+J_2^{\mathrm{T}}, C=J_2-J_2^{\mathrm{T}}$.
2. 先计算 AB，再计算 $(AB)C$，然后先计算 BC，再计算 $A(BC)$.
3. 先计算 AB, AC，再计算 $AB+AC$，然后先计算 $B+C$，再计算 $A(B+C)$.
4. 计算 $AB+BC, B(A+C), (A+C)B$，三者是否相等?
5. 计算 $(A+B)^2, A^2+2AB+B^2, A^2+AB+BA+B^2$，三者是否相等?
6. 计算 $(AB)^2$ 与 A^2B^2，二者是否相等?
7. 计算 $E_{13}-\boldsymbol{e}_1\boldsymbol{e}_3^{\mathrm{T}}$，$\boldsymbol{e}_1\boldsymbol{e}_1^{\mathrm{T}}+\cdots+\boldsymbol{e}_4\boldsymbol{e}_4^{\mathrm{T}}$，$E_{13}E_{32}$，$E_{32}E_{13}$，其中 $\boldsymbol{e}_i\in\mathbb{R}^4$，$E_{ij}$ 是 4 阶方阵.
8. 计算 $\begin{bmatrix}0&0&1\end{bmatrix}\begin{bmatrix}1&2\\3&4\\5&6\end{bmatrix}$.
9. 计算 $J_4\begin{bmatrix}1\\2\\3\\4\end{bmatrix}$, $J_4^{\mathrm{T}}\begin{bmatrix}1\\2\\3\\4\end{bmatrix}$, $J_4^2\begin{bmatrix}1\\2\\3\\4\end{bmatrix}$, J_4^4.
10. 计算 J_n^k，其中 k 是正整数.
11. 设 $P=\begin{bmatrix}1&1&1&1\\1&2&3&4\\1&3&6&10\\1&4&10&20\end{bmatrix}$，计算 $PJ_4+J_4P, (P+I_4)(2P+3I_4)-(2P+3I_4)(P+I_4)$.
12. 设 $R=\begin{bmatrix}1&0\\1&1\end{bmatrix}, S=\begin{bmatrix}3&0\\0&1\end{bmatrix}, T=\begin{bmatrix}\frac{1}{3}&0\\0&1\end{bmatrix}$，计算 $SRT, SR^{\mathrm{T}}T$.

练习 1.4.7 设二阶矩阵 B 的 $(1,2)$ 元增加 1，对下列矩阵讨论该矩阵的哪行哪列一定不变，并举例说明所有其他行列确实可以变化：

1. $A+B$.
2. AB.
3. BA.
4. B^2.

练习 1.4.8 判断对错:

1. 如果 B 的第一列等于第三列，则 AB 的第一列等于第三列.
2. 如果 B 的第一列等于第三列，则 BA 的第一列等于第三列.
3. 如果 A 的第一行等于第三行，则 ABC 的第一行等于第三行.

练习 1.4.9 求所有满足条件的矩阵 B:

1. 对任意三阶方阵 A，$BA = 4A$.
2. 对任意三阶方阵 A，$BA = 4B$.
3. 对任意三阶方阵 A，BA 的每一行都是 A 的第一行.
4. 对任意三阶方阵 A，AB 的每一行的每一个元素都是 A 的对应行的平均值.
5. $B^2 \neq O, B^3 = O$，且 B 是三阶上三角矩阵.
6. $B\begin{bmatrix} 1 & 1 \\ 1 & 1 \end{bmatrix} = \begin{bmatrix} 1 & 1 \\ 1 & 1 \end{bmatrix} B$.

练习 1.4.10 给定矩阵 $A = \begin{bmatrix} p & 0 \\ q & r \end{bmatrix}, B = \begin{bmatrix} 1 & 1 \\ 0 & 1 \end{bmatrix}, C = \begin{bmatrix} 0 & z \\ 0 & 0 \end{bmatrix}$.

1. p, q, r 取何值时，有 $AB = BA$?
2. z 取何值时，有 $BC = CB$?
3. p, q, r, z 取何值时，有 $ABC = CAB$?

练习 1.4.11 证明:

1. 设 n 维向量 $\boldsymbol{x}$ 的每个分量都是 1，则 n 阶方阵 A 的各行元素之和为 1 当且仅当 $A\boldsymbol{x} = \boldsymbol{x}$.
2. 若 n 阶方阵 A, B 的各行元素之和均为 1，则 AB 的各行元素之和也均为 1.
3. 若 n 阶方阵 A, B 的各列元素之和均为 1，则 AB 的各列元素之和也均为 1.

练习 1.4.12 证明命题 1.4.17.

练习 1.4.13 证明上三角矩阵对加法、数乘、乘法封闭，即：设 U_1, U_2 是 n 阶上三角矩阵，k 是实数，则 $U_1 + U_2, kU_1, U_1U_2$ 都是上三角矩阵. 此外，U_1U_2 的对角元素是 U_1, U_2 对应的对角元素的乘积.

练习 1.4.14 设 A 是 n 阶上三角矩阵. 求证：$A^n = O$ 当且仅当 A 是严格上三角矩阵.

练习 1.4.15 证明：如果 n 阶方阵 A 满足 $A^n = O$，则 $(I_n - A)(I_n + A + A^2 + \cdots + A^{n-1}) = I_n$.

练习 1.4.16 对 n 阶方阵 A，考虑集合 $\mathrm{Comm}(A) = \{n \text{ 阶方阵 } B \mid AB = BA\}$.

1. 求证：$\mathrm{Comm}(A)$ 是所有 n 阶方阵的集合当且仅当 A 是数量矩阵 kI_n.
2. 设 $A = \mathrm{diag}(d_i)$，d_i 互不相同，求 $\mathrm{Comm}(A)$.
3. 求证：任取 $B, C \in \mathrm{Comm}(A)$，都有 $I_n, kB + lC, BC \in \mathrm{Comm}(A)$.
4. 设 $A = \begin{bmatrix} 1 & 1 & 0 \\ 0 & 1 & 1 \\ 0 & 0 & 1 \end{bmatrix}$，求证：$J_3 = \begin{bmatrix} 0 & 1 & 0 \\ 0 & 0 & 1 \\ 0 & 0 & 0 \end{bmatrix} \in \mathrm{Comm}(A)$，而且

$$\mathrm{Comm}(A) = \{k_1 I_3 + k_2 J_3 + k_3 J_3^2 \mid k_1, k_2, k_3 \in \mathbb{R}\}.$$

练习 1.4.17 设 $A=\begin{bmatrix}\lambda & 1 & 0\\ 0 & \lambda & 1\\ 0 & 0 & \lambda\end{bmatrix}$，求 A^k，其中 k 是正整数.

练习 1.4.18 设 A 是 n 阶方阵，求证：$A+A^{\mathrm{T}}, AA^{\mathrm{T}}, A^{\mathrm{T}}A$ 都是对称矩阵，而 $A-A^{\mathrm{T}}$ 是反对称矩阵.

练习 1.4.19 求证：

1. 任意方阵 A 都可唯一地表示为 $A=B+C$，其中 B 是对称矩阵，C 是反对称矩阵.
2. n 阶方阵 A 是反对称矩阵当且仅当对任意 n 维列向量 $\boldsymbol{x}$，都有 $\boldsymbol{x}^{\mathrm{T}}A\boldsymbol{x}=0$.
3. 设 A,B 是 n 阶对称矩阵，则 $A=B$ 当且仅当对任意 n 维列向量 $\boldsymbol{x}$，都有 $\boldsymbol{x}^{\mathrm{T}}A\boldsymbol{x}=\boldsymbol{x}^{\mathrm{T}}B\boldsymbol{x}$.

练习 1.4.20 设 A,B 是同阶对称矩阵. 求证：AB 是对称矩阵当且仅当 $AB=BA$.

练习 1.4.21 设 A 是实对称矩阵，如果 $A^2=O$，求证：$A=O$.

练习 1.4.22 (矩阵的迹) 方阵 A 的对角元素的和称为它的**迹**，记作 $\operatorname{trace}(A)$. 验证下列性质：

1. 对任意同阶方阵 A,B，$\operatorname{trace}(A+B)=\operatorname{trace}(A)+\operatorname{trace}(B)$.
2. 对任意方阵 A 与实数 k，$\operatorname{trace}(kA)=k\operatorname{trace}(A)$.
3. 对 m 阶单位矩阵 I_m，$\operatorname{trace}(I_m)=m$.
4. 对任意方阵 A，$\operatorname{trace}(A)=\operatorname{trace}(A^{\mathrm{T}})$.
5. 设 $A=\begin{bmatrix}a_1 & a_2\\ a_3 & a_4\end{bmatrix}, B=\begin{bmatrix}b_1 & b_2\\ b_3 & b_4\end{bmatrix}$，则 $\operatorname{trace}(A^{\mathrm{T}}B)=\sum\limits_{i=1}^{4}a_ib_i$. 如果 A 是 m 阶方阵呢?
6. 设 $\boldsymbol{v},\boldsymbol{w}$ 是 m 维向量，则 $\operatorname{trace}(\boldsymbol{v}^{\mathrm{T}}\boldsymbol{w})=\operatorname{trace}(\boldsymbol{w}\boldsymbol{v}^{\mathrm{T}})$.
7. 设 A,B 分别是 $m\times n, n\times m$ 矩阵，则 $\operatorname{trace}(AB)=\operatorname{trace}(BA)$.
8. 设 A,B 是任意 m 阶方阵，则 $AB-BA\neq I_m$.

练习 1.4.23 (差分矩阵与求导) 在微积分中，$f(x)$ 的导数 $f'(x)\approx\dfrac{f(x+\delta)-f(x)}{\delta}$. 对数列 $\{a_n\}$ 的相邻两项做减法，可以看作是一种离散导数 $\dfrac{a_{n+1}-a_n}{1}$. 两者具有某种共性. 令 D 为 100 阶向前差分矩阵，而 $\boldsymbol{a}=\begin{bmatrix}a_1\\ a_2\\ \vdots\\ a_{100}\end{bmatrix}$. 求证：

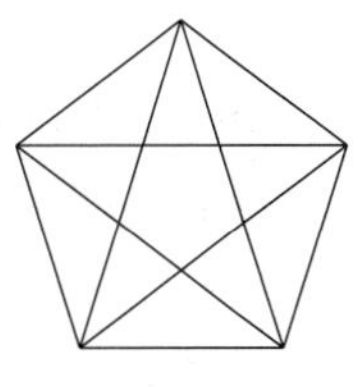

图 1.4.2

1. 若 a_k 是关于 k 的 3 次多项式，则除第 1 个分量外，$D\boldsymbol{a}$ 的第 k 个分量是关于 k 的 2 次多项式.
2. 若 $a_k=\mathrm{e}^k$，则除第 1 个分量外，$\dfrac{\mathrm{e}}{\mathrm{e}-1}D\boldsymbol{a}$ 的第 k 个分量是 e^k.

练习 1.4.24 如图 1.4.2 所示的电路包含 5 个顶点，电势分别为 $v_i, i=1,2,\cdots,5$，i,j 两点之间电阻为 $r_{ij}\neq 0$，从顶点 i 到 j 的电流为 c_{ij}，又记 $c_{ii}=0$.令电势矩阵为 $V=\operatorname{diag}(v_1,v_2,\cdots,v_5)$，电流矩阵为 $C=\left[c_{ij}\right]$，电导矩阵为 $G=\left[g_{ij}\right]$，其中 $g_{ii}=0, g_{ij}=\dfrac{1}{r_{ij}}, i\neq j$. 求证 $C=VG-GV$.

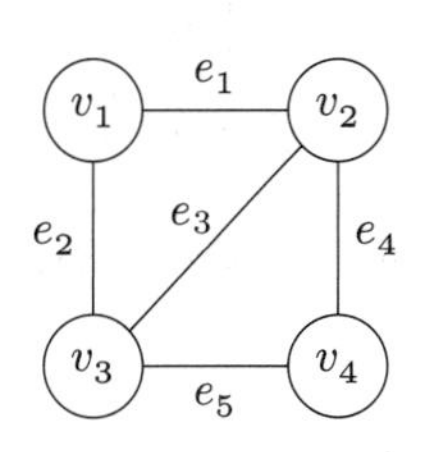

图 1.4.3

练习 1.4.25 图 1.4.3 中的图含有四个顶点v_1,v_2,v_3,v_4，顶点之间有边

连接. 对称矩阵 A 称为该图的**邻接矩阵**: 如果 v_i, v_j 之间有边, 则 A 的 (i,j) 元是 1; 如果 v_i, v_j 之间没有边, 则 A 的 (i,j) 元是 0.

1. 从 v_3 出发, 三次通过连线, 最后回到 v_3 的方法有几种?
2. 求矩阵 A^3 的 $(3,3)$ 元.
3. 分析 A^n 的 (i,j) 元的意义.

练习 1.4.26 设 $\boldsymbol{v}^{\mathrm{T}}, \boldsymbol{w}^{\mathrm{T}}$ 是 k 维行向量, A 是 $m \times n$ 矩阵.

1. 如果矩阵乘积 $\boldsymbol{v}^{\mathrm{T}}A$ 良定义, 需要满足什么条件?
2. 对任意常数 $a, b \in \mathbb{R}$, 证明 $(a\boldsymbol{v}^{\mathrm{T}} + b\boldsymbol{w}^{\mathrm{T}})A = a\boldsymbol{v}^{\mathrm{T}}A + b\boldsymbol{w}^{\mathrm{T}}A$.
3. 把 $2\boldsymbol{a}^{\mathrm{T}} + 3\boldsymbol{b}^{\mathrm{T}} + 4\boldsymbol{c}^{\mathrm{T}}$ 写成一个行向量和矩阵的乘积.

   注意: 类比于矩阵乘列向量是矩阵的列的线性组合, 行向量乘矩阵是矩阵的行的线性组合.
4. 求矩阵 A, 使得 $\begin{bmatrix} x_1 & x_2 \end{bmatrix} A \begin{bmatrix} y_1 \\ y_2 \end{bmatrix} = 2x_1y_1 + 3x_1y_2 + 4x_2y_1 + 5x_2y_2$.
5. 求矩阵 A, 使得 $\begin{bmatrix} x & y \end{bmatrix} A \begin{bmatrix} x \\ y \end{bmatrix} = x^2 + 4xy + 5y^2$. 这样的 A 是否唯一?
6. 求三阶对称矩阵 A, 使得对任意非零三维向量 $\boldsymbol{v}$, 都有 $\boldsymbol{v}^{\mathrm{T}}A\boldsymbol{v} > 0$.

练习 1.4.27 由标准坐标向量 $\boldsymbol{e}_i$ 定义 $E_{ij} = \boldsymbol{e}_i\boldsymbol{e}_j^{\mathrm{T}}$, 它是 (i,j) 元为 1, 其他元素为 0 的矩阵.

1. 证明, 当 $j \neq k$ 时, $E_{ij}E_{kl} = O$.
2. 对任意矩阵 A, 求向量 $\boldsymbol{v}$ 使得 $A\boldsymbol{v}$ 是 A 的第 i 列.
3. 对任意矩阵 A, 求向量 $\boldsymbol{v}$ 使得 $\boldsymbol{v}^{\mathrm{T}}A$ 是 A 的第 i 行.
4. 对任意矩阵 A, 证明, $\boldsymbol{e}_i^{\mathrm{T}}A\boldsymbol{e}_j$ 为 A 的 (i,j) 元.
5. 对 $\boldsymbol{e}_k \in \mathbb{R}^m$ 证明, $\sum_{k=1}^{m} \boldsymbol{e}_k\boldsymbol{e}_k^{\mathrm{T}} = I_m$.
6. (阅读) 计算矩阵乘积 AB 的 (i,j) 元的另一种方法: 设 A 有 m 列, B 有 m 行, 则
$$\boldsymbol{e}_i^{\mathrm{T}}AB\boldsymbol{e}_j = \boldsymbol{e}_i^{\mathrm{T}}AI_mB\boldsymbol{e}_j = \boldsymbol{e}_i^{\mathrm{T}}A\left(\sum_{k=1}^{m} \boldsymbol{e}_k\boldsymbol{e}_k^{\mathrm{T}}\right)B\boldsymbol{e}_j = \sum_{k=1}^{m}(\boldsymbol{e}_i^{\mathrm{T}}A\boldsymbol{e}_k)(\boldsymbol{e}_k^{\mathrm{T}}B\boldsymbol{e}_j).$$

练习 1.4.28 注意 m 维向量是 $m \times 1$ 矩阵.

1. 对 $\boldsymbol{v} \in \mathbb{R}^m, k \in \mathbb{R}$, $k\boldsymbol{v}$ 与 $\boldsymbol{v}k$ 是否可以看作矩阵乘法?
2. 对 $\boldsymbol{v} \in \mathbb{R}^m, \boldsymbol{w} \in \mathbb{R}^n$, $\boldsymbol{v}\boldsymbol{w}^{\mathrm{T}}$ 是否良定义? 如果是, 乘积有几行几列?
3. 求 $\begin{bmatrix} 1 \\ 2 \\ \vdots \\ 100 \end{bmatrix} \begin{bmatrix} 10 & 9 & \cdots & 1 \end{bmatrix}$ 的 $(12,7)$ 元.
4. 求 $\boldsymbol{v}, \boldsymbol{w}$, 使得 $\boldsymbol{v}\boldsymbol{w}^{\mathrm{T}} = \begin{bmatrix} (-1)^{i+j} \end{bmatrix}$.
5. 求 $\boldsymbol{v}, \boldsymbol{w}$, 使得 $\boldsymbol{v}\boldsymbol{w}^{\mathrm{T}} = \begin{bmatrix} \frac{i}{j} \end{bmatrix}$.
6. 令 $A = \begin{bmatrix} \boldsymbol{a}_1 & \boldsymbol{a}_2 & \cdots & \boldsymbol{a}_n \end{bmatrix}, B = \begin{bmatrix} \boldsymbol{b}_1^{\mathrm{T}} \\ \boldsymbol{b}_2^{\mathrm{T}} \\ \vdots \\ \boldsymbol{b}_n^{\mathrm{T}} \end{bmatrix}$. 证明 $AB = \sum_{i=1}^{n} \boldsymbol{a}_i\boldsymbol{b}_i^{\mathrm{T}}$.

1.5 矩阵的逆

1.5.1 初等矩阵

回顾 Gauss 消元法中矩阵的初等行变换. 给定矩阵 A, 对 A 的第 i,j 行做对换变换是互换 A 的第 i,j 行的位置. 首先考虑 A 是列向量的情形, 即 $A=\boldsymbol{x}\in\mathbb{R}^n$, 则对换变换定义了如下 $\mathbb{R}^n$ 上的变换:

$$\begin{aligned}\boldsymbol{P}_{ij}\colon\quad \mathbb{R}^n &\to \mathbb{R}^n\\ \begin{bmatrix}\vdots\\x_i\\\vdots\\x_j\\\vdots\end{bmatrix} &\mapsto \begin{bmatrix}\vdots\\x_j\\\vdots\\x_i\\\vdots\end{bmatrix}.\end{aligned}$$

容易验证, $\boldsymbol{P}_{ij}$ 是线性变换, 其表示矩阵为 $P_{ij}=\begin{bmatrix}\boldsymbol{P}_{ij}(\boldsymbol{e}_1) & \boldsymbol{P}_{ij}(\boldsymbol{e}_2) & \cdots & \boldsymbol{P}_{ij}(\boldsymbol{e}_n)\end{bmatrix}$. P_{ij} 可由恒同矩阵 $\begin{bmatrix}\boldsymbol{e}_1 & \boldsymbol{e}_2 & \cdots & \boldsymbol{e}_n\end{bmatrix}$ 的每一列的第 i,j 行位置互换得到, 即 P_{ij} 可由互换 I_n 的第 i,j 行位置得到. 根据表示矩阵的定义, 我们有 $\boldsymbol{P}_{ij}(\boldsymbol{x})=P_{ij}\boldsymbol{x}$, 这意味着列向量的对换行变换可以由左乘矩阵实现. 一般地, 对 $n\times p$ 矩阵 $A=\begin{bmatrix}\boldsymbol{a}_1 & \boldsymbol{a}_2 & \cdots & \boldsymbol{a}_p\end{bmatrix}$, 则

$$P_{ij}A=P_{ij}\begin{bmatrix}\boldsymbol{a}_1 & \boldsymbol{a}_2 & \cdots & \boldsymbol{a}_p\end{bmatrix}=\begin{bmatrix}P_{ij}\boldsymbol{a}_1 & P_{ij}\boldsymbol{a}_2 & \cdots & P_{ij}\boldsymbol{a}_p\end{bmatrix}$$

是互换 A 的第 i,j 行的位置得到的矩阵. 换言之, 任意矩阵的对换行变换也可以由左乘矩阵实现.

容易验证, 以上讨论对其他两种初等行变换也适用. 由此给出如下定义.

定义 1.5.1 (初等矩阵) 对恒同矩阵 I_n 做一次初等变换, 得到的矩阵统称为**初等矩阵**:

1. 对换行变换: 把 I_n 的第 i,j 行位置互换, 得到**对换矩阵**

$$P_{ij}=\begin{bmatrix}\ddots &&&&&&\\ &1&&&&&\\ &&0&&1&&\\ &&&1&&&\\ &&&&\ddots&&\\ &&&&1&&\\ &&1&&0&&\\ &&&&&1&\\ &&&&&&\ddots\end{bmatrix}\begin{matrix}\\ \\ i\\ \\ \\ \\ j\\ \\ \\ \end{matrix};$$

$$\qquad\qquad i\qquad\quad j$$

2. 倍乘行变换：第 i 行乘非零常数 k，得到**倍乘矩阵**

$$E_{ii;k} = \begin{bmatrix} \ddots & & & \\ & 1 & & & \\ & & k & & \\ & & & 1 & \\ & & & & \ddots \end{bmatrix} \begin{matrix} \\ \\ i \\ \\ \\ \end{matrix};$$
$$\qquad\qquad i$$

3. 倍加行变换：把第 i 行的 k 倍加到第 j 行上，得到**倍加矩阵**

$$E_{ji;k} = \begin{bmatrix} \ddots & & & \\ & 1 & & \\ & & \ddots & \\ & k & & 1 \\ & & & & \ddots \end{bmatrix} \begin{matrix} \\ i \\ \\ j \\ \\ \end{matrix} (j > i), \quad E_{ji;k} = \begin{bmatrix} \ddots & & & \\ & 1 & & k \\ & & \ddots & \\ & & & 1 \\ & & & & \ddots \end{bmatrix} \begin{matrix} \\ j \\ \\ i \\ \\ \end{matrix} (j < i).$$
$$\qquad i \quad j \qquad\qquad\qquad\qquad j \quad i$$

我们还可以考虑初等列变换. 根据前面的分析，我们容易得到上述初等矩阵左（右）乘与初等行（列）变换之间的对应关系，即“左行右列”.

命题 1.5.2

1. 若矩阵 I_m 经过某一初等行变换得到矩阵 T，则任意 $m \times n$ 矩阵 A 经过相同初等行变换得到矩阵 TA.
2. 若矩阵 I_n 经过某一初等列变换得到矩阵 T，则任意 $m \times n$ 矩阵 A 经过相同初等列变换得到矩阵 AT.

因此，我们利用 Gauss 消元法或 Gauss-Jordan 消元法求解线性方程组 $A\boldsymbol{x} = \boldsymbol{b}$，就是找到一系列初等矩阵 $E_1, E_2, \cdots, E_t$，使得矩阵 $E_t \cdots E_2 E_1 \begin{bmatrix} A & \boldsymbol{b} \end{bmatrix}$ 是阶梯形矩阵或行简化阶梯形矩阵. 而对任意初等矩阵 E，定理 1.3.4 说明了 $A\boldsymbol{x} = \boldsymbol{b}$ 与 $EA\boldsymbol{x} = E\boldsymbol{b}$ 同解.

我们知道，这些方法能够求解线性方程组，根本原因在于初等变换可逆. 那么初等变换诱导的线性变换，作为线性映射可逆吗？这又对应了初等矩阵的什么性质？

1.5.2 可逆矩阵

我们知道, $\mathbb{R}^n$ 上的任意两个线性变换都可以复合, 得到的还是 $\mathbb{R}^n$ 上的线性变换. 其中, 恒同变换 $\boldsymbol{I}$ 跟 $\mathbb{R}^n$ 上的任意线性变换 $\boldsymbol{A}$ 都可交换: $\boldsymbol{A} \circ \boldsymbol{I} = \boldsymbol{A} = \boldsymbol{I} \circ \boldsymbol{A}$. 设 $\boldsymbol{A}, \boldsymbol{B}\colon \mathbb{R}^n \to \mathbb{R}^n$ 是两个线性变换，如果 $\boldsymbol{A} \circ \boldsymbol{B} = \boldsymbol{B} \circ \boldsymbol{A} = \boldsymbol{I}$，则 $\boldsymbol{A}$ 和 $\boldsymbol{B}$ 是可逆变换，即 $\boldsymbol{B}$ 是 $\boldsymbol{A}$ 的逆变换，即 $\boldsymbol{B} = \boldsymbol{A}^{-1}$；类似地，$\boldsymbol{A}$ 是 $\boldsymbol{B}$ 的逆变换，即 $\boldsymbol{A} = \boldsymbol{B}^{-1}$. 一个变换可逆当且仅当它既是单射又是满射. 细节参见 0.3 节. 注意，当 $\boldsymbol{A}$ 是可逆线性变换时，$\boldsymbol{A}^{-1}$ 必然是线性变换.

回顾例 1.4.15，$\boldsymbol{R}_\theta$，$\boldsymbol{H}_\theta$，$\boldsymbol{P}$，$\boldsymbol{C}_k (k \neq 0)$，$\boldsymbol{S}_k$ 都是可逆变换，其逆变换分别是 $\boldsymbol{R}_{-\theta}$，$\boldsymbol{H}_\theta$，$\boldsymbol{P}$，$\boldsymbol{C}_{k^{-1}}$，$\boldsymbol{S}_{-k}$. 而投影变换 $\boldsymbol{C}_0$ 不是可逆变换，因为它既不是单射，也不是满射.

考虑可逆变换的表示矩阵，自然地诱导出如下概念.

定义 1.5.3 (逆矩阵) 设 A 是 n 阶方阵, 如果存在 n 阶方阵 B, 使得 $AB = BA = I_n$, 则称 A 是**可逆矩阵**或**非奇异矩阵**, 并称 B 是 A 的一个**逆 (矩阵)**.

不可逆的矩阵称为**奇异矩阵**.

矩阵的逆如果存在, 则一定唯一: 设 $B, \widetilde{B}$ 都是 A 的逆, 则有 $AB = I_n, \widetilde{B}A = I_n$, 于是 $B = I_nB = \widetilde{B}AB = \widetilde{B}I_n = \widetilde{B}$. 因此, 我们记 A 的 (唯一的) 逆矩阵为 A^{-1}. 另外, 这一点也可以从矩阵和映射的关系得到, 因为映射的逆如果存在则唯一.

根据定义, 恒同矩阵 I_n 可逆, 且 $I_n^{-1} = I_n$. 而零矩阵一定不可逆: 对任意 (可以相乘的) A, B, $AO = OB = O$. 例 1.2.9 中的大多数矩阵都可逆:

$$\begin{bmatrix} \cos\theta & -\sin\theta \\ \sin\theta & \cos\theta \end{bmatrix}^{-1} = \begin{bmatrix} \cos\theta & \sin\theta \\ -\sin\theta & \cos\theta \end{bmatrix}, \quad \begin{bmatrix} \cos 2\theta & \sin 2\theta \\ \sin 2\theta & -\cos 2\theta \end{bmatrix}^{-1} = \begin{bmatrix} \cos 2\theta & \sin 2\theta \\ \sin 2\theta & -\cos 2\theta \end{bmatrix},$$

$$\begin{bmatrix} 0 & 1 \\ 1 & 0 \end{bmatrix}^{-1} = \begin{bmatrix} 0 & 1 \\ 1 & 0 \end{bmatrix}, \quad \begin{bmatrix} k & 0 \\ 0 & 1 \end{bmatrix}^{-1} = \begin{bmatrix} k^{-1} & 0 \\ 0 & 1 \end{bmatrix} (k \neq 0), \quad \begin{bmatrix} 1 & 0 \\ k & 1 \end{bmatrix}^{-1} = \begin{bmatrix} 1 & 0 \\ -k & 1 \end{bmatrix}.$$

命题 1.5.4 初等矩阵可逆, 且 $P_{ij}^{-1} = P_{ij}, E_{ii;k}^{-1} = E_{ii;k^{-1}}, E_{ji;k}^{-1} = E_{ji;-k}$.

命题 1.5.5 对角矩阵 D 可逆当且仅当对角元素都不为零, 且 D 可逆时有

$$D^{-1} = \begin{bmatrix} d_1 & & & \\ & d_2 & & \\ & & \ddots & \\ & & & d_n \end{bmatrix}^{-1} = \begin{bmatrix} d_1^{-1} & & & \\ & d_2^{-1} & & \\ & & \ddots & \\ & & & d_n^{-1} \end{bmatrix}.$$

证 如果对角元素都不为零, 容易验证 $\operatorname{diag}(d_i)\operatorname{diag}(d_i^{-1}) = \operatorname{diag}(d_i^{-1})\operatorname{diag}(d_i) = I_n$.

如果对角元素至少有一个为零, 设 $d_i = 0$, 则 D 的第 i 行全是零. 任取 n 阶方阵 B, DB 的第 i 行也一定全是零, 因此 $DB \neq I_n$, D 不可逆. □

命题 1.5.6 设 A, B 是可逆矩阵, 则:

1. A^{-1} 可逆, 且 $(A^{-1})^{-1} = A$;
2. A^{T} 可逆, 且 $(A^{-1})^{\mathrm{T}} = (A^{\mathrm{T}})^{-1}$, 记为 $A^{-\mathrm{T}}$;
3. AB 可逆, 且 $(AB)^{-1} = B^{-1}A^{-1}$.

证 这里只证明第 3 条.

$$(B^{-1}A^{-1})(AB) = B^{-1}A^{-1}AB = B^{-1}IB = B^{-1}B = I,$$

$$(AB)(B^{-1}A^{-1}) = ABB^{-1}A^{-1} = AIA^{-1} = AA^{-1} = I.$$

因此 $B^{-1}A^{-1}$ 是 AB 的逆. □

下面我们就可以初步讨论矩阵可逆的条件了.

定理 1.5.7 设 A 是 n 阶方阵，以下叙述等价：

1. A 可逆；
2. 任取 n 维向量 $\boldsymbol{b}$，线性方程组 $A\boldsymbol{x}=\boldsymbol{b}$ 的解唯一；
3. 齐次线性方程组 $A\boldsymbol{x}=\boldsymbol{0}$ 只有零解；
4. A 对应的阶梯形矩阵有 n 个主元；
5. A 对应的行简化阶梯形矩阵一定是 I_n；
6. A 是有限个初等矩阵的乘积.

证 采用轮转证法.

$1\Rightarrow 2$：考虑由 A 确定的线性映射 $\boldsymbol{A}\colon \mathbb{R}^n\to\mathbb{R}^n, \boldsymbol{x}\mapsto A\boldsymbol{x}$. 方阵 A 可逆当且仅当 $\boldsymbol{A}$ 是可逆映射. 根据命题 0.3.2，这等价于 $\boldsymbol{A}$ 既是单射又是满射. 映射 $\boldsymbol{A}$ 是满射等价于 $A\boldsymbol{x}=\boldsymbol{b}$ 总有解，而 $\boldsymbol{A}$ 是单射等价于解唯一.

$2\Rightarrow 3$：显然.

$3\Rightarrow 4$：求解此方程组，先用初等行变换将 A 化为阶梯形矩阵，方程组有唯一解等价于阶梯形矩阵的阶梯数与未知数的个数 n 相等，故主元数等于阶梯数 n.

$4\Rightarrow 5$：显然.

$5\Rightarrow 6$：由假设，我们可以用一系列初等行变换把 A 化成 I_n，即存在初等矩阵 $E_1,E_2,\cdots,E_t$ 使得 $E_t\cdots E_1A=I_n$. 注意到初等矩阵都可逆，因此 $A=E_1^{-1}\cdots E_t^{-1}$.

$6\Rightarrow 1$：初等矩阵都可逆，而可逆矩阵的乘积也可逆. □

注 1.5.8 可以证明，n 阶可逆矩阵可以表示成不多于 n^2 个初等矩阵的乘积.

设 A 可逆，定理 1.5.7 的证明提示了如何计算逆矩阵：求解 $AX=I_n$，利用 Gauss-Jordan 消元法，我们可以把 A 化成 I_n，记所需的初等行变换的乘积为 E，则有 $EA=I$，于是 $X=EAX=E$.（这说明，若 $AB=I$，则 $BA=I$.）由此得到计算逆矩阵的一种方法，把 A 和 I_n 并列排成一个 $n\times 2n$ 矩阵 $\begin{bmatrix}A & I_n\end{bmatrix}$，通过消元法对其做初等行变换，同样的初等行变换作用在 A 和 I_n 上，当 A 化成 I_n 时，I_n 就化成了 A^{-1}：

$$\begin{bmatrix}A & I_n\end{bmatrix}\xrightarrow{\text{Gauss-Jordan}}\begin{bmatrix}I_n & A^{-1}\end{bmatrix}.$$

同样的方法还可以用来求解矩阵方程 $AX=B$，其中 A 是 n 阶可逆矩阵. 对矩阵 $\begin{bmatrix}A & B\end{bmatrix}$ 做初等行变换，当 A 化成 I_n 时，B 就化成了 $A^{-1}B$.

例 1.5.9 回顾例 1.3.1 中的鸡兔同笼问题，一个笼子中有鸡和兔共 8 只，二者共有 22 条腿，设鸡有 x_1 只，兔有 x_2 只，有线性方程组

$$\begin{cases} x_1+x_2=8,\\ 2x_1+4x_2=22,\end{cases}$$

亦即

$$\begin{bmatrix} 1 & 1 \\ 2 & 4 \end{bmatrix} \begin{bmatrix} x_1 \\ x_2 \end{bmatrix} = \begin{bmatrix} 8 \\ 22 \end{bmatrix}.$$

x_1, x_2 的求解可以直接用消元法计算出来. 当然, 根据定理 1.5.7, 我们也可以通过计算系数矩阵的逆来求解.

记系数矩阵为 A, 对 $\begin{bmatrix} A & I_2 \end{bmatrix}$ 消元:

$$\left[\begin{array}{cc|cc} 1 & 1 & 1 & 0 \\ 2 & 4 & 0 & 1 \end{array}\right] \xrightarrow{\text{倍加变换}} \left[\begin{array}{cc|cc} 1 & 1 & 1 & 0 \\ 0 & 2 & -2 & 1 \end{array}\right]$$

$$\xrightarrow{\text{倍乘变换}} \left[\begin{array}{cc|cc} 1 & 1 & 1 & 0 \\ 0 & 1 & -1 & \frac{1}{2} \end{array}\right] \xrightarrow{\text{倍加变换}} \left[\begin{array}{cc|cc} 1 & 0 & 2 & -\frac{1}{2} \\ 0 & 1 & -1 & \frac{1}{2} \end{array}\right].$$

因此 A 可逆, 且 $A^{-1} = \begin{bmatrix} 2 & -\frac{1}{2} \\ -1 & \frac{1}{2} \end{bmatrix}$.

注意 A 的列向量组, 第一列表示一只鸡的头腿数目, 第二列表示一只兔的头腿数目. 那么 A^{-1} 的列向量组有什么实际含义? 由 $AA^{-1} = I_2$ 可得

$$\begin{bmatrix} 1 & 1 \\ 2 & 4 \end{bmatrix} \begin{bmatrix} 2 \\ -1 \end{bmatrix} = \begin{bmatrix} 1 \\ 0 \end{bmatrix}, \quad \begin{bmatrix} 1 & 1 \\ 2 & 4 \end{bmatrix} \begin{bmatrix} -\frac{1}{2} \\ \frac{1}{2} \end{bmatrix} = \begin{bmatrix} 0 \\ 1 \end{bmatrix}.$$

也就是说, 两只鸡和负一只兔子的组合刚好有一个头且没有腿; 而负半只鸡和半只兔子的组合刚好没有头但有一条腿. 而一个有 8 头 22 腿的动物组合, 就应该是

$$8 \begin{bmatrix} 2 \\ -1 \end{bmatrix} + 22 \begin{bmatrix} -\frac{1}{2} \\ \frac{1}{2} \end{bmatrix} = \begin{bmatrix} 2 & -\frac{1}{2} \\ -1 & \frac{1}{2} \end{bmatrix} \begin{bmatrix} 8 \\ 22 \end{bmatrix} = \begin{bmatrix} 5 \\ 3 \end{bmatrix},$$

这是因为动物头和腿的数量与动物的数量之间满足线性叠加原理. ☺

定理 1.5.7 可以用来证明某些具有特殊形式的矩阵的可逆性. 先来看前面提及的三角矩阵, 容易验证如下结论.

命题 1.5.10 上三角矩阵可逆当且仅当其对角元素都不为零. 此时, 其逆矩阵也是上三角矩阵, 逆矩阵的对角元素是该矩阵的对应对角元素的倒数.

下三角矩阵也有类似性质.

定义 1.5.11 (置换矩阵) 单位矩阵经一系列对换行变换得到的矩阵称为**置换矩阵**.

简单验证可以得到置换矩阵的一些性质.

命题 1.5.12

1. 单位矩阵经一系列对换列变换得到的矩阵也是置换矩阵;
2. 置换矩阵可以通过按某种次序排列单位矩阵的行来得到;
3. 置换矩阵可以通过按某种次序排列单位矩阵的列来得到;
4. 不同的 n 阶置换矩阵共有 $n!$ 个[①];
5. 置换矩阵的乘积也是置换矩阵;
6. 置换矩阵的逆是其转置, 也是置换矩阵.

定义 1.5.13 (对角占优) 如果矩阵 $A=\left[a_{ij}\right]_{n\times n}$ 对 $i=1,2,\cdots,n$, 都有 $|a_{ii}|>\sum\limits_{j\neq i}|a_{ij}|$, 则称其为 (行) **对角占优矩阵**.

命题 1.5.14 对角占优矩阵一定可逆.

证 根据定理 1.5.7, 只需证明 $A\boldsymbol{x}=\boldsymbol{0}$ 只有零解. 设 $\boldsymbol{x}$ 的分量中, 绝对值最大的元素是 x_i. 考虑方程组的第 i 个方程:

$$a_{i1}x_1+\cdots+a_{i,i-1}x_{i-1}+a_{ii}x_i+a_{i,i+1}x_{i+1}+\cdots+a_{in}x_n=0.$$

若 $x_i\neq 0$, 根据对角占优性质, 有

$$|a_{ii}||x_i|=\left|\sum_{j\neq i}a_{ij}x_j\right|\leqslant\sum_{j\neq i}|a_{ij}||x_j|\leqslant\sum_{j\neq i}|a_{ij}||x_i|<|a_{ii}||x_i|.$$

矛盾. □

例 1.5.15 给定铁丝网如图 1.5.1 所示, 铁丝粗细均匀, 网格等距, 格点温度如图所标. 假设格点的温度都已经稳定, 亦即每个格点的温度等于与其相连的格点的温度的平均值, 那么各格点上的温度是多少?

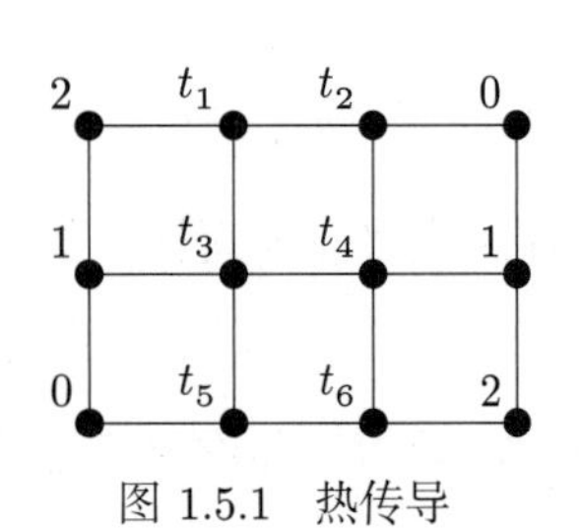

图 1.5.1　热传导

可以列出线性方程组:

$$\begin{cases}3t_1&=t_2+t_3+2,\\3t_2&=t_1+t_4+0,\\4t_3&=t_1+t_4+t_5+1,\\4t_4&=t_2+t_3+t_6+1,\\3t_5&=t_3+t_6+0,\\3t_6&=t_4+t_5+2,\end{cases}$$

① 符号 $n!$ 表示 n 的阶乘, 即 $n!=1\cdot 2\cdot\cdots\cdot n$.

亦即

$$\begin{bmatrix} 3 & -1 & -1 & 0 & 0 & 0 \\ -1 & 3 & 0 & -1 & 0 & 0 \\ -1 & 0 & 4 & -1 & -1 & 0 \\ 0 & -1 & -1 & 4 & -1 & 0 \\ 0 & 0 & -1 & 0 & 3 & -1 \\ 0 & 0 & 0 & -1 & -1 & 3 \end{bmatrix} \begin{bmatrix} t_1 \\ t_2 \\ t_3 \\ t_4 \\ t_5 \\ t_6 \end{bmatrix} = \begin{bmatrix} 2 \\ 0 \\ 1 \\ 1 \\ 0 \\ 2 \end{bmatrix}.$$

不难看出，线性方程组的系数矩阵对角占优. 根据命题 1.5.14，该矩阵可逆，因此方程组有唯一解. ☺

最后，利用矩阵的逆，我们可以定义矩阵的负整数幂. 对正整数 k，如果 A 是可逆矩阵，则其负整数幂定义为 $A^{-k} = (A^{-1})^k$，其零次幂为 $A^0 = I_n$. 注意，$A^{-k} = (A^k)^{-1}$.

还可以定义方阵的多项式：给定 n 阶方阵 A 和多项式 $f(x) = a_0 + a_1x + \cdots + a_px^p$，定义 $f(A) = a_0I_n + a_1A + \cdots + a_pA^p$.

1.5.3 等价关系

我们已经知道，一系列初等行变换可以把矩阵化成行简化阶梯形矩阵. 为描述矩阵在初等行变换前后的关系，我们给出如下定义.

定义 1.5.16 (左相抵) *如果矩阵 A 可以经过一系列初等行变换化成矩阵 B，则称 A 和 B* **左相抵**.

命题 1.5.17 *给定两个 $m \times n$ 矩阵 A, B. 那么二者左相抵，当且仅当存在 m 阶可逆矩阵 P，使得 $PA = B$.*

证 A 与 B 左相抵 $\iff$ A 经一系列初等行变换得到 B $\iff$ 存在 m 阶初等矩阵 $P_1, P_2, \cdots, P_s$，使得 $P_s \cdots P_2P_1A = B \overset{\text{定理 1.5.7}}{\iff}$ 存在 m 阶可逆矩阵 P，使得 $PA = B$. □

可以看到在所有和矩阵 A 左相抵的矩阵中，形式最简单的应该就是其行简化阶梯形矩阵，因此我们也可以称此矩阵为 A 的**左相抵标准形**.

容易看到如果两个矩阵左相抵，那么以二者为系数矩阵的齐次线性方程组，或者以二者为增广矩阵的线性方程组，其解集相同.

不难看出，左相抵关系满足如下三条基本性质：

1. 反身性：每个矩阵和自身左相抵；
2. 对称性：如果 A 和 B 左相抵，那么 B 和 A 左相抵；
3. 传递性：如果 A 和 B 左相抵，B 和 C 左相抵，那么 A 和 C 左相抵.

事实上，很多数学对象之间都存在类似的关系. 为此，我们抽象出一系列概念.

定义 1.5.18 (等价关系) 如果非空集合 S 的元素之间定义了一种二元关系“$\sim$”，满足：

1. 反身性：对任意 $a \in S$，$a \sim a$；
2. 对称性：如果 $a \sim b$，那么 $b \sim a$；
3. 传递性：如果 $a \sim b, b \sim c$，那么 $a \sim c$；

则称此关系为 S 上的一个**等价关系**.

S 中所有与其中某一元素 a 等价的元素组成的集合称为 a 所在的**等价类**. 由元素 a 变成与其等价的元素 b 的过程称为对应于这一等价关系的**等价变换**. 同一等价类中的元素共享的某个属性称为这一等价关系中 (或这一等价变换下) 的**不变量**. 同一等价类中的形式最简单、性质最好的元素往往称为这一等价关系中（或这一等价变换下）的**标准形**.

显然，S 等于所有等价类的无交并. 等价类的数目可以有限，也可以无限.

例 1.5.19 平面上所有三角形组成的集合上，相似是一个等价关系，三个角的角度是等价关系中的不变量.

平面上所有三角形组成的集合上，全等也是一个等价关系，三个角的角度和三条边的长度是等价关系中的不变量.

所有 $m \times n$ 矩阵组成的集合上，左相抵是一个等价关系，初等行变换是等价变换，作为系数矩阵得到的齐次线性方程组的解集是等价关系中的不变量，作为增广矩阵得到的线性方程组的解集也是等价关系中的不变量，行简化阶梯形矩阵是此等价关系中的标准形.

所有关于未知数 x 的一元方程组成的集合上，同解是一个等价关系，同解变换[1]是等价变换，解集是等价关系中的不变量，而解出的 $x = x_1, x_2, \cdots$ 是等价关系中的标准形. ☺

为了研究某个集合的某个问题，在此集合上引入等价关系，然后找到其标准形，往往能够使问题的研究得到简化：这是数学中的一个重要方法. 这一方法将在本书中反复体现. 我们将为矩阵定义更多的变换，并通过找到其标准形来研究矩阵的性质.

习题

练习 1.5.1 计算下列矩阵乘法：

1. $\begin{bmatrix} & & 1 \\ & 1 & \\ 1 & & \end{bmatrix}\begin{bmatrix} 1 & 2 & 3 \\ 4 & 5 & 6 \\ 7 & 8 & 9 \end{bmatrix}\begin{bmatrix} & & 1 \\ & 1 & \\ 1 & & \end{bmatrix}$.

2. $\begin{bmatrix} 1 & & \\ -1 & 1 & \\ -1 & 0 & 1 \end{bmatrix}\begin{bmatrix} 1 & 2 & 3 \\ 1 & 3 & 1 \\ 1 & 4 & 0 \end{bmatrix}$.

3. $\begin{bmatrix} & 1 & & \\ & & 1 & \\ & & & 1 \\ 1 & & & \end{bmatrix}^k$，$k$ 是正整数.

4. $\begin{bmatrix} a & b \\ c & d \end{bmatrix}\begin{bmatrix} d & -b \\ -c & a \end{bmatrix}$.

[1] 大家中学都学过，只有保持解不变的变换才能用来解方程或方程组，这种变换称为同解变换.

5. $\begin{bmatrix} 1 & & & & \\ -1 & 1 & & & \\ -1 & & 1 & & \\ -1 & & & 1 & \\ -1 & & & & 1 \end{bmatrix} \begin{bmatrix} 1 & & & & \\ 1 & 1 & & & \\ 1 & 2 & 1 & & \\ 1 & 3 & 3 & 1 & \\ 1 & 4 & 6 & 4 & 1 \end{bmatrix}$.

练习 1.5.2 求下列矩阵的逆矩阵:

1. $\begin{bmatrix} 1 & 1 & \\ & 1 & 1 \\ & & 1 \end{bmatrix}$.

2. $\begin{bmatrix} 1 & 0 & 1 \\ -1 & 1 & 1 \\ 2 & -1 & 1 \end{bmatrix}$.

3. $\begin{bmatrix} 1 & 2 & 0 \\ 2 & 1 & -1 \\ 3 & 1 & 1 \end{bmatrix}$.

4. $\begin{bmatrix} 1 & -1 & -1 & -1 \\ -1 & 1 & -1 & -1 \\ -1 & -1 & 1 & -1 \\ -1 & -1 & -1 & 1 \end{bmatrix}$.

练习 1.5.3 设 $A = \begin{bmatrix} 1 & 2 & -1 \\ 3 & a & -2 \\ 5 & -2 & 1 \end{bmatrix}$ 不可逆，求 a.

练习 1.5.4 设 $A = \begin{bmatrix} 1 & & \\ 2 & 3 & \\ 4 & 5 & 6 \end{bmatrix}$，解方程组 $A\boldsymbol{x} = \boldsymbol{e}_i, i = 1, 2, 3$，并求 A^{-1}.

练习 1.5.5 对 $\begin{bmatrix} A & I_n \end{bmatrix}$ 做初等行变换，求下列矩阵的逆矩阵:

1. $\begin{bmatrix} 2 & -1 & & \\ -1 & 2 & -1 & \\ & -1 & 2 & -1 \\ & & -1 & 2 \end{bmatrix}$.

2. $\begin{bmatrix} 1 & -1 & & \\ -1 & 2 & -1 & \\ & -1 & 2 & -1 \\ & & -1 & 2 \end{bmatrix}$.

3. $\begin{bmatrix} 0 & 1 & & \\ & 0 & & 1 \\ 1 & & 0 & \\ & & 1 & 0 \end{bmatrix}$.

4. $\begin{bmatrix} & & & 1 \\ & & 1 & \\ & \iddots & & \\ 1 & & & \end{bmatrix}$.

5. $\begin{bmatrix} 1 & 2 & & \\ 3 & 4 & & \\ & & 1 & 2 \\ & & 3 & 4 \end{bmatrix}$.

6. $\begin{bmatrix} 3 & -1 & -1 \\ -1 & 3 & -1 \\ -1 & -1 & 3 \end{bmatrix}$.

7. $\begin{bmatrix} 1 & -a & & \\ & 1 & -b & \\ & & 1 & -c \\ & & & 1 \end{bmatrix}$.

8. $\begin{bmatrix} 1 & a & & \\ & 1 & \ddots & \\ & & \ddots & a \\ & & & 1 \end{bmatrix}_{n\times n}$.

练习 1.5.6 说明 $\begin{bmatrix} 4 & -1 & -1 & -1 \\ -1 & 4 & -1 & -1 \\ -1 & -1 & 4 & -1 \\ -1 & -1 & -1 & 4 \end{bmatrix}$ 可逆，并计算其逆.

练习 1.5.7　求 $A=\begin{bmatrix} & a_1 & & \\ & & \ddots & \\ & & & a_{n-1} \\ a_n & & & \end{bmatrix}$ 的逆矩阵，其中 $a_i \neq 0$.

练习 1.5.8　求下列矩阵方程的解：$\begin{bmatrix} 2 & 2 & 3 \\ 1 & -1 & 0 \\ -1 & 2 & 1 \end{bmatrix} X = \begin{bmatrix} 4 & -1 \\ 2 & 1 \\ 1 & 0 \end{bmatrix}$.

练习 1.5.9　证明二阶方阵 $A=\begin{bmatrix} a_{11} & a_{12} \\ a_{21} & a_{22} \end{bmatrix}$ 可逆当且仅当 $d=a_{11}a_{22}-a_{12}a_{21}\neq 0$. 此时，

$$A^{-1}=\frac{1}{d}\begin{bmatrix} a_{22} & -a_{12} \\ -a_{21} & a_{11} \end{bmatrix}.$$

练习 1.5.10　证明：有一列元素（或一行元素）全为零的方阵不可逆.

练习 1.5.11　证明：对角元素全非零的上三角矩阵 U 可逆，其逆矩阵 U^{-1} 也是上三角矩阵，且 U^{-1} 的对角元素是 U 的对角元素的倒数.

练习 1.5.12　是否只有方阵才有可能可逆？设 A 是 $m\times n$ 矩阵.

1. 设 $A=\begin{bmatrix} 1 & 2 & 3 \\ 4 & 5 & 6 \end{bmatrix}$，能否找到 B,C 使得 $AB=I_2, CA=I_3$?
2. 设 $A=\begin{bmatrix} 1 & 2 \\ 2 & 4 \\ 3 & 6 \end{bmatrix}$，能否找到 B,C 使得 $AB=I_3, CA=I_2$?
3. 设 $CA=I_n$，证明 $A\boldsymbol{x}=\boldsymbol{0}$ 只有零解. 此时 m,n 之间有何种关系？
4. 设 $AB=I_m$，证明 $A^{\mathrm{T}}\boldsymbol{x}=\boldsymbol{0}$ 只有零解. 此时 m,n 之间有何种关系？
5. 设 $AB=I_m, CA=I_n$，证明 $m=n$ 且 $B=C$；由此可知，可逆矩阵一定是方阵.
6. 如果 $m\neq n$，那么 $\mathbb{R}^m,\mathbb{R}^n$ 之间是否存在线性双射？

练习 1.5.13　如果 n 阶方阵 A,B 满足 $AB=I_n$，判断 A,B 是否可逆.

练习 1.5.14　设

$$A=\begin{bmatrix} 1 & 1 & 0 \\ 0 & 1 & 0 \\ 0 & 0 & 1 \end{bmatrix},\quad B=\begin{bmatrix} 1 & 0 & 1 \\ 0 & 1 & 0 \\ 0 & 0 & 1 \end{bmatrix},\quad C=\begin{bmatrix} 1 & 0 & 0 \\ 0 & 1 & 1 \\ 0 & 0 & 1 \end{bmatrix},\quad D=\begin{bmatrix} 2 & 0 & 0 \\ 0 & 1 & 0 \\ 0 & 0 & 1 \end{bmatrix},\quad P=\begin{bmatrix} 0 & 1 & 0 \\ 0 & 0 & 1 \\ 1 & 0 & 0 \end{bmatrix}.$$

1. 求上述矩阵对应的初等行、列变换.
2. 从行变换的角度看，是否一定有 $AB=BA$? 如果否，$AB-BA$ 从行变换的角度意味着什么？
3. 从行变换的角度看，是否一定有 $AC=CA$? 如果否，$AC-CA$ 从行变换的角度意味着什么？
4. 从行变换的角度看，是否一定有 $BC=CB$? 如果否，$BC-CB$ 从行变换的角度意味着什么？
5. 从行变换的角度看，D 是否和 A,B,C 可交换？计算 $DAD^{-1}, DBD^{-1}, DCD^{-1}$.

6. 从行变换的角度看，P 是否和 A, B, C 可交换？计算 $PAP^{-1}, PBP^{-1}, PCP^{-1}$.
7. 对三阶方阵 X，$(AX)B$ 和 $A(XB)$ 对 X 分别做了何种行、列变换？
8. 对任意矩阵 X，先做初等行变换，再做初等列变换，其结果是否等于先做该初等列变换，再做该初等行变换？这对应着矩阵乘法的什么性质？

练习 1.5.15 设矩阵 A 和 B 左相抵. 求证：

1. 如果 A 的第一列全是零，则 B 的第一列全是零.
2. 如果 A 的所有列都相同，则 B 的所有列都相同.
3. 如果 A 的第一列是第二列与第三列的和，则 B 的第一列也是第二列与第三列的和.
4. 如果 A 的第一列和第二列不成比例，则 B 的第一列和第二列也不成比例.

练习 1.5.16 设有 M_1, M_2, M_3 三个城市，城市之间有人口迁移. 定义矩阵 A，其 (i,j) 元 a_{ij} 为人在一年中从 M_j 迁移到 M_i 的概率. 注意，A 的每个元素都在 $0,1$ 之间，且 A 的每一列的元素之和都是 1.

1. 设今年城市 M_1, M_2, M_3 的人口分别是 x_1, x_2, x_3，证明明年它们的预期人口分别是 $A\begin{bmatrix}x_1\\x_2\\x_3\end{bmatrix}$ 的三个分量.
2. 人口迁移满足什么条件时，A 为列对角占优矩阵（行对角占优矩阵的转置）？人口迁移满足什么条件时，A 为行对角占优矩阵？考虑现实生活中的情形，讨论这些假设是否合理.
3. 如果把矩阵对角占优定义中的大于号换成大于等于号，则称该矩阵为**弱对角占优矩阵**. 证明 $A=\begin{bmatrix}\frac{2}{3}&\frac{1}{3}&\frac{1}{3}\\0&\frac{1}{3}&0\\\frac{1}{3}&\frac{1}{3}&\frac{2}{3}\end{bmatrix}$ 弱对角占优，且可逆，并求其逆矩阵.
4. ☕ 对任意 n 阶方阵，设它有 $n-1$ 行都是对角占优，仅有 1 行弱对角占优，该矩阵可逆吗？

练习 1.5.17 设 A 是 n 阶方阵.

1. 对任意两个多项式 $p(x), q(x)$，是否一定有 $p(A)q(A)=q(A)p(A)$？
2. 证明所有形如 $\begin{bmatrix}a&b&c\\&a&b\\&&a\end{bmatrix}$ 的矩阵全都彼此交换.
3. 设 $f(x)=p(x)+q(x), g(x)=p(x)q(x)$，证明：$f(A)=p(A)+q(A), g(A)=p(A)q(A)$.
4. 求 A 使得 $A+I_n, A-I_n$ 均不为零矩阵，但是 $A^2-I_n=O$.
5. 设 $A^2-I_n=O$，证明：任意 n 维向量 $\boldsymbol{v}$ 都存在分解式 $\boldsymbol{v}=\boldsymbol{x}+\boldsymbol{y}$，其中 $\boldsymbol{x},\boldsymbol{y}$ 满足
$$(A-I_n)\boldsymbol{x}=(A+I_n)\boldsymbol{y}=\boldsymbol{0}.$$
6. 设 $A^3=O$，证明 $A+I_n$ 与 $A-I_n$ 都可逆，并求 $p(x), q(x)$ 使得 $p(A), q(A)$ 分别为其逆.

练习 1.5.18 证明，如果 n 阶方阵 A 满足 $A^2=A$，则 I_n-2A 可逆.

练习 1.5.19 如果一个 n 阶方阵从 $(1,n)$ 元到 $(n,1)$ 元的对角线下的所有元素均为零，则称为西北矩阵. 类似地，可以定义东南矩阵. 如果 B 是西北矩阵，那么 $B^{\mathrm{T}}, B^2, B^{-1}$ 是什么矩阵? 西北矩阵和东南矩阵的乘积是什么矩阵?

练习 1.5.20

1. 求一对可逆矩阵 A, B，使得 $A+B$ 不可逆.
2. 求一组不可逆矩阵 A, B，使得 $A+B$ 可逆.
3. 求一个三阶不可逆矩阵 A，使得对任意 $k>0$，$A+kI_3$ 都对角占优.

练习 1.5.21 求所有三阶矩阵 A，满足 $A^2=I_3$，且 A 的每个元素只能是 0 或 1.

练习 1.5.22 设 $A=\begin{bmatrix}1&2&3\\2&4&5\\3&5&6\end{bmatrix}$ 是对称矩阵，通过 "对称化简" 求其逆矩阵:

1. 将 A 的第一行的 2 倍从第二行中减去，第一行的 3 倍从第三行中减去. 这对应哪个可逆矩阵 E_1? E_1^{T} 对应的列变换是什么? 计算 E_1A 和 $A_1=E_1AE_1^{\mathrm{T}}$.
2. 将 A_1 的第二行与第三行调换. 这对应哪个初等矩阵 E_2? E_2^{T} 对应的列变换是什么? 计算 E_2A_1 和 $A_2=E_2A_1E_2^{\mathrm{T}}$.
3. 将 A_2 的第二行的 $\dfrac{1}{3}$ 倍从第三行中减去. 这对应哪个初等矩阵 E_3? E_3^{T} 对应的列变换是什么? 计算 E_3A_2 和 $A_3=E_3A_2E_3^{\mathrm{T}}$.
4. 综上，$A_3=E_3E_2E_1AE_1^{\mathrm{T}}E_2^{\mathrm{T}}E_3^{\mathrm{T}}$，由此求 A 的逆.

练习 1.5.23 求证: 可逆对称矩阵的逆矩阵也是对称矩阵; 可逆反对称矩阵的逆矩阵也是反对称矩阵.

练习 1.5.24 ☕ 给定 n 阶实反对称矩阵 A，求证: I_n-A 可逆.

提示: 反证法，考虑 $A\boldsymbol{x}=\boldsymbol{x}$.

1.6 分块矩阵

在矩阵乘法中，我们经常把矩阵写成列向量组或者行向量组并排的形式. 例如，设 $A=\begin{bmatrix}\tilde{\boldsymbol{a}}_1^{\mathrm{T}}\\ \tilde{\boldsymbol{a}}_2^{\mathrm{T}}\\ \vdots\\ \tilde{\boldsymbol{a}}_l^{\mathrm{T}}\end{bmatrix}, B=\begin{bmatrix}\boldsymbol{b}_1 & \boldsymbol{b}_2 & \cdots & \boldsymbol{b}_n\end{bmatrix}$，其中 $\tilde{\boldsymbol{a}}_i^{\mathrm{T}}\ (i=1,2,\cdots,l)$ 是 m 维行向量，$\boldsymbol{b}_j\ (j=1,2,\cdots,n)$ 是 m 维列向量，则

$$AB=\begin{bmatrix}\tilde{\boldsymbol{a}}_1^{\mathrm{T}}\\ \tilde{\boldsymbol{a}}_2^{\mathrm{T}}\\ \vdots\\ \tilde{\boldsymbol{a}}_l^{\mathrm{T}}\end{bmatrix}\begin{bmatrix}\boldsymbol{b}_1 & \boldsymbol{b}_2 & \cdots & \boldsymbol{b}_n\end{bmatrix}=\begin{bmatrix}\tilde{\boldsymbol{a}}_1^{\mathrm{T}}\boldsymbol{b}_1 & \tilde{\boldsymbol{a}}_1^{\mathrm{T}}\boldsymbol{b}_2 & \cdots & \tilde{\boldsymbol{a}}_1^{\mathrm{T}}\boldsymbol{b}_n\\ \tilde{\boldsymbol{a}}_2^{\mathrm{T}}\boldsymbol{b}_1 & \tilde{\boldsymbol{a}}_2^{\mathrm{T}}\boldsymbol{b}_2 & \cdots & \tilde{\boldsymbol{a}}_2^{\mathrm{T}}\boldsymbol{b}_n\\ \vdots & \vdots & & \vdots\\ \tilde{\boldsymbol{a}}_l^{\mathrm{T}}\boldsymbol{b}_1 & \tilde{\boldsymbol{a}}_l^{\mathrm{T}}\boldsymbol{b}_2 & \cdots & \tilde{\boldsymbol{a}}_l^{\mathrm{T}}\boldsymbol{b}_n\end{bmatrix}.$$

另一方面，若 $n=l$，我们有

$$BA = \begin{bmatrix} \boldsymbol{b}_1 & \boldsymbol{b}_2 & \cdots & \boldsymbol{b}_n \end{bmatrix} \begin{bmatrix} \tilde{\boldsymbol{a}}_1^{\mathrm{T}} \\ \tilde{\boldsymbol{a}}_2^{\mathrm{T}} \\ \vdots \\ \tilde{\boldsymbol{a}}_l^{\mathrm{T}} \end{bmatrix} = \boldsymbol{b}_1 \tilde{\boldsymbol{a}}_1^{\mathrm{T}} + \boldsymbol{b}_2 \tilde{\boldsymbol{a}}_2^{\mathrm{T}} + \cdots + \boldsymbol{b}_n \tilde{\boldsymbol{a}}_l^{\mathrm{T}}.$$

可以看到，这和把向量看成元素计算矩阵乘法的规则类似，最重要的区别是矩阵乘法**不能**颠倒左右顺序，而数的乘法满足交换律，因此与顺序无关.

事实上，我们可以把矩阵分成任意大小的块，如

$$A = \begin{bmatrix} A_{11} & A_{12} & \cdots & A_{1s} \\ A_{21} & A_{22} & \cdots & A_{2s} \\ \vdots & \vdots & & \vdots \\ A_{r1} & A_{r2} & \cdots & A_{rs} \end{bmatrix}, \qquad B = \begin{bmatrix} B_{11} & B_{12} & \cdots & B_{1t} \\ B_{21} & B_{22} & \cdots & B_{2t} \\ \vdots & \vdots & & \vdots \\ B_{s1} & B_{s2} & \cdots & B_{st} \end{bmatrix},$$

其中，A_{ij} 为 $l_i \times m_j$ 矩阵，B_{jk} 为 $m_j \times n_k$ 矩阵，则分块矩阵的乘法和转置分别为

$$AB = \begin{bmatrix} \sum\limits_{p=1}^{s} A_{1p}B_{p1} & \sum\limits_{p=1}^{s} A_{1p}B_{p2} & \cdots & \sum\limits_{p=1}^{s} A_{1p}B_{pt} \\ \sum\limits_{p=1}^{s} A_{2p}B_{p1} & \sum\limits_{p=1}^{s} A_{2p}B_{p2} & \cdots & \sum\limits_{p=1}^{s} A_{2p}B_{pt} \\ \vdots & \vdots & & \vdots \\ \sum\limits_{p=1}^{s} A_{rp}B_{p1} & \sum\limits_{p=1}^{s} A_{rp}B_{p2} & \cdots & \sum\limits_{p=1}^{s} A_{rp}B_{pt} \end{bmatrix}, \quad A^{\mathrm{T}} = \begin{bmatrix} A_{11}^{\mathrm{T}} & A_{21}^{\mathrm{T}} & \cdots & A_{r1}^{\mathrm{T}} \\ A_{12}^{\mathrm{T}} & A_{22}^{\mathrm{T}} & \cdots & A_{r2}^{\mathrm{T}} \\ \vdots & \vdots & & \vdots \\ A_{1s}^{\mathrm{T}} & A_{2s}^{\mathrm{T}} & \cdots & A_{rs}^{\mathrm{T}} \end{bmatrix}.$$

运算法则和针对元素的法则完全一样，稍加计算即可证明其正确性，这里要注意的是：

1. 分块矩阵的运算并不是新的运算，而仅仅是矩阵运算的另一种书写形式；
2. 由于矩阵乘法没有交换律，分块矩阵的乘法运算中的每一个矩阵乘法，一定要左边矩阵的块去左乘右边矩阵的块；
3. 由于矩阵的转置和本身一般不相等，所以分块矩阵的转置中的块也要转置.

分块矩阵的线性运算是显然的.

例 1.6.1　具有如下形式的矩阵

$$A = \begin{bmatrix} A_1 & O & \cdots & O \\ O & A_2 & \ddots & \vdots \\ \vdots & \ddots & \ddots & O \\ O & \cdots & O & A_s \end{bmatrix} = \begin{bmatrix} A_1 & & & \\ & A_2 & & \\ & & \ddots & \\ & & & A_s \end{bmatrix}, \tag{1.6.1}$$

称为**分块对角矩阵**，其中对角线上是可能非零的矩阵 $A_1, A_2, \cdots, A_s$，称为对角块. 考虑线性映射 $\boldsymbol{A}\colon \mathbb{R}^n \to \mathbb{R}^m$，把向量 $\boldsymbol{x} \in \mathbb{R}^n$ 也作对应的分块 $\boldsymbol{x} = \begin{bmatrix} \boldsymbol{x}_1 \\ \boldsymbol{x}_2 \\ \vdots \\ \boldsymbol{x}_s \end{bmatrix}$，得到

$$\boldsymbol{A}(\boldsymbol{x}) = A\boldsymbol{x} = \begin{bmatrix} A_1 & & & \\ & A_2 & & \\ & & \ddots & \\ & & & A_s \end{bmatrix} \begin{bmatrix} \boldsymbol{x}_1 \\ \boldsymbol{x}_2 \\ \vdots \\ \boldsymbol{x}_s \end{bmatrix} = \begin{bmatrix} A_1\boldsymbol{x}_1 \\ A_2\boldsymbol{x}_2 \\ \vdots \\ A_s\boldsymbol{x}_s \end{bmatrix}.$$

可以看到，在分块对角矩阵对应的线性映射之下，$\boldsymbol{x}$ 的各个分块 $\boldsymbol{x}_1, \boldsymbol{x}_2, \cdots, \boldsymbol{x}_s$ 互相独立. 由此得到的线性映射 $\boldsymbol{A}$ 等价于 s 个独立的子线性映射 $\boldsymbol{A}_1, \boldsymbol{A}_2, \cdots, \boldsymbol{A}_s$.

当 (1.6.1) 式中的 $A_1, A_2, \cdots, A_s$ 都可逆时，分块对角矩阵 A 可逆，其逆矩阵是

$$A^{-1} = \begin{bmatrix} A_1^{-1} & & & \\ & A_2^{-1} & & \\ & & \ddots & \\ & & & A_s^{-1} \end{bmatrix}.$$

也可以类似地定义分块上（下）三角矩阵. ☺

由于分成多个块的情形可以通过反复进行 2×2 的分块得到，下面主要讨论 2×2 分块矩阵. 设 $A = \begin{bmatrix} A_{11} & A_{12} \\ A_{21} & A_{22} \end{bmatrix}$，其中 A_{ij} 是 $m_i \times n_j$ 矩阵，则 $\boldsymbol{A}\colon \mathbb{R}^{n_1+n_2} \to \mathbb{R}^{m_1+m_2}$ 为

$$\boldsymbol{A}(\boldsymbol{x}) = A\boldsymbol{x} = \begin{bmatrix} A_{11} & A_{12} \\ A_{21} & A_{22} \end{bmatrix} \begin{bmatrix} \boldsymbol{x}_1 \\ \boldsymbol{x}_2 \end{bmatrix} = \begin{bmatrix} A_{11}\boldsymbol{x}_1 + A_{12}\boldsymbol{x}_2 \\ A_{21}\boldsymbol{x}_1 + A_{22}\boldsymbol{x}_2 \end{bmatrix}.$$

如果记 $\boldsymbol{y} = \boldsymbol{A}(\boldsymbol{x})$ 并分块，那么

$$\boldsymbol{y}_1 = A_{11}\boldsymbol{x}_1 + A_{12}\boldsymbol{x}_2,$$

$$\boldsymbol{y}_2 = A_{21}\boldsymbol{x}_1 + A_{22}\boldsymbol{x}_2.$$

可以看到，A_{ij} 表示了 $\boldsymbol{x}_j$ 和 $\boldsymbol{y}_i$ 的关系. 由此可知，$\boldsymbol{A}$ 等价于四个线性映射 $\boldsymbol{A}_{ij}\colon \mathbb{R}^{n_j} \to \mathbb{R}^{m_i}$，可以用图 1.6.1 表示.

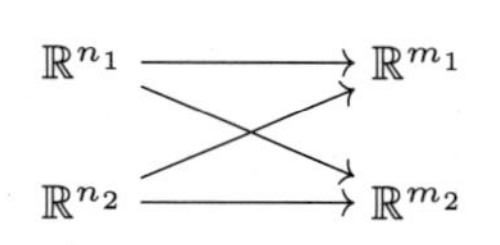

图 1.6.1 分块对角矩阵对应的线性映射

当 $A_{21} = O$ 时，A 是分块上三角矩阵，$\boldsymbol{A}(\boldsymbol{x}) = A\boldsymbol{x} = \begin{bmatrix} A_{11} & A_{12} \\ O & A_{22} \end{bmatrix} \begin{bmatrix} * \\ \boldsymbol{x}_2 \end{bmatrix} = \begin{bmatrix} * \\ A_{22}\boldsymbol{x}_2 \end{bmatrix}$，这里 $*$ 表示我们不关心其具体值.

例 1.6.2 对例 1.1.8 中的线性映射，我们考虑其表示矩阵的分块.

1. 结账是一个从 $\mathbb{R}^3$ 到 $\mathbb{R}$ 的线性映射，其中定义域 $\mathbb{R}^3$ 的标准坐标向量分别是一千克苹果、一千克香蕉和一千克樱桃，它们对应的单价分别是 12.98 元、9.98 元和 129.98 元. 苹果和香蕉组成廉价组 $\boldsymbol{x}_1$，樱桃组成高价组 $\boldsymbol{x}_2$. 那么廉价组和高价组的结账的表示矩阵分别是

$$A_1 = \begin{bmatrix}\text{结账(廉价组)}\end{bmatrix} = \begin{bmatrix}12.98 & 9.98\end{bmatrix},$$
$$A_2 = \begin{bmatrix}\text{结账(高价组)}\end{bmatrix} = \begin{bmatrix}129.98\end{bmatrix}.$$

结账的总表示矩阵是

$$A = \begin{bmatrix}\text{结账(廉价组)} & \text{结账(高价组)}\end{bmatrix} = \begin{bmatrix}A_1 & A_2\end{bmatrix} = \begin{bmatrix}12.98 & 9.98 & 129.98\end{bmatrix}.$$

2. 营养是一个从 $\mathbb{R}^3$ 到 $\mathbb{R}^2$ 的线性映射. 纤维素组成补充组 $\boldsymbol{y}_1$，糖组成供能组 $\boldsymbol{y}_2$. 那么廉价组和高价组的补充组营养与供能组营养的表示矩阵分别是

$$A_{11} = \begin{bmatrix}\text{补充(廉价组)}\end{bmatrix} = \begin{bmatrix}12 & 12\end{bmatrix},$$
$$A_{21} = \begin{bmatrix}\text{供能(廉价组)}\end{bmatrix} = \begin{bmatrix}135 & 208\end{bmatrix},$$
$$A_{12} = \begin{bmatrix}\text{补充(高价组)}\end{bmatrix} = \begin{bmatrix}3\end{bmatrix},$$
$$A_{22} = \begin{bmatrix}\text{供能(高价组)}\end{bmatrix} = \begin{bmatrix}99\end{bmatrix}.$$

营养的总表示矩阵是

$$A = \begin{bmatrix}\text{补充(廉价组)} & \text{补充(高价组)} \\ \text{供能(廉价组)} & \text{供能(高价组)}\end{bmatrix} = \begin{bmatrix}A_{11} & A_{12} \\ A_{21} & A_{22}\end{bmatrix} = \begin{bmatrix}12 & 12 & 3 \\ 135 & 208 & 99\end{bmatrix}. ☺$$

与定义 1.5.1 中的初等矩阵类似，我们可以定义分块初等矩阵. 为方便起见，仍仅考虑 2×2 分块矩阵:

1. 分块对换矩阵 $\begin{bmatrix} & I_{n_1} \\ I_{n_2} & \end{bmatrix}$:

$$\begin{bmatrix} & I_{n_1} \\ I_{n_2} & \end{bmatrix}\begin{bmatrix}A_1 \\ A_2\end{bmatrix} = \begin{bmatrix}A_2 \\ A_1\end{bmatrix}, \quad \begin{bmatrix}B_1 & B_2\end{bmatrix}\begin{bmatrix} & I_{n_1} \\ I_{n_2} & \end{bmatrix} = \begin{bmatrix}B_2 & B_1\end{bmatrix};$$

2. 分块倍乘矩阵 $\begin{bmatrix}I_{n_1} & \\ & P\end{bmatrix}$，其中 P 是可逆矩阵:

$$\begin{bmatrix}I_{n_1} & \\ & P\end{bmatrix}\begin{bmatrix}A_1 \\ A_2\end{bmatrix} = \begin{bmatrix}A_1 \\ PA_2\end{bmatrix}, \quad \begin{bmatrix}B_1 & B_2\end{bmatrix}\begin{bmatrix}I_{n_1} & \\ & P\end{bmatrix} = \begin{bmatrix}B_1 & B_2P\end{bmatrix};$$

3. 分块倍加矩阵 $\begin{bmatrix} I_{n_1} & M \\ & I_{n_2} \end{bmatrix}$，其中 M 是 $n_1 \times n_2$ 矩阵：

$$\begin{bmatrix} I_{n_1} & M \\ & I_{n_2} \end{bmatrix} \begin{bmatrix} A_1 \\ A_2 \end{bmatrix} = \begin{bmatrix} A_1 + MA_2 \\ A_2 \end{bmatrix}, \ \begin{bmatrix} B_1 & B_2 \end{bmatrix} \begin{bmatrix} I_{n_1} & M \\ & I_{n_2} \end{bmatrix} = \begin{bmatrix} B_1 & B_1 M + B_2 \end{bmatrix}.$$

容易验证，三类分块初等矩阵都可逆，它们的逆矩阵分别为

$$\begin{bmatrix} & I_{n_2} \\ I_{n_1} & \end{bmatrix}, \quad \begin{bmatrix} I_{n_1} & \\ & P^{-1} \end{bmatrix}, \quad \begin{bmatrix} I_{n_1} & -M \\ & I_{n_2} \end{bmatrix}.$$

现在我们来考虑对分块矩阵 $A = \begin{bmatrix} A_{11} & A_{12} \\ A_{21} & A_{22} \end{bmatrix}$ 做 Gauss 消元法，只是现在数变成了矩阵. 如我们前面所说，分块矩阵的运算法则和数的基本相同，但是尤其要注意乘法的运算次序. 设 A_{11} 可逆. 直接计算，得

$$\begin{bmatrix} I & O \\ -A_{21}A_{11}^{-1} & I \end{bmatrix} \begin{bmatrix} A_{11} & A_{12} \\ A_{21} & A_{22} \end{bmatrix} = \begin{bmatrix} A_{11} & A_{12} \\ O & A_{22} - A_{21}A_{11}^{-1}A_{12} \end{bmatrix}. \tag{1.6.2}$$

类似于命题 1.5.10，我们知道矩阵 $A_{22} - A_{21}A_{11}^{-1}A_{12}$ 可逆，等价于等式右边矩阵可逆，又等价于矩阵 A 可逆.

命题 1.6.3 若矩阵 A_{11} 和 $A_{22} - A_{21}A_{11}^{-1}A_{12}$ 可逆，则矩阵 $\begin{bmatrix} A_{11} & A_{12} \\ A_{21} & A_{22} \end{bmatrix}$ 可逆，且

$$\begin{bmatrix} A_{11} & A_{12} \\ A_{21} & A_{22} \end{bmatrix}^{-1} = \begin{bmatrix} I & -A_{11}^{-1}A_{12} \\ O & I \end{bmatrix} \begin{bmatrix} A_{11}^{-1} & O \\ O & (A_{22} - A_{21}A_{11}^{-1}A_{12})^{-1} \end{bmatrix} \begin{bmatrix} I & O \\ -A_{21}A_{11}^{-1} & I \end{bmatrix}. \tag{1.6.3}$$

证 对 (1.6.2) 式右边消去右上角矩阵，即

$$\begin{bmatrix} A_{11} & A_{12} \\ O & A_{22} - A_{21}A_{11}^{-1}A_{12} \end{bmatrix} \begin{bmatrix} I & -A_{11}^{-1}A_{12} \\ O & I \end{bmatrix} = \begin{bmatrix} A_{11} & O \\ O & A_{22} - A_{21}A_{11}^{-1}A_{12} \end{bmatrix}. \tag{1.6.4}$$

综合 (1.6.2) 式和 (1.6.4) 式，我们有

$$\begin{bmatrix} A_{11} & A_{12} \\ A_{21} & A_{22} \end{bmatrix} = \begin{bmatrix} I & O \\ A_{21}A_{11}^{-1} & I \end{bmatrix} \begin{bmatrix} A_{11} & O \\ O & A_{22} - A_{21}A_{11}^{-1}A_{12} \end{bmatrix} \begin{bmatrix} I & A_{11}^{-1}A_{12} \\ O & I \end{bmatrix}. \tag{1.6.5}$$

两边取逆，即得结论. □

矩阵 $A_{22}-A_{21}A_{11}^{-1}A_{12}$ 称为 A_{11} 关于 A 的 **Schur 补**.

类似地，我们有如下推论.

推论 1.6.4 若矩阵 A_{22} 和 $A_{11}-A_{12}A_{22}^{-1}A_{21}$ 可逆，则矩阵 $\begin{bmatrix} A_{11} & A_{12} \\ A_{21} & A_{22} \end{bmatrix}$ 可逆，且

$$\begin{bmatrix} A_{11} & A_{12} \\ A_{21} & A_{22} \end{bmatrix}^{-1} = \begin{bmatrix} I & O \\ -A_{22}^{-1}A_{21} & I \end{bmatrix} \begin{bmatrix} (A_{11}-A_{12}A_{22}^{-1}A_{21})^{-1} & O \\ O & A_{22}^{-1} \end{bmatrix} \begin{bmatrix} I & -A_{12}A_{22}^{-1} \\ O & I \end{bmatrix}. \tag{1.6.6}$$

证 利用命题 1.6.3 和分块对换矩阵. □

矩阵 $A_{11}-A_{12}A_{22}^{-1}A_{21}$ 称为 A_{22} 关于 A 的 Schur 补.

下面再看两个稍微复杂的例子，来体会矩阵分块的用处.

例 1.6.5 (Sherman-Morrison-Woodbury 公式) 将 (1.6.3) 式和 (1.6.6) 式右端乘出来，有

$$\begin{bmatrix} A_{11}^{-1}+A_{11}^{-1}A_{12}(A_{22}-A_{21}A_{11}^{-1}A_{12})^{-1}A_{21}A_{11}^{-1} & -A_{11}^{-1}A_{12}(A_{22}-A_{21}A_{11}^{-1}A_{12})^{-1} \\ -(A_{22}-A_{21}A_{11}^{-1}A_{12})^{-1}A_{21}A_{11}^{-1} & (A_{22}-A_{21}A_{11}^{-1}A_{12})^{-1} \end{bmatrix}$$

$$= \begin{bmatrix} (A_{11}-A_{12}A_{22}^{-1}A_{21})^{-1} & -(A_{11}-A_{12}A_{22}^{-1}A_{21})^{-1}A_{12}A_{22}^{-1} \\ -A_{22}^{-1}A_{21}(A_{11}-A_{12}A_{22}^{-1}A_{21})^{-1} & A_{22}^{-1}+A_{22}^{-1}A_{21}(A_{11}-A_{12}A_{22}^{-1}A_{21})^{-1}A_{12}A_{22}^{-1} \end{bmatrix}.$$

比较对应左上角块，我们可以得到

$$(A_{11}-A_{12}A_{22}^{-1}A_{21})^{-1} = A_{11}^{-1}+A_{11}^{-1}A_{12}(A_{22}-A_{21}A_{11}^{-1}A_{12})^{-1}A_{21}A_{11}^{-1},$$

这给出了一定条件下一个可逆矩阵加上某个矩阵乘积后的逆的公式，常称为 **Sherman-Morrison-Woodbury 公式**，它在矩阵分析、系统和控制论等领域中有着广泛应用.

我们下面给出一个常用的简化版本，涉及的分块矩阵为 $\begin{bmatrix} A & \boldsymbol{u} \\ -\boldsymbol{v}^{\mathrm{T}} & 1 \end{bmatrix}$，其中 A 是 n 阶方阵，$\boldsymbol{u},\boldsymbol{v}$ 是 n 维向量.

Sherman-Morrison 公式：若 A 可逆，则 $A+\boldsymbol{u}\boldsymbol{v}^{\mathrm{T}}$ 可逆当且仅当 $1+\boldsymbol{v}^{\mathrm{T}}A^{-1}\boldsymbol{u}\neq 0$，且 $A+\boldsymbol{u}\boldsymbol{v}^{\mathrm{T}}$ 可逆时，

$$(A+\boldsymbol{u}\boldsymbol{v}^{\mathrm{T}})^{-1} = A^{-1}-\frac{A^{-1}\boldsymbol{u}\boldsymbol{v}^{\mathrm{T}}A^{-1}}{1+\boldsymbol{v}^{\mathrm{T}}A^{-1}\boldsymbol{u}}. \tag{1.6.7}$$

特别地，$I+\boldsymbol{u}\boldsymbol{v}^{\mathrm{T}}$ 可逆当且仅当 $1+\boldsymbol{v}^{\mathrm{T}}\boldsymbol{u}\neq 0$，且 $I+\boldsymbol{u}\boldsymbol{v}^{\mathrm{T}}$ 可逆时，

$$(I+\boldsymbol{u}\boldsymbol{v}^{\mathrm{T}})^{-1} = I-\frac{\boldsymbol{u}\boldsymbol{v}^{\mathrm{T}}}{1+\boldsymbol{v}^{\mathrm{T}}\boldsymbol{u}}. \tag{1.6.8}$$

事实上，(1.6.7) 式也可以由 (1.6.8) 式来证明，留给读者思考.

来看一个简单例子. 给定可逆矩阵 A, 若其 $(1,1)$ 元 a_{11} 有一微小变化 δ, 变为 $a_{11}+\delta$, 则新得到的矩阵是否可逆? 如何计算?

不难看出新得到的矩阵为 $A+\delta \boldsymbol{e}_1\boldsymbol{e}_1^{\mathrm{T}}$. 根据 Sherman-Morrison 公式, 该矩阵可逆当且仅当 $1+\delta\boldsymbol{e}_1^{\mathrm{T}}A^{-1}\boldsymbol{e}_1\neq 0$. 因此只要 $|\delta|<\dfrac{1}{|\boldsymbol{e}_1^{\mathrm{T}}A^{-1}\boldsymbol{e}_1|}$, 即 δ 足够小时, 该矩阵就可逆, 且其逆为 $A^{-1}-\dfrac{1}{1+\delta\boldsymbol{e}_1^{\mathrm{T}}A^{-1}\boldsymbol{e}_1}A^{-1}\boldsymbol{e}_1\boldsymbol{e}_1^{\mathrm{T}}A^{-1}$. 可以看到逆的变化只和矩阵的逆的首行首列有关. 类似地, 如果矩阵的 (i,j) 元发生微小改变, 则逆的变化只需逆的第 j 行和第 i 列就可以得到. ☺

例 1.6.6 (弹簧振子) 假设四根弹簧和三个振子如图 1.6.2 所示依次交替地挂在天花板和地板之间, 弹簧的原始长度分别为 l_1,l_2,l_3,l_4, 劲度系数分别为 k_1,k_2,k_3,k_4, 振子的质量分别为 m_1,m_2,m_3, 天花板和地板的间距是 d, 而 $d>l_1+l_2+l_3+l_4$. 系统处于静止状态, 问三个振子距离天花板有多远?

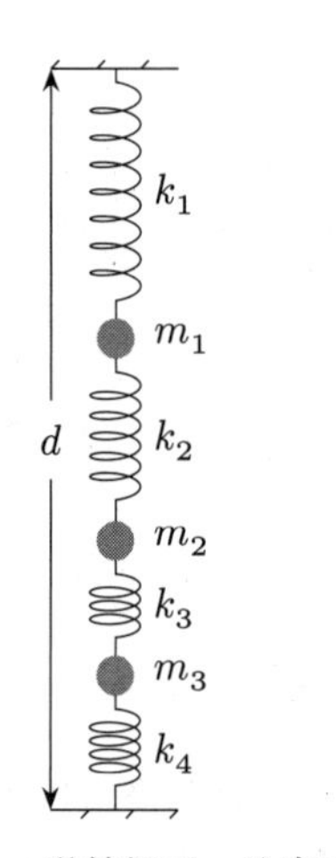

图 1.6.2　弹簧振子: 约束系统

和例 1.4.19 相比, 这一问题如果不列方程就很难直接得到解了. 我们仍然假设三个振子到天花板的距离分别是 $l_1+x_1, l_1+l_2+x_2, l_1+l_2+l_3+x_3$, 欲求 x_1,x_2,x_3. 记 $\boldsymbol{x}=\begin{bmatrix}x_1\\x_2\\x_3\end{bmatrix}$. 令 $\delta=d-l_1-l_2-l_3-l_4$, 那么四根弹簧的拉伸长度是

$$\boldsymbol{u}=\begin{bmatrix}u_1\\u_2\\u_3\\u_4\end{bmatrix}=\begin{bmatrix}x_1\\x_2-x_1\\x_3-x_2\\\delta-x_3\end{bmatrix}=\delta\begin{bmatrix}0\\0\\0\\1\end{bmatrix}+\begin{bmatrix}1&&\\-1&1&\\&-1&1\\&&-1\end{bmatrix}\begin{bmatrix}x_1\\x_2\\x_3\end{bmatrix}$$

$$=:\delta\boldsymbol{e}_4+D_{43}\boldsymbol{x}.$$

四根弹簧提供的拉力就是 $\boldsymbol{y}=\begin{bmatrix}y_1\\y_2\\y_3\\y_4\end{bmatrix}=K_4\boldsymbol{u}$, 其中 $K_4=\begin{bmatrix}k_1&&&\\&k_2&&\\&&k_3&\\&&&k_4\end{bmatrix}$. 振子所受拉力为 $\boldsymbol{f}=\begin{bmatrix}y_1-y_2\\y_2-y_3\\y_3-y_4\end{bmatrix}=\begin{bmatrix}1&-1&&\\&1&-1&\\&&1&-1\end{bmatrix}\begin{bmatrix}y_1\\y_2\\y_3\\y_4\end{bmatrix}=D_{43}^{\mathrm{T}}\boldsymbol{y}$. 因此

$$\boldsymbol{f}=D_{43}^{\mathrm{T}}\boldsymbol{y}=D_{43}^{\mathrm{T}}K_4\boldsymbol{u}=D_{43}^{\mathrm{T}}K_4(D_{43}\boldsymbol{x}+\delta\boldsymbol{e}_4)=D_{43}^{\mathrm{T}}K_4D_{43}\boldsymbol{x}+\delta D_{43}^{\mathrm{T}}K_4\boldsymbol{e}_4.$$

注意, 和例 1.4.19 不同, 因为存在常数项 $\delta D_{43}^{\mathrm{T}}K_4\boldsymbol{e}_4$, 所以从 $\boldsymbol{x}$ 到 $\boldsymbol{f}$ 不构成线性映射.

记振子的质量向量为 $\boldsymbol{m}=\begin{bmatrix}m_1\\m_2\\m_3\end{bmatrix}$，则振子所受重力为 $\boldsymbol{g}=g\boldsymbol{m}=\begin{bmatrix}m_1g\\m_2g\\m_3g\end{bmatrix}$. 利用力的平衡原理，我们有 $\boldsymbol{g}=\boldsymbol{f}$. 因此，得到方程 $(D_{43}^{\mathrm{T}}K_4D_{43})\boldsymbol{x}=g\boldsymbol{m}-\delta D_{43}^{\mathrm{T}}K_4\boldsymbol{e}_4$，其中

$$D_{43}^{\mathrm{T}}K_4D_{43}=\begin{bmatrix}1&-1&&\\&1&-1&\\&&1&-1\end{bmatrix}\begin{bmatrix}k_1&&&\\&k_2&&\\&&k_3&\\&&&k_4\end{bmatrix}\begin{bmatrix}1&&\\-1&1&\\&-1&1\\&&-1\end{bmatrix}$$

$$=\begin{bmatrix}k_1+k_2&-k_2&\\-k_2&k_2+k_3&-k_3\\&-k_3&k_3+k_4\end{bmatrix}.$$

可以看到，这个解法可以很容易推广到任意多个弹簧和振子上.

另一方面，由于在例 1.4.19 中我们已经考虑过三根弹簧和三个振子组成的系统，因此我们也可以把上面三个弹簧和三个振子作为一个整体来考虑. 我们记这个子系统的弹簧拉伸长度、拉力、振子拉力为 $\widehat{\boldsymbol{u}},\hat{\boldsymbol{y}},\widehat{\boldsymbol{f}}$. 那么四根弹簧的拉伸长度就是

$$\boldsymbol{u}=\begin{bmatrix}\widehat{\boldsymbol{u}}\\\delta-x_3\end{bmatrix}=\begin{bmatrix}D_{33}\boldsymbol{x}\\\delta-\boldsymbol{e}_3^{\mathrm{T}}\boldsymbol{x}\end{bmatrix}=\delta\boldsymbol{e}_4+\begin{bmatrix}D_{33}\\-\boldsymbol{e}_3^{\mathrm{T}}\end{bmatrix}\boldsymbol{x}.$$

四根弹簧提供的拉力就是

$$\boldsymbol{y}=\begin{bmatrix}\hat{\boldsymbol{y}}\\k_4u_4\end{bmatrix}=\begin{bmatrix}K_3\widehat{\boldsymbol{u}}\\k_4u_4\end{bmatrix}=\begin{bmatrix}K_3&\\&k_4\end{bmatrix}\begin{bmatrix}\widehat{\boldsymbol{u}}\\u_4\end{bmatrix}=\begin{bmatrix}K_3&\\&k_4\end{bmatrix}\boldsymbol{u}.$$

振子所受拉力为

$$\boldsymbol{f}=\widehat{\boldsymbol{f}}-\begin{bmatrix}0\\0\\y_4\end{bmatrix}=D_{33}^{\mathrm{T}}\hat{\boldsymbol{y}}-\boldsymbol{e}_3y_4=\begin{bmatrix}D_{33}^{\mathrm{T}}&-\boldsymbol{e}_3\end{bmatrix}\begin{bmatrix}\hat{\boldsymbol{y}}\\y_4\end{bmatrix}=\begin{bmatrix}D_{33}^{\mathrm{T}}&-\boldsymbol{e}_3\end{bmatrix}\boldsymbol{y}.$$

因此

$$\boldsymbol{f}=\begin{bmatrix}D_{33}^{\mathrm{T}}&-\boldsymbol{e}_3\end{bmatrix}\begin{bmatrix}K_3&\\&k_4\end{bmatrix}\begin{bmatrix}D_{33}\\-\boldsymbol{e}_3^{\mathrm{T}}\end{bmatrix}\boldsymbol{x}+\delta\begin{bmatrix}D_{33}^{\mathrm{T}}&-\boldsymbol{e}_3\end{bmatrix}\begin{bmatrix}K_3&\\&k_4\end{bmatrix}\boldsymbol{e}_4.$$

此方程和前述方程一致. 特别地，系数矩阵

$$D_{43}^{\mathrm{T}}K_4D_{43}=\begin{bmatrix}D_{33}^{\mathrm{T}}&-\boldsymbol{e}_3\end{bmatrix}\begin{bmatrix}K_3&\\&k_4\end{bmatrix}\begin{bmatrix}D_{33}\\-\boldsymbol{e}_3^{\mathrm{T}}\end{bmatrix}=D_{33}^{\mathrm{T}}K_3D_{33}+k_4\boldsymbol{e}_3\boldsymbol{e}_3^{\mathrm{T}}.$$

我们已经知道 $D_{33}^{\mathrm{T}}K_3D_{33}$ 可逆. 利用例 1.6.5，首先 $1+k_4\boldsymbol{e}_3^{\mathrm{T}}(D_{33}^{\mathrm{T}}K_3D_{33})^{-1}\boldsymbol{e}_3 = 1+k_4(D_{33}^{-\mathrm{T}}\boldsymbol{e}_3)^{\mathrm{T}}K_3^{-1}(D_{33}^{-\mathrm{T}}\boldsymbol{e}_3) > 0$，这是因为 $D_{33}^{-\mathrm{T}}\boldsymbol{e}_3 = \boldsymbol{e}_1+\boldsymbol{e}_2+\boldsymbol{e}_3$ 的每个元素都是正数. 因此 $D_{43}^{\mathrm{T}}K_4D_{43}$ 可逆.

于是这个方程有唯一解 $\boldsymbol{x} = (D_{43}^{\mathrm{T}}K_4D_{43})^{-1}(g\boldsymbol{m}-\delta D_{43}^{\mathrm{T}}K_4\boldsymbol{e}_4)$. ☺

观察例 1.6.6 和例 1.4.19，我们可以发现共同的模式，总结在图 1.6.3 中.

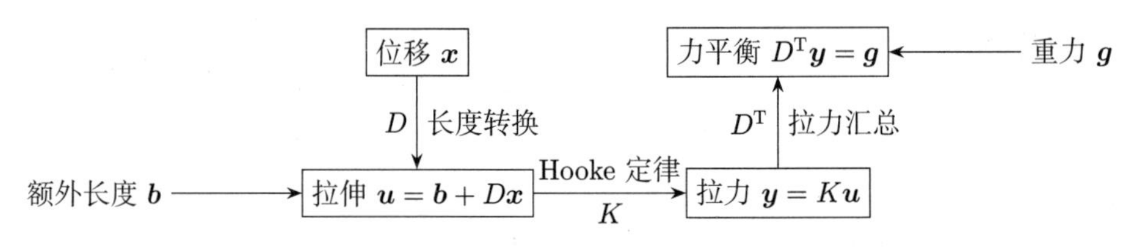

图 1.6.3 弹簧振子的基本框架

习题

练习 1.6.1 设 A 的行简化阶梯形矩阵为 R，行变换对应的可逆矩阵是 P.

1. 求 $\begin{bmatrix} A & 2A \end{bmatrix}$ 的行简化阶梯形矩阵，以及行变换对应的可逆矩阵.
2. 求 $\begin{bmatrix} A \\ 2A \end{bmatrix}$ 的行简化阶梯形矩阵，以及行变换对应的可逆矩阵.

练习 1.6.2 求下列矩阵的逆矩阵：

1. $\begin{bmatrix} 1 & 1 & 0 & 0 & 0 \\ 2 & 1 & 0 & 0 & 0 \\ 0 & 0 & 2 & 2 & 3 \\ 0 & 0 & 1 & -1 & 0 \\ 0 & 0 & -1 & 2 & 1 \end{bmatrix}$.
2. $\begin{bmatrix} 1 & 0 & 1 & 0 \\ 1 & 0 & 2 & 0 \\ 0 & 1 & 0 & 1 \\ 0 & 0 & 0 & 1 \end{bmatrix}$.

练习 1.6.3 计算下列分块矩阵：

1. $\begin{bmatrix} I_n & O \\ A & I_m \end{bmatrix}^{-1}$.
2. $\begin{bmatrix} O & I_m \\ I_n & A \end{bmatrix}^{-1}$.

练习 1.6.4 设分块矩阵 $X = \begin{bmatrix} O & A \\ B & O \end{bmatrix}$，其中 A, B 可逆. 试证 X 可逆，并求其逆.

练习 1.6.5 设分块矩阵 $U = \begin{bmatrix} A & C \\ O & B \end{bmatrix}$，其中 A, B 可逆. 试证 U 可逆，并求其逆.

练习 1.6.6 设 A_1, A_2 分别为 m, n 阶方阵，且存在可逆方阵 T_1, T_2，使得 $T_1^{-1}A_1T_1$ 和 $T_2^{-1}A_2T_2$ 都是对角矩阵. 求证：存在 $m+n$ 阶可逆矩阵 T，使得 $T^{-1}\begin{bmatrix} A_1 & O \\ O & A_2 \end{bmatrix}T$ 是对角矩阵.

练习 1.6.7

1. 任取 $m\times n$ 矩阵 X，分块矩阵 $\begin{bmatrix}A & B\\ C & D\end{bmatrix}$，计算 $\begin{bmatrix}I_m & X\\ O & I_n\end{bmatrix}\begin{bmatrix}A & B\\ C & D\end{bmatrix}$.

2. 由此判断 $\begin{bmatrix}1 & & & & c_1\\ & 1 & & & c_2\\ & & \ddots & & \vdots\\ & & & 1 & c_{n-1}\\ b_1 & b_2 & \cdots & b_{n-1} & a\end{bmatrix}$ 何时可逆，并在可逆时求其逆.

练习 1.6.8 利用 Sherman-Morrison 公式判断下列矩阵何时可逆，并在可逆时求其逆.

$$\begin{bmatrix}a_1+1 & 1 & 1 & \cdots & 1\\ 1 & a_2+1 & 1 & \cdots & 1\\ 1 & 1 & a_3+1 & \ddots & \vdots\\ \vdots & \vdots & \ddots & \ddots & 1\\ 1 & 1 & \cdots & 1 & a_n+1\end{bmatrix}.$$

练习 1.6.9

1. 求一个矩阵 A 使得 $\begin{bmatrix}O & A\\ A & O\end{bmatrix}$ 为反对称矩阵.
2. 求一个 5 阶置换矩阵 P，满足 $P^5\neq I_5, P^6=I_5$.
3. 求一个对称矩阵 A，使得不存在 B，满足 $A=BB^{\mathrm{T}}$.

练习 1.6.10 ☕ 给定 $m\times n, n\times m$ 矩阵 A,B，求证：I_m+AB 可逆当且仅当 I_n+BA 可逆.

提示：考虑分块矩阵.

练习 1.6.11 ☕☕ 设实分块方阵 $X=\begin{bmatrix}A & C\\ O & B\end{bmatrix}$，其中 A 是方阵. 如果 X 与 X^{T} 可交换，求证：$C=O$.

提示：利用矩阵的迹.

练习 1.6.12 设分块对角矩阵 $J=\begin{bmatrix}J_1 & & \\ & J_2 & \\ & & J_3\end{bmatrix}$，其中 $J_1=\begin{bmatrix}2 & 1\\ & 2\end{bmatrix}, J_2=\begin{bmatrix}2 & 1 & \\ & 2 & 1\\ & & 2\end{bmatrix}, J_3=\begin{bmatrix}1 & 1\\ & 1\end{bmatrix}$. 试找出一个五次多项式 $f(x)$，使得 $f(J)=O$.

练习 1.6.13 构造 $2n$ 阶实方阵 A，满足 $A^2=-I_{2n}$.

练习 1.6.14 设 A,B 为两个左相抵的行简化阶梯形矩阵.

1. 证明：$A\boldsymbol{x}=\mathbf{0}$ 与 $B\boldsymbol{x}=\mathbf{0}$ 同解.
2. 证明：如果 A 的最后一列不是主列，则存在 $\boldsymbol{x}$ 使得 $A\begin{bmatrix}\boldsymbol{x}\\ 1\end{bmatrix}=\mathbf{0}$.
3. 证明：如果 A 最后一列是主列，则对任意 $\boldsymbol{x}$，$A\begin{bmatrix}\boldsymbol{x}\\ 1\end{bmatrix}\neq\mathbf{0}$.

4. 设 A, B 除了最后一列之外，其他列均相等，且 A 的最后一列不是主列，证明 $A = B$.
5. 设 A, B 除了最后一列之外，其他列均相等，且 A 的最后一列是主列，证明 $A = B$.
6. 用数学归纳法证明，左相抵的行简化阶梯形矩阵必然相等. 由此证明，一个矩阵 A 的行简化阶梯形矩阵唯一.

练习 1.6.15 (置换的不动点) 设 P 是置换矩阵. 如果 P 对应的行变换保持第 i 行不变，则称 i 为 P 的不动点.

1. 证明 i 是 P 的不动点当且仅当 P 的第 i 个对角元为 1.
2. 证明 P 的不动点个数等于 $\operatorname{trace}(P)$ (练习 1.4.22).
3. 对任意置换矩阵 P_1, P_2，证明 P_1P_2 和 P_2P_1 的不动点个数相等.

练习 1.6.16 考虑 $\mathbb{R}^n$ 上的变换 $f(\boldsymbol{x}) = A\boldsymbol{x} + \boldsymbol{b}$，具有该形式的变换称为**仿射变换**. 仿射变换通常不是线性变换.

1. 证明 $\begin{bmatrix} A & \boldsymbol{b} \\ \boldsymbol{0}^{\mathrm{T}} & 1 \end{bmatrix} \begin{bmatrix} \boldsymbol{x} \\ 1 \end{bmatrix} = \begin{bmatrix} f(\boldsymbol{x}) \\ 1 \end{bmatrix}$.
2. 对仿射变换 $f(\boldsymbol{x}) = A\boldsymbol{x} + \boldsymbol{b}$，记 $M_f := \begin{bmatrix} A & \boldsymbol{b} \\ \boldsymbol{0}^{\mathrm{T}} & 1 \end{bmatrix}$. 证明对任意仿射变换 $f(\boldsymbol{x}), g(\boldsymbol{x})$，$M_f M_g = M_{f \circ g}$.
3. 证明当仿射变换 f 可逆时，矩阵 M_f 可逆，且 $M_{f^{-1}} = (M_f)^{-1}$.

练习 1.6.17 图 1.6.4 中有四个弹簧振子. 弹簧的初始长度分别为 l_1, l_2, l_3, l_4，振子在稳态的最终长度为 $l_1 + x_1, l_1 + l_2 + x_2, l_3 + x_3, l_3 + l_4 + x_4$.

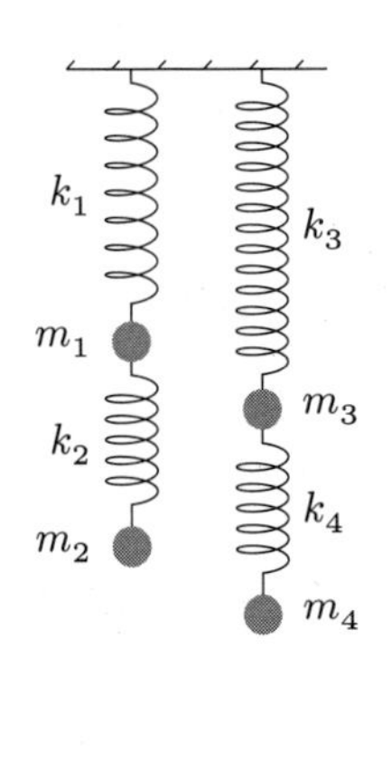

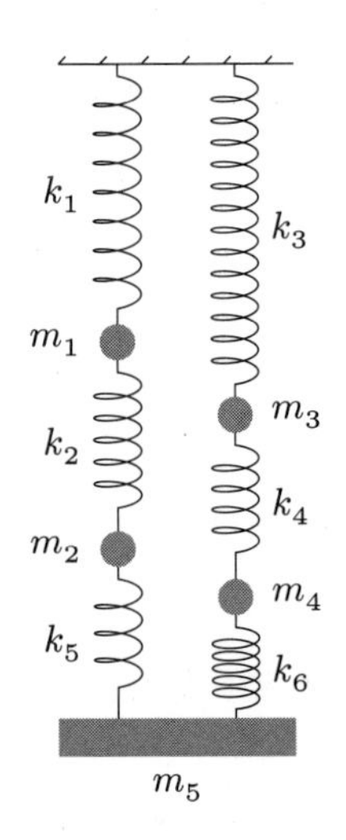

图 1.6.4

1. 找到矩阵 A 使得 $A \begin{bmatrix} x_1 \\ x_2 \\ x_3 \\ x_4 \end{bmatrix} = g \begin{bmatrix} m_1 \\ m_2 \\ m_3 \\ m_4 \end{bmatrix}$. 此时 A 的分块结构有什么特点？你能否从系统中看出原因？

2. 图 1.6.4 中振子 m_2, m_4 下面，由劲度系数分别为 k_5, k_6 的弹簧挂住了一个质量为 m_5 的振子. 找到矩阵 A 使得 $A\begin{bmatrix}x_1\\x_2\\x_3\\x_4\\x_5\end{bmatrix}=g\begin{bmatrix}m_1\\m_2\\m_3\\m_4\\m_5\end{bmatrix}$. 此时 A 的分块结构是否还有之前的特点？为什么？

练习 1.6.18 考虑一个元素皆为复数的矩阵. 将每个元素分成实部和虚部，不难发现对任意复数矩阵，都存在实数矩阵 A, B，使得该复数矩阵为 $A+\mathrm{i}B$，其中 i 是虚数单位. 同理，任意复数向量，都存在实数向量 $\boldsymbol{v}, \boldsymbol{w}$，使得该复数向量为 $\boldsymbol{v}+\mathrm{i}\boldsymbol{w}$. 下面用 $\mathrm{Re}(A), \mathrm{Re}(\boldsymbol{v}), \mathrm{Im}(A), \mathrm{Im}(\boldsymbol{v})$ 来表达复矩阵 A 和复向量 $\boldsymbol{v}$ 的实部和虚部.

1. 用实数矩阵和向量 $A, B, \boldsymbol{v}, \boldsymbol{w}$ 来表达 $(A+\mathrm{i}B)(\boldsymbol{v}+\mathrm{i}\boldsymbol{w})$ 的实部和虚部；
2. 对任意实数矩阵 A, B，求矩阵 X，使得 $X\begin{bmatrix}\mathrm{Re}(\boldsymbol{v}+\mathrm{i}\boldsymbol{w})\\ \mathrm{Im}(\boldsymbol{v}+\mathrm{i}\boldsymbol{w})\end{bmatrix}=\begin{bmatrix}\mathrm{Re}\left((A+\mathrm{i}B)(\boldsymbol{v}+\mathrm{i}\boldsymbol{w})\right)\\ \mathrm{Im}\left((A+\mathrm{i}B)(\boldsymbol{v}+\mathrm{i}\boldsymbol{w})\right)\end{bmatrix}$ 对任意实数向量 $\boldsymbol{v}, \boldsymbol{w}$ 都成立.
3. 考虑映射 $f(a+\mathrm{i}b)=\begin{bmatrix}a&-b\\b&a\end{bmatrix}$. 验证 $f\left((a+\mathrm{i}b)(c+\mathrm{i}d)\right)=f(a+\mathrm{i}b)f(c+\mathrm{i}d)$.

练习 1.6.19 (错位分块对角矩阵) 定义

$$\begin{bmatrix}a_{11}&a_{12}\\a_{21}&a_{22}\end{bmatrix}\triangle\begin{bmatrix}b_{11}&b_{12}\\b_{21}&b_{22}\end{bmatrix}=\begin{bmatrix}a_{11}&0&a_{12}&0\\0&b_{11}&0&b_{12}\\a_{21}&0&a_{22}&0\\0&b_{21}&0&b_{22}\end{bmatrix}.$$

1. 证明 $(A_1\triangle B_1)(A_2\triangle B_2)=(A_1A_2)\triangle(B_1B_2)$.
2. 证明 $A\triangle B$ 可逆当且仅当 A, B 都可逆；此时有 $(A\triangle B)^{-1}=A^{-1}\triangle B^{-1}$.
3. 求 X，使得对任意二阶方阵 A, B，都有 $X(A\triangle B)X^{-1}=\begin{bmatrix}A&O\\O&B\end{bmatrix}$.

1.7 LU 分解

在 1.4 节中可以看到，以三角矩阵为系数矩阵的线性方程组不需要消元，只需要逐个代入就可以求出通解，即使用回代法或前代法计算. 例 1.4.19 中的线性方程组是 $D_{33}^{\mathrm{T}}K_3D_{33}\boldsymbol{x}=g\boldsymbol{m}$，其中 D_{33}^{T} 是单位上三角矩阵，K_3 是可逆对角矩阵，D_{33} 是单位下三角矩阵，因此我们可以逐次求解：先用回代法求解 $D_{33}^{\mathrm{T}}\boldsymbol{y}=\boldsymbol{f}$；然后简单求解 $K_3\boldsymbol{u}=\boldsymbol{y}$；最后用前代法求解 $D_{33}\boldsymbol{x}=\boldsymbol{u}$. 这比先把矩阵 $D_{33}^{\mathrm{T}}K_3D_{33}$ 计算出来再通过消元法计算方程组的解要快得多. (为什么?)

注意，阶梯形方阵一定是上三角矩阵. 而我们在将矩阵化成阶梯形矩阵时只用到了对换矩阵 P_{ij} 和倍加矩阵 $E_{ji;k}(j>i)$. 在对矩阵 A 化简的过程中，如果没有使用对换矩阵，那么我们就相当于对矩阵 A 的下三角元素按照 $(2,1),(3,1),\cdots,(n,1),(3,2),\cdots,(n,2)$,

$\cdots,(n,n-1)$ 的次序逐一消元. 这类倍加矩阵是下三角矩阵. 记这些初等矩阵的乘积为 L^{-1} (我们知道它可逆), 那么就有 $L^{-1}A=U$, 其中 L 是下三角矩阵, U 是上三角矩阵. 于是, 我们有如下定理.

定理 1.7.1 (LU 分解) 如果 n 阶方阵 A 只使用倍加矩阵 $E_{ji;k}(j>i)$ 做行变换就可以化成阶梯形矩阵, 那么存在 n 阶单位下三角矩阵 L 和 n 阶上三角矩阵 U, 使得 $A=LU$.

分解 $A=LU$ 称为矩阵 A 的 **LU 分解**.

如果 A 有 LU 分解 $A=LU$, 那么求解线性方程组 $A\boldsymbol{x}=\boldsymbol{b}$, 就化成了求解 $L\boldsymbol{y}=\boldsymbol{b}$ 和 $U\boldsymbol{x}=\boldsymbol{y}$ 这两个线性方程组, 而二者的系数矩阵都是三角矩阵, 易于求解.

下面主要考虑 A 是可逆矩阵的情形.

定义 1.7.2 (顺序主子阵) 方阵 A 的左上角 $k\times k$ 块, 称为 A 的第 k 个**顺序主子阵**.

显然, n 阶方阵共有 n 个顺序主子阵.

定理 1.7.3 (可逆矩阵的 LU 分解) 对 n 阶可逆矩阵 A, A 有 LU 分解 $A=LU$, 当且仅当 A 的所有顺序主子阵可逆. 此时, A 的 LU 分解唯一.

证 必要性: 已知 $A=LU$. A 可逆, L 为单位下三角阵也可逆, 因此 $U=L^{-1}A$ 也可逆, 于是 L,U 的所有对角元都不为零. 考虑分块矩阵 $L=\begin{bmatrix}L_{11} & O\\ L_{21} & L_{22}\end{bmatrix}, U=\begin{bmatrix}U_{11} & U_{12}\\ O & U_{22}\end{bmatrix}$, 其中 L_{11},U_{11} 是 $k\times k$ 矩阵. 显然 L_{11},U_{11} 的对角元不为零, 二者都可逆. 注意 $A=LU=\begin{bmatrix}L_{11}U_{11} & L_{11}U_{12}\\ L_{21}U_{11} & L_{21}U_{12}+L_{22}U_{22}\end{bmatrix}$, 即有 A 的第 k 个顺序主子阵是 $L_{11}U_{11}$, 可逆.

充分性: 采用数学归纳法. 当 $n=1$ 时, 显然. 假设命题对 $n-1$ 阶方阵成立, 考虑 n 阶方阵 A, 条件已知其所有顺序主子阵可逆.

考虑分块矩阵 $A=\begin{bmatrix}A_1 & \boldsymbol{x}\\ \boldsymbol{y}^{\mathrm{T}} & a\end{bmatrix}$, 其中 A_1 是 $n-1$ 阶方阵, 且显然满足归纳假设, 因此有 LU 分解 $A_1=L_1U_1$, 而 L_1,U_1 可逆. 对分块矩阵消元, 有

$$
\begin{aligned}
A&=\begin{bmatrix}I_{n-1} & \mathbf{0}\\ \boldsymbol{y}^{\mathrm{T}}A_1^{-1} & 1\end{bmatrix}\begin{bmatrix}A_1 & \boldsymbol{x}\\ \mathbf{0}^{\mathrm{T}} & a-\boldsymbol{y}^{\mathrm{T}}A_1^{-1}\boldsymbol{x}\end{bmatrix}\\
&=\begin{bmatrix}I_{n-1} & \mathbf{0}\\ \boldsymbol{y}^{\mathrm{T}}A_1^{-1} & 1\end{bmatrix}\begin{bmatrix}L_1 & \mathbf{0}\\ \mathbf{0}^{\mathrm{T}} & 1\end{bmatrix}\begin{bmatrix}U_1 & L_1^{-1}\boldsymbol{x}\\ \mathbf{0}^{\mathrm{T}} & a-\boldsymbol{y}^{\mathrm{T}}A_1^{-1}\boldsymbol{x}\end{bmatrix}
\end{aligned}
$$

$$= \begin{bmatrix} L_1 & \mathbf{0} \\ \boldsymbol{y}^{\mathrm{T}}U_1^{-1} & 1 \end{bmatrix} \begin{bmatrix} U_1 & L_1^{-1}\boldsymbol{x} \\ \mathbf{0}^{\mathrm{T}} & a - \boldsymbol{y}^{\mathrm{T}}U_1^{-1}L_1^{-1}\boldsymbol{x} \end{bmatrix},$$

此即 A 的 LU 分解.

唯一性：设 $A = L_1U_1 = L_2U_2$. 由 A 可逆，L_1, L_2 可逆知，U_1, U_2 可逆. 因此 $L_2^{-1}L_1 = U_2U_1^{-1}$，而前者是单位上三角矩阵，后者是下三角矩阵，因此二者必为单位矩阵，即 $L_2^{-1}L_1 = U_2U_1^{-1} = I$，因此 $L_1 = L_2, U_1 = U_2$. □

例 1.7.4 从 a 个小球中选 b 个，有多少种选法？我们中学学过，这是组合数. 如果 $a \geqslant b \geqslant 0$，我们有公式 $\mathrm{C}_a^b = \dfrac{a!}{b!(a-b)!}$. 如果 $a < b$，我们定义 $\mathrm{C}_a^b = 0$.

考虑对称 **Pascal 矩阵** $A = \left[\mathrm{C}_{i+j-2}^{i-1}\right]_{n\times n}$，对其进行 LU 分解. 为简单起见，假设 $n = 4$，则 $A = \begin{bmatrix} 1 & 1 & 1 & 1 \\ 1 & 2 & 3 & 4 \\ 1 & 3 & 6 & 10 \\ 1 & 4 & 10 & 20 \end{bmatrix}$. 不难看出，该矩阵的每个元素都是它上边元素和左边元素的和.

计算可知，A 的 LU 分解为

$$A = LU = \begin{bmatrix} 1 & 0 & 0 & 0 \\ 1 & 1 & 0 & 0 \\ 1 & 2 & 1 & 0 \\ 1 & 3 & 3 & 1 \end{bmatrix} \begin{bmatrix} 1 & 1 & 1 & 1 \\ 0 & 1 & 2 & 3 \\ 0 & 0 & 1 & 3 \\ 0 & 0 & 0 & 1 \end{bmatrix}.$$

注意，$U = \left[\mathrm{C}_{j-1}^{i-1}\right]_{n\times n}$ 恰好是上三角 Pascal 矩阵，每个元素都是它左边元素和左上元素的和；而 $L = \left[\mathrm{C}_{i-1}^{j-1}\right]_{n\times n}$ 恰好是下三角 Pascal 矩阵，每个元素都是它上边元素和左上元素的和. 另外，还可以看到 $L = U^{\mathrm{T}}$.

如果直接计算矩阵乘积 LU，可以得到恒等式 $\mathrm{C}_{a+b}^t = \sum\limits_{k=0}^{t} \mathrm{C}_a^k \mathrm{C}_b^{t-k}$. 这个恒等式的意义是，先把 $a+b$ 个小球分成各有 a 个和 b 个的两组，然后从 $a+b$ 个小球中选 t 个的选法，就相当于从 a 个小球的组里面选 k 个，再从 b 个小球的组里面选 $t-k$ 个，在 k 取遍从 0 到 t 的自然数时的所有选法. ☺

LU 分解，就是 Gauss 消元法的简单表达.

可逆矩阵 A 存在 LU 分解，等价于对 A 用 Gauss 消元法把 A 化成阶梯形矩阵，累积的初等矩阵为 L^{-1}，而阶梯形矩阵为 $L^{-1}A$. 之后可以利用 Gauss-Jordan 消元法继续计算：把主元化成 1，这可以通过一系列倍乘行变换得到，记累积的初等矩阵为 D^{-1}，则此时的矩阵为 $D^{-1}L^{-1}A$；再用一系列倍加行变换把矩阵化成单位矩阵 I，记累积的初等矩阵为 U^{-1}，那么 $I = U^{-1}D^{-1}L^{-1}A$. 这给出了如下结论.

命题 1.7.5 (LDU 分解) 如果 n 阶可逆方阵 A 存在 LU 分解，那么存在 n 阶单位下三角矩阵 L，对角元素均不为 0 的 n 阶对角矩阵 D，和 n 阶单位上三角矩阵 U，使得 $A = LDU$，且该分解唯一.

证 只需证明唯一性.假设 $A = L_1D_1U_1 = L_2D_2U_2$.六个矩阵都可逆，因此 $L_2^{-1}L_1 = D_2U_2U_1^{-1}D_1^{-1}$，而前者是单位下三角矩阵，后者是上三角矩阵，因此二者必为单位矩阵.立得 $L_1 = L_2, D_2^{-1}D_1 = U_2U_1^{-1}$. 类似地，$D_1 = D_2, U_1 = U_2$. □

分解 $A = LDU$ 称为矩阵 A 的 **LDU 分解**. 注意，事实上，我们只需要计算出 L 和 D，就可以直接得到 U，而不是真需要通过一系列倍加行变换来得到 U.

推论 1.7.6 可逆对称矩阵 A，如果有 LDU 分解 $A = LDU$，则 $L = U^{\mathrm{T}}$.

证 由 A 对称，有 $LDU = A = A^{\mathrm{T}} = U^{\mathrm{T}}D^{\mathrm{T}}L^{\mathrm{T}}$. 注意到 $A = LDU = U^{\mathrm{T}}DL^{\mathrm{T}}$ 都是 A 的 LDU 分解，根据 LDU 分解的唯一性，$L = U^{\mathrm{T}}$. □

分解 $A = LDL^{\mathrm{T}}$ 称为对称矩阵 A 的 **LDL^{T} 分解**.

注意不是任意对称矩阵都有 LDL^{T} 分解.

我们已经看到，LU 分解可以用来把求解线性方程组 $A\boldsymbol{x} = \boldsymbol{b}$ 的过程简单地形式化.但是并非任意矩阵，也并非任意可逆矩阵都可以进行 LU 分解. 另一方面，我们又知道，任意可逆矩阵 A 通过初等行变换一定可以求出线性方程组 $A\boldsymbol{x} = \boldsymbol{b}$ 的解. 其中的差别就在于对换行变换的使用. 在解线性方程组时，我们知道使用对换行变换只与其出现的先后次序有关系，而与矩阵元素的值无关. 因此我们可以把解线性方程组的过程中使用的这一系列对换行变换率先施加在矩阵上，这样得到的矩阵就只需要倍加行变换就可以化成阶梯形矩阵了. 这给出了如下结论.

定理 1.7.7 (PLU 分解) 给定 n 阶可逆矩阵 A，则存在 n 阶置换矩阵 P，n 阶单位下三角矩阵 L，和对角元素不为 0 的上三角矩阵 U，使得 $A = PLU$. 特别地，下三角矩阵 L 可以选为所有元素的绝对值都不大于 1 的.

证 采用数学归纳法. 当 $n = 1$ 时，显然. 假设命题对 $n-1$ 阶可逆矩阵成立.

由 A 可逆，A 的第一列元素不能全为零，因此存在置换矩阵 P_1，使得 P_1A 的 $(1,1)$ 元非零，于是

$$P_1A = \begin{bmatrix} a & \boldsymbol{x}^{\mathrm{T}} \\ \boldsymbol{y} & A_2 \end{bmatrix} = \begin{bmatrix} 1 & \boldsymbol{0}^{\mathrm{T}} \\ a^{-1}\boldsymbol{y} & I_{n-1} \end{bmatrix} \begin{bmatrix} a & \boldsymbol{x}^{\mathrm{T}} \\ \boldsymbol{0} & A_2 - a^{-1}\boldsymbol{y}\boldsymbol{x}^{\mathrm{T}} \end{bmatrix}.$$

由 A 可逆且 $a \neq 0$，有 $A_2 - a^{-1}\boldsymbol{y}\boldsymbol{x}^{\mathrm{T}}$ 可逆. 利用归纳假设，$A_2 - a^{-1}\boldsymbol{y}\boldsymbol{x}^{\mathrm{T}} = P_2L_2U_2$. 因此

$$A = P_1^{-1} \begin{bmatrix} 1 & \boldsymbol{0}^{\mathrm{T}} \\ a^{-1}\boldsymbol{y} & I_{n-1} \end{bmatrix} \begin{bmatrix} a & \boldsymbol{x}^{\mathrm{T}} \\ \boldsymbol{0} & P_2L_2U_2 \end{bmatrix}$$

$$
\begin{aligned}
&= P_1^{-1}\begin{bmatrix} 1 & \mathbf{0}^{\mathrm{T}} \\ a^{-1}\boldsymbol{y} & I_{n-1} \end{bmatrix}\begin{bmatrix} 1 & \mathbf{0}^{\mathrm{T}} \\ \mathbf{0} & P_2 \end{bmatrix}\begin{bmatrix} 1 & \mathbf{0}^{\mathrm{T}} \\ \mathbf{0} & L_2 \end{bmatrix}\begin{bmatrix} a & \boldsymbol{x}^{\mathrm{T}} \\ \mathbf{0} & U_2 \end{bmatrix} \\
&= P_1^{-1}\begin{bmatrix} 1 & \mathbf{0}^{\mathrm{T}} \\ a^{-1}\boldsymbol{y} & P_2 \end{bmatrix}\begin{bmatrix} 1 & \mathbf{0}^{\mathrm{T}} \\ \mathbf{0} & L_2 \end{bmatrix}\begin{bmatrix} a & \boldsymbol{x}^{\mathrm{T}} \\ \mathbf{0} & U_2 \end{bmatrix} \\
&= P_1^{-1}\begin{bmatrix} 1 & \mathbf{0}^{\mathrm{T}} \\ \mathbf{0} & P_2 \end{bmatrix}\begin{bmatrix} 1 & \mathbf{0}^{\mathrm{T}} \\ a^{-1}P_2^{-1}\boldsymbol{y} & I_{n-1} \end{bmatrix}\begin{bmatrix} 1 & \mathbf{0}^{\mathrm{T}} \\ \mathbf{0} & L_2 \end{bmatrix}\begin{bmatrix} a & \boldsymbol{x}^{\mathrm{T}} \\ \mathbf{0} & U_2 \end{bmatrix} \\
&= P_1^{-1}\begin{bmatrix} 1 & \mathbf{0}^{\mathrm{T}} \\ \mathbf{0} & P_2 \end{bmatrix}\begin{bmatrix} 1 & \mathbf{0}^{\mathrm{T}} \\ a^{-1}P_2^{-1}\boldsymbol{y} & L_2 \end{bmatrix}\begin{bmatrix} a & \boldsymbol{x}^{\mathrm{T}} \\ \mathbf{0} & U_2 \end{bmatrix},
\end{aligned}
$$

其中 $P_1^{-1}\begin{bmatrix} 1 & \mathbf{0}^{\mathrm{T}} \\ \mathbf{0} & P_2 \end{bmatrix}$ 是置换矩阵，$\begin{bmatrix} 1 & \mathbf{0}^{\mathrm{T}} \\ a^{-1}P_2^{-1}\boldsymbol{y} & L_2 \end{bmatrix}$ 是单位下三角矩阵，$\begin{bmatrix} a & \boldsymbol{x}^{\mathrm{T}} \\ \mathbf{0} & U_2 \end{bmatrix}$ 是上三角矩阵.

特别地，如果每次选择 P_1 时，使得 P_1A 的 $(1,1)$ 元在第一列中最大，就可保证 L 的所有元素的绝对值都不大于 1，请读者自行验证. □

分解 $A = PLU$ 称为矩阵 A 的 **PLU 分解**.

我们把矩阵消元法写成了矩阵的 LU 分解或 PLU 分解，从而求解了线性方程组. 具体来说，给定条件合适的矩阵 A，线性方程组 $A\boldsymbol{x} = \boldsymbol{b}$ 的求解过程为：

1. 首先求出 A 的 LU 分解 $A = LU$；
2. 然后利用前代法求解下三角矩阵对应的线性方程组 $L\boldsymbol{y} = \boldsymbol{b}$；
3. 最后利用回代法求解上三角矩阵对应的线性方程组 $U\boldsymbol{x} = \boldsymbol{y}$.

对 n 阶方阵，上述算法所需要的四则运算的数目可以计算出来：

1. LU 分解需要做 $\dfrac{1}{3}(2n^3 - n)$ 次四则运算；
2. 前代法和回代法各需要 n^2 次四则运算.

因此，求解线性方程组 $A\boldsymbol{x} = \boldsymbol{b}$ 的计算量主要用来计算系数矩阵 A 的 LU 分解. 注意 LU 分解计算量近似与 n 的三次方成正比，因此，矩阵的阶数每次翻倍，对应 LU 分解的计算量将变为原来的 8 倍.

可以看到，LU 分解把矩阵化成两个简单矩阵的乘积. 求解 $A\boldsymbol{x} = \boldsymbol{b}$ 在得到 $A = LU$ 后，就变为了求解一个以上三角矩阵为系数矩阵的方程组和一个以下三角矩阵为系数矩阵的方程组，而这两个方程组的求解要简单得多.（当然得到 LU 分解并不简单.）因此，把矩阵化为一系列矩阵的乘积，可能会给解决问题带来很大便利，也利于分析矩阵的性质，例如通过 LU 分解，我们得到了求解系数矩阵是方阵的线性方程组所需计算量与矩阵阶数的关系.

考虑到矩阵和线性变换的关系，这一过程，就是把一个复杂的线性映射分解成一系列简单的线性映射的复合的过程；又考虑到线性变换和线性系统的关系，这一过程，也是把一个复杂的线性系统分解成一系列简单的线性系统的“串联”的过程.

一般来说，把矩阵化成一系列简单矩阵的运算结果的过程，称为矩阵分解. 我们也可以把矩阵化成若干矩阵的和. 例如，对任意方阵 A，都有 $A=\dfrac{A+A^{\mathrm{T}}}{2}+\dfrac{A-A^{\mathrm{T}}}{2}$，而 $\dfrac{A+A^{\mathrm{T}}}{2}$ 是对称矩阵，$\dfrac{A-A^{\mathrm{T}}}{2}$ 是反对称矩阵，这对我们把握 A 的某些性质有一定帮助.

例 1.7.8 回顾例 1.1.10 中的反射变换. 关于直线 $x_2\cos\theta-x_1\sin\theta=0$ 的反射变换 $\boldsymbol{H}_\theta$，其表示矩阵为 $\begin{bmatrix}\cos 2\theta & \sin 2\theta\\ \sin 2\theta & -\cos 2\theta\end{bmatrix}$. 为写出表示矩阵，我们曾考虑 $\boldsymbol{e}_1,\boldsymbol{e}_2$ 的像，这并不容易. 然而注意到反射变换的几何含义，$\boldsymbol{H}_\theta(\boldsymbol{x})$ 和 $\boldsymbol{x}$ 的关系是二者关于该直线对称，因此 $\boldsymbol{x}-\boldsymbol{H}_\theta(\boldsymbol{x})=2\boldsymbol{y}$，其中 $\boldsymbol{y}$ 是 $\boldsymbol{x}$ 在直线的法方向（就是与直线垂直的方向）的投影. 根据中学学习的平面向量的知识，我们知道 $\boldsymbol{y}=(\boldsymbol{v}^{\mathrm{T}}\boldsymbol{x})\boldsymbol{v}$，其中 $\boldsymbol{v}$ 是直线的单位法向量 $\begin{bmatrix}\sin\theta\\ -\cos\theta\end{bmatrix}$，因此 $\boldsymbol{H}_\theta(\boldsymbol{x})=\boldsymbol{x}-2\boldsymbol{v}\boldsymbol{v}^{\mathrm{T}}\boldsymbol{x}=(I_2-2\boldsymbol{v}\boldsymbol{v}^{\mathrm{T}})\boldsymbol{x}$，故反射变换的表示矩阵是 $I_2-2\boldsymbol{v}\boldsymbol{v}^{\mathrm{T}}$. 可以验证，这和前面含有三角函数的表示矩阵相等. 这个矩阵的优点在于我们不再需要三角函数的参与，因为法向量和单位法向量容易写出，具体说来，直线 $a_1x_1+a_2x_2=0$ 的法向量是 $\begin{bmatrix}a_1\\ a_2\end{bmatrix}$. ☺

习题

练习 1.7.1 求下列矩阵的 LU 分解，其中 L 为单位下三角矩阵：

1. $\begin{bmatrix}1&-1&0&0\\-1&2&-1&0\\0&-1&2&-1\\0&0&-1&2\end{bmatrix}$.
2. $\begin{bmatrix}1&1&1&1\\1&2&2&2\\1&2&3&3\\1&2&3&4\end{bmatrix}$.
3. $\begin{bmatrix}1&1&1&1\\1&2&2&2\\1&2&3&3\\1&2&3&5\end{bmatrix}$.
4. $\begin{bmatrix}1&1&1&1\\1&2&2&2\\1&2&3&3\\1&2&3&6\end{bmatrix}$.
5. $\begin{bmatrix}1&1&1&1\\1&2&2&2\\1&2&3&4\\1&2&3&4\end{bmatrix}$.
6. $\begin{bmatrix}1&5&5&5\\1&2&6&6\\1&2&3&7\\1&2&3&4\end{bmatrix}$.

注意观察，哪些 0 保留在了 L 中或者 U 中.

练习 1.7.2 利用行变换解下列线性方程组：

1. $\begin{bmatrix}1&5&5&5\\1&2&6&6\\1&2&3&7\\1&2&3&4\end{bmatrix}\boldsymbol{x}=\begin{bmatrix}34\\28\\23\\20\end{bmatrix}$.
2. $\begin{bmatrix}1&0&0&0\\1&1&0&0\\1&1&1&0\\1&1&1&1\end{bmatrix}\boldsymbol{y}=\begin{bmatrix}34\\28\\23\\20\end{bmatrix}$.

3. $\begin{bmatrix} 1 & 5 & 5 & 5 \\ 0 & -3 & 1 & 1 \\ 0 & 0 & -3 & 1 \\ 0 & 0 & 0 & -3 \end{bmatrix} \boldsymbol{x} = \boldsymbol{y}$，这里的 $\boldsymbol{y}$ 是上一问的解.

练习 1.7.3 设 n 阶方阵 $A = \begin{bmatrix} a_{11} & \boldsymbol{w}^{\mathrm{T}} \\ \boldsymbol{v} & B \end{bmatrix}$ 存在 LU 分解 $A = LU$，其中 $\boldsymbol{v} \neq \boldsymbol{0}$.

1. A 的左上角元素 a_{11} 是否非零?
2. 从上往下对 A 做行变换，将 $\boldsymbol{v}$ 变为 $\boldsymbol{0}$ 时，需要做多少次加法、乘法?
3. 再设 A 为对称矩阵. 此时 $\boldsymbol{v}$ 和 $\boldsymbol{w}$ 有什么关系? B 有什么性质?
4. 仍令 A 对称. 利用行变换将 $\boldsymbol{v}$ 变为 $\boldsymbol{0}$ 时，再利用对应的列变换将 $\boldsymbol{w}^{\mathrm{T}}$ 变为 $\boldsymbol{0}$，求证此时 B 变为对称矩阵. 此时需要做几次加法、乘法?

由此看到，对称矩阵 LU 分解的计算量可以节省一半.

练习 1.7.4 设 n 阶方阵

$$T = \begin{bmatrix} 1 & -1 & & & \\ -1 & 2 & -1 & & \\ & -1 & 2 & \ddots & \\ & & \ddots & \ddots & -1 \\ & & & -1 & 2 \end{bmatrix}.$$

利用初等变换证明，存在分解式 $T = LU$，其中 L 是下三角矩阵，U 是上三角矩阵. 据此求出 T^{-1}.

第 2 章 子空间和维数

2.1 基本概念

给定 $m \times n$ 矩阵 A，矩阵与列向量的乘法给出一个线性映射

$$\begin{aligned} \boldsymbol{A}: \quad \mathbb{R}^n &\rightarrow \mathbb{R}^m \\ \boldsymbol{x} &\mapsto A\boldsymbol{x}. \end{aligned}$$

考虑线性方程组 $\boldsymbol{A}(\boldsymbol{x}) = A\boldsymbol{x} = \boldsymbol{b}$ 的解是否存在或是否唯一，就是在考虑 $\boldsymbol{A}$ 是否为满射或者单射.

命题 2.1.1

1. 线性映射 $\boldsymbol{A}$ 是单射，当且仅当线性方程组 $A\boldsymbol{x} = \boldsymbol{0}_m$ 只有唯一解 $\boldsymbol{0}_n$；
2. 线性映射 $\boldsymbol{A}$ 是满射，当且仅当对任意 $\boldsymbol{b} \in \mathbb{R}^m$，线性方程组 $\boldsymbol{A}(\boldsymbol{x}) = A\boldsymbol{x} = \boldsymbol{b}$ 有解.

证 第 2 条根据定义显然. 第 1 条: 根据定义，$\boldsymbol{A}$ 是单射，当且仅当对任意 $\boldsymbol{x}_1 \neq \boldsymbol{x}_2$ 都有 $A\boldsymbol{x}_1 = \boldsymbol{A}(\boldsymbol{x}_1) \neq \boldsymbol{A}(\boldsymbol{x}_2) = A\boldsymbol{x}_2$，它的逆否命题是 $A\boldsymbol{x}_1 = A\boldsymbol{x}_2$ 给出 $\boldsymbol{x}_1 = \boldsymbol{x}_2$，这当且仅当 $A(\boldsymbol{x}_1 - \boldsymbol{x}_2) = \boldsymbol{0}$ 给出 $\boldsymbol{x}_1 - \boldsymbol{x}_2 = \boldsymbol{0}$，由此即得. □

判断 $\boldsymbol{A}$ 是否为满射，需要考虑映射 $\boldsymbol{A}$ 的像集，记为 $\mathcal{R}(A)$，即

$$\mathcal{R}(A) = \{\boldsymbol{b} \in \mathbb{R}^m \mid \exists\, \boldsymbol{x} \in \mathbb{R}^n, A\boldsymbol{x} = \boldsymbol{b}\} = \{A\boldsymbol{x} \mid \boldsymbol{x} \in \mathbb{R}^n\} \subseteq \mathbb{R}^m.$$

注意，对任意矩阵 A，$\boldsymbol{0}_m \in \mathcal{R}(A)$ 总成立.

判断 $\boldsymbol{A}$ 是否为单射，需要考虑像集 $\mathcal{R}(A)$ 中每个元素的原像. 先看 $\boldsymbol{0}_m \in \mathcal{R}(A) \subseteq \mathbb{R}^m$ 的原像，记为 $\mathcal{N}(A)$，即

$$\mathcal{N}(A) = \{\boldsymbol{x} \in \mathbb{R}^n \mid A\boldsymbol{x} = \boldsymbol{0}\} \subseteq \mathbb{R}^n.$$

注意，对任意矩阵 A，$\boldsymbol{0}_n \in \mathcal{N}(A)$ 总成立.

命题 2.1.2 对 $m \times n$ 矩阵 A，有:

1. 线性映射 $\boldsymbol{A}$ 是满射当且仅当 $\mathcal{R}(A) = \mathbb{R}^m$；
2. 线性映射 $\boldsymbol{A}$ 是单射当且仅当 $\mathcal{N}(A) = \{\boldsymbol{0}\}$.

证 命题 2.1.1. □

在判断 $\boldsymbol{A}$ 是否为单射时，只需考虑 $\mathbf{0}$ 的原像是否唯一，这是线性映射所具有的很特殊的性质.

例 2.1.3 设 $A=\begin{bmatrix}1&0&1\\0&1&1\\0&0&0\end{bmatrix}$, $\boldsymbol{A}\colon \mathbb{R}^3\to\mathbb{R}^3$，则

$$\begin{aligned}\mathcal{R}(A)&=\{A\boldsymbol{x}\mid \boldsymbol{x}\in\mathbb{R}^3\}\\&=\left\{x_1\begin{bmatrix}1\\0\\0\end{bmatrix}+x_2\begin{bmatrix}0\\1\\0\end{bmatrix}+x_3\begin{bmatrix}1\\1\\0\end{bmatrix}\,\middle|\, x_1,x_2,x_3\in\mathbb{R}\right\}=\left\{\begin{bmatrix}x_1\\x_2\\0\end{bmatrix}\,\middle|\, x_1,x_2\in\mathbb{R}\right\},\end{aligned}$$

它是陪域 $\mathbb{R}^3$ 中的整个 x_1x_2 平面；而

$$\mathcal{N}(A)=\{\boldsymbol{x}\in\mathbb{R}^3\mid A\boldsymbol{x}=\mathbf{0}\}=\left\{k\begin{bmatrix}-1\\-1\\1\end{bmatrix}\right\},$$

它是定义域 $\mathbb{R}^3$ 中过原点的一条直线. 映射 $\boldsymbol{A}$ 既不是单射，也不是满射. ☺

在例 2.1.3 中，x_1x_2 平面和过原点的直线有一个共同点：它们作为 $\mathbb{R}^3$ 的子集，对 $\mathbb{R}^3$ 上的线性运算封闭. 这引导我们作如下定义.

定义 2.1.4 (子空间) 设 $\mathcal{M}$ 是线性空间 $\mathbb{R}^m$ 的非空子集，如果对任意 $\boldsymbol{a},\boldsymbol{b}\in\mathcal{M}, k\in\mathbb{R}$，都满足如下两个条件：

1. $\boldsymbol{a}+\boldsymbol{b}\in\mathcal{M}$；
2. $k\boldsymbol{a}\in\mathcal{M}$；

则称 $\mathcal{M}$ 为 $\mathbb{R}^m$ 的一个 **(线性) 子空间**.

注意，定义 2.1.4 中的两个条件可以合并成一个条件：对任意 $\boldsymbol{a},\boldsymbol{b}\in\mathcal{M}, k,l\in\mathbb{R}$，都有 $k\boldsymbol{a}+l\boldsymbol{b}\in\mathcal{M}$.

特别地，$\mathbb{R}^m$ 有两个**平凡**子空间，即 $\{\mathbf{0}\}$ 和 $\mathbb{R}^m$ 自身. 直观来看，二者分别是“最小”和“最大”的子空间. 二者之外的子空间，称为**非平凡**子空间. 由于 $\mathbf{0}=0\boldsymbol{a}$，$\mathbb{R}^m$ 的**任意子空间都包含零向量**. 注意，空集**不是**子空间.

例 2.1.5 下面给出几个**不是**子空间的例子.

1. 平面 $\mathbb{R}^2$ 中的第一象限，其中的向量对加法封闭，对数乘不封闭.
2. 平面 $\mathbb{R}^2$ 中 x_1 轴和 x_2 轴的并集，对数乘封闭，但对加法不封闭.

3. 在 $\mathbb{R}^3$ 中，一个不经过原点的平面，例如 $x_1+x_2+x_3=1$，对加法和数乘都不封闭.
4. 在 $\mathbb{R}^3$ 中，锥面 $x_1^2+x_2^2=x_3^2$，对数乘封闭，但对加法不封闭. ☺

命题 2.1.6 给定 $m\times n$ 矩阵 A，则：

1. $\mathcal{R}(A)$ 是 $\mathbb{R}^m$ 的子空间，称为矩阵 A 的**列（向量）空间**；
2. $\mathcal{N}(A)$ 是 $\mathbb{R}^n$ 的子空间，称为矩阵 A 的**零空间**.

证 第 1 条：对任意 $\boldsymbol{b}_1,\boldsymbol{b}_2\in\mathcal{R}(A),k_1,k_2\in\mathbb{R}$，都存在 $\boldsymbol{x}_1,\boldsymbol{x}_2\in\mathbb{R}^n$，使得 $\boldsymbol{A}(\boldsymbol{x}_1)=\boldsymbol{b}_1,\boldsymbol{A}(\boldsymbol{x}_2)=\boldsymbol{b}_2$. 因此，$\boldsymbol{A}(k_1\boldsymbol{x}_1+k_2\boldsymbol{x}_2)=k_1\boldsymbol{b}_1+k_2\boldsymbol{b}_2$，即 $k_1\boldsymbol{b}_1+k_2\boldsymbol{b}_2\in\mathcal{R}(A)$.

第 2 条：对任意 $\boldsymbol{x}_1,\boldsymbol{x}_2\in\mathcal{N}(A),k_1,k_2\in\mathbb{R}$，则 $\boldsymbol{A}(k_1\boldsymbol{x}_1+k_2\boldsymbol{x}_2)=k_1\boldsymbol{A}(\boldsymbol{x}_1)+k_2\boldsymbol{A}(\boldsymbol{x}_2)=k_1\mathbf{0}+k_2\mathbf{0}=\mathbf{0}$，即 $k_1\boldsymbol{x}_1+k_2\boldsymbol{x}_2\in\mathcal{N}(A)$. □

由矩阵导出的子空间 $\mathcal{R}(A)$ 和 $\mathcal{N}(A)$ 是本章的主要研究对象.

先来看子空间 $\mathcal{R}(A)$，它称为矩阵 A 的列空间，其原因在于，对 $A=\begin{bmatrix}\boldsymbol{a}_1 & \boldsymbol{a}_2 & \cdots & \boldsymbol{a}_n\end{bmatrix}$，$\mathcal{R}(A)$ 中的任意元素 $A\boldsymbol{x}=x_1\boldsymbol{a}_1+x_2\boldsymbol{a}_2+\cdots+x_n\boldsymbol{a}_n$ 都是 A 的列向量组的线性组合（见定义 1.2.1）.

定义 2.1.7 (线性生成) 设 S：$\boldsymbol{a}_1,\boldsymbol{a}_2,\cdots,\boldsymbol{a}_n$ 是 $\mathbb{R}^m$ 中的向量组，其线性组合的全体构成 $\mathbb{R}^m$ 的一个子集，记作

$$\mathrm{span}(S)=\mathrm{span}(\boldsymbol{a}_1,\boldsymbol{a}_2,\cdots,\boldsymbol{a}_n):=\{k_1\boldsymbol{a}_1+k_2\boldsymbol{a}_2+\cdots+k_n\boldsymbol{a}_n \mid k_1,k_2,\cdots,k_n\in\mathbb{R}\},$$

称为由向量组 $\boldsymbol{a}_1,\boldsymbol{a}_2,\cdots,\boldsymbol{a}_n$ **（线性）生成**的子集，而 $\boldsymbol{a}_1,\boldsymbol{a}_2,\cdots,\boldsymbol{a}_n$ 称为该集合的一组**生成向量**.

命题 2.1.8 设 $A=\begin{bmatrix}\boldsymbol{a}_1 & \boldsymbol{a}_2 & \cdots & \boldsymbol{a}_n\end{bmatrix}$，则：

1. $\mathcal{R}(A)=\mathrm{span}(\boldsymbol{a}_1,\boldsymbol{a}_2,\cdots,\boldsymbol{a}_n)$.
2. 向量 $\boldsymbol{b}\in\mathcal{R}(A)$ 当且仅当它可以被 $\boldsymbol{a}_1,\boldsymbol{a}_2,\cdots,\boldsymbol{a}_n$ 线性表示，即当且仅当线性方程组 $A\boldsymbol{x}=\boldsymbol{b}$ 有解.

命题 2.1.9 设 S 是 $\mathbb{R}^m$ 中的向量组，则：

1. 子集 $\mathrm{span}(S)$ 是 $\mathbb{R}^m$ 的子空间.
2. 如果 S 中的向量都在 $\mathbb{R}^m$ 的某个子空间中，则 $\mathrm{span}(S)$ 中的向量也都在该子空间中.

证明留给读者.

再来看子空间 $\mathcal{N}(A)$，它称为齐次线性方程组 $A\boldsymbol{x}=\mathbf{0}$ 的**解空间**. 注意，对非齐次线性方程组 $A\boldsymbol{x}=\boldsymbol{b}$，其中 $\boldsymbol{b}\neq\mathbf{0}$，其解集**不是** $\mathbb{R}^n$ 的子空间，因为它不包含零向量.

对 $m\times n$ 矩阵 $A=\begin{bmatrix}\boldsymbol{a}_1 & \boldsymbol{a}_2 & \cdots & \boldsymbol{a}_n\end{bmatrix}$，子空间 $\mathcal{N}(A)$ 中的任意解 $\boldsymbol{x}$ 都给出了零向量的一个线性表示：$\mathbf{0}=x_1\boldsymbol{a}_1+x_2\boldsymbol{a}_2+\cdots+x_n\boldsymbol{a}_n$. 注意，零向量总有一个平凡的线性

表示：$\mathbf{0}=0\boldsymbol{a}_1+0\boldsymbol{a}_2+\cdots+0\boldsymbol{a}_n$. 我们考虑 $\mathcal{N}(A)=\{\mathbf{0}\}$ 的情形，有如下关于向量组的定义.

定义 2.1.10 (线性相关与线性无关) 给定 $\mathbb{R}^m$ 中的向量组 $\boldsymbol{a}_1,\boldsymbol{a}_2,\cdots,\boldsymbol{a}_n$，如果存在不全为零的一组数 $k_1,k_2,\cdots,k_n\in\mathbb{R}$，使得 $k_1\boldsymbol{a}_1+k_2\boldsymbol{a}_2+\cdots+k_n\boldsymbol{a}_n=\mathbf{0}$，则称向量组 $\boldsymbol{a}_1,\boldsymbol{a}_2,\cdots,\boldsymbol{a}_n$ **线性相关**.

否则，$k_1\boldsymbol{a}_1+k_2\boldsymbol{a}_2+\cdots+k_n\boldsymbol{a}_n=\mathbf{0}$ 一定给出 $k_1=k_2=\cdots=k_n=0$，此时称向量组 $\boldsymbol{a}_1,\boldsymbol{a}_2,\cdots,\boldsymbol{a}_n$ **线性无关**.

换言之，$\boldsymbol{a}_1,\boldsymbol{a}_2,\cdots,\boldsymbol{a}_n$ 线性无关等价于零向量有唯一的线性表示，即平凡的表示，也等价于齐次线性方程组 $A\boldsymbol{x}=\mathbf{0}$ 只有零解，其中 $A=\begin{bmatrix}\boldsymbol{a}_1 & \boldsymbol{a}_2 & \cdots & \boldsymbol{a}_n\end{bmatrix}$. 而 $\boldsymbol{a}_1,\boldsymbol{a}_2,\cdots,\boldsymbol{a}_n$ 线性相关等价于零向量的线性表示不唯一，也等价于齐次线性方程组 $A\boldsymbol{x}=\mathbf{0}$ 有非零解.

例 2.1.11

1. 平面 $\mathbb{R}^2$ 中的两个向量 $\boldsymbol{a},\boldsymbol{b}$ 线性相关当且仅当 $\boldsymbol{a},\boldsymbol{b}$ 共线；空间 $\mathbb{R}^3$ 中的三个向量 $\boldsymbol{a},\boldsymbol{b},\boldsymbol{c}$ 线性相关当且仅当 $\boldsymbol{a},\boldsymbol{b},\boldsymbol{c}$ 共面；
2. 向量组 $\boldsymbol{a}_1,k\boldsymbol{a}_1,\boldsymbol{a}_2$ 线性相关：$-k\boldsymbol{a}_1+1(k\boldsymbol{a}_1)+0\boldsymbol{a}_2=\mathbf{0}$；
3. 如果一个向量组包含零向量，则它一定线性相关：$0\boldsymbol{a}_1+\cdots+k\mathbf{0}+\cdots+0\boldsymbol{a}_s=\mathbf{0}$，其中 $k\neq 0$；
4. 如果 $\boldsymbol{a}_1,\boldsymbol{a}_2,\cdots,\boldsymbol{a}_n$ 线性无关，则它的任意部分组 $\boldsymbol{a}_{i_1},\boldsymbol{a}_{i_2},\cdots,\boldsymbol{a}_{i_r}$ 一定线性无关；反之，如果 $\boldsymbol{a}_1,\boldsymbol{a}_2,\cdots,\boldsymbol{a}_n$ 线性相关，则任意包含它的向量组[①] $\boldsymbol{a}_1,\boldsymbol{a}_2,\cdots,\boldsymbol{a}_n,\boldsymbol{a}_{n+1},\cdots,\boldsymbol{a}_{n+p}$ 一定线性相关. ☺

下面的例子说明了线性生成和线性无关（相关）这两个概念间的联系.

例 2.1.12 考虑平面 $\mathbb{R}^2$ 上的两个向量 $\boldsymbol{a},\boldsymbol{b}$，以及二阶方阵 $A=\begin{bmatrix}\boldsymbol{a} & \boldsymbol{b}\end{bmatrix}$，则 $\mathcal{R}(A)=\operatorname{span}(\boldsymbol{a},\boldsymbol{b})=\{k\boldsymbol{a}+l\boldsymbol{b}\mid k,l\in\mathbb{R}\}$ 有如下三种可能：

1. 若 $\boldsymbol{a},\boldsymbol{b}$ 线性无关，即不共线，则 $\operatorname{span}(\boldsymbol{a},\boldsymbol{b})$ 是整个平面；
2. 若 $\boldsymbol{a},\boldsymbol{b}$ 线性相关，即共线，且至少有一个不是零向量，则 $\operatorname{span}(\boldsymbol{a},\boldsymbol{b})$ 是一条过原点的直线；
3. 若 $\boldsymbol{a}=\boldsymbol{b}=\mathbf{0}$，则 $\operatorname{span}(\boldsymbol{a},\boldsymbol{b})$ 只包含原点一个点.

向量 $\boldsymbol{a},\boldsymbol{b}$ 线性无关，则 $\mathcal{N}(A)=\{\mathbf{0}\}$. 由定理 1.5.7 可知 A 可逆，且 $\mathcal{R}(A)=\mathbb{R}^2$.

当 $\boldsymbol{a},\boldsymbol{b}$ 线性相关，且至少有一个不是零向量时，假设 $A=\begin{bmatrix}a_1 & ka_1\\ a_2 & ka_2\end{bmatrix}$，$a_1,a_2$ 不全为零，则

$$\mathcal{R}(A)=\left\{c\begin{bmatrix}a_1\\ a_2\end{bmatrix}\,\middle|\, c\in\mathbb{R}\right\}=\operatorname{span}\left(\begin{bmatrix}a_1\\ a_2\end{bmatrix}\right),$$

① 可以称为扩充组.

$$\mathcal{N}(A) = \left\{ c \begin{bmatrix} k \\ -1 \end{bmatrix} \middle| c \in \mathbb{R} \right\} = \operatorname{span}\left(\begin{bmatrix} k \\ -1 \end{bmatrix} \right).$$

几何上看，两个子空间都是过原点的直线. ☺

同时考虑线性生成和线性无关的条件，我们得到如下关于子空间的重要定义.

定义 2.1.13 (子空间的基) 给定 $\mathbb{R}^m$ 的子空间 $\mathcal{M}$，若 $\mathcal{M}$ 中存在有限个向量 $\boldsymbol{a}_1, \boldsymbol{a}_2, \cdots, \boldsymbol{a}_n$ 满足：

1. $\mathcal{M}$ 中的任意向量都可以被该向量组线性表示，即 $\mathcal{M} = \operatorname{span}(\boldsymbol{a}_1, \boldsymbol{a}_2, \cdots, \boldsymbol{a}_n)$；
2. 该向量组线性无关；

则称向量组 $\boldsymbol{a}_1, \boldsymbol{a}_2, \cdots, \boldsymbol{a}_n$ 是子空间 $\mathcal{M}$ 的一组**基**.

首先考虑 $\mathcal{M} = \mathbb{R}^m$ 的情形. 例 2.1.12 说明，平面 $\mathbb{R}^2$ 中任意两个线性无关的向量都能够线性生成 $\mathbb{R}^2$，因此这两个向量是 $\mathbb{R}^2$ 的一组基. 而 $\mathbb{R}^2$ 中任意三个向量一定线性相关. 一般地，我们有如下的结论.

命题 2.1.14 线性空间 $\mathbb{R}^m$ 中，如果 $n > m$，则任意 n 个向量都线性相关.

证 考虑 $\mathbb{R}^m$ 中的向量组 $\boldsymbol{a}_1, \boldsymbol{a}_2, \cdots, \boldsymbol{a}_n$. 令 $A = \begin{bmatrix} \boldsymbol{a}_1 & \boldsymbol{a}_2 & \cdots & \boldsymbol{a}_n \end{bmatrix}$，则齐次线性方程组 $A\boldsymbol{x} = \boldsymbol{0}$ 有 m 个方程，n 个未知数，而未知数的个数大于方程的个数. 由命题 1.3.12 可知，该线性方程组一定有非零解，即 $\boldsymbol{a}_1, \boldsymbol{a}_2, \cdots, \boldsymbol{a}_n$ 线性相关. □

因此，$\mathbb{R}^m$ 的任意一组基不可能多于 m 个向量. 当恰好有 m 个向量时，我们有如下结果.

命题 2.1.15 设 m 阶方阵 $A = \begin{bmatrix} \boldsymbol{a}_1 & \boldsymbol{a}_2 & \cdots & \boldsymbol{a}_m \end{bmatrix}$，则 $\boldsymbol{a}_1, \boldsymbol{a}_2, \cdots, \boldsymbol{a}_m$ 是 $\mathbb{R}^m$ 的一组基当且仅当 A 可逆.

证 必要性：设 $\boldsymbol{a}_1, \boldsymbol{a}_2, \cdots, \boldsymbol{a}_m$ 是 $\mathbb{R}^m$ 的一组基，则向量组线性无关，即 $A\boldsymbol{x} = \boldsymbol{0}$ 只有零解. 由定理 1.5.7 可知 A 可逆.

充分性：设 A 可逆，根据定理 1.5.7，$A\boldsymbol{x} = \boldsymbol{0}$ 只有零解，而且 $A\boldsymbol{x} = \boldsymbol{b}$ 总有解. 前者说明 $\boldsymbol{a}_1, \boldsymbol{a}_2, \cdots, \boldsymbol{a}_m$ 线性无关，后者说明 $\operatorname{span}(\boldsymbol{a}_1, \boldsymbol{a}_2, \cdots, \boldsymbol{a}_m) = \mathbb{R}^m$，因此 $\boldsymbol{a}_1, \boldsymbol{a}_2, \cdots, \boldsymbol{a}_m$ 是 $\mathbb{R}^m$ 的一组基. □

特别地，标准坐标向量组 $\boldsymbol{e}_1, \boldsymbol{e}_2, \cdots, \boldsymbol{e}_m$ 是 $\mathbb{R}^m$ 的一组基，称为 $\mathbb{R}^m$ 的**标准基**.

我们再来看零向量表示法唯一和一般向量表示法唯一之间的关系.

命题 2.1.16 如果向量 $\boldsymbol{b}$ 可以被向量组 $\boldsymbol{a}_1, \boldsymbol{a}_2, \cdots, \boldsymbol{a}_n$ 线性表示，则其表示法唯一当且仅当向量组 $\boldsymbol{a}_1, \boldsymbol{a}_2, \cdots, \boldsymbol{a}_n$ 线性无关.

证 如果线性表示不唯一，设 $\boldsymbol{b}=k_1\boldsymbol{a}_1+k_2\boldsymbol{a}_2+\cdots+k_n\boldsymbol{a}_n=l_1\boldsymbol{a}_1+l_2\boldsymbol{a}_2+\cdots+l_n\boldsymbol{a}_n$，则 $(k_1-l_1)\boldsymbol{a}_1+(k_2-l_2)\boldsymbol{a}_2+\cdots+(k_n-l_n)\boldsymbol{a}_n=\boldsymbol{0}$. 由于两种表示法不相同，因此 k_i-l_i 不全为零，于是 $\boldsymbol{a}_1,\boldsymbol{a}_2,\cdots,\boldsymbol{a}_n$ 线性相关.

如果 $\boldsymbol{a}_1,\boldsymbol{a}_2,\cdots,\boldsymbol{a}_n$ 线性相关，即存在不全为零的数 $k_1,k_2,\cdots,k_n$，使得 $k_1\boldsymbol{a}_1+k_2\boldsymbol{a}_2+\cdots+k_n\boldsymbol{a}_n=\boldsymbol{0}$. 设 $\boldsymbol{b}=l_1\boldsymbol{a}_1+l_2\boldsymbol{a}_2+\cdots+l_n\boldsymbol{a}_n$ 是一种表示法，则 $\boldsymbol{b}=\boldsymbol{b}+\boldsymbol{0}=(l_1+k_1)\boldsymbol{a}_1+(l_2+k_2)\boldsymbol{a}_2+\cdots+(l_n+k_n)\boldsymbol{a}_n$ 是另一种不同的表示法. □

由此可以给出基的一个等价描述.

命题 2.1.17 给定 $\mathbb{R}^m$ 的子空间 $\mathcal{M}$，则 $\mathcal{M}$ 中的向量组 $\boldsymbol{a}_1,\boldsymbol{a}_2,\cdots,\boldsymbol{a}_n$ 是 $\mathcal{M}$ 的一组基，当且仅当该向量组满足：

1. $\mathcal{M}$ 中的任意向量都可以被 $\boldsymbol{a}_1,\boldsymbol{a}_2,\cdots,\boldsymbol{a}_n$ 线性表示，即 $\mathcal{M}=\operatorname{span}(\boldsymbol{a}_1,\boldsymbol{a}_2,\cdots,\boldsymbol{a}_n)$；
2. 而且表示法唯一.

例 2.1.18 (电路网络) 图 2.1.1 中的有向图 G 含有 4 个顶点 $v_j, j=1,2,3,4$ 和 5 条带方向的边 $e_i, i=1,2,\cdots,5$. 它可以描述一个电路网络：顶点 v_j 处的电势为 x_j，边 e_i 上有电阻，两端的电势差为 u_i.

矩阵 M_G 称为有向图 G 的**关联矩阵**：如果 v_j 是 e_i 的头，则 M_G 的 (i,j) 元是 1；如果 v_j 是 e_i 的尾，则 M_G 的 (i,j) 元是 -1；如果 v_j 不是 e_i 的端点，则 M_G 的 (i,j) 元是 0.

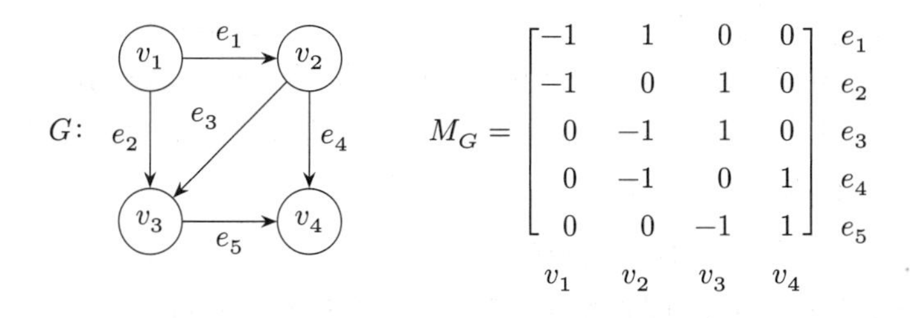

图 2.1.1 图 G 和它的关联矩阵 M_G

记电势向量为 $\boldsymbol{x}=\begin{bmatrix}x_1\\x_2\\x_3\\x_4\end{bmatrix}$，电势差向量为 $\boldsymbol{u}=\begin{bmatrix}u_1\\u_2\\u_3\\u_4\\u_5\end{bmatrix}$，则 $\boldsymbol{u}=M_G\boldsymbol{x}=\begin{bmatrix}x_2-x_1\\x_3-x_1\\x_3-x_2\\x_4-x_2\\x_4-x_3\end{bmatrix}$.

矩阵 M_G 诱导了线性映射 $\boldsymbol{M}_G\colon\mathbb{R}^4\to\mathbb{R}^5$，把电势向量映射到电势差向量. 下面考察 $\mathcal{N}(M_G),\mathcal{R}(M_G)$. 先看 $\mathcal{N}(M_G)$. 其中向量，就是使得任意边上电势差均为零的电势.

不难看出 $M_G\boldsymbol{x}=\mathbf{0}$ 当且仅当 $\boldsymbol{x}=k\mathbf{1}$，其中 $\mathbf{1}=\begin{bmatrix}1\\1\\1\\1\end{bmatrix}$，即电势差为零当且仅当各个点的电势都相等. 进一步地，对任意电势 $\boldsymbol{x}$，都有 $M_G\boldsymbol{x}=M_G(\boldsymbol{x}+k\mathbf{1})$. 这意味着，所有顶点的电势增加相同数值，不改变任意边上的电势差.

再看 $\mathcal{R}(M_G)$. 其中向量，就是能够实现[①]的电势差. 如果 $\boldsymbol{u}\in\mathcal{R}(M_G)$，那么必然存在电势 $\boldsymbol{x}$ 使得 $\boldsymbol{u}=M_G\boldsymbol{x}$. 容易验证

$$u_1-u_2+u_3=0,\quad u_3-u_4+u_5=0. \tag{2.1.1}$$

注意，e_1,e_2,e_3 或 e_3,e_4,e_5 都构成图 G 中的一个圈（不考虑方向）. 而 $\boldsymbol{u}$ 的元素之间满足的这种关系，实际代表着图 G 的圈中的边的电势差之和为 0，这在物理中称为 **Kirchhoff 电压定律**.

另一方面，假设 $\boldsymbol{u}$ 满足 (2.1.1) 式，那么令 v_1 处的电势为 0，则有 $\boldsymbol{x}=\begin{bmatrix}0\\u_1\\u_1+u_3\\u_1+u_3+u_5\end{bmatrix}$，于是 $M_G\boldsymbol{x}=\boldsymbol{u}$. 因此，$\boldsymbol{u}\in\mathcal{R}(M_G)$ 当且仅当它满足 Kirchhoff 电压定律. 换言之，任意满足 Kirchhoff 电压定律的电势差都可以实现. （e_1,e_2,e_5,e_4 也构成一个圈，对应的 Kirchhoff 电压定律如何解释?） ☺

例 2.1.18 中，易知 $\mathcal{N}(M_G)=\operatorname{span}(\mathbf{1})$，而 $\mathbf{1}$ 是 $\mathcal{N}(M_G)$ 的一组基；$\mathcal{R}(M_G)$ 是由 M_G 的列向量生成的子空间，其是否存在一组基? 如果存在，如何计算呢? 对一般的子空间，我们可以自然地提出两个问题:

1. $\mathbb{R}^m$ 的子空间是否总有一组基?
2. $\mathbb{R}^m$ 的子空间如果有不同的基，那么它们有什么共同点?

我们将在下节回答这些问题.

习题

练习 2.1.1 判断下列子集是否为 $\mathbb{R}^n$ 的子空间，其中的子空间是否可以写成由某个向量组线性生成的子空间；如果可以，写出一组基:

1. $\left\{\begin{bmatrix}a_1 & a_2 & \cdots & a_n\end{bmatrix}^{\mathrm{T}}\,\middle|\,\sum_{i=1}^n a_i=0\right\}$.
2. $\left\{\begin{bmatrix}a_1 & a_2 & \cdots & a_n\end{bmatrix}^{\mathrm{T}}\,\middle|\,\sum_{i=1}^n a_i=1\right\}$.
3. $\left\{\begin{bmatrix}a_1 & a_2 & \cdots & a_n\end{bmatrix}^{\mathrm{T}}\,\middle|\,\sum_{i=1}^n a_i^2=0\right\}$.
4. $\left\{\begin{bmatrix}a_1 & a_2 & \cdots & a_n\end{bmatrix}^{\mathrm{T}}\,\middle|\,a_1=a_2=0\right\}$.

① 所谓实现，就是能够实际出现.

5. $\left\{\begin{bmatrix}a_1 & a_2 & \cdots & a_n\end{bmatrix}^{\mathrm{T}} \,\middle|\, a_1 \geqslant 0\right\}$.

6. $\left\{\begin{bmatrix}a_1 & a_2 & \cdots & a_n\end{bmatrix}^{\mathrm{T}} \,\middle|\, a_1 = a_2 = \cdots = a_n\right\}$.

7. $\left\{\begin{bmatrix}a_1 & a_2 & \cdots & a_n\end{bmatrix}^{\mathrm{T}} \,\middle|\, a_1^2 = a_2^2 = \cdots = a_n^2\right\}$.

8. $\left\{\begin{bmatrix}a_1 & a_2 & a_3\end{bmatrix}^{\mathrm{T}} \,\middle|\, a_1a_2a_3 = 0\right\}$.

9. $\left\{\begin{bmatrix}a_1 & a_2 & a_3\end{bmatrix}^{\mathrm{T}} \,\middle|\, a_1 = a_2\right\}$.

10. $\left\{\begin{bmatrix}a_1 & a_2 & a_3\end{bmatrix}^{\mathrm{T}} \,\middle|\, a_1 \leqslant a_2 \leqslant a_3\right\}$.

11. $\left\{\begin{bmatrix}a_1 & a_2 & a_3 & a_4\end{bmatrix}^{\mathrm{T}} \,\middle|\, \begin{bmatrix}a_1 & a_2\\ a_3 & a_4\end{bmatrix}\text{是可逆矩阵}\right\}$.

12. $\left\{\begin{bmatrix}a_1 & a_2 & a_3 & a_4\end{bmatrix}^{\mathrm{T}} \,\middle|\, \begin{bmatrix}a_1 & a_2\\ a_3 & a_4\end{bmatrix}\text{是不可逆矩阵}\right\}$.

13. $\left\{\begin{bmatrix}a_1 & a_2 & a_3 & a_4\end{bmatrix}^{\mathrm{T}} \,\middle|\, \begin{bmatrix}a_1 & a_2\\ a_3 & a_4\end{bmatrix}\text{是对称矩阵}\right\}$.

14. $\left\{\begin{bmatrix}a_1 & a_2 & a_3 & a_4\end{bmatrix}^{\mathrm{T}} \,\middle|\, \begin{bmatrix}a_1 & a_2\\ a_3 & a_4\end{bmatrix}\text{是反对称矩阵}\right\}$.

练习 2.1.2 判断满足下列性质的 $\mathbb{R}^3$ 子集 $\mathcal{M}$ 是否存在. 若存在，进一步判断哪些是子空间:

1. $\mathcal{M}$ 含有 $\boldsymbol{e}_1, \boldsymbol{e}_2, \boldsymbol{e}_3$；对任意 $\boldsymbol{v}, \boldsymbol{w} \in \mathcal{M}$，都有 $\boldsymbol{v}+\boldsymbol{w} \in \mathcal{M}$；存在 $\boldsymbol{v} \in \mathcal{M}$，使得 $\frac{1}{2}\boldsymbol{v} \notin \mathcal{M}$.
2. $\mathcal{M}$ 含有所有形如 $\begin{bmatrix}\cos\theta\\ \sin\theta\\ 1\end{bmatrix}$ 的向量；对任意 $\boldsymbol{v} \in \mathcal{M}$，都有 $k\boldsymbol{v} \in \mathcal{M}$；存在 $\boldsymbol{v}, \boldsymbol{w} \in \mathcal{M}$，使得 $\boldsymbol{v}+\boldsymbol{w} \notin \mathcal{M}$.
3. $\mathcal{M}$ 含有 $\boldsymbol{e}_1, \boldsymbol{e}_2$ 但不含有 $\boldsymbol{e}_3$；对任意 $\boldsymbol{v}, \boldsymbol{w} \in \mathcal{M}, k \geqslant 0$，都有 $\boldsymbol{v}+\boldsymbol{w}, k\boldsymbol{v} \in \mathcal{M}$.

练习 2.1.3 证明命题 2.1.9.

练习 2.1.4 证明，$\mathcal{R}(O_{m\times n}) = \{\boldsymbol{0}\}, \mathcal{N}(O_{m\times n}) = \mathbb{R}^n$；如果 n 阶方阵 A 可逆，则 $\mathcal{R}(A) = \mathbb{R}^n$，$\mathcal{N}(A) = \{\boldsymbol{0}\}$.

练习 2.1.5 证明，对例 2.1.3 中的 $A = \begin{bmatrix}\boldsymbol{a}_1 & \boldsymbol{a}_2 & \boldsymbol{a}_3\end{bmatrix}$，这三个向量中的任意两个都可以作为 $\mathcal{R}(A)$ 的一组生成向量，但是，其中任意单个向量都不能生成 $\mathcal{R}(A)$.

练习 2.1.6 判断下列 A, B 是否具有相同的列空间、零空间，证明或举出反例:

1. A 为任意矩阵, B 分别为 $2A, \begin{bmatrix}A & A\end{bmatrix}, \begin{bmatrix}A & AC\end{bmatrix}, \begin{bmatrix}A\\ A\end{bmatrix}, \begin{bmatrix}A\\ CA\end{bmatrix}, \begin{bmatrix}A & A\\ O & A\end{bmatrix}, PA, AQ$, 其中 P, Q 可逆.
2. ☕ A 为 n 阶方阵，B 分别为 $A+I_n, A^2, A^{\mathrm{T}}$.

练习 2.1.7 设矩阵 A, B 具有相同的行数和列数，对下列判断证明或举出反例:

1. 如果 A, B 有相同的零空间，那么对任意向量 $\boldsymbol{b}$，$A\boldsymbol{x} = \boldsymbol{b}$ 与 $B\boldsymbol{x} = \boldsymbol{b}$ 一定同解.
2. 如果 A, B 有相同的列空间，那么对任意向量 $\boldsymbol{b}$，$A\boldsymbol{x} = \boldsymbol{b}$ 与 $B\boldsymbol{x} = \boldsymbol{b}$ 一定同解.
3. 如果 A, B 有相同的零空间和列空间，那么对任意向量 $\boldsymbol{b}$，$A\boldsymbol{x} = \boldsymbol{b}$ 与 $B\boldsymbol{x} = \boldsymbol{b}$ 一定同解.

练习 2.1.8 设 $A\boldsymbol{x} = \boldsymbol{b}$ 有解，证明:

1. $\mathcal{R}(A) = \mathcal{R}\left(\begin{bmatrix}A & \boldsymbol{b}\end{bmatrix}\right)$.
2. $\mathcal{N}(A^{\mathrm{T}}) = \mathcal{N}\left(\begin{bmatrix}A^{\mathrm{T}}\\ \boldsymbol{b}^{\mathrm{T}}\end{bmatrix}\right)$.

练习 2.1.9 把 $\mathbb{R}^4$ 中的向量 $\boldsymbol{b}$ 表示成 $\boldsymbol{a}_1,\boldsymbol{a}_2,\boldsymbol{a}_3,\boldsymbol{a}_4$ 的线性组合:

1. $\boldsymbol{a}_1=\begin{bmatrix}1\\1\\1\\1\end{bmatrix},\boldsymbol{a}_2=\begin{bmatrix}1\\1\\-1\\-1\end{bmatrix},\boldsymbol{a}_3=\begin{bmatrix}1\\-1\\1\\-1\end{bmatrix},\boldsymbol{a}_4=\begin{bmatrix}1\\-1\\-1\\1\end{bmatrix},\boldsymbol{b}=\begin{bmatrix}1\\2\\1\\1\end{bmatrix}.$

2. $\boldsymbol{a}_1=\begin{bmatrix}1\\1\\0\\1\end{bmatrix},\boldsymbol{a}_2=\begin{bmatrix}2\\1\\3\\1\end{bmatrix},\boldsymbol{a}_3=\begin{bmatrix}1\\1\\0\\0\end{bmatrix},\boldsymbol{a}_4=\begin{bmatrix}0\\1\\-1\\-1\end{bmatrix},\boldsymbol{b}=\begin{bmatrix}0\\0\\0\\1\end{bmatrix}.$

练习 2.1.10 判断下列向量组是否线性相关:

1. $\boldsymbol{a}_1=\begin{bmatrix}1\\-2\\3\\4\end{bmatrix},\boldsymbol{a}_2=\begin{bmatrix}0\\1\\-1\\1\end{bmatrix},\boldsymbol{a}_3=\begin{bmatrix}1\\3\\0\\1\end{bmatrix},\boldsymbol{a}_4=\begin{bmatrix}0\\-7\\3\\1\end{bmatrix}.$

2. $\boldsymbol{a}_1=\begin{bmatrix}1\\-1\\0\\0\\0\end{bmatrix},\boldsymbol{a}_2=\begin{bmatrix}0\\1\\-1\\0\\0\end{bmatrix},\boldsymbol{a}_3=\begin{bmatrix}0\\0\\1\\-1\\0\end{bmatrix},\boldsymbol{a}_4=\begin{bmatrix}0\\0\\0\\1\\-1\end{bmatrix},\boldsymbol{a}_5=\begin{bmatrix}1\\0\\0\\0\\-1\end{bmatrix}.$

练习 2.1.11 如果向量组 $\boldsymbol{a},\boldsymbol{b},\boldsymbol{c}$ 中的任何两个都线性无关，该向量组是否一定线性无关?

练习 2.1.12 设 $\mathbb{R}^n$ 中向量 $\boldsymbol{a}_1,\boldsymbol{a}_2,\boldsymbol{a}_3$ 满足 $k_1\boldsymbol{a}_1+k_2\boldsymbol{a}_2+k_3\boldsymbol{a}_3=\mathbf{0}$，其中 $k_1k_2\neq 0$. 求证:

$$\operatorname{span}(\boldsymbol{a}_1,\boldsymbol{a}_3)=\operatorname{span}(\boldsymbol{a}_2,\boldsymbol{a}_3).$$

练习 2.1.13 设向量组 $\boldsymbol{a}_1,\boldsymbol{a}_2,\cdots,\boldsymbol{a}_s$ 线性无关，证明向量组 $\boldsymbol{a}_1,\boldsymbol{a}_1+\boldsymbol{a}_2,\cdots,\boldsymbol{a}_1+\boldsymbol{a}_2+\cdots+\boldsymbol{a}_s$ 线性无关.

练习 2.1.14 设 $\mathbb{R}^n$ 中向量组 $\boldsymbol{a}_1,\boldsymbol{a}_2,\cdots,\boldsymbol{a}_s$ 线性无关，A 是 n 阶可逆矩阵，求证: $A\boldsymbol{a}_1,A\boldsymbol{a}_2,\cdots,A\boldsymbol{a}_s$ 线性无关.

注意: 上题其实是本题的特殊情形. 另外，假设 $\boldsymbol{A}$ 是单射，是否已经足够?

练习 2.1.15 证明: 一个线性无关向量组的任意部分组也线性无关; 如果向量组有一个部分组线性相关，则该向量组也线性相关.

练习 2.1.16 证明: 一个向量组线性相关当且仅当其中有一个向量可以被其他向量线性表示.

练习 2.1.17 给定 $\mathbb{R}^m$ 中向量组 $\boldsymbol{a}_1,\boldsymbol{a}_2,\cdots,\boldsymbol{a}_n$，从每个向量中去掉第 $i_1,i_2,\cdots,i_s$ 个分量，得到 $\mathbb{R}^{m-s}$ 中向量组 $\boldsymbol{a}'_1,\boldsymbol{a}'_2,\cdots,\boldsymbol{a}'_n$. 证明:

1. 如果 $\boldsymbol{a}_1,\boldsymbol{a}_2,\cdots,\boldsymbol{a}_n$ 线性相关，则 $\boldsymbol{a}'_1,\boldsymbol{a}'_2,\cdots,\boldsymbol{a}'_n$ 线性相关.

   注意: 有追求的读者可以尝试这种线性代数味道更浓的证明方法: 可否找到一个矩阵 A，把每个 $\boldsymbol{a}_k$ 变成 $\boldsymbol{a}'_k$，$k=1,2,\cdots,n$?

2. 如果 $\boldsymbol{a}_1',\boldsymbol{a}_2',\cdots,\boldsymbol{a}_n'$ 线性无关，则 $\boldsymbol{a}_1,\boldsymbol{a}_2,\cdots,\boldsymbol{a}_n$ 线性无关.

练习 2.1.18 证明，对任意 $\mathbb{R}^m$ 的非平凡子空间 $\mathcal{M},\mathcal{N}$，都有 $\mathcal{M}\cup\mathcal{N}\neq\mathbb{R}^m$.

练习 2.1.19 (子空间的和) 设 $\mathcal{M},\mathcal{N}$ 是 $\mathbb{R}^m$ 的两个子空间，定义集合：

$$\mathcal{M}+\mathcal{N}:=\{\boldsymbol{m}+\boldsymbol{n}\mid\boldsymbol{m}\in\mathcal{M},\boldsymbol{n}\in\mathcal{N}\}.$$

证明：

1. 集合 $\mathcal{M}+\mathcal{N}$ 是 $\mathbb{R}^m$ 的子空间，称为子空间 $\mathcal{M}$ 与 $\mathcal{N}$ 的**和**.
2. 交集 $\mathcal{M}\cap\mathcal{N}$ 是 $\mathbb{R}^m$ 的子空间，称为子空间 $\mathcal{M}$ 与 $\mathcal{N}$ 的**交**.
3. 集合的交与并满足 $(S_1\cup S_2)\cap S_3=(S_1\cap S_3)\cup(S_2\cap S_3)$. 证明或举出反例：子空间的交与和满足 $(\mathcal{M}+\mathcal{N})\cap\mathcal{W}=(\mathcal{M}\cap\mathcal{W})+(\mathcal{N}\cap\mathcal{W})$.
4. 集合的交与并满足 $(S_1\cap S_2)\cup S_3=(S_1\cup S_3)\cap(S_2\cup S_3)$. 证明或举出反例：子空间的交与和满足 $(\mathcal{M}\cap\mathcal{N})+\mathcal{W}=(\mathcal{M}+\mathcal{W})\cap(\mathcal{N}+\mathcal{W})$.

练习 2.1.20 设 $\mathbb{R}^m$ 中子空间 $\mathcal{M}=\operatorname{span}(\boldsymbol{a}_1,\boldsymbol{a}_2,\cdots,\boldsymbol{a}_s),\mathcal{N}=\operatorname{span}(\boldsymbol{b}_1,\boldsymbol{b}_2,\cdots,\boldsymbol{b}_t)$，证明：

$$\mathcal{M}+\mathcal{N}=\operatorname{span}(\boldsymbol{a}_1,\boldsymbol{a}_2,\cdots,\boldsymbol{a}_s,\boldsymbol{b}_1,\boldsymbol{b}_2,\cdots,\boldsymbol{b}_t).$$

练习 2.1.21

1. 给定 $m\times n,m\times s$ 矩阵 A,B，证明：$\mathcal{R}(A)+\mathcal{R}(B)=\mathcal{R}(C)$，其中 $C=\begin{bmatrix}A & B\end{bmatrix}$.
2. 给定 $m\times n,l\times n$ 矩阵 A,B，证明：$\mathcal{N}(A)\cap\mathcal{N}(B)=\mathcal{N}(D)$，其中 $D=\begin{bmatrix}A\\ B\end{bmatrix}$.

练习 2.1.22 (Kirchhoff 电压定律) ☕☕ 对图 2.1.2 中的电路网络，令 M_G 为对应的关联矩阵. 根据 Kirchhoff 电压定律，找出一个线性方程组，其解集恰为 $\mathcal{R}(M_G)$. 要求用尽量少的方程 (但不需要写出证明).

提示：对于最后一个图，它有 10 条边，5 个点，因此 M_G 是 10×5 的矩阵. 由于 $\mathcal{N}(M_G)$ 是 1 维的 (所有点电势相等的情况)，因此 $\mathcal{R}(M_G)$ 是几维的？至少需要几个等式才能确定？

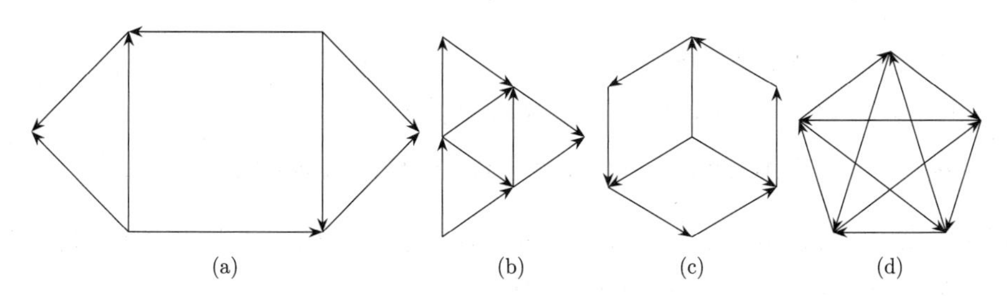

图 2.1.2 Kirchhoff 定律的练习

练习 2.1.23 (电路网络拓展) 设图 2.1.1 中的电路网络的关联矩阵是 M_G，定义图的 Laplace 矩阵 $L_G=M_G^{\mathrm{T}}M_G$.

注意：这类 Laplace 矩阵与图上的随机游走等问题密切相关.

1. 矩阵 L_G 的元素有什么意义？

2. 求子空间 $\mathcal{N}(L_G)$ 的一组生成向量.
3. 求子空间 $\mathcal{R}(L_G)$ 的一组生成向量，要求其中每个向量至少有两个分量为零.
4. 任取向量 $\boldsymbol{v} \in \mathcal{N}(L_G), \boldsymbol{w} \in \mathcal{R}(L_G)$，$\boldsymbol{v}^{\mathrm{T}}\boldsymbol{w}$ 可能取哪些值?
5. 求线性方程组，其解集恰好是 $\mathcal{R}(L_G)$.

练习 2.1.24 以下哪些向量组是矩阵 $\begin{bmatrix} 1 & 1 & 1 & 1 \\ 1 & 2 & 3 & 4 \\ 4 & 3 & 2 & 1 \end{bmatrix}$ 的零空间的基?

1. $\begin{bmatrix} 1 \\ -1 \\ -1 \\ 1 \end{bmatrix}$.
2. $\begin{bmatrix} 1 \\ -1 \\ -1 \\ 1 \end{bmatrix}, \begin{bmatrix} 1 \\ 0 \\ -3 \\ 2 \end{bmatrix}$.
3. $\begin{bmatrix} 1 \\ -2 \\ 1 \\ 0 \end{bmatrix}, \begin{bmatrix} 0 \\ 1 \\ -2 \\ 1 \end{bmatrix}$.
4. $\begin{bmatrix} 1 \\ -1 \\ -1 \\ 1 \end{bmatrix}, \begin{bmatrix} 1 \\ -2 \\ 1 \\ 0 \end{bmatrix}, \begin{bmatrix} -1 \\ 2 \\ -1 \\ 0 \end{bmatrix}$.
5. $\begin{bmatrix} 1 \\ -1 \\ 0 \\ 0 \end{bmatrix}, \begin{bmatrix} 0 \\ 1 \\ -1 \\ 0 \end{bmatrix}, \begin{bmatrix} 0 \\ 0 \\ 1 \\ -1 \end{bmatrix}$.

2.2 基和维数

2.2.1 向量的线性关系

子空间是否存在基? 我们先来讨论矩阵的列空间 $\mathcal{R}(A) = \operatorname{span}(\boldsymbol{a}_1, \boldsymbol{a}_2, \cdots, \boldsymbol{a}_n)$. 一个自然的想法是，试图从生成向量组 $\boldsymbol{a}_1, \boldsymbol{a}_2, \cdots, \boldsymbol{a}_n$ 中得到一组基.

设 S, T 是 $\mathbb{R}^m$ 中的两个向量组，如果 S 中的每一个向量都可以被 T 线性表示，则称向量组 S 可以被 T **线性表示**.

定义 2.2.1 (极大线性无关部分组) 给定 $\mathbb{R}^m$ 中的向量组 $\boldsymbol{a}_1, \boldsymbol{a}_2, \cdots, \boldsymbol{a}_n$，设它的一个部分组是 $\boldsymbol{a}_{i_1}, \boldsymbol{a}_{i_2}, \cdots, \boldsymbol{a}_{i_r}$，如果满足:

1. $\boldsymbol{a}_{i_1}, \boldsymbol{a}_{i_2}, \cdots, \boldsymbol{a}_{i_r}$ 线性无关;
2. $\boldsymbol{a}_1, \boldsymbol{a}_2, \cdots, \boldsymbol{a}_n$ 可以被 $\boldsymbol{a}_{i_1}, \boldsymbol{a}_{i_2}, \cdots, \boldsymbol{a}_{i_r}$ 线性表示;

则称 $\boldsymbol{a}_{i_1}, \boldsymbol{a}_{i_2}, \cdots, \boldsymbol{a}_{i_r}$ 是 $\boldsymbol{a}_1, \boldsymbol{a}_2, \cdots, \boldsymbol{a}_n$ 的一个**极大线性无关部分组**.

容易看出，部分组 $\boldsymbol{a}_{i_1}, \boldsymbol{a}_{i_2}, \cdots, \boldsymbol{a}_{i_r}$ 是 $\boldsymbol{a}_1, \boldsymbol{a}_2, \cdots, \boldsymbol{a}_n$ 的极大线性无关部分组，当且仅当该部分组是 $\operatorname{span}(\boldsymbol{a}_1, \boldsymbol{a}_2, \cdots, \boldsymbol{a}_n)$ 的一组基.

例 2.2.2 求向量组 S: $\boldsymbol{a}_1 = \begin{bmatrix} 1 \\ -1 \\ 0 \end{bmatrix}, \boldsymbol{a}_2 = \begin{bmatrix} 1 \\ 0 \\ -1 \end{bmatrix}, \boldsymbol{a}_3 = \begin{bmatrix} 0 \\ 1 \\ -1 \end{bmatrix}$ 的极大线性无关部分组. 依次考察 $\boldsymbol{a}_1, \boldsymbol{a}_2, \boldsymbol{a}_3$: $\boldsymbol{a}_1 \neq \boldsymbol{0}$，因此 $\boldsymbol{a}_1$ 线性无关；添加 $\boldsymbol{a}_2$，它不能被 $\boldsymbol{a}_1$ 线性表示，而且向量组 $\boldsymbol{a}_1, \boldsymbol{a}_2$ 线性无关；再考虑 $\boldsymbol{a}_3$，$\boldsymbol{a}_3 = -\boldsymbol{a}_1 + \boldsymbol{a}_2$，能被 $\boldsymbol{a}_1, \boldsymbol{a}_2$ 线性表示，而且

$\boldsymbol{a}_1-\boldsymbol{a}_2+\boldsymbol{a}_3=\mathbf{0}$，即 $\boldsymbol{a}_1,\boldsymbol{a}_2,\boldsymbol{a}_3$ 线性相关. 向量组 $\boldsymbol{a}_1,\boldsymbol{a}_2$ 线性无关，且可以线性表示 $\boldsymbol{a}_1,\boldsymbol{a}_2,\boldsymbol{a}_3$，因此是 S 的一个极大线性无关部分组.

这种通过依次判断向量组是否线性无关得到极大线性无关部分组的方法称为“筛选法”. 对 $\boldsymbol{a}_1,\boldsymbol{a}_3,\boldsymbol{a}_2$ 运用筛选法，可得 $\boldsymbol{a}_1,\boldsymbol{a}_3$ 是极大线性无关部分组. 事实上，S 中的任意两个向量构成的部分组都是一个极大线性无关部分组. ☺

从例 2.2.2 可以看出，理解线性相关（无关）与线性表示的关系对于寻找极大线性无关部分组十分重要.

命题 2.2.3 如果向量组 $\boldsymbol{a}_1,\boldsymbol{a}_2,\cdots,\boldsymbol{a}_n$ 线性无关，那么对任意向量 $\boldsymbol{b}$，有：

1. $\boldsymbol{b}$ 可以被向量组 $\boldsymbol{a}_1,\boldsymbol{a}_2,\cdots,\boldsymbol{a}_n$ 线性表示，当且仅当向量组 $\boldsymbol{a}_1,\boldsymbol{a}_2,\cdots,\boldsymbol{a}_n,\boldsymbol{b}$ 线性相关；
2. $\boldsymbol{a}_1,\boldsymbol{a}_2,\cdots,\boldsymbol{a}_n,\boldsymbol{b}$ 线性无关，当且仅当 $\boldsymbol{b}$ 不能被向量组 $\boldsymbol{a}_1,\boldsymbol{a}_2,\cdots,\boldsymbol{a}_n$ 线性表示.

证 只证第 1 条，因为第 2 条是第 1 条的逆否命题.

必要性：设 $\boldsymbol{b}=k_1\boldsymbol{a}_1+k_2\boldsymbol{a}_2+\cdots+k_n\boldsymbol{a}_n$，则 $k_1\boldsymbol{a}_1+k_2\boldsymbol{a}_2+\cdots+k_n\boldsymbol{a}_n+(-1)\boldsymbol{b}=\mathbf{0}$，系数不全为零. 根据定义，$\boldsymbol{a}_1,\boldsymbol{a}_2,\cdots,\boldsymbol{a}_n,\boldsymbol{b}$ 线性相关.

充分性：由线性相关的定义，存在不全为零的系数 $k_1,k_2,\cdots,k_n,k$，使得 $k_1\boldsymbol{a}_1+k_2\boldsymbol{a}_2+\cdots+k_n\boldsymbol{a}_n+k\boldsymbol{b}=\mathbf{0}$. 先证明 $k\neq 0$. 事实上，若 $k=0$，则 $k_1\boldsymbol{a}_1+k_2\boldsymbol{a}_2+\cdots+k_n\boldsymbol{a}_n=\mathbf{0}$. 由 $\boldsymbol{a}_1,\boldsymbol{a}_2,\cdots,\boldsymbol{a}_n$ 线性无关可知，$k_1=k_2=\cdots=k_n=0$. 因此 $k_1=k_2=\cdots=k_n=k=0$，矛盾. 因此 $k\neq 0$. 于是 $\boldsymbol{b}=(-\frac{k_1}{k})\boldsymbol{a}_1+(-\frac{k_2}{k})\boldsymbol{a}_2+\cdots+(-\frac{k_n}{k})\boldsymbol{a}_n$，即 $\boldsymbol{b}$ 可以被向量组 $\boldsymbol{a}_1,\boldsymbol{a}_2,\cdots,\boldsymbol{a}_n$ 线性表示. □

下面我们就可以利用“筛选法”得到极大线性无关部分组了.

命题 2.2.4 任意有限个不全为零的向量组成的向量组 $\boldsymbol{a}_1,\boldsymbol{a}_2,\cdots,\boldsymbol{a}_n$ 都存在极大线性无关部分组.

证 利用筛选法构造出一个极大线性无关部分组. 首先观察 $\boldsymbol{a}_1$，如果 $\boldsymbol{a}_1=\mathbf{0}$，则去掉；否则保留. 不妨设 $\boldsymbol{a}_1\neq 0$. 然后观察 $\boldsymbol{a}_2$，如果它可以被前一步得到的向量组 $\boldsymbol{a}_1$ 线性表示，根据命题 2.2.3，当前向量组 $\boldsymbol{a}_1,\boldsymbol{a}_2$ 线性相关，则去掉 $\boldsymbol{a}_2$；否则保留，得到的向量组 $\boldsymbol{a}_1,\boldsymbol{a}_2$ 线性无关. 类似地逐个考察每个向量，如果某个向量可以被前一步得到的向量组线性表示，则去掉；否则保留. 考察完所有 n 个向量后，得到的部分组就线性无关，且能线性表示原向量组中的所有向量. □

命题 2.2.3 是筛选法的关键. 它表明，在新的向量不能被已经得到的线性无关的部分组线性表示时，添加它得到的新的部分组仍旧线性无关. 对向量组中的向量按顺序逐个筛选而得到的部分组，既能线性表示所有的向量，又线性无关，因此是一个极大线性无关部分组.

例 2.2.2 还说明了向量组可以有不止一个极大线性无关部分组. 不同的极大线性无关部分组之间有何关系? 首先, 任意极大线性无关部分组都可以线性表示原向量组. 由此, 我们先来具体讨论向量组之间线性表示的关系.

命题 2.2.5　设 S: $\boldsymbol{a}_1,\boldsymbol{a}_2,\cdots,\boldsymbol{a}_n$; T: $\boldsymbol{b}_1,\boldsymbol{b}_2,\cdots,\boldsymbol{b}_p$ 是 $\mathbb{R}^m$ 中的两个向量组, 以下叙述等价:

1. S 可以被 T 线性表示;
2. 存在 $p\times n$ 矩阵 U 满足 $\begin{bmatrix}\boldsymbol{a}_1 & \boldsymbol{a}_2 & \cdots & \boldsymbol{a}_n\end{bmatrix}=\begin{bmatrix}\boldsymbol{b}_1 & \boldsymbol{b}_2 & \cdots & \boldsymbol{b}_p\end{bmatrix}U$;
3. 线性生成的子空间满足 $\operatorname{span}(\boldsymbol{a}_1,\boldsymbol{a}_2,\cdots,\boldsymbol{a}_n)\subseteq\operatorname{span}(\boldsymbol{b}_1,\boldsymbol{b}_2,\cdots,\boldsymbol{b}_p)$.

证　采用轮转证法.

$1\Rightarrow 2$: 对任意 $j\in\{1,2,\cdots,n\}$, 设 $\boldsymbol{a}_j=u_{1j}\boldsymbol{b}_1+u_{2j}\boldsymbol{b}_2+\cdots+u_{pj}\boldsymbol{b}_p$. 令 $U=\begin{bmatrix}u_{ij}\end{bmatrix}_{p\times n}$, 由矩阵乘法的定义可得 $\begin{bmatrix}\boldsymbol{a}_1 & \boldsymbol{a}_2 & \cdots & \boldsymbol{a}_n\end{bmatrix}=\begin{bmatrix}\boldsymbol{b}_1 & \boldsymbol{b}_2 & \cdots & \boldsymbol{b}_p\end{bmatrix}U$.

$2\Rightarrow 3$: 对任意 $\boldsymbol{c}\in\operatorname{span}(\boldsymbol{a}_1,\boldsymbol{a}_2,\cdots,\boldsymbol{a}_n)$, 都存在 $\boldsymbol{x}\in\mathbb{R}^n$ 使得 $\boldsymbol{c}=\begin{bmatrix}\boldsymbol{a}_1 & \boldsymbol{a}_2 & \cdots & \boldsymbol{a}_n\end{bmatrix}\boldsymbol{x}$. 由矩阵乘法的结合律可得

$$\boldsymbol{c}=\left(\begin{bmatrix}\boldsymbol{b}_1 & \boldsymbol{b}_2 & \cdots & \boldsymbol{b}_p\end{bmatrix}U\right)\boldsymbol{x}=\begin{bmatrix}\boldsymbol{b}_1 & \boldsymbol{b}_2 & \cdots & \boldsymbol{b}_p\end{bmatrix}(U\boldsymbol{x})\in\operatorname{span}(\boldsymbol{b}_1,\boldsymbol{b}_2,\cdots,\boldsymbol{b}_p).$$

$3\Rightarrow 1$: 对任意 $j\in\{1,2,\cdots,n\}$, 都有 $\boldsymbol{a}_j\in\operatorname{span}(\boldsymbol{b}_1,\boldsymbol{b}_2,\cdots,\boldsymbol{b}_p)$, 即 $\boldsymbol{a}_j$ 可由 $\boldsymbol{b}_1,\boldsymbol{b}_2,\cdots,\boldsymbol{b}_p$ 线性表示. □

由此易得如下结论.

命题 2.2.6　给定 $\mathbb{R}^m$ 中的三个向量组 S: $\boldsymbol{a}_1,\boldsymbol{a}_2,\cdots,\boldsymbol{a}_n$; T: $\boldsymbol{b}_1,\boldsymbol{b}_2,\cdots,\boldsymbol{b}_p$; R: $\boldsymbol{c}_1,\boldsymbol{c}_2,\cdots,\boldsymbol{c}_q$. 若向量组 S 可以被 T 线性表示, T 可以被 R 线性表示, 则 S 可以被 R 线性表示. 这称为向量组之间线性表示的传递性.

证　根据命题 2.2.5, 存在矩阵 U,V, 满足

$$\begin{bmatrix}\boldsymbol{a}_1 & \boldsymbol{a}_2 & \cdots & \boldsymbol{a}_n\end{bmatrix}=\begin{bmatrix}\boldsymbol{b}_1 & \boldsymbol{b}_2 & \cdots & \boldsymbol{b}_p\end{bmatrix}U,\quad \begin{bmatrix}\boldsymbol{b}_1 & \boldsymbol{b}_2 & \cdots & \boldsymbol{b}_p\end{bmatrix}=\begin{bmatrix}\boldsymbol{c}_1 & \boldsymbol{c}_2 & \cdots & \boldsymbol{c}_q\end{bmatrix}V.$$

因此, $\begin{bmatrix}\boldsymbol{a}_1 & \boldsymbol{a}_2 & \cdots & \boldsymbol{a}_n\end{bmatrix}=\begin{bmatrix}\boldsymbol{c}_1 & \boldsymbol{c}_2 & \cdots & \boldsymbol{c}_q\end{bmatrix}VU$. 再根据命题 2.2.5 即得. □

如果两个向量组可以互相线性表示, 则称二者**线性等价**. 线性等价, 指的是向量组在线性组合或线性生成的意义下等价, 尽管两个向量组中的向量可以不全相同.

特别地, 如果一个向量组和某个向量线性等价, 则称该向量组中的向量**共线**.

例 2.2.7　以下的向量组都和向量组 $\boldsymbol{a}_1,\boldsymbol{a}_2$ 线性等价:

1. 向量组 $\boldsymbol{a}_1,\boldsymbol{a}_1,\boldsymbol{a}_2$;
2. 向量组 $\boldsymbol{a}_2,\boldsymbol{a}_1$;

3. 向量组 $c\boldsymbol{a}_1, \boldsymbol{a}_2$，这里 $c \neq 0$；
4. 向量组 $\boldsymbol{a}_1 + k\boldsymbol{a}_2, \boldsymbol{a}_2$：二者都可以被 $\boldsymbol{a}_1, \boldsymbol{a}_2$ 表示，而反过来，$\boldsymbol{a}_1 = (\boldsymbol{a}_1 + k\boldsymbol{a}_2) - k\boldsymbol{a}_2$，因此 $\boldsymbol{a}_1, \boldsymbol{a}_2$ 也可以被这两个向量表示.

注意到，后三种情形分别对应右乘三种初等矩阵：

$$\begin{bmatrix}\boldsymbol{a}_2 & \boldsymbol{a}_1\end{bmatrix} = \begin{bmatrix}\boldsymbol{a}_1 & \boldsymbol{a}_2\end{bmatrix}\begin{bmatrix}0 & 1\\1 & 0\end{bmatrix}, \quad \begin{bmatrix}c\boldsymbol{a}_1 & \boldsymbol{a}_2\end{bmatrix} = \begin{bmatrix}\boldsymbol{a}_1 & \boldsymbol{a}_2\end{bmatrix}\begin{bmatrix}c & 0\\0 & 1\end{bmatrix},$$

$$\begin{bmatrix}\boldsymbol{a}_1 + k\boldsymbol{a}_2 & \boldsymbol{a}_2\end{bmatrix} = \begin{bmatrix}\boldsymbol{a}_1 & \boldsymbol{a}_2\end{bmatrix}\begin{bmatrix}1 & 0\\k & 1\end{bmatrix}.$$ ☺

命题 2.2.8 设 S, T 是 $\mathbb{R}^m$ 中的两个向量组，则 S 与 T 线性等价当且仅当 $\operatorname{span}(S) = \operatorname{span}(T)$.

证 命题 2.2.5 的第 3 条. □

可见，给定向量组的任意两个极大线性无关部分组一定线性等价.

命题 2.2.9 向量组的线性等价是等价关系.

证 只需验证如下三条性质：反身性，即任意向量组都和它自己线性等价；对称性，即如果向量组 S 和 T 线性等价，那么 T 和 S 线性等价；传递性，即如果向量组 S 和 T 线性等价，T 和 R 线性等价，那么 S 和 R 线性等价.

尽皆显然. □

向量组的线性等价既然是等价关系，我们就可以考虑这一等价关系中的不变量. 命题 2.2.8 告诉我们，向量组生成的子空间是一个不变量.

我们先来讨论向量组中的向量个数与线性表示之间的关系.

命题 2.2.10 设向量组 $\boldsymbol{a}_1, \boldsymbol{a}_2, \cdots, \boldsymbol{a}_n$ 可以被 $\boldsymbol{b}_1, \boldsymbol{b}_2, \cdots, \boldsymbol{b}_p$ 线性表示.

1. 如果 $n > p$，则 $\boldsymbol{a}_1, \boldsymbol{a}_2, \cdots, \boldsymbol{a}_n$ 线性相关；
2. 如果 $\boldsymbol{a}_1, \boldsymbol{a}_2, \cdots, \boldsymbol{a}_n$ 线性无关，则 $n \leqslant p$.

证 只需证明第 1 条，因为第 2 条是第 1 条的逆否命题.

根据命题 2.2.5, 存在 $p \times n$ 矩阵 C, 满足 $\begin{bmatrix}\boldsymbol{a}_1 & \boldsymbol{a}_2 & \cdots & \boldsymbol{a}_n\end{bmatrix} = \begin{bmatrix}\boldsymbol{b}_1 & \boldsymbol{b}_2 & \cdots & \boldsymbol{b}_p\end{bmatrix} C$. 考虑齐次线性方程组 $C\boldsymbol{x} = \boldsymbol{0}$. 因为 $n > p$, 即未知数的个数大于方程的个数, 命题 1.3.12 推得方程组存在非零解 $\boldsymbol{k}$. 因此，$\begin{bmatrix}\boldsymbol{a}_1 & \boldsymbol{a}_2 & \cdots & \boldsymbol{a}_n\end{bmatrix}\boldsymbol{k} = \begin{bmatrix}\boldsymbol{b}_1 & \boldsymbol{b}_2 & \cdots & \boldsymbol{b}_p\end{bmatrix} C\boldsymbol{k} = \boldsymbol{0}$，即 $\boldsymbol{a}_1, \boldsymbol{a}_2, \cdots, \boldsymbol{a}_n$ 线性相关. □

粗略地说，线性相关的向量组在线性生成的意义下有“多余”的向量. 直观地看命题 2.2.10，如果一个向量个数多的向量组可以被向量个数少的向量组线性表示，则多的向量组中一定有多余的向量，亦即该向量组线性相关；换言之，如果一个向量组线性无关, 亦即没有多余的向量时, 那么只有向量个数不少于它的向量组才可能表示出该向量组. 反之, 如果向量组有多余的向量, 那么通过筛选出它的一个极大线性无关部分组, 就可以用向量个数更少的向量组生成它.

考虑到向量组线性等价的定义, 我们有如下重要结论.

推论 2.2.11 设向量组 $\boldsymbol{a}_1, \boldsymbol{a}_2, \cdots, \boldsymbol{a}_n$ 和 $\boldsymbol{b}_1, \boldsymbol{b}_2, \cdots, \boldsymbol{b}_p$ 线性等价, 如果两个向量组都线性无关, 则 $n = p$.

由此立得, 一个向量组的任意两个极大线性无关部分组中向量个数都相同.

定义 2.2.12 (秩) 一个向量组 S 的任意一个极大线性无关部分组中向量的个数称为这个向量组的**秩**, 记为 $\operatorname{rank}(S)$. 一个只包含零向量的向量组的秩定义为零.

这说明向量组的秩也是向量组之间线性等价这一等价关系中的不变量.

2.2.2 基和维数

命题 2.2.4 说明, 只要 $\boldsymbol{a}_i\,(i = 1, 2, \cdots, n)$ 不全为零, 形如 $\operatorname{span}(\boldsymbol{a}_1, \boldsymbol{a}_2, \cdots, \boldsymbol{a}_n)$ 的子空间总存在一组基. 类似的结论很容易推广到一般的子空间上.

定理 2.2.13 (基存在定理) 给定 $\mathbb{R}^m$ 的子空间 $\mathcal{M}$, 如果 $\mathcal{M} \neq \{\boldsymbol{0}\}$, 则 $\mathcal{M}$ 存在一组基, 且基中向量个数不大于 m.

证 任取 $\mathcal{M}$ 中非零向量 $\boldsymbol{a}_1$, 如果 $\mathcal{M} = \operatorname{span}(\boldsymbol{a}_1)$, 则 $\boldsymbol{a}_1$ 即为 $\mathcal{M}$ 的一组基. 否则, $\mathcal{M} \neq \operatorname{span}(\boldsymbol{a}_1)$, 则 $\mathcal{M}$ 中必存在向量 $\boldsymbol{a}_2 \notin \operatorname{span}(\boldsymbol{a}_1)$. 因为 $\boldsymbol{a}_2$ 不能被 $\boldsymbol{a}_1$ 线性表示, 且 $\boldsymbol{a}_1$ 线性无关, 根据命题 2.2.3, $\boldsymbol{a}_1, \boldsymbol{a}_2$ 线性无关. 如果 $\mathcal{M} = \operatorname{span}(\boldsymbol{a}_1, \boldsymbol{a}_2)$, 则 $\boldsymbol{a}_1, \boldsymbol{a}_2$ 即为 $\mathcal{M}$ 的一组基. 否则, $\mathcal{M} \neq \operatorname{span}(\boldsymbol{a}_1, \boldsymbol{a}_2)$, 则 $\mathcal{M}$ 中必存在向量 $\boldsymbol{a}_3 \notin \operatorname{span}(\boldsymbol{a}_1, \boldsymbol{a}_2)$. 以此类推. 这个过程一定会在 m 步以内终止, 这是因为根据命题 2.1.14, 若 $n > m$, 任意 n 个向量都线性相关. 因此这个过程一定能找到 r 个向量 $\boldsymbol{a}_1, \boldsymbol{a}_2, \cdots, \boldsymbol{a}_r$, 且 $r \leqslant m$, 使得 $\mathcal{M} = \operatorname{span}(\boldsymbol{a}_1, \boldsymbol{a}_2, \cdots, \boldsymbol{a}_r)$, 且 $\boldsymbol{a}_1, \boldsymbol{a}_2, \cdots, \boldsymbol{a}_r$ 线性无关. □

基存在定理说明, $\mathbb{R}^m$ 的任意子空间 $\mathcal{M}$ 一定是某个矩阵的列空间. 事实上, 如果 $\mathcal{M} = \{\boldsymbol{0}\}$, 则它是零矩阵的列空间; 否则, $\mathcal{M}$ 存在一组基 $\boldsymbol{a}_1, \boldsymbol{a}_2, \cdots, \boldsymbol{a}_r$, 令矩阵 $A = \begin{bmatrix} \boldsymbol{a}_1 & \boldsymbol{a}_2 & \cdots & \boldsymbol{a}_r \end{bmatrix}$, 则 $\mathcal{M} = \mathcal{R}(A) = \operatorname{span}(\boldsymbol{a}_1, \boldsymbol{a}_2, \cdots, \boldsymbol{a}_r)$.

与基存在定理类似, 我们也可以考虑有包含关系的两个子空间的基的关系.

定理 2.2.14 (基扩充定理) 设 $\mathcal{M}, \mathcal{N}$ 是 $\mathbb{R}^m$ 的子空间, 且 $\mathcal{M} \neq \{\boldsymbol{0}\}$. 如果 $\mathcal{M} \subseteq \mathcal{N}$, 则 $\mathcal{M}$ 的任意一组基都能扩充成 $\mathcal{N}$ 的一组基. 特别地, 当 $\mathcal{N} = \mathbb{R}^m$ 时, 子空间 $\mathcal{M}$ 的任意一组基都能扩充成 $\mathbb{R}^m$ 的一组基.

证 设 $\boldsymbol{a}_1, \boldsymbol{a}_2, \cdots, \boldsymbol{a}_r$ 是 $\mathcal{M}$ 的一组基, 如果 $\operatorname{span}(\boldsymbol{a}_1, \boldsymbol{a}_2, \cdots, \boldsymbol{a}_r) = \mathcal{N}$, 则 $\boldsymbol{a}_1, \boldsymbol{a}_2, \cdots, \boldsymbol{a}_r$ 也是 $\mathcal{N}$ 的一组基. 否则, $\mathcal{N}$ 中必存在向量 $\boldsymbol{a}_{r+1} \notin \operatorname{span}(\boldsymbol{a}_1, \boldsymbol{a}_2, \cdots, \boldsymbol{a}_r)$,

且 $\boldsymbol{a}_1, \boldsymbol{a}_2, \cdots, \boldsymbol{a}_r, \boldsymbol{a}_{r+1}$ 线性无关；如果 $\mathrm{span}(\boldsymbol{a}_1, \boldsymbol{a}_2, \cdots, \boldsymbol{a}_{r+1}) = \mathcal{N}$，证毕. 否则，以此类推. 因为 $\mathcal{N}$ 一定存在一组基，且基中向量个数不大于 m，所以有限步之后，这个过程一定能够得到 $\mathcal{N}$ 的一组基. □

基扩充定理对讨论有包含关系的子空间非常有用. 注意，考虑问题时要"从小到大"，如果反过来，先取定 $\mathcal{N}$ 的一组基，将很难保证这组基与 $\mathcal{M}$ 的关系.

与向量组秩的定义类似，根据推论 2.2.11，一个子空间的任意两组基包含的向量个数都相同.

定义 2.2.15 (维数) 一个子空间 $\mathcal{M}$ 的任意一组基中向量的个数称为这个子空间的**维数**，记为 $\dim \mathcal{M}$. 平凡子空间 $\{\boldsymbol{0}\}$ 的维数定义为零.

维数是 r 的子空间，常称为 r 维子空间.

在例 2.2.2 中，向量组 S 包含三个向量，而 $\mathrm{span}(S) = \mathcal{N}(A)$，其中 $A = \begin{bmatrix} 1 & 1 & 1 \end{bmatrix}$. 向量组中的任意两个向量都构成 $\mathcal{N}(A)$ 的一组基，因此 $\dim \mathcal{N}(A) = 2$. 其中三个向量，各自生成了三个子空间：$\mathrm{span}(\boldsymbol{a}_1), \mathrm{span}(\boldsymbol{a}_2), \mathrm{span}(\boldsymbol{a}_3)$，分别对应三条过原点的直线，维数是 1. 其中任意两个子空间的交集都是原点一个点，即平凡子空间 $\{\boldsymbol{0}\}$，维数是 0. 可以看到，这里定义的子空间的维数与几何直观相符.

定理 2.2.16

1. 线性空间 $\mathbb{R}^m$ 的维数是 m；
2. 设 $\mathcal{M}$ 是 $\mathbb{R}^m$ 的子空间，则 $\dim \mathcal{M} \leqslant m$；
3. 设 $\mathcal{M}, \mathcal{N}$ 是 $\mathbb{R}^m$ 的两个子空间，且 $\mathcal{M} \subseteq \mathcal{N}$，则 $\dim \mathcal{M} \leqslant \dim \mathcal{N}$.

证 第 1 条由 $\mathbb{R}^m$ 有一组标准基 $\boldsymbol{e}_1, \boldsymbol{e}_2, \cdots, \boldsymbol{e}_m$ 立得. 第 2 条由基存在定理 2.2.13 可得；第 3 条由基扩张定理 2.2.14 可得. □

注意，定理 2.2.16 的第 3 条的逆命题并不成立：两个子空间的维数满足 $\dim \mathcal{M} \leqslant \dim \mathcal{N}$，并不一定有 $\mathcal{M} \subseteq \mathcal{N}$.

在维数已知的情况下，可以更简单地判定一个向量组是否为基.

命题 2.2.17 设 $\mathcal{M}$ 是 $\mathbb{R}^m$ 的 r 维子空间，给定 $\mathcal{M}$ 中含有 r 个向量的向量组 $\boldsymbol{a}_1, \boldsymbol{a}_2, \cdots, \boldsymbol{a}_r$.

1. 如果 $\boldsymbol{a}_1, \boldsymbol{a}_2, \cdots, \boldsymbol{a}_r$ 线性无关，则 $\boldsymbol{a}_1, \boldsymbol{a}_2, \cdots, \boldsymbol{a}_r$ 是 $\mathcal{M}$ 的一组基；
2. 如果 $\mathcal{M} = \mathrm{span}(\boldsymbol{a}_1, \boldsymbol{a}_2, \cdots, \boldsymbol{a}_r)$，则 $\boldsymbol{a}_1, \boldsymbol{a}_2, \cdots, \boldsymbol{a}_r$ 是 $\mathcal{M}$ 的一组基.

证明留给读者.

事实上，$\dim \mathcal{M} = r$；$\boldsymbol{a}_1, \boldsymbol{a}_2, \cdots, \boldsymbol{a}_r$ 线性无关；$\boldsymbol{a}_1, \boldsymbol{a}_2, \cdots, \boldsymbol{a}_r$ 线性生成 $\mathcal{M}$：这三个条件中的任意两个都可以推出另外一个，因此都可以作为基的判定条件.

命题 2.2.18 设 $\mathcal{M}, \mathcal{N}$ 是 $\mathbb{R}^m$ 的两个子空间，且 $\mathcal{M} \subseteq \mathcal{N}$. 如果 $\dim \mathcal{M} = \dim \mathcal{N}$，则 $\mathcal{M} = \mathcal{N}$.

证 取 $\mathcal{M}$ 的一组基 $\boldsymbol{a}_1,\boldsymbol{a}_2,\cdots,\boldsymbol{a}_r$，注意这也是 $\mathcal{N}$ 中一个线性无关的向量组. 因为 $\dim\mathcal{N}=\dim\mathcal{M}=r$，由命题 2.2.17 第 1 条可知，$\boldsymbol{a}_1,\boldsymbol{a}_2,\cdots,\boldsymbol{a}_r$ 也是 $\mathcal{N}$ 的一组基，所以 $\mathcal{N}=\mathcal{M}$. □

作为应用，我们有如下判断方阵是否可逆的方法.

命题 2.2.19 给定 m 阶方阵 A，$\boldsymbol{A}\colon\mathbb{R}^m\to\mathbb{R}^m,\boldsymbol{x}\mapsto A\boldsymbol{x}$ 是其诱导的线性变换，以下叙述等价：

1. A 可逆，即存在 m 阶方阵 B，满足 $AB=BA=I_m$；
2. 存在 m 阶方阵 B，满足 $BA=I_m$；
3. 存在 m 阶方阵 B，满足 $AB=I_m$；
4. $\boldsymbol{A}$ 是双射；
5. $\boldsymbol{A}$ 是单射；
6. $\boldsymbol{A}$ 是满射.

证 $1\Leftrightarrow 4$，$2\Leftrightarrow 5$，$3\Leftrightarrow 6$：命题 0.3.2.

$1\Rightarrow 2$，$1\Rightarrow 3$：显然.

记 $A=\begin{bmatrix}\boldsymbol{a}_1 & \boldsymbol{a}_2 & \cdots & \boldsymbol{a}_m\end{bmatrix}$.

$2\Rightarrow 1$：由 $BA=I_m$ 得，$A\boldsymbol{x}=\boldsymbol{0}$ 一定给出 $\boldsymbol{x}=BA\boldsymbol{x}=\boldsymbol{0}$，即 $\boldsymbol{a}_1,\boldsymbol{a}_2,\cdots,\boldsymbol{a}_m$ 线性无关. 由命题 2.2.17 第 1 条，$\boldsymbol{a}_1,\boldsymbol{a}_2,\cdots,\boldsymbol{a}_m$ 是 $\mathbb{R}^m$ 的一组基. 再由命题 2.1.15，A 可逆.

$3\Rightarrow 1$：由 $AB=I_m$ 得，$\boldsymbol{e}_i=A(B\boldsymbol{e}_i)$，$i=1,2,\cdots,m$，即 $\boldsymbol{e}_1,\boldsymbol{e}_2,\cdots,\boldsymbol{e}_m$ 可以被 $\boldsymbol{a}_1,\boldsymbol{a}_2,\cdots,\boldsymbol{a}_m$ 线性表示. 因此 $\mathbb{R}^m=\operatorname{span}(\boldsymbol{e}_1,\boldsymbol{e}_2,\cdots,\boldsymbol{e}_m)\subseteq\operatorname{span}(\boldsymbol{a}_1,\boldsymbol{a}_2,\cdots,\boldsymbol{a}_m)\subseteq\mathbb{R}^m$，立得 $\operatorname{span}(\boldsymbol{a}_1,\boldsymbol{a}_2,\cdots,\boldsymbol{a}_m)=\mathbb{R}^m$. 由命题 2.2.17 第 2 条，$\boldsymbol{a}_1,\boldsymbol{a}_2,\cdots,\boldsymbol{a}_m$ 是 $\mathbb{R}^m$ 的一组基. 再由命题 2.1.15，A 可逆. □

习题

练习 2.2.1 求下列向量组的极大线性无关部分组和秩：

1. $\begin{bmatrix}2\\3\\1\\1\end{bmatrix},\begin{bmatrix}4\\6\\2\\2\end{bmatrix},\begin{bmatrix}0\\1\\2\\1\end{bmatrix},\begin{bmatrix}2\\4\\3\\2\end{bmatrix}$.

2. $\begin{bmatrix}-1\\0\\1\\0\\0\end{bmatrix},\begin{bmatrix}1\\1\\1\\1\\0\end{bmatrix},\begin{bmatrix}0\\1\\2\\1\\0\end{bmatrix}$.

练习 2.2.2 在下列向量组中，除去哪个向量，得到的向量组和原向量组线性等价?

1. $\begin{bmatrix}1\\0\\0\end{bmatrix},\begin{bmatrix}0\\1\\0\end{bmatrix},\begin{bmatrix}0\\0\\1\end{bmatrix},\begin{bmatrix}1\\2\\3\end{bmatrix}$.

2. $\begin{bmatrix}1\\0\\0\end{bmatrix},\begin{bmatrix}0\\1\\0\end{bmatrix},\begin{bmatrix}0\\0\\1\end{bmatrix},\begin{bmatrix}1\\2\\0\end{bmatrix}$.

3. $\begin{bmatrix}1\\0\\0\end{bmatrix},\begin{bmatrix}0\\1\\0\end{bmatrix},\begin{bmatrix}0\\0\\1\end{bmatrix},\begin{bmatrix}2\\0\\0\end{bmatrix}$.

4. $\begin{bmatrix}1\\0\\0\end{bmatrix},\begin{bmatrix}0\\1\\0\end{bmatrix},\begin{bmatrix}0\\0\\1\end{bmatrix},\begin{bmatrix}0\\0\\0\end{bmatrix}$.

练习 2.2.3 用筛选法去掉方程组中所有多余的方程：$\begin{bmatrix} 1 & -1 & 0 & 0 \\ 1 & 0 & -1 & 0 \\ 1 & 0 & 0 & -1 \\ 0 & 1 & -1 & 0 \\ 0 & 1 & 0 & -1 \\ 0 & 0 & 1 & -1 \end{bmatrix} \boldsymbol{x} = \begin{bmatrix} -1 \\ 0 \\ 0 \\ 1 \\ 1 \\ 0 \end{bmatrix}$.

练习 2.2.4 给定线性无关的向量组 $\boldsymbol{a}_1, \boldsymbol{a}_2, \boldsymbol{a}_3$，求 $\boldsymbol{a}_1 - \boldsymbol{a}_2, \boldsymbol{a}_2 - \boldsymbol{a}_3, \boldsymbol{a}_3 - \boldsymbol{a}_1$ 所有的极大线性无关部分组.

练习 2.2.5 证明，一个向量组的任意线性无关的部分组都可以扩充成它的一个极大线性无关部分组.

练习 2.2.6 证明，如果向量组 S 可以被向量组 T 线性表示，则 $\operatorname{rank}(S) \leqslant \operatorname{rank}(T)$.

练习 2.2.7 证明向量组 $\boldsymbol{a}_1, \boldsymbol{a}_2, \boldsymbol{a}_3$ 与向量组 $\boldsymbol{a}_1 + \boldsymbol{a}_2, \boldsymbol{a}_2 + \boldsymbol{a}_3, \boldsymbol{a}_3 + \boldsymbol{a}_1$ 线性等价.

注意：有追求的读者可以尝试这种线性代数味道更浓的证明方法：可否找到一个可逆矩阵 A，把一个向量组变成另一个向量组？

练习 2.2.8 证明，如果向量组和它的一个部分组的秩相同，则两个向量组线性等价.

练习 2.2.9 举例说明秩相等的向量组未必线性等价.

练习 2.2.10 已知向量组的秩是 r，设 S 是一个包含 r 个向量的部分组. 证明：

1. 如果 S 线性无关，则 S 是原向量组的一个极大线性无关部分组.
2. 如果 S 与原向量组线性等价，则 S 是原向量组的一个极大线性无关部分组.

练习 2.2.11 证明命题 2.2.17.

练习 2.2.12 求下列子空间的基和维数：

1. 空间 $\mathbb{R}^3$ 中平面 $x - y = 0$ 与平面 $x + y - 2z = 0$ 的交集.
2. 空间 $\mathbb{R}^3$ 中与向量 $\begin{bmatrix} 1 & -1 & 0 \end{bmatrix}, \begin{bmatrix} 1 & 1 & -2 \end{bmatrix}$ 都垂直的向量组成的子空间.
3. 齐次线性方程组 $\begin{bmatrix} 1 & 1 & 1 \\ 0 & 0 & 1 \\ 0 & 0 & 1 \end{bmatrix} \boldsymbol{x} = \mathbf{0}$ 的解集.

练习 2.2.13 ☕☕ 一个三阶方阵，如果每行、每列以及两个对角线上的元素之和都相等，则称为幻方矩阵. 判断 $\left\{ \boldsymbol{a} = \begin{bmatrix} a_1 & a_2 & \cdots & a_9 \end{bmatrix}^{\mathrm{T}} \in \mathbb{R}^9 \;\middle|\; \begin{bmatrix} a_1 & a_2 & a_3 \\ a_4 & a_5 & a_6 \\ a_7 & a_8 & a_9 \end{bmatrix} \text{是幻方矩阵} \right\}$ 是否为 $\mathbb{R}^9$ 的子空间. 如果是，求它的一组基.

提示：一个常见的幻方矩阵是 $\begin{bmatrix} 2 & 9 & 4 \\ 7 & 5 & 3 \\ 6 & 1 & 8 \end{bmatrix}$. 你能否根据它找到许多幻方矩阵？

练习 2.2.14 ☕ 任取非零常数 $k_1, k_2, \cdots, k_n$ 满足 $\frac{1}{k_1}+\frac{1}{k_2}+\cdots+\frac{1}{k_n}+1 \neq 0$，求如下向量组的秩：

$$\boldsymbol{a}_1=\begin{bmatrix}1+k_1\\1\\\vdots\\1\end{bmatrix}, \boldsymbol{a}_2=\begin{bmatrix}1\\1+k_2\\\vdots\\1\end{bmatrix}, \cdots, \boldsymbol{a}_n=\begin{bmatrix}1\\1\\\vdots\\1+k_n\end{bmatrix}.$$

练习 2.2.15 设 $\boldsymbol{a}_1, \boldsymbol{a}_2, \cdots, \boldsymbol{a}_r$ 是子空间 $\mathcal{M}$ 的一组基. 令 $\begin{bmatrix}\boldsymbol{b}_1 & \boldsymbol{b}_2 & \cdots & \boldsymbol{b}_r\end{bmatrix}=\begin{bmatrix}\boldsymbol{a}_1 & \boldsymbol{a}_2 & \cdots & \boldsymbol{a}_r\end{bmatrix}P$，其中 P 是 r 阶方阵. 证明，$\boldsymbol{b}_1, \boldsymbol{b}_2, \cdots, \boldsymbol{b}_r$ 是 $\mathcal{M}$ 的一组基当且仅当矩阵 P 可逆.

练习 2.2.16 (Steinitz 替换定理) 设 S: $\boldsymbol{a}_1, \boldsymbol{a}_2, \cdots, \boldsymbol{a}_r$ 线性无关，可被 T: $\boldsymbol{b}_1, \boldsymbol{b}_2, \cdots, \boldsymbol{b}_t$ 线性表示，求证：

1. $r \leqslant t$.
2. ☕ 可以选择 T 中的 r 个向量换成 S，得到的新的向量组与 T 线性等价.

练习 2.2.17 (平行的平面) 考虑方程 $x-3y-z=12$ 和 $x-3y-z=0$ 的解集. 这两个解集的交集是什么？如果 $\boldsymbol{x}_1, \boldsymbol{x}_2$ 分别是第一个和第二个方程的解，那么 $\boldsymbol{x}_1+\boldsymbol{x}_2, \boldsymbol{x}_1+2\boldsymbol{x}_2, 2\boldsymbol{x}_1+\boldsymbol{x}_2$ 分别是哪个方程的解？

注意：从几何上看，这两个解集是 $\mathbb{R}^3$ 中两个平行的平面，其中一个经过原点，因此是二维子空间；另一个不经过原点，因此不是子空间.

练习 2.2.18 ☕☕ 设 $\mathcal{M}, \mathcal{N}$ 是 $\mathbb{R}^m$ 的两个子空间，求证维数公式：

$$\dim(\mathcal{M}+\mathcal{N})=\dim\mathcal{M}+\dim\mathcal{N}-\dim(\mathcal{M}\cap\mathcal{N}).$$

提示：先取 $\mathcal{M}\cap\mathcal{N}$ 的一组基，根据基扩充定理，分别扩充成 $\mathcal{M}$ 和 $\mathcal{N}$ 的一组基，证明这两组基的并集是 $\mathcal{M}+\mathcal{N}$ 的一组基.

2.3 矩阵的秩

我们先给出矩阵秩的定义.

定义 2.3.1 (秩) 矩阵 A 的列空间的维数 $\dim\mathcal{R}(A)$ 称为矩阵 A 的**秩**，记为 $\operatorname{rank}(A)$.

换言之，矩阵 $A=\begin{bmatrix}\boldsymbol{a}_1 & \boldsymbol{a}_2 & \cdots & \boldsymbol{a}_n\end{bmatrix}$ 的秩就是它的列向量组的秩. 利用命题 2.2.4 中的筛选法来找出 $\boldsymbol{a}_1, \boldsymbol{a}_2, \cdots, \boldsymbol{a}_n$ 的极大线性无关部分组，是我们已知的方法. 但计算过程中需要多次判断向量组的线性关系，读者可以发现有些计算是不必要的. 有没有更简单的方法呢？

例 2.3.2 求如下 $\mathbb{R}^4$ 中的向量组的极大线性无关部分组：

$$\boldsymbol{a}_1=\begin{bmatrix}1\\1\\4\\2\end{bmatrix}, \quad \boldsymbol{a}_2=\begin{bmatrix}1\\-1\\-2\\4\end{bmatrix}, \quad \boldsymbol{a}_3=\begin{bmatrix}0\\2\\6\\-2\end{bmatrix}, \quad \boldsymbol{a}_4=\begin{bmatrix}-3\\-1\\3\\4\end{bmatrix}, \quad \boldsymbol{a}_5=\begin{bmatrix}-1\\0\\-4\\-7\end{bmatrix}.$$

判断向量组是否线性相关，等价于判断对应的齐次线性方程组

$$\begin{cases} x_1+x_2-3x_4-x_5=0, \\ x_1-x_2+2x_3-x_4=0, \\ 4x_1-2x_2+6x_3+3x_4-4x_5=0, \\ 2x_1+4x_2-2x_3+4x_4-7x_5=0 \end{cases}$$

是否有非零解，而解又对应了线性表示的表示法．这个向量组显然线性相关（为什么?），不过我们还是先按部就班地计算．这是例 1.3.10 中的方程组，对系数矩阵 A 做初等行变换得到阶梯形矩阵 B:

$$A=\begin{bmatrix} 1 & 1 & 0 & -3 & -1 \\ 1 & -1 & 2 & -1 & 0 \\ 4 & -2 & 6 & 3 & -4 \\ 2 & 4 & -2 & 4 & -7 \end{bmatrix} \to B=\begin{bmatrix} 1 & 1 & 0 & -3 & -1 \\ 0 & -2 & 2 & 2 & 1 \\ 0 & 0 & 0 & 9 & -3 \\ 0 & 0 & 0 & 0 & 0 \end{bmatrix}.$$

可以看到，如果我们判断原向量组的部分组，如 $\boldsymbol{a}_1,\boldsymbol{a}_2,\boldsymbol{a}_3$，是否线性相关，则需要对 A 的前三列做初等行变换得到阶梯形：

$$\begin{bmatrix} 1 & 1 & 0 \\ 1 & -1 & 2 \\ 4 & -2 & 6 \\ 2 & 4 & -2 \end{bmatrix} \to \begin{bmatrix} 1 & 1 & 0 \\ 0 & -2 & 2 \\ 0 & 0 & 0 \\ 0 & 0 & 0 \end{bmatrix}.$$

不难发现，判断部分组的计算事实上是判断原向量组的计算的一部分．因此只需对整个向量组做一次计算就足够了．注意阶梯形对应的方程组与原方程组同解．换用向量组的语言来说，矩阵 A 的某些列向量线性相关当且仅当矩阵 B 对应的列向量线性相关，且对应的表示法相同．因此，关于矩阵 A 的列向量组的极大线性无关部分组的问题就转化为关于矩阵 B 的对应问题．

对矩阵 B，容易根据筛选法看出，主元所在的列，即第一、二、四列，给出 B 的列向量组的一个极大线性无关部分组．对应地，$\boldsymbol{a}_1,\boldsymbol{a}_2,\boldsymbol{a}_4$ 是原向量组的一个极大线性无关部分组．

容易看出，$\boldsymbol{a}_1,\boldsymbol{a}_2,\boldsymbol{a}_5$ 和 $\boldsymbol{a}_1,\boldsymbol{a}_3,\boldsymbol{a}_5$ 等都是极大线性无关部分组，其中包含的向量个数都是 3，因此向量组的秩为 3，而矩阵 A 的秩也是 3．

最后需要说明的是，得到极大线性无关部分组只需判断方程组是否有非零解，因此化成阶梯形就足够了，并不需要继续化成行简化阶梯形．但将其他向量用极大线性无关

部分组线性表示，则需要继续计算得到解. 化成行简化阶梯形:

$$B=\begin{bmatrix}1&1&0&-3&-1\\0&-2&2&2&1\\0&0&0&9&-3\\0&0&0&0&0\end{bmatrix}\to C=\begin{bmatrix}1&0&1&0&-\frac{7}{6}\\0&1&-1&0&-\frac{5}{6}\\0&0&0&1&-\frac{1}{3}\\0&0&0&0&0\end{bmatrix}.$$

由此即有，$C=\begin{bmatrix}\boldsymbol{c}_1&\boldsymbol{c}_2&\cdots&\boldsymbol{c}_5\end{bmatrix}$ 的列满足 $\boldsymbol{c}_3=\boldsymbol{c}_1-\boldsymbol{c}_2,\boldsymbol{c}_5=-\frac{7}{6}\boldsymbol{c}_1-\frac{5}{6}\boldsymbol{c}_2-\frac{1}{3}\boldsymbol{c}_4$. 因此，对应地，$\boldsymbol{a}_3=\boldsymbol{a}_1-\boldsymbol{a}_2,\boldsymbol{a}_5=-\frac{7}{6}\boldsymbol{a}_1-\frac{5}{6}\boldsymbol{a}_2-\frac{1}{3}\boldsymbol{a}_4$. ☺

可以看到，Gauss 消元法的计算过程，对应着列向量组的筛选法，不过避免了一些重复计算. 例 2.3.2 的计算过程可以总结出如下结论.

命题 2.3.3 设矩阵 $A=\begin{bmatrix}\boldsymbol{a}_1&\boldsymbol{a}_2&\cdots&\boldsymbol{a}_n\end{bmatrix}$ 与矩阵 $B=\begin{bmatrix}\boldsymbol{b}_1&\boldsymbol{b}_2&\cdots&\boldsymbol{b}_n\end{bmatrix}$ 左相抵 (即 A 经过一系列初等**行变换**后化成 B, 见定义 1.5.16), 则:

1. 部分组 $\boldsymbol{a}_{i_1},\boldsymbol{a}_{i_2},\cdots,\boldsymbol{a}_{i_r}$ 线性无关当且仅当对应的部分组 $\boldsymbol{b}_{i_1},\boldsymbol{b}_{i_2},\cdots,\boldsymbol{b}_{i_r}$ 线性无关.
2. A 的列 $\boldsymbol{a}_j\,(j=1,2,\cdots,n)$ 可以被部分组 $\boldsymbol{a}_{i_1},\boldsymbol{a}_{i_2},\cdots,\boldsymbol{a}_{i_r}$ 线性表示，即 $\boldsymbol{a}_j=k_1\boldsymbol{a}_{i_1}+k_2\boldsymbol{a}_{i_2}+\cdots+k_r\boldsymbol{a}_{i_r}$ 当且仅当 B 对应的列 $\boldsymbol{b}_j$ 可以被对应的部分组 $\boldsymbol{b}_{i_1},\boldsymbol{b}_{i_2},\cdots,\boldsymbol{b}_{i_r}$ 线性表示，且表示法相同，即 $\boldsymbol{b}_j=k_1\boldsymbol{b}_{i_1}+k_2\boldsymbol{b}_{i_2}+\cdots+k_r\boldsymbol{b}_{i_r}$.
3. 部分组 $\boldsymbol{a}_{i_1},\boldsymbol{a}_{i_2},\cdots,\boldsymbol{a}_{i_r}$ 是 A 的列向量组的极大线性无关部分组当且仅当相对应的部分组 $\boldsymbol{b}_{i_1},\boldsymbol{b}_{i_2},\cdots,\boldsymbol{b}_{i_r}$ 是 B 的列向量组的极大线性无关部分组.

上述结论还可以从矩阵乘法的角度解释. 根据命题 1.5.17，二矩阵左相抵，等价于存在可逆矩阵 P 使得 $B=PA$, 即 $\begin{bmatrix}\boldsymbol{b}_{i_1}&\boldsymbol{b}_{i_2}&\cdots&\boldsymbol{b}_{i_r}\end{bmatrix}=P\begin{bmatrix}\boldsymbol{a}_{i_1}&\boldsymbol{a}_{i_2}&\cdots&\boldsymbol{a}_{i_r}\end{bmatrix}$. 而 $\boldsymbol{a}_{i_1},\boldsymbol{a}_{i_2},\cdots,\boldsymbol{a}_{i_r}$ 线性无关当且仅当 $\begin{bmatrix}\boldsymbol{a}_{i_1}&\boldsymbol{a}_{i_2}&\cdots&\boldsymbol{a}_{i_r}\end{bmatrix}\boldsymbol{x}=\boldsymbol{A}\boldsymbol{x}=\boldsymbol{0}$ 只有零解. 由于 P 可逆，这等价于 $B\boldsymbol{x}=PA\boldsymbol{x}=\boldsymbol{0}$ 只有零解. 其他部分类似.

推论 2.3.4 矩阵的行简化阶梯形唯一.

证 记矩阵为 A, 它的一个行简化阶梯形记为 R. 先考虑主列. 根据阶梯形矩阵的定义，阶梯形矩阵的某列是主列当且仅当它不是其左边的列的线性组合. 根据命题 2.3.3, R 的列和 A 的对应列之间的线性关系相同. 因此 R 的某列是主列当且仅当 A 的对应列是主列. 而 A 的列之间的线性关系是确定的，因此 R 的主列的个数和位置都被唯一确定. 而行简化阶梯形矩阵的第 k 个主列必须是标准基向量 $\boldsymbol{e}_k$, 因此 R 的主列唯一确定.

再考虑自由列. 可以验证 R 的某自由列 $\begin{bmatrix} r_1 \\ r_2 \\ \vdots \\ r_m \end{bmatrix}$ 被主列线性表示, 其表示法中第 k 个主列 $\boldsymbol{e}_k$ 的系数是 r_k. 根据命题 2.3.3, A 的对应列必被对应主列线性表示, 且表示法相同. 而 A 的列之间的线性关系是确定的, 因此 R 的自由列的位置和元素都被唯一确定. □

矩阵 A 化成的阶梯形矩阵中, 主列给出了 A 的列向量组的一个极大线性无关部分组, 这给出如下结论.

命题 2.3.5 rank(A) 等于 A 化成的阶梯形矩阵的阶梯数.

设 A 是 $m \times n$ 矩阵, $\mathbb{R}^n$ 的子空间 $\mathcal{R}(A^{\mathrm{T}})$ 由 A 的行向量的转置线性生成, 因此称为矩阵 A 的**行 (向量) 空间**.

矩阵 A 的行向量对应于齐次线性方程组 $A\boldsymbol{x} = \boldsymbol{0}$ 中的方程, 而 rank(A^{T}) 描述了"有效"方程的个数.

例 2.3.6 考虑例 2.3.2 中的线性方程组 $A\boldsymbol{x} = \boldsymbol{0}$. 考虑 A 的行空间 $\mathcal{R}(A^{\mathrm{T}})$. 对 A 做初等行变换, 得到的矩阵的每一行都是 A 的行向量的线性组合. 为了记录变换的历史, 我们把行向量记在矩阵左侧, 行向量的记号标在矩阵右侧, 然后将其化成阶梯形矩阵:

$$\left[\begin{array}{ccccc|l} 1 & 1 & 0 & -3 & -1 & \tilde{\boldsymbol{a}}_1^{\mathrm{T}} \\ 1 & -1 & 2 & -1 & 0 & \tilde{\boldsymbol{a}}_2^{\mathrm{T}} \\ 4 & -2 & 6 & 3 & -4 & \tilde{\boldsymbol{a}}_3^{\mathrm{T}} \\ 2 & 4 & -2 & 4 & -7 & \tilde{\boldsymbol{a}}_4^{\mathrm{T}} \end{array}\right]$$

$$\to \left[\begin{array}{ccccc|l} 1 & 1 & 0 & -3 & -1 & \tilde{\boldsymbol{a}}_1^{\mathrm{T}} \\ 0 & -2 & 2 & 2 & 1 & \tilde{\boldsymbol{a}}_2^{\mathrm{T}} - \tilde{\boldsymbol{a}}_1^{\mathrm{T}} \\ 0 & -6 & 6 & 15 & 0 & \tilde{\boldsymbol{a}}_3^{\mathrm{T}} - 4\tilde{\boldsymbol{a}}_1^{\mathrm{T}} \\ 0 & 2 & -2 & 10 & -5 & \tilde{\boldsymbol{a}}_4^{\mathrm{T}} - 2\tilde{\boldsymbol{a}}_1^{\mathrm{T}} \end{array}\right]$$

$$\to \left[\begin{array}{ccccc|l} 1 & 1 & 0 & -3 & -1 & \tilde{\boldsymbol{a}}_1^{\mathrm{T}} \\ 0 & -2 & 2 & 2 & 1 & \tilde{\boldsymbol{a}}_2^{\mathrm{T}} - \tilde{\boldsymbol{a}}_1^{\mathrm{T}} \\ 0 & 0 & 0 & 9 & -3 & \tilde{\boldsymbol{a}}_3^{\mathrm{T}} - 3\tilde{\boldsymbol{a}}_2^{\mathrm{T}} - \tilde{\boldsymbol{a}}_1^{\mathrm{T}} \\ 0 & 0 & 0 & 12 & -4 & \tilde{\boldsymbol{a}}_4^{\mathrm{T}} + \tilde{\boldsymbol{a}}_2^{\mathrm{T}} - 3\tilde{\boldsymbol{a}}_1^{\mathrm{T}} \end{array}\right]$$

$$\to \left[\begin{array}{ccccc|l} 1 & 1 & 0 & -3 & -1 & \tilde{\boldsymbol{a}}_1^{\mathrm{T}} \\ 0 & -2 & 2 & 2 & 1 & \tilde{\boldsymbol{a}}_2^{\mathrm{T}} - \tilde{\boldsymbol{a}}_1^{\mathrm{T}} \\ 0 & 0 & 0 & 9 & -3 & \tilde{\boldsymbol{a}}_3^{\mathrm{T}} - 3\tilde{\boldsymbol{a}}_2^{\mathrm{T}} - \tilde{\boldsymbol{a}}_1^{\mathrm{T}} \\ 0 & 0 & 0 & 0 & 0 & \tilde{\boldsymbol{a}}_4^{\mathrm{T}} - \frac{4}{3}\tilde{\boldsymbol{a}}_3^{\mathrm{T}} + 5\tilde{\boldsymbol{a}}_2^{\mathrm{T}} - \frac{5}{3}\tilde{\boldsymbol{a}}_1^{\mathrm{T}} \end{array}\right].$$

最后一行是 $\tilde{\boldsymbol{a}}_4^{\mathrm{T}} - \dfrac{4}{3}\tilde{\boldsymbol{a}}_3^{\mathrm{T}} + 5\tilde{\boldsymbol{a}}_2^{\mathrm{T}} - \dfrac{5}{3}\tilde{\boldsymbol{a}}_1^{\mathrm{T}} = \mathbf{0}^{\mathrm{T}}$，由此可以推出 $\tilde{\boldsymbol{a}}_4$ 可以被 $\tilde{\boldsymbol{a}}_1, \tilde{\boldsymbol{a}}_2, \tilde{\boldsymbol{a}}_3$ 线性表示. 这意味着，第四个方程是前三个方程的线性组合，因此是多余的.

另一方面，阶梯形矩阵的每一行都可以被 A 的行向量线性表示，再注意到初等行变换是可逆的，因此 A 的每一行也可以被阶梯形矩阵的行向量线性表示. 这说明二者线性等价，亦即阶梯形矩阵的行空间和 A 的行空间是同一个子空间. 可见 $\tilde{\boldsymbol{a}}_1, \tilde{\boldsymbol{a}}_2 - \tilde{\boldsymbol{a}}_1, \tilde{\boldsymbol{a}}_3 - 3\tilde{\boldsymbol{a}}_2 - \tilde{\boldsymbol{a}}_1$ 线性无关，且线性生成行空间. 因此 $\tilde{\boldsymbol{a}}_1, \tilde{\boldsymbol{a}}_2 - \tilde{\boldsymbol{a}}_1, \tilde{\boldsymbol{a}}_3 - 3\tilde{\boldsymbol{a}}_2 - \tilde{\boldsymbol{a}}_1$ 是 $\mathcal{R}(A^{\mathrm{T}})$ 的一组基. 易见 $\tilde{\boldsymbol{a}}_1, \tilde{\boldsymbol{a}}_2, \tilde{\boldsymbol{a}}_3$ 也是 $\mathcal{R}(A^{\mathrm{T}})$ 的一组基. ☺

例 2.3.6 说明，对矩阵 A 做初等行变换不改变行空间 $\mathcal{R}(A^{\mathrm{T}})$，因此 $\mathcal{R}(A^{\mathrm{T}}) = \mathcal{R}(B^{\mathrm{T}})$，其中 B 是由 A 化为的阶梯形矩阵. 而 B 的所有非零行的转置构成 $\mathcal{R}(B^{\mathrm{T}})$ 的一组基，因此其维数等于阶梯数. 由此得到如下结论.

命题 2.3.7　矩阵 A 的行空间的维数 $\mathrm{rank}(A^{\mathrm{T}})$ 等于 A 化成的阶梯形矩阵的阶梯数.

命题 2.3.8　设 A 是 $m \times n$ 矩阵，则 $\mathrm{rank}(A^{\mathrm{T}}) = \mathrm{rank}(A)$.

证　命题 2.3.5 和命题 2.3.7. □

注意，$\mathcal{R}(A)$ 是 $\mathbb{R}^m$ 的子空间，而 $\mathcal{R}(A^{\mathrm{T}})$ 是 $\mathbb{R}^n$ 的子空间. 命题 2.3.8 仅仅说明这两个子空间的维数相同.

设 $m \times n$ 矩阵 $A = \begin{bmatrix} \boldsymbol{a}_1 & \boldsymbol{a}_2 & \cdots & \boldsymbol{a}_n \end{bmatrix}$，则 $\mathcal{R}(A) = \mathrm{span}(\boldsymbol{a}_1, \boldsymbol{a}_2, \cdots, \boldsymbol{a}_n) \subseteq \mathbb{R}^m$. 显然有 $\mathrm{rank}(A) \leqslant n$. 当 $\mathrm{rank}(A) = n$ 时，即 $\boldsymbol{a}_1, \boldsymbol{a}_2, \cdots, \boldsymbol{a}_n$ 线性无关时，称矩阵 A **列满秩**.

由定理 2.2.16 可知，$\mathrm{rank}(A) \leqslant m$. 当 $\mathrm{rank}(A) = m$ 时，称矩阵 A **行满秩**.

特别地，如果 $\mathrm{rank}(A) = m = n$，则称矩阵 A **满秩**.

容易验证如下结论.

命题 2.3.9　设 A 是 $m \times n$ 矩阵，$\boldsymbol{A}\colon \mathbb{R}^n \to \mathbb{R}^m, \boldsymbol{x} \mapsto A\boldsymbol{x}$ 是其诱导的线性映射，则：

1. $\boldsymbol{A}$ 是满射当且仅当 A 行满秩.
2. $\boldsymbol{A}$ 是单射当且仅当 A 列满秩.
3. $\boldsymbol{A}$ 是双射当且仅当 A 满秩.

命题 2.3.10

1. 矩阵 A 可逆当且仅当 A 满秩.
2. 矩阵 A 是零矩阵当且仅当 $\mathrm{rank}(A) = 0$.

证明留给读者.

最后，我们讨论矩阵乘积与列空间的关系.

命题 2.3.11　设 A, B 分别为 $l \times m$ 矩阵和 $m \times n$ 矩阵，则 $\mathcal{R}(AB) \subseteq \mathcal{R}(A)$. 特别地，如果 B 可逆，则 $\mathcal{R}(AB) = \mathcal{R}(A)$.

证 从列向量的角度看：设 $B=\begin{bmatrix}\boldsymbol{b}_1 & \boldsymbol{b}_2 & \cdots & \boldsymbol{b}_n\end{bmatrix}$，则 $AB=\begin{bmatrix}A\boldsymbol{b}_1 & A\boldsymbol{b}_2 & \cdots & A\boldsymbol{b}_n\end{bmatrix}$. 它的每个列向量 $A\boldsymbol{b}_j\in\mathcal{R}(A), j=1,2,\cdots,n$，因此 $\mathcal{R}(AB)=\operatorname{span}(A\boldsymbol{b}_1,A\boldsymbol{b}_2,\cdots,A\boldsymbol{b}_n)\subseteq\mathcal{R}(A)$.

从映射的角度看：$\boldsymbol{A}\colon\mathbb{R}^m\to\mathbb{R}^l, \boldsymbol{B}\colon\mathbb{R}^n\to\mathbb{R}^m, \boldsymbol{A}\circ\boldsymbol{B}\colon\mathbb{R}^n\to\mathbb{R}^l$. 显然，$\boldsymbol{A}\circ\boldsymbol{B}$ 的像集包含在 $\boldsymbol{A}$ 的像集里.

当 B 可逆时，$\mathcal{R}(AB)\subseteq\mathcal{R}(A), \mathcal{R}(A)=\mathcal{R}(ABB^{-1})\subseteq\mathcal{R}(AB)$. □

命题 2.3.12 设 A,B 分别是 $l\times m, m\times n$ 矩阵，则：

$$\operatorname{rank}(AB)\leqslant\operatorname{rank}(A),\quad \operatorname{rank}(AB)\leqslant\operatorname{rank}(B),$$

即矩阵乘法不增加秩.

证 由命题 2.3.11 可知，$\mathcal{R}(AB)\subseteq\mathcal{R}(A)$，所以 $\operatorname{rank}(AB)\leqslant\operatorname{rank}(A)$.通过转置，利用命题 2.3.8，即有 $\operatorname{rank}(AB)=\operatorname{rank}((AB)^{\mathrm{T}})=\operatorname{rank}(B^{\mathrm{T}}A^{\mathrm{T}})\leqslant\operatorname{rank}(B^{\mathrm{T}})=\operatorname{rank}(B)$. □

命题 2.3.13 设 A 是 $m\times n$ 矩阵，P 和 Q 分别是 m 阶和 n 阶可逆矩阵，则 $\operatorname{rank}(PAQ)=\operatorname{rank}(A)$. 即，矩阵的秩在初等行变换和初等列变换下不变.

证 由命题 2.3.3 可知，$\operatorname{rank}(PA)=\operatorname{rank}(A)$；由命题 2.3.11 可知，$\mathcal{R}(AQ)=\mathcal{R}(A)$，立得 $\operatorname{rank}(AQ)=\operatorname{rank}(A)$. □

注意，一般 $\mathcal{R}(PA)\neq\mathcal{R}(A)$. 例如，当 A 只有一列，即 $A=\boldsymbol{a}$ 时，显然 $P\boldsymbol{a}=k\boldsymbol{a}$ 一般不成立.

根据定理 1.5.7，P 可逆当且仅当它是有限个初等矩阵的乘积. 因此，PAQ 就是对矩阵 A 做一系列初等行变换和初等列变换.

定义 2.3.14 (相抵) 如果矩阵 A 可以经过一系列初等行变换和初等列变换化成矩阵 B，则称 A 和 B **相抵**.

类似于通过初等行变换得到行简化阶梯形矩阵，根据命题 2.3.13，我们有如下结论，证明留给读者.

命题 2.3.15 给定两个 $m\times n$ 矩阵 A,B. 那么二者相抵，当且仅当存在 m 阶可逆矩阵 P 和 n 阶可逆矩阵 Q，使得 $PAQ=B$.

命题 2.3.16 设 A 是 $m\times n$ 矩阵，则存在 m 阶可逆矩阵 P 和 n 阶可逆矩阵 Q，使得 $PAQ=D_r=\begin{bmatrix}I_r & O\\ O & O\end{bmatrix}$，其中 $r=\operatorname{rank}(A)$.

命题中的 D_r 称为矩阵 A 的**相抵标准形**.

推论 2.3.17 设 A,B 是 $m\times n$ 矩阵，则 A 和 B 相抵，当且仅当 $\operatorname{rank}(A)=\operatorname{rank}(B)$.

矩阵的相抵标准形就是相抵这一等价关系的标准形，而秩是这一等价关系的不变量. 秩可以用来刻画相抵关系，而 $m\times n$ 矩阵在相抵关系下的等价类共有 $\min\{m,n\}+1$ 个，分别对应于秩是 $0,1,\cdots,\min\{m,n\}$ 的矩阵组成的集合.

习题

练习 2.3.1 给定矩阵 $A = \boldsymbol{u}_1\boldsymbol{v}_1^{\mathrm{T}} + \boldsymbol{u}_2\boldsymbol{v}_2^{\mathrm{T}}$.

1. 写出 A 的行空间、列空间.
2. 如果 $\boldsymbol{u}_1, \boldsymbol{u}_2, \boldsymbol{v}_1, \boldsymbol{v}_2$ 都不为零，求 $\mathrm{rank}(A)$ 的所有可能值，并讨论这四个向量与 $\mathrm{rank}(A)$ 之间的关系.

练习 2.3.2 求下列矩阵列空间的一组基:

1. $\begin{bmatrix} 1 & -1 & 2 & 1 & 0 \\ 2 & -2 & 4 & -2 & 0 \\ 3 & 0 & 6 & -1 & 1 \\ 0 & 3 & 0 & 0 & 1 \end{bmatrix}$. 2. $\begin{bmatrix} 1 & 0 & 0 & 1 & 4 \\ 0 & 1 & 0 & 2 & 5 \\ 0 & 0 & 1 & 3 & 6 \\ 1 & 2 & 3 & 14 & 32 \\ 4 & 5 & 6 & 32 & 77 \end{bmatrix}$. 3. $\begin{bmatrix} 1 & 0 & 1 & 0 & 0 \\ 1 & 1 & 0 & 0 & 0 \\ 0 & 1 & 1 & 0 & 0 \\ 0 & 0 & 1 & 1 & 0 \\ 0 & 1 & 0 & 1 & 1 \end{bmatrix}$.

练习 2.3.3 求满足下列条件的 3×4 矩阵 A 的行简化阶梯形矩阵和秩:

1. $A\boldsymbol{x} = \boldsymbol{0}$ 解集的一组基为 $\begin{bmatrix} -3 \\ 1 \\ 0 \\ 0 \end{bmatrix}, \begin{bmatrix} -2 \\ 0 \\ 6 \\ 1 \end{bmatrix}$. 2. A 的 (i,j) 元为 4.

3. A 的 (i,j) 元为 $a_{ij} = i + j + 1$. 4. A 的 (i,j) 元为 $a_{ij} = (-1)^{i+j}$.

练习 2.3.4 设矩阵 A 的行简化阶梯形矩阵为 R，求下列 B 的行简化阶梯形矩阵.

1. $B = \begin{bmatrix} A & A \end{bmatrix}$. 2. $B = \begin{bmatrix} A & AC \end{bmatrix}$. 3. $B = \begin{bmatrix} A \\ A \end{bmatrix}$.

4. $B = \begin{bmatrix} A \\ CA \end{bmatrix}$. 5. $B = \begin{bmatrix} A & A \\ 0 & A \end{bmatrix}$. 6. $B = PA$，其中 P 是可逆矩阵.

7. A 有 LU 分解 $A = LU$，这里 L 为单位下三角阵，令 $B = U$.

练习 2.3.5 求矩阵 A 中 “$*$” 处的元素，满足相应的条件:

1. $A = \begin{bmatrix} 1 & 2 & 4 \\ 2 & * & * \\ 4 & * & * \end{bmatrix}$，且 A 的秩为 1. 2. $A = \begin{bmatrix} * & 9 & * \\ 1 & * & * \\ 2 & 6 & -3 \end{bmatrix}$，且 A 的秩为 1.

3. $A = \begin{bmatrix} a & b \\ c & * \end{bmatrix}$，$a \neq 0$，且 A 的秩为 1. 4. $A = \begin{bmatrix} 1 & 2 & 3 \\ 3 & 4 & 7 \\ 4 & 5 & * \end{bmatrix}$，且 A 的秩为 2.

练习 2.3.6 构造满足下列条件的 4×8 矩阵 R，要求其中为 1 的元素尽量多:

1. R 为阶梯形矩阵，其中主列为第二、四、五列.
2. R 为阶梯形矩阵，其中主列为第一、三、六、八列.
3. R 为阶梯形矩阵，其中主列为第四、六列.
4. R 为行简化阶梯形矩阵，其中自由列为第二、四、五、六列.

5. R 为行简化阶梯形矩阵，其中自由列为第一、三、六、七、八列.

练习 2.3.7 说明满足下列条件的 4×7 矩阵 A 是否存在. 如果存在，举例说明，要求其中为 0 的元素尽量多.

1. A 为阶梯形矩阵，其中主列为第二、四、五列，A^{T} 的主列为第一、三列.
2. A 为阶梯形矩阵，其中主列为第二、四、五列，A^{T} 的主列为第二、三、四列.

练习 2.3.8 证明，$\mathrm{rank}(kA)=\mathrm{rank}(A)\ (k\neq 0)$，$\quad \mathrm{rank}(A+B)\leqslant \mathrm{rank}(A)+\mathrm{rank}(B)$.

练习 2.3.9 证明：$\max\{\mathrm{rank}(A),\mathrm{rank}(B)\}\leqslant \mathrm{rank}\left(\begin{bmatrix}A & B\end{bmatrix}\right)\leqslant \mathrm{rank}(A)+\mathrm{rank}(B)$.

练习 2.3.10

1. 对分块对角矩阵 $C=\begin{bmatrix}A & O\\ O & B\end{bmatrix}$，证明：$\mathrm{rank}(C)=\mathrm{rank}(A)+\mathrm{rank}(B)$.
2. 对分块上三角矩阵 $C=\begin{bmatrix}A & X\\ O & B\end{bmatrix}$，证明：$\mathrm{rank}(C)\geqslant \mathrm{rank}(A)+\mathrm{rank}(B)$. 由此证明，当 A,B 可逆时，C 也可逆.

练习 2.3.11 ☕ 设 A,B,C 分别为 $m\times n,n\times k,k\times s$ 矩阵，证明：

$$\mathrm{rank}(AB)+\mathrm{rank}(BC)\leqslant \mathrm{rank}(ABC)+\mathrm{rank}(B).$$

提示：构造合适的分块上三角矩阵.

练习 2.3.12 设 $m\times n$ 矩阵 A 的秩为 1，证明，存在非零向量 $\boldsymbol{a}\in\mathbb{R}^m,\boldsymbol{b}\in\mathbb{R}^n$，使得 $A=\boldsymbol{a}\boldsymbol{b}^{\mathrm{T}}$.

练习 2.3.13 试分析矩阵 A 满足什么条件时，$AB=AC$ 可以推出 $B=C$.

注意：类比如下问题：对集合之间的映射 $f\colon X\to Y,g\colon Z\to X,h\colon Z\to X$，当一个映射 f 满足什么条件时，$f\circ g=f\circ h$ 可以推出 $g=h$？

练习 2.3.14 设 $m\times n$ 矩阵 A 列满秩，求证：存在行满秩的 $n\times m$ 矩阵 B，使得 $BA=I_n$.

注意：类比如下问题：设集合 X,Y 都只有有限个元素，映射 $f\colon X\to Y$ 为单射，是否存在映射 $g\colon Y\to X$，满足 $g\circ f$ 是 X 上的恒同变换？

练习 2.3.15 证明命题 2.3.10.

练习 2.3.16 设 A,B 是 n 阶方阵，利用不等式 $\mathrm{rank}(AB)\leqslant\min\{\mathrm{rank}(A),\mathrm{rank}(B)\}$，证明：

1. 如果 $AB=I_n$，则 A,B 都可逆，且 $BA=I_n$.
2. 如果 AB 可逆，则 A,B 都可逆.

练习 2.3.17 证明命题 2.3.15.

练习 2.3.18 证明，当 A 行满秩时，仅用初等列变换就可以把它化为相抵标准形；当 A 列满秩时，仅用初等行变换就可以把它化为相抵标准形.

练习 2.3.19 ☕ 对二阶方阵 A，如果存在 $n>2$，使得 $A^n=O$，求证：$A^2=O$.

提示：根据 A 的秩分类讨论. 其中秩等于 1 时，考虑练习 2.3.12.

练习 2.3.20 ☕ 多项式 $f(x)$ 满足 $f(0)=0$，求证：对任意方阵 A，都有 $\operatorname{rank}(f(A))\leqslant\operatorname{rank}(A)$.

提示：可否对 $f(x)$ 进行因式分解？

练习 2.3.21 ☕ 考虑反对称矩阵的秩.

1. 证明反对称矩阵的秩不能是 1.

   提示：考虑练习 2.3.12.

2. 对反对称矩阵 A，去掉首行首列得到矩阵 B. 求证：B 也是反对称矩阵，且 $\operatorname{rank}(B)$ 等于 $\operatorname{rank}(A)$ 或 $\operatorname{rank}(A)-2$.

   提示：注意 $A=\begin{bmatrix}0 & -\boldsymbol{v}^{\mathrm{T}}\\ \boldsymbol{v} & B\end{bmatrix}$，然后根据是否有 $\boldsymbol{v}\in\mathcal{R}(B)$ 进行分类讨论.

3. 证明反对称矩阵的秩必然是偶数. 由此证明，奇数阶反对称矩阵一定不可逆.

练习 2.3.22 设 A 是 n 阶可逆实反对称矩阵，$\boldsymbol{b}$ 是 n 维实列向量，求证：$\operatorname{rank}(A+\boldsymbol{b}\boldsymbol{b}^{\mathrm{T}})=n$.

提示：构造分块矩阵，或者直接应用 Sherman-Morrison 公式.

练习 2.3.23 (满秩分解)

1. 求向量 $\boldsymbol{u},\boldsymbol{v}$，使得 $\boldsymbol{u}\boldsymbol{v}^{\mathrm{T}}=\begin{bmatrix}3 & 6 & 6\\ 1 & 2 & 2\\ 4 & 8 & 8\end{bmatrix}$.

2. 设 A 是秩为 $r>0$ 的 $m\times n$ 的矩阵，令 C 为 A 的主列按顺序组成的矩阵，则 C 有几行几列？令 R 为 A 的行简化阶梯形矩阵的非零行按顺序组成的矩阵，则 R 有几行几列？求证 $A=CR$.

3. 求证：任意秩为 $r>0$ 的 $m\times n$ 矩阵 A 可以分解成列满秩矩阵和行满秩矩阵的乘积，即分别存在 $m\times r, r\times n$ 矩阵 C,R，且 $\operatorname{rank}(C)=\operatorname{rank}(R)=r$，使得 $A=CR$.

4. 证明，任意线性映射 f 都存在分解 $f=g\circ h$，其中 h 是线性满射，g 是线性单射.

   注意：对一般的映射，也有类似的结论，见练习 0.3.8.

练习 2.3.24 (秩一分解) 证明，任意秩为 $r>0$ 的矩阵 A 可以分解成 r 个秩为 1 的矩阵的和.

提示：这实际上是命题 2.3.16 或者练习 2.3.23 的简单推论. 有追求的读者可以由此找到两个证明.

2.4 线性方程组的解集

先考虑齐次线性方程组 $A\boldsymbol{x}=\mathbf{0}$. 下面计算解空间 $\mathcal{N}(A)$ 的基. 继续考虑例 2.3.2，对 A 做初等行变换得到行简化阶梯形矩阵：

$$\begin{bmatrix}1 & 0 & 1 & 0 & -\frac{7}{6}\\ 0 & 1 & -1 & 0 & -\frac{5}{6}\\ 0 & 0 & 0 & 1 & -\frac{1}{3}\\ 0 & 0 & 0 & 0 & 0\end{bmatrix},$$

具体计算见例 1.3.10. 由此得到，x_1, x_2, x_4 是主变量，x_3, x_5 是自由变量. 自由变量的任意一组取值都会唯一地确定一个解. 分别取 $x_3 = 1, x_5 = 0$，和 $x_3 = 0, x_5 = 1$ 得到两个解 $\boldsymbol{k}_1 = \begin{bmatrix} -1 \\ 1 \\ 1 \\ 0 \\ 0 \end{bmatrix}, \boldsymbol{k}_2 = \begin{bmatrix} \frac{7}{6} \\ \frac{5}{6} \\ 0 \\ \frac{1}{3} \\ 1 \end{bmatrix}$. 通解公式即为 $\boldsymbol{k} = x_3\boldsymbol{k}_1 + x_5\boldsymbol{k}_2$，这与例 1.3.10 中的通解公式一致. 显然 $\boldsymbol{k}_1, \boldsymbol{k}_2$ 线性无关，且能够表示方程组的任意一组解，因此，$\boldsymbol{k}_1, \boldsymbol{k}_2$ 是 $\mathcal{N}(A)$ 的一组基.

一般地, 设 A 是 $m \times n$ 矩阵, 秩为 r, 它的行简化阶梯形矩阵包含 r 个主变量, $n-r$ 个自由变量. 对齐次线性方程组 $A\boldsymbol{x} = \boldsymbol{0}$，设 $\boldsymbol{k}_i$ 是第 i 个自由变量取 1，其余自由变量都取 0 时得到的解，由此得到 $n-r$ 个解 $\boldsymbol{k}_1, \boldsymbol{k}_2, \cdots, \boldsymbol{k}_{n-r}$.

定理 2.4.1 对 $m \times n$ 矩阵 A，上述 $n-r$ 个解 $\boldsymbol{k}_1, \boldsymbol{k}_2, \cdots, \boldsymbol{k}_{n-r}$ 是零空间 $\mathcal{N}(A)$ 的一组基，其中 $r = \operatorname{rank}(A)$. 特别地，$\dim \mathcal{N}(A) = n - \operatorname{rank}(A)$.

证 先证 $\boldsymbol{k}_1, \boldsymbol{k}_2, \cdots, \boldsymbol{k}_{n-r}$ 可以线性生成 $\mathcal{N}(A)$. 设 $\boldsymbol{k} \in \mathcal{N}(A)$ 是一个解，它在 $n-r$ 个自由变量上的取值依次为 $c_1, c_2, \cdots, c_{n-r}$. 下证 $\boldsymbol{k} = c_1\boldsymbol{k}_1 + \cdots + c_{n-r}\boldsymbol{k}_{n-r}$. 考虑差 $\boldsymbol{k}' = c_1\boldsymbol{k}_1 + \cdots + c_{n-r}\boldsymbol{k}_{n-r} - \boldsymbol{k}$. 由于 $\mathcal{N}(A)$ 对线性运算封闭，所以 $\boldsymbol{k}'$ 也是一个解，并且在所有自由变量上的取值都是零. 代入线性方程组 $A\boldsymbol{x} = \boldsymbol{0}$ 可得它必为零解：$\boldsymbol{k}' = \boldsymbol{0}$.

再证 $\boldsymbol{k}_1, \boldsymbol{k}_2, \cdots, \boldsymbol{k}_{n-r}$ 线性无关. 设 $c_1\boldsymbol{k}_1 + \cdots + c_{n-r}\boldsymbol{k}_{n-r} = \boldsymbol{0}$，而系数 $c_1, c_2, \cdots, c_{n-r}$ 恰好是解 $c_1\boldsymbol{k}_1 + c_2\boldsymbol{k}_2 + \cdots + c_{n-r}\boldsymbol{k}_{n-r}$ 在 $n-r$ 个自由变量上的取值，因此全为零. □

注意，事实上，$\mathcal{N}(A)$ 的这组基，可以从行简化阶梯形矩阵中直接得出，而不需要真地去解 r 个变量的线性方程组.

齐次线性方程组的解，可以由解空间 $\mathcal{N}(A)$ 完全刻画，因此，以后齐次线性方程组的解，就可以直接用 $\mathcal{N}(A)$ 来表示，而不是一组通解.

再考虑非齐次线性方程组. 我们称 $A\boldsymbol{x} = \boldsymbol{0}$ 是 $A\boldsymbol{x} = \boldsymbol{b}$ 的**导出方程组**. 先选定 $A\boldsymbol{x} = \boldsymbol{b}$ 的一个解 $\boldsymbol{k}_0$，称为**特解**. 通过平移向量 $\boldsymbol{k}_0$ 可以建立两个解集 $\{\boldsymbol{x} \mid A\boldsymbol{x} = \boldsymbol{b}\}$ 和 $\mathcal{N}(A)$ 之间的一个一一对应. 事实上，对 $A\boldsymbol{x} = \boldsymbol{b}$ 的任意解 $\boldsymbol{k}$，都有 $A(\boldsymbol{k} - \boldsymbol{k}_0) = \boldsymbol{b} - \boldsymbol{b} = \boldsymbol{0}$，即 $\boldsymbol{k} - \boldsymbol{k}_0$ 是 $A\boldsymbol{x} = \boldsymbol{0}$ 的一个解. 这定义了两个解集之间的一个映射 (参见图 2.4.1)：

$$
\begin{aligned}
f\colon \{\boldsymbol{x} \mid A\boldsymbol{x} = \boldsymbol{b}\} &\to \mathcal{N}(A), \\
\boldsymbol{k} &\mapsto \boldsymbol{k} - \boldsymbol{k}_0.
\end{aligned}
$$

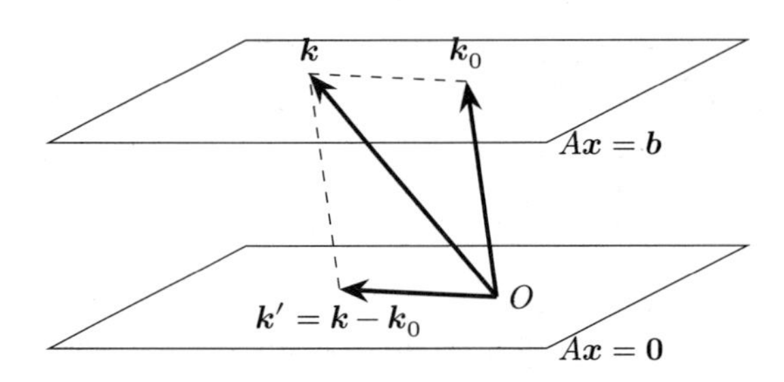

图 2.4.1 非齐次线性方程组的解

它可逆，其逆映射是

$$\begin{aligned} f^{-1}\colon \mathcal{N}(A) &\to \{\boldsymbol{x} \mid A\boldsymbol{x}=\boldsymbol{b}\}, \\ \boldsymbol{k}' &\mapsto \boldsymbol{k}'+\boldsymbol{k}_0. \end{aligned}$$

因此，f 是双射. 例如，设 $A=\begin{bmatrix}1 & 1 & 1\end{bmatrix}$，则 $A\boldsymbol{x}=1$ 的解集是 $\mathbb{R}^3$ 中的平面 $x_1+x_2+x_3=1$，而 $\mathcal{N}(A)$ 是过原点的平面 $x_1+x_2+x_3=0$，两个平面平行. 这就说明，双射 f 通过平移向量 $\boldsymbol{k}_0$ 建立了两个解集 $\{\boldsymbol{x} \mid A\boldsymbol{x}=\boldsymbol{b}\}$ 和 $\mathcal{N}(A)$ 之间的一一对应，立刻可得如下结论.

定理 2.4.2 设线性方程组 $A\boldsymbol{x}=\boldsymbol{b}$ 的一个特解是 $\boldsymbol{k}_0$，其导出方程组的解空间 $\mathcal{N}(A)$ 的一组基是 $\boldsymbol{k}_1,\boldsymbol{k}_2,\cdots,\boldsymbol{k}_{n-r}$，其中 $r=\operatorname{rank}(A)$，则 $A\boldsymbol{x}=\boldsymbol{b}$ 的解集就是

$$\{\boldsymbol{k}_0+c_1\boldsymbol{k}_1+c_2\boldsymbol{k}_2,\cdots+c_{n-r}\boldsymbol{k}_{n-r} \mid c_1,c_2,\cdots,c_{n-r}\in\mathbb{R}\}.$$

注意只要 $\boldsymbol{b}\neq\boldsymbol{0}$，这个解集就不是一个子空间.

下面我们利用 $\mathcal{N}(A)$ 的结构来讨论线性方程组的解集. 判定定理 1.3.8，可以用秩来重新叙述.

定理 2.4.3 (判定定理) 对 n 个变量的线性方程组 $A\boldsymbol{x}=\boldsymbol{b}$，它的解有如下情形：

1. 它有解，当且仅当其系数矩阵与增广矩阵秩相等，即 $\operatorname{rank}(A)=\operatorname{rank}\left(\begin{bmatrix}A & \boldsymbol{b}\end{bmatrix}\right)$；
2. 它有唯一解，当且仅当 $\operatorname{rank}(A)=\operatorname{rank}\left(\begin{bmatrix}A & \boldsymbol{b}\end{bmatrix}\right)=n$；
3. 它有无穷多组解，当且仅当 $\operatorname{rank}(A)=\operatorname{rank}\left(\begin{bmatrix}A & \boldsymbol{b}\end{bmatrix}\right)<n$.

假设 $A\boldsymbol{x}=\boldsymbol{b}$ 有解，当把增广矩阵 $\begin{bmatrix}A & \boldsymbol{b}\end{bmatrix}$ 化成行简化阶梯形矩阵时，系数矩阵 A 同时化为了行简化阶梯形矩阵. 此时把由 A 得到的所有自由变量都取 0，即可得到一个特解. 下面通过一个例子来说明这一求解过程.

例 2.4.4 求解

$$\begin{cases} x_1-x_2 \qquad +x_4-x_5=1, \\ 2x_1 \qquad +x_3 \qquad -x_5=2, \\ 3x_1-x_2-x_3-x_4-x_5=0. \end{cases}$$

对增广矩阵做初等行变换：

$$\left[\begin{array}{ccccc|c}1 & -1 & 0 & 1 & -1 & 1\\ 2 & 0 & 1 & 0 & -1 & 2\\ 3 & -1 & -1 & -1 & -1 & 0\end{array}\right] \to \left[\begin{array}{ccccc|c}1 & -1 & 0 & 1 & -1 & 1\\ 0 & 2 & 1 & -2 & 1 & 0\\ 0 & 0 & 2 & 2 & -1 & 3\end{array}\right]$$

$$\to \left[\begin{array}{ccccc|c}1 & -1 & 0 & 1 & -1 & 1\\ 0 & 1 & \frac{1}{2} & -1 & \frac{1}{2} & 0\\ 0 & 0 & 1 & 1 & -\frac{1}{2} & \frac{3}{2}\end{array}\right] \to \left[\begin{array}{ccccc|c}1 & 0 & 0 & -\frac{1}{2} & -\frac{1}{4} & \frac{1}{4}\\ 0 & 1 & 0 & -\frac{3}{2} & \frac{3}{4} & -\frac{3}{4}\\ 0 & 0 & 1 & 1 & -\frac{1}{2} & \frac{3}{2}\end{array}\right].$$

主变量是 x_1, x_2, x_3，自由变量为 x_4, x_5. 把 $x_4 = x_5 = 0$ 代入，得到一个特解是 $\boldsymbol{k}_0 = \begin{bmatrix}\frac{1}{4}\\ -\frac{3}{4}\\ \frac{3}{2}\\ 0\\ 0\end{bmatrix}$，而导出方程组的一组基为 $\boldsymbol{k}_1 = \begin{bmatrix}\frac{1}{2}\\ \frac{3}{2}\\ -1\\ 1\\ 0\end{bmatrix}, \boldsymbol{k}_2 = \begin{bmatrix}\frac{1}{4}\\ -\frac{3}{4}\\ \frac{1}{2}\\ 0\\ 1\end{bmatrix}$. 因此原方程组的全部解为 $\boldsymbol{k}_0 + c_1\boldsymbol{k}_1 + c_2\boldsymbol{k}_2$，其中 $c_1, c_2 \in \mathbb{R}$. ☺

由定理 2.4.1 得到如下重要的维数公式.

定理 2.4.5 设 A 是 $m \times n$ 矩阵，则

$$\dim \mathcal{R}(A) + \dim \mathcal{N}(A) = n, \quad \dim \mathcal{R}(A^{\mathrm{T}}) + \dim \mathcal{N}(A^{\mathrm{T}}) = m.$$

其中 $\mathbb{R}^m$ 的子空间 $\mathcal{N}(A^{\mathrm{T}})$，称为矩阵 A 的**左零空间**，得名于其中向量 $\boldsymbol{x}$ 满足 $\boldsymbol{x}^{\mathrm{T}}A = \mathbf{0}^{\mathrm{T}}$.

从线性方程组 $A\boldsymbol{x} = \boldsymbol{b}$ 的角度来观察定理 2.4.5. 一方面，$\dim \mathcal{N}(A)$ 是自由变量的个数，$\operatorname{rank}(A) = \dim \mathcal{R}(A)$ 是主变量个数，而 A 的列数 n 则是变量的总个数. 显然 $\dim \mathcal{N}(A) + \dim \mathcal{R}(A) = n$. 另一方面，$\operatorname{rank}(A^{\mathrm{T}}) = \dim \mathcal{R}(A^{\mathrm{T}})$ 是有效方程的个数，m 是总方程个数. 而 $\dim \mathcal{R}(A^{\mathrm{T}}) + \dim \mathcal{N}(A^{\mathrm{T}}) = m$，因此 $\dim \mathcal{N}(A^{\mathrm{T}})$ 是多余方程的个数.

例 2.4.6 (电路网络) 对例 2.1.18 中的电路网络进行进一步的分析.

矩阵 M_G 诱导的电势与电势差之间的映射 $\boldsymbol{M}_G\colon \mathbb{R}^4 \to \mathbb{R}^5$. 由 **Ohm 定律**，电流与电阻的乘积等于电势差. 假设各边电阻都是 1，则边上的电流等于两端的电势差. 设 $\boldsymbol{y} \in \mathbb{R}^5$ 表示边上的电流向量，则转置矩阵 M_G^{T} 诱导了一个映射 $\boldsymbol{M}_G^{\mathrm{T}}\colon \mathbb{R}^5 \to \mathbb{R}^4$，它把边上的电流映射到顶点流入流出的电流的差（参见图 2.4.2).

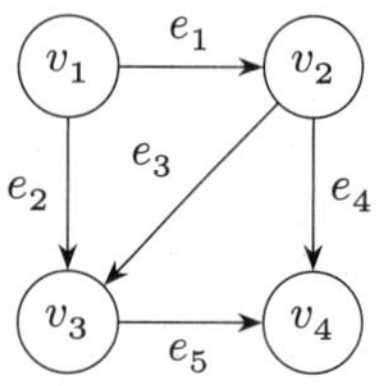

$$M_G^{\mathrm{T}}=\begin{bmatrix}-1&-1&0&0&0\\1&0&-1&-1&0\\0&1&1&0&-1\\0&0&0&1&1\end{bmatrix}\begin{matrix}v_1\\v_2\\v_3\\v_4\end{matrix}$$
$$\quad e_1\quad e_2\quad e_3\quad e_4\quad e_5$$

图 2.4.2 图 G 和关联矩阵的转置 M_G^{T}

设 $\boldsymbol{y}\in\mathcal{N}(M_G^{\mathrm{T}})$，则 $M_G^{\mathrm{T}}\boldsymbol{y}=\boldsymbol{0}$ 表示在电流 $\boldsymbol{y}$ 中，每个顶点流入和流出的电流都相等. 零空间 $\mathcal{N}(M_G^{\mathrm{T}})$ 有一组基 $\begin{bmatrix}1&-1&1&0&0\end{bmatrix}^{\mathrm{T}}, \begin{bmatrix}0&0&1&-1&1\end{bmatrix}^{\mathrm{T}}$，分别对应图 G 上两个圈 e_1,e_2,e_3 和 e_3,e_4,e_5. 两个圈组合起来可以得到一个更大的圈 e_1,e_2,e_4,e_5，对应于向量 $\begin{bmatrix}1&-1&0&1&-1\end{bmatrix}^{\mathrm{T}}\in\mathcal{N}(M_G^{\mathrm{T}})$. 因此，$\mathcal{N}(M_G^{\mathrm{T}})$ 的维数等于图 G 中独立的圈的个数，也等于图 G 中“面”的个数.

考虑一般的图 G，设有 n 个顶点和 m 条边，则关联矩阵 M_G 是 $m\times n$ 矩阵. 假设任意两个顶点都能通过边连接（边可以不止一条），即图 G 是**连通**的. 由维数公式可知

$$\dim\mathcal{N}(M_G)+\dim\mathcal{R}(M_G)=n,\quad \dim\mathcal{N}(M_G^{\mathrm{T}})+\dim\mathcal{R}(M_G^{\mathrm{T}})=m.$$

消去 $\dim\mathcal{R}(M_G)=\dim\mathcal{R}(M_G^{\mathrm{T}})$ 可得

$$n-m+\dim\mathcal{N}(M_G^{\mathrm{T}})=\dim\mathcal{N}(M_G). \tag{2.4.1}$$

由例 2.1.18 可知 $\dim\mathcal{N}(M_G)=1$，由此可得 $\dim\mathcal{N}(M_G^{\mathrm{T}})=m-n+1$，这恰好是图 G 中“面”的个数. 因此 (2.4.1) 式可以写成：

$$\text{“点”的个数}-\text{“边”的个数}+\text{“面”的个数}=1.$$

这恰是平面上图的 **Euler 公式**. ☺

最后，来看一个复杂的例子，以便体会线性方程组的常见应用场景.

例 2.4.7 (电路网络) 给定简单连通有向图 G，为边添加电阻和电源，构成了一个电路网络（参见图 2.4.3）. 假设顶点 $v_i\,(i=1,2,3,4)$ 处的电势为 x_i，外部流入的电流为 g_i；弧 $e_j\,(j=1,2,\cdots,5)$ 上的电阻为 r_j，电源提供的电压为 b_j，其上通过的电流为 y_j. 记电势向量为 $\boldsymbol{x}$，电流向量 $\boldsymbol{y}$，外来电流 $\boldsymbol{g}$，电源 $\boldsymbol{b}$，而电阻矩阵 $R=\operatorname{diag}(r_j)$.

先来观察 $\boldsymbol{u}=M_G\boldsymbol{x}=\begin{bmatrix}x_2-x_1\\x_3-x_1\\x_3-x_2\\x_4-x_2\\x_4-x_3\end{bmatrix}$，它表示的就是边两端的电势差. $\boldsymbol{b}-\boldsymbol{u}$ 就是电阻引起的电势降. Ohm 定律告诉我们，$r_jy_j=b_j-u_j$，亦即而 $R\boldsymbol{y}=\boldsymbol{b}-\boldsymbol{u}=\boldsymbol{b}-M_G\boldsymbol{x}$.

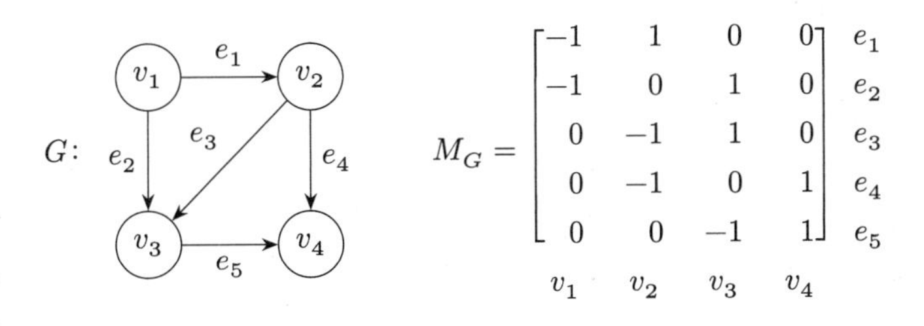

图 2.4.3 图 G 和关联矩阵 M_G

另一方面，观察 $\boldsymbol{f} = M_G^{\mathrm{T}}\boldsymbol{y} = \begin{bmatrix} -y_1 - y_2 \\ y_1 - y_3 - y_4 \\ y_2 + y_3 - y_5 \\ y_4 + y_5 \end{bmatrix}$，它表示的是系统内部流入顶点的总电流. 电路稳定时，每个顶点处流入流出的总电流应该为 0，这称为 **Kirchhoff 电流定律**. 根据电流平衡，$\boldsymbol{g} = \boldsymbol{f} = M_G^{\mathrm{T}}\boldsymbol{y}$. 于是我们列出了线性方程组

$$\begin{cases} R\boldsymbol{y} + M_G\boldsymbol{x} = \boldsymbol{b}, \\ M_G^{\mathrm{T}}\boldsymbol{y} = \boldsymbol{g}, \end{cases} \quad \text{或} \quad \begin{bmatrix} R & M_G \\ M_G^{\mathrm{T}} & 0 \end{bmatrix} \begin{bmatrix} \boldsymbol{y} \\ \boldsymbol{x} \end{bmatrix} = \begin{bmatrix} \boldsymbol{b} \\ \boldsymbol{g} \end{bmatrix}.$$

系数矩阵是对称矩阵，未知数是电流和电势. 因为对角矩阵 R 可逆，上式可以化简成

$$M_G^{\mathrm{T}}R^{-1}M_G\boldsymbol{x} = M_G^{\mathrm{T}}R^{-1}\boldsymbol{b} - \boldsymbol{g}, \tag{2.4.2}$$

其中未知数是电势. 注意，n 阶方阵 $M_G^{\mathrm{T}}R^{-1}M_G$ 不可逆，它的秩 $\mathrm{rank}(M_G^{\mathrm{T}}R^{-1}M_G) = \mathrm{rank}(M_G) = n-1$（为什么？）. 零空间 $\mathcal{N}(M_G^{\mathrm{T}}R^{-1}M_G)$ 的维数是 1，它的一组基是 $\mathbf{1} = \begin{bmatrix} 1 \\ 1 \\ \vdots \\ 1 \end{bmatrix}$. 设 $\boldsymbol{x}_0$ 是线性方程组 (2.4.2) 的特解，由定理 2.4.2 可知，线性方程组的解集是 $\{\boldsymbol{x}_0 + k\mathbf{1} \mid k \in \mathbb{R}\}$. 这意味着，各个顶点的电势除相差一个相同常数之外，解唯一. ☺

类似于图 1.6.3，我们把例 2.4.7 的模式总结在图 2.4.4 中，可以看到，两图的模式也是类似的.

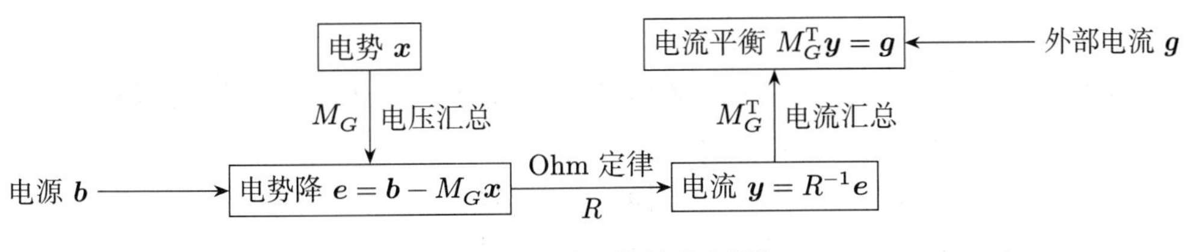

图 2.4.4 电路网络的基本框架

习题

练习 2.4.1 求下列矩阵零空间的一组基:

1. $\begin{bmatrix}1&1&1&1&1\\3&2&1&1&-3\\0&1&2&2&6\\5&4&3&3&-1\end{bmatrix}$.　2. $\begin{bmatrix}1&-2&1&1&-1\\2&1&-1&-1&-1\\1&7&-5&5&5\\3&-1&-2&1&-1\end{bmatrix}$.　3. $\begin{bmatrix}2&1&-1&-1&1\\1&-1&1&1&-2\\3&3&-3&-3&4\\4&5&-5&-5&7\end{bmatrix}$.

练习 2.4.2 求如下线性方程组的全部解:

$$\begin{cases}2x_1-2x_2+x_3-x_4+x_5=1,\\x_1+2x_2-x_3+x_4-2x_5=1,\\4x_1-10x_2+5x_3-5x_4+7x_5=1.\end{cases}$$

练习 2.4.3 求下列矩阵零空间的一组基:

1. $\begin{bmatrix}I_n&I_n\end{bmatrix}$.　2. $\begin{bmatrix}I_n&I_n\\O&O\end{bmatrix}$.　3. $\begin{bmatrix}I_n&I_n&I_n\end{bmatrix}$.

练习 2.4.4 给定 $A=\begin{bmatrix}1&&\\6&1&\\9&8&1\end{bmatrix}\begin{bmatrix}1&2&3&4\\&1&2&3\\&&1&2\end{bmatrix}$, 求 A 的零空间、列空间、行空间、左零空间的一组基.

练习 2.4.5 线性方程组 $A\boldsymbol{x}=\begin{bmatrix}1\\3\end{bmatrix}$ 的全部解是 $\boldsymbol{x}=\begin{bmatrix}1\\0\end{bmatrix}+k\begin{bmatrix}0\\1\end{bmatrix}, k\in\mathbb{R}$, 求 A.

练习 2.4.6 求常数 a,b,c, 使得方程 $\begin{bmatrix}1&-3&-1\end{bmatrix}\boldsymbol{x}=12$ 的所有解都具有如下形式:

$$\begin{bmatrix}x_1\\x_2\\x_3\end{bmatrix}=\begin{bmatrix}a\\0\\0\end{bmatrix}+\begin{bmatrix}b\\1\\0\end{bmatrix}x_2+\begin{bmatrix}c\\0\\1\end{bmatrix}x_3.$$

练习 2.4.7 设 3×4 矩阵 A 的零空间的一组基是 $\begin{bmatrix}2\\3\\1\\0\end{bmatrix}$.

1. 求 $\operatorname{rank}(A)$ 和 $\operatorname{rref}(A)$.
2. 线性方程组 $A\boldsymbol{x}=\boldsymbol{b}$ 对哪些 $\boldsymbol{b}$ 有解?

练习 2.4.8 设 $A=\begin{bmatrix}1&2&3&4\\5&6&7&8\\1&0&0&0\end{bmatrix}$, 对任意 $\boldsymbol{v}\in\mathbb{R}^4$, 令 $S_{\boldsymbol{v}}:=\{\boldsymbol{v}+\boldsymbol{x}_0\mid\boldsymbol{x}_0\in\mathcal{N}(A)\}$, 即由 $\mathcal{N}(A)$ 沿着 $\boldsymbol{v}$ 平移后得到的子集. 令 $\boldsymbol{v}_1=\begin{bmatrix}1\\2\\0\\0\end{bmatrix},\boldsymbol{v}_2=\begin{bmatrix}0\\0\\1\\2\end{bmatrix},\boldsymbol{v}_3=\begin{bmatrix}1\\2\\3\\6\end{bmatrix}$, 求 $\boldsymbol{b}_i\ (i=1,2,3)$ 使得 $S_{\boldsymbol{v}_i}$ 是 $A\boldsymbol{x}=\boldsymbol{b}_i$

的解集，并分析 $\boldsymbol{v}_1, \boldsymbol{v}_2, \boldsymbol{v}_3$ 之间的关系.

练习 2.4.9 ☕ 把国际象棋的棋盘以及棋子的初始位置分别抽象成如下矩阵 B 和 C：

$$B = \begin{bmatrix} 1 & 0 & 1 & 0 & 1 & 0 & 1 & 0 \\ 0 & 1 & 0 & 1 & 0 & 1 & 0 & 1 \\ 1 & 0 & 1 & 0 & 1 & 0 & 1 & 0 \\ 0 & 1 & 0 & 1 & 0 & 1 & 0 & 1 \\ 1 & 0 & 1 & 0 & 1 & 0 & 1 & 0 \\ 0 & 1 & 0 & 1 & 0 & 1 & 0 & 1 \\ 1 & 0 & 1 & 0 & 1 & 0 & 1 & 0 \\ 0 & 1 & 0 & 1 & 0 & 1 & 0 & 1 \end{bmatrix}, \quad C = \begin{bmatrix} r & n & b & q & k & b & n & r \\ p & p & p & p & p & p & p & p \\ 0 & 0 & 0 & 0 & 0 & 0 & 0 & 0 \\ 0 & 0 & 0 & 0 & 0 & 0 & 0 & 0 \\ 0 & 0 & 0 & 0 & 0 & 0 & 0 & 0 \\ 0 & 0 & 0 & 0 & 0 & 0 & 0 & 0 \\ p & p & p & p & p & p & p & p \\ r & n & b & q & k & b & n & r \end{bmatrix}.$$

分别求其列空间、行空间、零空间和左零空间的一组基，其中 r, n, b, q, k, p 是两两不等的非零实数.

练习 2.4.10 设 A, B, C, D 为二阶方阵，如果分块矩阵 $M = \begin{bmatrix} A & B \\ C & D \end{bmatrix}$ 满足每一行、每一列以及四个二阶子方阵中的四个元素都是 $1, 2, 3, 4$，则称 M 为四阶数独矩阵. 写出一个四阶数独矩阵，并分别求其列空间、行空间、零空间和左零空间的一组基.

练习 2.4.11 在平面直角坐标系下给定点 $A(a_1, a_2), B(b_1, b_2), C(c_1, c_2)$，证明，$A, B, C$ 三点不共线当且仅当矩阵 $\begin{bmatrix} a_1 & a_2 & 1 \\ b_1 & b_2 & 1 \\ c_1 & c_2 & 1 \end{bmatrix}$ 可逆.

练习 2.4.12 设 $\boldsymbol{x}_0, \boldsymbol{x}_1, \cdots, \boldsymbol{x}_t$ 是线性方程组 $A\boldsymbol{x} = \boldsymbol{b}$ 的解，其中 $\boldsymbol{b} \neq \boldsymbol{0}$，证明，$c_0\boldsymbol{x}_0 + c_1\boldsymbol{x}_1 + \cdots + c_t\boldsymbol{x}_t$ 也是解当且仅当 $c_0 + c_1 + \cdots + c_t = 1$.

练习 2.4.13 设 $\boldsymbol{x}_0$ 是线性方程组 $A\boldsymbol{x} = \boldsymbol{b}$ 的一个解，其中 $\boldsymbol{b} \neq \boldsymbol{0}$，而 $\boldsymbol{k}_1, \boldsymbol{k}_2, \cdots, \boldsymbol{k}_t$ 是 $\mathcal{N}(A)$ 的一组基. 令 $\boldsymbol{x}_i = \boldsymbol{x}_0 + \boldsymbol{k}_i, i = 1, 2, \cdots, t$，证明，线性方程组的任意解都可唯一地表示成 $c_0\boldsymbol{x}_0 + c_1\boldsymbol{x}_1 + \cdots + c_t\boldsymbol{x}_t$，其中 $c_0 + c_1 + \cdots + c_t = 1$.

练习 2.4.14 对任意 $\mathbb{R}^n$ 中线性无关的向量组 $\boldsymbol{x}_0, \boldsymbol{x}_1, \cdots, \boldsymbol{x}_t$，证明，存在满足如下条件的非齐次线性方程组：

1. $\boldsymbol{x}_0, \boldsymbol{x}_1, \cdots, \boldsymbol{x}_t$ 都是此方程组的解；
2. 该方程组的任意解都能被 $\boldsymbol{x}_0, \boldsymbol{x}_1, \cdots, \boldsymbol{x}_t$ 线性表示.

练习 2.4.15 ☕ 给定线性方程组 $A\boldsymbol{x} = \boldsymbol{b}$，和分块矩阵 $B = \begin{bmatrix} A & \boldsymbol{b} \\ \boldsymbol{b}^{\mathrm{T}} & 0 \end{bmatrix}$. 证明，如果 $\operatorname{rank}(A) = \operatorname{rank}(B)$，则方程组有解.

练习 2.4.16 (Fredholm 二择一定理) ☕ 线性方程组 $A\boldsymbol{x} = \boldsymbol{b}$ 有解当且仅当 $\begin{bmatrix} A^{\mathrm{T}} \\ \boldsymbol{b}^{\mathrm{T}} \end{bmatrix} \boldsymbol{y} = \begin{bmatrix} \boldsymbol{0} \\ 1 \end{bmatrix}$ 无解.

注意：前一个方程组中 $\boldsymbol{x}$ 为未知向量，后一个方程组中 $\boldsymbol{y}$ 为未知向量.

练习 2.4.17 如果 10 阶方阵 A 满足 $A^2 = O$，证明 $\operatorname{rank}(A) \leqslant 5$. 是否存在 $A^2 = O, \operatorname{rank}(A) = 5$ 的 10 阶方阵 A?

提示：子空间 $\mathcal{N}(A)$ 和 $\mathcal{R}(A)$ 有何关系?

练习 2.4.18 ☕ 设 A, B 分别为 $m\times n, n\times k$ 矩阵，证明，$\operatorname{rank}(AB)\geqslant \operatorname{rank}(A)+\operatorname{rank}(B)-n$.

提示：法一：参见练习 2.3.11. 法二：利用相抵标准形. 法三：证明 $\dim\mathcal{N}(AB)\leqslant\dim\mathcal{N}(A)+\dim\mathcal{N}(B)$.

练习 2.4.19 对 n 阶方阵 A，求证：

1. $A^2=A$ 当且仅当 $\operatorname{rank}(A)+\operatorname{rank}(I_n-A)=n$.

   提示：考虑 A 和 $I-A$ 的相关的子空间有何关系？

2. $A^2=I_n$ 当且仅当 $\operatorname{rank}(I_n+A)+\operatorname{rank}(I_n-A)=n$.

   提示：考虑 $I+A$ 和 $I-A$ 的相关的子空间有何关系？

练习 2.4.20 证明或否定：如果对任意 $\boldsymbol{b}$，线性方程组 $A_1\boldsymbol{x}=\boldsymbol{b}$ 和 $A_2\boldsymbol{x}=\boldsymbol{b}$ 总有相同的解集，则 $A_1=A_2$.

练习 2.4.21 证明，$\mathbb{R}^n$ 的任意子空间一定是某个矩阵的零空间.

练习 2.4.22 给定 $l\times n$ 矩阵 A 和 $m\times n$ 矩阵 B，证明，$\mathcal{N}(A)\subseteq\mathcal{N}(B)$ 当且仅当存在 $m\times l$ 矩阵 C，使得 $B=CA$.

练习 2.4.23 给定 $m\times n$ 矩阵 A, B，证明，$\mathcal{N}(A)=\mathcal{N}(B)$ 当且仅当存在 m 阶可逆矩阵 T，使得 $B=TA$.

练习 2.4.24 给定 n 阶方阵 A.

1. 对任意 k，证明 $\mathcal{R}(A^k)\supseteq\mathcal{R}(A^{k+1})$；
2. 假设 $\mathcal{R}(A^k)=\mathcal{R}(A^{k+1})$，求证 $\mathcal{R}(A^{k+1})=\mathcal{R}(A^{k+2})$；
3. 求证：存在 $k\leqslant n$，满足 $\operatorname{rank}(A^k)=\operatorname{rank}(A^{k+1})=\cdots$. 由此证明，如果存在 p 使得 $A^p=O$，则 $A^n=O$.

练习 2.4.25 (Kirchhoff 电流定律) 对练习 2.1.22 中的电路网络，令 M_G 为对应的关联矩阵. 根据 Kirchhoff 电流定律，求 M_G 左零空间的一组基.

练习 2.4.26 在例 2.4.7 中，有结论 $\operatorname{rank}(M_G^{\mathrm{T}}R^{-1}M_G)=\operatorname{rank}(M_G)$，其中 R^{-1} 为对角元素都大于零的对角矩阵. 根据下列思路证明该结论：

1. 若 $\boldsymbol{y}^{\mathrm{T}}R^{-1}\boldsymbol{y}=0$，则 $\boldsymbol{y}=\boldsymbol{0}$.
2. $M_G\boldsymbol{x}=\boldsymbol{0}$，当且仅当 $M_G^{\mathrm{T}}R^{-1}M_G\boldsymbol{x}=\boldsymbol{0}$.
3. $\operatorname{rank}(M_G^{\mathrm{T}}R^{-1}M_G)=\operatorname{rank}(M_G)$.

阅读 2.4.27 (桥墩载荷) 现在假设桥有三个桥墩，重力为 F_1 的重物和桥墩位置关系如图 2.4.5 所示.

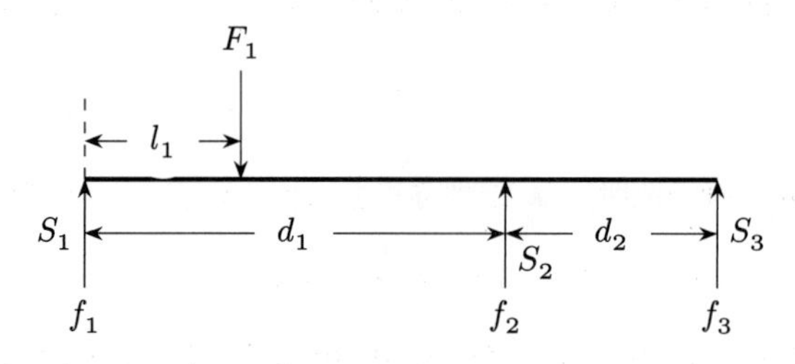

图 2.4.5 桥墩载荷：三桥墩

以 S_1, S_2, S_3 三处为杠杆，列出线性方程组

$$\begin{bmatrix} 0 & -d_1 & -d_1-d_2 \\ d_1 & 0 & -d_2 \\ d_1+d_2 & d_2 & 0 \end{bmatrix}\begin{bmatrix} f_1 \\ f_2 \\ f_3 \end{bmatrix} = \begin{bmatrix} -l_1F_1 \\ (d_1-l_1)F_1 \\ (d_1+d_2-l_1)F_1 \end{bmatrix}.$$

可以发现系数矩阵的秩是 2，因此方程组有无穷多解. 与实际矛盾！添加力平衡条件如何？添加其他支点的杠杆平衡条件如何？全部无用！事实上，不管有多少桥墩，系数矩阵的秩都是 2. 问题出在哪里？关键问题在于我们忽略了桥的形变，以及认为结构横向联系无限强. 在实际工程计算中，这种简单实用的杠杆法要假设载荷只由相邻的两个桥墩承担. 另一种可行做法是考虑桥的形变以及结构的横向联系对载荷的影响，所需物理知识已大大超出了本书的范围.

第 3 章 内积和正交性

第 1 章至第 2 章主要介绍了线性映射和线性空间的基本概念，其中重要的是:

1. 线性方程组 $A\boldsymbol{x}=\boldsymbol{b}$ 的求解，帮助判断线性映射是否单射或满射;
2. 子空间的基的计算，进一步明确线性映射单射或满射的性质.

本章将处理与之相关的两个问题:

1. 在线性方程组 $A\boldsymbol{x}=\boldsymbol{b}$ 无解时，如何找到最佳的逼近解，即找到 $\widehat{\boldsymbol{x}}$，使得 $A\widehat{\boldsymbol{x}}-\boldsymbol{b}$ 尽量小?
2. 如果把基类比于坐标系的坐标向量，那么有没有一组基，类比于直角坐标系中两两正交的坐标向量呢?

前者需要刻画向量的大小，后者需要刻画向量间的夹角.

3.1 基 本 概 念

3.1.1 内积

先看一个平面的例子.

例 3.1.1 平面向量有内积、夹角和长度等概念. 其坐标表示需要直角坐标系，即要求 $\mathbb{R}^2$ 的标准基 $\boldsymbol{e}_1=\begin{bmatrix}1\\0\end{bmatrix},\boldsymbol{e}_2=\begin{bmatrix}0\\1\end{bmatrix}$ 是互相垂直且每个向量的长度都是 1. 设 $\boldsymbol{a}=\begin{bmatrix}a_1\\a_2\end{bmatrix},\boldsymbol{b}=\begin{bmatrix}b_1\\b_2\end{bmatrix}$ 是两个平面向量，则二者的内积为实数 $a_1b_1+a_2b_2=\boldsymbol{a}^{\mathrm{T}}\boldsymbol{b}$. 利用内积可以定义向量的长度为 $\|\boldsymbol{a}\|=\sqrt{a_1^2+a_2^2}=\sqrt{\boldsymbol{a}^{\mathrm{T}}\boldsymbol{a}}$. 而两个向量 $\boldsymbol{a},\boldsymbol{b}$ 垂直当且仅当二者内积为零，即 $a_1b_1+a_2b_2=0$.

下面考虑方程组 $Ax=\boldsymbol{b}$，其中 $A=\begin{bmatrix}2\\1\end{bmatrix},\boldsymbol{b}=\begin{bmatrix}2\\4\end{bmatrix},x\in\mathbb{R}$. 方程组显然无解. 退而求其次，我们希望找到最佳逼近 $\hat{x}\in\mathbb{R}$，即满足

$$\|\boldsymbol{b}-A\hat{x}\|=\min_{x\in\mathbb{R}}\|\boldsymbol{b}-Ax\|.$$

注意到，集合 $\{Ax\mid x\in\mathbb{R}\}$ 是一条过原点的直线，$\|\boldsymbol{b}-Ax\|$ 的最小值为向量 $\boldsymbol{b}$ (的终点) 到该直线的距离. 设 $\boldsymbol{a}=A$ 为 A 的唯一列向量. 为了求此距离，需要把向量 $\boldsymbol{b}$ 向该直线

做**垂直投影**（参见图 3.1.1），即考虑分解 $\boldsymbol{b}=\hat{x}\boldsymbol{a}+\boldsymbol{r}$，使得 $\boldsymbol{a}$ 与 $\boldsymbol{r}$ 垂直，即内积为零．于是 $0=\boldsymbol{a}^{\mathrm{T}}\boldsymbol{r}=\boldsymbol{a}^{\mathrm{T}}(\boldsymbol{b}-\hat{x}\boldsymbol{a})$，因此

$$\hat{x}=\frac{\boldsymbol{a}^{\mathrm{T}}\boldsymbol{b}}{\boldsymbol{a}^{\mathrm{T}}\boldsymbol{a}},\quad \boldsymbol{r}=\boldsymbol{b}-\frac{\boldsymbol{a}^{\mathrm{T}}\boldsymbol{b}}{\boldsymbol{a}^{\mathrm{T}}\boldsymbol{a}}\boldsymbol{a}.$$

代入可得 $\hat{x}=\frac{8}{5},\boldsymbol{r}=\begin{bmatrix}2\\4\end{bmatrix}-\frac{8}{5}\begin{bmatrix}2\\1\end{bmatrix}=\frac{6}{5}\begin{bmatrix}-1\\2\end{bmatrix}$，而距离为 $\boldsymbol{r}$ 的长度 $\|\boldsymbol{r}\|=\frac{6}{\sqrt{5}}$. ☺

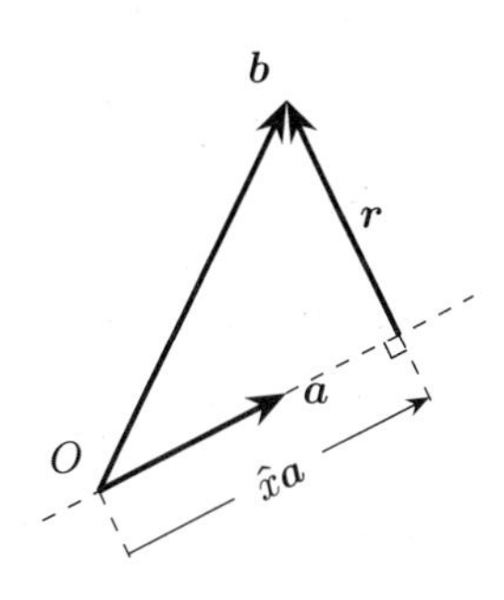

图 3.1.1 平面向量的逼近

下面考察 $\mathbb{R}^n$ 的情形.

定义 3.1.2 (内积) 定义 $\mathbb{R}^n$ 上的两个列向量 $\boldsymbol{a},\boldsymbol{b}$ 的**内积**为实数 $\boldsymbol{a}^{\mathrm{T}}\boldsymbol{b}$，即如果 $\boldsymbol{a}=\begin{bmatrix}a_1\\a_2\\\vdots\\a_n\end{bmatrix},\boldsymbol{b}=\begin{bmatrix}b_1\\b_2\\\vdots\\b_n\end{bmatrix}$，则 $\boldsymbol{a},\boldsymbol{b}$ 的内积为 $a_1b_1+a_2b_2+\cdots+a_nb_n$.

命题 3.1.3 向量内积满足如下性质：

1. **对称**：$\boldsymbol{a}^{\mathrm{T}}\boldsymbol{b}=\boldsymbol{b}^{\mathrm{T}}\boldsymbol{a}$；
2. **双线性**：$\boldsymbol{a}^{\mathrm{T}}(k_1\boldsymbol{b}_1+k_2\boldsymbol{b}_2)=k_1\boldsymbol{a}^{\mathrm{T}}\boldsymbol{b}_1+k_2\boldsymbol{a}^{\mathrm{T}}\boldsymbol{b}_2,(k_1\boldsymbol{a}_1+k_2\boldsymbol{a}_2)^{\mathrm{T}}\boldsymbol{b}=k_1\boldsymbol{a}_1^{\mathrm{T}}\boldsymbol{b}+k_2\boldsymbol{a}_2^{\mathrm{T}}\boldsymbol{b}$；
3. **正定**：$\boldsymbol{a}^{\mathrm{T}}\boldsymbol{a}\geqslant 0$，且 $\boldsymbol{a}^{\mathrm{T}}\boldsymbol{a}=0$ 当且仅当 $\boldsymbol{a}=\boldsymbol{0}$.

证明留给读者．内积的正定性使我们能定义 n 维向量 $\boldsymbol{a}=\begin{bmatrix}a_1\\a_2\\\vdots\\a_n\end{bmatrix}$ 的**长度**：

$$\|\boldsymbol{a}\|=\sqrt{\boldsymbol{a}^{\mathrm{T}}\boldsymbol{a}}=\sqrt{a_1^2+a_2^2+\cdots+a_n^2}.$$

一个向量的长度为零当且仅当它是零向量．长度满足 $\|k\boldsymbol{a}\|=|k|\|\boldsymbol{a}\|$．长度为 1 的向量称为**单位向量**．单位向量 $\frac{\boldsymbol{a}}{\|\boldsymbol{a}\|}$ 称为非零向量 $\boldsymbol{a}$ 的**单位化（向量）**．实数 $\|\boldsymbol{a}-\boldsymbol{b}\|$ 称为向量 $\boldsymbol{a},\boldsymbol{b}$ 间的**距离**.

定理 3.1.4 (Cauchy-Schwarz 不等式) $|\boldsymbol{a}^{\mathrm{T}}\boldsymbol{b}|\leqslant\|\boldsymbol{a}\|\|\boldsymbol{b}\|$，等号成立当且仅当 $\boldsymbol{a},\boldsymbol{b}$ 共线.

证 设 $\boldsymbol{a}=\begin{bmatrix}a_1 & a_2 & \cdots & a_n\end{bmatrix}^{\mathrm{T}},\boldsymbol{b}=\begin{bmatrix}b_1 & b_2 & \cdots & b_n\end{bmatrix}^{\mathrm{T}}$，则

$$\|\boldsymbol{a}\|^2\|\boldsymbol{b}\|^2-\left|\boldsymbol{a}^{\mathrm{T}}\boldsymbol{b}\right|^2=\sum_{i=1}^{n}a_i^2\sum_{i=1}^{n}b_i^2-\left(\sum_{i=1}^{n}a_ib_i\right)^2=\sum_{1\leqslant i<j\leqslant n}(a_ib_j-a_jb_i)^2\geqslant 0.$$

由此知不等式成立. 等号成立当且仅当对任意 $i<j$, 都有 $a_ib_j-a_jb_i=0$. 这意味着, 若 $b_i\neq 0, b_j\neq 0$, 则 a_i 与 b_i 之比等于 a_j 与 b_j 之比, 即 $\boldsymbol{a},\boldsymbol{b}$ 共线; 而这对 $b_i=0$ 或 $b_j=0$ 也成立. □

由此容易得到如下推论, 证明留给读者. 读者还可以思考如下问题: 等号何时成立?

推论 3.1.5 (三角不等式) $\|\boldsymbol{a}+\boldsymbol{b}\|\leqslant\|\boldsymbol{a}\|+\|\boldsymbol{b}\|$.

在 $\mathbb{R}^n$ 中的三角形的三条边能写成向量 $\boldsymbol{a},\boldsymbol{b},\boldsymbol{a}+\boldsymbol{b}$, 而三角不等式说明两边 (长度) 之和大于第三边 (长度).

Cauchy-Schwarz 不等式使我们能定义两个非零向量的**夹角**为 $\arccos\dfrac{\boldsymbol{a}^{\mathrm{T}}\boldsymbol{b}}{\|\boldsymbol{a}\|\|\boldsymbol{b}\|}$. 两个非零向量的内积为 0 当且仅当夹角为 $\dfrac{\pi}{2}$. 如果 $\boldsymbol{a}^{\mathrm{T}}\boldsymbol{b}=0$, 称二者**正交**或**垂直**, 记为 $\boldsymbol{a}\perp\boldsymbol{b}$. 注意, 零向量与任意向量都正交.

定理 3.1.6 (勾股定理) 向量 $\boldsymbol{a},\boldsymbol{b}$ 正交, 则 $\|\boldsymbol{a}\pm\boldsymbol{b}\|^2=\|\boldsymbol{a}\|^2+\|\boldsymbol{b}\|^2$.

证 根据定义, $\|\boldsymbol{a}\pm\boldsymbol{b}\|^2=(\boldsymbol{a}\pm\boldsymbol{b})^{\mathrm{T}}(\boldsymbol{a}\pm\boldsymbol{b})=\boldsymbol{a}^{\mathrm{T}}\boldsymbol{a}\pm 2\boldsymbol{a}^{\mathrm{T}}\boldsymbol{b}+\boldsymbol{b}^{\mathrm{T}}\boldsymbol{b}=\|\boldsymbol{a}\|^2+\|\boldsymbol{b}\|^2$. □

设 $\boldsymbol{a},\boldsymbol{b}$ 是 $\mathbb{R}^n$ 中的两个向量, $\boldsymbol{a}\neq\boldsymbol{0}$, 考虑分解式

$$\boldsymbol{b}=\frac{\boldsymbol{a}^{\mathrm{T}}\boldsymbol{b}}{\boldsymbol{a}^{\mathrm{T}}\boldsymbol{a}}\boldsymbol{a}+\boldsymbol{r}. \tag{3.1.1}$$

由例 3.1.1 中的计算可知 $\boldsymbol{a}\perp\boldsymbol{r}$, 其中向量 $\dfrac{\boldsymbol{a}^{\mathrm{T}}\boldsymbol{b}}{\boldsymbol{a}^{\mathrm{T}}\boldsymbol{a}}\boldsymbol{a}$ 称为向量 $\boldsymbol{b}$ 向直线 $\mathrm{span}(\boldsymbol{a})$ 的**正交投影**.

命题 3.1.7 设 $\boldsymbol{a},\boldsymbol{b}$ 是 $\mathbb{R}^n$ 中的两个向量, $\boldsymbol{a}\neq\boldsymbol{0}$, 则

$$\left\|\boldsymbol{b}-\frac{\boldsymbol{a}^{\mathrm{T}}\boldsymbol{b}}{\boldsymbol{a}^{\mathrm{T}}\boldsymbol{a}}\boldsymbol{a}\right\|=\min_{x\in\mathbb{R}}\|\boldsymbol{b}-x\boldsymbol{a}\|.$$

证 1 设 $\hat{x}=\dfrac{\boldsymbol{a}^{\mathrm{T}}\boldsymbol{b}}{\boldsymbol{a}^{\mathrm{T}}\boldsymbol{a}}$, 则向量 $(\hat{x}-x)\boldsymbol{a},\boldsymbol{b}-\hat{x}\boldsymbol{a},\boldsymbol{b}-x\boldsymbol{a}$ 组成一个直角三角形, 前两个向量是直角边. 根据勾股定理, $\|\boldsymbol{b}-x\boldsymbol{a}\|\geqslant\|\boldsymbol{b}-\hat{x}\boldsymbol{a}\|$. □

证 2 利用一元函数的性质. 考虑

$$\begin{aligned}\|\boldsymbol{b}-x\boldsymbol{a}\|^2&=(\boldsymbol{b}-x\boldsymbol{a})^{\mathrm{T}}(\boldsymbol{b}-x\boldsymbol{a})\\&=(\boldsymbol{a}^{\mathrm{T}}\boldsymbol{a})x^2-2(\boldsymbol{a}^{\mathrm{T}}\boldsymbol{b})x+\boldsymbol{b}^{\mathrm{T}}\boldsymbol{b}=(\boldsymbol{a}^{\mathrm{T}}\boldsymbol{a})\left(x-\frac{\boldsymbol{a}^{\mathrm{T}}\boldsymbol{b}}{\boldsymbol{a}^{\mathrm{T}}\boldsymbol{a}}\right)^2+\boldsymbol{b}^{\mathrm{T}}\boldsymbol{b}-\frac{(\boldsymbol{a}^{\mathrm{T}}\boldsymbol{b})^2}{\boldsymbol{a}^{\mathrm{T}}\boldsymbol{a}},\end{aligned}$$

其中 $x=\dfrac{\boldsymbol{a}^{\mathrm{T}}\boldsymbol{b}}{\boldsymbol{a}^{\mathrm{T}}\boldsymbol{a}}$ 时达到最小值. □

可以看到, 长度、夹角、正交等概念, 都能从内积导出, 而这将在第 8 章得到进一步阐述.

3.1.2 标准正交基

有了内积和夹角的概念，我们就可以考察向量组中向量间的夹角．例如，标准基中的向量，即 $\boldsymbol{e}_1, \boldsymbol{e}_2, \cdots, \boldsymbol{e}_n$，两两正交，而一般的向量组并非如此．

定义 3.1.8 (正交向量组) 设 $\boldsymbol{a}_1, \boldsymbol{a}_2, \cdots, \boldsymbol{a}_r$ 是 $\mathbb{R}^n$ 中的向量组，如果这些向量都非零且两两正交，则称该向量组为**正交向量组**．特别地，如果正交向量组中的向量都是单位向量，则称其为**正交单位向量组**．

命题 3.1.9 正交向量组线性无关．

证 设向量组为 $\boldsymbol{a}_1, \boldsymbol{a}_2, \cdots, \boldsymbol{a}_r$．考虑方程 $k_1\boldsymbol{a}_1 + k_2\boldsymbol{a}_2 + \cdots + k_r\boldsymbol{a}_r = \boldsymbol{0}$．两边和 $\boldsymbol{a}_i\,(i = 1, 2, \cdots, r)$ 做内积，有 $0 = k_1\boldsymbol{a}_i^{\mathrm{T}}\boldsymbol{a}_1 + k_2\boldsymbol{a}_i^{\mathrm{T}}\boldsymbol{a}_2 + \cdots + k_i\boldsymbol{a}_i^{\mathrm{T}}\boldsymbol{a}_i + \cdots + k_r\boldsymbol{a}_i^{\mathrm{T}}\boldsymbol{a}_r = k_i\|\boldsymbol{a}_i\|^2$．向量 $\boldsymbol{a}_i$ 非零，因此 $k_i = 0$，对任意 i 成立．于是 $\boldsymbol{a}_1, \boldsymbol{a}_2, \cdots, \boldsymbol{a}_r$ 线性无关． □

定义 3.1.10 (标准正交基) 设 $\mathcal{M}$ 是 $\mathbb{R}^n$ 的子空间，如果它的一组基是正交向量组，则称之为 $\mathcal{M}$ 的一组**正交基**；如果它的一组基是正交单位向量组，则称之为 $\mathcal{M}$ 的一组**标准正交基**．

设 $\mathcal{M}$ 的维数是 r，S 是 $\mathcal{M}$ 中包含 r 个向量的正交向量组，根据命题 3.1.9，S 线性无关，因而是 $\mathcal{M}$ 的一组正交基．

例 3.1.11 标准基 $\boldsymbol{e}_1, \boldsymbol{e}_2, \cdots, \boldsymbol{e}_n$ 是 $\mathbb{R}^n$ 的一组标准正交基．

而 $\dfrac{1}{\sqrt{2}}\boldsymbol{e}_1 + \dfrac{1}{\sqrt{2}}\boldsymbol{e}_2, \dfrac{1}{\sqrt{2}}\boldsymbol{e}_1 - \dfrac{1}{\sqrt{2}}\boldsymbol{e}_2, \boldsymbol{e}_3, \cdots, \boldsymbol{e}_n$ 也是 $\mathbb{R}^n$ 的一组标准正交基．

设 $\boldsymbol{q}_1, \boldsymbol{q}_2, \cdots, \boldsymbol{q}_n$ 是 $\mathbb{R}^n$ 的一组标准正交基，则对任意向量 $\boldsymbol{a}$，都有分解式 $\boldsymbol{a} = (\boldsymbol{q}_1^{\mathrm{T}}\boldsymbol{a})\boldsymbol{q}_1 + (\boldsymbol{q}_2^{\mathrm{T}}\boldsymbol{a})\boldsymbol{q}_2 + \cdots + (\boldsymbol{q}_n^{\mathrm{T}}\boldsymbol{a})\boldsymbol{q}_n$． ☺

命题 3.1.12 设 $\mathcal{M}$ 是 $\mathbb{R}^n$ 的子空间，则 $\mathcal{M}$ 存在一组正交基，从而存在一组标准正交基．

证 对 $\mathcal{M}$ 的维数应用数学归纳法．维数是 1 的子空间中的任意非零向量都构成一组正交基．假设任意 r 维的子空间都存在一组正交基，下面证明 $r+1$ 维的子空间 $\mathcal{M}$ 也存在一组正交基．任取 $\mathcal{M}$ 中一组基 $\boldsymbol{a}_1, \boldsymbol{a}_2, \cdots, \boldsymbol{a}_r, \boldsymbol{a}_{r+1}$，其包含的子空间 $\mathcal{N} = \operatorname{span}(\boldsymbol{a}_1, \boldsymbol{a}_2, \cdots, \boldsymbol{a}_r)$ 是 r 维的．根据归纳假设，$\mathcal{N}$ 存在一组正交基 $\boldsymbol{q}_1, \boldsymbol{q}_2, \cdots, \boldsymbol{q}_r$．我们希望找到一个非零向量 $\boldsymbol{q}_{r+1}$，它与 $\boldsymbol{q}_1, \boldsymbol{q}_2, \cdots, \boldsymbol{q}_r$ 都正交．这样 $\boldsymbol{q}_1, \boldsymbol{q}_2, \cdots, \boldsymbol{q}_r, \boldsymbol{q}_{r+1}$ 就是一个 $r+1$ 个向量组成的正交向量组，从而是 $\mathcal{M}$ 的一组正交基．

显然 $\boldsymbol{q}_1, \boldsymbol{q}_2, \cdots, \boldsymbol{q}_r, \boldsymbol{a}_{r+1}$ 是 $\mathcal{M}$ 的一组基．设 $\boldsymbol{q}_{r+1} = k_1\boldsymbol{q}_1 + \cdots + k_r\boldsymbol{q}_r + \boldsymbol{a}_{r+1}$．假设 $\boldsymbol{q}_{r+1}$ 与 $\boldsymbol{q}_1, \boldsymbol{q}_2, \cdots, \boldsymbol{q}_r$ 都正交．对 $i = 1, 2, \cdots, r$，两边和 $\boldsymbol{q}_i$ 做内积可得 $0 = k_i\|\boldsymbol{q}_i\|^2 + \boldsymbol{q}_i^{\mathrm{T}}\boldsymbol{a}_{r+1}$，因此 $k_i = -\dfrac{\boldsymbol{q}_i^{\mathrm{T}}\boldsymbol{a}_{r+1}}{\|\boldsymbol{q}_i\|^2}$．于是 $\boldsymbol{q}_{r+1} = \boldsymbol{a}_{r+1} - \dfrac{\boldsymbol{q}_1^{\mathrm{T}}\boldsymbol{a}_{r+1}}{\|\boldsymbol{q}_1\|^2}\boldsymbol{q}_1 - \dfrac{\boldsymbol{q}_2^{\mathrm{T}}\boldsymbol{a}_{r+1}}{\|\boldsymbol{q}_2\|^2}\boldsymbol{q}_2 - \cdots - \dfrac{\boldsymbol{q}_r^{\mathrm{T}}\boldsymbol{a}_{r+1}}{\|\boldsymbol{q}_r\|^2}\boldsymbol{q}_r \neq \boldsymbol{0}$．容易验证它与 $\boldsymbol{q}_1, \boldsymbol{q}_2, \cdots, \boldsymbol{q}_r$ 都正交．

综上即得，任意子空间都存在一组正交基. 至于标准正交基，只需将正交基的每个向量单位化即得. □

基扩张定理也可以推广到标准正交基的情形，证明留给读者.

命题 3.1.13 设 $\mathcal{M},\mathcal{N}$ 是 $\mathbb{R}^n$ 的两个子空间，如果 $\mathcal{M}\subseteq\mathcal{N}$，则 $\mathcal{M}$ 的任意一组标准正交基都可以扩充成 $\mathcal{N}$ 的一组标准正交基.

从命题 3.1.12 的证明中，可以看到，从 $\mathcal{M}$ 的任意一组基 $\boldsymbol{a}_1,\boldsymbol{a}_2,\cdots,\boldsymbol{a}_r$ 出发，通过递归能够得到一组正交基. 这种由一组基得到一组正交基的方法称为 **Gram-Schmidt 正交化**. 具体操作如下：

$$
\begin{aligned}
\tilde{\boldsymbol{q}}_1 &= \boldsymbol{a}_1,\\
\tilde{\boldsymbol{q}}_2 &= \boldsymbol{a}_2-\frac{\tilde{\boldsymbol{q}}_1^{\mathrm{T}}\boldsymbol{a}_2}{\tilde{\boldsymbol{q}}_1^{\mathrm{T}}\tilde{\boldsymbol{q}}_1}\tilde{\boldsymbol{q}}_1,\\
\tilde{\boldsymbol{q}}_3 &= \boldsymbol{a}_3-\frac{\tilde{\boldsymbol{q}}_1^{\mathrm{T}}\boldsymbol{a}_3}{\tilde{\boldsymbol{q}}_1^{\mathrm{T}}\tilde{\boldsymbol{q}}_1}\tilde{\boldsymbol{q}}_1-\frac{\tilde{\boldsymbol{q}}_2^{\mathrm{T}}\boldsymbol{a}_3}{\tilde{\boldsymbol{q}}_2^{\mathrm{T}}\tilde{\boldsymbol{q}}_2}\tilde{\boldsymbol{q}}_2,\\
&\ \ \vdots\\
\tilde{\boldsymbol{q}}_r &= \boldsymbol{a}_r-\frac{\tilde{\boldsymbol{q}}_1^{\mathrm{T}}\boldsymbol{a}_r}{\tilde{\boldsymbol{q}}_1^{\mathrm{T}}\tilde{\boldsymbol{q}}_1}\tilde{\boldsymbol{q}}_1-\frac{\tilde{\boldsymbol{q}}_2^{\mathrm{T}}\boldsymbol{a}_r}{\tilde{\boldsymbol{q}}_2^{\mathrm{T}}\tilde{\boldsymbol{q}}_2}\tilde{\boldsymbol{q}}_2-\cdots-\frac{\tilde{\boldsymbol{q}}_{r-1}^{\mathrm{T}}\boldsymbol{a}_r}{\tilde{\boldsymbol{q}}_{r-1}^{\mathrm{T}}\tilde{\boldsymbol{q}}_{r-1}}\tilde{\boldsymbol{q}}_{r-1}.
\end{aligned}
$$

为了得到标准正交基，只要再把正交基中的每个向量都单位化即可：$\boldsymbol{q}_i=\dfrac{\tilde{\boldsymbol{q}}_i}{\|\tilde{\boldsymbol{q}}_i\|}$.

这里，每个等式的右端项是 $\tilde{\boldsymbol{q}}_1,\tilde{\boldsymbol{q}}_2,\cdots,\tilde{\boldsymbol{q}}_{i-1},\boldsymbol{a}_i$ 这个线性无关向量组的线性组合，其中前 $i-1$ 个向量是正交化过程中得到的新向量，而最后一个是原有向量. 事实上，$\tilde{\boldsymbol{q}}_i$ 就是 $\boldsymbol{a}_i$ 中与 $\tilde{\boldsymbol{q}}_1,\tilde{\boldsymbol{q}}_2,\cdots,\tilde{\boldsymbol{q}}_{i-1}$ 相垂直的部分.

在 Gram-Schmidt 正交化过程中，每一步涉及的三个向量组

$$\tilde{\boldsymbol{q}}_1,\tilde{\boldsymbol{q}}_2,\cdots,\tilde{\boldsymbol{q}}_i;\qquad \tilde{\boldsymbol{q}}_1,\tilde{\boldsymbol{q}}_2,\cdots,\tilde{\boldsymbol{q}}_{i-1},\boldsymbol{a}_i;\qquad \boldsymbol{a}_1,\boldsymbol{a}_2,\cdots,\boldsymbol{a}_i$$

线性等价，都是同一子空间的基. 这是 Gram-Schmidt 正交化的重要性质.

例 3.1.14 给定 $\mathbb{R}^3$ 中的一组基：

$$\boldsymbol{a}_1=\begin{bmatrix}1\\1\\1\end{bmatrix},\quad \boldsymbol{a}_2=\begin{bmatrix}1\\1\\0\end{bmatrix},\quad \boldsymbol{a}_3=\begin{bmatrix}1\\0\\0\end{bmatrix},$$

利用 Gram-Schmidt 正交化方法计算 $\mathbb{R}^3$ 的一组标准正交基. 过程如下：

$$\tilde{\boldsymbol{q}}_1=\boldsymbol{a}_1=\begin{bmatrix}1\\1\\1\end{bmatrix},$$

$$\tilde{\boldsymbol{q}}_2=\boldsymbol{a}_2-\frac{\tilde{\boldsymbol{q}}_1^{\mathrm{T}}\boldsymbol{a}_2}{\tilde{\boldsymbol{q}}_1^{\mathrm{T}}\tilde{\boldsymbol{q}}_1}\tilde{\boldsymbol{q}}_1=\begin{bmatrix}1\\1\\0\end{bmatrix}-\frac{2}{3}\begin{bmatrix}1\\1\\1\end{bmatrix}=\begin{bmatrix}\frac{1}{3}\\\frac{1}{3}\\-\frac{2}{3}\end{bmatrix},$$

$$\tilde{\boldsymbol{q}}_3=\boldsymbol{a}_3-\frac{\tilde{\boldsymbol{q}}_1^{\mathrm{T}}\boldsymbol{a}_3}{\tilde{\boldsymbol{q}}_1^{\mathrm{T}}\tilde{\boldsymbol{q}}_1}\tilde{\boldsymbol{q}}_1-\frac{\tilde{\boldsymbol{q}}_2^{\mathrm{T}}\boldsymbol{a}_3}{\tilde{\boldsymbol{q}}_2^{\mathrm{T}}\tilde{\boldsymbol{q}}_2}\tilde{\boldsymbol{q}}_2=\begin{bmatrix}1\\0\\0\end{bmatrix}-\frac{1}{3}\begin{bmatrix}1\\1\\1\end{bmatrix}-\frac{\frac{1}{3}}{\frac{2}{3}}\begin{bmatrix}\frac{1}{3}\\\frac{1}{3}\\-\frac{2}{3}\end{bmatrix}=\begin{bmatrix}\frac{1}{2}\\-\frac{1}{2}\\0\end{bmatrix}.$$

把向量单位化得到标准正交基：$\boldsymbol{q}_1=\begin{bmatrix}\frac{1}{\sqrt{3}}\\\frac{1}{\sqrt{3}}\\\frac{1}{\sqrt{3}}\end{bmatrix},\boldsymbol{q}_2=\begin{bmatrix}\frac{1}{\sqrt{6}}\\\frac{1}{\sqrt{6}}\\-\frac{2}{\sqrt{6}}\end{bmatrix},\boldsymbol{q}_3=\begin{bmatrix}\frac{1}{\sqrt{2}}\\-\frac{1}{\sqrt{2}}\\0\end{bmatrix}.$

注意，$\operatorname{span}(\boldsymbol{a}_1,\boldsymbol{a}_2)=\operatorname{span}(\boldsymbol{q}_1,\boldsymbol{q}_2)$，而 $\boldsymbol{q}_3$ 与这个平面正交，因此 $\boldsymbol{q}_3$ 是该平面的单位**法向量**.

如果对基 $\boldsymbol{a}_3,\boldsymbol{a}_2,\boldsymbol{a}_1$ 应用 Gram-Schmidt 正交化，得到的标准正交基就是标准基 $\boldsymbol{e}_1,\boldsymbol{e}_2,\boldsymbol{e}_3$. ☺

注意，需要说明的是，实际问题经常在建立模型阶段就会出现正交基，于是就不再需要利用 Gram-Schmidt 正交化得到正交基. 因此，在处理实际问题时，如果能找到更好的模型，就可以避免无谓的计算.

习题

练习 3.1.1 证明命题 3.1.3.

练习 3.1.2 在 $\mathbb{R}^4$ 中求向量 $\boldsymbol{a},\boldsymbol{b}$ 的夹角：

1. $\boldsymbol{a}=\begin{bmatrix}2\\1\\3\\2\end{bmatrix},\ \boldsymbol{b}=\begin{bmatrix}1\\2\\-2\\1\end{bmatrix}$.
2. $\boldsymbol{a}=\begin{bmatrix}1\\2\\2\\3\end{bmatrix},\ \boldsymbol{b}=\begin{bmatrix}3\\1\\5\\1\end{bmatrix}$.
3. $\boldsymbol{a}=\begin{bmatrix}1\\1\\1\\2\end{bmatrix},\ \boldsymbol{b}=\begin{bmatrix}3\\1\\-1\\0\end{bmatrix}$.

练习 3.1.3 求证：

1. 在 $\mathbb{R}^n$ 中的非零向量 $\boldsymbol{a},\boldsymbol{b}$ 夹角为 0，当且仅当存在 $k>0$，使得 $\boldsymbol{a}=k\boldsymbol{b}$.
2. 在 $\mathbb{R}^n$ 中的两向量 $\boldsymbol{a},\boldsymbol{b}$ 正交，当且仅当对任意实数 t，有 $\|\boldsymbol{a}+t\boldsymbol{b}\|\geqslant\|\boldsymbol{a}\|$.
3. 在 $\mathbb{R}^n$ 中的非零向量 $\boldsymbol{a},\boldsymbol{b}$ 正交，当且仅当 $\|\boldsymbol{a}+\boldsymbol{b}\|=\|\boldsymbol{a}-\boldsymbol{b}\|$.

练习 3.1.4 证明推论 3.1.5.

练习 3.1.5 (Cauchy-Schwarz 不等式的其他证明)

1. 先证明 $\boldsymbol{a},\boldsymbol{b}$ 都是单位向量的情形：$\left|\boldsymbol{a}^{\mathrm{T}}\boldsymbol{b}\right| \leqslant 1$，且等号成立当且仅当 $\boldsymbol{a}=\pm\boldsymbol{b}$. 再由单位向量的情形推广到一般的情形.

   提示：利用均值不等式 $\sqrt{xy} \leqslant \dfrac{x+y}{2}$.

2. 根据内积的正定性，对任意实数 t，都有 $(\boldsymbol{a}+t\boldsymbol{b})^{\mathrm{T}}(\boldsymbol{a}+t\boldsymbol{b})=\boldsymbol{a}^{\mathrm{T}}\boldsymbol{a}+2t\boldsymbol{a}^{\mathrm{T}}\boldsymbol{b}+t^2\boldsymbol{b}^{\mathrm{T}}\boldsymbol{b} \geqslant 0$. 利用判别式证明结论.

练习 3.1.6 给定 $\boldsymbol{a}\in\mathbb{R}^3$. 计算 $\boldsymbol{a}$ 与坐标向量 $\boldsymbol{e}_1,\boldsymbol{e}_2,\boldsymbol{e}_3$ 的夹角的余弦，并计算这三个余弦值的平方和.

练习 3.1.7 设 $\|\boldsymbol{a}\|=3, \|\boldsymbol{b}\|=4$，确定 $\|\boldsymbol{a}-\boldsymbol{b}\|$ 的取值范围.

练习 3.1.8 设 $\boldsymbol{a}=\begin{bmatrix} x \\ y \\ z \end{bmatrix}, \boldsymbol{b}=\begin{bmatrix} z \\ x \\ y \end{bmatrix}$，且 $x+y+z=0$. 确定 $\boldsymbol{a},\boldsymbol{b}$ 夹角的取值范围.

练习 3.1.9

1. 找到 $\mathbb{R}^4$ 中的四个两两正交的向量，且每个向量的每个分量只能是 ±1.
2. $\mathbb{R}^n$ 中最多有多少个两两正交的向量?

练习 3.1.10

1. 找到 $\mathbb{R}^2$ 中的三个向量，使它们之间两两内积为负.
2. 找到 $\mathbb{R}^3$ 中的四个向量，使它们之间两两内积为负.
3. ☕☕ $\mathbb{R}^n$ 中最多有多少个向量，使它们之间两两内积为负?

练习 3.1.11 在 $\mathbb{R}^4$ 中求一单位向量与下列向量正交:

$$\boldsymbol{a}_1=\begin{bmatrix} 1 \\ 1 \\ -1 \\ 1 \end{bmatrix},\quad \boldsymbol{a}_2=\begin{bmatrix} 1 \\ -1 \\ -1 \\ 1 \end{bmatrix},\quad \boldsymbol{a}_3=\begin{bmatrix} 2 \\ 1 \\ 1 \\ 3 \end{bmatrix}.$$

练习 3.1.12 设 $\boldsymbol{a}_1,\boldsymbol{a}_2,\cdots,\boldsymbol{a}_n$ 是 $\mathbb{R}^n$ 的一组标准正交基，证明，

1. 如果 $\boldsymbol{b}^{\mathrm{T}}\boldsymbol{a}_i=0\,(i=1,2,\cdots,n)$，则 $\boldsymbol{b}=\boldsymbol{0}$.
2. 如果 $\boldsymbol{b}_1^{\mathrm{T}}\boldsymbol{a}_i=\boldsymbol{b}_2^{\mathrm{T}}\boldsymbol{a}_i\,(i=1,2,\cdots,n)$，则 $\boldsymbol{b}_1=\boldsymbol{b}_2$.

练习 3.1.13 设 $\boldsymbol{a}_1,\boldsymbol{a}_2,\boldsymbol{a}_3$ 是 $\mathbb{R}^3$ 的一组标准正交基，证明下列向量组也是一组标准正交基:

$$\boldsymbol{b}_1=\frac{1}{3}(2\boldsymbol{a}_1+2\boldsymbol{a}_2-\boldsymbol{a}_3),\quad \boldsymbol{b}_2=\frac{1}{3}(2\boldsymbol{a}_1-\boldsymbol{a}_2+2\boldsymbol{a}_3),\quad \boldsymbol{b}_3=\frac{1}{3}(\boldsymbol{a}_1-2\boldsymbol{a}_2-2\boldsymbol{a}_3).$$

练习 3.1.14 设 $\boldsymbol{a}_1,\boldsymbol{a}_2,\boldsymbol{a}_3,\boldsymbol{a}_4,\boldsymbol{a}_5$ 是 $\mathbb{R}^5$ 的一组标准正交基，令

$$\boldsymbol{b}_1=\boldsymbol{a}_1+\boldsymbol{a}_5,\quad \boldsymbol{b}_2=\boldsymbol{a}_1-\boldsymbol{a}_2+\boldsymbol{a}_4,\quad \boldsymbol{b}_3=2\boldsymbol{a}_1+\boldsymbol{a}_2+\boldsymbol{a}_3.$$

求 $\operatorname{span}(\boldsymbol{b}_1,\boldsymbol{b}_2,\boldsymbol{b}_3)$ 的一组标准正交基.

练习 3.1.15 求齐次线性方程组

$$\begin{cases} 2x_1 + x_2 - x_3 + x_4 - 3x_5 = 0, \\ x_1 + x_2 - x_3 + x_5 = 0 \end{cases}$$

解空间的一组标准正交基.

练习 3.1.16 利用 Gram-Schmidt 正交化方法求由下列向量线性生成的子空间的标准正交基:

1. $\boldsymbol{a}_1 = \begin{bmatrix} 2 \\ 1 \\ 0 \\ 1 \end{bmatrix}, \boldsymbol{a}_2 = \begin{bmatrix} 0 \\ 1 \\ 2 \\ 2 \end{bmatrix}, \boldsymbol{a}_3 = \begin{bmatrix} -2 \\ 1 \\ 1 \\ 2 \end{bmatrix}$.
2. $\boldsymbol{a}_1 = \begin{bmatrix} 1 \\ 2 \\ -1 \\ 0 \end{bmatrix}, \boldsymbol{a}_2 = \begin{bmatrix} 1 \\ -1 \\ 1 \\ 1 \end{bmatrix}, \boldsymbol{a}_3 = \begin{bmatrix} -1 \\ 2 \\ 1 \\ 1 \end{bmatrix}$.

练习 3.1.17 证明命题 3.1.13.

练习 3.1.18 (勾股定理的高维推广)

1. 向量 $\boldsymbol{a}, \boldsymbol{b} \in \mathbb{R}^n$ 围出一个三角形，证明其面积的平方为 $\frac{1}{4}\left(\|\boldsymbol{a}\|^2\|\boldsymbol{b}\|^2 - (\boldsymbol{a}^{\mathrm{T}}\boldsymbol{b})^2\right)$.
2. 两两垂直的向量 $\boldsymbol{a}, \boldsymbol{b}, \boldsymbol{c} \in \mathbb{R}^n$ 围出一个四面体，证明其斜面上三角形面积的平方等于其余三个直角三角形面积的平方和.

练习 3.1.19 取定非零向量 $\boldsymbol{a} \in \mathbb{R}^n$, 考虑 $\mathbb{R}^n$ 上的一个变换, 它将每个向量 $\boldsymbol{b}$ 映射到其向直线 $\operatorname{span}(\boldsymbol{a})$ 正交投影后平行于 $\boldsymbol{a}$ 的部分.

1. 证明这是一个线性变换，其表示矩阵为 $A = \dfrac{\boldsymbol{a}\boldsymbol{a}^{\mathrm{T}}}{\boldsymbol{a}^{\mathrm{T}}\boldsymbol{a}}$.
2. 证明 $A^2 = A, A^{\mathrm{T}} = A$.

练习 3.1.20 (内积决定转置) 求证: 设 $m \times n$ 矩阵 A 和 $n \times m$ 矩阵 B, 如果对任意 $\boldsymbol{v} \in \mathbb{R}^m, \boldsymbol{w} \in \mathbb{R}^n$, 都有 $(B\boldsymbol{v})^{\mathrm{T}}\boldsymbol{w} = \boldsymbol{v}^{\mathrm{T}}(A\boldsymbol{w})$, 则 $B = A^{\mathrm{T}}$.

练习 3.1.21 (Riesz 表示定理) 设 $f\colon \mathbb{R}^n \to \mathbb{R}$ 是线性映射，证明，存在向量 $\boldsymbol{b}$，使得对任意 $\boldsymbol{a} \in \mathbb{R}^n$，都有 $f(\boldsymbol{a}) = \boldsymbol{b}^{\mathrm{T}}\boldsymbol{a}$.

练习 3.1.22

1. （平行四边形法则）证明 $\mathbb{R}^n$ 中任意平行四边形的两条对角线长度的平方和，等于其四条边长的平方和.
2. （极化公式）证明 $\boldsymbol{v}^{\mathrm{T}}\boldsymbol{w} = \frac{1}{4}\left(\|\boldsymbol{v}+\boldsymbol{w}\|^2 - \|\boldsymbol{v}-\boldsymbol{w}\|^2\right)$.

   注意：这意味着，长度决定夹角.
3. 设 $\|\boldsymbol{a}\|_4 = \left(\sum_{i=1}^{n} a_i^4\right)^{\frac{1}{4}}$，定义关于 $\boldsymbol{v}, \boldsymbol{w}$ 的二元函数 $\frac{1}{4}\left(\|\boldsymbol{v}+\boldsymbol{w}\|_4^2 - \|\boldsymbol{v}-\boldsymbol{w}\|_4^2\right)$. 这个二元函数是否满足内积定义中的对称、双线性、正定三条性质?
4. ☕ 设 $\|\boldsymbol{a}\|_\infty = \max\limits_{1 \leqslant i \leqslant n} |a_i|$, 定义关于 $\boldsymbol{v}, \boldsymbol{w}$ 的二元函数 $\frac{1}{4}\left(\|\boldsymbol{v}+\boldsymbol{w}\|_\infty^2 - \|\boldsymbol{v}-\boldsymbol{w}\|_\infty^2\right)$. 这个二元函数是否满足内积定义中的对称、双线性、正定三条性质? 此时, 三角不等式和 Cauchy-Schwarz 不等式是否仍然成立?

阅读 3.1.23 计算机在存储图像时，往往是在照片上打上均匀的正方形网格，并只存储网格点的信息，这些网格点称为像素. 为简单起见，这里只考虑灰度图像. 灰度图像用 0 表示黑色，1 表示白色，二者之间的数字表示不同深浅的灰色. 那么所有像素的灰度值按顺序排列就可以得到一个向量，换言之，我们就可以用向量来表示具有相同像素数的图像. 图像对应的向量可以生成一个子空间，它对应的标准基，就是在某个像素是黑色，其他像素是白色的图像.

现在我们考虑对图像进行压缩，即适当减少图像占用的存储. 比较简单的处理办法是少存储一些像素，为了保证图像不失真太多，我们可以选择存储间隔的像素，例如原本 256×256 像素的图像，只存储间隔的像素就得到了 128×128 像素的图像，所占存储变为原来的四分之一. 这样压缩难以处理图像细节和存储压缩比之间的平衡.

现在考虑另一种办法. 先考虑一个只有四个像素的灰度图像，四个像素对应的灰度为 a_1, a_2, a_3, a_4，组成向量 $\boldsymbol{a} = \begin{bmatrix} a_1 \\ a_2 \\ a_3 \\ a_4 \end{bmatrix}$. 我们把像素的灰度值看成在其平均值上下的波动，则图像可以分解为两个图像，一个是均匀图像 $\boldsymbol{a}_1 = b_1 \boldsymbol{q}_1$，其中 $b_1 = \dfrac{a_1 + a_2 + a_3 + a_4}{4}, \boldsymbol{q}_1 = \begin{bmatrix} 1 \\ 1 \\ 1 \\ 1 \end{bmatrix}$，一个是代表波动的图像 $\boldsymbol{a} - \boldsymbol{a}_1 = \dfrac{1}{4}\begin{bmatrix} 3a_1 - a_2 - a_3 - a_4 \\ -a_1 + 3a_2 - a_3 - a_4 \\ -a_1 - a_2 + 3a_3 - a_4 \\ -a_1 - a_2 - a_3 + 3a_4 \end{bmatrix}$. 代表波动的图像 $\boldsymbol{a} - \boldsymbol{a}_1$ 又可以类似分解，一个代表上下两部分分别的平均值

$$\boldsymbol{a}_2 = \frac{a_1 + a_2 - a_3 - a_4}{4}\begin{bmatrix} 1 \\ 1 \\ 0 \\ 0 \end{bmatrix} + \frac{-a_1 - a_2 + a_3 + a_4}{4}\begin{bmatrix} 0 \\ 0 \\ 1 \\ 1 \end{bmatrix} = b_2 \boldsymbol{q}_2,$$

其中 $b_2 = \dfrac{a_1 + a_2 - a_3 - a_4}{4}, \boldsymbol{q}_2 = \begin{bmatrix} 1 \\ 1 \\ -1 \\ -1 \end{bmatrix}$，一个代表上下两部分分别的波动 $\boldsymbol{a} - \boldsymbol{a}_1 - \boldsymbol{a}_2 = \dfrac{1}{2}\begin{bmatrix} a_1 - a_2 \\ -a_1 + a_2 \\ a_3 - a_4 \\ -a_3 + a_4 \end{bmatrix}$. 再对 $\boldsymbol{a} - \boldsymbol{a}_1 - \boldsymbol{a}_2$ 类似分解，一个代表上下两部分左右两侧分别的平均值 (每四分之一图片的平均值)，记为

$$\boldsymbol{a}_3 = \frac{a_1 - a_2 + a_3 - a_4}{4}\begin{bmatrix} 1 \\ 0 \\ 1 \\ 0 \end{bmatrix} + \frac{-a_1 + a_2 - a_3 + a_4}{4}\begin{bmatrix} 0 \\ 1 \\ 0 \\ 1 \end{bmatrix} = b_3 \boldsymbol{q}_3,$$

其中 $b_3 = \dfrac{a_1 - a_2 + a_3 - a_4}{4}, \boldsymbol{q}_3 = \begin{bmatrix} 1 \\ -1 \\ 1 \\ -1 \end{bmatrix}$，另一个代表每四分之一

图片的波动 $\boldsymbol{a}_4=\boldsymbol{a}-\boldsymbol{a}_1-\boldsymbol{a}_2-\boldsymbol{a}_3=b_4\boldsymbol{q}_4$，其中 $b_4=\dfrac{a_1-a_2-a_3+a_4}{4}, \boldsymbol{q}_4=\begin{bmatrix}1\\-1\\-1\\1\end{bmatrix}$. 这样图像 $\boldsymbol{a}$ 就变成了四个图像的叠加 $\boldsymbol{a}=b_1\boldsymbol{q}_1+b_2\boldsymbol{q}_2+b_3\boldsymbol{q}_3+b_4\boldsymbol{q}_4$. 可以看到，$b_1$ 是图像 $\boldsymbol{a}$ 整体的平均值，b_2 代表上下 1/2 图像的平均值，b_3 代表左右 1/2 图像的平均值，b_4 代表了 1/4 图像的差异细节. 而整个过程从数学上看，就是我们用 $\boldsymbol{q}_1,\boldsymbol{q}_2,\boldsymbol{q}_3,\boldsymbol{q}_4$ 这组基来线性表示 $\boldsymbol{a}$. 容易验证，$\boldsymbol{q}_1,\boldsymbol{q}_2,\boldsymbol{q}_3,\boldsymbol{q}_4$ 是 $\mathbb{R}^4$ 的一组正交基，而 $\frac{1}{2}\boldsymbol{q}_1,\frac{1}{2}\boldsymbol{q}_2,\frac{1}{2}\boldsymbol{q}_3,\frac{1}{2}\boldsymbol{q}_4$ 是 $\mathbb{R}^4$ 的一组标准正交基.

现在考虑有大量像素的图像，不妨设有 256×256 像素. 把图像分割成 2×2 像素的小块进行上述计算，并把对应的 b_1,b_2,b_3,b_4 的四组 128×128 个值集中在一起，则这四组值分别代表四个错位的 1/4 图像的平均值，上下错位图像的差异细节，左右错位图像的差异细节，四个错位 1/4 图像的差异细节. 考虑对图像压缩时，我们可以舍去后面三个代表差异细节的向量，得到一个 128×128 像素的图像，所占存储变为原来的 1/4. 如果还想继续压缩，则对新图如法炮制，可得四个 1/16 图像的平均值，如图 3.1.2 所示. 不断进行下去，最后可得全图像的平均值. 当然这时压缩就没有意义了. 另外，还可以把不同层次的细节合并在一起，得到一个在细节与压缩比之间取得一定平衡的图像.

这组基称为**二维 Haar 小波基**，在图像处理中很常用.

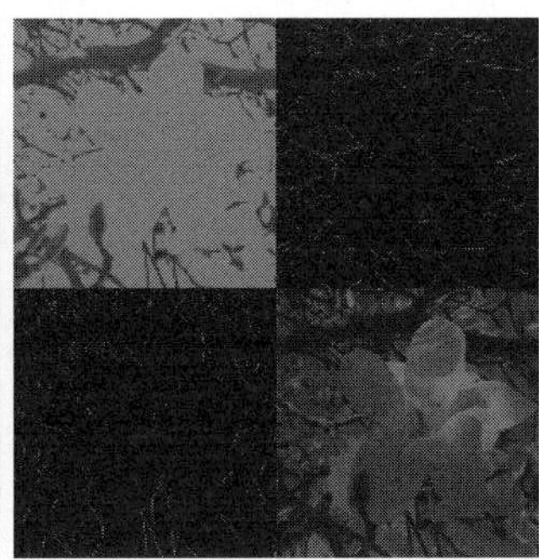

图 3.1.2 图片的压缩

3.2 正交矩阵和 QR 分解

3.2.1 正交矩阵

我们知道，如果 $\boldsymbol{a}_1,\boldsymbol{a}_2,\cdots,\boldsymbol{a}_n$ 是 $\mathbb{R}^n$ 的一组基，则 $A=\begin{bmatrix}\boldsymbol{a}_1 & \boldsymbol{a}_2 & \cdots & \boldsymbol{a}_n\end{bmatrix}$ 是可逆矩阵. 新结构带来新性质，而标准正交基并列排成的矩阵会有何种新性质?

设 $\boldsymbol{q}_1,\boldsymbol{q}_2,\cdots,\boldsymbol{q}_n$ 是 $\mathbb{R}^n$ 的一组标准正交基，记 n 阶方阵 $Q=\begin{bmatrix}\boldsymbol{q}_1 & \boldsymbol{q}_2 & \cdots & \boldsymbol{q}_n\end{bmatrix}$，则

$$Q^{\mathrm{T}}Q=\begin{bmatrix}\boldsymbol{q}_1^{\mathrm{T}}\\\boldsymbol{q}_2^{\mathrm{T}}\\\vdots\\\boldsymbol{q}_n^{\mathrm{T}}\end{bmatrix}\begin{bmatrix}\boldsymbol{q}_1 & \boldsymbol{q}_2 & \cdots & \boldsymbol{q}_n\end{bmatrix}=\begin{bmatrix}\boldsymbol{q}_1^{\mathrm{T}}\boldsymbol{q}_1 & \boldsymbol{q}_1^{\mathrm{T}}\boldsymbol{q}_2 & \cdots & \boldsymbol{q}_1^{\mathrm{T}}\boldsymbol{q}_n\\\boldsymbol{q}_2^{\mathrm{T}}\boldsymbol{q}_1 & \boldsymbol{q}_2^{\mathrm{T}}\boldsymbol{q}_2 & \cdots & \boldsymbol{q}_2^{\mathrm{T}}\boldsymbol{q}_n\\\vdots & \vdots & & \vdots\\\boldsymbol{q}_n^{\mathrm{T}}\boldsymbol{q}_1 & \boldsymbol{q}_n^{\mathrm{T}}\boldsymbol{q}_2 & \cdots & \boldsymbol{q}_n^{\mathrm{T}}\boldsymbol{q}_n\end{bmatrix}=I_n.$$

定义 3.2.1 (正交矩阵) 一个 n 阶方阵 Q 如果满足 $Q^{\mathrm{T}}Q = I_n$，则称 Q 是 n 阶**正交矩阵**.

单位矩阵 I_n 是正交矩阵.

下面介绍正交矩阵的性质.

命题 3.2.2 对 n 阶方阵 Q，以下叙述等价:

1. Q 是正交矩阵，即 $Q^{\mathrm{T}}Q = I_n$;
2. Q 可逆，且 $Q^{-1} = Q^{\mathrm{T}}$;
3. $QQ^{\mathrm{T}} = I_n$;
4. Q^{T} 是正交矩阵;
5. Q 可逆，且 Q^{-1} 是正交矩阵;
6. Q 的列向量组成 $\mathbb{R}^n$ 的一组标准正交基;
7. Q 的行向量的转置组成 $\mathbb{R}^n$ 的一组标准正交基.

证 第 1 条至第 5 条的等价性是显然的. 第 6 条用矩阵乘法写出即为第 1 条, 第 7 条用矩阵乘法写出来即为第 3 条. □

例 3.1.14 中的标准正交基并列排成一个三阶正交矩阵:

$$Q = \begin{bmatrix} \frac{1}{\sqrt{3}} & \frac{1}{\sqrt{6}} & \frac{1}{\sqrt{2}} \\ \frac{1}{\sqrt{3}} & \frac{1}{\sqrt{6}} & -\frac{1}{\sqrt{2}} \\ \frac{1}{\sqrt{3}} & -\frac{2}{\sqrt{6}} & 0 \end{bmatrix}. \tag{3.2.1}$$

因此，它的行向量的转置也组成 $\mathbb{R}^3$ 的一组标准正交基.

命题 3.2.3 两个 n 阶正交矩阵的乘积还是 n 阶正交矩阵.

证 显然. □

命题 3.2.4 对 n 阶方阵 Q，以下叙述等价:

1. Q 是正交矩阵，即 $Q^{\mathrm{T}}Q = I_n$;
2. Q 为保距变换，即，对任意 $\boldsymbol{x} \in \mathbb{R}^n$，有 $\|Q\boldsymbol{x}\| = \|\boldsymbol{x}\|$;
3. Q 为保内积变换, 即, 对任意 $\boldsymbol{x}, \boldsymbol{y} \in \mathbb{R}^n$, $Q\boldsymbol{x}$ 与 $Q\boldsymbol{y}$ 的内积等于 $\boldsymbol{x}$ 与 $\boldsymbol{y}$ 的内积.

证 $1 \Rightarrow 2$: 对任意 $\boldsymbol{x}$，$\|Q\boldsymbol{x}\|^2 = (Q\boldsymbol{x})^{\mathrm{T}}Q\boldsymbol{x} = \boldsymbol{x}^{\mathrm{T}}Q^{\mathrm{T}}Q\boldsymbol{x} = \boldsymbol{x}^{\mathrm{T}}\boldsymbol{x} = \|\boldsymbol{x}\|^2$.

$2 \Rightarrow 3$: 容易验证对任意 $\boldsymbol{x}, \boldsymbol{y}$，$\|\boldsymbol{x}+\boldsymbol{y}\|^2 - \|\boldsymbol{x}\|^2 - \|\boldsymbol{y}\|^2 = 2\boldsymbol{x}^{\mathrm{T}}\boldsymbol{y}$. 又由于 Q 保距，我们有 $2(Q\boldsymbol{x})^{\mathrm{T}}(Q\boldsymbol{y}) = \|Q(\boldsymbol{x}+\boldsymbol{y})\|^2 - \|Q\boldsymbol{x}\|^2 - \|Q\boldsymbol{y}\|^2 = \|\boldsymbol{x}+\boldsymbol{y}\|^2 - \|\boldsymbol{x}\|^2 - \|\boldsymbol{y}\|^2 = 2\boldsymbol{x}^{\mathrm{T}}\boldsymbol{y}$. (注意，这说明保距变换一定保角.)

$3 \Rightarrow 1$：对任意矩阵 A，$\boldsymbol{e}_i^{\mathrm{T}} A \boldsymbol{e}_j$ 是 A 的 (i,j) 元．由 Q 保内积可知，$\boldsymbol{e}_i^{\mathrm{T}}(Q^{\mathrm{T}}Q)\boldsymbol{e}_j = (Q\boldsymbol{e}_i)^{\mathrm{T}}(Q\boldsymbol{e}_j) = \boldsymbol{e}_i^{\mathrm{T}}\boldsymbol{e}_j = \boldsymbol{e}_i^{\mathrm{T}} I_n \boldsymbol{e}_j$．因此 $Q^{\mathrm{T}}Q = I_n$． □

例 3.2.5 给定二阶正交矩阵 $Q = \begin{bmatrix} \boldsymbol{q}_1 & \boldsymbol{q}_2 \end{bmatrix}$，则 $\boldsymbol{q}_1, \boldsymbol{q}_2$ 是 $\mathbb{R}^2$ 的一组标准正交基．首先，$\boldsymbol{q}_1, \boldsymbol{q}_2$ 是单位向量，不妨设 $\boldsymbol{q}_1 = \begin{bmatrix} \cos\theta \\ \sin\theta \end{bmatrix}, \boldsymbol{q}_2 = \begin{bmatrix} \cos\varphi \\ \sin\varphi \end{bmatrix}$．其次，$\boldsymbol{q}_2 \perp \boldsymbol{q}_1$，因此 $0 = \boldsymbol{q}_1^{\mathrm{T}}\boldsymbol{q}_2 = \cos\theta\cos\varphi + \sin\theta\sin\varphi = \cos(\theta - \varphi)$，于是 $\theta - \varphi = \left(k + \dfrac{1}{2}\right)\pi$．因此，任意二阶正交矩阵必然具有如下两种形式之一：

$$\begin{bmatrix} \cos\theta & -\sin\theta \\ \sin\theta & \cos\theta \end{bmatrix}, \quad \begin{bmatrix} \cos\theta & \sin\theta \\ \sin\theta & -\cos\theta \end{bmatrix}.$$

回顾例 1.2.9，前者是 $\mathbb{R}^2$ 上旋转变换的表示矩阵，后者是 $\mathbb{R}^2$ 上反射变换的表示矩阵．这说明 $\mathbb{R}^2$ 上的保距变换只有两种，即旋转和反射．

容易验证，两个反射变换的复合是一个旋转变换，转角等于两反射轴夹角的二倍；反之，任意旋转变换都可以写成两个反射变换的复合．因此，任意二阶正交矩阵都能写成至多两个反射矩阵的乘积． ☺

二维的反射和旋转都可以推广到高维．

对旋转，这里只介绍一个简单情形．在 $\boldsymbol{e}_i$-$\boldsymbol{e}_j$ 平面上转角 θ 的旋转变换的矩阵为

$$G_{\theta;i,j} = \begin{bmatrix} \ddots & & & & & & & \\ & 1 & & & & & & \\ & & \cos\theta & & & & -\sin\theta & \\ & & & 1 & & & & \\ & & & & \ddots & & & \\ & & & & & 1 & & \\ & & \sin\theta & & & & \cos\theta & \\ & & & & & & & 1 \\ & & & & & & & & \ddots \end{bmatrix},$$

这类旋转常称为 **Givens 变换**．

下面考虑反射．例 1.7.8 中反射变换的表示矩阵是 $I_2 - 2\boldsymbol{v}\boldsymbol{v}^{\mathrm{T}}$，其中 $\boldsymbol{v}$ 是反射轴的单位法向量．任意 $\mathbb{R}^n$ 中的单位向量 $\boldsymbol{v}$，都唯一决定以其为法向量的超平面 $\mathcal{N}(\boldsymbol{v}^{\mathrm{T}})$．令 $H_{\boldsymbol{v}} := I - 2\boldsymbol{v}\boldsymbol{v}^{\mathrm{T}}$，则 $\boldsymbol{H}_{\boldsymbol{v}}$ 是 $\mathbb{R}^n$ 上的反射变换，反射面是以 $\boldsymbol{v}$ 为法向量的超平面 $\mathcal{N}(\boldsymbol{v}^{\mathrm{T}})$，如图 3.2.1 所示．事实上，对任意 $\boldsymbol{w}$，有

$$\boldsymbol{w} = (I_n - \boldsymbol{v}\boldsymbol{v}^{\mathrm{T}})\boldsymbol{w} + \boldsymbol{v}\boldsymbol{v}^{\mathrm{T}}\boldsymbol{w},$$

$$(I_n - 2\boldsymbol{v}\boldsymbol{v}^{\mathrm{T}})\boldsymbol{w} = (I_n - \boldsymbol{v}\boldsymbol{v}^{\mathrm{T}})\boldsymbol{w} - \boldsymbol{v}\boldsymbol{v}^{\mathrm{T}}\boldsymbol{w}.$$

可以看到，$\boldsymbol{v}\boldsymbol{v}^{\mathrm{T}}\boldsymbol{w} = (\boldsymbol{v}^{\mathrm{T}}\boldsymbol{w})\boldsymbol{v}$ 是 $\boldsymbol{w}$ 向 $\operatorname{span}(\boldsymbol{v})$ 的投影，而 $(I_n - \boldsymbol{v}\boldsymbol{v}^{\mathrm{T}})\boldsymbol{w} \perp \boldsymbol{v}$，即 $\boldsymbol{w}$ 可以分解为与 $\boldsymbol{v}$ 共线的向量和与 $\boldsymbol{v}$ 正交的向量之和，而它在 $I_n - 2\boldsymbol{v}\boldsymbol{v}^{\mathrm{T}}$ 下的像是把 $\boldsymbol{w}$ 中的

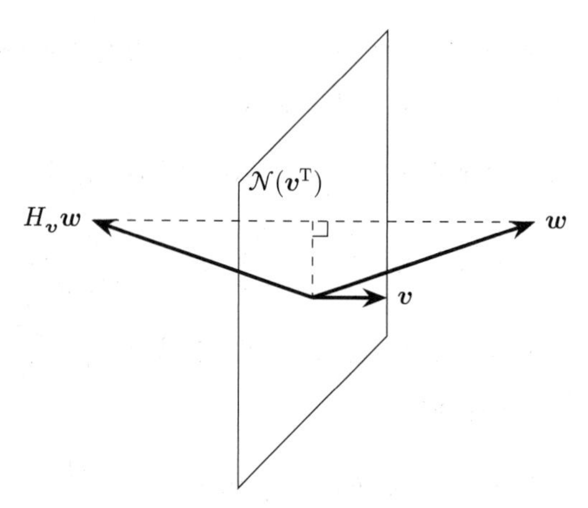

图 3.2.1 高维空间中的反射

与 $\boldsymbol{v}$ 共线的成分反向所得到的向量，可见此变换描述了反射. 这类形如 $\boldsymbol{H}_{\boldsymbol{v}}$ 的变换称为 **Householder 变换**.

通过简单计算就有如下结论，证明留给读者.

命题 3.2.6 给定 $\mathbb{R}^n$ 中向量 $\boldsymbol{x},\boldsymbol{y}$，满足 $\boldsymbol{x}\neq\boldsymbol{y},\|\boldsymbol{x}\|=\|\boldsymbol{y}\|$，则存在反射 $\boldsymbol{H}_{\boldsymbol{v}}$，其中 $\boldsymbol{v}=\dfrac{\boldsymbol{y}-\boldsymbol{x}}{\|\boldsymbol{y}-\boldsymbol{x}\|}$，使得 $\boldsymbol{H}_{\boldsymbol{v}}(\boldsymbol{x})=\boldsymbol{y}$.

这说明，对任意等长的向量 $\boldsymbol{x},\boldsymbol{y}$，都能找到一个反射，使得 $\boldsymbol{H}_{\boldsymbol{v}}(\boldsymbol{x})=\boldsymbol{y}$.

容易验证，$G_{\theta;i,j}$ 和 $H_{\boldsymbol{v}}$ 都是正交矩阵，从而是保距变换.

3.2.2 QR 分解

类似于用矩阵乘法来描述 Gauss 消元法得到 LU 分解，下面用矩阵乘法描述 Gram-Schmidt 正交化得到 QR 分解.

设 $\boldsymbol{a}_1,\boldsymbol{a}_2,\cdots,\boldsymbol{a}_n$ 是 $\mathbb{R}^n$ 的一组基，Gram-Schmidt 正交化的计算过程分为两步，第一步正交化，得到一组正交基:

$$\begin{aligned}
\tilde{\boldsymbol{q}}_1&=\boldsymbol{a}_1,\\
\tilde{\boldsymbol{q}}_2&=\boldsymbol{a}_2-\frac{\tilde{\boldsymbol{q}}_1^{\mathrm{T}}\boldsymbol{a}_2}{\tilde{\boldsymbol{q}}_1^{\mathrm{T}}\tilde{\boldsymbol{q}}_1}\tilde{\boldsymbol{q}}_1,\\
\tilde{\boldsymbol{q}}_3&=\boldsymbol{a}_3-\frac{\tilde{\boldsymbol{q}}_1^{\mathrm{T}}\boldsymbol{a}_3}{\tilde{\boldsymbol{q}}_1^{\mathrm{T}}\tilde{\boldsymbol{q}}_1}\tilde{\boldsymbol{q}}_1-\frac{\tilde{\boldsymbol{q}}_2^{\mathrm{T}}\boldsymbol{a}_3}{\tilde{\boldsymbol{q}}_2^{\mathrm{T}}\tilde{\boldsymbol{q}}_2}\tilde{\boldsymbol{q}}_2,\\
&\vdots\\
\tilde{\boldsymbol{q}}_n&=\boldsymbol{a}_n-\frac{\tilde{\boldsymbol{q}}_1^{\mathrm{T}}\boldsymbol{a}_n}{\tilde{\boldsymbol{q}}_1^{\mathrm{T}}\tilde{\boldsymbol{q}}_1}\tilde{\boldsymbol{q}}_1-\frac{\tilde{\boldsymbol{q}}_2^{\mathrm{T}}\boldsymbol{a}_n}{\tilde{\boldsymbol{q}}_2^{\mathrm{T}}\tilde{\boldsymbol{q}}_2}\tilde{\boldsymbol{q}}_2-\cdots-\frac{\tilde{\boldsymbol{q}}_{n-1}^{\mathrm{T}}\boldsymbol{a}_n}{\tilde{\boldsymbol{q}}_{n-1}^{\mathrm{T}}\tilde{\boldsymbol{q}}_{n-1}}\tilde{\boldsymbol{q}}_{n-1}.
\end{aligned}$$

第二步再单位化每个向量，得到标准正交基: $\boldsymbol{q}_i=\dfrac{\tilde{\boldsymbol{q}}_i}{\|\tilde{\boldsymbol{q}}_i\|},i=1,2,\cdots,n$.

设 $A=\begin{bmatrix}\boldsymbol{a}_1 & \boldsymbol{a}_2 & \cdots & \boldsymbol{a}_n\end{bmatrix}, \widetilde{Q}=\begin{bmatrix}\tilde{\boldsymbol{q}}_1 & \tilde{\boldsymbol{q}}_2 & \cdots & \tilde{\boldsymbol{q}}_n\end{bmatrix}, Q=\begin{bmatrix}\boldsymbol{q}_1 & \boldsymbol{q}_2 & \cdots & \boldsymbol{q}_n\end{bmatrix}$，第一步正交化，能得到 $\boldsymbol{a}_i\,(i=1,2,\cdots,n)$ 被 $\tilde{\boldsymbol{q}}_1,\tilde{\boldsymbol{q}}_2,\cdots,\tilde{\boldsymbol{q}}_i$ 线性表示的表示法. 这可用矩阵乘法表示:

$$A=\widetilde{Q}\widetilde{R},\quad \widetilde{R}=\begin{bmatrix}1 & \dfrac{\tilde{\boldsymbol{q}}_1^{\mathrm{T}}\boldsymbol{a}_2}{\tilde{\boldsymbol{q}}_1^{\mathrm{T}}\tilde{\boldsymbol{q}}_1} & \cdots & \dfrac{\tilde{\boldsymbol{q}}_1^{\mathrm{T}}\boldsymbol{a}_n}{\tilde{\boldsymbol{q}}_1^{\mathrm{T}}\tilde{\boldsymbol{q}}_1}\\ & 1 & \ddots & \vdots\\ & & \ddots & \dfrac{\tilde{\boldsymbol{q}}_{n-1}^{\mathrm{T}}\boldsymbol{a}_n}{\tilde{\boldsymbol{q}}_{n-1}^{\mathrm{T}}\tilde{\boldsymbol{q}}_{n-1}}\\ & & & 1\end{bmatrix}.$$

第二步单位化可以写成 $\widetilde{Q}=Q\,\mathrm{diag}(\|\tilde{\boldsymbol{q}}_i\|)$，因此

$$A=Q\,\mathrm{diag}(\|\tilde{\boldsymbol{q}}_i\|)\widetilde{R}=QR,$$

其中 $R=\mathrm{diag}(\|\tilde{\boldsymbol{q}}_i\|)\widetilde{R}$ 是对角元素都是正数的上三角矩阵，Q 是正交矩阵. 注意，$\widetilde{Q}$ 一般不是正交矩阵.

定理 3.2.7 (可逆矩阵的 QR 分解) *设 A 是 n 阶可逆矩阵，则存在唯一的分解 $A=QR$，其中 Q 是正交矩阵，R 是对角元都是正数的上三角矩阵.*

证 存在性：由 Gram-Schmidt 正交化可得.

唯一性：设 $A=Q_1R_1=Q_2R_2$，其中 Q_1,Q_2 是正交矩阵，R_1,R_2 是具有正对角元的上三角矩阵，且所有矩阵都可逆. 因此，$Q_2^{-1}Q_1=R_2R_1^{-1}$，其中，$Q_2^{-1}Q_1$ 是正交矩阵，$R_2R_1^{-1}$ 是具有正对角元的上三角矩阵. 既是正交矩阵又是具有正对角元的上三角矩阵的矩阵只有单位矩阵. 于是 $Q_1=Q_2, R_1=R_2$，即分解唯一. □

分解 $A=QR$ 称为矩阵 A 的 **QR 分解**.

观察 Gram-Schmidt 正交化的计算过程，第一步正交化，是一系列对 A 的从左往右的倍加列变换，从而得到 $\widetilde{Q}$. 注意，这种倍加矩阵都是单位上三角矩阵，所以其乘积也是单位上三角矩阵. 因此 $A=\widetilde{Q}\widetilde{R}$，这里 $\widetilde{R}$ 是单位上三角矩阵. 第二步单位化，显然可得 R 是具有正对角元的上三角矩阵.

例 3.2.8 回顾例 3.1.14，有

$$A=\begin{bmatrix}\boldsymbol{a}_1 & \boldsymbol{a}_2 & \boldsymbol{a}_3\end{bmatrix}=\begin{bmatrix}1 & 1 & 1\\ 1 & 1 & 0\\ 1 & 0 & 0\end{bmatrix},$$

利用 Gram-Schmidt 正交化方法得到

$$\widetilde{Q}=\begin{bmatrix}\tilde{\boldsymbol{q}}_1 & \tilde{\boldsymbol{q}}_2 & \tilde{\boldsymbol{q}}_3\end{bmatrix}=\begin{bmatrix}1 & \dfrac{1}{3} & \dfrac{1}{2}\\ 1 & \dfrac{1}{3} & -\dfrac{1}{2}\\ 1 & -\dfrac{2}{3} & 0\end{bmatrix},\quad \widetilde{R}=\begin{bmatrix}1 & \dfrac{2}{3} & \dfrac{1}{3}\\ & 1 & \dfrac{1}{2}\\ & & 1\end{bmatrix}.$$

再把正交向量单位化得到:

$$Q=\begin{bmatrix}\boldsymbol{q}_1 & \boldsymbol{q}_2 & \boldsymbol{q}_3\end{bmatrix}=\begin{bmatrix}\dfrac{1}{\sqrt{3}} & \dfrac{1}{\sqrt{6}} & \dfrac{1}{\sqrt{2}}\\ \dfrac{1}{\sqrt{3}} & \dfrac{1}{\sqrt{6}} & -\dfrac{1}{\sqrt{2}}\\ \dfrac{1}{\sqrt{3}} & -\dfrac{2}{\sqrt{6}} & 0\end{bmatrix},$$

$$R=\operatorname{diag}(\|\tilde{\boldsymbol{q}}_i\|)\widetilde{R}=\begin{bmatrix}\sqrt{3} & & \\ & \dfrac{\sqrt{6}}{3} & \\ & & \dfrac{1}{\sqrt{2}}\end{bmatrix}\begin{bmatrix}1 & \dfrac{2}{3} & \dfrac{1}{3}\\ & 1 & \dfrac{1}{2}\\ & & 1\end{bmatrix}=\begin{bmatrix}\sqrt{3} & \dfrac{2}{\sqrt{3}} & \dfrac{1}{\sqrt{3}}\\ & \dfrac{\sqrt{6}}{3} & \dfrac{1}{\sqrt{6}}\\ & & \dfrac{1}{\sqrt{2}}\end{bmatrix}.$$

这就是 A 的 QR 分解 $A=QR$.

由 $A=\widetilde{Q}\widetilde{R}$, 有 $A\widetilde{R}^{-1}=\widetilde{Q}$. 我们可以将 $\widetilde{R}^{-1}$ 分解成倍加矩阵的乘积:

$$\widetilde{R}^{-1}=\begin{bmatrix}1 & -\dfrac{2}{3} & 0\\ 0 & 1 & 0\\ 0 & 0 & 1\end{bmatrix}\begin{bmatrix}1 & 0 & -\dfrac{1}{3}\\ 0 & 1 & 0\\ 0 & 0 & 1\end{bmatrix}\begin{bmatrix}1 & 0 & 0\\ 0 & 1 & -\dfrac{1}{2}\\ 0 & 0 & 1\end{bmatrix}=:R_1R_2R_3.$$

如果以 A 的列向量作为平行六面体的三条同一顶点出发的边, 那么可以看到, 第一步正交化的过程 $A\mapsto AR_1\mapsto AR_1R_2\mapsto AR_1R_2R_3=\widetilde{Q}$, 就是将这个平行六面体化成长方体的过程. 参见图 3.2.2. ☺

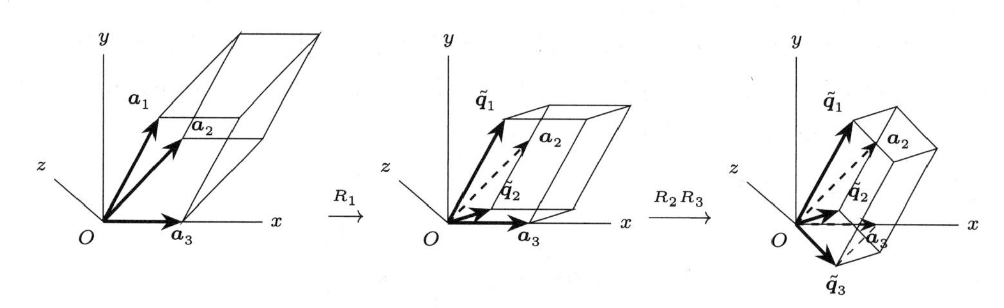

图 3.2.2 向量的正交化

对 $m\times n$ 矩阵, 当 $m\geqslant n$ 时, 也有 QR 分解.

定义 3.2.9 (列正交矩阵) 矩阵 Q, 如果满足 $Q^{\mathrm{T}}Q=I_n$, 则称为**列正交矩阵**.

显然, Q 是 $m\times n$ 列正交矩阵等价于 Q 的列向量组构成 $\mathbb{R}^m$ 的一个正交单位向量组, 其中有 n 个向量. 此时必有 $m\geqslant n$.

定理 3.2.10 (QR 分解) 对 $m \times n$ 矩阵 A，其中 $m \geqslant n$，则

1. 存在 $m \times n$ 列正交矩阵 Q_1 和具有非负对角元的 n 阶上三角矩阵 R_1，使得 $A = Q_1R_1$；
2. 进一步地，存在 m 阶正交矩阵 Q 和 $m \times n$ 矩阵 R，使得 $A = QR$，其中 $R = \begin{bmatrix} R_1 \\ O \end{bmatrix}, Q = \begin{bmatrix} Q_1 & Q_2 \end{bmatrix}$，即 Q 的列向量组由 Q_1 的列向量组扩充而成.

证 1 记 $A = \begin{bmatrix} \boldsymbol{a}_1 & \boldsymbol{a}_2 & \cdots & \boldsymbol{a}_n \end{bmatrix}$. 我们先来证明分解 $A = Q_1R_1$ 的存在性，其中 Q_1 是 $m \times n$ 列正交矩阵，R_1 是 n 阶具有非负对角元的上三角矩阵.

对 n 用数学归纳法. 当 $n = 1$ 时，如果 $\boldsymbol{a}_1 \neq \boldsymbol{0}$，则令 $Q_1 = \boldsymbol{q}_1 = \dfrac{\boldsymbol{a}_1}{\|\boldsymbol{a}_1\|}, R_1 = \|\boldsymbol{a}_1\|$，即有 $A = Q_1R_1$，满足条件. 如果 $\boldsymbol{a}_1 = \boldsymbol{0}$，则任取一个单位向量做 Q_1，取 $R_1 = 0$ 即可.

假设结论对 $m \times (n-1)$ 矩阵成立. 考虑 $m \times n$ 矩阵 $A = \begin{bmatrix} A_0 & \boldsymbol{a}_n \end{bmatrix}$. 根据归纳假设，$A_0$ 存在分解 $A_0 = Q_0R_0$，其中 Q_0 列正交，R_0 是具有非负对角元的 $n-1$ 阶上三角矩阵. 如果 $\boldsymbol{a}_n \in \mathcal{R}(Q_0)$，那么存在 $\boldsymbol{r}_n$，使得 $\boldsymbol{a}_n = Q_0\boldsymbol{r}_n$，于是任选一个与 Q_0 的列向量都正交的单位向量 $\boldsymbol{q}_n$，就有

$$A = \begin{bmatrix} A_0 & \boldsymbol{a}_n \end{bmatrix} = \begin{bmatrix} Q_0R_0 & Q_0\boldsymbol{r}_n \end{bmatrix} = \begin{bmatrix} Q_0 & \boldsymbol{q}_n \end{bmatrix} \begin{bmatrix} R_0 & \boldsymbol{r}_n \\ \boldsymbol{0}^{\mathrm{T}} & 0 \end{bmatrix} = Q_1R_1,$$

则 Q_1, R_1 为满足条件的矩阵. 如果 $\boldsymbol{a}_n \notin \mathcal{R}(Q_0)$，那么用一步 Gram-Schmidt 正交化，就有 $\tilde{\boldsymbol{q}}_n = \boldsymbol{a}_n - Q_0\boldsymbol{r}_n$，且 $\tilde{\boldsymbol{q}}_n$ 与 Q_0 的列向量组都正交. 令 $\boldsymbol{q}_n = \dfrac{\tilde{\boldsymbol{q}}_n}{\|\tilde{\boldsymbol{q}}_n\|}$. 于是

$$A = \begin{bmatrix} A_0 & \boldsymbol{a}_n \end{bmatrix} = \begin{bmatrix} Q_0R_0 & Q_0\boldsymbol{r}_n + \|\tilde{\boldsymbol{q}}_n\|\boldsymbol{q}_n \end{bmatrix} = \begin{bmatrix} Q_0 & \boldsymbol{q}_n \end{bmatrix} \begin{bmatrix} R_0 & \boldsymbol{r}_n \\ \boldsymbol{0}^{\mathrm{T}} & \|\tilde{\boldsymbol{q}}_n\| \end{bmatrix} = Q_1R_1,$$

则 Q_1, R_1 为满足条件的矩阵. 综上，分解 $A = Q_1R_1$ 存在.

最后证明 $A = Q\begin{bmatrix} R_1 \\ O \end{bmatrix}$ 的存在性. 事实上，只要将 $\boldsymbol{q}_1, \boldsymbol{q}_2, \cdots, \boldsymbol{q}_n$ 扩充成 $\mathbb{R}^m$ 的一组标准正交基 $\boldsymbol{q}_1, \boldsymbol{q}_2, \cdots, \boldsymbol{q}_m$，那么将这组基向量组成的矩阵记为 Q，就有 $A = Q\begin{bmatrix} R_1 \\ O \end{bmatrix}$. □

证 2 证 1 的关键是处理 A 的列线性相关的情形. 如果 A 列线性无关，则直接对子空间 $\mathcal{R}(A)$ 中 A 的列向量 Gram-Schmidt 正交化即得 Q_1. 但当 A 的列线性相关时，我们不得不处理不作为基的列，处理办法类似于命题 2.3.3 中对行简化阶梯形矩阵的讨论. 事实上，我们也可以利用行简化阶梯形矩阵来证明.

用初等行变换把 A 化成行简化阶梯形矩阵，数学化就是 $A = BC$，其中 B 是 m 阶可逆矩阵，C 是 A 的行简化阶梯形矩阵. 由于 $m \geqslant n$，在 C 的下方 $m-n$ 行都是

零行，因此 $C=\begin{bmatrix}C_1\\O\end{bmatrix}$，其中 C_1 为 n 阶上三角矩阵．而 B 可逆，根据定理 3.2.7，存在 QR 分解 $B=QR_B$，则 $A=QR_BC$．我们只需再证明 R_BC 的下方 $m-n$ 行都是零行．由于 R_B 是上三角矩阵，可记 $R_B=\begin{bmatrix}R_{11} & R_{12}\\O & R_{22}\end{bmatrix}$，其中 R_{11} 是 n 阶上三角矩阵，R_{22} 为 $m-n$ 阶上三角矩阵．则 $R_BC=\begin{bmatrix}R_{11} & R_{12}\\O & R_{22}\end{bmatrix}\begin{bmatrix}C_1\\O\end{bmatrix}=\begin{bmatrix}R_{11}C_1\\O\end{bmatrix}$．记 $Q=\begin{bmatrix}Q_1 & Q_2\end{bmatrix}$，其中 Q_1 是 $m\times n$ 矩阵．令 $R_1=R_{11}C_1$，则 R_1 是上三角矩阵，且 $A=QR_BC=\begin{bmatrix}Q_1 & Q_2\end{bmatrix}\begin{bmatrix}R_1\\O\end{bmatrix}=Q_1R_1$．

注意，考虑 A 的列与 B 的列的关系，事实上 B 的前面的列就是 A 的所有主列，后面的列就是利用前面的列扩充成 $\mathbb{R}^m$ 的一组基得到的那些向量．这说明 Q_1 的列就是 A 的主列 Gram-Schmidt 正交化的结果． □

证 3　还可以利用 Householder 变换来证明，我们直接证明第 2 条．

对 n 用数学归纳法．证 1 已说明 $n=1$ 的情形．假设结论对任意 $p\times n'$ 矩阵成立，其中 $p\geqslant n-1\geqslant n'$．考虑 $m\times n$ 矩阵 $A=\begin{bmatrix}A_0 & \boldsymbol{a}_n\end{bmatrix}$．

考虑 $m\times n$ 矩阵．如果 $\boldsymbol{a}_1\neq\boldsymbol{0}$，根据命题 3.2.6，存在 Householder 变换矩阵 Q_1，使得 $Q_1\boldsymbol{a}_1=\|\boldsymbol{a}_1\|\boldsymbol{e}_1$．因此 Q_1A 有如下形式 $Q_1A=\begin{bmatrix}\|\boldsymbol{a}_1\| & \boldsymbol{b}^{\mathrm{T}}\\\boldsymbol{0} & A_1\end{bmatrix}$，其中 A_1 是 $(m-1)\times(n-1)$ 矩阵．而 $m-1\geqslant n-1$，因此 A_1 满足归纳假设，即存在正交矩阵 Q_2 和上三角矩阵 R_2，使得 $A_1=Q_2\begin{bmatrix}R_2\\O\end{bmatrix}$．因此 $\begin{bmatrix}1 & \\ & Q_2^{\mathrm{T}}\end{bmatrix}Q_1A=\begin{bmatrix}\|\boldsymbol{a}_1\| & \boldsymbol{b}^{\mathrm{T}}\\\boldsymbol{0} & R_2\\\boldsymbol{0} & O\end{bmatrix}$．令 $Q=Q_1^{\mathrm{T}}\begin{bmatrix}1 & \\ & Q_2\end{bmatrix}, R=\begin{bmatrix}\|\boldsymbol{a}_1\| & \boldsymbol{b}^{\mathrm{T}}\\\boldsymbol{0} & R_2\end{bmatrix}$．容易验证，$A=QR$，且 Q,R 满足条件．

如果 $\boldsymbol{a}_1=\boldsymbol{a}_2=\cdots=\boldsymbol{a}_{j-1}=\boldsymbol{0}$ 但 $\boldsymbol{a}_j\neq\boldsymbol{0}$，则利用归纳假设，$\begin{bmatrix}\boldsymbol{a}_j & \cdots & \boldsymbol{a}_n\end{bmatrix}=QR_j$，其中 Q,R_j 满足条件．因此 $A=\begin{bmatrix}O & QR_j\end{bmatrix}=Q\begin{bmatrix}O & R_j\end{bmatrix}$．令 $R=\begin{bmatrix}O & R_j\end{bmatrix}$，容易验证，$A=QR$，且 Q,R 满足条件． □

分解 $A=QR$ 称为 A 的 **QR 分解**，$A=Q_1R_1$ 称为 A 的**简化 QR 分解**．

根据以上分析，简化 QR 分解可以通过 Gram-Schmidt 正交化方法来得到．这一计算简化 QR 分解的算法常称为经典 Gram-Schmidt 算法，简称 CGS．

通常，为了计算上的数值稳定性，我们常常使用修正 Gram-Schmidt 算法，简称 MGS．这一算法和 CGS 相比，只是改变了计算次序：MGS 中，我们每算出一个正交基向量，就在后面的还未计算好的基向量上先减去当前正交基向量的合适倍数．换言之，

MGS 每个迭代步骤除了计算出一个正交基向量外，还通过计算使得其他未计算好的基向量都与算好的正交基向量正交.

二者对比, 用矩阵的语言描述, MGS 的每次迭代步骤都计算出 R 的一个行; 而 CGS 的每次迭代步骤都计算出 R 的一个列. 可以看到 CGS 和 MGS 的计算量相同，二者都需要约 $2mn^2$ 次四则运算.

根据证 3，QR 分解和简化 QR 分解，也可用利用 Householder 变换来计算，这一算法需要约 $2mn^2-\dfrac{2}{3}n^3$ 次四则运算①.

注 3.2.11 证 3 还说明，n 阶正交矩阵可以表示成不多于 n 个反射（Householder 变换）的乘积.

习题

练习 3.2.1 求一个四阶正交矩阵，其中前两个列向量分别为: $\dfrac{1}{3}\begin{bmatrix}1\\-2\\0\\2\end{bmatrix}$, $\dfrac{1}{\sqrt{6}}\begin{bmatrix}-2\\0\\1\\1\end{bmatrix}$.

练习 3.2.2 写出元素都是 0 或 1 的所有三阶正交矩阵.

阅读 3.2.3 (Hadamard 矩阵) 给定 n 阶矩阵 A，如果 A 的元素都是 1 或 -1，且 $A^{\mathrm{T}}A=nI_n$，则称 A 是一个 n 阶 **Hadamard 矩阵**.

显然 Hadamard 是所有元素绝对值相同的正交矩阵的倍数. 可以证明 Hadamard 矩阵的阶只能是 $1,2$ 或 $4k, k=1,2,\cdots$.

然而是否存在 $4k$ 阶 Hadamard 矩阵，还是一个悬而未决的问题，称为 **Hadamard 猜想**.

Hadamard 矩阵在信号处理中有应用.

练习 3.2.4

1. 列举所有的一，二阶 Hadamard 矩阵.
2. 说明不存在三阶 Hadamard 矩阵.
3. 找出一个 4 阶 Hadamard 矩阵.
4. 证明如果 A 是 Hadamard 矩阵，则 $\begin{bmatrix}A & A\\A & -A\end{bmatrix}$ 也是 Hadamard 矩阵. 以此说明存在 2^n 阶 Hadamard 矩阵.

注意：这与阅读 3.1.23 中的 Haar 小波基相关.

练习 3.2.5 证明，分块上三角矩阵 $\begin{bmatrix}c & \boldsymbol{a}^{\mathrm{T}}\\\mathbf{0} & Q\end{bmatrix}$ 是正交矩阵时，必有 $c=\pm1, \boldsymbol{a}=\mathbf{0}$，$Q$ 是正交矩阵.

练习 3.2.6 证明，上三角矩阵是正交矩阵时，必是对角矩阵，且对角元素是 ±1.

① 算法细节可以参考数值线性代数的相关教材或专著.

练习 3.2.7 对标准基 $\boldsymbol{e}_1,\boldsymbol{e}_2,\cdots,\boldsymbol{e}_n$，显然 $\sum_{i=1}^{n}\boldsymbol{e}_i\boldsymbol{e}_i^{\mathrm{T}}=I_n$. 对任意标准正交基 $\boldsymbol{q}_1,\boldsymbol{q}_2,\cdots,\boldsymbol{q}_n$，求证 $\sum_{i=1}^{n}\boldsymbol{q}_i\boldsymbol{q}_i^{\mathrm{T}}=I_n$.

练习 3.2.8 设 $\boldsymbol{a}_1,\boldsymbol{a}_2,\cdots,\boldsymbol{a}_n$ 和 $\boldsymbol{b}_1,\boldsymbol{b}_2,\cdots,\boldsymbol{b}_n$ 是 $\mathbb{R}^n$ 的两组标准正交基，证明存在正交矩阵 Q，使得 $Q\boldsymbol{a}_i=\boldsymbol{b}_i, i=1,2,\cdots,n$.

练习 3.2.9 回顾命题 3.2.4，设 $\boldsymbol{a}_1,\boldsymbol{a}_2,\cdots,\boldsymbol{a}_n$ 是 $\mathbb{R}^n$ 的一组基，考虑下列放松的条件.

1. A 在一组基上保距，即如果对 $i=1,2,\cdots,n$，$\|A\boldsymbol{a}_i\|=\|\boldsymbol{a}_i\|$，那么 A 是否一定是正交矩阵?
2. A 在一组基上保内积，即如果对 $i,j=1,2,\cdots,n$，$A\boldsymbol{a}_i$ 与 $A\boldsymbol{a}_j$ 的内积等于 $\boldsymbol{a}_i$ 与 $\boldsymbol{a}_j$ 的内积，那么 A 是否一定是正交矩阵?

练习 3.2.10 设 $H_{\boldsymbol{v}}:=I_n-2\boldsymbol{v}\boldsymbol{v}^{\mathrm{T}}$ 是 $\mathbb{R}^n$ 上反射变换的表示矩阵，Q 是 n 阶正交矩阵，证明 $Q^{-1}H_{\boldsymbol{v}}Q$ 也是某个反射变换的表示矩阵.

练习 3.2.11 证明命题 3.2.6.

练习 3.2.12 计算 QR 分解:

1. $\begin{bmatrix}-1&2&2\\2&-1&2\\2&2&-1\end{bmatrix}$.
2. $\begin{bmatrix}1&1&1\\0&1&1\\0&0&1\end{bmatrix}$.
3. $\begin{bmatrix}1&0&0\\1&1&0\\1&1&1\end{bmatrix}$.

练习 3.2.13 设向量组 $\boldsymbol{v}_1,\boldsymbol{v}_2,\cdots,\boldsymbol{v}_k$ 线性无关，首先令 $\boldsymbol{q}_1$ 为与 $\boldsymbol{v}_1$ 平行的单位向量，然后令 $\boldsymbol{q}_2$ 为二维子空间 $\operatorname{span}(\boldsymbol{v}_1,\boldsymbol{v}_2)$ 中垂直于直线 $\operatorname{span}(\boldsymbol{v}_1)$ 的单位向量，再令 $\boldsymbol{q}_3$ 为三维子空间 $\operatorname{span}(\boldsymbol{v}_1,\boldsymbol{v}_2,\boldsymbol{v}_3)$ 中垂直于平面 $\operatorname{span}(\boldsymbol{v}_1,\boldsymbol{v}_2)$ 的单位向量，以此类推. 这样得到的 $\boldsymbol{q}_1,\boldsymbol{q}_2,\cdots,\boldsymbol{q}_k$ 与 Gram-Schmidt 正交化得到的结果是否一致? 如果有区别的话，区别在哪里? 从 QR 分解的角度如何解释?

练习 3.2.14 (QR 分解的其他理解) 考虑 $A=\begin{bmatrix}1&0\\-2&5\\0&1\end{bmatrix}$ 的列向量围出的平行四边形.

1. 通过列变换，把第一列的若干倍加到第二列，使得平行四边形变成长方形. 这对应着 A 乘哪个矩阵?
2. 通过旋转和反射，把平行四边形的第一条边变到 x_1 轴正半轴上，第二条边变到 x_1x_2 平面中 $x_2>0$ 的那一半. 这对应着哪个正交矩阵乘 A?

练习 3.2.15 证明若矩阵列满秩，则其简化 QR 分解唯一.

提示：可以利用练习 3.2.6.

练习 3.2.16 证明任意 n 阶正交矩阵可以表示成不多于 n 个反射的乘积.

练习 3.2.17 ☕ 设 $\boldsymbol{a}_1,\boldsymbol{a}_2,\cdots,\boldsymbol{a}_s$ 和 $\boldsymbol{b}_1,\boldsymbol{b}_2,\cdots,\boldsymbol{b}_s$ 是 $\mathbb{R}^n$ 的两个向量组，证明，存在正交矩阵 Q，使得 $Q\boldsymbol{a}_i=\boldsymbol{b}_i, i=1,2,\cdots,s$，当且仅当 $\boldsymbol{a}_i^{\mathrm{T}}\boldsymbol{a}_j=\boldsymbol{b}_i^{\mathrm{T}}\boldsymbol{b}_j, i,j=1,2,\cdots,s$.

提示：化简成两个向量组均为线性无关向量组的情形，再用练习 3.2.15.

练习 3.2.18 (保角变换) 设可逆矩阵 A 对应的线性变换保持向量之间的夹角不变.

1. 对 A 进行 QR 分解，证明 R 也保持向量之间的夹角不变.
2. 证明 R 为对角矩阵.
3. 证明 $R = kI_n$，这里 k 为常数. 由此得到，A 必是某个正交矩阵的倍数.

练习 3.2.19　设 $\boldsymbol{a}_1, \boldsymbol{a}_2, \cdots, \boldsymbol{a}_m$ 是 $\mathbb{R}^n$ 中的 m 个向量，定义矩阵

$$G(\boldsymbol{a}_1, \boldsymbol{a}_2, \cdots, \boldsymbol{a}_m) := \begin{bmatrix} \boldsymbol{a}_1^{\mathrm{T}}\boldsymbol{a}_1 & \boldsymbol{a}_1^{\mathrm{T}}\boldsymbol{a}_2 & \cdots & \boldsymbol{a}_1^{\mathrm{T}}\boldsymbol{a}_m \\ \boldsymbol{a}_2^{\mathrm{T}}\boldsymbol{a}_1 & \boldsymbol{a}_2^{\mathrm{T}}\boldsymbol{a}_2 & \cdots & \boldsymbol{a}_1^{\mathrm{T}}\boldsymbol{a}_m \\ \vdots & \vdots & & \vdots \\ \boldsymbol{a}_m^{\mathrm{T}}\boldsymbol{a}_1 & \boldsymbol{a}_m^{\mathrm{T}}\boldsymbol{a}_2 & \cdots & \boldsymbol{a}_m^{\mathrm{T}}\boldsymbol{a}_m \end{bmatrix},$$

称为 $\boldsymbol{a}_1, \boldsymbol{a}_2, \cdots, \boldsymbol{a}_m$ 的 **Gram 矩阵**. 证明：

1. $\boldsymbol{a}_1, \boldsymbol{a}_2, \cdots, \boldsymbol{a}_m$ 是正交单位向量组当且仅当 $G(\boldsymbol{a}_1, \boldsymbol{a}_2, \cdots, \boldsymbol{a}_m) = I_m$.
2. Gram 矩阵 $G = G(\boldsymbol{a}_1, \boldsymbol{a}_2, \cdots, \boldsymbol{a}_m)$ 是 m 阶对称矩阵，且对任意 $\boldsymbol{x} \in \mathbb{R}^m$，都有 $\boldsymbol{x}^{\mathrm{T}}G\boldsymbol{x} \geqslant 0$.
3. $\boldsymbol{a}_1, \boldsymbol{a}_2, \cdots, \boldsymbol{a}_m$ 线性无关当且仅当 $G = G(\boldsymbol{a}_1, \boldsymbol{a}_2, \cdots, \boldsymbol{a}_m)$ 可逆，也等价于对任意非零 $\boldsymbol{x} \in \mathbb{R}^m$，都有 $\boldsymbol{x}^{\mathrm{T}}G\boldsymbol{x} > 0$.

3.3　子空间和投影

先看例 3.1.1 的一个高维推广.

例 3.3.1　考虑线性方程组 $A\boldsymbol{x} = \boldsymbol{b}$，其中 $A = \begin{bmatrix} 1 & 1 \\ 2 & 1 \\ 1 & 3 \end{bmatrix}, \boldsymbol{b} = \begin{bmatrix} 0 \\ 3 \\ 5 \end{bmatrix}, \boldsymbol{x} \in \mathbb{R}^2$. 简单计算可知方程组无解. 那么，如何找到 $\widehat{\boldsymbol{x}} \in \mathbb{R}^2$，满足

$$\|\boldsymbol{b} - A\widehat{\boldsymbol{x}}\| = \min_{\boldsymbol{x} \in \mathbb{R}^2} \|\boldsymbol{b} - A\boldsymbol{x}\|?$$

这里 $\{A\boldsymbol{x} \mid \boldsymbol{x} \in \mathbb{R}^2\} = \mathcal{R}(A)$ 是 $\mathbb{R}^3$ 中过原点的平面，而 $\|\boldsymbol{b} - A\boldsymbol{x}\|$ 的最小值为向量 $\boldsymbol{b}$ 到该平面的距离，见图 3.3.1. 对向量 $\boldsymbol{b}$ 向该平面做垂直投影，即考虑分解 $\boldsymbol{b} = \widehat{\boldsymbol{b}} + \boldsymbol{r}$，满足 $\widehat{\boldsymbol{b}} \in \mathcal{R}(A)$，且 $\widehat{\boldsymbol{b}}$ 与 $\boldsymbol{r}$ 垂直. 由于 $\mathcal{R}(A)$ 是二维子空间，若取它的一组基，则可对 $\widehat{\boldsymbol{b}}$ 进一步分解. 记 $A = \begin{bmatrix} \boldsymbol{a}_1 & \boldsymbol{a}_2 \end{bmatrix}$，则 $\boldsymbol{a}_1, \boldsymbol{a}_2$ 为 $\mathcal{R}(A)$ 的一组基. 考虑分解 $\boldsymbol{b} = \hat{x}_1\boldsymbol{a}_1 + \hat{x}_2\boldsymbol{a}_2 + \boldsymbol{r}$，求实数 $\hat{x}_1, \hat{x}_2$，满足 $\boldsymbol{r}$ 与 $\boldsymbol{a}_1, \boldsymbol{a}_2$ 同时正交. 这等价于解方程 $\boldsymbol{a}_1^{\mathrm{T}}\boldsymbol{r} = \boldsymbol{a}_2^{\mathrm{T}}\boldsymbol{r} = 0$，即 $A^{\mathrm{T}}\boldsymbol{r} = \boldsymbol{0}$，其中 $\boldsymbol{r} = \boldsymbol{b} - A\widehat{\boldsymbol{x}}$. 计算留给读者.

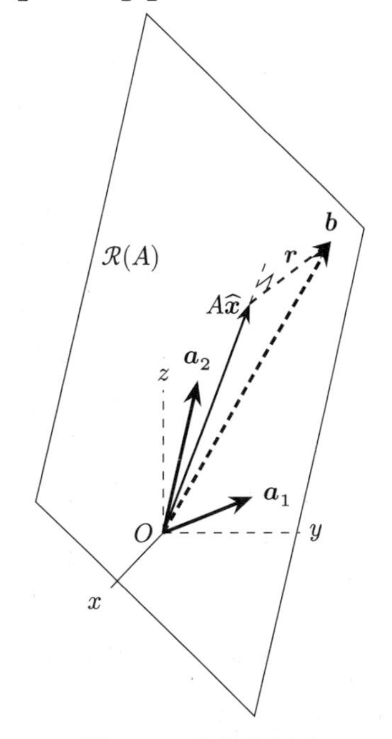

图 3.3.1　向量的逼近

如果对 $\boldsymbol{a}_1, \boldsymbol{a}_2$ 做 Gram-Schmidt 正交化，则得到 $\mathcal{R}(A)$ 的一组标准正交基 $\boldsymbol{q}_1, \boldsymbol{q}_2$. 再考虑分解 $\boldsymbol{b} = \hat{y}_1\boldsymbol{q}_1 + \hat{y}_2\boldsymbol{q}_2 + \boldsymbol{r}$，其中 $\boldsymbol{q}_1, \boldsymbol{q}_2, \boldsymbol{r}$ 两两正交. 易得 $\hat{y}_1 = \boldsymbol{q}_1^{\mathrm{T}}\boldsymbol{b}, \hat{y}_2 = \boldsymbol{q}_2^{\mathrm{T}}\boldsymbol{b}$. 我们得到了与向量向直线的垂直投影 (3.1.1) 式类

似的分解:

$$\boldsymbol{b}=(\boldsymbol{q}_1^{\mathrm{T}}\boldsymbol{b})\boldsymbol{q}_1+(\boldsymbol{q}_2^{\mathrm{T}}\boldsymbol{b})\boldsymbol{q}_2+\boldsymbol{r}.$$

其成立的关键是 $\boldsymbol{q}_1,\boldsymbol{q}_2$ 是 $\mathcal{R}(A)$ 的标准正交基.

用矩阵语言表达，就是 $\boldsymbol{b}=A\widehat{\boldsymbol{x}}+\boldsymbol{r}=Q\hat{\boldsymbol{y}}+\boldsymbol{r}$，其中 $Q=\begin{bmatrix}\boldsymbol{q}_1 & \boldsymbol{q}_2\end{bmatrix}$ 是列正交矩阵，且满足 $Q^{\mathrm{T}}\boldsymbol{r}=\boldsymbol{0}$. 因此 $\hat{\boldsymbol{y}}=Q^{\mathrm{T}}\boldsymbol{b}$. Gram-Schmidt 正交化对应于 QR 分解 $A=QR$，其中 R 是二阶可逆上三角矩阵. 由 $Q\hat{\boldsymbol{y}}=A\widehat{\boldsymbol{x}}=QR\widehat{\boldsymbol{x}}$ 可知，$\widehat{\boldsymbol{x}}=R^{-1}\hat{\boldsymbol{y}}$.

下面计算 QR 分解. 首先计算正交向量组 $\tilde{\boldsymbol{q}}_1,\tilde{\boldsymbol{q}}_2$:

$$\tilde{\boldsymbol{q}}_1=\boldsymbol{a}_1=\begin{bmatrix}1\\2\\1\end{bmatrix},\quad \tilde{\boldsymbol{q}}_2=\boldsymbol{a}_2-\frac{\tilde{\boldsymbol{q}}_1^{\mathrm{T}}\boldsymbol{a}_2}{\tilde{\boldsymbol{q}}_1^{\mathrm{T}}\tilde{\boldsymbol{q}}_1}\tilde{\boldsymbol{q}}_1=\begin{bmatrix}1\\1\\3\end{bmatrix}-\frac{6}{6}\begin{bmatrix}1\\2\\1\end{bmatrix}=\begin{bmatrix}0\\-1\\2\end{bmatrix}.$$

矩阵 $\widetilde{R}=\begin{bmatrix}1 & 1\\0 & 1\end{bmatrix}$. 再单位化可得 $\boldsymbol{q}_1=\dfrac{1}{\sqrt{6}}\begin{bmatrix}1\\2\\1\end{bmatrix},\boldsymbol{q}_2=\dfrac{1}{\sqrt{5}}\begin{bmatrix}0\\-1\\2\end{bmatrix}$. 因此 $A=QR$，其中

$$Q=\begin{bmatrix}\dfrac{1}{\sqrt{6}} & 0\\ \dfrac{2}{\sqrt{6}} & -\dfrac{1}{\sqrt{5}}\\ \dfrac{1}{\sqrt{6}} & \dfrac{2}{\sqrt{5}}\end{bmatrix},\quad R=\begin{bmatrix}\sqrt{6} & \\ & \sqrt{5}\end{bmatrix}\widetilde{R}=\begin{bmatrix}\sqrt{6} & \sqrt{6}\\0 & \sqrt{5}\end{bmatrix}.$$

易知

$$R^{-1}=\widetilde{R}^{-1}\begin{bmatrix}\dfrac{1}{\sqrt{6}} & \\ & \dfrac{1}{\sqrt{5}}\end{bmatrix}=\begin{bmatrix}1 & -1\\0 & 1\end{bmatrix}\begin{bmatrix}\dfrac{1}{\sqrt{6}} & \\ & \dfrac{1}{\sqrt{5}}\end{bmatrix}=\begin{bmatrix}\dfrac{1}{\sqrt{6}} & -\dfrac{1}{\sqrt{5}}\\ 0 & \dfrac{1}{\sqrt{5}}\end{bmatrix}.$$

于是

$$\hat{\boldsymbol{y}}=Q^{\mathrm{T}}\boldsymbol{b}=\begin{bmatrix}\dfrac{11}{\sqrt{6}}\\ \dfrac{7}{\sqrt{5}}\end{bmatrix},\widehat{\boldsymbol{x}}=R^{-1}\hat{\boldsymbol{y}}=\begin{bmatrix}\dfrac{1}{\sqrt{6}} & -\dfrac{1}{\sqrt{5}}\\ 0 & \dfrac{1}{\sqrt{5}}\end{bmatrix}\begin{bmatrix}\dfrac{11}{\sqrt{6}}\\ \dfrac{7}{\sqrt{5}}\end{bmatrix}=\begin{bmatrix}\dfrac{13}{30}\\ \dfrac{7}{5}\end{bmatrix}.$$

因此，$\boldsymbol{r}=\boldsymbol{b}-A\widehat{\boldsymbol{x}}=\begin{bmatrix}-\dfrac{11}{6}\\ \dfrac{11}{15}\\ \dfrac{11}{30}\end{bmatrix}$，最小距离 $\|\boldsymbol{r}\|=\dfrac{11}{\sqrt{30}}$. ☺

在例 3.3.1 中，为了求距离的最小值 $\min\limits_{\boldsymbol{x}\in\mathbb{R}^2}\|\boldsymbol{b}-A\boldsymbol{x}\|=\min\limits_{\boldsymbol{y}\in\mathcal{R}(A)}\|\boldsymbol{b}-\boldsymbol{y}\|$，需要对平面 $\mathcal{R}(A)$ 做正交投影.

下面我们将把类似概念推广到任意子空间上.

3.3.1 正交补

由于内积满足双线性，易得如下结论.

命题 3.3.2 如果 $\boldsymbol{b}$ 与 $\boldsymbol{a}_1,\boldsymbol{a}_2,\cdots,\boldsymbol{a}_s$ 都正交，则 $\boldsymbol{b}$ 与子空间 $\mathrm{span}(\boldsymbol{a}_1,\boldsymbol{a}_2,\cdots,\boldsymbol{a}_s)$ 中的任意向量都正交.

在 $\mathbb{R}^3$ 中，命题 3.3.2 的几何描述，就是向量垂直于某个平面当且仅当它垂直于平面内两条相交直线.

根据内积的定义，齐次线性方程组 $A\boldsymbol{x}=\boldsymbol{0}$ 的任意解向量 $\boldsymbol{x}$ 与矩阵 A 的所有行向量都正交. 因此，零空间 $\mathcal{N}(A)$ 中的任意向量和行空间 $\mathcal{R}(A^{\mathrm{T}})$ 中的任意向量都正交.

定义 3.3.3 (子空间正交) 给定 $\mathbb{R}^n$ 的子空间 $\mathcal{M},\mathcal{N}$，如果 $\mathcal{M}$ 中任意向量和 $\mathcal{N}$ 中任意向量都正交，则称 $\mathcal{M}$ 与 $\mathcal{N}$ **正交**，记为 $\mathcal{M}\perp\mathcal{N}$.

特别地，如果 $\mathrm{span}(\boldsymbol{a})\perp\mathcal{M}$，则简称向量 $\boldsymbol{a}$ 与子空间 $\mathcal{M}$ 正交，记为 $\boldsymbol{a}\perp\mathcal{M}$.

对任意矩阵 A，$\mathcal{N}(A)\perp\mathcal{R}(A^{\mathrm{T}}),\mathcal{N}(A^{\mathrm{T}})\perp\mathcal{R}(A)$. 进一步地，所有与 $\mathcal{R}(A^{\mathrm{T}})$ 正交的向量都在 $\mathcal{N}(A)$ 中（为什么?).

定义 3.3.4 (正交补) 给定 $\mathbb{R}^n$ 的子空间 $\mathcal{M}$, $\mathbb{R}^n$ 的子集 $\mathcal{M}^{\perp}:=\{\boldsymbol{a}\in\mathbb{R}^n\mid\boldsymbol{a}\perp\mathcal{M}\}$，称为 $\mathcal{M}$ 的**正交补**.

例 3.3.5 设 $A=\begin{bmatrix}1&0&0\end{bmatrix}$，则 $\mathcal{N}(A)=\mathrm{span}(\boldsymbol{e}_2,\boldsymbol{e}_3),\mathcal{R}(A^{\mathrm{T}})=\mathrm{span}(\boldsymbol{e}_1)$，两个子空间互为正交补. ☺

命题 3.3.6 如果 $\mathcal{M}$ 是 $\mathbb{R}^n$ 的子空间，则其正交补 $\mathcal{M}^{\perp}$ 也是 $\mathbb{R}^n$ 的子空间.

证 首先，$\mathcal{M}^{\perp}$ 非空：$\boldsymbol{0}\in\mathcal{M}^{\perp}$.

其次，$\mathcal{M}^{\perp}$ 对线性运算封闭：如果 $\boldsymbol{a}_1,\boldsymbol{a}_2\in\mathcal{M}^{\perp}$，则对任意 $\boldsymbol{b}\in\mathcal{M}$，$\boldsymbol{a}_1^{\mathrm{T}}\boldsymbol{b}=\boldsymbol{a}_2^{\mathrm{T}}\boldsymbol{b}=0$，于是对任意线性组合 $k_1\boldsymbol{a}_1+k_2\boldsymbol{a}_2$，有 $(k_1\boldsymbol{a}_1+k_2\boldsymbol{a}_2)^{\mathrm{T}}\boldsymbol{b}=k_1\boldsymbol{a}_1^{\mathrm{T}}\boldsymbol{b}+k_2\boldsymbol{a}_2^{\mathrm{T}}\boldsymbol{b}=0$，即 $k_1\boldsymbol{a}_1+k_2\boldsymbol{a}_2\in\mathcal{M}^{\perp}$. □

对两个子空间 $\mathcal{M},\mathcal{N}$，如果 $\mathcal{M}\perp\mathcal{N}$，那么 $\mathcal{M}\subseteq\mathcal{N}^{\perp},\mathcal{N}\subseteq\mathcal{M}^{\perp}$；如果 $\mathcal{M}\subseteq\mathcal{N}$，那么 $\mathcal{N}^{\perp}\subseteq\mathcal{M}^{\perp}$.

正交补具有如下性质.

命题 3.3.7 对 $\mathbb{R}^n$ 的子空间 $\mathcal{M}$，有：

1. $\mathcal{M}\cap\mathcal{M}^{\perp}=\{\boldsymbol{0}\}$；
2. $\dim\mathcal{M}^{\perp}=n-\dim\mathcal{M}$；
3. $(\mathcal{M}^{\perp})^{\perp}=\mathcal{M}$；
4. 对任意 $\boldsymbol{a}\in\mathbb{R}^n$，都存在唯一的分解 $\boldsymbol{a}=\boldsymbol{a}_1+\boldsymbol{a}_2$，使得 $\boldsymbol{a}_1\in\mathcal{M},\boldsymbol{a}_2\in\mathcal{M}^{\perp}$.

证 第 1 条：对任意 $\boldsymbol{a} \in \mathcal{M} \cap \mathcal{M}^{\perp}$，则 $\boldsymbol{a} \perp \boldsymbol{a}$，因此 $\boldsymbol{a}^{\mathrm{T}}\boldsymbol{a} = 0$，可知 $\boldsymbol{a} = \mathbf{0}$.

第 2 条：取 $\mathcal{M}$ 的一组标准正交基 $\boldsymbol{q}_1, \boldsymbol{q}_2, \cdots, \boldsymbol{q}_r$，根据正交基扩充定理(命题 3.1.13)，将其扩充成 $\mathbb{R}^n$ 的一组标准正交基 $\boldsymbol{q}_1, \boldsymbol{q}_2, \cdots, \boldsymbol{q}_r, \boldsymbol{q}_{r+1}, \boldsymbol{q}_{r+2}, \cdots, \boldsymbol{q}_n$. 容易验证 $\boldsymbol{q}_{r+1}, \boldsymbol{q}_{r+2}, \cdots, \boldsymbol{q}_n$ 是 $\mathcal{M}^{\perp}$ 的一组标准正交基. 计算维数可得.

第 3 条：显然有 $\mathcal{M} \subseteq (\mathcal{M}^{\perp})^{\perp}$. 根据第 2 条，$\dim(\mathcal{M}^{\perp})^{\perp} = n - \dim \mathcal{M}^{\perp} = \dim \mathcal{M}$. 再由命题 2.2.18，$\mathcal{M} = (\mathcal{M}^{\perp})^{\perp}$.

第 4 条：取 $\mathcal{M}$ 的一组标准正交基 $\boldsymbol{q}_1, \boldsymbol{q}_2, \cdots, \boldsymbol{q}_r$，对任意 $\boldsymbol{a} \in \mathbb{R}^n$，令 $\boldsymbol{a}_1 = (\boldsymbol{q}_1^{\mathrm{T}}\boldsymbol{a})\boldsymbol{q}_1 + (\boldsymbol{q}_2^{\mathrm{T}}\boldsymbol{a})\boldsymbol{q}_2 + \cdots + (\boldsymbol{q}_r^{\mathrm{T}}\boldsymbol{a})\boldsymbol{q}_r$. 容易验证 $\boldsymbol{q}_i^{\mathrm{T}}\boldsymbol{a} = \boldsymbol{q}_i^{\mathrm{T}}\boldsymbol{a}_1, i = 1, 2, \cdots, r$. 因此 $\boldsymbol{a} - \boldsymbol{a}_1$ 与每个 $\boldsymbol{q}_i$ 都正交，即 $\boldsymbol{a}_2 = \boldsymbol{a} - \boldsymbol{a}_1 \in \mathcal{M}^{\perp}$. 唯一性：假设有两个分解 $\boldsymbol{a} = \boldsymbol{a}_1 + \boldsymbol{a}_2 = \boldsymbol{a}_1' + \boldsymbol{a}_2'$，则 $\boldsymbol{a}_1 - \boldsymbol{a}_1' = \boldsymbol{a}_2' - \boldsymbol{a}_2 \in \mathcal{M} \cap \mathcal{M}^{\perp} = \{\mathbf{0}\}$，因此 $\boldsymbol{a}_1 = \boldsymbol{a}_1', \boldsymbol{a}_2 = \boldsymbol{a}_2'$，即分解唯一. □

应用到 $\mathcal{M} = \mathcal{R}(A), \mathcal{R}(A^{\mathrm{T}})$ 的情形，我们有如下的结果.

定理 3.3.8 给定 $m \times n$ 矩阵 A，则：

1. $\mathcal{R}(A^{\mathrm{T}})^{\perp} = \mathcal{N}(A), \mathcal{R}(A)^{\perp} = \mathcal{N}(A^{\mathrm{T}})$;
2. $\mathcal{R}(A^{\mathrm{T}}A) = \mathcal{R}(A^{\mathrm{T}}), \mathcal{N}(A^{\mathrm{T}}A) = \mathcal{N}(A)$;
3. $\mathcal{R}(AA^{\mathrm{T}}) = \mathcal{R}(A), \mathcal{N}(AA^{\mathrm{T}}) = \mathcal{N}(A^{\mathrm{T}})$.

证 第 1 条：显然.

第 2 条：先证 $\mathcal{N}(A^{\mathrm{T}}A) = \mathcal{N}(A)$：显然 $\mathcal{N}(A) \subseteq \mathcal{N}(A^{\mathrm{T}}A)$，下证 $\mathcal{N}(A^{\mathrm{T}}A) \subseteq \mathcal{N}(A)$. 对任意 $\boldsymbol{x} \in \mathcal{N}(A^{\mathrm{T}}A)$，有 $A^{\mathrm{T}}A\boldsymbol{x} = \mathbf{0}$，两边同时左乘行向量 $\boldsymbol{x}^{\mathrm{T}}$ 可得 $\boldsymbol{x}^{\mathrm{T}}A^{\mathrm{T}}A\boldsymbol{x} = 0$. 设 $\boldsymbol{y} = A\boldsymbol{x}$，则 $\boldsymbol{y}^{\mathrm{T}} = \boldsymbol{x}^{\mathrm{T}}A^{\mathrm{T}}, 0 = \boldsymbol{y}^{\mathrm{T}}\boldsymbol{y} = y_1^2 + y_2^2 + \cdots + y_m^2$. 而 $y_i\ (i = 1, 2, \cdots, m)$ 都是实数，因此 $\boldsymbol{y} = \mathbf{0}$，即 $\boldsymbol{x} \in \mathcal{N}(A)$.

根据零空间维数定理 2.4.1，$\operatorname{rank}(A^{\mathrm{T}}A) = n - \dim \mathcal{N}(A^{\mathrm{T}}A) = n - \dim \mathcal{N}(A) = \operatorname{rank}(A)$. 而 $\mathcal{R}(A^{\mathrm{T}}A) \subseteq \mathcal{R}(A^{\mathrm{T}})$，由命题 2.2.18 知，$\mathcal{R}(A^{\mathrm{T}}A) = \mathcal{R}(A^{\mathrm{T}})$.

第 3 条：对 A^{T} 应用第 2 条. □

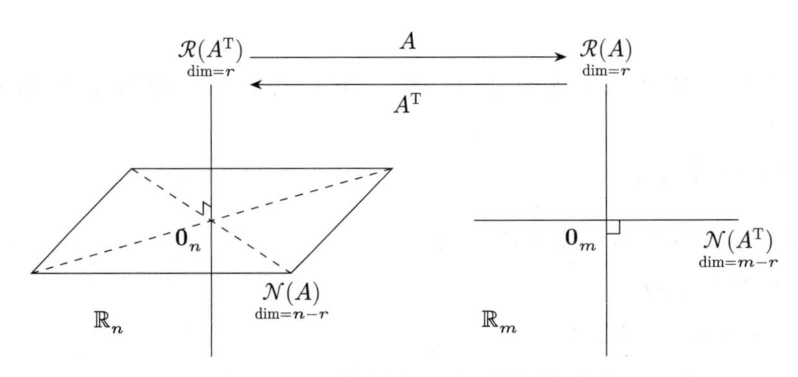

图 3.3.2 矩阵导出的四个子空间关系图

这四个子空间的关系可以用图 3.3.2 来表示，其中 $r = \operatorname{rank}(A)$，有如下解释：

1. $\mathcal{R}(A^{\mathrm{T}})$ 和 $\mathcal{N}(A)$ 在 $\mathbb{R}^n$ 中互为正交补；$\mathcal{R}(A)$ 和 $\mathcal{N}(A^{\mathrm{T}})$ 在 $\mathbb{R}^m$ 中互为正交补.
2. A 对应的线性映射 $\boldsymbol{A}\colon \mathbb{R}^n \to \mathbb{R}^m$ 把 $\mathcal{N}(A)$ 映射到 $\{\mathbf{0}_m\}$，把 $\mathcal{R}(A^{\mathrm{T}})$ 映射到 $\mathcal{R}(A)$.
3. A^{T} 对应的线性映射 $\boldsymbol{A}^*\colon \mathbb{R}^m \to \mathbb{R}^n$ 把 $\mathcal{N}(A^{\mathrm{T}})$ 映射到 $\{\mathbf{0}_n\}$，把 $\mathcal{R}(A)$ 映射到 $\mathcal{R}(A^{\mathrm{T}})$.

例 3.3.9 回顾例 3.3.1，$A = \begin{bmatrix}\boldsymbol{a}_1 & \boldsymbol{a}_2\end{bmatrix} = \begin{bmatrix}1 & 1\\ 2 & 1\\ 1 & 3\end{bmatrix}, \boldsymbol{r} = \dfrac{11}{30}\begin{bmatrix}-5\\ 2\\ 1\end{bmatrix}$，则 $\mathcal{N}(A^{\mathrm{T}}) = \operatorname{span}(\boldsymbol{r}) = \mathcal{R}(A)^{\perp}$. 而向量 $\boldsymbol{b}$ 的分解是 $\boldsymbol{b} = A\widehat{\boldsymbol{x}} + \boldsymbol{r}, A\widehat{\boldsymbol{x}} \in \mathcal{R}(A), \boldsymbol{r} \in \mathcal{N}(A^{\mathrm{T}})$.

另一方面，$\mathcal{R}(A^{\mathrm{T}}) = \mathbb{R}^2$，所以 $\mathcal{N}(A) = \mathcal{R}(A^{\mathrm{T}})^{\perp} = \{\mathbf{0}\}$. ☺

3.3.2 正交投影

给定 $\mathbb{R}^n$ 的子空间 $\mathcal{M}$，根据命题 3.3.7 可知，对任意 $\boldsymbol{a} \in \mathbb{R}^n$，都有**唯一的**分解 $\boldsymbol{a} = \boldsymbol{a}_1 + \boldsymbol{a}_2$，其中 $\boldsymbol{a}_1 \in \mathcal{M}, \boldsymbol{a}_2 \in \mathcal{M}^{\perp}$.

定义 $\mathbb{R}^n$ 上的一个变换

$$\boldsymbol{P}_{\mathcal{M}}\colon \boldsymbol{a} \mapsto \boldsymbol{a}_1,$$

它是一个线性变换：如果 $\boldsymbol{a}$ 和 $\boldsymbol{b}$ 分别有分解 $\boldsymbol{a} = \boldsymbol{a}_1 + \boldsymbol{a}_2, \boldsymbol{b} = \boldsymbol{b}_1 + \boldsymbol{b}_2$，则 $\boldsymbol{a}+\boldsymbol{b} = (\boldsymbol{a}_1+\boldsymbol{b}_1)+(\boldsymbol{a}_2+\boldsymbol{b}_2)$ 是 $\boldsymbol{a}+\boldsymbol{b}$ 唯一的分解，因此 $\boldsymbol{P}_{\mathcal{M}}(\boldsymbol{a}+\boldsymbol{b}) = \boldsymbol{a}_1+\boldsymbol{b}_1 = \boldsymbol{P}_{\mathcal{M}}(\boldsymbol{a})+\boldsymbol{P}_{\mathcal{M}}(\boldsymbol{b})$；类似可证 $\boldsymbol{P}_{\mathcal{M}}(k\boldsymbol{a}) = k\boldsymbol{P}_{\mathcal{M}}(\boldsymbol{a})$.

定义 3.3.10 *给定 $\mathbb{R}^n$ 的子空间 $\mathcal{M}$，线性变换 $\boldsymbol{P}_{\mathcal{M}}$ 称为子空间 $\mathcal{M}$ 上的***正交投影 (变换)***，而 $\boldsymbol{a}_1 = \boldsymbol{P}_{\mathcal{M}}(\boldsymbol{a})$ 称为向量 $\boldsymbol{a}$ 在 $\mathcal{M}$ 上的***正交投影**.

特别地，$\boldsymbol{a} \in \mathcal{M}$ 当且仅当 $\boldsymbol{P}_{\mathcal{M}}(\boldsymbol{a}) = \boldsymbol{a}$，而 $\boldsymbol{a} \in \mathcal{M}^{\perp}$ 当且仅当 $\boldsymbol{P}_{\mathcal{M}}(\boldsymbol{a}) = \mathbf{0}$.

线性变换 $\boldsymbol{P}_{\mathcal{M}^{\perp}}\colon \boldsymbol{a} \mapsto \boldsymbol{a}_2$ 是 $\mathcal{M}^{\perp}$ 上的正交投影（变换），而 $\boldsymbol{a}_2$ 是 $\boldsymbol{a}$ 在 $\mathcal{M}^{\perp}$ 上的正交投影. 注意，$\boldsymbol{a}_1 \perp \boldsymbol{a}_2$，因此一个向量在一个子空间上的正交投影，与其在该子空间的正交补上的投影总正交，这就是这种变换称为正交投影的原因.

显然 $\boldsymbol{I} = \boldsymbol{P}_{\mathcal{M}} + \boldsymbol{P}_{\mathcal{M}^{\perp}}$.

例 3.3.11 给定 $\mathbb{R}^3$ 的子空间 $\mathcal{M} = \operatorname{span}(\boldsymbol{e}_1, \boldsymbol{e}_2)$ 是 $\boldsymbol{e}_1$-$\boldsymbol{e}_2$ 坐标平面. 其正交补 $\mathcal{M}^{\perp} = \operatorname{span}(\boldsymbol{e}_3)$，是 $\boldsymbol{e}_3$ 坐标轴. 正交投影 $\boldsymbol{P}_{\mathcal{M}}\left(\begin{bmatrix}a_1\\ a_2\\ a_3\end{bmatrix}\right) = \begin{bmatrix}a_1\\ a_2\\ 0\end{bmatrix}, \boldsymbol{P}_{\mathcal{M}^{\perp}}\left(\begin{bmatrix}a_1\\ a_2\\ a_3\end{bmatrix}\right) = \begin{bmatrix}0\\ 0\\ a_3\end{bmatrix}$，分别是 $\begin{bmatrix}a_1\\ a_2\\ a_3\end{bmatrix}$ 向 $\boldsymbol{e}_1$-$\boldsymbol{e}_2$ 平面和 $\boldsymbol{e}_3$ 轴的正交投影. ☺

利用正交投影可以求得最小距离.

命题 3.3.12 给定 $\mathbb{R}^n$ 的子空间 $\mathcal{M}$ 和向量 $\boldsymbol{a}$，而 $\boldsymbol{a}_1 = \boldsymbol{P}_{\mathcal{M}}(\boldsymbol{a})$ 为 $\boldsymbol{a}$ 在 $\mathcal{M}$ 上的正交投影，则 $\|\boldsymbol{a}-\boldsymbol{a}_1\| = \min\limits_{\boldsymbol{x}\in\mathcal{M}}\|\boldsymbol{a}-\boldsymbol{x}\|$.

证明与命题 3.1.7 的证明类似，留给读者.

如何计算正交投影? 设 $\boldsymbol{q}_1,\boldsymbol{q}_2,\cdots,\boldsymbol{q}_r$ 是 $\mathcal{M}$ 的一组标准正交基. 对任意 $\boldsymbol{a}\in\mathbb{R}^n$，容易验证 $\boldsymbol{P}_{\mathcal{M}}(\boldsymbol{a}) = (\boldsymbol{q}_1^{\mathrm{T}}\boldsymbol{a})\boldsymbol{q}_1+\cdots+(\boldsymbol{q}_r^{\mathrm{T}}\boldsymbol{a})\boldsymbol{q}_r$. 令 $Q_r = \begin{bmatrix}\boldsymbol{q}_1 & \cdots & \boldsymbol{q}_r\end{bmatrix}$，它是列正交矩阵，因为 $Q_r^{\mathrm{T}}Q_r = I_r$. 于是

$$\boldsymbol{P}_{\mathcal{M}}(\boldsymbol{a}) = \boldsymbol{q}_1\boldsymbol{q}_1^{\mathrm{T}}\boldsymbol{a}+\cdots+\boldsymbol{q}_r\boldsymbol{q}_r^{\mathrm{T}}\boldsymbol{a} = Q_rQ_r^{\mathrm{T}}\boldsymbol{a}.$$

因此正交投影 $\boldsymbol{P}_{\mathcal{M}}$ 的表示矩阵就是 $Q_rQ_r^{\mathrm{T}}$，记为 $P_{\mathcal{M}}$. 注意，表示矩阵 $P_{\mathcal{M}}$ 与 $\mathcal{M}$ 的正交基和 Q_r 的选取无关 (为什么?). 另外, $\mathcal{M}=\{\boldsymbol{0}\}$ 时，$P_{\mathcal{M}} = O$.

下面讨论 $\mathcal{M}=\mathcal{R}(A)$ 的情形，此时 $\mathcal{R}(A)^{\perp} = \mathcal{N}(A^{\mathrm{T}})$.

定义 3.3.13 给定矩阵 A，其列空间上的正交投影的表示矩阵 $P_{\mathcal{R}(A)}$，称为关于 A 的**正交投影矩阵**，简记为 P_A.

当 A 是可逆方阵时，$\mathcal{R}(A)=\mathbb{R}^n$，此时正交投影就是恒同变换，因此 $P_A = I_n$.

如果 P 是关于 A 的正交投影矩阵，则 $P = P_{\mathcal{R}(A)}$，于是 $I_n - P = P_{\mathcal{R}(A)^{\perp}} = P_{\mathcal{N}(A^{\mathrm{T}})}$ 也是正交投影矩阵 (关于哪个矩阵?) . 正交投影矩阵有如下性质.

命题 3.3.14 给定 n 阶方阵 P，则 P 是正交投影矩阵，当且仅当 $P^2 = P^{\mathrm{T}} = P$.

证 "$\Rightarrow$": 不妨设 $P\neq O$ 是关于 A 的投影矩阵，且 $\mathcal{R}(A)$ 的一组标准正交基组成矩阵 Q_r，那么 $P = Q_rQ_r^{\mathrm{T}}$ 是对称矩阵. 同时，$P^2 = (Q_rQ_r^{\mathrm{T}})(Q_rQ_r^{\mathrm{T}}) = Q_rQ_r^{\mathrm{T}} = P$.

"$\Leftarrow$": 下证 P 是关于矩阵 P 本身的投影矩阵. 对任意向量 $\boldsymbol{x}$，$P\boldsymbol{x}\in\mathcal{R}(P)$. 由于 $P^2 = P = P^{\mathrm{T}}$，因此 $P^{\mathrm{T}}(\boldsymbol{x}-P\boldsymbol{x}) = \boldsymbol{0}$，即 $\boldsymbol{x}-P\boldsymbol{x}\in\mathcal{N}(P^{\mathrm{T}}) = \mathcal{R}(P)^{\perp}$. 因此 $\boldsymbol{x} = P\boldsymbol{x}+(\boldsymbol{x}-P\boldsymbol{x})$ 是正交投影对应的唯一分解，该正交投影的表示矩阵是 P. □

例 3.3.15 继续讨论例 3.3.1，取 $\mathcal{R}(A)$ 的一组标准正交基并列排成的矩阵是 $Q = \begin{bmatrix}\frac{1}{\sqrt{6}} & 0\\ \frac{2}{\sqrt{6}} & -\frac{1}{\sqrt{5}}\\ \frac{1}{\sqrt{6}} & \frac{2}{\sqrt{5}}\end{bmatrix}$. 正交投影矩阵 $P_A = QQ^{\mathrm{T}} = \frac{1}{6}\begin{bmatrix}\frac{1}{6} & \frac{1}{3} & \frac{1}{6}\\ \frac{1}{3} & \frac{13}{15} & -\frac{1}{15}\\ \frac{1}{6} & -\frac{1}{15} & \frac{29}{30}\end{bmatrix}$. 向量 $\boldsymbol{b}$ 的正交投影分解为 $\boldsymbol{b} = P_A\boldsymbol{b}+(I_3-P_A)\boldsymbol{b}$，可以验证 $A\widehat{\boldsymbol{x}} = P_A\boldsymbol{b}, (I_2-P_A)\boldsymbol{b} = \boldsymbol{r}$，与例 3.3.1 中的分解 $\boldsymbol{b} = A\widehat{\boldsymbol{x}}+\boldsymbol{r}$ 一致. ☺

如果不计算 $\mathcal{R}(A)$ 的标准正交基，能否求出正交投影矩阵?

对任意向量 $\boldsymbol{b}$, 记其在 $\mathcal{R}(A)$ 上的正交投影为 $A\boldsymbol{x}$, 则 $\boldsymbol{b}-A\boldsymbol{x}\perp\mathcal{R}(A)$. 因此 $\boldsymbol{b}-A\boldsymbol{x}\in\mathcal{R}(A)^{\perp}=\mathcal{N}(A^{\mathrm{T}})$，即 $A^{\mathrm{T}}(\boldsymbol{b}-A\boldsymbol{x})=\boldsymbol{0}$，于是 $A^{\mathrm{T}}A\boldsymbol{x}=A^{\mathrm{T}}\boldsymbol{b}$. 考虑这个线性方程组. 根据定理 3.3.8，$\mathcal{R}(A^{\mathrm{T}}A)=\mathcal{R}(A^{\mathrm{T}})$，因此 $A^{\mathrm{T}}\boldsymbol{b}\in\mathcal{R}(A^{\mathrm{T}}A)$. 这说明 $A^{\mathrm{T}}A\boldsymbol{x}=A^{\mathrm{T}}\boldsymbol{b}$ 有解.

如果 $A^{\mathrm{T}}A$ 可逆，那么唯一解 $\boldsymbol{x}=(A^{\mathrm{T}}A)^{-1}A^{\mathrm{T}}\boldsymbol{b}$，于是 $\boldsymbol{b}$ 在 $\mathcal{R}(A)$ 上的正交投影是 $A\boldsymbol{x}=A(A^{\mathrm{T}}A)^{-1}A^{\mathrm{T}}\boldsymbol{b}$. 这意味着，关于 A 的正交投影矩阵是

$$P_A=A(A^{\mathrm{T}}A)^{-1}A^{\mathrm{T}}.$$

特别地，如果 A 是列正交矩阵，则 $A^{\mathrm{T}}A=I_r, P_A=AA^{\mathrm{T}}$.

注意，$A^{\mathrm{T}}A$ 可逆，并不意味着 A^{T} 和 A 可逆，事实上，两个矩阵都不一定是方阵.

对 $A^{\mathrm{T}}A$ 不可逆的情形，现在还无法将正交投影矩阵写成 A 的表达式，相关内容我们将在第 6 章中讲述. 另一方面，正交投影矩阵仍能用前述方法计算. 事实上，$A^{\mathrm{T}}A$ 可逆当且仅当 A 列满秩，即 A 的列向量组线性无关. 可以先求出 $\mathcal{R}(A)$ 的一组基，并列排成矩阵 B，则 B 列满秩，且 $\mathcal{R}(B)=\mathcal{R}(A)$. 因此，$P_A=P_B=B(B^{\mathrm{T}}B)^{-1}B^{\mathrm{T}}$.

3.3.3 最小二乘问题

现在我们考虑一个实际问题. 假设两个量 y,t 之间存在某种规律，不妨用函数 $y=f(t)$ 表示，但是函数的具体形式并不清楚. 那么，能否通过测量 y 根据 t 的变化，亦即通过测量 y 在 t 的若干个取值 $t_1,t_2,\cdots,t_m$ 上的值 $y_1,y_2,\cdots,y_m$（这一过程称为**采样**），来总结出函数 f 的具体形式?

例 3.3.16 我们想研究人群受全日制教育的年数与其收入是否有关系. 首先通过调查，我们得到了 n 个人的数据 $(t_1,y_1),(t_2,y_2),\cdots,(t_n,y_n)$，这里 $t_i\,(i=1,2,\cdots,n)$ 是第 i 个人接受全日制教育的年数，而 y_i 是其 35 岁时的年收入.

先拟设 t_i 和 y_i 满足线性关系，即函数 $y=f(t)=kt+b$. 这意味着，每增加一年全日制教育，35 岁时的年收入就会多 k（当然这不大现实).

令 $\boldsymbol{t}=\begin{bmatrix}t_1\\t_2\\\vdots\\t_n\end{bmatrix},\boldsymbol{y}=\begin{bmatrix}y_1\\y_2\\\vdots\\y_n\end{bmatrix},\boldsymbol{1}=\begin{bmatrix}1\\1\\\vdots\\1\end{bmatrix}$，则假设引出方程 $k\boldsymbol{t}+b\boldsymbol{1}=\boldsymbol{y}$，其中 k,b 是未知数. 一般来说，这个方程组无解. 但我们可以试图去找一组 k,b 使得 $\boldsymbol{y}-k\boldsymbol{t}-b\boldsymbol{1}$ 尽可能小.

记 $A=\begin{bmatrix}\boldsymbol{t} & \boldsymbol{1}\end{bmatrix},\boldsymbol{x}=\begin{bmatrix}k\\b\end{bmatrix}$，则问题变为求解 $\min\limits_{\boldsymbol{x}\in\mathbb{R}^2}\|\boldsymbol{y}-A\boldsymbol{x}\|$.

上节已经给出了问题的解法，即 $A\boldsymbol{x}$ 应该是 $\boldsymbol{y}$ 在 $\mathcal{R}(A)$ 上的正交投影. 不妨假设 t_i 不全相同, 则 A 列满秩, 问题的解 $\boldsymbol{x}=(A^{\mathrm{T}}A)^{-1}A^{\mathrm{T}}\boldsymbol{y}$. 计算可得 $k=\dfrac{\boldsymbol{t}^{\mathrm{T}}\boldsymbol{y}-\dfrac{1}{n}(\boldsymbol{1}^{\mathrm{T}}\boldsymbol{t})(\boldsymbol{1}^{\mathrm{T}}\boldsymbol{y})}{\boldsymbol{t}^{\mathrm{T}}\boldsymbol{t}-\dfrac{1}{n}(\boldsymbol{1}^{\mathrm{T}}\boldsymbol{t})^2}$,

其中分母是 t_i 的方差，分子是 t_i 与 y_i 的协方差.

上述模型称为线性拟合. 类似地，我们也可以考虑二次拟合，即拟设 $y = f(t) = at^2 + bt + c$，计算过程类似. 事实上，拟设的函数可以具有任意形式. ☺

一般地，我们总会假定两个量之间的函数 f 具有某种特殊形式，比如 f 是线性函数、反比例函数、多项式函数、指数函数等. 假设 $f(t) = x_1 f_1(t) + x_2 f_2(t) + \cdots + x_n f_n(t)$. 那么求解 f 的具体形式，就是求解这些系数 $x_1, x_2, \cdots, x_n$.

这个模型称为**数据拟合**，它在各种领域中都有广泛的应用.

通过上面的已知条件，可以列出线性方程组：

$$\begin{cases} f_1(t_1)\,x_1 + f_2(t_1)\,x_2 + \cdots + f_n(t_1)\,x_n = y_1, \\ f_1(t_2)\,x_1 + f_2(t_2)\,x_2 + \cdots + f_n(t_2)\,x_n = y_2, \\ \qquad\qquad\vdots \\ f_1(t_m)\,x_1 + f_2(t_m)\,x_2 + \cdots + f_n(t_m)\,x_n = y_m. \end{cases}$$

记 $\boldsymbol{x} = \left[x_j\right]_{n\times 1}, \boldsymbol{b} = \left[y_i\right]_{m\times 1}, A = \left[f_j(t_i)\right]_{m\times n}$，则方程组就写为

$$A\boldsymbol{x} = \boldsymbol{b}.$$

理想情形当然是方程组有解. 虽然可能有不止一组解，但当采样点足够多时，一般只会有唯一解，因为规律应该唯一确定.

当然，现实情形不会如此理想，比如：采样过程总有误差；选择的函数形式不足以精确描述所需要的函数；等等. 这些都会导致方程组无解.

定义残量 $\boldsymbol{r} := \boldsymbol{b} - A\boldsymbol{x}$，我们希望残量在某种意义下越小越好，残量越小，说明 $A\boldsymbol{x}$ 接近 $\boldsymbol{b}$，或者说 $A\boldsymbol{x} = \boldsymbol{b}$ 越接近于有解.

特别地，我们选择残量的长度最小来求解 $\boldsymbol{x}$，即求解问题

$$\min_{\boldsymbol{x}\in\mathbb{R}^n} \|\boldsymbol{r}\| = \min_{\boldsymbol{x}\in\mathbb{R}^n} \|\boldsymbol{b} - A\boldsymbol{x}\|, \tag{3.3.1}$$

这一问题称为**最小二乘**问题. 这一最小二乘问题的解又常常称为线性方程组 $A\boldsymbol{x} = \boldsymbol{b}$ 的**最小二乘解**.

根据命题 3.3.12，我们知道 $\|\boldsymbol{b} - P_A\boldsymbol{b}\| = \min_{\boldsymbol{x}} \|\boldsymbol{b} - A\boldsymbol{x}\|$. 由于 $P_A\boldsymbol{b} \in \mathcal{R}(A)$，因此一定存在 $\boldsymbol{x}_0 \in \mathbb{R}^n$ 使得 $A\boldsymbol{x}_0 = P_A\boldsymbol{b}$. 因此 $\|\boldsymbol{b} - A\boldsymbol{x}_0\| = \min_{\boldsymbol{x}} \|\boldsymbol{b} - A\boldsymbol{x}\|$，即 $\boldsymbol{x}_0$ 是最小二乘问题 (3.3.1) 的一个解. 由此即知，最小二乘问题总有解.

假设最小二乘问题 (3.3.1) 有不止一个解. 任选另一个解 $\boldsymbol{x}_1$，那么 $\|\boldsymbol{b} - A\boldsymbol{x}_0\| = \|\boldsymbol{b} - A\boldsymbol{x}_1\| = \min_{\boldsymbol{x}} \|\boldsymbol{b} - A\boldsymbol{x}\|$. 根据正交投影的唯一性，$A\boldsymbol{x}_0 = A\boldsymbol{x}_1 = P_A\boldsymbol{b}$. 因此 $A(\boldsymbol{x}_1 - \boldsymbol{x}_0) = \boldsymbol{0}$，即 $\boldsymbol{x}_1 - \boldsymbol{x}_0 \in \mathcal{N}(A)$. 因此最小二乘问题 (3.3.1) 的解集就是 $\{\boldsymbol{x}_0 + \boldsymbol{x}_1 \mid \boldsymbol{x}_1 \in \mathcal{N}(A)\}$，其中 $\boldsymbol{x}_0$ 是一个特解.

结合对正交投影的讨论，我们有定理 3.3.17.

定理 3.3.17 向量 $\boldsymbol{x}$ 是线性方程组 $A\boldsymbol{x}=\boldsymbol{b}$ 的最小二乘解，当且仅当 $A^{\mathrm{T}}A\boldsymbol{x}=A^{\mathrm{T}}\boldsymbol{b}$.

证 如前所述，$\boldsymbol{x}$ 是 $A\boldsymbol{x}=\boldsymbol{b}$ 的最小二乘解，当且仅当 $A\boldsymbol{x}=P_A\boldsymbol{b}$. 根据 $\boldsymbol{b}-P_A\boldsymbol{b}\perp\mathcal{R}(A)$ 可得 $A^{\mathrm{T}}(\boldsymbol{b}-A\boldsymbol{x})=\boldsymbol{0}$，即 $A^{\mathrm{T}}A\boldsymbol{x}=A^{\mathrm{T}}\boldsymbol{b}$. 另一方面，如果 $A^{\mathrm{T}}A\boldsymbol{x}=A^{\mathrm{T}}\boldsymbol{b}$，则 $A^{\mathrm{T}}(\boldsymbol{b}-A\boldsymbol{x})=\boldsymbol{0}$，于是 $\boldsymbol{b}-A\boldsymbol{x}\in\mathcal{N}(A^{\mathrm{T}})=\mathcal{R}(A)^{\perp}$. 注意到 $\boldsymbol{b}-P_A\boldsymbol{b}\in\mathcal{R}(A)^{\perp}$，就有 $P_A\boldsymbol{b}-A\boldsymbol{x}\in\mathcal{R}(A)^{\perp}$. 但 $P_A\boldsymbol{b}-A\boldsymbol{x}\in\mathcal{R}(A)$，因此 $A\boldsymbol{x}-P_A\boldsymbol{b}=\boldsymbol{0}$. □

事实上，我们已经得到了最小二乘问题的一种解法，即求解线性方程组 $A^{\mathrm{T}}A\boldsymbol{x}=A^{\mathrm{T}}\boldsymbol{b}$. 这称为**正则化方法**. 不妨假设 A 列满秩，则正则化方法的基本步骤为：

1. 计算 $C=A^{\mathrm{T}}A,\boldsymbol{d}=A^{\mathrm{T}}\boldsymbol{b}$;
2. 计算 C 的 $\mathrm{LDL^T}$ 分解 $C=LDL^{\mathrm{T}}$;
3. 求解下三角方程组 $L\boldsymbol{z}=\boldsymbol{d}$;
4. 求解对角方程组 $D\boldsymbol{y}=\boldsymbol{z}$;
5. 求解上三角方程组 $L^{\mathrm{T}}\boldsymbol{x}=\boldsymbol{y}$.

我们还可以使用**正交化方法**，这可以利用 QR 分解得到. 假设 A 的 QR 分解为 $A=QR=\begin{bmatrix}Q_1 & Q_2\end{bmatrix}\begin{bmatrix}R_1\\ O\end{bmatrix}=Q_1R_1$，其中 R_1 是经重新分块后得到的行满秩矩阵，令 $Q^{\mathrm{T}}\boldsymbol{b}=\begin{bmatrix}Q_1^{\mathrm{T}}\boldsymbol{b}\\ Q_2^{\mathrm{T}}\boldsymbol{b}\end{bmatrix}$，那么

$$\|\boldsymbol{b}-A\boldsymbol{x}\|^2=\|Q^{\mathrm{T}}(\boldsymbol{b}-QR\boldsymbol{x})\|^2=\left\|\begin{bmatrix}Q_1^{\mathrm{T}}\boldsymbol{b}\\ Q_2^{\mathrm{T}}\boldsymbol{b}\end{bmatrix}-\begin{bmatrix}R_1\\ O\end{bmatrix}\boldsymbol{x}\right\|^2=\|Q_1^{\mathrm{T}}\boldsymbol{b}-R_1\boldsymbol{x}\|^2+\|Q_2^{\mathrm{T}}\boldsymbol{b}\|^2.$$

易见，$\boldsymbol{x}$ 是最小二乘问题 (3.3.1) 的解当且仅当 $\boldsymbol{x}$ 是线性方程组 $R_1\boldsymbol{x}=Q_1^{\mathrm{T}}\boldsymbol{b}$ 的解. 而 R_1 是上三角矩阵，这意味着这个线性方程组易于求解. 正交化方法的基本步骤为：

1. 计算 A 的简化 QR 分解 $A=Q_1R_1$;
2. 计算 $\boldsymbol{c}=Q_1^{\mathrm{T}}\boldsymbol{b}$;
3. 求解上三角方程组 $R_1\boldsymbol{x}=\boldsymbol{c}$.

最后，我们看一个实际例子，来体会最小二乘和数据拟合的关系.

例 3.3.18 我们用 CT 扫描张三来寻找他体内的肿瘤. 为了简化问题，假设张三体内有四个同样大小的正方形区域，区域边长是单位长度，每个区域可能是骨、肉、血液、肿瘤之一. 已知数据是 X 射线穿过每个单位长度的骨头、肉、血液或者肿瘤时，衰减程度为 $1,2,3,4$. 我们用 X 射线穿过张三体内这些区域，并通过测量射线穿过不同区域的衰减程度来判断每个区域的组成. 设不同区域内的单位长度的衰减程度分别为 x_1,x_2,x_3,x_4. 五个不同方向的 X 射线穿过之后，衰减程度分别为 $3,7,7,4,6.1$. 如图 3.3.3 所示.

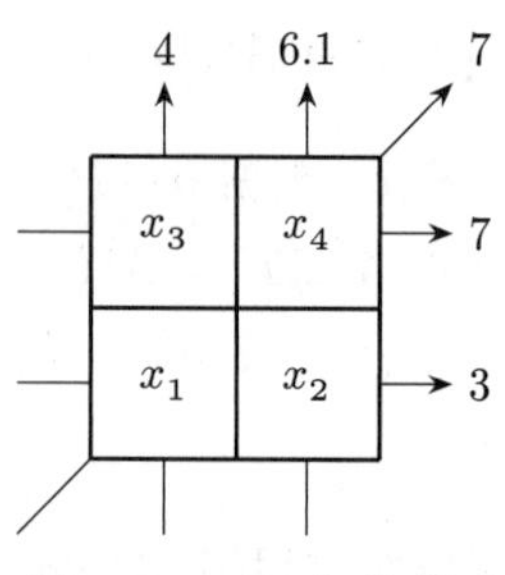

图 3.3.3 CT 扫描衰减

得到的数据列出方程组

$$\begin{bmatrix} 1 & 1 & 0 & 0 \\ 0 & 0 & 1 & 1 \\ \sqrt{2} & 0 & 0 & \sqrt{2} \\ 1 & 0 & 1 & 0 \\ 0 & 1 & 0 & 1 \end{bmatrix} \begin{bmatrix} x_1 \\ x_2 \\ x_3 \\ x_4 \end{bmatrix} = \begin{bmatrix} 3 \\ 7 \\ 7 \\ 4 \\ 6.1 \end{bmatrix}.$$

计算可得，该方程组无解，这往往是实际观测出现的误差引起的. 利用最小二乘法，可以解得 $x_1 \approx 0.950, x_2 \approx 2.075, x_3 \approx 3.025, x_4 \approx 4.000$. 和已知数据对照，可以得到四个区域内分别为骨、肉、血液、肿瘤. ☺

习题

练习 3.3.1 设 $\mathcal{M}$ 是如下齐次线性方程组的解空间:

$$\begin{cases} 2x_1 + x_2 + 3x_3 - x_4 = 0, \\ 3x_1 + 2x_2 \qquad\quad - 2x_4 = 0, \\ 3x_1 + x_2 + 9x_3 - x_4 = 0, \end{cases}$$

分别求 $\mathcal{M}$ 和 $\mathcal{M}^\perp$ 的一组标准正交基.

练习 3.3.2 设 $\mathbb{R}^4$ 中的向量 $\boldsymbol{a}_1 = \begin{bmatrix} 1 \\ 1 \\ 0 \\ 1 \end{bmatrix}, \boldsymbol{a}_2 = \begin{bmatrix} 0 \\ 1 \\ 1 \\ 0 \end{bmatrix}$ 生成子空间 $\mathcal{M} = \operatorname{span}(\boldsymbol{a}_1, \boldsymbol{a}_2)$，求 $\mathcal{M}^\perp$ 的一组标准正交基.

练习 3.3.3

1. 设 $A = \begin{bmatrix} 1 & 2 \\ 1 & 3 \\ 1 & 2 \end{bmatrix}, B = \begin{bmatrix} 5 & 4 \\ 6 & 3 \\ 5 & 1 \end{bmatrix}$，求两个矩阵列空间的交集中的一个非零向量；由此判断两个列空间是否正交.
2. 求标准正交基 $\boldsymbol{v}_1, \boldsymbol{v}_2, \boldsymbol{v}_3$，使得 $\boldsymbol{v}_1 \in \mathcal{R}(A) \cap \mathcal{R}(B)$，$\boldsymbol{v}_1, \boldsymbol{v}_2 \in \mathcal{R}(A)$，且 $\boldsymbol{v}_1, \boldsymbol{v}_3 \in \mathcal{R}(B)$.
3. 求一组向量 $\boldsymbol{x}, \boldsymbol{y}$，使得 $A\boldsymbol{x} = B\boldsymbol{y}$，并计算 $\begin{bmatrix} A & -B \end{bmatrix} \begin{bmatrix} \boldsymbol{x} \\ \boldsymbol{y} \end{bmatrix}$.
4. 求 $\begin{bmatrix} A & -B \end{bmatrix}$ 零空间的一组基，并求所有的 $\boldsymbol{x}, \boldsymbol{y}$，满足 $A\boldsymbol{x} = B\boldsymbol{y}$.

练习 3.3.4

1. $\mathbb{R}^5$ 中的两个三维子空间是否可能正交?

2. 设 $A=\begin{bmatrix}0&1&&&&\\&0&1&&&\\&&0&0&&\\&&&0&1&\\&&&&0&1\\&&&&&0\end{bmatrix}$，则 $\mathcal{R}(A)$ 和 $\mathcal{N}(A)$ 是否正交？是否互为正交补？

练习 3.3.5 设 6 阶方阵 A 满足 $A^3=O$，它的秩最大为多少？举例说明．在 A, A^2 的行空间、列空间、零空间和左零空间之中，哪些互相正交？

练习 3.3.6 设 $\mathbb{R}^n$ 的子空间 $\mathcal{M}=\operatorname{span}(\boldsymbol{a}_1,\boldsymbol{a}_2,\cdots,\boldsymbol{a}_s)$，证明，$\mathcal{M}^{\perp}=\{\boldsymbol{b}\in\mathbb{R}^n \mid \boldsymbol{b}^{\mathrm{T}}\boldsymbol{a}_i=0, i=1,2,\cdots,s\}$.

练习 3.3.7 对向量组 $\{\boldsymbol{v}_1,\boldsymbol{v}_2,\cdots,\boldsymbol{v}_k\}$，定义 $\{\boldsymbol{v}_1,\boldsymbol{v}_2,\cdots,\boldsymbol{v}_k\}^{\perp}$ 为与这些向量都正交的向量所构成的子集.

1. 证明 $\{\boldsymbol{v}_1,\boldsymbol{v}_2,\cdots,\boldsymbol{v}_k\}^{\perp}$ 是一个子空间.
2. 构造矩阵 A，使得 $\mathcal{N}(A)=\{\boldsymbol{v}_1,\boldsymbol{v}_2,\cdots,\boldsymbol{v}_k\}^{\perp}$.
3. 证明 $(\{\boldsymbol{v}_1,\boldsymbol{v}_2,\cdots,\boldsymbol{v}_k\}^{\perp})^{\perp}=\operatorname{span}(\boldsymbol{v}_1,\boldsymbol{v}_2,\cdots,\boldsymbol{v}_k)$.

练习 3.3.8 集合运算有 De Morgan 定律：对给定集合的两个子集 X,Y，$X\cap Y$ 的补集等于 X 的补集与 Y 的补集的并集；$X\cup Y$ 的补集等于 X 的补集与 Y 的补集的交集．子空间是否也有类似的法则呢？设 $\mathbb{R}^m$ 的两个子空间 $\mathcal{M},\mathcal{N}$，不妨设存在矩阵 A,B，使得 $\mathcal{M}=\mathcal{R}(A),\mathcal{N}=\mathcal{R}(B)$.

1. $\mathcal{M}+\mathcal{N}$ 是哪个矩阵的列空间？因此，$(\mathcal{M}+\mathcal{N})^{\perp}$ 是该矩阵的什么空间？
2. $\mathcal{M}^{\perp},\mathcal{N}^{\perp},\mathcal{M}^{\perp}\cap\mathcal{N}^{\perp}$ 分别是哪个矩阵的零空间？
3. 证明 De Morgan 定律的子空间版本：$(\mathcal{M}+\mathcal{N})^{\perp}=\mathcal{M}^{\perp}\cap\mathcal{N}^{\perp},(\mathcal{M}\cap\mathcal{N})^{\perp}=\mathcal{M}^{\perp}+\mathcal{N}^{\perp}$.

练习 3.3.9 设 $\boldsymbol{a}_1=\begin{bmatrix}2\\-1\\-2\end{bmatrix},\boldsymbol{a}_2=\begin{bmatrix}2\\2\\1\end{bmatrix},\mathcal{M}=\operatorname{span}(\boldsymbol{a}_1,\boldsymbol{a}_2)$ 是 $\mathbb{R}^3$ 的子空间，求 $\boldsymbol{b}=\begin{bmatrix}1\\1\\1\end{bmatrix}$ 在 $\mathcal{M}$ 上的正交投影.

练习 3.3.10 设 $\mathcal{L}$ 是 $\mathbb{R}^3$ 中的直线：

$$\mathcal{L}:\begin{cases}x_1+x_2+x_3=0,\\2x_1-x_2-2x_3=0.\end{cases}$$

求 $\boldsymbol{b}=\begin{bmatrix}1\\0\\1\end{bmatrix}$ 在直线 $\mathcal{L}$ 上的正交投影.

练习 3.3.11 设 $\mathcal{M}$ 是 $\mathbb{R}^3$ 中由方程 $x_1-x_2+x_3=0$ 决定的平面，求 $\boldsymbol{b}=\begin{bmatrix}1\\1\\2\end{bmatrix}$ 在平面 $\mathcal{M}$ 上的正交投影，并求 $\boldsymbol{b}$ 到平面 $\mathcal{M}$ 的距离.

练习 3.3.12　将下列问题中的 $\boldsymbol{x}$ 分解成 $\mathcal{N}(A)$ 与 $\mathcal{R}(A^{\mathrm{T}})$ 中向量的和:

1. $\boldsymbol{x}=\begin{bmatrix}2\\0\end{bmatrix}, A=\begin{bmatrix}1&-1\\0&0\\0&0\end{bmatrix}$.　　2. $\boldsymbol{x}=\begin{bmatrix}1\\0\end{bmatrix}, A=\begin{bmatrix}1&1\\1&1\end{bmatrix}$.　　3. $\boldsymbol{x}=\begin{bmatrix}5\\5\\9\end{bmatrix}, A=\begin{bmatrix}1&2&3\\2&2&4\\2&3&5\end{bmatrix}$.

练习 3.3.13　证明命题 3.3.12.

练习 3.3.14　说明满足下列条件的矩阵是否存在，如果存在，举例说明:

1. $\begin{bmatrix}1\\2\\-3\end{bmatrix}, \begin{bmatrix}2\\-3\\5\end{bmatrix} \in \mathcal{R}(A), \begin{bmatrix}1\\1\\1\end{bmatrix} \in \mathcal{N}(A)$.
2. $\begin{bmatrix}1\\2\\-3\end{bmatrix}, \begin{bmatrix}2\\-3\\5\end{bmatrix} \in \mathcal{R}(A^{\mathrm{T}}), \begin{bmatrix}1\\1\\1\end{bmatrix} \in \mathcal{N}(A)$.
3. $A\boldsymbol{x}=\begin{bmatrix}1\\1\\1\end{bmatrix}$ 有解，且 A 的左零空间包含 $\begin{bmatrix}1\\0\\0\end{bmatrix}$.
4. A 不是零矩阵，且 A 的每一行的转置垂直于 A 的每一列.
5. A 非零，且 $\mathcal{R}(A)=\mathcal{N}(A)$.
6. A 的所有列向量的和是零向量，且所有行向量的和是分量均为 1 的向量.
7. A, B 均为非零的正交投影矩阵，且 $A+B$ 仍是正交投影矩阵.
8. A, B 均为正交投影矩阵，但 $A+B$ 并不是正交投影矩阵.
9. A, B, C 均为非零的三阶正交投影矩阵，且 $A+B+C=I_3$.

练习 3.3.15　下列说法中，哪些正确?

1. A 的所有行的转置与 A^{-1} 的所有行的转置对应正交.
2. A 的所有行的转置与 A^{-1} 的所有列对应正交.
3. A 的所有列与 A^{-1} 的所有行的转置对应正交.
4. A 的所有列与 A^{-1} 的所有列对应正交.
5. 如果向量 $\boldsymbol{v}$ 与 $\boldsymbol{w}$ 正交，则 $\boldsymbol{v}^{\mathrm{T}}\boldsymbol{x}=0$ 与 $\boldsymbol{w}^{\mathrm{T}}\boldsymbol{x}=0$ 的解集互相正交.
6. 如果 A 是正交投影矩阵，则 A 的第 k 列的长度的平方等于 A 的第 k 个对角元素.
7. 如果 A, B 是正交投影矩阵，则 $AB=BA$ 当且仅当 AB 也是正交投影矩阵.
8. 如果 A, B 是正交投影矩阵，则 $A+B$ 是正交投影矩阵当且仅当 $\mathcal{R}(A), \mathcal{R}(B)$ 互相正交.

练习 3.3.16　如果矩阵 A 的列向量线性无关，那么向 $\mathcal{R}(A)$ 的正交投影矩阵为 $A(A^{\mathrm{T}}A)^{-1}A^{\mathrm{T}}$. 试分析以下化简中可能出现的问题: $A(A^{\mathrm{T}}A)^{-1}A^{\mathrm{T}}=AA^{-1}(A^{\mathrm{T}})^{-1}A^{\mathrm{T}}=I_nI_n=I_n$.

1. 证明 $(A^{\mathrm{T}}A)^{-1}=A^{-1}(A^{\mathrm{T}})^{-1}$ 并不一定总成立.
2. 当 A 满足什么条件时，上式一定成立? 试分析此时正交投影矩阵等于 I_n 的原因.

练习 3.3.17　设 $A=\begin{bmatrix}3&6&6\\4&8&8\end{bmatrix}$. 求向 A 的列空间的正交投影矩阵 P_1 和向 A 的行空间的正交投影矩阵 P_2，并计算 P_1AP_2.

练习 3.3.18 给定 $A=\begin{bmatrix}1&0\\2&1\\0&1\end{bmatrix}$. 设 P_1 是关于 A 的第一列的正交投影矩阵，P_2 是关于 A 的正交投影矩阵，计算 P_2P_1.

练习 3.3.19 一个 n 阶方阵 P 是关于 A 的正交投影矩阵，当且仅当对任意向量 $\boldsymbol{x}\in\mathbb{R}^n$，都有 $P\boldsymbol{x}\in\mathcal{R}(A),\boldsymbol{x}-P\boldsymbol{x}\in\mathcal{N}(A^{\mathrm{T}})$.

练习 3.3.20 当 A 分别为对称矩阵、反对称矩阵、正交矩阵或上三角矩阵时，判断 $\mathcal{R}(A)$ 和 $\mathcal{N}(A)$ 是否互为正交补. 证明或给出反例.

练习 3.3.21 给定 $\mathbb{R}^m$ 中的子空间 $\mathcal{M}_1,\mathcal{M}_2$，$\mathbb{R}^n$ 中的子空间 $\mathcal{N}_1,\mathcal{N}_2$.

1. 是否一定存在矩阵 A，使得 $\mathcal{R}(A)=\mathcal{M}_1,\mathcal{N}(A^{\mathrm{T}})=\mathcal{M}_2,\mathcal{R}(A^{\mathrm{T}})=\mathcal{N}_1,\mathcal{N}(A)=\mathcal{N}_2$?
2. ☕ 如果不一定存在，那么当四个子空间满足什么条件时，这样的矩阵才一定存在?

练习 3.3.22 给定向量 $\boldsymbol{b}_1,\boldsymbol{b}_2,\cdots,\boldsymbol{b}_m$，不难确知其平均值 $\boldsymbol{x}_m=\dfrac{1}{m}\displaystyle\sum_{i=1}^{m}\boldsymbol{b}_i$. 再给出向量 $\boldsymbol{b}_{m+1}$，这 $m+1$ 个向量的平均值就是 $\boldsymbol{x}_{m+1}=\dfrac{1}{m+1}\displaystyle\sum_{i=1}^{m+1}\boldsymbol{b}_i$. 则 $\boldsymbol{x}_{m+1}$ 可以用 $\boldsymbol{b}_{m+1},\boldsymbol{x}_m,m$ 来表示：$\boldsymbol{x}_{m+1}=\boldsymbol{x}_m+\dfrac{1}{m+1}(\boldsymbol{b}_{m+1}-\boldsymbol{x}_m)$.

若给出向量组成的矩阵 $B_n=\begin{bmatrix}\boldsymbol{b}_{m+1}&\cdots&\boldsymbol{b}_{m+n}\end{bmatrix}$，如何用 $B_n,\boldsymbol{x}_m,m,n$ 来表示 $\boldsymbol{b}_1,\boldsymbol{b}_2,\cdots,\boldsymbol{b}_{m+n}$ 这 $m+n$ 个向量的平均值 $\boldsymbol{x}_{m+n}$?

练习 3.3.23 一个方阵如果仅仅满足 $P^2=P$，则称之为**斜投影矩阵**，其对应的线性变换称为**斜投影**. 给定一个 n 阶斜投影矩阵 P.

1. 证明 I_n-P 也是 n 阶斜投影矩阵.
2. 证明 $\mathcal{R}(P)=\mathcal{N}(I_n-P),\mathcal{R}(I_n-P)=\mathcal{N}(P)$.
3. 对任意向量 $\boldsymbol{v}\in\mathbb{R}^n$，是否一定存在分解 $\boldsymbol{v}=\boldsymbol{v}_1+\boldsymbol{v}_2$，满足 $\boldsymbol{v}_1\in\mathcal{R}(P),\boldsymbol{v}_2\in\mathcal{R}(I_n-P)$? 分解如果存在，是否唯一?
4. 构造一个二阶斜投影矩阵，但不是正交投影矩阵.

练习 3.3.24 设平面上的四个点 $\begin{bmatrix}x_i\\y_i\end{bmatrix}$ 分别是 $\begin{bmatrix}0\\0\end{bmatrix},\begin{bmatrix}1\\8\end{bmatrix},\begin{bmatrix}3\\8\end{bmatrix},\begin{bmatrix}4\\20\end{bmatrix}$，利用最小二乘法求下列直线或曲线:

1. 求平行于 x 轴的直线 $y=b$ 使得 $\displaystyle\sum_{i=1}^{4}|y_i-b|^2$ 最小.
2. 求经过原点的直线 $y=kx$ 使得 $\displaystyle\sum_{i=1}^{4}|y_i-kx_i|^2$ 最小.
3. 求直线 $y=kx+b$ 使得 $\displaystyle\sum_{i=1}^{4}|y_i-(kx_i+b)|^2$ 最小.
4. 求抛物线 $y=ax^2+bx+c$ 使得 $\displaystyle\sum_{i=1}^{4}|y_i-(ax_i^2+bx_i+c)|^2$ 最小.

第 4 章 行列式

4.1 引子

给定平面 $\mathbb{R}^2$ 上的两个向量 $\boldsymbol{a}_1, \boldsymbol{a}_2$，考虑以二者为边的平行四边形的面积 $S(\boldsymbol{a}_1, \boldsymbol{a}_2)$. 简单观察可知，当一条边被拉伸若干倍时，面积也会变成原面积的相应倍数，即对任意 $k \geqslant 0, S(k\boldsymbol{a}_1, \boldsymbol{a}_2) = kS(\boldsymbol{a}_1, \boldsymbol{a}_2)$；当 $\boldsymbol{a}_1, \boldsymbol{a}_1'$ 都在 $\boldsymbol{a}_2$ 的同侧时，$S(\boldsymbol{a}_1+\boldsymbol{a}_1', \boldsymbol{a}_2) = S(\boldsymbol{a}_1, \boldsymbol{a}_2)+S(\boldsymbol{a}_1', \boldsymbol{a}_2)$. 如图 4.1.1 所示. 那么，面积 $S(\boldsymbol{a}_1, \boldsymbol{a}_2)$ 关于 $\boldsymbol{a}_1, \boldsymbol{a}_2$ 满足线性关系吗? 显然并非如此，例如，$S(-k(-\boldsymbol{a}_1), \boldsymbol{a}_2) = kS(-\boldsymbol{a}_1, \boldsymbol{a}_2)$；$S(\boldsymbol{a}_1+\boldsymbol{a}_1'+(-\boldsymbol{a}_1), \boldsymbol{a}_2) = S(\boldsymbol{a}_1+\boldsymbol{a}_1', \boldsymbol{a}_2) - S(-\boldsymbol{a}_1, \boldsymbol{a}_2)$.

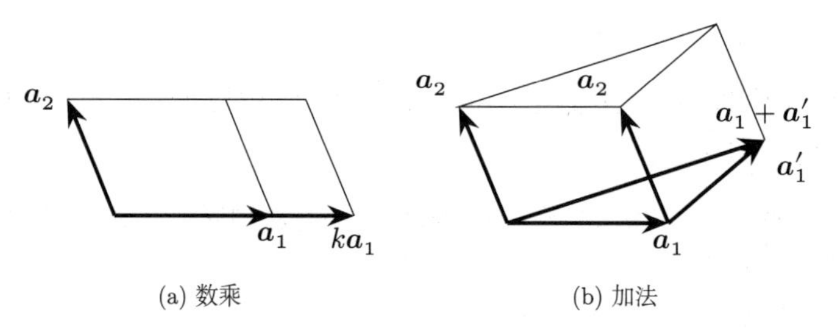

(a) 数乘　　(b) 加法

图 4.1.1　向量与面积

容易验证，如果面积可以是负数，线性关系就能满足了. 事实上，带正负号的面积，读者在中学学习定积分时已经接触过. 一个函数在某个区间上的定积分，就是函数的曲线和 x 轴之间围成区域的面积的代数和，其中区域在 x 轴上方的，面积带正号；区域在 x 轴下方的，面积带负号. 如图 4.1.2 所示. 带符号的面积，就是所谓**有向面积**. 对上述向量生成的平行四边形，具体说来，平行四边形在 $\boldsymbol{a}_1$ 方向的左侧时，面积带正号；在 $\boldsymbol{a}_1$ 方向的右侧时，面积带负号.

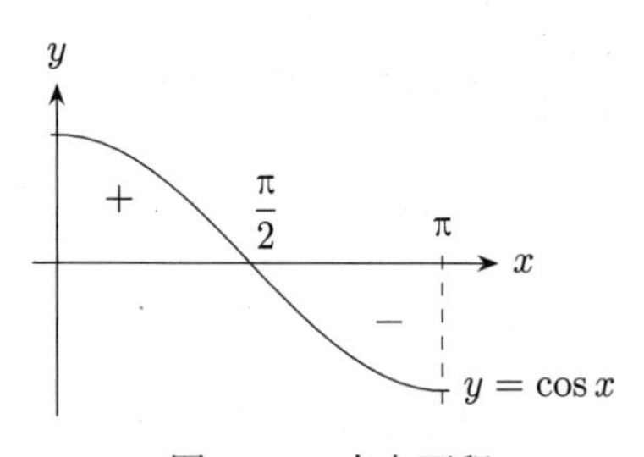

图 4.1.2　有向面积

为符合直观，有向面积 $\delta(\cdot,\cdot)$ 需要满足如下条件:

1. 双线性：$\delta(k\boldsymbol{a}_1 + k'\boldsymbol{a}_1', \boldsymbol{a}_2) = k\delta(\boldsymbol{a}_1, \boldsymbol{a}_2) + k'\delta(\boldsymbol{a}_1', \boldsymbol{a}_2)$,
   $\delta(\boldsymbol{a}_1, k\boldsymbol{a}_2 + k'\boldsymbol{a}_2') = k\delta(\boldsymbol{a}_1, \boldsymbol{a}_2) + k'\delta(\boldsymbol{a}_1, \boldsymbol{a}_2')$；
2. 反对称：$\delta(\boldsymbol{a}_1, \boldsymbol{a}_2) = -\delta(\boldsymbol{a}_2, \boldsymbol{a}_1)$；

3. 共线为零：$\delta(\boldsymbol{a},\boldsymbol{a})=0$;

4. 归一化条件：$\delta(\boldsymbol{e}_1,\boldsymbol{e}_2)=1$.

事实上，在双线性条件下，反对称和共线为零互相等价．$2\Rightarrow 3$：令 $\boldsymbol{a}_1=\boldsymbol{a}_2=\boldsymbol{a}$，立得；$3\Rightarrow 2$：令 $\boldsymbol{a}=\boldsymbol{a}_1+\boldsymbol{a}_2$，利用双线性条件展开即得.

利用上述性质能得到有向面积 $\delta(\boldsymbol{a}_1,\boldsymbol{a}_2)$ 的表达式．设 $\boldsymbol{a}_1=\begin{bmatrix}a_{11}\\a_{21}\end{bmatrix},\boldsymbol{a}_2=\begin{bmatrix}a_{12}\\a_{22}\end{bmatrix}$，则

$$
\begin{aligned}
\delta(\boldsymbol{a}_1,\boldsymbol{a}_2)&=\delta(a_{11}\boldsymbol{e}_1+a_{21}\boldsymbol{e}_2,a_{12}\boldsymbol{e}_1+a_{22}\boldsymbol{e}_2)\\
&=a_{11}a_{12}\delta(\boldsymbol{e}_1,\boldsymbol{e}_1)+a_{11}a_{22}\delta(\boldsymbol{e}_1,\boldsymbol{e}_2)+a_{21}a_{12}\delta(\boldsymbol{e}_2,\boldsymbol{e}_1)+a_{21}a_{22}\delta(\boldsymbol{e}_2,\boldsymbol{e}_2)\\
&=a_{11}a_{22}-a_{12}a_{21}.
\end{aligned}
$$

这个计算过程还说明了有向面积被所需性质唯一确定.

有向面积 $\delta(\boldsymbol{a}_1,\boldsymbol{a}_2)$ 还可以看作是矩阵 $A=\begin{bmatrix}\boldsymbol{a}_1 & \boldsymbol{a}_2\end{bmatrix}$ 的函数，记为 $\delta(A)$．则所需性质用矩阵语言描述就是：

1. $\delta(AE_{ii;k})=k\delta(A),\delta(AE_{ij;k})=\delta(A),i,j=1,2$;

2. $\delta(AP_{12})=-\delta(A)$;

3. 如果 A 不满秩，则 $\delta(A)=0$;

4. $\delta(I_2)=1$.

注意，前两条是对 A 做初等列变换.

倍加变换不改变有向面积，因此，如下计算

$$
A=\begin{bmatrix}a_{11}&a_{12}\\a_{21}&a_{22}\end{bmatrix}\xrightarrow{AE_{21;k}}B=\begin{bmatrix}a_{11}-\dfrac{a_{21}}{a_{22}}a_{12}&a_{12}\\0&a_{22}\end{bmatrix}\xrightarrow{BE_{12;k'}}C=\begin{bmatrix}a_{11}-\dfrac{a_{21}}{a_{22}}a_{12}&0\\0&a_{22}\end{bmatrix},
$$

满足 $\delta(A)=\delta(B)=\delta(C)$．根据双线性和归一化条件，$\delta(C)=\left(a_{11}-\dfrac{a_{21}}{a_{22}}a_{12}\right)a_{22}$．因此，$\delta(A)=a_{11}a_{22}-a_{12}a_{21}$．计算过程如图 4.1.3 所示，注意三个平行四边形等底等高的关系.

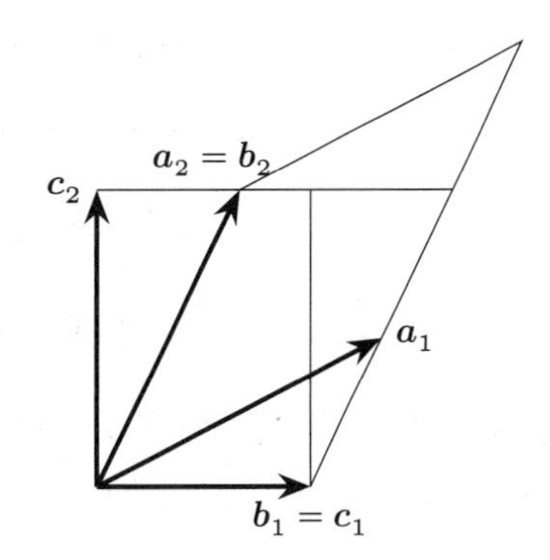

图 4.1.3 列变换与面积

现在考虑有向面积在线性变换下会如何变化．换言之，给定矩阵 A 和两个向量 $\boldsymbol{x},\boldsymbol{y}$，$\delta(\boldsymbol{x},\boldsymbol{y})$ 与 $\delta(A\boldsymbol{x},A\boldsymbol{y})$ 之间有何关系？

先考虑初等矩阵对应的线性变换，即错切变换、伸缩变换和对换变换．通过设置坐标系，可令 $\boldsymbol{x}=\begin{bmatrix}0\\1\end{bmatrix},\boldsymbol{y}=\begin{bmatrix}y_1\\y_2\end{bmatrix}$．下面来看三者对有向面积的影响，

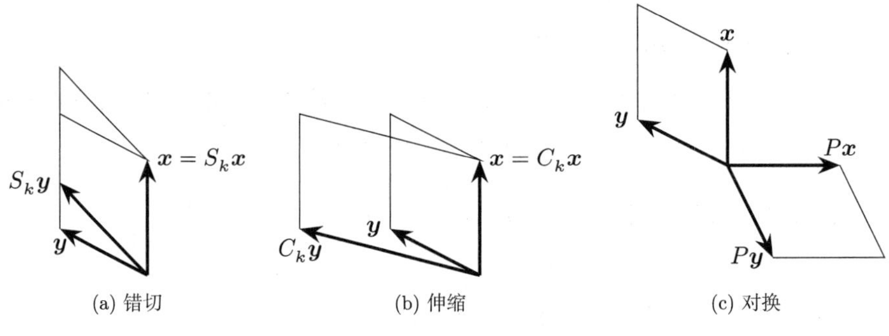

(a) 错切 (b) 伸缩 (c) 对换

图 4.1.4 变换与面积

如图 4.1.4 所示. 错切变换 $\boldsymbol{S}_k$ 的表示矩阵是 $S_k=\begin{bmatrix}1 & 0\\ k & 1\end{bmatrix}$, 显然 $\delta(S_k\boldsymbol{x},S_k\boldsymbol{y})=\delta(\boldsymbol{x},\boldsymbol{y})$, 因为对应两个平行四边形等底等高. 伸缩变换 $\boldsymbol{C}_k$ 的表示矩阵是 $C_k=\begin{bmatrix}k & 0\\ 0 & 1\end{bmatrix}$, 显然 $\delta(C_k\boldsymbol{x},C_k\boldsymbol{y})=k\delta(\boldsymbol{x},\boldsymbol{y})$, 因为对应两个平行四边形等底, 高变为 k 倍. 反射变换 $\boldsymbol{P}$ 的表示矩阵是 $P=\begin{bmatrix}0 & 1\\ 1 & 0\end{bmatrix}$, 显然 $\delta(P\boldsymbol{x},P\boldsymbol{y})=-\delta(\boldsymbol{x},\boldsymbol{y})$, 因为对应两个平行四边形关于直线 $y=x$ 对称, 但面积的符号发生了改变. 另一轴上的错切变换和伸缩变换, 可以通过上述变换的复合得到. 而任意可逆矩阵 A 都可以分解成初等矩阵的乘积, 因此任意可逆线性变换都分解为上述变换的复合, 而有向面积也随之变化了一定倍数.

为了说明所变倍数被线性变换唯一确定, 进行如下计算. 对方阵 $A=\begin{bmatrix}a_{11} & a_{12}\\ a_{21} & a_{22}\end{bmatrix}$ 和向量 $\boldsymbol{x}=\begin{bmatrix}x_1\\ x_2\end{bmatrix},\boldsymbol{y}=\begin{bmatrix}y_1\\ y_2\end{bmatrix}$, 有

$$\begin{aligned}\delta(A\boldsymbol{x},A\boldsymbol{y})&=\delta(x_1\boldsymbol{a}_1+x_2\boldsymbol{a}_2,y_1\boldsymbol{a}_1+y_2\boldsymbol{a}_2)\\&=x_1y_1\delta(\boldsymbol{a}_1,\boldsymbol{a}_1)+x_1y_2\delta(\boldsymbol{a}_1,\boldsymbol{a}_2)+x_2y_1\delta(\boldsymbol{a}_2,\boldsymbol{a}_1)+x_2y_2\delta(\boldsymbol{a}_2,\boldsymbol{a}_2)\\&=(x_1y_2-x_2y_1)\delta(\boldsymbol{a}_1,\boldsymbol{a}_2)\\&=\delta(\boldsymbol{x},\boldsymbol{y})\delta(\boldsymbol{a}_1,\boldsymbol{a}_2)\\&=\delta(A)\delta(\boldsymbol{x},\boldsymbol{y}).\end{aligned}$$

因此, $\mathbb{R}^2$ 上任意线性变换, 如果其表示矩阵为 A, 则它将任意平行四边形的有向面积变为原来的 $\delta(A)$ 倍, 该数称之为线性变换的**变积系数**.

注 4.1.1

1. 事实上，任意图形的有向面积都变为原来的 $\delta(A)$ 倍.
2. 有时我们只需要面积的大小而不需要面积的符号，就只需考虑上述有向面积的绝对值. 这时，面积是 δ 的绝对值，对应的变积系数也是 δ 的绝对值.

以上讨论刻画了有向面积 δ 的一些性质:

1. 对任意二阶矩阵 A, $\delta(A)$ 既是以 A 的列向量为边的平行四边形的有向面积, 也是 A 表示的线性变换的变积系数.
2. δ 满足多线性、反对称、归一化. 共线为零条件也满足.
3. $\delta(AB)=\delta(A)\delta(B)$, 这说明线性变换的复合的变积系数是线性变换的变积系数的乘积.

接下来，本章会把有向面积和变积系数推广到 $\mathbb{R}^n$.

4.2 行列式函数

我们可以把方阵的函数等价地定义为它的列向量组的函数, 为简单起见, 我们用相同的记号表示这两个定义域不同但值相同的函数, 即 $\delta(\boldsymbol{a}_1,\boldsymbol{a}_2,\cdots,\boldsymbol{a}_n):=\delta\left(\begin{bmatrix}\boldsymbol{a}_1 & \boldsymbol{a}_2 & \cdots & \boldsymbol{a}_n\end{bmatrix}\right)$, $\boldsymbol{a}_i\in\mathbb{R}^n, i=1,2,\cdots,n$.

定义 4.2.1 (行列式) 定义在全体 n 阶方阵上的函数 δ, 如果满足如下性质:

1. 列多线性: 对每个列向量都线性, 即对任意 $i=1,2,\cdots,n$, 都有
$$\delta(\cdots,k\boldsymbol{a}_i+k'\boldsymbol{a}'_i,\cdots)=k\delta(\cdots,\boldsymbol{a}_i,\cdots)+k'\delta(\cdots,\boldsymbol{a}'_i,\cdots);$$
2. 列反对称: 对任意 $i,j=1,2,\cdots,n$, 且 $i<j$, 都有
$$\delta(\cdots,\boldsymbol{a}_i,\cdots,\boldsymbol{a}_j,\cdots)=-\delta(\cdots,\boldsymbol{a}_j,\cdots,\boldsymbol{a}_i,\cdots);$$
3. 单位化: $\delta(I_n)=1$;

则 δ 就称为一个 n 阶**行列式函数**.

我们将证明 n 阶方阵的行列式函数存在且唯一. 这个唯一的行列式函数在矩阵 A 的值称为 A 的**行列式**, 记为[①] $\det(A)$ 或 $|A|$.

某个 n 阶方阵的行列式可以直接称为一个 n 阶行列式.

行列式函数的存在性需要具体的构造才能证明，见 4.3 节.

例 4.2.2 根据定义，一阶行列式函数就是 $\mathbb{R}$ 上的一个线性变换，满足在 1 处的取值是 1. 因此，一阶矩阵 $A=\begin{bmatrix}a_{11}\end{bmatrix}$ 的行列式定义为 $\det(A)=a_{11}$.

① 在可能与绝对值的记号混淆时，应注意避免或提前说明. 为解决这一问题，我们只在 n 行 n 列记号（$n>1$）组成的矩阵上使用 $|\cdot|$ 这种记号.

对二阶矩阵 $A=\begin{bmatrix}a_{11} & a_{12}\\ a_{21} & a_{22}\end{bmatrix}$，容易验证 $f(A)=a_{11}a_{22}-a_{12}a_{21}$ 是一个行列式函数. 由行列式函数的唯一性，即有

$$\det(A)=\begin{vmatrix}a_{11} & a_{12}\\ a_{21} & a_{22}\end{vmatrix}=a_{11}a_{22}-a_{12}a_{21}.$$

容易看到，$\det(A)\neq 0$ 当且仅当 A 可逆. ☺

命题 4.2.3

1. 如果方阵 A 有两列相等，则 $\det(A)=0$;
2. 如果方阵 A 不满秩，即不可逆，则 $\det(A)=0$;
3. 如果方阵 A 有一列为零或有一行为零，则 $\det(A)=0$.

证 第 1 条：利用列反对称性，令 $\boldsymbol{a}_i=\boldsymbol{a}_j$ 即得.

第 2 条：若 A 不满秩，则有至少一列可以写成其他列的线性组合，不妨设 $\boldsymbol{a}_n=k_1\boldsymbol{a}_1+\cdots+k_{n-1}\boldsymbol{a}_{n-1}$. 由于行列式满足列多线性，$\delta(\boldsymbol{a}_1,\cdots,\boldsymbol{a}_{n-1},\boldsymbol{a}_n)=k_1\delta(\boldsymbol{a}_1,\cdots,\boldsymbol{a}_{n-1},\boldsymbol{a}_1)+\cdots+k_{n-1}\delta(\boldsymbol{a}_1,\cdots,\boldsymbol{a}_{n-1},\boldsymbol{a}_{n-1})$. 由第 1 条立得 $\det(A)=0+\cdots+0=0$.

第 3 条：由第 2 条，显然. □

由此即知，行列式函数只有在可逆矩阵上的值才可能不是零. 根据定理 1.5.7，可逆矩阵可以写成有限多个初等矩阵的乘积. 初等矩阵的行列式由定义容易得到.

命题 4.2.4 行列式函数在初等矩阵上的取值均不为零，分别是：

1. $\det(P_{ij})=-1$;
2. $\det(E_{ii;k})=k$;
3. $\det(E_{ji;k})=1$.

证 三类初等矩阵都可以从单位矩阵 I_n 做一次初等列变换得到.

第 1 条：P_{ij} 对调了 I_n 的第 i,j 列，由列反对称性可知.

第 2 条：$E_{ii;k}$ 把 I_n 的第 i 列乘以 k，利用行列式满足列多线性可得.

第 3 条：$E_{ji;k}$ 把 I_n 的第 j 列的 k 倍加到第 i 列，利用行列式满足列多线性可得 $\det(E_{ji;k})=\delta(\cdots,\boldsymbol{e}_i+k\boldsymbol{e}_j,\cdots,\boldsymbol{e}_j,\cdots)=\delta(\cdots,\boldsymbol{e}_i,\cdots,\boldsymbol{e}_j,\cdots)+k\delta(\cdots,\boldsymbol{e}_j,\cdots,\boldsymbol{e}_j,\cdots)=\det(I_n)=1$. □

矩阵的行列式函数在初等列变换下的变化规律可以类似地推得，证明留给读者.

命题 4.2.5 行列式函数满足：

1. 对 A 的第 i,j 列位置互换得到 $B=AP_{ij}$，则

$$\det(B)=\det(AP_{ij})=-\det(A);$$

2. 对 A 的第 i 列乘非零常数 k 得到 $B=AE_{ii;k}$，则

$$\det(B)=\det(AE_{ii;k})=k\det(A);$$

3. 把 A 的第 j 列的 k 倍加到第 i 列上得到 $B=AE_{ji;k}$，则

$$\det(B)=\det(AE_{ji;k})=\det(A).$$

换言之，对换变换改变行列式的符号，倍乘变换把行列式乘以相同的倍数，而倍加变换不改变行列式. 几何直观上，这对应着：反射变换不改变有向体积大小，但改变符号；参数为 k 的伸缩变换将有向体积改变 k 倍；错切变换不改变有向体积.

注意，当 $n>1$ 时，行列式函数**不是**线性函数. 对 n 阶方阵 A，$\det(kA)=k^n\det(A)$，这与行列式和体积的关系相一致.

另一方面，我们有如下重要结论.

定理 4.2.6 行列式函数有如下性质：

1. 对初等矩阵 E，则 $\det(AE)=\det(A)\det(E)$；
2. 设可逆矩阵 $A=E_1E_2\cdots E_m$，其中 E_i 为初等矩阵，则

$$\det(A)=\det(E_1)\det(E_2)\cdots\det(E_m);$$

3. $\det(A)\neq 0$ 当且仅当 A 可逆；
4. $\det(AB)=\det(A)\det(B)$；
5. $\det(A^{\mathrm{T}})=\det(A)$.

证 第 1 条：由命题 4.2.4 和命题 4.2.5 立得.

第 2 条：反复运用第 1 条可得.

第 3 条：如果 A 可逆，则由第 2 条和初等矩阵行列式不为零可知 $\det(A)\neq 0$；如果 A 不可逆，根据命题 4.2.3，$\det(A)=0$.

第 4 条：如果 B 可逆，令 $B=E_1E_2\cdots E_m$，则 $\det(AB)=\det(AE_1E_2\cdots E_m)=\det(AE_1E_2\cdots E_{m-1})\det(E_m)=\cdots=\det(A)\det(E_1)\det(E_2)\cdots\det(E_m)=\det(A)\det(B)$；如果 B 不可逆，则 B 不满秩，由 $\operatorname{rank}(AB)\leqslant\operatorname{rank}(B)$ 可知 AB 也不满秩，因此 $\det(AB)=\det(B)=0$，$\det(AB)=\det(A)\det(B)$ 也成立.

第 5 条：如果 A 可逆，令 $A=E_1E_2\cdots E_m$，则 $A^{\mathrm{T}}=E_m^{\mathrm{T}}\cdots E_2^{\mathrm{T}}E_1^{\mathrm{T}}$，由初等矩阵和它的转置具有相同的行列式可知 $\det(A^{\mathrm{T}})=\det(A)$；如果 A 不可逆，则 A^{T} 也不可逆，因此 $\det(A^{\mathrm{T}})=\det(A)=0$. □

定理 4.2.6 中，第 3 条是矩阵可逆的等价描述.

第 4 条说明，$\det(AB)=\det(A)\det(B)=\det(B)\det(A)=\det(BA)$，即尽管矩阵 AB 和 BA 并不总相等，但二者行列式相等.

第 5 条说明对调矩阵的行和列不改变行列式的值，由此立得如下结论.

命题 4.2.7 行列式也具有行多线性和行反对称两条性质.

容易看出，我们也可以用行多线性和行反对称来定义行列式.

命题 4.2.8 满足行多线性、行反对称和单位化的关于方阵的函数是行列式函数.

例 4.2.9 下面计算一些具有特殊形式的矩阵的行列式.

1. 对角矩阵：其行列式是对角元素的乘积. 这可由行列式满足列多线性来推得. 在二维（三维）情形的几何直观上，对角矩阵对应了长方形（长方体），面积或体积就是各边长乘积.
2. 上三角矩阵：其行列式是对角元素的乘积. 如果有对角元素为零，则矩阵不可逆，行列式为零；否则，可以通过倍加变换消去非对角元，得到对角矩阵，而它的行列式就是对角元素的乘积，而倍加变换不改变行列式，因此上三角矩阵的行列式也是对角元素的乘积. 类似的结论对下三角矩阵也成立.
   在二维（三维）情形的几何直观上，上三角矩阵的对角元素对应了底边长、底边上的高（以及平行六面体的高），而乘积就是面积（体积）. 事实上倍加变换，就是一系列等底等高的错切，把原来的平行四边形（平行六面体）化成了等面积（体积）的长方形（长方体），可以参考图 4.1.3.
3. 分块对角矩阵，$X = \begin{bmatrix} A & O \\ O & B \end{bmatrix}$，其中 A, B 是方阵：$\det(X) = \det(A)\det(B)$.
4. 分块上三角矩阵 $X = \begin{bmatrix} A & C \\ O & B \end{bmatrix}$，其中 A, B 是方阵：$\det(X) = \det(A)\det(B)$.
5. 正交矩阵：行列式是 1 或 -1. 记正交矩阵为 Q，由 $Q^{\mathrm{T}}Q = I_n$ 可得，$\det(Q)^2 = \det(Q^{\mathrm{T}})\det(Q) = \det(I_n) = 1$，立得 $\det(Q) = \pm 1$.
   在二维情形的几何直观上，正交矩阵只能是旋转或反射（例 3.2.5）. 旋转不改变有向面积，反射只改变有向面积的符号. 因此旋转的表示矩阵 $\begin{bmatrix} \cos\theta & -\sin\theta \\ \sin\theta & \cos\theta \end{bmatrix}$ 的行列式是 1，反射的表示矩阵 $\begin{bmatrix} \cos\theta & \sin\theta \\ \sin\theta & -\cos\theta \end{bmatrix}$ 的行列式是 -1.
   高维情形下，Givens 变换和 Householder 变换的行列式，请读者思考.
6. 可逆矩阵 X 的逆：其行列式是原矩阵的行列式的倒数，即 $\det(X^{-1}) = \dfrac{1}{\det(X)}$，这是因为 $\det(X^{-1})\det(X) = \det(X^{-1}X) = \det(I_n) = 1$. 特别地，$\det(X^{-1}AX) = \det(A)$. ☺

根据定理 4.2.6，可以证明行列式函数的唯一性.

命题 4.2.10 定义在 n 阶方阵上的行列式函数如果存在，则唯一.

证 假设有两个行列式函数. 对任意不满秩矩阵, 两个行列式都为 0; 对单位矩阵, 两个行列式都为 1; 对初等矩阵, 两个行列式的值都相等; 对满秩矩阵, 根据定理 1.5.7, 它可以写成初等矩阵的乘积, 于是它的两个行列式的值也相等, 都为对应的初等矩阵行列式的乘积. 因此, 对任意矩阵, 两个行列式函数的值都相等, 这意味着两个函数相等. 即行列式函数如果存在, 则唯一. □

命题 4.2.10 容易推得如下结论, 证明留给读者.

命题 4.2.11 *定义在 n 阶方阵上的函数 δ, 如果满足如下性质:*

1. $\delta(AB) = \delta(A)\delta(B)$;
2. *如果 A 不可逆, 那么 $\delta(A) = 0$;*
3. *如果 $A = P_{ij}$ 是对换矩阵, 那么 $\delta(A) = -1$;*
4. *如果 $A = E_{ii;k}$ 是参数为 $k \neq 0$ 的倍乘矩阵, 那么 $\delta(A) = k$;*
5. *如果 $A = E_{ji;k}$ 是倍加矩阵, 那么 $\delta(A) = 1$;*

则 δ 就是行列式函数.

事实上命题 4.2.11 暗示了行列式函数的一个等价定义.

注意, 在二维情形的几何直观上, 如果规定变积系数为 $\det(A)$, 则可将命题 4.2.11 和线性变换的变积系数联系起来:

1. 第 1 条是变积系数应有的性质, 即两个线性变换复合时, 变积系数应该相乘;
2. 第 2 条意味着, 如果存在非零向量 $\boldsymbol{x}$ 使得 $A\boldsymbol{x} = \boldsymbol{0}$, 那么变积系数为 0, 这符合直观, 因为这个线性变换把某个方向的厚度变为 0;
3. 第 3 条, 注意到 $A = P_{ij} = I - 2\left(\dfrac{\boldsymbol{e}_i - \boldsymbol{e}_j}{\sqrt{2}}\right)\left(\dfrac{\boldsymbol{e}_i - \boldsymbol{e}_j}{\sqrt{2}}\right)^{\mathrm{T}}$, 这对应了反射变换, 变积系数为 -1;
4. 第 4 条, 这对应了沿 $\boldsymbol{e}_i$ 方向、伸缩系数为 k 的伸缩变换, 变积系数为伸缩系数;
5. 第 5 条, 这对应了将 $\boldsymbol{e}_j$ 沿着 $\boldsymbol{e}_i$ 的方向、错切系数为 k 的错切变换, 变积系数为 1;
6. 这 5 条都是变积系数应有的性质, 而命题 4.2.11 说明, 只要一个函数满足这 5 条性质, 它就一定是 $\det(A)$, 换言之, 这 5 条决定了变积系数是 $\det(A)$, 而行列式函数的唯一性又确定了变积系数的唯一性.

行列式函数, 作为列向量组的函数, 定义 4.2.1 可以类比 4.1 节中平行四边形的有向面积; 作为矩阵的函数, 命题 4.2.11 可以类比 4.1 节中线性变换的变积系数. 因此, 我们可以利用行列式来定义高维空间中平行体的有向体积, 以及高维空间中线性变换的变积系数, 这将在多元微积分中得到应用.

对任意方阵 A, 考虑 QR 分解 $A = QR$. 由于 Q 正交, $\det(Q) = \pm 1$. 而 R 是对角元皆为非负数的上三角矩阵, 故 $\det(R) \geqslant 0$. 而 $\det(A) = \det(Q)\det(R)$, 其中 $\det(R)$

是有向面积 (体积) 的绝对值, 即传统意义上的面积 (体积); $\det(Q)$ 代表有向面积 (体积) $\det(A)$ 的符号, 即所谓 "向"[①].

命题 4.2.11 给出了计算行列式的实用方法, 即通过初等行列变换来化简. 如果 E 是初等矩阵, 那么 EA 是对 A 施加了初等行变换, AE 是对 A 施加了初等列变换. 利用 $\det(EA)=\det(AE)=\det(A)\det(E)$, 可得如下计算规律:

1. 把 A 的某行的倍数加到另一行, 或某列的倍数加到另一列, 其行列式不变;
2. 把 A 的两行或两列对调, 其行列式变为原来的相反数;
3. 把 A 的某行或某列乘以 k, 其行列式变为原来的 k 倍.

下面来看几个具体例子.

例 4.2.12 计算 $\begin{vmatrix}1&2&3\\2&4&7\\3&7&10\end{vmatrix}$. 首先, 将第一列的 -2 倍和 -3 倍分别加到第二列和第三列上, 得 $\begin{vmatrix}1&2&3\\2&4&7\\3&7&10\end{vmatrix}=\begin{vmatrix}1&0&0\\2&0&1\\3&1&1\end{vmatrix}$. 然后, 将第一行的 -2 倍和 -3 倍分别加到第二行和第三行上, 得 $\begin{vmatrix}1&0&0\\2&0&1\\3&1&1\end{vmatrix}=\begin{vmatrix}1&0&0\\0&0&1\\0&1&1\end{vmatrix}$. 交换第二行和第三行, 就得到上三角矩阵, 行列式立得. 计算过程如下:

$$\begin{vmatrix}1&2&3\\2&4&7\\3&7&10\end{vmatrix}=\begin{vmatrix}1&0&0\\2&0&1\\3&1&1\end{vmatrix}=\begin{vmatrix}1&0&0\\0&0&1\\0&1&1\end{vmatrix}=-\begin{vmatrix}1&0&0\\0&1&1\\0&0&1\end{vmatrix}=-1.$$

计算过程类似于 PLU 分解. 事实上, PLU 分解和初等行列变换等价, 因此也可以直接计算矩阵的 PLU 分解, 再计算 P,U 的行列式的乘积即可 (为什么?). ☺

例 4.2.13 设多项式 $p(x)=k_3x^3+k_2x^2+k_1x+k_0$ 经过四个横坐标两两不同的点 $(\lambda_i,\mu_i), i=1,2,3,4$. 这样的多项式存在吗? 如果存在, 有几个呢?

读者在中学已经学过两点确定唯一直线, 三点唯一确定抛物线. 可以猜测四点唯一确定三次多项式曲线. 下面来证明猜测. 根据条件列出方程组:

$$\begin{cases}k_3\lambda_1^3+k_2\lambda_1^2+k_1\lambda_1+k_0=\mu_1,\\k_3\lambda_2^3+k_2\lambda_2^2+k_1\lambda_2+k_0=\mu_2,\\k_3\lambda_3^3+k_2\lambda_3^2+k_1\lambda_3+k_0=\mu_3,\\k_3\lambda_4^3+k_2\lambda_4^2+k_1\lambda_4+k_0=\mu_4,\end{cases}\quad \text{或}\quad \begin{bmatrix}1&\lambda_1&\lambda_1^2&\lambda_1^3\\1&\lambda_2&\lambda_2^2&\lambda_2^3\\1&\lambda_3&\lambda_3^2&\lambda_3^3\\1&\lambda_4&\lambda_4^2&\lambda_4^3\end{bmatrix}\begin{bmatrix}k_0\\k_1\\k_2\\k_3\end{bmatrix}=\begin{bmatrix}\mu_1\\\mu_2\\\mu_3\\\mu_4\end{bmatrix}.$$

① 这可以简单推出, 无论空间维数如何, "向" 只可能有两种. 事实上, 向与空间 $\mathbb{R}^n$ 的连续性有关.

下面来说明系数矩阵 A 可逆. 根据定理 4.2.6, 只需说明 $\det(A) \neq 0$.

计算该行列式, 首先自右而左把每一列的 $-\lambda_1$ 倍加到右边相邻列, 则有

$$\begin{vmatrix} 1 & \lambda_1 & \lambda_1^2 & \lambda_1^3 \\ 1 & \lambda_2 & \lambda_2^2 & \lambda_2^3 \\ 1 & \lambda_3 & \lambda_3^2 & \lambda_3^3 \\ 1 & \lambda_4 & \lambda_4^2 & \lambda_4^3 \end{vmatrix} = \begin{vmatrix} 1 & 0 & 0 & 0 \\ 1 & \lambda_2-\lambda_1 & \lambda_2^2-\lambda_2\lambda_1 & \lambda_2^3-\lambda_2^2\lambda_1 \\ 1 & \lambda_3-\lambda_1 & \lambda_3^2-\lambda_3\lambda_1 & \lambda_3^3-\lambda_3^2\lambda_1 \\ 1 & \lambda_4-\lambda_1 & \lambda_4^2-\lambda_4\lambda_1 & \lambda_4^3-\lambda_4^2\lambda_1 \end{vmatrix}$$

$$= \begin{vmatrix} \lambda_2-\lambda_1 & \lambda_2^2-\lambda_2\lambda_1 & \lambda_2^3-\lambda_2^2\lambda_1 \\ \lambda_3-\lambda_1 & \lambda_3^2-\lambda_3\lambda_1 & \lambda_3^3-\lambda_3^2\lambda_1 \\ \lambda_4-\lambda_1 & \lambda_4^2-\lambda_4\lambda_1 & \lambda_4^3-\lambda_4^2\lambda_1 \end{vmatrix}$$

$$= (\lambda_2-\lambda_1)(\lambda_3-\lambda_1)(\lambda_4-\lambda_1)\begin{vmatrix} 1 & \lambda_2 & \lambda_2^2 \\ 1 & \lambda_3 & \lambda_3^2 \\ 1 & \lambda_4 & \lambda_4^2 \end{vmatrix}$$

类似计算即得

$$= (\lambda_2-\lambda_1)(\lambda_3-\lambda_1)(\lambda_4-\lambda_1)(\lambda_3-\lambda_2)(\lambda_4-\lambda_2)(\lambda_4-\lambda_3).$$

由于 λ_i 两两不同, 因此 $\det(A) \neq 0$, 系数矩阵 A 可逆, 线性方程组有唯一解. 这说明四点唯一确定三次多项式曲线.

给定平面上若干点, 寻找一条经过这些点的曲线, 这个模型称为**插值**, 在各种领域都有广泛的应用.

事实上, 参考上面的计算, 利用数学归纳法, 可以证明:

$$\begin{vmatrix} 1 & \lambda_1 & \lambda_1^2 & \cdots & \lambda_1^{n-1} \\ 1 & \lambda_2 & \lambda_2^2 & \cdots & \lambda_2^{n-1} \\ \vdots & \vdots & \vdots & & \vdots \\ 1 & \lambda_n & \lambda_n^2 & \cdots & \lambda_n^{n-1} \end{vmatrix} = \prod_{1\leqslant j<i\leqslant n}(\lambda_i-\lambda_j),$$

其中 $\prod$ 是连乘号, 它的上下记法提示了变动角标的变换范围, 而连乘式表示变动下角标取遍变化范围的对应所有项的积, 即

$$\prod_{1\leqslant j<i\leqslant n}(\lambda_i-\lambda_j) = (\lambda_2-\lambda_1)(\lambda_3-\lambda_1)\cdots(\lambda_n-\lambda_1)(\lambda_3-\lambda_2)\cdots(\lambda_n-\lambda_2)\cdots\cdots(\lambda_n-\lambda_{n-1}).$$

这类矩阵被称为 **Vandermonde 矩阵**. 当 λ_i 两两不同时, 其行列式不为零, Vandermonde 矩阵可逆. 这说明, 给定平面上 n 个横坐标两两不同的点, 可以唯一确定 $n-1$ 次多项式曲线. ☺

习题

练习 4.2.1 计算下列行列式:

1. $\begin{vmatrix}1 & 2 & 1 & 4\\0 & -1 & 2 & 1\\0 & 0 & 2 & -1\\0 & 0 & 0 & 3\end{vmatrix}$.　　2. $\begin{vmatrix}1 & -1 & 2\\3 & 2 & 1\\0 & 1 & 4\end{vmatrix}$.　　3. $\begin{vmatrix}1 & 2 & 3 & 4\\2 & 3 & 4 & 1\\3 & 4 & 1 & 2\\4 & 1 & 2 & 3\end{vmatrix}$.

4. $\begin{vmatrix}x & y & x+y\\y & x+y & x\\x+y & x & y\end{vmatrix}$.　　5. $\begin{vmatrix}1+x & 1 & 1 & 1\\1 & 1-x & 1 & 1\\1 & 1 & 1+y & 1\\1 & 1 & 1 & 1-y\end{vmatrix}$.

练习 4.2.2 设 A 是三阶方阵, $\det(A)=5$, 求下列矩阵 B 的行列式:

1. $B=2A,-A,A^2,A^{-1}$.
2. $B=\begin{bmatrix}\boldsymbol{a}_1^{\mathrm{T}}-\boldsymbol{a}_3^{\mathrm{T}}\\\boldsymbol{a}_2^{\mathrm{T}}-\boldsymbol{a}_1^{\mathrm{T}}\\\boldsymbol{a}_3^{\mathrm{T}}-\boldsymbol{a}_2^{\mathrm{T}}\end{bmatrix}, \begin{bmatrix}\boldsymbol{a}_1^{\mathrm{T}}+\boldsymbol{a}_3^{\mathrm{T}}\\\boldsymbol{a}_2^{\mathrm{T}}+\boldsymbol{a}_1^{\mathrm{T}}\\\boldsymbol{a}_3^{\mathrm{T}}+\boldsymbol{a}_2^{\mathrm{T}}\end{bmatrix}$, 其中 $A=\begin{bmatrix}\boldsymbol{a}_1^{\mathrm{T}}\\\boldsymbol{a}_2^{\mathrm{T}}\\\boldsymbol{a}_3^{\mathrm{T}}\end{bmatrix}$.

练习 4.2.3 设 $A_n=\begin{bmatrix}-1 & 1\\-6 & 4\end{bmatrix}+nI_2$.

1. 求 A_0,A_1,A_2,A_3 的行列式.
2. 求 $\begin{bmatrix}-1 & 1\\-6 & 4\end{bmatrix}+xI_2$ 的行列式, 并将其写成 $(x+a)(x+b)$ 的形式.
3. 分别求 $A_0^2, A_0^2+I_2, A_0^2+3A_0+2I_2, A_0^3-2A_0^2+3A_0-4I_2$ 的行列式, 并分析它们与 a,b 的关系.

练习 4.2.4 计算 $\det(A)$:

1. $A=\left[i+j\right]_{n\times n}$.　　2. $A=\left[ij\right]_{n\times n}$.

练习 4.2.5 计算 $\begin{vmatrix}1 & -1 & & \\ & \ddots & \ddots & \\ & & 1 & -1\\-1 & & & 1\end{vmatrix}$.

练习 4.2.6 ☕ 计算 $\begin{vmatrix}1+x_1y_1 & 1+x_1y_2 & \cdots & 1+x_1y_n\\1+x_2y_1 & 1+x_2y_2 & \cdots & 1+x_2y_n\\\vdots & \vdots & & \vdots\\1+x_ny_1 & 1+x_ny_2 & \cdots & 1+x_ny_n\end{vmatrix}$.

练习 4.2.7 计算 $\begin{vmatrix} a_{11} & \cdots & a_{1,n-1} & a_{1n} \\ a_{21} & \cdots & a_{2,n-1} & 0 \\ \vdots & \iddots & \iddots & \vdots \\ a_{n1} & 0 & \cdots & 0 \end{vmatrix}$.

练习 4.2.8

1. 令 A_n 是从右上到左下对角线上的元素全为 1, 其余元素全为 0 的 n 阶方阵. 求 A_2, A_3, A_4, A_5 的行列式, 分析其规律, 推断出 A_n 的行列式.

2. 令 $A_2 = \begin{bmatrix} 1 & 1 \\ 1 & 2 \end{bmatrix}, A_3 = \begin{bmatrix} 1 & 1 & 1 \\ 1 & 2 & 2 \\ 1 & 2 & 3 \end{bmatrix}$, 以此类推 A_n. 求 A_2, A_3, A_4 的行列式, 分析其规律, 推断出 A_n 的行列式.

   提示: 利用 LU 分解.

3. 设 A 具有 QR 分解 $A = Q\begin{bmatrix} 1 & 2 & 3 \\ 0 & 4 & 5 \\ 0 & 0 & 6 \end{bmatrix}$, 求 $\det(A)$ 的所有可能值.

4. 定义 **Hilbert 矩阵** $H_n = \left[\frac{1}{i+j-1}\right]_{n\times n}$. 计算 $\det(H_2), \det(H_3)$.

   Hilbert 矩阵是一种常见的难于计算的矩阵, 常用来测试算法.

练习 4.2.9 证明或举出反例.

1. $AB - BA$ 的行列式必然是零.
2. A 的行列式等于其行简化阶梯形矩阵的行列式.
3. A 为 n 阶反对称矩阵, 当 n 为奇数时, $\det(A) = 0$.
4. A 为 n 阶反对称矩阵, 当 n 为偶数时, $\det(A) = 0$.
5. 如果 $|\det(A)| > 1$, 那么当 n 趋于无穷时, A^n 中必然有元素的绝对值趋于无穷.
6. 如果 $|\det(A)| < 1$, 那么当 n 趋于无穷时, A^n 中的所有元素都趋于 0.

练习 4.2.10 以下均为某些学生出现过的错误. 请找到错误的原因.

1. 对二阶可逆矩阵 $A = \begin{bmatrix} a & b \\ c & d \end{bmatrix}$, 计算其逆矩阵的行列式:

$$\det(A^{-1}) = \det\left(\frac{1}{ad-bc}\begin{bmatrix} d & -b \\ -c & a \end{bmatrix}\right) = \frac{ad-bc}{ad-bc} = 1.$$

   这个结论很奇怪. 请问错在哪里?

2. 对分块矩阵 $M = \begin{bmatrix} A & B \\ C & D \end{bmatrix}$, 计算其行列式: $\det\left(\begin{bmatrix} A & B \\ C & D \end{bmatrix}\right) = AD - BC$, 得到的是矩阵, 而不是数. 如果 A 可逆, 正确的公式是什么?

3. 计算正交投影矩阵 P 的行列式 $\det(P) = \det(A(A^{\mathrm{T}}A)^{-1}A^{\mathrm{T}}) = \dfrac{\det(A)\det(A^{\mathrm{T}})}{\det(A^{\mathrm{T}}A)} = 1$, 然而正交投影矩阵常常不可逆. 错在哪里?

4. 如果 $AB=-BA$，那么 $\det(A)\det(B)=-\det(B)\det(A)$，由此得到 $2\det(A)\det(B)=0$，所以 A,B 必有一个矩阵不可逆. 这是否正确？如果不是，请指出错误并举出反例.

5. 对矩阵 $\begin{bmatrix} a & b \\ c & d \end{bmatrix}$，同时做两个行变换得到 $\begin{bmatrix} a+sc & b+sd \\ c+ta & d+tb \end{bmatrix}$，行列式是否一定保持不变？$s,t$ 满足什么条件时，行列式一定保持不变？

   注意：这不是初等行变换.

练习 4.2.11 设 n 阶方阵 A 的对角元素全为 0，其他元素全为 1，令 $A=\begin{bmatrix} \boldsymbol{a}_1 & \boldsymbol{a}_2 & \cdots & \boldsymbol{a}_n \end{bmatrix}$.

1. 求向量 $\boldsymbol{u}$，使得 $\boldsymbol{a}_i\,(i=1,2,\cdots,n)$ 可以写成 $\boldsymbol{e}_i$ 和 $\boldsymbol{u}$ 的线性组合.
2. ☕ 根据行列式满足列多线性，求 $\det(A)$.

练习 4.2.12 证明命题 4.2.5.

练习 4.2.13 证明命题 4.2.11.

练习 4.2.14 证明命题 4.2.11 中第 2 条冗余，即由第 1 条和第 3 条至第 5 条可以推出该条.

练习 4.2.15 用行列式证明奇数阶反对称矩阵不可逆.

练习 4.2.16 ☕ 证明任意可逆矩阵 A 都可以只用倍加变换化为 $\mathrm{diag}(1,1,\cdots,1,\det(A))$.

练习 4.2.17 给定 $A=\begin{bmatrix} a_{ij} \end{bmatrix}_{n\times n}$，而 $B=\begin{bmatrix} a_{ij}c^{i-j} \end{bmatrix}_{n\times n}$，其中 $c\neq 0$，证明，$\det(A)=\det(B)$.

练习 4.2.18 给定 $n-1$ 个互不相同的数 $a_1,a_2,\cdots,a_{n-1}$，令

$$P(x)=\begin{vmatrix} 1 & x & \cdots & x^{n-1} \\ 1 & a_1 & \cdots & a_1^{n-1} \\ \vdots & \vdots & & \vdots \\ 1 & a_{n-1} & \cdots & a_{n-1}^{n-1} \end{vmatrix}.$$

证明 $P(x)$ 是一个关于 x 的 $n-1$ 次多项式，并求 $P(x)$ 的 $n-1$ 个根.

练习 4.2.19 ☕ 设 $f_i(x)$ 是 i 次多项式，$i=0,1,2,\cdots,n-1$，其首项系数是 a_i. 又设 $b_0,b_1,\cdots,b_{n-1}$ 是 n 个数，计算如下的 n 阶行列式：

$$\begin{vmatrix} f_0(b_0) & f_0(b_1) & \cdots & f_0(b_{n-1}) \\ f_1(b_0) & f_1(b_1) & \cdots & f_1(b_{n-1}) \\ \vdots & \vdots & & \vdots \\ f_{n-1}(b_0) & f_{n-1}(b_1) & \cdots & f_{n-1}(b_{n-1}) \end{vmatrix}.$$

练习 4.2.20

1. 对分块对角矩阵 $X=\begin{bmatrix} A & O \\ O & B \end{bmatrix}$，其中 A,B 是方阵，证明，$\det(X)=\det(A)\det(B)$.
2. 对分块上三角矩阵 $X=\begin{bmatrix} A & C \\ O & B \end{bmatrix}$，其中 A,B 是方阵，证明，$\det(X)=\det(A)\det(B)$.

练习 4.2.21 设 A 可逆，D 是方阵，证明，$\det\left(\begin{bmatrix} A & B \\ C & D \end{bmatrix}\right) = \det(A)\det(D - CA^{-1}B)$.

练习 4.2.22 设 A, B 是 n 阶方阵，证明，$\det\left(\begin{bmatrix} A & B \\ B & A \end{bmatrix}\right) = \det(A+B)\det(A-B)$.

练习 4.2.23 设 A, B 分别是 $m \times n, n \times m$ 矩阵，证明，$\det(I_m + AB) = \det(I_n + BA)$. 由此推出，$I_m + AB$ 可逆当且仅当 $I_n + BA$ 可逆.

提示：构造分块矩阵.

练习 4.2.24 计算 $\begin{vmatrix} 1+a_1^2 & a_1a_2 & \cdots & a_1a_n \\ a_2a_1 & 1+a_2^2 & \cdots & a_2a_n \\ \vdots & \vdots & & \vdots \\ a_na_1 & a_na_2 & \cdots & 1+a_n^2 \end{vmatrix}$.

练习 4.2.25 设 A 是三阶矩阵，已知 $\det(A - I_3) = \det(A - 2I_3) = \det(A - 3I_3) = 0$.

1. 证明存在非零向量 $\boldsymbol{v}_1, \boldsymbol{v}_2, \boldsymbol{v}_3$，满足 $A\boldsymbol{v}_i = i\boldsymbol{v}_i, i = 1,2,3$.
2. 设 $k_1\boldsymbol{v}_1 + k_2\boldsymbol{v}_2 + k_3\boldsymbol{v}_3 = \boldsymbol{0}$，证明 $k_1\boldsymbol{v}_1 + 2k_2\boldsymbol{v}_2 + 3k_3\boldsymbol{v}_3 = \boldsymbol{0}, k_1\boldsymbol{v}_1 + 4k_2\boldsymbol{v}_2 + 9k_3\boldsymbol{v}_3 = \boldsymbol{0}$.
3. 证明存在可逆 Vandermonde 矩阵 V，使得 $\begin{bmatrix} k_1\boldsymbol{v}_1 & k_2\boldsymbol{v}_2 & k_3\boldsymbol{v}_3 \end{bmatrix} V = O$.
4. 证明 $\boldsymbol{v}_1, \boldsymbol{v}_2, \boldsymbol{v}_3$ 构成 $\mathbb{R}^3$ 的一组基，因此矩阵 $B = \begin{bmatrix} \boldsymbol{v}_1 & \boldsymbol{v}_2 & \boldsymbol{v}_3 \end{bmatrix}$ 可逆.
5. 证明存在对角矩阵 D，使得 $AB = BD$，并计算 $\det(A)$.

练习 4.2.26 对函数 $f(t) = \det(I_n + tA)$ 在 $t = 0$ 处求导. 设 $A = \begin{bmatrix} \boldsymbol{a}_1 & \boldsymbol{a}_2 & \cdots & \boldsymbol{a}_n \end{bmatrix}$，则 $I_n + tA$ 的第 i 列是 $\boldsymbol{e}_i + t\boldsymbol{a}_i$.

1. 当 $n = 1,2,3$ 时，用 A 的元素表示 $f'(0)$；分析其规律，求 $f'(0)$ 的一般表达式.
2. 利用 $\det(I_n+AB) = \det(I_m+BA)$，证明 $\mathrm{trace}(AB) = \mathrm{trace}(BA)$（trace 的定义见练习 1.4.22).

练习 4.2.27 设 A 是 $m\times n$ 矩阵，任取其中 k 行和 k 列，其交叉点处元素组成的 k 阶方阵的行列式称为 A 的一个 k 阶子式. 定义 $\mathrm{rank}_{\det}(A) = \max\{k \mid A$ 有非零的 k 阶子式$\}$. 证明，$\mathrm{rank}_{\det}(A) = \mathrm{rank}(A)$.

练习 4.2.28 (Hadamard 不等式)

1. 利用 QR 分解证明，对任意 n 阶矩阵 $T = \begin{bmatrix} \boldsymbol{t}_1 & \boldsymbol{t}_2 & \cdots & \boldsymbol{t}_n \end{bmatrix}$，$|\det(T)| \leqslant \|\boldsymbol{t}_1\|\|\boldsymbol{t}_2\|\cdots\|\boldsymbol{t}_n\|$.
2. 说明阅读 3.2.3 中的 Hadamard 矩阵使得等号成立.

练习 4.2.29 ☕ 设 n 阶对称矩阵 A 有 $\mathrm{LDL^T}$ 分解 $A = LDL^{\mathrm{T}}$，其中 $D = \mathrm{diag}(d_i)$，并记 A 的第 i 个顺序主子阵为 A_i. 证明 $d_i = \dfrac{\det(A_i)}{\det(A_{i-1})}$.

矩阵 A 的第 i 个顺序主子阵的行列式称为其第 i 个**顺序主子式**.

练习 4.2.30 (行列式在多元微积分中的应用) 一个多元函数 $f(x_1, x_2, \cdots, x_n)$，把 x_i 之外的变量都看做常数，对 x_i 的导数称为 f 对 x_i 的**偏导数**，记作 $\dfrac{\partial f}{\partial x_i}$. 例如，若 $f(x,y) = x^2y$，则 $\dfrac{\partial f}{\partial x} = 2xy, \dfrac{\partial f}{\partial y} = x^2$.

平面 $\mathbb{R}^2$ 有直角坐标系 (x,y)，和极坐标系 (r,θ)，其中 $r \geqslant 0$ 是该点到原点的距离，$\theta \in [0, 2\pi)$ 是从 x 轴正方向开始，逆时针旋转，到达该点和原点连线所需要的角度. 两种坐标之间的关系是 $x = r\cos\theta, y = r\sin\theta$.

分别计算 $J_1 = \begin{bmatrix} \dfrac{\partial x}{\partial r} & \dfrac{\partial x}{\partial \theta} \\ \dfrac{\partial y}{\partial r} & \dfrac{\partial y}{\partial \theta} \end{bmatrix}$ 和 $J_2 = \begin{bmatrix} \dfrac{\partial r}{\partial x} & \dfrac{\partial r}{\partial y} \\ \dfrac{\partial \theta}{\partial x} & \dfrac{\partial \theta}{\partial y} \end{bmatrix}$ 的行列式，将结果都写成 r, θ 的函数. 这两个矩阵 J_1, J_2 有什么关系?

练习 4.2.31 设 $f(a,b,c,d) = \ln(ad - bc)$.

1. 接上题，求偏导数 $\dfrac{\partial f}{\partial a}, \dfrac{\partial f}{\partial b}, \dfrac{\partial f}{\partial c}, \dfrac{\partial f}{\partial d}$.
2. 证明 $\begin{bmatrix} a & b \\ c & d \end{bmatrix}^{-1} = \begin{bmatrix} \dfrac{\partial f}{\partial a} & \dfrac{\partial f}{\partial b} \\ \dfrac{\partial f}{\partial c} & \dfrac{\partial f}{\partial d} \end{bmatrix}^{\mathrm{T}}$.
3. 三阶矩阵时是否有类似的结论?

阅读 4.2.32 在 Vandermonde 矩阵中，如果对不同的 i, j 有 $\lambda_i = \lambda_j$，则其 i, j 两行相同，行列式为零. 根据多项式理论，$\lambda_i - \lambda_j$ 是 Vandermonde 行列式的一个因式. 事实上，Vandermonde 行列式就是这些因式的乘积.

4.3 行列式的展开式

本节的主要内容是通过数学归纳法从低阶行列式推导高阶行列式，以此证明行列式的存在性，并得到行列式的表达式.

我们已经知道，一阶行列式 $\det\left(\begin{bmatrix} a_{11} \end{bmatrix}\right) = a_{11}$，二阶行列式 $\begin{vmatrix} a_{11} & a_{12} \\ a_{21} & a_{22} \end{vmatrix} = a_{11}a_{22} - a_{12}a_{21}$，下面来看三阶行列式.

例 4.3.1 (三阶行列式) 根据列多线性和行反对称两条性质，有

$$
\begin{aligned}
\begin{vmatrix} a_{11} & a_{12} & a_{13} \\ a_{21} & a_{22} & a_{23} \\ a_{31} & a_{32} & a_{33} \end{vmatrix} &= a_{11}\begin{vmatrix} 1 & a_{12} & a_{13} \\ 0 & a_{22} & a_{23} \\ 0 & a_{32} & a_{33} \end{vmatrix} + a_{21}\begin{vmatrix} 0 & a_{12} & a_{13} \\ 1 & a_{22} & a_{23} \\ 0 & a_{32} & a_{33} \end{vmatrix} + a_{31}\begin{vmatrix} 0 & a_{12} & a_{13} \\ 0 & a_{22} & a_{23} \\ 1 & a_{32} & a_{33} \end{vmatrix} \\
&= a_{11}\begin{vmatrix} 1 & a_{12} & a_{13} \\ 0 & a_{22} & a_{23} \\ 0 & a_{32} & a_{33} \end{vmatrix} - a_{21}\begin{vmatrix} 1 & a_{22} & a_{23} \\ 0 & a_{12} & a_{13} \\ 0 & a_{32} & a_{33} \end{vmatrix} + a_{31}\begin{vmatrix} 1 & a_{32} & a_{33} \\ 0 & a_{12} & a_{13} \\ 0 & a_{22} & a_{23} \end{vmatrix} \\
&= a_{11}\begin{vmatrix} a_{22} & a_{23} \\ a_{32} & a_{33} \end{vmatrix} - a_{21}\begin{vmatrix} a_{12} & a_{13} \\ a_{32} & a_{33} \end{vmatrix} + a_{31}\begin{vmatrix} a_{12} & a_{13} \\ a_{22} & a_{23} \end{vmatrix}.
\end{aligned}
$$

因此我们可以用定义好的二阶行列式来得到三阶行列式.

继续计算即有

$$\begin{vmatrix} a_{11} & a_{12} & a_{13} \\ a_{21} & a_{22} & a_{23} \\ a_{31} & a_{32} & a_{33} \end{vmatrix} = a_{11}a_{22}a_{33} + a_{12}a_{23}a_{31} + a_{13}a_{21}a_{32} - a_{11}a_{32}a_{23} - a_{12}a_{21}a_{33} - a_{13}a_{22}a_{31}.$$

可以验证，等式右端项满足列多线性、列反对称、单位化，从而是唯一的三阶行列式函数. ☺

例 4.3.1 提示我们，可以用 $n-1$ 阶行列式去递归地表示 n 阶行列式. 为简便起见，我们引入如下定义.

定义 4.3.2 (代数余子式) 给定 n 阶方阵 A，$n \geqslant 2$，令 $A\begin{pmatrix} i \\ j \end{pmatrix}$ 表示从 A 中划去第 i 行和第 j 列得到的 $n-1$ 阶方阵，则 $M_{ij} = \det\left(A\begin{pmatrix} i \\ j \end{pmatrix}\right)$，称为元素 a_{ij} 的**余子式**；而 $C_{ij} = (-1)^{i+j}M_{ij} = (-1)^{i+j}\det\left(A\begin{pmatrix} i \\ j \end{pmatrix}\right)$，称为元素 a_{ij} 的**代数余子式**.

二阶行列式 $\det(A) = a_{11}a_{22} - a_{21}a_{12} = a_{11}C_{11} + a_{21}C_{21}$. 而例 4.3.1 中三阶行列式 $\det(A) = a_{11}C_{11} + a_{21}C_{21} + a_{31}C_{31}$.

下面来说明可以用 $n-1$ 阶行列式去定义 n 阶行列式.

定理 4.3.3 给定 n 阶方阵 $A = \left[a_{ij}\right]$，$n \geqslant 2$，则函数 $a_{11}C_{11} + a_{21}C_{21} + \cdots + a_{n1}C_{n1}$ 是行列式函数，即

$$\det(A) = a_{11}C_{11} + a_{21}C_{21} + \cdots + a_{n1}C_{n1},$$

这称为行列式按第一列的展开式.

证 对 n 应用数学归纳法. 记 $\delta(A) = a_{11}C_{11} + a_{21}C_{21} + \cdots + a_{n1}C_{n1}$，根据命题 4.2.8，只需证明 $\delta(A)$ 满足行多线性、行反对称和单位化三条性质. 当 $n = 1$ 时，显然，现假设命题对 $n-1$ 成立.

行多线性：这里只证明第一行的情形，其他情形同理. 设对任意 j，我们都有 $a_{1j} = ka'_{1j} + la''_{1j}$. 令 $A' = \begin{bmatrix} a'_{11} & a'_{12} & \cdots & a'_{1n} \\ a_{21} & a_{22} & \cdots & a_{2n} \\ \vdots & \vdots & & \vdots \\ a_{n1} & a_{n2} & \cdots & a_{nn} \end{bmatrix}$，$A'' = \begin{bmatrix} a''_{11} & a''_{12} & \cdots & a''_{1n} \\ a_{21} & a_{22} & \cdots & a_{2n} \\ \vdots & \vdots & & \vdots \\ a_{n1} & a_{n2} & \cdots & a_{nn} \end{bmatrix}$. 根据归纳假设，当 $i \neq 1$ 时，代数余子式满足 $C_{i1} = kC'_{i1} + lC''_{i1}$. 而当 $i = 1$ 时，代数余子式 $C_{11} = C'_{11} = C''_{11}$. 因此

$$\begin{aligned} \delta(A) &= a_{11}C_{11} + a_{21}C_{21} + \cdots + a_{n1}C_{n1} \\ &= (ka'_{11} + la''_{11})C_{11} + a_{21}(kC'_{21} + lC''_{21}) + \cdots + a_{n1}(kC'_{n1} + lC''_{n1}) \end{aligned}$$

$$= k(a'_{11}C'_{11} + a_{21}C'_{21} + \cdots + a_{n1}C'_{n1}) + l(a''_{11}C''_{11} + a_{21}C''_{21} + \cdots + a_{n1}C''_{n1})$$

$$= k\delta(A') + l\delta(A'').$$

行反对称：行反对称性等价于任意两行相同的行列式为零. 这里只证明第一行和第二行的情形，其他情形同理. 设 A 的前两行相同，根据归纳假设，当 $i \neq 1,2$ 时，代数余子式 $C_{i1} = 0$. 而当 $i = 1,2$ 时，A 的两个余子式相同，但代数余子式的符号相反，即 $C_{11} = -C_{21}$. 因此

$$\det(A) = a_{11}C_{11} + a_{21}C_{21} + \cdots + a_{n1}C_{n1} = a_{11}C_{11} + a_{11}(-C_{11}) = 0.$$

单位化：$\det(I_n) = a_{11}C_{11} = 1 \cdot \det(I_{n-1}) = 1$.
因此，命题对 n 也成立. □

定理 4.3.3 说明了行列式函数的存在性. 从证明中还能看出，代数余子式中的正负号对应了行列式的反对称性.

上三角矩阵 $U = \begin{bmatrix} u_{11} & * & \cdots & * \\ & u_{22} & \ddots & \vdots \\ & & \ddots & * \\ & & & u_{nn} \end{bmatrix}$ 的行列式，可以用按列展开式简单解释：u_{11} 的余子式仍是上三角矩阵的行列式，以此类推，反复运用展开式可得：$\det(U) = u_{11}C_{11} = u_{11}u_{22}\cdots u_{nn}$.

例 4.3.4 计算 (3.2.1) 式中的正交矩阵

$$Q = \begin{bmatrix} \frac{1}{\sqrt{3}} & \frac{1}{\sqrt{6}} & \frac{1}{\sqrt{2}} \\ \frac{1}{\sqrt{3}} & \frac{1}{\sqrt{6}} & -\frac{1}{\sqrt{2}} \\ \frac{1}{\sqrt{3}} & -\frac{2}{\sqrt{6}} & 0 \end{bmatrix}$$

的行列式.

按第一列展开，有

$$\det(Q) = \frac{1}{\sqrt{3}}\begin{vmatrix} \frac{1}{\sqrt{6}} & -\frac{1}{\sqrt{2}} \\ -\frac{2}{\sqrt{6}} & 0 \end{vmatrix} - \frac{1}{\sqrt{3}}\begin{vmatrix} \frac{1}{\sqrt{6}} & \frac{1}{\sqrt{2}} \\ -\frac{2}{\sqrt{6}} & 0 \end{vmatrix} + \frac{1}{\sqrt{3}}\begin{vmatrix} \frac{1}{\sqrt{6}} & \frac{1}{\sqrt{2}} \\ \frac{1}{\sqrt{6}} & -\frac{1}{\sqrt{2}} \end{vmatrix} = -1.$$

也可以利用倍加变换，即

$$\begin{vmatrix} \frac{1}{\sqrt{3}} & \frac{1}{\sqrt{6}} & \frac{1}{\sqrt{2}} \\ \frac{1}{\sqrt{3}} & \frac{1}{\sqrt{6}} & -\frac{1}{\sqrt{2}} \\ \frac{1}{\sqrt{3}} & -\frac{2}{\sqrt{6}} & 0 \end{vmatrix} = \begin{vmatrix} \frac{1}{\sqrt{3}} & \frac{1}{\sqrt{6}} & \frac{1}{\sqrt{2}} \\ 0 & 0 & -\sqrt{2} \\ 0 & -\frac{3}{\sqrt{6}} & -\frac{1}{\sqrt{2}} \end{vmatrix}$$

$$= \frac{1}{\sqrt{3}} \begin{vmatrix} 0 & -\sqrt{2} \\ -\frac{3}{\sqrt{6}} & -\frac{1}{\sqrt{2}} \end{vmatrix} = \frac{1}{\sqrt{3}}\left(-\frac{3}{\sqrt{6}}\sqrt{2}\right) = -1. \qquad ☺$$

根据行列式的性质，可以得到与定理 4.3.3 中不同的展开式.

命题 4.3.5 行列式按任意一行或任意一列展开：

1. 按第 j 列展开：$\det(A) = a_{1j}C_{1j} + a_{2j}C_{2j} + \cdots + a_{nj}C_{nj}$；
2. 按第 i 行展开：$\det(A) = a_{i1}C_{i1} + a_{i2}C_{i2} + \cdots + a_{in}C_{in}$.

证 第 1 条：设 $A = \begin{bmatrix} \boldsymbol{a}_1 & \boldsymbol{a}_2 & \cdots & \boldsymbol{a}_n \end{bmatrix}$，而 $A' = \begin{bmatrix} \boldsymbol{a}_j & \boldsymbol{a}_1 & \cdots & \boldsymbol{a}_{j-1} & \boldsymbol{a}_{j+1} & \cdots & \boldsymbol{a}_n \end{bmatrix}$ 是把 A 的第 j 列移到第 1 列之前得到的矩阵，这能够通过对调相邻两列 $j-1$ 次实现，因此 $\det(A) = (-1)^{j-1}\det(A')$.

注意到 A' 的第 1 列是 A 的第 j 列，因此 $a'_{i1} = a_{ij}, M'_{i1} = M_{ij}$. 对 A' 的第 1 列展开可得：

$$\det(A') = \sum_{1\leqslant i\leqslant n} (-1)^{i+1} a'_{i1} M'_{i1} = (-1)^{j+1} \sum_{1\leqslant i\leqslant n} (-1)^{i+j} a_{ij} M_{ij}.$$

因此，$\det(A) = (-1)^{j-1}\det(A') = \sum\limits_{1\leqslant i\leqslant n} a_{ij}C_{ij}$.

第 2 条：对 A 的第 i 行展开就是对 A^{T} 的第 i 列展开，由第 1 条和 $\det(A) = \det(A^{\mathrm{T}})$ 可得. □

命题 4.3.6 令 $A = \begin{bmatrix} \boldsymbol{a}_1 & \boldsymbol{a}_2 & \cdots & \boldsymbol{a}_n \end{bmatrix}$，再记第 j 列元素的代数余子式组成的向量为 $\boldsymbol{c}_j = \begin{bmatrix} C_{1j} \\ C_{2j} \\ \vdots \\ C_{nj} \end{bmatrix}$. 则当 $j' \neq j$ 时，$\boldsymbol{a}_{j'}^{\mathrm{T}}\boldsymbol{c}_j = 0$；当 $j' = j$ 时，有 $\boldsymbol{a}_{j'}^{\mathrm{T}}\boldsymbol{c}_j = \det(A)$.

对某行元素的代数余子式组成的向量，也有类似结论.

证 只考虑 $j' \neq j$ 的情形. 在 $A = \begin{bmatrix} \boldsymbol{a}_1 & \boldsymbol{a}_2 & \cdots & \boldsymbol{a}_n \end{bmatrix}$ 中，把 $\boldsymbol{a}_j$ 替换成 $\boldsymbol{a}_{j'}$，按第 j 列展开得到行列式 $a_{1j'}C_{1j} + a_{2j'}C_{2j} + \cdots + a_{nj'}C_{nj}$. 另一方面，替换后的矩阵有两列相同，因此行列式为 0.

关于行的结论，利用转置立得. □

某列元素的代数余子式组成的向量有明确的几何含义. 以三阶情形为例, 记 $A = \begin{bmatrix} \boldsymbol{a}_1 & \boldsymbol{a}_2 & \boldsymbol{a}_3 \end{bmatrix}$, 则 $\det(A)$ 是以 $\boldsymbol{a}_1, \boldsymbol{a}_2, \boldsymbol{a}_3$ 为棱的平行六面体的有向体积. 根据命题 4.3.6, $\boldsymbol{c}_1 \perp \boldsymbol{a}_2, \boldsymbol{c}_1 \perp \boldsymbol{a}_3$, 即 $\boldsymbol{c}_1$ 与 $\boldsymbol{a}_2, \boldsymbol{a}_3$ 所在平面正交. 换言之, 如果 $\boldsymbol{a}_2, \boldsymbol{a}_3$ 所在的面看作底面, 那么 $\boldsymbol{c}_1$ 就是底面的法向量, 因此 $\boldsymbol{a}_1$ 向 $\boldsymbol{c}_1$ 方向的投影 $\dfrac{\boldsymbol{c}_1^{\mathrm{T}}\boldsymbol{a}_1}{\boldsymbol{c}_1^{\mathrm{T}}\boldsymbol{c}_1}\boldsymbol{c}_1$ 的 (有向) 长度 $\dfrac{\boldsymbol{c}_1^{\mathrm{T}}\boldsymbol{a}_1}{\|\boldsymbol{c}_1\|}$ 就是该底面的 (有向) 高. 体积等于底面积与高的乘积, 结合 $\det(A) = \boldsymbol{a}_1^{\mathrm{T}}\boldsymbol{c}_1 = \dfrac{\boldsymbol{c}_1^{\mathrm{T}}\boldsymbol{a}_1}{\|\boldsymbol{c}_1\|}\|\boldsymbol{c}_1\|$, 就有 $\|\boldsymbol{c}_1\|$ 是 $\boldsymbol{a}_2, \boldsymbol{a}_3$ 所在底面的面积. 综上, $\boldsymbol{c}_1$ 是底面的一个长度等于底面积的法向量.

命题 4.3.6 中元素及其代数余子式的内积可以得到不少推论.

对矩阵 $A = \begin{bmatrix} a_{ij} \end{bmatrix}$, 记 $C = \begin{bmatrix} C_{ij} \end{bmatrix}_{n\times n}$, 即 C 的 (i,j) 元是 a_{ij} 的代数余子式, 矩阵 C^{T} 常称为 A 的**补矩阵**[①].

推论 4.3.7 (逆矩阵公式) 对可逆矩阵 A, $A^{-1} = \dfrac{1}{\det(A)}C^{\mathrm{T}}$.

证 命题 4.3.6 说明 $C^{\mathrm{T}}A = \det(A)I_n$. 立得. □

推论 4.3.8 (Cramer 法则) 给定方阵 A, 线性方程组 $A\boldsymbol{x} = \boldsymbol{b}$ 有唯一解, 当且仅当 $\det(A) \neq 0$, 且有唯一解时, 唯一解为

$$x_1 = \frac{\det(B_1)}{\det(A)}, \quad x_2 = \frac{\det(B_2)}{\det(A)}, \quad \cdots, \quad x_n = \frac{\det(B_n)}{\det(A)},$$

其中 B_j 是把 A 的第 j 列换成 $\boldsymbol{b}$ 得到的矩阵.

证 这里只计算唯一解. 记 $A = \begin{bmatrix} \boldsymbol{a}_1 & \boldsymbol{a}_2 & \cdots & \boldsymbol{a}_n \end{bmatrix}$. 线性方程组 $A\boldsymbol{x} = \boldsymbol{b}$ 可以写作

$$x_1\boldsymbol{a}_1 + x_2\boldsymbol{a}_2 + \cdots + x_n\boldsymbol{a}_n = \boldsymbol{b}.$$

求两边与 $\boldsymbol{c}_i$ 的内积, 得 $x_i\boldsymbol{c}_i^{\mathrm{T}}\boldsymbol{a}_i = \boldsymbol{c}_i^{\mathrm{T}}\boldsymbol{b}$. 对 A 和 B_i 的行列式分别按第 i 列展开, 有 $\det(A) = \boldsymbol{c}_i^{\mathrm{T}}\boldsymbol{a}_i, \det(B_i) = \boldsymbol{c}_i^{\mathrm{T}}\boldsymbol{b}$. 因此 $x_i = \dfrac{\det(B_i)}{\det(A)}$. □

事实上, Cramer 法则也有明确的几何含义. 仍以三阶情形为例. 如果 x_1 是解中对应元素, 则 $\boldsymbol{b} - x_1\boldsymbol{a}_1 = x_2\boldsymbol{a}_2 + x_3\boldsymbol{a}_3 \subseteq \operatorname{span}(\boldsymbol{a}_2, \boldsymbol{a}_3)$, 即 $\boldsymbol{b} - x_1\boldsymbol{a}_1$ 落在 $\boldsymbol{a}_2, \boldsymbol{a}_3$ 生成的平面. 因此 $\boldsymbol{b}$ 在该平面法向的投影与 $x_1\boldsymbol{a}_1$ 在该平面法向的投影相等. 而 $\boldsymbol{c}_1$ 是该平面的法向量, 因此 $\dfrac{\boldsymbol{b}^{\mathrm{T}}\boldsymbol{c}_1}{\boldsymbol{c}_1^{\mathrm{T}}\boldsymbol{c}_1}\boldsymbol{c}_1 = \dfrac{x_1\boldsymbol{a}_1^{\mathrm{T}}\boldsymbol{c}_1}{\boldsymbol{c}_1^{\mathrm{T}}\boldsymbol{c}_1}\boldsymbol{c}_1$. 进一步地, x_1 是以 $\boldsymbol{b}, \boldsymbol{a}_2, \boldsymbol{a}_3$ 为棱的平行六面体与以 $\boldsymbol{a}_1, \boldsymbol{a}_2, \boldsymbol{a}_3$ 为棱的平行六面体的有向体积之比 (为什么?).

---

① 补矩阵过去常称为伴随矩阵. 后者在中文文献中仍很常见, 但西文文献中已逐渐废弃, 因其与其他概念产生了混淆. 另外, 矩阵 C 有时称为 A 的代数余子式矩阵.

注意，逆矩阵一般不应通过补矩阵计算，线性方程组的解一般也不应利用 Cramer 法则计算. 因为补矩阵或 Cramer 法则中的行列式终归需要利用 PLU 分解来计算，而利用 PLU 分解已经能直接求出逆矩阵或线性方程组的解了.

最后考虑行列式的完全展开，即行列式关于元素的表达式.

在行列式按列展开中，余子式都是低一阶的行列式，继续展开，反复进行，就能得到行列式用元素表示的形式.

下面考虑另一种方法. 在例 4.3.1 中，我们仅仅对第一列利用多线性的性质进行了展开，下面对每一列都利用该性质来展开.

例 4.3.9 (三阶行列式) 考虑三阶矩阵 $A=\begin{bmatrix}a_{ij}\end{bmatrix}$. 计算得

$$
\begin{aligned}
&\det(A)\\
&=\det(a_{11}\boldsymbol{e}_1+a_{21}\boldsymbol{e}_2+a_{31}\boldsymbol{e}_3,a_{12}\boldsymbol{e}_1+a_{22}\boldsymbol{e}_2+a_{32}\boldsymbol{e}_3,a_{13}\boldsymbol{e}_1+a_{23}\boldsymbol{e}_2+a_{33}\boldsymbol{e}_3)\\
&=\quad a_{11}a_{12}a_{13}\det(\boldsymbol{e}_1,\boldsymbol{e}_1,\boldsymbol{e}_1)+a_{21}a_{12}a_{13}\det(\boldsymbol{e}_2,\boldsymbol{e}_1,\boldsymbol{e}_1)+a_{31}a_{12}a_{13}\det(\boldsymbol{e}_3,\boldsymbol{e}_1,\boldsymbol{e}_1)\\
&\quad+a_{11}a_{22}a_{13}\det(\boldsymbol{e}_1,\boldsymbol{e}_2,\boldsymbol{e}_1)+a_{21}a_{22}a_{13}\det(\boldsymbol{e}_2,\boldsymbol{e}_2,\boldsymbol{e}_1)+a_{31}a_{22}a_{13}\underline{\det(\boldsymbol{e}_3,\boldsymbol{e}_2,\boldsymbol{e}_1)}\\
&\quad+a_{11}a_{32}a_{13}\det(\boldsymbol{e}_1,\boldsymbol{e}_3,\boldsymbol{e}_1)+a_{21}a_{32}a_{13}\underline{\det(\boldsymbol{e}_2,\boldsymbol{e}_3,\boldsymbol{e}_1)}+a_{31}a_{32}a_{13}\det(\boldsymbol{e}_3,\boldsymbol{e}_3,\boldsymbol{e}_1)\\
&\quad+a_{11}a_{12}a_{23}\det(\boldsymbol{e}_1,\boldsymbol{e}_1,\boldsymbol{e}_2)+a_{21}a_{12}a_{23}\det(\boldsymbol{e}_2,\boldsymbol{e}_1,\boldsymbol{e}_2)+a_{31}a_{12}a_{23}\underline{\det(\boldsymbol{e}_3,\boldsymbol{e}_1,\boldsymbol{e}_2)}\\
&\quad+a_{11}a_{22}a_{23}\det(\boldsymbol{e}_1,\boldsymbol{e}_2,\boldsymbol{e}_2)+a_{21}a_{22}a_{23}\det(\boldsymbol{e}_2,\boldsymbol{e}_2,\boldsymbol{e}_2)+a_{31}a_{22}a_{23}\det(\boldsymbol{e}_3,\boldsymbol{e}_2,\boldsymbol{e}_2)\\
&\quad+a_{11}a_{32}a_{23}\underline{\det(\boldsymbol{e}_1,\boldsymbol{e}_3,\boldsymbol{e}_2)}+a_{21}a_{32}a_{23}\det(\boldsymbol{e}_2,\boldsymbol{e}_3,\boldsymbol{e}_2)+a_{31}a_{32}a_{23}\det(\boldsymbol{e}_3,\boldsymbol{e}_3,\boldsymbol{e}_2)\\
&\quad+a_{11}a_{12}a_{33}\det(\boldsymbol{e}_1,\boldsymbol{e}_1,\boldsymbol{e}_3)+a_{21}a_{12}a_{33}\underline{\det(\boldsymbol{e}_2,\boldsymbol{e}_1,\boldsymbol{e}_3)}+a_{31}a_{12}a_{33}\det(\boldsymbol{e}_3,\boldsymbol{e}_1,\boldsymbol{e}_3)\\
&\quad+a_{11}a_{22}a_{33}\underline{\det(\boldsymbol{e}_1,\boldsymbol{e}_2,\boldsymbol{e}_3)}+a_{21}a_{22}a_{33}\det(\boldsymbol{e}_2,\boldsymbol{e}_2,\boldsymbol{e}_3)+a_{31}a_{22}a_{33}\det(\boldsymbol{e}_3,\boldsymbol{e}_2,\boldsymbol{e}_3)\\
&\quad+a_{11}a_{32}a_{33}\det(\boldsymbol{e}_1,\boldsymbol{e}_3,\boldsymbol{e}_3)+a_{21}a_{32}a_{33}\det(\boldsymbol{e}_2,\boldsymbol{e}_3,\boldsymbol{e}_3)+a_{31}a_{32}a_{33}\det(\boldsymbol{e}_3,\boldsymbol{e}_3,\boldsymbol{e}_3).
\end{aligned}
$$

可见对每一列做多线性展开得到 $3^3=27$ 个行列式的和，而其中只有 $3!=6$ 个三列互不相同的行列式才不为零. ☺

这个做法容易推广到 n 阶矩阵. 对 n 阶矩阵的每一列展开，可以得到 n^n 个由标准坐标向量组成的矩阵的行列式的和，而其中只有 n 列互不相同的标准坐标向量组成的矩阵的行列式才不为零. 事实上，这种矩阵是置换矩阵，共有 $n!$ 个. 因此，不难猜测

$$
\det(A)=\sum_{\substack{\text{置换矩阵}\\ P=[\boldsymbol{e}_{\sigma_1}\ \boldsymbol{e}_{\sigma_2}\ \cdots\ \boldsymbol{e}_{\sigma_n}]}}\det(P)a_{\sigma_1 1}a_{\sigma_2 2}\cdots a_{\sigma_n n}.
$$

注意 $|\det(P)|=1$. 为简化记号，我们作如下定义.

定义 4.3.10 (排列) 将正整数 $1,2,\cdots,n$ 按一定顺序排列起来得到 $\sigma_1,\sigma_2,\cdots,\sigma_n$，称为一个**排列**或**置换**. 这里称为排列 σ.

对调排列中两个数的顺序，称为对该排列施加一次**对换**.

排列 σ，如果可以经过奇数次对换得到 $1,2,\cdots,n$，则称为**奇排列**；如果可以经过偶数次对换得到 $1,2,\cdots,n$，则称为**偶排列**.

我们可以在排列和置换矩阵之间建立一一对应. 事实上，映射

$$\sigma \mapsto \begin{bmatrix} \boldsymbol{e}_{\sigma_1} & \boldsymbol{e}_{\sigma_2} & \cdots & \boldsymbol{e}_{\sigma_n} \end{bmatrix}$$

是双射（为什么?）. 而奇排列对应的置换矩阵的行列式是 -1，偶排列对应的置换矩阵的行列式是 1.

任意排列是奇偶排列之一，因为利用对换逐渐把其中较小的数排到前面，最后一定能得到 $1,2,\cdots,n$. 但排列不能既是奇排列又是偶排列，因为置换矩阵的行列式不能既是 1 又是 -1.

定义 4.3.11 (排列的符号) 对排列 σ，如果它是奇排列，则定义其符号为 $\operatorname{sign}(\sigma)=-1$；否则它是偶排列，定义其符号为 $\operatorname{sign}(\sigma)=1$.

然后来验证猜测的正确性.

命题 4.3.12 (行列式完全展开) 如下等式成立：

1. $\det(A)=\sum\limits_{\text{排列 }\sigma}\operatorname{sign}(\sigma)a_{\sigma_1 1}a_{\sigma_2 2}\cdots a_{\sigma_n n}$.
2. $\det(A)=\sum\limits_{\text{排列 }\sigma}\operatorname{sign}(\sigma)a_{1\sigma_1}a_{2\sigma_2}\cdots a_{n\sigma_n}$.

证 只证明第 1 条，第 2 条利用转置立得. 令 $\delta(A)=\sum\limits_{\text{排列 }\sigma}\operatorname{sign}(\sigma)a_{\sigma_1 1}a_{\sigma_2 2}\cdots a_{\sigma_n n}$.

列多线性：这里只证明第一列的情形，其他情形同理. 设对任意 i，我们都有 $a_{i1}=ka'_{i1}+la''_{i1}$. 令 $A'=\begin{bmatrix} a'_{11} & a_{12} & \cdots & a_{1n} \\ a'_{21} & a_{22} & \cdots & a_{2n} \\ \vdots & \vdots & & \vdots \\ a'_{n1} & a_{n2} & \cdots & a_{nn} \end{bmatrix}, A''=\begin{bmatrix} a''_{11} & a_{12} & \cdots & a_{1n} \\ a''_{21} & a_{22} & \cdots & a_{2n} \\ \vdots & \vdots & & \vdots \\ a''_{n1} & a_{n2} & \cdots & a_{nn} \end{bmatrix}$，则

$$\begin{aligned}
\delta(A) &= \sum_{\text{排列 }\sigma}\operatorname{sign}(\sigma)a_{\sigma_1 1}a_{\sigma_2 2}\cdots a_{\sigma_n n} \\
&= \sum_{\text{排列 }\sigma}\operatorname{sign}(\sigma)(ka'_{\sigma_1 1}+la''_{\sigma_1 1})a_{\sigma_2 2}\cdots a_{\sigma_n n} \\
&= k\left(\sum_{\text{排列 }\sigma}\operatorname{sign}(\sigma)a'_{\sigma_1 1}a_{\sigma_2 2}\cdots a_{\sigma_n n}\right)+l\left(\sum_{\text{排列 }\sigma}\operatorname{sign}(\sigma)a''_{\sigma_1 1}a_{\sigma_2 2}\cdots a_{\sigma_n n}\right) \\
&= k\delta(A')+l\delta(A'').
\end{aligned}$$

列反对称：这里只证明第一列和第二列的情形，其他情形同理. 假设 A' 为 A 交换前两列所得，因此我们有 $a'_{i1}=a_{i2}, a'_{i2}=a_{i1}$. 而当 $j\neq 1,2$ 时，$a'_{ij}=a_{ij}$. 对一个排列 σ，我们将前两项进行一次对调后，称得到的新排列为 σ'. 显然 $\operatorname{sign}(\sigma')=-\operatorname{sign}(\sigma)$. 因此

$$
\begin{aligned}
\delta(A) &= \sum_{\text{排列 }\sigma} \operatorname{sign}(\sigma) a_{\sigma_1 1} a_{\sigma_2 2} \cdots a_{\sigma_n n} \\
&= \sum_{\text{排列 }\sigma} \operatorname{sign}(\sigma) a_{\sigma'_2 1} a_{\sigma'_1 2} a_{\sigma'_3 3} \cdots a_{\sigma'_n n} \\
&= \sum_{\text{排列 }\sigma} \operatorname{sign}(\sigma) a'_{\sigma'_1 1} a'_{\sigma'_2 2} a'_{\sigma'_3 3} \cdots a'_{\sigma'_n n} \\
&= -\sum_{\text{排列 }\sigma'} \operatorname{sign}(\sigma') a'_{\sigma'_1 1} a'_{\sigma'_2 2} a'_{\sigma'_3 3} \cdots a'_{\sigma'_n n} \\
&= -\delta(A').
\end{aligned}
$$

单位化：$\delta(I_n)$ 对应的表达式中，除了 $a_{11}a_{22}\cdots a_{nn}$ 之外均为零，因此 $\delta(I_n)=1$. 由此，$\delta(A)=\det(A)$. □

完全展开式也可以作为行列式存在性的证明.

注意，行列式一般不应通过完全展开来计算.

习题

练习 4.3.1 计算：

1. $\begin{vmatrix} 1 & 1 & 4 \\ 1 & 2 & 2 \\ 1 & 2 & 5 \end{vmatrix}$.
2. $\begin{vmatrix} 1 & 1 & 10 \\ 1 & 2 & 2 \\ 1 & 2 & 5 \end{vmatrix}$.

练习 4.3.2 利用按行（列）展开求下列行列式；按哪一行（列）展开，使得计算最简单？

1. $\begin{vmatrix} 1 & 0 & 0 & 2 \\ 0 & 3 & 4 & 5 \\ 5 & 4 & 0 & 3 \\ 2 & 0 & 0 & 1 \end{vmatrix}$.
2. $\begin{vmatrix} 1 & 1 & 1 & 1 \\ 1 & 2 & 0 & 0 \\ 1 & 0 & 3 & 0 \\ 1 & 0 & 0 & 4 \end{vmatrix}$.

练习 4.3.3 计算 $\begin{vmatrix} a_1 & a_2 & a_3 & a_4 & a_5 \\ b_1 & b_2 & b_3 & b_4 & b_5 \\ c_1 & c_2 & 0 & 0 & 0 \\ d_1 & d_2 & 0 & 0 & 0 \\ e_1 & e_2 & 0 & 0 & 0 \end{vmatrix}$.

练习 4.3.4 求 $\begin{vmatrix} 2x & x & 1 & 2 \\ 1 & x & 1 & -1 \\ 3 & 2 & x & 1 \\ 1 & 1 & 1 & x \end{vmatrix}$ 中 x^4, x^3 的系数.

练习 4.3.5 计算 $\begin{vmatrix} \lambda & & & & a_n \\ -1 & \lambda & & & a_{n-1} \\ & \ddots & \ddots & & \vdots \\ & & -1 & \lambda & a_2 \\ & & & -1 & \lambda + a_1 \end{vmatrix}$.

练习 4.3.6 ☕☕ 计算 $\begin{vmatrix} \lambda & 1 & & & & \\ n & \lambda & 2 & & & \\ & \ddots & \ddots & \ddots & & \\ & & \ddots & \ddots & \ddots & \\ & & & 2 & \lambda & n \\ & & & & 1 & \lambda \end{vmatrix}$.

练习 4.3.7 回顾例 1.7.4 中的对称、上三角和下三角 Pascal 矩阵. 在四阶的情形, 这三种矩阵分别为 $S_4 = \begin{bmatrix} 1 & 1 & 1 & 1 \\ 1 & 2 & 3 & 4 \\ 1 & 3 & 6 & 10 \\ 1 & 4 & 10 & 20 \end{bmatrix}, U_4 = \begin{bmatrix} 1 & 1 & 1 & 1 \\ 0 & 1 & 2 & 3 \\ 0 & 0 & 1 & 3 \\ 0 & 0 & 0 & 1 \end{bmatrix}, L_4 = \begin{bmatrix} 1 & 0 & 0 & 0 \\ 1 & 1 & 0 & 0 \\ 1 & 2 & 1 & 0 \\ 1 & 3 & 3 & 1 \end{bmatrix}$. 另外, 存在 LU 分解 $S_n = L_n U_n$.

1. 求 $\det(L_n), \det(U_n), \det(S_n)$.
2. 求 S_n 右下角元素的代数余子式.
3. 将 S_n 右下角的元素减 1 得到矩阵 A_n, 求 $\det(A_n)$.

练习 4.3.8 给定 $A_n = \begin{bmatrix} 2 & -1 & & \\ -1 & 2 & \ddots & \\ & \ddots & \ddots & -1 \\ & & -1 & 2 \end{bmatrix}, B_n = \begin{bmatrix} 1 & -1 & & \\ -1 & 2 & \ddots & \\ & \ddots & \ddots & -1 \\ & & -1 & 2 \end{bmatrix}$.

1. 利用展开式得到 $\det(B_n)$ 关于 n 的递推关系, 并计算 $\det(B_n)$.
2. 利用 $\det(A_n)$ 与 $\det(B_n)$ 的关系计算 $\det(A_n)$.

练习 4.3.9 (行列式中的 Fibonacci 数列) 如果一个矩阵比上 (下) 三角矩阵仅仅多一排非零对角元, 则称之为上 (下) Hessenberg 矩阵. 例如, $H_4 = \begin{bmatrix} 2 & 1 & 1 & 1 \\ 1 & 2 & 1 & 1 \\ 0 & 1 & 2 & 1 \\ 0 & 0 & 1 & 2 \end{bmatrix}$ 就是上 Hessenberg 矩阵. 上 Hessenberg 矩阵在数值分析中很有用.

1. 令 H_n 为 n 阶上 Hessenberg 矩阵, 其对角元素都是 2, 其他非零元素都是 1. 证明 $\det(H_{n+2}) = \det(H_{n+1}) + \det(H_n)$, 即这些行列式组成了 Fibonacci 数列.

2. 令 S_n 是对角元素为 3，与对角元相邻的元素为 1 的 n 阶三对角矩阵（见练习 1.3.12），例如，
$$S_4=\begin{bmatrix}3&1&0&0\\1&3&1&0\\0&1&3&1\\0&0&1&3\end{bmatrix}.$$
它既是上 Hessenberg 矩阵，也是下 Hessenberg 矩阵. 求 S_n 的递归公式，并分析与 Fibonacci 数列的关系.

3. 设 n 阶三对角矩阵的行列式的完全展开式中，最多有 t_n 项非零，求 t_n 的递归公式.

练习 4.3.10 ☕ 求下列推广的 Vandermonde 行列式：

$$\begin{vmatrix}1&x_1&\cdots&x_1^{n-2}&x_1^n\\1&x_2&\cdots&x_2^{n-2}&x_2^n\\\vdots&\vdots&&\vdots&\vdots\\1&x_n&\cdots&x_n^{n-2}&x_n^n\end{vmatrix}.$$

练习 4.3.11 对 n 阶方阵 A，证明，$\det(\lambda I_n-A)$ 是 λ 的首项系数为 1 的 n 次多项式.

练习 4.3.12

1. ☕ 设 A 是正交矩阵，且 $\det(A)<0$，证明 I_n+A 不可逆. 由此可得，存在非零向量 $\boldsymbol{x}$，使得 $A\boldsymbol{x}=-\boldsymbol{x}$.

   提示：考虑 $A^{\mathrm{T}}(A+I)$ 与 $A+I$ 的行列式之间的关系.

2. ☕ 设 A 是奇数阶正交矩阵，且 $\det(A)>0$，证明 I_n-A 不可逆. 由此可得，存在非零向量 $\boldsymbol{x}$，使得 $A\boldsymbol{x}=\boldsymbol{x}$. 偶数阶的情形，结论是否成立？

练习 4.3.13 ☕ 设 n 阶方阵 $A=[a_{ij}]$ 对角占优（见定义 1.5.13），且对角元素全是正数，证明 $\det(A)>0$.

提示：数学归纳法.

练习 4.3.14 证明若 A 不可逆，则其补矩阵的秩是 0 或 1.

练习 4.3.15 给定所有元素全为整数的可逆矩阵 A，证明，A^{-1} 的所有元素全为整数，当且仅当 $|\det(A)|=1$.

练习 4.3.16 利用 Cramer 法则把未知数 x_1,x_2 表示成 t 的函数：

$$\begin{cases}\mathrm{e}^t x_1+\ \mathrm{e}^{-2t}x_2=3\sin t,\\ \mathrm{e}^t x_1-2\mathrm{e}^{-2t}x_2=t\cos t.\end{cases}$$

阅读 4.3.17 (Cramer 法则的另一证明) 设 $\boldsymbol{b}=A\boldsymbol{x}=x_1\boldsymbol{a}_1+x_2\boldsymbol{a}_2+x_3\boldsymbol{a}_3$，则

$$\det\begin{bmatrix}\boldsymbol{b}&\boldsymbol{a}_2&\boldsymbol{a}_3\end{bmatrix}=\det\begin{bmatrix}x_1\boldsymbol{a}_1+x_2\boldsymbol{a}_2+x_3\boldsymbol{a}_3&\boldsymbol{a}_2&\boldsymbol{a}_3\end{bmatrix}=\det\begin{bmatrix}x_1\boldsymbol{a}_1&\boldsymbol{a}_2&\boldsymbol{a}_3\end{bmatrix}=x_1\det(A).$$

练习 4.3.18 设 n 阶方阵 A,B 满足 $AB=BA$，证明：

1. $\left|\det\left(\begin{bmatrix}A&B\\-B&A\end{bmatrix}\right)\right|=|\det(A^2+B^2)|$.

   提示：将 $\begin{bmatrix}a&b\\-b&a\end{bmatrix}\begin{bmatrix}a&-b\\b&a\end{bmatrix}=\begin{bmatrix}a^2+b^2&0\\0&a^2+b^2\end{bmatrix}$ 推广到分块矩阵.

2. ☕ $\det\left(\begin{bmatrix} A & B \\ -B & A \end{bmatrix}\right) = \det(A^2 + B^2)$.

提示：利用完全展开式比较特定项如 $(a_{11}a_{22}\cdots a_{nn})^2$ 的系数.

注意：此题也有一些不利用完全展开的方法，读者可以自行思考. 法一：先考虑 A 可逆的情形，再对不可逆的 A 构造可逆序列 $A_k \to A$. 法二：利用复数.

练习 4.3.19 利用完全展开式求行列式.

1. 设 A 为 4 阶矩阵，所有元素均为 1，在其行列式的完全展开式中，多少项为 1？多少项为 -1？由此计算 A 的行列式.
2. 把 A 的 (i,j) 元乘以 $\frac{i}{j}$ 得到 B，在 A 和 B 行列式的完全展开式中，每一项如何变化？行列式如何变化？
3. 设 $A = \begin{bmatrix} a & 0 & b & 0 \\ 0 & c & 0 & d \\ e & 0 & f & 0 \\ 0 & g & 0 & h \end{bmatrix}$，在行列式的完全展开式中，有多少项非零？这个完全展开式是否有因式分解？(跟分块对角矩阵的情形进行类比)

练习 4.3.20 由 $\begin{vmatrix} 1 & 1 & \cdots & 1 \\ 1 & 1 & \cdots & 1 \\ \vdots & \vdots & & \vdots \\ 1 & 1 & \cdots & 1 \end{vmatrix} = 0$，证明，$1,2,\cdots,n$ 的所有排列中，奇、偶排列各占一半.

练习 4.3.21 在空间 $\mathbb{R}^3$ 中，证明由向量 $\boldsymbol{a}_1, \boldsymbol{a}_2$ 围出的平行四边形面积是 $\sqrt{\det(A^{\mathrm{T}}A)}$，其中 $A = \begin{bmatrix} \boldsymbol{a}_1 & \boldsymbol{a}_2 \end{bmatrix}$.

提示：进行 QR 分解 $A = QR$，那么 A 和 R 对应的平行四边形有何关系？$\sqrt{\det(A^{\mathrm{T}}A)}$ 和 $\sqrt{\det(R^{\mathrm{T}}R)}$ 有何关系？

练习 4.3.22 ☕☕ 对 n 阶方阵 A，在 $1,2,\cdots,n$ 中任取 k 个数 $i_1 < i_2 < \cdots < i_k$，A 的第 $i_1, i_2, \cdots, i_k$ 行与 $i_1, i_2, \cdots, i_k$ 列的交叉点处元素组成的 k 阶方阵，称为 A 的一个 k 阶**主子阵**，其行列式称为 A 的一个 k 阶**主子式**. 显然 A 有 C_n^k 个 k 阶主子阵，也有 C_n^k 个 k 阶主子式. 证明：

1. $\det(A + \lambda I_n)$ 是关于 λ 的 n 次多项式.
2. 记 $\det(A + \lambda I_n) = a_0\lambda^n + a_1\lambda^{n-1} + \cdots + a_n$，则 $a_0 = 1$，而对 $k = 1,2,\cdots,n$，a_k 是 A 的所有 k 阶主子式的和.

练习 4.3.23 (行列式游戏) ☕☕ 甲和乙两个人构造一个 n 阶方阵，轮流填写矩阵中的元素，直到填满为止. 如果矩阵的行列式非零，则甲胜；否则，乙胜.

1. 如果乙先开始，且 $n = 2$，则谁有必胜策略？
2. 如果乙先开始，且 $n = 3$，则谁有必胜策略？
3. 如果甲先开始，且 $n = 3$，则谁有必胜策略？
4. 如果甲先开始，且 n 为偶数，则谁有必胜策略？

第 5 章 特征值和特征向量

第 1 章至第 4 章主要研究了线性映射的像与原像的关系，并重点解决了与线性方程组 $A\boldsymbol{x}=\boldsymbol{b}$ 有关的一系列问题. 从本章开始，我们将把注意力转向更加复杂的问题.

5.1 引　　子

先看一个人口流动模型.

例 5.1.1 人口在甲地和乙地之间流动. 假设甲地的人口，每年有 40% 移居到乙地，剩下 60% 留在甲地；而乙地的人口，每年有 10% 移居到甲地，剩下 90% 留在乙地. 设 x_1, x_2 分别表示甲、乙两地某年年初的人口数量，用二维向量来表示两地的人口，则一年人口变化可由如下线性变换描述：

$$\begin{aligned}\boldsymbol{A}:\quad \mathbb{R}^2 &\to \mathbb{R}^2\\ \begin{bmatrix}x_1\\x_2\end{bmatrix} &\mapsto \begin{bmatrix}0.6 & 0.1\\0.4 & 0.9\end{bmatrix}\begin{bmatrix}x_1\\x_2\end{bmatrix}=\begin{bmatrix}0.6x_1+0.1x_2\\0.4x_1+0.9x_2\end{bmatrix},\end{aligned}$$

表示矩阵是 $A=\begin{bmatrix}0.6 & 0.1\\0.4 & 0.9\end{bmatrix}$. 现在希望得到这个系统在充分长时间后的变化规律，以及是否存在一个稳定的人口分布，即在人口移动下不变的人口分布. 这两个问题的数学叙述就是：

1. 线性变换 A^t 在 t 充分大时的规律，特别地，A^t 当 $t\to\infty$ 的极限；
2. 是否存在 $\boldsymbol{x}$ 使得 $A\boldsymbol{x}=\boldsymbol{x}$.

第二个问题较为简单. 事实上，将等式右端的 $\boldsymbol{x}$ 移到左端即得齐次线性方程组 $(I_2-A)\boldsymbol{x}=\boldsymbol{0}$，系数矩阵 $I_2-A=\begin{bmatrix}0.4 & -0.1\\-0.4 & 0.1\end{bmatrix}$. 显然 $\operatorname{rank}(I_2-A)=1$，解空间是一维子空间 $\left\{k\boldsymbol{x}_1\,\middle|\,\boldsymbol{x}_1=\begin{bmatrix}0.2\\0.8\end{bmatrix}\right\}$，其中 $\boldsymbol{x}_1$ 满足 $A\boldsymbol{x}_1=\boldsymbol{x}_1$，即当甲、乙两地的人口分别占两地总人口的 20% 和 80% 时，人口分布保持不变.

第一个问题需要深入考虑. 直观上，向量或矩阵的极限，就是其分量或元素的极限组成的向量或矩阵，这一点这里不详细说明. 下面考察线性变换 A^t 的变化规律，只需要考虑对任意 $\boldsymbol{x}$，$A^t\boldsymbol{x}$ 的变化规律. 由于任意向量 $\boldsymbol{x}$ 都能表示为一组基的线性组合，因此只需要考虑一组基的变化规律. 而 $\boldsymbol{x}_1$ 在 A^t 下的变化规律已得, 即 $A^t\boldsymbol{x}_1=\boldsymbol{x}_1$. 基不妨由 $\boldsymbol{x}_1$ 扩张得到, 设 $\boldsymbol{x}_1,\boldsymbol{x}_2$ 是 $\mathbb{R}^2$ 的一组基. 于是 $A\boldsymbol{x}_2$ 可由其表示, 即 $A\boldsymbol{x}_2=k_1\boldsymbol{x}_1+k_2\boldsymbol{x}_2$. 类似地, 有

$$\begin{aligned}A^2\boldsymbol{x}_2&=A(k_1\boldsymbol{x}_1+k_2\boldsymbol{x}_2)\\&=k_1A\boldsymbol{x}_1+k_2A\boldsymbol{x}_2=k_1\boldsymbol{x}_1+k_2(k_1\boldsymbol{x}_1+k_2\boldsymbol{x}_2)=(k_1+k_1k_2)\boldsymbol{x}_1+k_2^2\boldsymbol{x}_2.\end{aligned}$$

以此类推, 可以得到越来越复杂的表达式来表示 $A^t\boldsymbol{x}_2$. 易见, 如果 $k_1=0$, 表达式就有明显的规律 $A^t\boldsymbol{x}_2=k_2^t\boldsymbol{x}_2$, 那么对任意向量 $\boldsymbol{x}=l_1\boldsymbol{x}_1+l_2\boldsymbol{x}_2$, 有 $A^t\boldsymbol{x}=l_1\boldsymbol{x}_1+l_2k_2^t\boldsymbol{x}_2$. 那么, 存在满足 $A\boldsymbol{x}_2=k_2\boldsymbol{x}_2$ 的基向量 $\boldsymbol{x}_2$ 吗?

类似上面对第二个问题的讨论, 可得带参数 k_2 的齐次线性方程组 $(k_2I_2-A)\boldsymbol{x}_2=\mathbf{0}$. 齐次线性方程组有非零解当且仅当 k_2I_2-A 不可逆, 而根据定理 4.2.6, 又当且仅当行列式 $\det(k_2I_2-A)=\begin{vmatrix}k_2-0.6&-0.1\\-0.4&k_2-0.9\end{vmatrix}=0$. 由此得到关于 k_2 的一元二次方程 $k_2^2-1.5k_2+0.5=0$, 方程有两个实根 $1,0.5$. 根 1 对应 $1I_2-A$ 不可逆, 其解空间的基 $\boldsymbol{x}_1$ 已在对第二个问题的讨论中得到, $\boldsymbol{x}_1$ 满足 $(I_2-A)\boldsymbol{x}_1=\mathbf{0}$. 根 0.5 对应 $0.5I_2-A$ 不可逆, 类似可得其解空间的基 $\boldsymbol{x}_2=\begin{bmatrix}1\\-1\end{bmatrix}$, 满足 $A\boldsymbol{x}_2=0.5\boldsymbol{x}_2$.

简单验证, $\boldsymbol{x}_1,\boldsymbol{x}_2$ 是 $\mathbb{R}^2$ 的一组基, 因此 A^t 在其上的取值 $A^t\boldsymbol{x}_1=\boldsymbol{x}_1, A^t\boldsymbol{x}_2=0.5^t\boldsymbol{x}_2$, 完全决定了线性变换 A^t. 事实上, 记 $X=\begin{bmatrix}\boldsymbol{x}_1&\boldsymbol{x}_2\end{bmatrix}$, 则

$$A^tX=\begin{bmatrix}A^t\boldsymbol{x}_1&A^t\boldsymbol{x}_2\end{bmatrix}=\begin{bmatrix}\boldsymbol{x}_1&0.5^t\boldsymbol{x}_2\end{bmatrix}=X\begin{bmatrix}1&\\&0.5^t\end{bmatrix}=:X\Lambda^t,$$

其中 $\Lambda=\operatorname{diag}(1,0.5)$. 而 X 可逆, 因此

$$A^t=X\Lambda^tX^{-1}=\begin{bmatrix}0.2&1\\0.8&-1\end{bmatrix}\begin{bmatrix}1&\\&0.5^t\end{bmatrix}\begin{bmatrix}0.2&1\\0.8&-1\end{bmatrix}^{-1}=\begin{bmatrix}0.2+\dfrac{0.8}{2^t}&0.2-\dfrac{0.2}{2^t}\\0.8-\dfrac{0.8}{2^t}&0.8+\dfrac{0.2}{2^t}\end{bmatrix}.$$

当 $t\to\infty$ 时, 对应的线性变换 $A^t\to\begin{bmatrix}0.2&0.2\\0.8&0.8\end{bmatrix}$. 容易验证, 对任意初始人口分布 $\boldsymbol{x}=\begin{bmatrix}x_1\\x_2\end{bmatrix}$, $A^t\boldsymbol{x}\to\begin{bmatrix}0.2(x_1+x_2)\\0.8(x_1+x_2)\end{bmatrix}=(x_1+x_2)\boldsymbol{x}_1$, 即在两地总人口保持不变时, 无论初始分布如何, 长时间流动后, 人口分布都趋向于达到稳定状态, 甲地占 80%, 乙地占 20%. ☺

从例 5.1.1 中可以看到, 方程组 $A\boldsymbol{x}=\lambda\boldsymbol{x}$ 对理解 A 所对应的线性变换至关重要.

例 5.1.1 启发我们思考方程组 $A\boldsymbol{x}=\lambda\boldsymbol{x}$ 的性质.

首先，λ 满足该方程组，当且仅当 $\det(\lambda I-A)=0$，而 λ 就是这个一元方程的根.

其次，如果线性空间 $\mathbb{R}^n$ 存在一组基 $\boldsymbol{x}_1,\boldsymbol{x}_2,\cdots,\boldsymbol{x}_n$，且每个基向量都满足该方程组，即 $A\boldsymbol{x}_i=\lambda_i\boldsymbol{x}_i$，那么记 $X=\begin{bmatrix}\boldsymbol{x}_1 & \boldsymbol{x}_2 & \cdots & \boldsymbol{x}_n\end{bmatrix}, \varLambda=\operatorname{diag}(\lambda_1,\lambda_2,\cdots,\lambda_n)$，就有 $A=X\varLambda X^{-1}$，因此 $A^t=X\varLambda^tX^{-1}$，于是 A^t 的长期演化就尽在掌握了.

再次，方程组 $A\boldsymbol{x}=\lambda\boldsymbol{x}$ 蕴涵着 $A\boldsymbol{x}\parallel\boldsymbol{x}$，即 $\boldsymbol{x}$ 在 A 对应的线性变换下的像与 $\boldsymbol{x}$ 共线.

下面从该方程组的角度去观察 $\mathbb{R}^2$ 上的两类保距变换.

例 5.1.2 反射变换的表示矩阵为 $H_{\boldsymbol{v}}=I_2-2\boldsymbol{v}\boldsymbol{v}^{\mathrm{T}}$，其中 $\boldsymbol{v}$ 是单位向量. 令 $\boldsymbol{w}$ 是与 $\boldsymbol{v}$ 垂直的单位向量，则 $H_{\boldsymbol{v}}\boldsymbol{w}=\boldsymbol{w}, H_{\boldsymbol{v}}\boldsymbol{v}=-\boldsymbol{v}$，即

$$H_{\boldsymbol{v}}\begin{bmatrix}\boldsymbol{v} & \boldsymbol{w}\end{bmatrix}=\begin{bmatrix}-\boldsymbol{v} & \boldsymbol{w}\end{bmatrix}.$$

反射变换的几何性质能够简单说明, 如果 $\boldsymbol{x}\nparallel\boldsymbol{v},\boldsymbol{x}\nparallel\boldsymbol{w}$, 则 $H_{\boldsymbol{v}}\boldsymbol{x}\nparallel\boldsymbol{x}$. 换言之, 当 $\lambda=\pm1$ 时，方程组 $H_{\boldsymbol{v}}\boldsymbol{x}=\lambda\boldsymbol{x}$ 关于 $\boldsymbol{x}$ 有非零解；而其他 λ 不会使方程组关于 $\boldsymbol{x}$ 有非零解.

另一方面，记 $\boldsymbol{v}=\begin{bmatrix}v_1\\ v_2\end{bmatrix}$，考虑方程

$$0=\det(\lambda I_2-H_{\boldsymbol{v}})=\begin{vmatrix}\lambda-1+2v_1^2 & 2v_1v_2\\ 2v_1v_2 & \lambda-1+2v_2^2\end{vmatrix}=\lambda^2-1,$$

即知满足该方程的 λ 只能是 ±1，和几何直观一致.

旋转变换的表示矩阵为 $R_\theta=\begin{bmatrix}\cos\theta & -\sin\theta\\ \sin\theta & \cos\theta\end{bmatrix}$. 如果 $\theta\neq k\pi$，则任意非零向量在变换下的像一定不会与原向量共线，即对任意实数 λ，$R_\theta\boldsymbol{x}=\lambda\boldsymbol{x}$ 都没有非零解.

另一方面，考虑方程

$$0=\det(\lambda I_2-R_\theta)=\begin{vmatrix}\lambda-\cos\theta & \sin\theta\\ -\sin\theta & \lambda-\cos\theta\end{vmatrix}=\lambda^2-2\cos\theta\lambda+1.$$

这个关于 λ 的一元二次方程的判别式 $(-2\cos\theta)^2-4=-4\sin^2\theta<0$，因此没有实根，和几何直观一致.

然而这个方程有两复根 $\cos\theta+\mathrm{i}\sin\theta,\cos\theta-\mathrm{i}\sin\theta$. 复数的出现有意义吗? ☺

如前所述, 给定 n 阶方阵 A, 寻找满足 $A\boldsymbol{x}=\lambda\boldsymbol{x}$ 的 λ, 就是求解一元方程 $\det(\lambda I_n-A)=0$ 的根. 先考虑关于参数 λ 的表达式 $\det(\lambda I_n-A)$. 在行列式的完全展开式中，所有对角元素的乘积是关于 λ 的 n 次多项式，且首项（即次数最高的项）系数为 1，而其他项是关于 λ 的次数小于 n 的多项式，因此 $\det(\lambda I_n-A)$ 是关于 λ 的 n 次的多项式，且首项系数为 1.

因此问题归结于求解一个一元多项式的根[①]. 而在求解多项式的根时, 复数的出现是一种必需.

定理 5.1.3 (代数学基本定理) 复系数一元 n 次多项式在 $\mathbb{C}$ 上至少有一个根.

该定理十分重要, 但不能通过纯粹的代数方法证明, 这里仅仅列出结论. 容易由此得到如下推论.

推论 5.1.4 复系数一元 n 次多项式 $p(x)$, 在 $\mathbb{C}$ 上恰好有 n 个根 (可能相同), 即存在因式分解 $p(x)=a_0(x-x_1)^{n_1}(x-x_2)^{n_2}\cdots(x-x_s)^{n_s}$, 其中 $n_1+n_2+\cdots+n_s=n$.

证 根据代数学基本定理, $p(x)$ 总存在一个复根 x_1, 即 $p(x_1)=0$. 记 $p(x)=a_0x^n+a_1x^{n-1}+\cdots+a_{n-1}x+a_n$, 则 $p(x_1)=a_0x_1^n+a_1x_1^{n-1}+\cdots+a_{n-1}x_1+a_n$. 因此

$$p(x)-p(x_1)=a_0(x^n-x_1^n)+a_1(x^{n-1}-x_1^{n-1})+\cdots+a_{n-1}(x-x_1).$$

注意到

$$x^k-x_1^k=(x-x_1)(x^{k-1}+x^{k-2}x_1+\cdots+xx_1^{k-2}+x_1^{k-1}),$$

因此存在 $n-1$ 次多项式 $q(x)$, 使得 $p(x)-p(x_1)=q(x)(x-x_1)$. 而 $p(x_1)=0$, 于是 $p(x)=q(x)(x-x_1)$. 对 $n-1$ 次多项式 $q(x)$ 重复上述步骤, 类似进行下去, 即得结论. □

在上述因式分解中, n_i 称为复根 x_i 的**重数**, x_i 称为 $p(x)$ 的 n_i 重根.

多项式的根与其系数满足 Vieta 定理, 证明留给读者.

定理 5.1.5 (Vieta 定理) 复系数一元 n 次多项式 $p(x)=a_0x^n+a_1x^{n-1}+\cdots+a_n$ 的 n 个根 (计重数) $x_1,x_2,\cdots,x_n$ 满足:

$$\begin{aligned}
-\frac{a_1}{a_0}&=x_1+x_2+\cdots+x_n,\\
&\vdots\\
(-1)^k\frac{a_k}{a_0}&=\sum_{1\leqslant i_1<\cdots<i_k\leqslant n}x_{i_1}x_{i_2}\cdots x_{i_k},\\
&\vdots\\
(-1)^n\frac{a_n}{a_0}&=x_1x_2\cdots x_n.
\end{aligned}$$

例 5.1.1 和例 5.1.2 中计算了实系数多项式的根, 也观察到实系数多项式不一定有实根. 但实系数多项式的复根共轭成对出现, 如例 5.1.2 中的 $\cos\theta\pm\mathrm{i}\sin\theta$. 读者在中学已经学过共轭运算: 对实数 a,b, 复数 $a-b\mathrm{i}$ 是复数 $a+b\mathrm{i}$ 的**共轭**, 记为 $a-b\mathrm{i}=\overline{a+b\mathrm{i}}$.

① 一般地, 根用来指称方程 $p(x)=0$ 的解, 而使得 $p(x)=0$ 的值称为 $p(x)$ 的零点, 不过本书对这两个概念不加区分.

共轭运算保持加法和乘法，即 $\overline{z+w}=\overline{z}+\overline{w}, \overline{z\cdot w}=\overline{z}\cdot\overline{w}$. 容易证明，对实系数多项式 $p(x)$，如果 $a+bi$ 是它的根，则 $a-bi$ 也是它的根（为什么?）.

复系数多项式有更好的性质，我们理应考虑复向量和复矩阵的对应概念. **如果不加特别说明，本章将出现的矩阵都是复矩阵**. 前述矩阵运算、线性方程组、子空间、基和维数、行列式等概念和相应性质，都可以毫不困难地从实向量和实矩阵推广到复向量和复矩阵.

复数的共轭运算也可以推广到复向量和复矩阵. 给定复向量 $\boldsymbol{x}=\left[x_j\right]\in\mathbb{C}^n$，则由它的每个分量的共轭组成的向量记为 $\overline{\boldsymbol{x}}=\left[\overline{x}_j\right]$；给定复矩阵 $A=\left[a_{ij}\right]$，则由它的每个元素的共轭组成的矩阵记为 $\overline{A}=\left[\overline{a}_{ij}\right]$.

注 5.1.6 实向量和实矩阵的概念中，内积和正交性不能简单地推广到复向量和复矩阵. 例如，对复向量 $\boldsymbol{x}$，$\boldsymbol{x}^{\mathrm{T}}\boldsymbol{x}=x_1^2+x_2^2+\cdots+x_n^2\geqslant 0$ 不一定成立，而 $\mathcal{R}(AA^{\mathrm{T}})=\mathcal{R}(A)$ 也不一定成立. 复向量和复矩阵的对应概念，将在第 8 章中阐述.

接下来，本章将在 $\mathbb{C}^n$ 上讨论方程组 $A\boldsymbol{x}=\lambda\boldsymbol{x}$ 及其相关概念.

习题

练习 5.1.1 证明定理 5.1.5.

5.2 基本概念

定义 5.2.1 (特征值) 给定 n 阶方阵 A，如果对 $\lambda\in\mathbb{C}$，存在非零向量 $\boldsymbol{x}\in\mathbb{C}^n$，使得 $A\boldsymbol{x}=\lambda\boldsymbol{x}$，则称数 λ 为方阵 A（在 $\mathbb{C}$ 上）的一个**特征值**，而称非零向量 $\boldsymbol{x}$ 为方阵 A（在 $\mathbb{C}$ 上）的一个属于特征值 λ 的**特征向量**.

二元组 $(\lambda,\boldsymbol{x})$ 常称为方阵 A 的一个**特征对**.

特别地，对实方阵 A，如果特征对 $(\lambda,\boldsymbol{x})$ 满足 $\lambda\in\mathbb{R},\boldsymbol{x}\in\mathbb{R}^n$，则分别称二者为 A 在 $\mathbb{R}$ 上的特征值和特征向量，称该二元组为 A 在 $\mathbb{R}$ 上的特征对.

注意:

1. 只有方阵才有特征值和特征向量；
2. 零向量**不是**特征向量；
3. 如果 $\boldsymbol{x}$ 是特征向量，则对任意 $k\neq 0$，$k\boldsymbol{x}$ 都是特征向量.

例 5.1.1 中的矩阵 A，由 $A\boldsymbol{x}_1=\boldsymbol{x}_1, A\boldsymbol{x}_0=0.5\boldsymbol{x}_0$ 可知，1 和 0.5 是 A 的两个特征值，$\boldsymbol{x}_1$ 是属于 $\lambda=1$ 的特征向量，$\boldsymbol{x}_2$ 是属于 $\lambda=0.5$ 的特征向量. 两个特征值不同，对应的特征向量线性无关.

例 5.2.2 对例 5.1.2 中的反射变换，由 $H_{\boldsymbol{v}}\boldsymbol{w}=\boldsymbol{w}, H_{\boldsymbol{v}}\boldsymbol{v}=-\boldsymbol{v}$ 可知，1 和 -1 是 $H_{\boldsymbol{v}}$ 的两个特征值，$\boldsymbol{w}$ 是属于 1 的特征向量，$\boldsymbol{v}$ 是属于 -1 的特征向量. 两个特征值不

同，对应的特征向量线性无关.

对旋转变换，当 $\theta \neq k\pi$ 时，没有实特征值，因而也没有对应的特征向量.

对伸缩变换，其表示矩阵为 $C_k = \begin{bmatrix} k & \\ & 1 \end{bmatrix}$，则 $C_k\boldsymbol{e}_1 = k\boldsymbol{e}_1, C_k\boldsymbol{e}_2 = \boldsymbol{e}_2$，即对角元素 $k, 1$ 是 C_k 的特征值，对应的特征向量分别是 $\boldsymbol{e}_1, \boldsymbol{e}_2$. 特别地，恒同矩阵 I_2 只有一个特征值 1，任意非零向量都是属于 1 的特征向量，其中 $\boldsymbol{e}_1, \boldsymbol{e}_2$ 是两个线性无关的特征向量.

对错切变换，其表示矩阵为 $S_k = \begin{bmatrix} 1 & \\ k & 1 \end{bmatrix}, k \neq 0$. 设 $S_k\boldsymbol{x} = \lambda\boldsymbol{x}$，即 $\begin{bmatrix} 1 & \\ k & 1 \end{bmatrix}\begin{bmatrix} x_1 \\ x_2 \end{bmatrix} = \begin{bmatrix} x_1 \\ kx_1 + x_2 \end{bmatrix} = \lambda\begin{bmatrix} x_1 \\ x_2 \end{bmatrix}$. 如果 $x_1 \neq 0$，则 $\lambda = 1$，但 $kx_1 + x_2 \neq x_2$，因此无解，即当 $x_1 \neq 0$ 时，向量在错切变换下的像不可能与原向量共线. 如果 $x_1 = 0$，易知 $\begin{bmatrix} 0 \\ 1 \end{bmatrix}$ 是 S_k 的属于特征值 1 的特征向量. 因此，1 是 S_k 的特征值，但只有一个线性无关的特征向量 $\boldsymbol{e}_2$. ☺

对任意 n 阶方阵 A，如何计算其特征值和特征向量？根据定义 5.2.1，$(\lambda_0, \boldsymbol{x}_0)$ 是一个特征对，当且仅当 $(\lambda_0 I_n - A)\boldsymbol{x}_0 = \boldsymbol{0}$，即 $\boldsymbol{x}_0 \in \mathcal{N}(\lambda_0 I_n - A)$. 注意到，特征向量 $\boldsymbol{x}_0 \neq \boldsymbol{0}$，因此 λ_0 是 A 的特征值当且仅当 $(\lambda_0 I_n - A)\boldsymbol{x}_0 = \boldsymbol{0}$ 关于 $\boldsymbol{x}_0$ 有非零解. 这等价于方阵 $\lambda_0 I_n - A$ 不可逆，也等价于其行列式为 0. 由此我们首先得到如下结论.

命题 5.2.3 数 λ_0 是 A 的特征值，当且仅当 $\det(\lambda_0 I_n - A) = 0$. 特别地，0 是 A 的特征值当且仅当 A 不可逆.

多项式

$$p_A(\lambda) := \det(\lambda I_n - A) = \begin{vmatrix} \lambda - a_{11} & -a_{12} & \cdots & -a_{1n} \\ -a_{21} & \lambda - a_{22} & \ddots & \vdots \\ \vdots & \ddots & \ddots & -a_{n-1,n} \\ -a_{n1} & \cdots & -a_{n,n-1} & \lambda - a_{nn} \end{vmatrix}$$

称为矩阵 A 的**特征多项式**.

上述讨论总结如下.

定理 5.2.4 设 n 阶方阵 A 的特征多项式为 $p_A(\lambda)$，那么：

1. 数 λ_0 是 A 的特征值，当且仅当 $p_A(\lambda_0) = 0$，即 λ_0 是特征多项式 $p_A(\lambda)$ 的根.
2. 向量 $\boldsymbol{x}_0 \in \mathbb{C}^n$ 是 A 的属于 λ_0 的特征向量，当且仅当 $\boldsymbol{x}_0 \in \mathcal{N}(\lambda_0 I_n - A)$ 且 $\boldsymbol{x}_0 \neq \boldsymbol{0}$，即 $\boldsymbol{x}_0$ 是 $\lambda_0 I_n - A$ 的零空间中的非零向量.

解空间 $\mathcal{N}(\lambda_0 I_n - A)$ 称为 A 的属于 λ_0 的**特征子空间**. 注意到特征向量不为零，

$$\{A \text{ 的属于 } \lambda_0 \text{ 的特征向量}\} = \mathcal{N}(\lambda_0 I_n - A) \backslash \{\boldsymbol{0}\}.$$

定理 5.2.4 给出了求解矩阵的特征值、特征子空间和特征向量的方法:

1. 先计算 A 的特征多项式 $p_A(\lambda)$;
2. 然后计算 $p_A(\lambda)$ 的所有根, 即为 A 的全部特征值;
3. 如果有特征值, 则对每个特征值 λ_i, 计算其特征子空间 $\mathcal{N}(\lambda_i I_n - A)$ 的一组基 $\boldsymbol{x}_{i,1}, \cdots, \boldsymbol{x}_{i,r_i}$, 则属于 λ_i 的全部特征向量就是

$$\mathcal{N}(\lambda_i I_n - A)\backslash\{\mathbf{0}\} = \left\{k_1\boldsymbol{x}_{i,1} + k_2\boldsymbol{x}_{i,2} + \cdots + k_{r_i}\boldsymbol{x}_{i,r_i} \,\middle|\, k_1, k_2, \cdots, k_{r_i} \text{ 不全为 } 0\right\}.$$

简单修改上述算法的计算范围, 就可以计算实矩阵的在 $\mathbb{R}$ 上的特征值、特征子空间和特征向量.

特征值的计算只与行列式 $\det(\lambda I_n - A)$ 有关, 容易得到如下结论.

命题 5.2.5 上 (下) 三角矩阵的全部特征值就是其所有对角元素.

例 5.2.6 二阶上三角矩阵 $A = \begin{bmatrix} a_{11} & a_{12} \\ & a_{22} \end{bmatrix}$ 的特征多项式是 $(\lambda - a_{11})(\lambda - a_{22})$.

当 $a_{11} \neq a_{22}$ 时, A 的全部特征值是 a_{11}, a_{22}, 二者对应的特征子空间分别为

$$\mathcal{N}(a_{11}I_2 - A) = \operatorname{span}(\boldsymbol{e}_1), \quad \mathcal{N}(a_{22}I_2 - A) = \operatorname{span}((a_{22} - a_{11})\boldsymbol{e}_2 + a_{12}\boldsymbol{e}_1).$$

特别地, A 有两个线性无关的特征向量 $\boldsymbol{e}_1, (a_{22} - a_{11})\boldsymbol{e}_2 + a_{12}\boldsymbol{e}_1$.

当 $a_{11} = a_{22}$ 时, A 的全部特征值是 a_{11}. 如果 $a_{12} = 0$, 则其对应的特征子空间为 $\mathcal{N}(a_{11}I_2 - A) = \mathbb{R}^2$. 特别地, A 有两个线性无关的特征向量 $\boldsymbol{e}_1, \boldsymbol{e}_2$.

如果 $a_{12} \neq 0$, 则其对应的特征子空间为 $\mathcal{N}(a_{11}I_2 - A) = \operatorname{span}(\boldsymbol{e}_1)$. A 只有一个线性无关的特征向量 $\boldsymbol{e}_1$.

可以看到, 对对角矩阵和上三角矩阵, 尽管特征值都是对角元素, 但对角元素是否相等对特征子空间的影响很大. 对角元素从不等到相等, 对于对角矩阵, 特征子空间从两个一维子空间变成一个二维子空间; 而对非对角的上三角矩阵, 特征子空间从两个一维子空间变成一个一维子空间. ☺

例 5.2.7 例 5.1.2 中的旋转变换的表示矩阵有两个复特征值 $\lambda_1 = \cos\theta + \mathrm{i}\sin\theta$, $\lambda_2 = \cos\theta - \mathrm{i}\sin\theta$. 而

$$\lambda_1 I_2 - A = \begin{bmatrix} \mathrm{i}\sin\theta & -\sin\theta \\ \sin\theta & \mathrm{i}\sin\theta \end{bmatrix}, \quad \lambda_2 I_2 - A = \begin{bmatrix} -\mathrm{i}\sin\theta & -\sin\theta \\ \sin\theta & -\mathrm{i}\sin\theta \end{bmatrix},$$

其中 $\theta \neq k\pi$, $\sin\theta \neq 0$, 因此对应的特征子空间分别为

$$\mathcal{N}(\lambda_1 I_2 - A) = \operatorname{span}\left(\begin{bmatrix} 1 \\ \mathrm{i} \end{bmatrix}\right), \qquad \mathcal{N}(\lambda_2 I_2 - A) = \operatorname{span}\left(\begin{bmatrix} 1 \\ -\mathrm{i} \end{bmatrix}\right).$$

当把该线性变换看作是复线性空间 $\mathbb{C}^2$ 上的线性变换时，表示矩阵有两个线性无关的特征向量 $\begin{bmatrix} 1 \\ -\mathrm{i} \end{bmatrix}, \begin{bmatrix} 1 \\ \mathrm{i} \end{bmatrix}$. ☺

例 5.2.8 设 $A = \begin{bmatrix} 7 & -5 & 5 \\ -2 & 3 & -2 \\ -10 & 10 & -8 \end{bmatrix}$. 求 A 在 $\mathbb{C}$ 上和在 $\mathbb{R}$ 上的特征值和特征向量.

先计算特征多项式

$$\begin{aligned} p_A(\lambda) &= \det(\lambda I - A) \\ &= \begin{vmatrix} \lambda-7 & 5 & -5 \\ 2 & \lambda-3 & 2 \\ 10 & -10 & \lambda+8 \end{vmatrix} = \begin{vmatrix} \lambda-2 & 5 & -5 \\ \lambda-1 & \lambda-3 & 2 \\ 0 & -10 & \lambda+8 \end{vmatrix} \\ &= (\lambda-2)\begin{vmatrix} \lambda-3 & 2 \\ -10 & \lambda+8 \end{vmatrix} - (\lambda-1)\begin{vmatrix} 5 & -5 \\ -10 & \lambda+8 \end{vmatrix} \\ &= (\lambda-2)\Big((\lambda-3)(\lambda+8) - 2(-10)\Big) - (\lambda-1)\begin{vmatrix} 5 & 0 \\ -10 & \lambda-2 \end{vmatrix} \\ &= (\lambda-2)(\lambda^2+1). \end{aligned}$$

矩阵 A 只有三个特征值 $\lambda_1 = 2, \lambda_2 = \mathrm{i}, \lambda_3 = -\mathrm{i}$，其中 λ_1 是实特征值.

再来计算特征向量. 当 $\lambda_1 = 2$ 时，$\lambda_1 I_3 - A = \begin{bmatrix} -5 & 5 & -5 \\ 2 & -1 & 2 \\ 10 & -10 & 10 \end{bmatrix}$，特征子空间 $\mathcal{N}(\lambda_1 I_3 - A)$ 的一组基 $\boldsymbol{x}_{1,1} = \begin{bmatrix} 1 \\ 0 \\ -1 \end{bmatrix}$.

当 $\lambda_2 = \mathrm{i}$ 时，$\lambda_2 I_3 - A = \begin{bmatrix} -7+\mathrm{i} & 5 & -5 \\ 2 & -3+\mathrm{i} & 2 \\ 10 & -10 & 8+\mathrm{i} \end{bmatrix}$，特征子空间 $\mathcal{N}(\lambda_2 I_3 - A)$ 的一组基 $\boldsymbol{x}_{2,1} = \begin{bmatrix} 1-2\mathrm{i} \\ -1+\mathrm{i} \\ -2+4\mathrm{i} \end{bmatrix}$.

当 $\lambda_3 = -\mathrm{i}$ 时，$\lambda_3 I_3 - A = \begin{bmatrix} -7-\mathrm{i} & 5 & -5 \\ 2 & -3-\mathrm{i} & 2 \\ 10 & -10 & 8-\mathrm{i} \end{bmatrix}$，特征子空间 $\mathcal{N}(\lambda_2 I_3 - A)$ 的

一组基 $\boldsymbol{x}_{3,1}=\begin{bmatrix}1+2\mathrm{i}\\-1-\ \mathrm{i}\\-2-4\mathrm{i}\end{bmatrix}$.

注意，虽然无论在 $\mathbb{C}$ 上还是在 $\mathbb{R}$ 上考虑，矩阵 A 的属于 $\lambda_1=2$ 的特征子空间都可由 $\boldsymbol{x}_{1,1}$ 生成，但二者并不相同. 矩阵 A 的在 $\mathbb{R}$ 上的属于 2 的所有特征向量组成的集合是 $\left\{k\boldsymbol{x}_{1,1}\,\middle|\,k\in\mathbb{R},k\neq 0\right\}$；矩阵 A 的在 $\mathbb{C}$ 上的属于 2 的所有特征向量组成的集合是 $\left\{k\boldsymbol{x}_{1,1}\,\middle|\,k\in\mathbb{C},k\neq 0\right\}$. ☺

特征值的大概范围能够通过对角元素和非对角元素确定. 换言之，能得到一个区域，区域中含有矩阵的特征值.

定理 5.2.9 (Gershgorin 圆盘定理) 对矩阵 $A=\left[a_{ij}\right]_{n\times n}$，定义如下 n 个圆盘

$$G_i(A):=\left\{z\,\middle|\,|z-a_{ii}|\leqslant\sum_{j\neq i}|a_{ij}|\right\},$$

那么矩阵的任意特征值 λ 一定落在某个圆盘中. 因此，矩阵的全部特征值一定落在这 n 个圆盘中.

证 对任意特征值 λ_0，考虑矩阵 $A-\lambda_0 I$. 如果 λ_0 不在任意一个圆盘中，那么对 $i=1,2,\cdots,n$，$|a_{ii}-\lambda_0|>\sum\limits_{j\neq i}|a_{ij}|$，即 $A-\lambda_0 I$ 是对角占优矩阵. 根据命题 1.5.14，对角占优矩阵可逆，于是 $A-\lambda_0 I$ 可逆. 这与特征值的定义矛盾. □

最后，由于 λ_0 是矩阵 A 的特征值当且仅当 λ_0 是特征多项式 $p_A(\lambda)$ 的根，通过特征多项式能得到特征值的一些性质.

定义 5.2.10 (代数重数) 给定 n 阶方阵 A 及 A 的一个特征值 $\lambda_0\in\mathbb{C}$，如果 λ_0 是特征多项式 $p_A(\lambda)$ 的 n_0 重根，则称 n_0 为 λ_0 作为 A 的特征值的**代数重数** (简称**重数**)，称 λ_0 是 A 的一个 n_0 重特征值.

一个 1 重特征值，又称为**单**特征值.

命题 5.2.11 给定 n 阶实方阵 A，如果 λ_0 是它的一个非实数特征值，则 $\overline{\lambda}_0$ 也是它的特征值，且其代数重数和 λ_0 的代数重数相等. 进一步地，如果复向量 $\boldsymbol{x}_0$ 是属于 λ_0 的特征向量，则 $\overline{\boldsymbol{x}}_0$ 是属于 $\overline{\lambda}_0$ 的特征向量.

证 关于特征值的结论显然. 对特征向量，因为 $\overline{A}=A$，而共轭保持加法和乘法运算，因此 $A\boldsymbol{x}_0=\lambda_0\boldsymbol{x}_0$ 当且仅当 $A\overline{\boldsymbol{x}}_0=\overline{\lambda}_0\overline{\boldsymbol{x}}_0$. □

例 5.2.8 中的两个特征向量就互为共轭：$\boldsymbol{x}_{3,1}=\overline{\boldsymbol{x}}_{2,1}$.

命题 5.2.12 给定 n 阶方阵 A, 其特征多项式具有如下形式:

$$p_A(\lambda) = \lambda^n - \operatorname{trace}(A)\lambda^{n-1} + \cdots + (-1)^n \det(A),$$

其中 $\operatorname{trace}(A) = a_{11} + a_{22} + \cdots + a_{nn}$ 是方阵 A 的对角元素的和, 称为方阵 A 的**迹**.

证 根据定义, 有

$$p_A(\lambda) := \det(\lambda I_n - A) = \begin{vmatrix} \lambda - a_{11} & -a_{12} & \cdots & -a_{1n} \\ -a_{21} & \lambda - a_{22} & \cdots & -a_{2n} \\ \vdots & \vdots & & \vdots \\ -a_{m1} & -a_{m2} & \cdots & \lambda - a_{mn} \end{vmatrix}.$$

我们在前面已经说明它是一个首项系数为 1 的 n 次多项式.

现在考虑其中 λ^{n-1} 的系数. 在完全展开式包含的 $n!$ 项中, 每一项都是矩阵 $\lambda I_n - A$ 中 n 个元素的乘积, 且因数中每行只有一个元素, 每列只有一个元素. 而只有对角元素包含 λ, 因此对应项的因数至少需要从对角线上的 n 个元素中选取 $n-1$ 个, 这使得剩下的一个元素也必须是对角元素. 于是, $p_A(\lambda)$ 与对角元素的乘积 $(\lambda-a_{11})(\lambda-a_{22})\cdots(\lambda-a_{nn})$ 二者的 λ^{n-1} 的系数相等. 容易计算后者的相应系数等于 $-(a_{11} + a_{22} + \cdots + a_{nn}) = -\operatorname{trace}(A)$.

最后考虑常数项, 代入 $\lambda = 0$ 即得 $p_A(0) = \det(-A) = (-1)^n \det(A)$. □

根据推论 5.1.4, n 阶方阵有且只有 n 个特征值 (计重数). 利用 Vieta 定理 5.1.5, 有

$$\lambda_1 + \lambda_2 + \cdots + \lambda_n = \operatorname{trace}(A), \qquad \lambda_1\lambda_2\cdots\lambda_n = \det(A).$$

最后作一简单注记. 前述求解矩阵的特征值和特征向量的纸面方法, 即先求特征多项式的根以得到特征值, 再求解线性方程组以得到特征向量, 在实践中难以实现. 抽象代数知识表明[①], 利用有限步代数运算 (加减乘除乘方开方) 不能准确地计算出高阶多项式的根. 在实际生产生活中, 计算一般矩阵的特征值问题时, 往往会利用 Francis 算法[②]计算特征对的近似值.

注意, 对任意首项系数为 1 的多项式

$$p(x) = c_0 + c_1 x + \cdots + c_{n-1}x^{n-1} + x^n,$$

令

$$\boldsymbol{y} = \begin{bmatrix} 1 \\ \lambda \\ \vdots \\ \lambda^{n-1} \end{bmatrix}, \qquad C_p = \begin{bmatrix} 0 & 1 & & \\ & \ddots & \ddots & \\ & & 0 & 1 \\ -c_0 & \cdots & -c_{n-2} & -c_{n-1} \end{bmatrix},$$

① 五次以上的一元高次方程没有求根公式, 这是抽象代数在历史上首个重要结论. 对这一命题的研究改变了代数学的面貌, 使得代数学不再只是研究求解代数方程的数学分支.

② 这一算法是数值线性代数的基础内容, 其设计十分精巧, 被认为是二十世纪对科学和工程领域产生最大影响力的十大算法之一.

容易验证 $C_p\boldsymbol{y}=\lambda\boldsymbol{y}$ 当且仅当 $p(\lambda)=0$. 这说明 λ 是多项式 $p(x)$ 的根，当且仅当 λ 是矩阵 C_p 的特征值. 事实上，C_p 的特征多项式是 $p(x)$（为什么?）. 矩阵 C_p 称为多项式 $p(x)$ 的**友矩阵**. 因此在实践中，任意多项式的根的近似值，就可以通过求解其友矩阵的特征值来得到.

习题

练习 5.2.1 求下列复矩阵的全部特征值和特征向量：

1. $\begin{bmatrix}3&4\\5&2\end{bmatrix}$. 2. $\begin{bmatrix}0&a\\-a&0\end{bmatrix}$. 3. $\begin{bmatrix}0&0&1\\0&1&0\\1&0&0\end{bmatrix}$. 4. $\begin{bmatrix}0&2&1\\-2&0&3\\-1&-3&0\end{bmatrix}$.

5. $\begin{bmatrix}1&1&1&1\\1&1&-1&-1\\1&-1&1&-1\\1&-1&-1&1\end{bmatrix}$.

练习 5.2.2 构造符合要求的矩阵 A：

1. A 的特征多项式为 $\lambda^2-9\lambda+20$，构造三个不同的 A.
2. $A=\begin{bmatrix}0&1\\ *&*\end{bmatrix}$，且 A 的特征值为 $4,7$.
3. $A=\begin{bmatrix}0&1&0\\0&0&1\\ *&*&*\end{bmatrix}$，且 A 的特征值为 $1,2,3$.

练习 5.2.3 设 $A=\begin{bmatrix}2&-2&0\\-2&x&-2\\-2&-2&0\end{bmatrix}, B=\begin{bmatrix}2&&\\&2&\\&&y\end{bmatrix}$，已知 A,B 特征多项式相同，求 x,y.

练习 5.2.4 设 $A=\begin{bmatrix}2&1&1\\1&2&1\\1&1&a\end{bmatrix}$ 可逆，且 $\boldsymbol{x}=\begin{bmatrix}1\\b\\1\end{bmatrix}$ 是 A 的特征向量，求 a,b 的值.

练习 5.2.5 设 $A=\begin{bmatrix}a&b\\c&d\end{bmatrix}$.

1. 利用一元二次方程求根公式，写出 A 的两个特征值 λ_1,λ_2 的表达式.
2. 构造一个非对角的 A，满足 $\lambda_1=\lambda_2$.
3. 设 λ 为 A 的特征值，证明 $A\begin{bmatrix}b\\\lambda-a\end{bmatrix}=\lambda\begin{bmatrix}b\\\lambda-a\end{bmatrix}, A\begin{bmatrix}\lambda-d\\c\end{bmatrix}=\lambda\begin{bmatrix}\lambda-d\\c\end{bmatrix}$.

   注意：如果这两个向量不是零向量，那么它们就是特征向量.
4. 若上述两个向量中有且仅有一个是零向量，求 A 的特征值和特征向量.
5. 若上述两个向量都是零向量，求 A 的特征值和特征向量.

练习 5.2.6 给定向量 $\boldsymbol{a},\boldsymbol{b}\in\mathbb{R}^n$，计算 $A=\boldsymbol{a}\boldsymbol{b}^{\mathrm{T}}$ 的所有特征对.

练习 5.2.7 已知 A 的特征值为 $1,2,3$，求下列矩阵的特征值:

1. $2A, A+I_3, A^2, \overline{A}, A^{\mathrm{T}}, A^{-1}$ （A 为何可逆?）. 2. $\begin{bmatrix} A & 0 \\ 0 & A \end{bmatrix}, \begin{bmatrix} A & A \\ 0 & A \end{bmatrix}$.

练习 5.2.8 证明，如果 $(\lambda,\boldsymbol{x})$ 是 A 的特征对，则 $(f(\lambda),\boldsymbol{x})$ 是 $f(A)$ 的特征对，其中 $f(x)$ 是任意多项式.

练习 5.2.9 设 A 是可逆矩阵，证明，A 的特征值都不为 0；若 λ_0 是 A 的一个特征值，则 $\dfrac{1}{\lambda_0}$ 是 A^{-1} 的一个特征值.

练习 5.2.10 设 $\boldsymbol{q}_1,\boldsymbol{q}_2,\boldsymbol{q}_3\in\mathbb{R}^3$ 为一组标准正交基，分别求 $\boldsymbol{q}_1\boldsymbol{q}_1^{\mathrm{T}}, \boldsymbol{q}_1\boldsymbol{q}_1^{\mathrm{T}}+\boldsymbol{q}_2\boldsymbol{q}_2^{\mathrm{T}}, \boldsymbol{q}_1\boldsymbol{q}_1^{\mathrm{T}}+\boldsymbol{q}_2\boldsymbol{q}_2^{\mathrm{T}}+\boldsymbol{q}_3\boldsymbol{q}_3^{\mathrm{T}}$ 所有特征值和特征向量.

练习 5.2.11 设 n 阶实方阵 A 满足 $A^{\mathrm{T}}\boldsymbol{v}=\lambda\boldsymbol{v}$，其中 $\boldsymbol{v}\in\mathbb{R}^n, \boldsymbol{v}\neq\boldsymbol{0}$.

1. 设 $A\boldsymbol{w}=\mu\boldsymbol{w}$，且 $\boldsymbol{w}\in\mathbb{R}^n, \lambda\neq\mu$，证明 $\boldsymbol{v},\boldsymbol{w}$ 正交.
2. 证明，实对称矩阵的属于不同特征值的实特征向量正交.

练习 5.2.12 证明:

1. 若存在正整数 k，使得 $A^k=O$，则 A 的特征值只能是 0.
2. 若 $A^2=I_n$，则 A 的特征值只能是 1 或 -1.
3. 若 $A^2=A$，则 A 的特征值只能是 1 或 0.

练习 5.2.13 对方阵 A，若多项式 $f(x)$ 满足 $f(A)=O$，则称 $f(x)$ 是 A 的**化零多项式**.

给定 A 的特征值 λ，证明，若 $f(x)$ 是 A 的化零多项式，则 $f(\lambda)=0$.

练习 5.2.14 设方阵 A,B 可交换，λ_0 是 A 的一个特征值，V_{λ_0} 是 A 的特征值为 λ_0 的特征子空间. 证明，对任意 $\boldsymbol{x}\in V_{\lambda_0}$，都有 $B\boldsymbol{x}\in V_{\lambda_0}$. 当 A,B 不可交换时，结论是否成立?

练习 5.2.15 证明，A 和 $T^{-1}AT$ 具有相同的特征多项式.

练习 5.2.16 设 λ_1,λ_2 是 A 的两个不同特征值，$\boldsymbol{x}_1,\boldsymbol{x}_2$ 是分别属于 λ_1,λ_2 的特征向量. 证明，$\boldsymbol{x}_1+\boldsymbol{x}_2$ 不是 A 的特征向量.

练习 5.2.17 证明或举出反例:

1. 如果 A,B 具有相同的特征值、代数重数和特征向量，则 $A=B$.
2. 如果 A,B 有相同的特征值和代数重数，则 $A-B$ 所有特征值之和为零.
3. $A+B$ 的特征值之和等于 A 的特征值之和与 B 的特征值之和的和.
4. $A+B$ 的特征值之积等于 A 的特征值之积与 B 的特征值之积的积.
5. AB 的特征值之积等于 A 的特征值之积与 B 的特征值之积的积.
6. AB 和 BA 具有相同的特征值和代数重数.
7. 如果 A 的特征值全为零，则 A 是零矩阵.
8. 将 A 的第 i 行加到第 j 行上，再将第 i 列从第 j 列中减去，得到的矩阵 B 和 A 有相同的特征值. 若正确，则对应的特征向量有何联系?

9. 将 A 的第 i 行加到第 j 行上，再将第 j 列从第 i 列中减去，得到的矩阵 B 和 A 有相同的特征值. 若正确，则对应的特征向量有何联系？
10. 将 A 的第 i,j 行交换，再将第 i,j 列交换，得到的矩阵 B 和 A 有相同的特征值. 若正确，则对应的特征向量有何联系？
11. 对角矩阵的特征向量一定是标准坐标向量.
12. 正交矩阵的特征值都是绝对值等于 1 的复数.
13. 所有 n 阶置换矩阵都有一个共同的特征向量.

练习 5.2.18 ☕ 设 A,B 分别是 $m\times n, n\times m$ 矩阵，证明

$$\lambda^n \det(\lambda I_m - AB) = \lambda^m \det(\lambda I_n - BA).$$

特别地，当 $m=n$ 时，$\det(\lambda I_n - AB) = \det(\lambda I_n - BA)$.

练习 5.2.19 ☕☕ 如果复矩阵 A,B 可交换，证明 A,B 至少有一个公共的特征向量.

提示：法一：任取 A 的特征向量 $\boldsymbol{x}$，随 k 增加逐个考察子空间 $\operatorname{span}(\boldsymbol{x}, B\boldsymbol{x}, \cdots, B^k\boldsymbol{x})$，当添加新的向量后维数不增加时，子空间中必含有 B 的特征向量. 法二：利用定理 5.4.7.

练习 5.2.20 设 A 是四阶数独矩阵（见练习 2.4.10），证明其绝对值最大的特征值为 10，且属于该特征值的特征向量的所有分量都相等.

练习 5.2.21 ☕☕ 设方阵 A 的每个元素都是整数，证明 $\frac{1}{2}$ 一定不是 A 的特征值.

提示：法一：利用特征多项式. 法二：考察特征向量元素的奇偶性.

练习 5.2.22 回顾例 5.1.1 中的矩阵 $A=\begin{bmatrix}0.6 & 0.1\\ 0.4 & 0.9\end{bmatrix}$，以及稳定状态对应的矩阵 $A^\infty=\begin{bmatrix}0.2 & 0.2\\ 0.8 & 0.8\end{bmatrix}$.

1. 如果 A^n 和 A^∞ 中对应的元素相差不超过 0.01，那么 n 至少是多少？
2. 交换 A 的两行，特征值是否不变？

练习 5.2.23 ☕☕ 给定 m 阶方阵 A_1，n 阶上三角矩阵 A_2 和 $m\times n$ 矩阵 B. 证明如果 A_1 和 A_2 没有相同的特征值，关于 $m\times n$ 矩阵 X 的矩阵方程 $A_1X - XA_2 = B$ 有唯一解.

矩阵方程 $A_1X - XA_2 = B$ 称为 **Sylvester 方程**，在控制论中有不少应用.

提示：逐列计算 X.

5.3 对角化和谱分解

在 5.1 节中，我们已经看到，如果线性空间存在一组基 $\boldsymbol{x}_1, \boldsymbol{x}_2, \cdots, \boldsymbol{x}_n$，且基向量 $\boldsymbol{x}_i\,(i=1,2,\cdots,n)$ 是矩阵 A 的属于 λ_i 的特征向量，那么 A 可以写作 $A = X\Lambda X^{-1}$，其中 $X=\begin{bmatrix}\boldsymbol{x}_1 & \boldsymbol{x}_2 & \cdots & \boldsymbol{x}_n\end{bmatrix}$，$\Lambda = \operatorname{diag}(\lambda_1, \lambda_2, \cdots, \lambda_n)$. 这种分解对考虑矩阵的性质有很大便利. 首先，这种分解利于计算矩阵的幂和逆（如果存在）. 容易计算，对方阵 A，$A^t = X\Lambda^t X^{-1}, A^{-1} = X\Lambda^{-1}X^{-1}$. 其次，这种分解利于分析矩阵对应的线性变换的性质. 例 5.1.1 中的二阶矩阵的两个特征值分别是 1 和 0.5，因此线性变换 A^t 的长期趋势由属于特征值 1 的特征向量决定，即对任意初始向量 $\boldsymbol{x} = k_1\boldsymbol{x}_1 + k_2\boldsymbol{x}_2$，当 $t\to\infty$ 时，$A^t\boldsymbol{x} = k_1\boldsymbol{x}_1 + 0.5^t k_2\boldsymbol{x}_2 \to k_1\boldsymbol{x}_1$. 事实上，$A^t \to \boldsymbol{x}_1\boldsymbol{e}_1^{\mathrm{T}}X^{-1}$.

考虑 n 阶方阵 A 对应的线性变换在向量 $\boldsymbol{x}$ 上的作用，由于 $\boldsymbol{x}_1,\boldsymbol{x}_2,\cdots,\boldsymbol{x}_n$ 是一组基，$\boldsymbol{x}$ 可以被其线性表示 $\boldsymbol{x}=k_1\boldsymbol{x}_1+k_2\boldsymbol{x}_2+\cdots+k_n\boldsymbol{x}_n$，如果 $|\lambda_1|>|\lambda_2|\geqslant\cdots\geqslant|\lambda_n|$，则

$$\begin{aligned}A^t\boldsymbol{x}&=k_1\lambda_1^t\boldsymbol{x}_1+k_2\lambda_2^t\boldsymbol{x}_2+\cdots+k_n\lambda_n^t\boldsymbol{x}_n\\&=\lambda_1^t\left(k_1\boldsymbol{x}_1+k_2\left(\frac{\lambda_2}{\lambda_1}\right)^t\boldsymbol{x}_2+\cdots+k_n\left(\frac{\lambda_n}{\lambda_1}\right)^t\boldsymbol{x}_n\right)\approx\lambda_1^tk_1\boldsymbol{x}_1,\end{aligned}$$

其中近似在 t 充分大时成立. 这意味着，特征值的相对大小直接影响线性变换 A^t 的长期趋势.

容易看到，这些好处来源于 Λ 是对角矩阵，为此作如下定义.

定义 5.3.1 (谱分解) 对方阵 A，如果存在可逆矩阵 X 使得 $X^{-1}AX=\Lambda$ 是对角矩阵，则称 A 是 (在 $\mathbb{C}$ 上) **可对角化**的，X 把 A 对角化，或 X 对角化 A.

如果方阵 A,X,Λ 都是实矩阵，则称 A 在 $\mathbb{R}$ 上可对角化.

当 A 可对角化时，分解 $A=X\Lambda X^{-1}$ 称为 A 的**谱分解**[①].

对角矩阵显然可对角化，可以取 $X=I_n$.

我们已经知道，有 n 个线性无关的特征向量的矩阵可对角化. 对角矩阵总有 n 个线性无关的特征向量 $\boldsymbol{e}_1,\boldsymbol{e}_2,\cdots,\boldsymbol{e}_n$. 注意到，$n$ 阶矩阵有 n 个特征值 (计重数)，因此非对角的矩阵也可能有 n 个线性无关的向量，如例 5.1.1，例 5.2.7 和例 5.2.8 中的矩阵. 然而，并非任意矩阵都有 n 个线性无关的特征向量. 而例 5.2.2 中的二阶矩阵，就没有两个线性无关的特征向量.

那么何种矩阵可对角化，从而有谱分解? 如下结论说明，只有具有 n 个线性无关的特征向量的矩阵才可对角化.

命题 5.3.2 对 n 阶方阵 A，A 可对角化，当且仅当 A 有 n 个线性无关的特征向量.

证 "$\Leftarrow$": 前面讨论已得.

"$\Rightarrow$": 如果 A 可对角化，那么存在可逆矩阵 $X=\begin{bmatrix}\boldsymbol{x}_1&\boldsymbol{x}_2&\cdots&\boldsymbol{x}_n\end{bmatrix}$ 使得 $X^{-1}AX=\Lambda=\operatorname{diag}(\lambda_1,\lambda_2,\cdots,\lambda_n)$ 是对角矩阵. 于是 $A\begin{bmatrix}\boldsymbol{x}_1&\boldsymbol{x}_2&\cdots&\boldsymbol{x}_n\end{bmatrix}=AX=X\Lambda=\begin{bmatrix}\lambda_1\boldsymbol{x}_1&\lambda_2\boldsymbol{x}_2&\cdots&\lambda_n\boldsymbol{x}_n\end{bmatrix}$. 因此 $A\boldsymbol{x}_i=\lambda_i\boldsymbol{x}_i,i=1,2,\cdots,n$. 而 X 可逆，因此 $\boldsymbol{x}_1,\boldsymbol{x}_2,\cdots,\boldsymbol{x}_n$ 线性无关，这意味着 A 有 n 个线性无关的特征向量. □

命题 5.3.2 的证明说明，如果矩阵 A 可对角化，则 A 存在谱分解 $A=X\Lambda X^{-1}$，且 Λ 的对角元素就是 A 的特征值，X 的第 i 列就是 A 的属于 Λ 的第 i 个对角元素的特征向量.

判断一个矩阵是否可对角化，等价于判断它是否有 n 个线性无关的特征向量. 那么，矩阵的特征向量何时线性无关?

① 之所以称为谱分解，是因为特征值也称为谱.

命题 5.3.3 方阵的属于不同特征值的特征向量线性无关.

证 1 设方阵 A 有特征向量 $\boldsymbol{x}_1,\boldsymbol{x}_2,\cdots,\boldsymbol{x}_r$, 分别属于特征值 $\lambda_1,\lambda_2,\cdots,\lambda_r$, 且 $\lambda_1,\lambda_2,\cdots,\lambda_r$ 两两不同. 采用数学归纳法. 当 $r=1$ 时, 因为特征向量不为零, 因此线性无关. 现假设任意 $r-1$ 个不同特征值的特征向量都线性无关. 观察方程 $k_1\boldsymbol{x}_1+k_2\boldsymbol{x}_2+\cdots+k_r\boldsymbol{x}_r=\boldsymbol{0}$. 等式两边左乘 A, 则有 $\boldsymbol{0}=A(k_1\boldsymbol{x}_1+k_2\boldsymbol{x}_2+\cdots+k_r\boldsymbol{x}_r)=k_1\lambda_1\boldsymbol{x}_1+k_2\lambda_2\boldsymbol{x}_2+\cdots+k_r\lambda_r\boldsymbol{x}_r$. 再减去原方程的 λ_1 倍, 就有 $k_2(\lambda_2-\lambda_1)\boldsymbol{x}_2+\cdots+k_r(\lambda_r-\lambda_1)\boldsymbol{x}_r=\boldsymbol{0}$. 根据归纳假设, $\boldsymbol{x}_2,\cdots,\boldsymbol{x}_r$ 线性无关, 于是 $k_i(\lambda_i-\lambda_1)=0, i=2,\cdots,r$. 由于 λ_1 和 $\lambda_2,\cdots,\lambda_r$ 不同, 因此 $k_i=0, i=2,\cdots,r$. 又得 $k_1\boldsymbol{x}_1=\boldsymbol{0}$, 由特征向量不为零得 $k_1=0$. 故 $\boldsymbol{x}_1,\boldsymbol{x}_2,\cdots,\boldsymbol{x}_r$ 线性无关. □

证 2 设方阵 A 有特征向量 $\boldsymbol{x}_1,\boldsymbol{x}_2,\cdots,\boldsymbol{x}_r$, 分别属于特征值 $\lambda_1,\lambda_2,\cdots,\lambda_r$, 且 $\lambda_1,\lambda_2,\cdots,\lambda_r$ 两两不同. 观察方程 $k_1\boldsymbol{x}_1+k_2\boldsymbol{x}_2+\cdots+k_r\boldsymbol{x}_r=\boldsymbol{0}$. 类似于证 1, 有 $k_1\lambda_1\boldsymbol{x}_1+k_2\lambda_2\boldsymbol{x}_2+\cdots+k_r\lambda_r\boldsymbol{x}_r=\boldsymbol{0}$. 同理有 $k_1\lambda_1^2\boldsymbol{x}_1+k_2\lambda_2^2\boldsymbol{x}_2+\cdots+k_r\lambda_r^2\boldsymbol{x}_r=\boldsymbol{0},\cdots,k_1\lambda_1^{r-1}\boldsymbol{x}_1+k_2\lambda_2^{r-1}\boldsymbol{x}_2+\cdots+k_r\lambda_r^{r-1}\boldsymbol{x}_r=\boldsymbol{0}$. 于是

$$\begin{bmatrix}k_1\boldsymbol{x}_1 & k_2\boldsymbol{x}_2 & \cdots & k_r\boldsymbol{x}_r\end{bmatrix}\begin{bmatrix}1 & \lambda_1 & \cdots & \lambda_1^{r-1}\\ 1 & \lambda_2 & \cdots & \lambda_2^{r-1}\\ \vdots & \vdots & & \vdots\\ 1 & \lambda_r & \cdots & \lambda_r^{r-1}\end{bmatrix}=O.$$

由于其中的 Vandermonde 矩阵可逆 (参见例 4.2.13), 必有 $k_i\boldsymbol{x}_i=\boldsymbol{0}, i=1,2,\cdots,r$. 而 $\boldsymbol{x}_i\neq\boldsymbol{0}$, 因此 $k_1=\cdots=k_r=0$. 故 $\boldsymbol{x}_1,\boldsymbol{x}_2,\cdots,\boldsymbol{x}_r$ 线性无关. □

由此立得矩阵可对角化的一个充分条件.

推论 5.3.4 有 n 个不同特征值的 n 阶方阵, 即特征值都是单特征值的方阵, 可对角化.

显然这不是必要条件, 例如单位矩阵只有一个特征值 1, 但它可对角化.

例 5.3.5 空间 $\mathbb{R}^2$ 上旋转变换的表示矩阵 R_θ 在 $\mathbb{C}$ 上可对角化, 因为它有两个不同的复特征值 $\cos\theta\pm\mathrm{i}\sin\theta$; 但它在 $\mathbb{R}$ 上不可对角化, 因为它没有实特征值.

空间 $\mathbb{R}^2$ 上错切变换的表示矩阵 S_k 只有一个特征值 1, 且没有两个线性无关的特征向量, 因此不可对角化. ☺

当方阵 A 有代数重数大于 1 的特征值时, 是否可对角化会变得复杂. 为此作如下定义.

定义 5.3.6 (几何重数) 给定 n 阶方阵 A 及其特征值 λ_0, 称特征子空间 $\mathcal{N}(\lambda_0 I_n-A)$ 的维数为 λ_0 作为 A 的特征值的**几何重数**.

任意特征值的几何重数都不小于 1, 因为特征值至少对应一个特征向量.

命题 5.3.7　方阵的特征值的几何重数不大于其代数重数.

证　设 λ_0 是 n 阶方阵 A 的几何重数为 r 的一个特征值，那么存在 r 个线性无关的特征向量 $\boldsymbol{x}_1,\boldsymbol{x}_2,\cdots,\boldsymbol{x}_r$，使得 $A\boldsymbol{x}_i=\lambda_0\boldsymbol{x}_i, i=1,2,\cdots,r$. 则 $\boldsymbol{x}_1,\boldsymbol{x}_2,\cdots,\boldsymbol{x}_r$ 可以扩充成 $\mathbb{C}^n$ 的一组基 $\boldsymbol{x}_1,\boldsymbol{x}_2,\cdots,\boldsymbol{x}_r,\boldsymbol{y}_{r+1},\boldsymbol{y}_{r+1},\cdots,\boldsymbol{y}_n$.

记 $X_{\lambda_0}:=\begin{bmatrix}\boldsymbol{x}_1 & \boldsymbol{x}_2 & \cdots & \boldsymbol{x}_r\end{bmatrix}, Y:=\begin{bmatrix}\boldsymbol{y}_{r+1} & \cdots & \boldsymbol{y}_n\end{bmatrix}, X:=\begin{bmatrix}X_{\lambda_0} & Y\end{bmatrix}$，而 X 可逆. 由于 X 的列是一组基，AX 的列能被其线性表示，于是存在方阵 M，使得 $AX=XM$. 由于 X_{λ_0} 的列是 A 的属于 λ_0 的特征向量，所以 M 具有如下分块形式：

$$AX=A\begin{bmatrix}X_{\lambda_0} & Y\end{bmatrix}=\begin{bmatrix}X_{\lambda_0} & Y\end{bmatrix}\begin{bmatrix}\lambda_0 I_r & M_{12}\\ O & M_{22}\end{bmatrix}=XM.$$

而 A 和 $M=X^{-1}AX$ 具有相同的特征多项式，因为

$$\det(\lambda I_n-A)=\det(X^{-1}(\lambda I_n-A)X)=\det(\lambda I_n-M).$$

另一方面，有

$$\det(\lambda I_n-M)=\det\left(\begin{bmatrix}\lambda I_r-\lambda_0 I_r & -M_{12}\\ O & \lambda I_{n-r}-M_{22}\end{bmatrix}\right)=(\lambda-\lambda_0)^r\det(\lambda I_{n-r}-M_{22}).$$

这说明 λ_0 是 A 的一个代数重数至少为 r 的特征值. □

定义 5.3.8　几何重数和代数重数相等的特征值，称为**半单**特征值. 几何重数小于代数重数的特征值，称为**亏损**特征值.

如果一个特征值的代数重数是 1，那么由几何重数不小于 1 可知，它是半单特征值，即单特征值是半单特征值.

利用几何重数，就能得到矩阵可对角化的等价条件.

定理 5.3.9

1. n 阶方阵 A 可对角化，当且仅当其特征值都半单.
2. n 阶实方阵 A 在 $\mathbb{R}$ 上可对角化，当且仅当其特征多项式的根都是实根，且其特征值都半单.

证　第 1 条："⇒"：如果 A 可对角化，设 $\boldsymbol{x}_{1,1},\boldsymbol{x}_{1,2},\cdots,\boldsymbol{x}_{1,k_1},\boldsymbol{x}_{2,1},\boldsymbol{x}_{2,2},\cdots,\boldsymbol{x}_{2,k_2},\cdots\cdots,\boldsymbol{x}_{s,1},\boldsymbol{x}_{s,2},\cdots,\boldsymbol{x}_{s,k_s}$ 是 n 个线性无关的特征向量，满足 $A\boldsymbol{x}_{i,j}=\lambda_i\boldsymbol{x}_{i,j}$，$i=1,2,\cdots,s$，$j=1,2,\cdots,k_i$. 因此，$\boldsymbol{x}_{i,1},\boldsymbol{x}_{i,2},\cdots,\boldsymbol{x}_{i,k_i}$ 是特征子空间 $\mathcal{N}(\lambda_i I_n-A)$ 中一个线性无关的向量组，于是 k_i 小于等于 λ_i 的几何重数 m_i，且 $\sum\limits_{1\leqslant i\leqslant s}k_i=n$. 设 n_i 是 λ_i 的代数重数，则 $\sum\limits_{1\leqslant i\leqslant s}n_i=n$. 由命题 5.3.7 可知，$k_i\leqslant m_i\leqslant n_i$. 比较两个和式可知 $k_i=m_i=n_i$，即任意特征值半单.

"$\Leftarrow$": 如果 A 的特征值都半单, 设 $\lambda_1,\lambda_2,\cdots,\lambda_s$ 是所有特征值, 则几何重数 m_i 等于代数重数 n_i, 因此 $\sum\limits_{1\leqslant i\leqslant s} m_i=n$. 取每个特征子空间 $\mathcal{N}(\lambda_i I_n - A)$ 的一组基 $\boldsymbol{x}_{i,1},\boldsymbol{x}_{i,2},\cdots,\boldsymbol{x}_{i,m_i}$, 合并起来的向量组 $\boldsymbol{x}_{1,1},\boldsymbol{x}_{1,2},\cdots,\boldsymbol{x}_{1,m_1},\cdots,\boldsymbol{x}_{s,1},\boldsymbol{x}_{s,2},\cdots,\boldsymbol{x}_{s,m_s}$ 仍旧线性无关, 证明与命题 5.3.3 的证明类似. 而合并得到的向量组中有 $\sum\limits_{1\leqslant i\leqslant s} m_i=n$ 个向量, 即 A 有 n 个线性无关的特征向量, 因此可对角化.

第 2 条: 证明与第 1 条类似, 留给读者. □

例 5.3.10 单位矩阵 I_n 只有一个特征值 1, 其代数重数和几何重数都是 n, 1 是半单特征值. 该矩阵显然可对角化.

矩阵 $S_k=\begin{bmatrix}1&0\\k&1\end{bmatrix}$ $(k\neq 0)$, 只有一个特征值 1, 其代数重数是 2, 几何重数是 1, 1 是亏损特征值. 该矩阵不可对角化.

矩阵 $J_n(\lambda):=\begin{bmatrix}\lambda&1&&\\&\lambda&\ddots&\\&&\ddots&1\\&&&\lambda\end{bmatrix}_{n\times n}$ 只有一个特征值 λ, 其代数重数是 n, 几何重数是 1, 当 $n>1$ 时 λ 是亏损特征值. 形如 $J_n(\lambda)$ 的矩阵称为关于 λ 的 n 阶 **Jordan 块**. 当 $n>1$ 时, 它不可对角化. ☺

下面通过分块对角矩阵的对角化, 来帮助理解特征值半单概念.

命题 5.3.11 设分块对角矩阵 $A=\begin{bmatrix}A_1&&&\\&A_2&&\\&&\ddots&\\&&&A_r\end{bmatrix}$, 其中 $A_i, i=1,2,\cdots,r$ 都是方阵, 则 A 可对角化当且仅当所有 A_i 都可对角化.

证 不妨设 $r=2$, 否则反复应用 $r=2$ 的情形可得.

充分性: 如果 A_1,A_2 都可对角化, 则存在可逆矩阵 X_1,X_2, 使得 $X_1^{-1}A_1X_1=D_1$, $X_2^{-1}A_2X_2=D_2$ 都是对角矩阵. 则

$$\begin{bmatrix}X_1^{-1}&\\&X_2^{-1}\end{bmatrix}\begin{bmatrix}A_1&\\&A_2\end{bmatrix}\begin{bmatrix}X_1&\\&X_2\end{bmatrix}=\begin{bmatrix}D_1&\\&D_2\end{bmatrix}$$

也是对角矩阵, 而 $X=\begin{bmatrix}X_1&\\&X_2\end{bmatrix}$ 可逆, 且 $X^{-1}=\begin{bmatrix}X_1^{-1}&\\&X_2^{-1}\end{bmatrix}$.

必要性: 首先 $p_A(\lambda)=p_{A_1}(\lambda)p_{A_2}(\lambda)$, 因此 A_1,A_2 的特征值必为 A 的特征值, 于是只需讨论特征值的重数. 设 λ_0 是 A 的一个特征值, n_0,m_0 分别为它的代数重数和几

何重数，则 $n_0 = m_0$. 考虑代数重数，若 λ_0 分别是 A_1, A_2 的 n_{01}, n_{02} 重特征值，则 $n_{01} + n_{02} = n_0$. 考虑几何重数，容易证明

$$\dim \mathcal{N}\left(\begin{bmatrix} \lambda_0 I_{r_1} - A_1 & \\ & \lambda_0 I_{r_2} - A_2 \end{bmatrix}\right) = \dim \mathcal{N}(\lambda_0 I_{r_1} - A_1) + \dim \mathcal{N}(\lambda_0 I_{r_2} - A_2).$$

设 $m_{01} = \dim \mathcal{N}(\lambda_0 I_{r_1} - A_1), m_{02} = \dim \mathcal{N}(\lambda_0 I_{r_2} - A_2)$，因此 $m_0 = m_{01} + m_{02}$. 于是 $m_{01} + m_{02} = n_{01} + n_{02}$，由 $m_{01} \leqslant n_{01}, m_{02} \leqslant n_{02}$ 可知 $m_{01} = n_{01}, m_{02} = n_{02}$. 因此 A_1 的任意特征值作为 A_1 的特征值半单，根据定理 5.3.9，A_1 可对角化. 类似地，A_2 也可对角化. □

最后我们来看谱分解的应用.

例 5.3.12 (Fibonacci 数列) 给定 $F_0 = 0, F_1 = 1$ 和递推关系 $F_{n+1} = F_n + F_{n-1} (n = 1, 2, \cdots)$. 试给出 F_n 的通项公式.

这是一个两步递推，因此难以直接得到通项. 然而，可以写出矩阵形式的一步递推：

$$\begin{bmatrix} F_{n+1} \\ F_n \end{bmatrix} = \begin{bmatrix} 1 & 1 \\ 1 & 0 \end{bmatrix} \begin{bmatrix} F_n \\ F_{n-1} \end{bmatrix}, n = 1, 2, \cdots.$$

将其重写为 $\boldsymbol{u}_{n+1} = A\boldsymbol{u}_n$，那么 $\boldsymbol{u}_n = A^{n-1}\boldsymbol{u}_1$. 而 $\boldsymbol{u}_1 = \begin{bmatrix} F_1 \\ F_0 \end{bmatrix} = \begin{bmatrix} 1 \\ 0 \end{bmatrix}$. 则 A^{n-1} 只需要计算 A 的谱分解 $A = X\Lambda X^{-1}$，就有 $A^{n-1} = X\Lambda^{n-1}X^{-1}$. 通过计算特征值和特征向量，我们知道 A 可对角化，它的谱分解是

$$A = \frac{1}{\lambda_1 - \lambda_2} \begin{bmatrix} \lambda_1 & \lambda_2 \\ 1 & 1 \end{bmatrix} \begin{bmatrix} \lambda_1 & \\ & \lambda_2 \end{bmatrix} \begin{bmatrix} 1 & -\lambda_2 \\ -1 & \lambda_1 \end{bmatrix},$$

其中 $\lambda_1 = \dfrac{1+\sqrt{5}}{2}, \lambda_2 = \dfrac{1-\sqrt{5}}{2}$ 是两个特征值. 因此

$$F_n = \boldsymbol{e}_1^{\mathrm{T}}\boldsymbol{u}_n = \boldsymbol{e}_1^{\mathrm{T}} \frac{1}{\lambda_1 - \lambda_2} \begin{bmatrix} \lambda_1 & \lambda_2 \\ 1 & 1 \end{bmatrix} \begin{bmatrix} \lambda_1^{n-1} & \\ & \lambda_2^{n-1} \end{bmatrix} \begin{bmatrix} 1 & -\lambda_2 \\ -1 & \lambda_1 \end{bmatrix} \begin{bmatrix} 1 \\ 0 \end{bmatrix} = \frac{\lambda_1^n - \lambda_2^n}{\lambda_1 - \lambda_2}.$$

而 $\left|\dfrac{\lambda_2^n}{\lambda_1 - \lambda_2}\right| \approx \dfrac{|-0.618|^n}{2.236} \leqslant \dfrac{1}{2.236} \approx 0.4472$, 因此只需计算 $\dfrac{\lambda_1^n}{\lambda_1 - \lambda_2} = \dfrac{1}{\sqrt{5}}\left(\dfrac{1+\sqrt{5}}{2}\right)^n$ 最靠近的整数即可. ☺

例 5.3.13 (随机游走) 给定一个有向无权图，如果不断重复从一个顶点出发按某种概率选择以之为尾的弧到达下一顶点的过程，那么生成的途径就称为**随机游走**.

如果从一个顶点出发去往相邻顶点的概率不随时间变化，我们就可以把相应的概率看作对应弧的权重．矩阵 P 称为该图的邻接矩阵：如果顶点 v_i, v_j 之间有弧，则 P 的 (i,j) 元是弧的权重；如果顶点 v_i, v_j 之间没有弧，则 P 的 (i,j) 元是 0．容易验证 P 就满足 $P\mathbf{1}=\mathbf{1}$，其中 $\mathbf{1}$ 是所有元素都是 1 的向量．这种每个元素都非负且任意一行元素的和都是 1 的矩阵称为**随机矩阵**．随机矩阵有一个特征值是 1，$\mathbf{1}$ 是对应的特征向量，且随机矩阵的特征值的绝对值不大于 1（为什么?）．

任意一个元素都非负且和为 1 的向量都可以代表一个顶点集合上的概率分布，不妨称这样的向量为随机向量．记 $\boldsymbol{p}$ 是一个随机向量，那么 $P^{\mathrm{T}}\boldsymbol{p}$ 就是经过一步随机游走后的概率分布．类似地，$(P^{\mathrm{T}})^k\boldsymbol{p}$ 就是经过 k 步随机游走后的概率分布．

假设 v_1, v_2, v_3, v_4 代表四个火车站，各火车站间乘车方向概率分布见图 5.3.1．图 G_1 对应的随机游走，假设从 v_1 出发，即初始概率分布为 $\boldsymbol{e}_1$，那么序列 $(P_1^{\mathrm{T}})^k\boldsymbol{e}_1$ 就是 $\boldsymbol{e}_1, \boldsymbol{e}_3, \boldsymbol{e}_2, \dfrac{1}{3}\boldsymbol{e}_1+\dfrac{2}{3}\boldsymbol{e}_4, \boldsymbol{e}_3, \cdots$，序列不会收敛；假设初始概率分布为 $\boldsymbol{p}=\dfrac{1}{9}\begin{bmatrix}1 & 3 & 3 & 2\end{bmatrix}^{\mathrm{T}}$，则序列是 $\boldsymbol{p}, \boldsymbol{p}, \cdots$，序列收敛．图 G_2 对应的随机游走，从任意初始概率分布出发，都会收敛到 $\dfrac{1}{10}\begin{bmatrix}2 & 3 & 3 & 2\end{bmatrix}^{\mathrm{T}}$，该向量是 P_2^{T} 的属于 1 的特征向量．

两个随机游走对应的随机矩阵有何区别? P_1 的绝对值为 1 的特征值有不只一个；而 P_2 的只有一个．请读者思考这个区别如何导致不同初始分布产生的随机游走的收敛性的不同． ☺

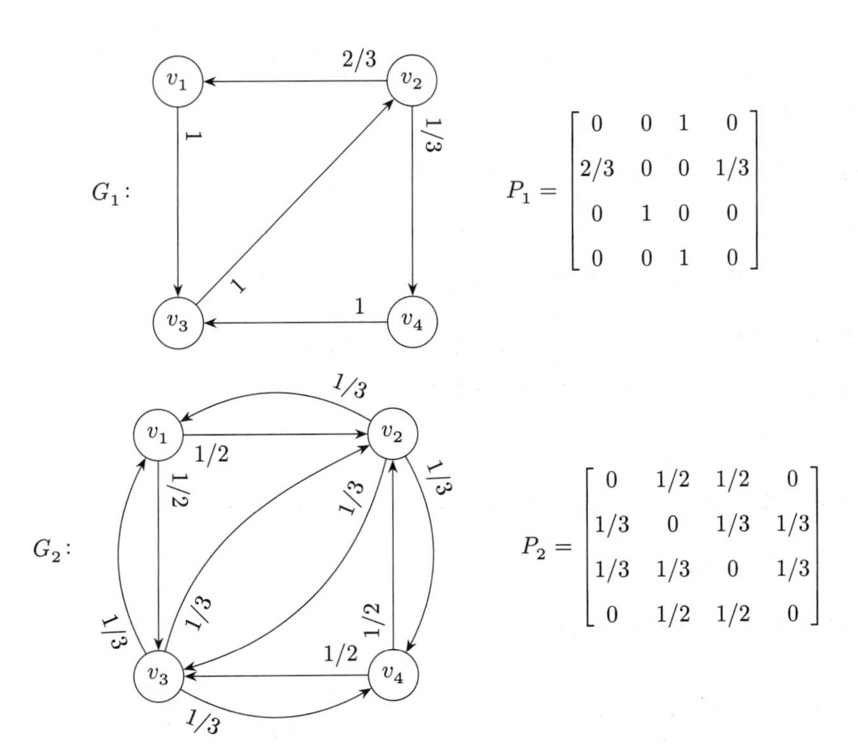

图 5.3.1 随机游走

习题

练习 5.3.1 设三阶方阵 A 的特征值及对应特征向量分别是 1, 1, 3 和 $\begin{bmatrix}2\\1\\0\end{bmatrix}, \begin{bmatrix}-1\\0\\1\end{bmatrix}, \begin{bmatrix}0\\0\\1\end{bmatrix}$, 求 A.

练习 5.3.2 判断下列方阵是否可对角化:

1. $\begin{bmatrix}1&2&3\\4&5&6\\7&8&9\end{bmatrix}$.
2. $\begin{bmatrix}0&1&1\\0&0&1\\0&0&0\end{bmatrix}$.

练习 5.3.3 计算 A^n:

1. $A=\begin{bmatrix}0&0&0\\0&0&0\\4&0&1\end{bmatrix}$.
2. $A=\begin{bmatrix}1&-1&1\\2&4&-2\\-3&-3&5\end{bmatrix}$.

练习 5.3.4 设 $A=\begin{bmatrix}3&2&-2\\-k&-1&k\\4&2&-3\end{bmatrix}$. 当 k 取何值时, A 可对角化? 当 A 可对角化时, 写出其谱分解.

练习 5.3.5 设 A 是 4 阶方阵, 其对角元都是 4, 非对角元都是 -1. 令 H 为 4 阶 Hadamard 矩阵, 即 $H=\begin{bmatrix}1&1&1&1\\1&-1&1&-1\\1&1&-1&-1\\1&-1&-1&1\end{bmatrix}$ (见阅读 3.2.3). 计算 AH, 由此得出 A 的谱分解, 并求 $\det(A), A^{-1}$.

练习 5.3.6 利用矩阵, 求下列数列的通项公式和极限.

1. (Lucas 数) $L_1=1, L_2=3, L_{n+2}=L_{n+1}+L_n\ (n=1,2,\cdots)$.
2. $a_0=0, a_1=1, a_{n+2}=\frac{1}{2}a_{n+1}+\frac{1}{2}a_n\ (n=0,1,2,\cdots)$.
3. $a_0=a_1=0, a_2=1, a_{n+3}=\frac{1}{2}a_{n+2}+\frac{1}{4}a_{n+1}+\frac{1}{4}a_n\ (n=0,1,2,\cdots)$.
4. ☕ $a_0=1, a_{n+1}=a_n+2\times 3^n\ (n=0,1,2,\cdots)$.

   提示: 考虑向量 $\begin{bmatrix}a_n\\3^n\end{bmatrix}$.
5. ☕ $a_0=0, b_0=1, a_{n+1}=a_n+b_n, b_{n+1}=3a_n+3b_n\ (n=0,1,2,\cdots)$.

   提示: 考虑向量 $\begin{bmatrix}a_n\\b_n\end{bmatrix}$.

练习 5.3.7 利用谱分解说明如下事实:

1. $\begin{bmatrix}3&2\\1&4\end{bmatrix}^{1024}$ 的每个元素都大于 10^{700}.
2. $\begin{bmatrix}3&2\\-5&-3\end{bmatrix}^{1024}=I_2$.
3. $\begin{bmatrix}5&7\\-3&-4\end{bmatrix}^{1024}=-\begin{bmatrix}5&7\\-3&-4\end{bmatrix}$.
4. $\begin{bmatrix}5&6.9\\-3&-4\end{bmatrix}^{1024}$ 的每个元素都小于 10^{-70}.

练习 5.3.8 设有谱分解 $A=X\Lambda X^{-1}$，求下列矩阵的谱分解：

1. A^{-1}. 2. A^{T}. 3. $\begin{bmatrix} A & O \\ O & 2A \end{bmatrix}$. 4. $\begin{bmatrix} O & A \\ A & O \end{bmatrix}$.

练习 5.3.9 利用特征值计算下列 n 阶矩阵的行列式：

1. $\begin{vmatrix} a & b & \cdots & b \\ b & a & \ddots & \vdots \\ \vdots & \ddots & \ddots & b \\ b & \cdots & b & a \end{vmatrix}$. 2. $\begin{vmatrix} 1+a_1b_1 & a_1b_2 & \cdots & a_1b_n \\ a_2b_1 & 1+a_2b_2 & \ddots & \vdots \\ \vdots & \ddots & \ddots & a_{n-1}b_n \\ a_nb_1 & \cdots & a_nb_{n-1} & 1+a_nb_n \end{vmatrix}$.

练习 5.3.10 证明：

1. n 阶方阵 $J_n(\lambda_0)=\begin{bmatrix} \lambda_0 & 1 & & \\ & \lambda_0 & \ddots & \\ & & \ddots & 1 \\ & & & \lambda_0 \end{bmatrix}$ 只有一个特征值 λ_0，其代数重数是 n，几何重数是 1.

2. 分块对角矩阵 $A=\begin{bmatrix} J_{n_1}(\lambda_0) & O \\ O & J_{n_2}(\lambda_0) \end{bmatrix}$ 只有一个特征值 λ_0，其代数重数是 n_1+n_2，几何重数是 2.

练习 5.3.11 试分析秩为 1 的方阵何时可对角化.

练习 5.3.12 设 A 是实二阶方阵，且 $\det(A)<0$，证明 A 在 $\mathbb{R}$ 上可对角化.

练习 5.3.13 证明 $A=\begin{bmatrix} I_r & O \\ B & -I_{n-r} \end{bmatrix}$ 可对角化.

练习 5.3.14 ☕ 证明：

1. 若 $A^2=A$，则 A 可对角化.
2. 若 $A^2=O$，且 $A\neq O$，则 A 不可对角化.
3. 若 $A^2+A+I_n=O$，则 A 在 $\mathbb{R}$ 上不可对角化.

练习 5.3.15 证明或举出反例：

1. 如果 A 所有的特征向量是 $k\begin{bmatrix} 1 \\ 4 \end{bmatrix}, k\neq 0$，则 A 一定有不单的特征值.
2. 如果 A 所有的特征向量是 $k\begin{bmatrix} 1 \\ 4 \end{bmatrix}, k\neq 0$，则 A 一定不可对角化.
3. 如果 A 是上三角矩阵但不是对角矩阵，则 A 不可对角化.
4. 如果 A 是上三角矩阵但不是对角矩阵，则存在对角矩阵 D，使得 $A-D$ 不可对角化.
5. 如果 A 可以被对角矩阵对角化，则 A 也是对角矩阵.

练习 5.3.16 证明定理 5.3.9 第 2 条.

练习 5.3.17 证明，对反射矩阵 $H_{\boldsymbol{v}}=I_n-2\boldsymbol{v}\boldsymbol{v}^{\mathrm{T}}$，其中 $\|\boldsymbol{v}\|=1$，存在正交矩阵 Q，使得 $Q^{-1}H_{\boldsymbol{v}}Q=\operatorname{diag}(-1,1,1,\cdots,1)$.

练习 5.3.18 (Householder 矩阵的推广) 设 $\mathcal{M}$ 是 $\mathbb{R}^n$ 的子空间，对任意 $\boldsymbol{v} \in \mathbb{R}^n$，存在唯一的分解 $\boldsymbol{v} = \boldsymbol{v}_1 + \boldsymbol{v}_2$，其中 $\boldsymbol{v}_1 \in \mathcal{M}, \boldsymbol{v}_2 \in \mathcal{M}^\perp$. 定义 $\mathbb{R}^n$ 上的变换 $\boldsymbol{H}$，使得 $\boldsymbol{H}(\boldsymbol{v}_1 + \boldsymbol{v}_2) = \boldsymbol{v}_1 - \boldsymbol{v}_2$.

1. 证明 $\boldsymbol{H}$ 是线性变换.
2. 设 H 为该线性变换的表示矩阵，证明 $H^2 = I_n$.
3. 求 H 的特征值、代数重数及特征子空间. H 能否被对角化?
4. ☕ 证明，存在矩阵 A，使得 $H = I_n - 2AA^{\mathrm{T}}$.

线性变换 $\boldsymbol{H}$ 保持 $\mathcal{M}$ 不变，把 $\mathcal{M}^\perp$ 中的向量映射到其负向量，因此是关于子空间 $\mathcal{M}$ 的反射变换.

练习 5.3.19 ☕ 设 A 是 n 阶实方阵，满足 $A^2 = I_n$，证明 A 在 $\mathbb{R}$ 上可对角化，并判断 A 是否为关于某个子空间的反射变换.

练习 5.3.20 设矩阵 A 的特征多项式是 $p_A(x)$.

1. 设 A 为对角矩阵，证明 $p_A(A) = O$.
2. 设 A 为可对角化的矩阵，证明 $p_A(A) = O$.
3. 设 $A = \begin{bmatrix} 0 & 1 \\ -1 & 2 \end{bmatrix}$，它是否可对角化? 是否满足 $p_A(A) = O$?

练习 5.3.21 求下列矩阵的特征值，并判断是否可以对角化:

1. $\begin{bmatrix} 10 & 1 & \\ & 10 & 1 \\ & & 10 \end{bmatrix}$, $\begin{bmatrix} 10 & 1 & \\ & 10.001 & 1 \\ & & 10.002 \end{bmatrix}$.
2. $\begin{bmatrix} 0 & 1 & & \\ & 0 & 1 & \\ & & 0 & 1 \\ & & & 0 \end{bmatrix}$, $\begin{bmatrix} 0 & 1 & & \\ & 0 & 1 & \\ & & 0 & 1 \\ 0.001 & & & 0 \end{bmatrix}$.

注意：由此可见，矩阵变化不大时，特征值和可对角化性质可能变化很大.

5.4 相 似

定义 5.4.1 (相似) 对方阵 A, B，如果存在可逆矩阵 X 使得 $X^{-1}AX = B$，则称 A 和 B **相似**，或 A 相似于 B.

根据定义 5.3.1，一个矩阵可对角化当且仅当它相似于对角矩阵.

例 5.4.2 数量矩阵只与自己相似: $X^{-1}(kI_n)X = kI_n$.

对角矩阵 $\begin{bmatrix} \lambda_1 & \\ & \lambda_2 \end{bmatrix}$ 与 $\begin{bmatrix} \lambda_2 & \\ & \lambda_1 \end{bmatrix}$ 相似: $\begin{bmatrix} \lambda_1 & \\ & \lambda_2 \end{bmatrix} = \begin{bmatrix} & 1 \\ 1 & \end{bmatrix} \begin{bmatrix} \lambda_1 & \\ & \lambda_2 \end{bmatrix} \begin{bmatrix} & 1 \\ 1 & \end{bmatrix}$. 一般地，两个对角矩阵的对角元素如果只相差一个排列，则二者相似，其中的可逆矩阵是该排列对应的置换矩阵. ☺

命题 5.4.3 方阵的相似关系是等价关系.

证 反身性: $A = I_n^{-1}AI_n$，因此 A 和 A 相似.

对称性: 若 A, B 相似，则存在可逆矩阵 X，使得 $X^{-1}AX = B$; 于是 $(X^{-1})^{-1}BX^{-1} = A$，而 X^{-1} 可逆，因此 B 和 A 相似.

传递性：若 A,B 相似，且 B,C 相似，则存在可逆矩阵 X,Y，使得 $X^{-1}AX=B$，$Y^{-1}BY=C$；于是 $(XY)^{-1}A(XY)=C$，而 XY 可逆，因此 A 和 C 相似. □

下面考虑相似关系作为等价关系的从属概念.

对应于相似关系的等价变换称为**相似变换**，即 $\boldsymbol{T}: A\mapsto X^{-1}AX$. 相似变换可以用来转化问题. 例如，解决 A 对应的线性变换的原像问题 $A\boldsymbol{x}=\boldsymbol{y}$，等价于解决相似于 A 的矩阵 $B=X^{-1}AX$ 对应的原像问题 $B\boldsymbol{x}'=\boldsymbol{y}'$，其中 $\boldsymbol{x}'=X^{-1}\boldsymbol{x},\boldsymbol{y}'=X^{-1}\boldsymbol{y}$. 特别地，如果 A 可对角化，即相似于对角矩阵 Λ 时，原像问题 $\Lambda\boldsymbol{x}'=\boldsymbol{y}'$ 就一目了然. 又如，要判断矩阵 A 是否可对角化，等价于判断相似于 A 的矩阵 B 是否可对角化.

下面来讨论相似关系中的不变量.

命题 5.4.4 方阵的相似关系有如下不变量：

1. 秩；
2. 特征多项式、特征值、特征值的代数重数、迹、行列式；
3. 特征值的几何重数.

证 显然 $\operatorname{rank}(X^{-1}AX)=\operatorname{rank}(A)$，秩是不变量.

而 $\det(\lambda I_n-X^{-1}AX)=\det(\lambda I_n-A)$，特征多项式是不变量. 特征多项式决定了特征值、特征值的代数重数、迹、行列式，因此它们都是不变量.

最后考虑几何重数. 如果 $\boldsymbol{u}_1,\boldsymbol{u}_2,\cdots,\boldsymbol{u}_r$ 是 A 的属于 λ_0 的特征子空间的一组基，则 $X^{-1}\boldsymbol{u}_1,X^{-1}\boldsymbol{u}_2,\cdots,X^{-1}\boldsymbol{u}_r$ 就是 $X^{-1}AX$ 的属于 λ_0 的 r 个线性无关的特征向量. 事实上，容易验证 $X^{-1}AX(X^{-1}\boldsymbol{u}_i)=X^{-1}(\lambda_0\boldsymbol{u}_i)=\lambda_0(X^{-1}\boldsymbol{u}_i),i=1,2,\cdots,r$，即它们是属于 λ_0 的特征向量. 另一方面，由于 $X^{-1}\begin{bmatrix}\boldsymbol{u}_1 & \boldsymbol{u}_2 & \cdots & \boldsymbol{u}_r\end{bmatrix}=\begin{bmatrix}X^{-1}\boldsymbol{u}_1 & X^{-1}\boldsymbol{u}_2 & \cdots & X^{-1}\boldsymbol{u}_r\end{bmatrix}$，而 X^{-1} 可逆，因此 $\begin{bmatrix}\boldsymbol{u}_1 & \boldsymbol{u}_2 & \cdots & \boldsymbol{u}_r\end{bmatrix}$ 和 $\begin{bmatrix}X^{-1}\boldsymbol{u}_1 & X^{-1}\boldsymbol{u}_2 & \cdots & X^{-1}\boldsymbol{u}_r\end{bmatrix}$ 这两个矩阵的秩相等，因此 $X^{-1}\boldsymbol{u}_1,X^{-1}\boldsymbol{u}_2,\cdots,X^{-1}\boldsymbol{u}_r$ 线性无关. 于是 λ_0 作为 A 的特征值的几何重数就不大于 λ_0 作为 $X^{-1}AX$ 的特征值的几何重数. 根据相似关系的对称性，这两个几何重数相等. □

推论 5.4.5 两个对角矩阵相似当且仅当它们的对角元素除排列次序外相同.

证 充分性：对角元素相同的两个对角矩阵可以用置换矩阵得到相似关系.

必要性：如果两个对角矩阵相似，则它们具有相同的特征多项式，而对角元素除了相差一个排列次序外，被特征多项式唯一确定. □

如果 A 可对角化，则称对角化得到的对角矩阵为 A 的**相似标准形**. 由推论 5.4.5 可知，在 A 可对角化时，它的相似标准形在对角元素相差一个排列次序的意义下唯一.

一般的方阵，只要有亏损特征值，就不可对角化. 那么，我们能找到哪种具有简单形式的矩阵与之相似？换言之，利用相似变换，我们能把方阵化简成什么形式？

命题 5.4.6 对 n 阶方阵 A，存在可逆矩阵 X，使得 $X^{-1}AX = T$ 是上三角矩阵，且 T 的对角元素是 A 的 n 个特征值 (计重数)．进一步地，通过选择特定的 X，能够令 T 的对角元素是 A 的特征值的任意排列．

证 采用数学归纳法．当 $n=1$ 时，显然．假设任意 $n-1$ 阶方阵都有如上分解，观察 n 阶方阵．

任取 A 的一个特征对 $(\lambda_1, \boldsymbol{x}_1)$，把 $\boldsymbol{x}_1$ 扩充成 $\mathbb{C}^n$ 的一组基 $\boldsymbol{x}_1, \boldsymbol{x}_2, \cdots, \boldsymbol{x}_n$．记 $X_1 = \begin{bmatrix}\boldsymbol{x}_1 & X_{12}\end{bmatrix} = \begin{bmatrix}\boldsymbol{x}_1 & \boldsymbol{x}_2 & \cdots & \boldsymbol{x}_n\end{bmatrix}$．则 AX_1 的列能被 X_1 的列线性表示，故存在矩阵 M_1 使得 $AX_1 = X_1M_1$．由于 $A\boldsymbol{x}_1 = \lambda_1\boldsymbol{x}_1$，因此

$$AX_1 = \begin{bmatrix}A\boldsymbol{x}_1 & AX_{12}\end{bmatrix} = \begin{bmatrix}\lambda_1\boldsymbol{x}_1 & AX_{12}\end{bmatrix} = \begin{bmatrix}\boldsymbol{x}_1 & X_{12}\end{bmatrix}\begin{bmatrix}\lambda_1 & * \\ \boldsymbol{0} & A_1\end{bmatrix} = X_1M_1,$$

即 M_1 是分块上三角矩阵．而 A_1 是 $n-1$ 阶方阵，根据归纳假设，存在可逆矩阵 X_2，使得 $A_1 = X_2T_2X_2^{-1}$，其中 T_2 为上三角矩阵．于是

$$A = X_1\begin{bmatrix}\lambda_1 & * \\ 0 & X_2T_2X_2^{-1}\end{bmatrix}X_1^{-1} = X_1\begin{bmatrix}1 & \boldsymbol{0}^{\mathrm{T}} \\ \boldsymbol{0} & X_2\end{bmatrix}\begin{bmatrix}\lambda_1 & * \\ \boldsymbol{0} & T_2\end{bmatrix}\begin{bmatrix}1 & \boldsymbol{0}^{\mathrm{T}} \\ \boldsymbol{0} & X_2\end{bmatrix}^{-1}X_1^{-1}.$$

记 $X = X_1\begin{bmatrix}1 & \boldsymbol{0}^{\mathrm{T}} \\ \boldsymbol{0} & X_2\end{bmatrix}, T = \begin{bmatrix}\lambda_1 & * \\ \boldsymbol{0} & T_2\end{bmatrix}$，则 X 可逆，T 为上三角矩阵，且 $A = XTX^{-1}$．

综上，命题对任意 n 成立．

考察特征多项式，立得 T 的对角元素就是 A 的 n 个特征值．通过上述证明能看到，按照特征值的排列选择特征对，就能使 T 的对角元素满足条件． □

利用上述分解，能得到 Hamilton-Cayley 定理．

定理 5.4.7 (Hamilton-Cayley 定理) 设方阵 A 的特征多项式为 $p_A(\lambda)$，则 $p_A(A) = O$．

证 设 A 有分解 $A = XTX^{-1}$，其中 T 是上三角矩阵．而 $p_A(A) = Xp_A(T)X^{-1}$，只需证明 $p_A(T) = O$．若 $p_A(\lambda) = (\lambda-\lambda_1)(\lambda-\lambda_2)\cdots(\lambda-\lambda_n)$，其中 $\lambda_1, \lambda_2, \cdots, \lambda_n$ 是 A 的 n 个特征值，则 $p_A(T) = (T-\lambda_1I_n)(T-\lambda_2I_n)\cdots(T-\lambda_nI_n)$．注意 $T-\lambda_iI_n$ 的第 i 个对角元素是零，逐步计算矩阵乘法就得到 $p_A(T) = O$． □

上三角矩阵仍然不够简单．那么对给定矩阵，与之相似的矩阵中，最简单的矩阵是什么？

定理 5.4.8 (Jordan 分解) 对 n 阶方阵 A, 存在可逆矩阵 X, 使得

$$X^{-1}AX = J = \begin{bmatrix} J_{n_1}(\lambda_1) & & & \\ & J_{n_2}(\lambda_2) & & \\ & & \ddots & \\ & & & J_{n_r}(\lambda_r) \end{bmatrix},$$

其中 $J_{n_i}(\lambda_i) = \begin{bmatrix} \lambda_i & 1 & & \\ & \lambda_i & \ddots & \\ & & \ddots & 1 \\ & & & \lambda_i \end{bmatrix}_{n_i \times n_i}$ 是 n_i 阶 Jordan 块, 而 $n_1+n_2+\cdots+n_r=n$, 且除了这些 Jordan 块的排列次序外, J 被 A 唯一确定. 注意, $\lambda_1, \lambda_2, \cdots, \lambda_r$ 中可能有相同的数. 另外, 当 A 是实方阵且 λ_i 全是实数时, X 也可以取作实方阵.

定理 5.4.8 的证明超出了本书的要求, 感兴趣的读者可以参考阅读 5.4.8.

分解 $A = XJX^{-1}$ 称为 A 的 **Jordan 分解**. 定理 5.4.8 中的 J 称为 A 的 **Jordan 标准形**, 这是 A 的一种相似标准形. 另外, 根据问题的需要, 相似标准形不止 Jordan 标准形一种, 还存在其他形式的标准形.

下面通过一个例子来体会 Jordan 分解的用处.

例 5.4.9 (弹簧振子) 假设弹簧和振子如图 5.4.1 所示系于左壁, 弹簧的原始长度为 l, 劲度系数为 k, 振子的质量为 m. 系统具有阻尼, 即, 随着振子的运动, 系统将对振子产生与运动方向相反的作用力, 该力大小与速度成正比, 比例系数称为阻尼系数, 记为 d. 通过外力将振子牵引至距左壁 $l+x_0$ 处, 待系统静止后, 突然放开振子, 不考虑振子的竖直运动, 振子将如何运动?

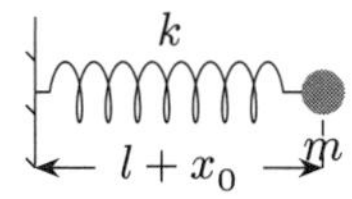

图 5.4.1 水平放置的弹簧振子

所谓如何运动, 就是要描述振子在任意时刻的位置、速度和加速度, 因此需要得到振子的位置、速度和加速度关于时间的函数. 假设振子到侧壁的距离是 $l+x(t)$, 其中 $x(0) = x_0$.

记弹簧原长处为原点, 原点右侧为正方向, 振子相对原点的位置为 $x(t)$. 振子的速度 $v(t)$ 是位移 (位置变化量) 的导数, 即 $v(t) = x'(t)$, $v(0) = 0$. 振子的加速度是二阶导数 $a(t) = v'(t) = x''(t)$. 因此, 只要能求出 $x(t)$, 就能通过导数得到 $v(t), a(t)$. 振子所受的拉力 $f(t) = -kx(t)$, 系统对振子产生的阻尼是 $g(t) = -dv(t)$. 利用 Newton 第二定律, 我们有 $ma(t) = f(t) + g(t) = -kx(t) - dv(t)$. 因此得到微分方程组

$$\begin{bmatrix} x'(t) \\ v'(t) \end{bmatrix} = \begin{bmatrix} v(t) \\ a(t) \end{bmatrix} = \begin{bmatrix} v(t) \\ -\frac{d}{m}v(t) - \frac{k}{m}x(t) \end{bmatrix} = \begin{bmatrix} 0 & 1 \\ -\frac{k}{m} & -\frac{d}{m} \end{bmatrix} \begin{bmatrix} x(t) \\ v(t) \end{bmatrix}.$$

直观上，向量或矩阵的导数，就是其分量或元素的导数组成的向量或矩阵，这一点这里不详细说明. 令 $\boldsymbol{p}(t)=\begin{bmatrix}x(t)\\v(t)\end{bmatrix}, T=\begin{bmatrix}0 & 1\\-\dfrac{k}{m} & -\dfrac{d}{m}\end{bmatrix}$，方程就变为 $\boldsymbol{p}'(t)=T\boldsymbol{p}(t)$.

如果 T 可对角化，则 T 有谱分解 $T=Q\Lambda Q^{-1}$，其中 $\Lambda=\operatorname{diag}(\lambda_1,\lambda_2)$. 于是 $\boldsymbol{p}'(t)=Q\Lambda Q^{-1}\boldsymbol{p}(t)$. 令 $\boldsymbol{q}(t)=Q^{-1}\boldsymbol{p}(t)$，则 $\boldsymbol{q}'(t)=\Lambda\boldsymbol{q}(t)$. 问题通过相似变换化成了两个互不相关的一阶常系数常微分方程 $q_1'(t)=\lambda_1q_1(t), q_2'(t)=\lambda_2q_2(t)$. 根据常微分方程知识可知，其解为 $q_1(t)=C_1\mathrm{e}^{\lambda_1t}, q_2(t)=C_2\mathrm{e}^{\lambda_2t}$，其中 C_1,C_2 由初始值确定. 记 $\mathrm{e}^{\Lambda t}=\operatorname{diag}\left(\mathrm{e}^{\lambda_1t},\mathrm{e}^{\lambda_2t}\right), \boldsymbol{c}=\begin{bmatrix}C_1\\C_2\end{bmatrix}$，就有 $\boldsymbol{q}(t)=\mathrm{e}^{\Lambda t}\boldsymbol{c}$. 于是 $\boldsymbol{p}(t)=Q\mathrm{e}^{\Lambda t}\boldsymbol{c}$. 注意 $\boldsymbol{p}(0)=\begin{bmatrix}x(0)\\v(0)\end{bmatrix}=\begin{bmatrix}x_0\\0\end{bmatrix}=x_0\boldsymbol{e}_1$，由此即可解出 $\boldsymbol{c}=x_0Q^{-1}\boldsymbol{e}_1$. 因此 $x(t)=x_0\boldsymbol{e}_1^{\mathrm{T}}Q\mathrm{e}^{\Lambda t}Q^{-1}\boldsymbol{e}_1$，而 $v(t)=x_0\boldsymbol{e}_2^{\mathrm{T}}Q\mathrm{e}^{\Lambda t}Q^{-1}\boldsymbol{e}_1$ 或用 $x(t)$ 的导数得到.

那么 T 何时可对角化？先来计算 T 的特征值，T 的特征多项式为 $\det(\lambda I-T)=\lambda^2+\dfrac{d}{m}\lambda+\dfrac{k}{m}=0$，其判别式为 $\dfrac{d^2-4mk}{m^2}$.

1. 当 $d>2\sqrt{mk}$ 时，T 有两个不同实特征值 λ_1,λ_2，T 在 $\mathbb{R}$ 上可对角化. 计算可得 $Q=\begin{bmatrix}1 & 1\\\lambda_1 & \lambda_2\end{bmatrix}$，因此

$$
\begin{aligned}
x(t)&=x_0\boldsymbol{e}_1^{\mathrm{T}}Q\mathrm{e}^{\Lambda t}Q^{-1}\boldsymbol{e}_1\\
&=\frac{x_0}{\lambda_2-\lambda_1}\begin{bmatrix}1 & 0\end{bmatrix}\begin{bmatrix}1 & 1\\\lambda_1 & \lambda_2\end{bmatrix}\begin{bmatrix}\mathrm{e}^{\lambda_1t} & \\ & \mathrm{e}^{\lambda_2t}\end{bmatrix}\begin{bmatrix}\lambda_2 & -1\\-\lambda_1 & 1\end{bmatrix}\begin{bmatrix}1\\0\end{bmatrix}\\
&=x_0\frac{\lambda_2\mathrm{e}^{\lambda_1t}-\lambda_1\mathrm{e}^{\lambda_2t}}{\lambda_2-\lambda_1},
\end{aligned}
$$

利用 $\lambda_1\lambda_2=\dfrac{k}{m}$，有 $v(t)=-x_0\dfrac{k}{m}\dfrac{\mathrm{e}^{\lambda_2t}-\mathrm{e}^{\lambda_1t}}{\lambda_2-\lambda_1}$，$a(t)=-x_0\dfrac{k}{m}\dfrac{\lambda_2\mathrm{e}^{\lambda_2t}-\lambda_1\mathrm{e}^{\lambda_1t}}{\lambda_2-\lambda_1}$.

2. 当 $d<2\sqrt{mk}$ 时，T 有一对共轭复特征值 $\lambda_1=\alpha+\beta\mathrm{i}, \lambda_2=\alpha-\beta\mathrm{i}$，$T$ 在 $\mathbb{C}$ 上可对角化. 类似地，有

$$
x(t)=x_0\frac{\lambda_2\mathrm{e}^{\lambda_1t}-\lambda_1\mathrm{e}^{\lambda_2t}}{\lambda_2-\lambda_1}=x_0\frac{(\alpha-\beta\mathrm{i})\mathrm{e}^{(\alpha+\beta\mathrm{i})t}-(\alpha+\beta\mathrm{i})\mathrm{e}^{(\alpha-\beta\mathrm{i})t}}{-2\beta\mathrm{i}}.
$$

利用 $\mathrm{e}^{\mathrm{i}\beta}=\cos\beta+\mathrm{i}\sin\beta$，可得 $x(t)=x_0\mathrm{e}^{\alpha t}\left(\cos(\beta t)-\alpha\dfrac{\sin(\beta t)}{\beta}\right)$，由 $\alpha^2+\beta^2=\lambda_1\lambda_2=\dfrac{k}{m}$，有 $v(t)=-x_0\dfrac{k}{m}\mathrm{e}^{\alpha t}\dfrac{\sin(\beta t)}{\beta}$，$a(t)=-x_0\dfrac{k}{m}\mathrm{e}^{\alpha t}\left(\alpha\dfrac{\sin(\beta t)}{\beta}+\cos(\beta t)\right)$.

3. 当 $d = 2\sqrt{mk}$ 时，T 只有一个特征值 λ_1，代数重数为 2，几何重数为 1，不可对角化. 根据定理 5.4.8，T 有 Jordan 分解 $T = QJQ^{-1}$，其中 J 是二阶 Jordan 块.

考虑 $d = d_0 = 2\sqrt{mk}$ 的特殊情形，此时 $\lambda_1 = -\sqrt{\dfrac{k}{m}}$. 利用 $TQ = QJ = Q\begin{bmatrix}\lambda_1 & 1 \\ & \lambda_1\end{bmatrix}$，可知 $Q\boldsymbol{e}_1$ 是 T 的特征向量，而 $Q\boldsymbol{e}_2$ 满足 $(T-\lambda_1 I)Q\boldsymbol{e}_2 = Q\boldsymbol{e}_1$. 计算可得 $Q = \begin{bmatrix}1 & 1 \\ \lambda_1 & \lambda_1+1\end{bmatrix}$. （注意 Q 不唯一，这里只给出一种形式. ）另一方面，$\boldsymbol{p}'(t) = QJQ^{-1}\boldsymbol{p}(t)$. 令 $\boldsymbol{q}(t) = Q^{-1}\boldsymbol{p}(t)$，则 $\boldsymbol{q}'(t) = J\boldsymbol{q}(t)$. 问题就通过相似变换转化为了两个一阶常系数常微分方程 $q_1'(t) = \lambda_1 q_1(t) + q_2(t), q_2'(t) = \lambda_1 q_2(t)$. 后者的解为 $q_2(t) = C_2\mathrm{e}^{\lambda_1 t}$. 代入前者，利用常微分方程知识可以解得 $q_1(t) = \mathrm{e}^{\lambda_1 t}(C_1 + C_2 t)$. 因此，记 $\mathrm{e}^{Jt} = \begin{bmatrix}\mathrm{e}^{\lambda_1 t} & t\mathrm{e}^{\lambda_1 t} \\ & \mathrm{e}^{\lambda_1 t}\end{bmatrix}$，就有 $\boldsymbol{q}(t) = \mathrm{e}^{Jt}\boldsymbol{c}$. 类似地，有

$$\begin{aligned}
x(t) &= x_0\boldsymbol{e}_1^{\mathrm{T}}Q\mathrm{e}^{Jt}Q^{-1}\boldsymbol{e}_1 \\
&= x_0\begin{bmatrix}1 & 0\end{bmatrix}\begin{bmatrix}1 & 1 \\ \lambda_1 & \lambda_1+1\end{bmatrix}\begin{bmatrix}\mathrm{e}^{\lambda_1 t} & t\mathrm{e}^{\lambda_1 t} \\ & \mathrm{e}^{\lambda_1 t}\end{bmatrix}\begin{bmatrix}\lambda_1+1 & -1 \\ -\lambda_1 & 1\end{bmatrix}\begin{bmatrix}1 \\ 0\end{bmatrix} = x_0\mathrm{e}^{\lambda_1 t}(1-\lambda_1 t),
\end{aligned}$$

$v(t) = -x_0\dfrac{k}{m}\mathrm{e}^{\lambda_1 t}t$，$a(t) = -x_0\dfrac{k}{m}\mathrm{e}^{\lambda_1 t}(1+\lambda_1 t)$.

特殊情形 $d = d_0$ 的矩阵 T 不可对角化，从而在计算上引起了很大不便. 然而，该特殊情形在物理上有明显优点. 考虑系统的机械能 $e(t) = \dfrac{1}{2}kx(t)^2 + \dfrac{1}{2}mv(t)^2 = \dfrac{1}{2}\boldsymbol{p}(t)^{\mathrm{T}}K\boldsymbol{p}(t)$，其中 $K = \mathrm{diag}(k, m)$. 可以验证，该特殊情形的能量耗散最快. 取不同的阻尼系数 $d = 0.5d_0, d_0, 2d_0$，系统的运动如图 5.4.2 所示. ☺

最后，我们来考虑能否用同一个相似变换将两个矩阵对角化的问题.

定义 5.4.10 (同时对角化) 设 A, B 是 n 阶方阵，如果存在可逆矩阵 X 使得 $X^{-1}AX = \Lambda_1$ 和 $X^{-1}BX = \Lambda_2$ 都是对角矩阵，则称 A, B 可以**同时对角化**.

命题 5.4.11 对可对角化的 n 阶方阵 A, B，以下叙述等价：

1. A, B 可以同时对角化；
2. 存在 n 个线性无关的向量，同时是 A, B 的特征向量；
3. A, B 可交换，即 $AB = BA$.

证 显然，第 1 条和第 2 条等价.

$1 \Rightarrow 3$：设 $X^{-1}AX = \Lambda_1, X^{-1}BX = \Lambda_2$，因为对角矩阵可交换，于是 $AB = XX^{-1}AXX^{-1}BXX^{-1} = X\Lambda_1\Lambda_2X^{-1} = X\Lambda_2\Lambda_1X^{-1} = XX^{-1}BXX^{-1}AXX^{-1} = BA$.

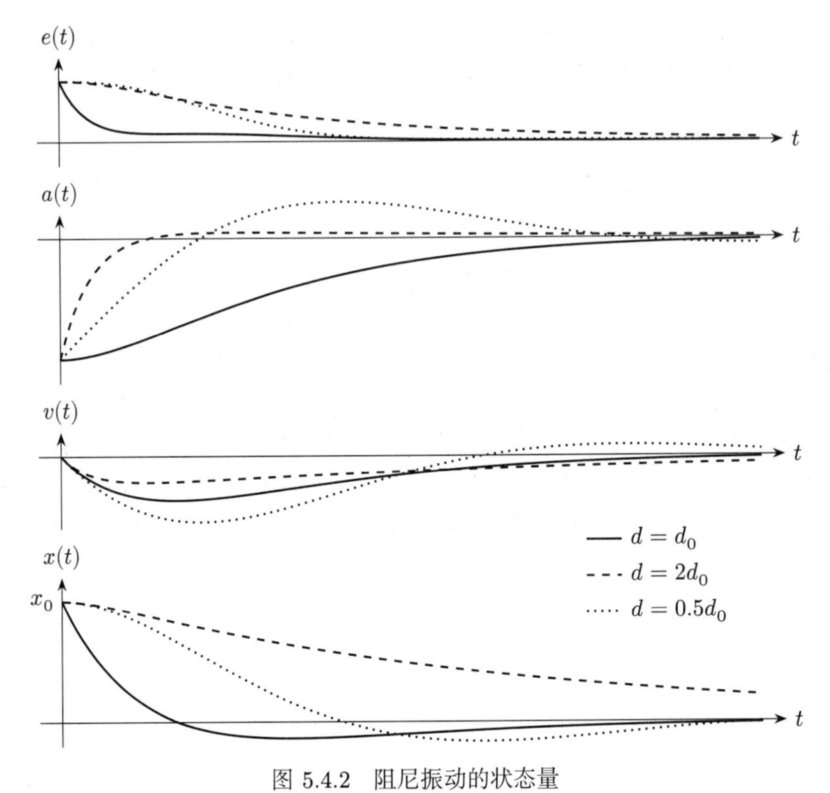

图 5.4.2 阻尼振动的状态量

$3 \Rightarrow 1$: 由于 A 可对角化, 存在可逆矩阵 X_1, 使得 $X_1^{-1}AX_1 = \widetilde{\Lambda}_1$ 是对角矩阵. 再利用置换矩阵 P, 可将 $\widetilde{\Lambda}_1$ 变为如下形式: $P^{-1}\widetilde{\Lambda}_1 P = \Lambda_1 = \begin{bmatrix} \lambda_1 I_{n_1} & & & \\ & \lambda_1 I_{n_2} & & \\ & & \ddots & \\ & & & \lambda_r I_{n_r} \end{bmatrix}$, 其中 $\lambda_1, \lambda_2, \cdots, \lambda_r$ 两两不同.

此时 $P^{-1}X_1^{-1}AX_1P = \Lambda_1$. 令 $\widetilde{B} = P^{-1}X_1^{-1}BX_1P$, 则由 $AB = BA$ 可知 $\Lambda_1\widetilde{B} = \widetilde{B}\Lambda_1$. 把 $\widetilde{B}$ 写成与 Λ_1 对应的分块矩阵 $\widetilde{B} = \begin{bmatrix} \widetilde{B}_{11} & \widetilde{B}_{12} & \cdots & \widetilde{B}_{1r} \\ \widetilde{B}_{21} & \widetilde{B}_{22} & \cdots & \widetilde{B}_{1r} \\ \vdots & \vdots & & \vdots \\ \widetilde{B}_{r1} & \widetilde{B}_{r2} & \cdots & \widetilde{B}_{rr} \end{bmatrix}$, 由 $\Lambda_1\widetilde{B} = \widetilde{B}\Lambda_1$ 可知 $(\lambda_i I_{n_i})\widetilde{B}_{ij} = \widetilde{B}_{ij}(\lambda_j I_{n_j})$, $(\lambda_i - \lambda_j)\widetilde{B}_{ij} = O$. 对 $i \neq j$, 有 $\widetilde{B}_{ij} = O$, 即 $\widetilde{B} = \begin{bmatrix} \widetilde{B}_{11} & & & \\ & \widetilde{B}_{22} & & \\ & & \ddots & \\ & & & \widetilde{B}_{rr} \end{bmatrix}$ 是分块对角矩阵.

由 B 可对角化可得 $\widetilde{B}$ 可对角化, 根据命题 5.3.11, $\widetilde{B}_{ii}$ 都可对角化. 设 $X_{ii}^{-1}\widetilde{B}_{ii}X_{ii} =$

Λ_{ii}, 其中 X_{ii} 可逆, Λ_{ii} 对角. 令 $X_2 = \begin{bmatrix} X_{11} & & & \\ & X_{22} & & \\ & & \ddots & \\ & & & X_{rr} \end{bmatrix}$, 那么 X_2 可逆, 且 $X_2^{-1}\widetilde{B}X_2 =$
$\begin{bmatrix} \Lambda_{11} & & & \\ & \Lambda_{22} & & \\ & & \ddots & \\ & & & \Lambda_{rr} \end{bmatrix} =: \Lambda_2$. 又有 $X_2^{-1}\Lambda_1 X_2 = \begin{bmatrix} X_{11}^{-1}\lambda_1 I_{n_1} X_{11} & & & \\ & X_{22}^{-1}\lambda_2 I_{n_2} X_{22} & & \\ & & \ddots & \\ & & & X_{rr}^{-1}\lambda_r I_{n_r} X_{rr} \end{bmatrix} =$
Λ_1, 因此

$$X_2^{-1}P^{-1}X_1^{-1}AX_1PX_2 = \Lambda_1, \quad X_2^{-1}P^{-1}X_1^{-1}BX_1PX_2 = \Lambda_2,$$

即 X_1PX_2 将 A, B 同时对角化. □

例 5.4.12 数学物理中的 **Pauli 矩阵**是三个二阶复矩阵

$$\sigma_1 = \begin{bmatrix} & 1 \\ 1 & \end{bmatrix}, \quad \sigma_2 = \begin{bmatrix} & -\mathrm{i} \\ \mathrm{i} & \end{bmatrix}, \quad \sigma_3 = \begin{bmatrix} 1 & \\ & -1 \end{bmatrix}.$$

容易验证, 这三个矩阵的特征多项式都是 $\lambda^2 - 1$, 都具有两个单特征值 ± 1, 因此都可对角化. 然而, 直接计算可得

$$\sigma_1\sigma_2 - \sigma_2\sigma_1 = 2\mathrm{i}\sigma_3, \quad \sigma_2\sigma_3 - \sigma_3\sigma_2 = 2\mathrm{i}\sigma_1, \quad \sigma_3\sigma_1 - \sigma_1\sigma_3 = 2\mathrm{i}\sigma_2.$$

即三个矩阵两两不可交换, 因此任意两个都不可同时对角化. ☺

习题

练习 5.4.1 设 A, B 是 n 阶方阵, 且满足 $AB = BA$.

1. 证明, 若 A 有 n 个不同的特征值, 则 B 可对角化.
2. 若 A 有代数重数大于 1 的特征值, B 是否一定可对角化?

练习 5.4.2 对下列矩阵 A, B, 求 X 使得 $A = XBX^{-1}$.

1. $A = MN, B = NM$, 其中 M, N 是方阵, 且 M 可逆.
2. $A = \begin{bmatrix} MN & O \\ N & O \end{bmatrix}, B = \begin{bmatrix} O & O \\ N & NM \end{bmatrix}$, 其中 M, N 不必是方阵.
3. $A = \begin{bmatrix} M & -N \\ N & M \end{bmatrix}, B = \begin{bmatrix} M + \mathrm{i}N & O \\ O & M - \mathrm{i}N \end{bmatrix}$, 其中 M, N 是方阵.

练习 5.4.3 ☕ 给定 n 阶方阵 A, B 满足 $AB = BA$.

1. 证明, 若 A 有 n 个不同的特征值, 则存在次数不超过 $n-1$ 的多项式 $f(x)$, 使得 $B = f(A)$.
2. 证明, 若 $A = J_n(\lambda)$, 则存在次数不超过 $n-1$ 的多项式 $f(x)$, 使得 $B = f(A)$.

3. 举例说明，存在 A,B 满足 $AB=BA$，但不存在多项式 $f(x)$，使得 $B=f(A)$.

练习 5.4.4 ☕☕ 证明，任意迹为 0 的方阵相似于一个对角元素全为 0 的方阵.

提示：利用数学归纳法. 先取非零向量 $\boldsymbol{q}$ 且 $\boldsymbol{q}$ 不是 A 的特征向量，再把 $\boldsymbol{q},A\boldsymbol{q}$ 扩充成一组基做相似变换.

练习 5.4.5 利用 Jordan 标准形证明，A 与 A^{T} 相似.

练习 5.4.6 (Jordan 链) 对任意 n 阶方阵 A，一组向量 $\boldsymbol{x}_1,\boldsymbol{x}_2,\cdots,\boldsymbol{x}_s$，如果存在 $\lambda\in\mathbb{C}$，使得

$$\boldsymbol{x}_1\neq\boldsymbol{0},\ (A-\lambda I)\boldsymbol{x}_1=\boldsymbol{0},\ (A-\lambda I)\boldsymbol{x}_2=\boldsymbol{x}_1,\ \cdots,\ (A-\lambda I)\boldsymbol{x}_s=\boldsymbol{x}_{s-1},\ \text{而}\ (A-\lambda I)\boldsymbol{y}=\boldsymbol{x}_s\ \text{无解},$$

就称其为 A 的一个关于 λ 长度为 s 的 **Jordan 链**.

显然，$\boldsymbol{x}_1\in\mathcal{N}(A-\lambda I)$ 是特征向量，$\boldsymbol{x}_2\in\mathcal{N}\left((A-\lambda I)^2\right),\cdots,\boldsymbol{x}_s\in\mathcal{N}\left((A-\lambda I)^s\right)$，但 $\boldsymbol{x}_s\notin\mathcal{R}(A-\lambda I)$.

求证：

1. $\boldsymbol{x}_1,\boldsymbol{x}_2,\cdots,\boldsymbol{x}_s$ 线性无关.
2. 令 $X_1=\begin{bmatrix}\boldsymbol{x}_1 & \boldsymbol{x}_2 & \cdots & \boldsymbol{x}_s\end{bmatrix}$，则 $AX_1=X_1J_s(\lambda)$.
3. 若 A 只有一个特征值 λ，且其几何重数为 1，则 A 相似于 $J_n(\lambda)$，且有一个关于 λ 的长度为 n 的 Jordan 链 $\boldsymbol{x}_1,\boldsymbol{x}_2,\cdots,\boldsymbol{x}_n$.

练习 5.4.7 给定 m 阶方阵 A_1，n 阶方阵 A_2 和 $m\times n$ 矩阵 B. 证明：

1. 如果 A_1 和 A_2 没有相同的特征值，则关于 $m\times n$ 矩阵 X 的 Sylvester 方程 $A_1X-XA_2=B$ 有唯一解.
2. 如果 A_1 和 A_2 没有相同的特征值，则存在唯一的矩阵 X 满足

$$\begin{bmatrix}I_m & X\\ O & I_n\end{bmatrix}\begin{bmatrix}A_1 & B\\ O & A_2\end{bmatrix}\begin{bmatrix}I_m & X\\ O & I_n\end{bmatrix}^{-1}=\begin{bmatrix}A_1 & O\\ O & A_2\end{bmatrix}.$$

3. 对 n 阶方阵 A，存在可逆矩阵 X，使得

$$X^{-1}AX=\begin{bmatrix}\lambda_1I+N_1 & & & \\ & \lambda_2I+N_2 & & \\ & & \ddots & \\ & & & \lambda_sI+N_s\end{bmatrix},$$

其中 $N_1,N_2,\cdots,N_s$ 是严格上三角矩阵.

4. ☕ 如果 $m>n$ 且 $A_1=J_m(0),A_2=J_n(0),B=\boldsymbol{e}_1\boldsymbol{b}^{\mathrm{T}}$，即 B 除第一行外元素全为 0，则关于 $m\times n$ 矩阵 X 的 Sylvester 方程 $A_1X-XA_2=B$ 有解，于是存在矩阵 X 满足

$$\begin{bmatrix}I_m & X\\ O & I_n\end{bmatrix}\begin{bmatrix}A_1 & B\\ O & A_2\end{bmatrix}\begin{bmatrix}I_m & X\\ O & I_n\end{bmatrix}^{-1}=\begin{bmatrix}A_1 & O\\ O & A_2\end{bmatrix}.$$

5. 对 n 阶方阵 $A=\begin{bmatrix} J_{k_1}(0) & e_1\boldsymbol{a}_2^{\mathrm{T}} & \cdots & e_1\boldsymbol{a}_r^{\mathrm{T}} \\ & J_{k_2}(0) & & \\ & & \ddots & \\ & & & J_{k_r}(0) \end{bmatrix}$，其中 $k_1>k_2\geqslant\cdots\geqslant k_r$（即 A 是一个 Jordan 标准形与除第一行外元素全为 0 的矩阵的和），存在可逆矩阵 X，使得

$$X^{-1}AX=\begin{bmatrix} J_{k_1}(0) & & & \\ & J_{k_2}(0) & & \\ & & \ddots & \\ & & & J_{k_r}(0) \end{bmatrix}.$$

阅读 5.4.8 (Jordan 分解的证明) 下面证明定理 5.4.8.

首先考虑严格上三角矩阵的 Jordan 分解，即对 n 阶严格上三角矩阵 A，存在可逆矩阵 X 使得

$$X^{-1}AX=J=\begin{bmatrix} J_{n_1}(0) & & & \\ & J_{n_2}(0) & & \\ & & \ddots & \\ & & & J_{n_r}(0) \end{bmatrix},$$

其中 $n_1+n_2+\cdots+n_r=n, n_1\geqslant n_2\geqslant\cdots\geqslant n_r\geqslant 1$.

对 n 用数学归纳法. $n=1$ 显然成立，假设命题对任意不超过 $n-1$ 阶的矩阵成立，下证命题对 n 阶矩阵也成立. 对 A 分块 $A=\begin{bmatrix} 0 & \boldsymbol{a}^{\mathrm{T}} \\ \boldsymbol{0} & A_1 \end{bmatrix}$. 根据归纳假设，存在 $n-1$ 阶可逆矩阵 $\widetilde{X}_1$，使得 $\widetilde{X}_1^{-1}A_1\widetilde{X}_1=\begin{bmatrix} J_{k_1}(0) & \\ & J \end{bmatrix}$，其中 J 是分块对角矩阵，对角块是 $J_{k_i}(0), i=2,\cdots,s$，且 $k_1\geqslant k_2\geqslant\cdots\geqslant k_s, k_1+k_2+\cdots+k_s=n-1$. 取 $X_1=\begin{bmatrix} 1 & \\ & \widetilde{X}_1 \end{bmatrix}$，于是 $X_1^{-1}AX_1=:\begin{bmatrix} 0 & \boldsymbol{a}_1^{\mathrm{T}} & \boldsymbol{a}_2^{\mathrm{T}} \\ & J_{k_1}(0) & \\ & & J \end{bmatrix}$. 取

$X_2=\begin{bmatrix} 1 & \boldsymbol{a}_1^{\mathrm{T}}J_{k_1}(0)^{\mathrm{T}} & \\ & I_{k-1} & \\ & & I \end{bmatrix}$，则 $X_2^{-1}X_1^{-1}AX_1X_2=\begin{bmatrix} 0 & (\boldsymbol{a}_1^{\mathrm{T}}\boldsymbol{e}_1)\boldsymbol{e}_1^{\mathrm{T}} & \boldsymbol{a}_2^{\mathrm{T}} \\ & J_{k_1}(0) & \\ & & J \end{bmatrix}$.

若 $\boldsymbol{a}_1^{\mathrm{T}}\boldsymbol{e}_1=0$，则存在置换矩阵 P，使得 $P^{\mathrm{T}}X_2^{-1}X_1^{-1}AX_1X_2P=\begin{bmatrix} J_{k_1}(0) & & \\ & 0 & \boldsymbol{a}_2^{\mathrm{T}} \\ & & J \end{bmatrix}$，对 $\begin{bmatrix} 0 & \boldsymbol{a}_2^{\mathrm{T}} \\ & J \end{bmatrix}$ 使用归纳假设即得结论.

若不然，先取 $X_3=\begin{bmatrix} \boldsymbol{a}_1^{\mathrm{T}}\boldsymbol{e}_1 & & \\ & I_{k_1} & \\ & & \boldsymbol{a}_1^{\mathrm{T}}\boldsymbol{e}_1 I \end{bmatrix}$，就有 $X_3^{-1}X_2^{-1}X_1^{-1}AX_1X_2X_3=\begin{bmatrix} 0 & \boldsymbol{e}_1^{\mathrm{T}} & \boldsymbol{a}_2^{\mathrm{T}} \\ & J_{k_1}(0) & \\ & & J \end{bmatrix}=\begin{bmatrix} J_{k_1+1}(0) & \boldsymbol{e}_1\boldsymbol{a}_2^{\mathrm{T}} \\ & J \end{bmatrix}$. 再利用练习 5.4.7 第 5 条也得结论. 综上即有，命题成立，即严格上三角矩阵有 Jordan 分解.

次之，考虑任意矩阵的 Jordan 分解. 根据练习 5.4.7 第 3 条，存在可逆矩阵 X_1，使得 $X_1^{-1}AX_1 = \begin{bmatrix} \lambda_1 I + N_1 & & & \\ & \lambda_1 I + N_2 & & \\ & & \ddots & \\ & & & \lambda_s I + N_s \end{bmatrix}$. 其中 $N_1, N_2, \cdots, N_s$ 是严格上三角矩阵. 再利用严格上三角矩阵的 Jordan 分解，存在可逆矩阵 $X_2 = \begin{bmatrix} X_{11} & & & \\ & X_{22} & & \\ & & \ddots & \\ & & & X_{ss} \end{bmatrix}$，使得 $X_2^{-1}X_1^{-1}AX_1X_2 = J$ 是分块对角矩阵，而且每个对角块都是 Jordan 块. 令 $X = X_1X_2$，就证明了 Jordan 分解存在性.

最后考虑 Jordan 分解的唯一性. J 中相同特征值的 Jordan 块的个数就是该特征值的几何重数，而这些 Jordan 块的阶数的和就是该特征值的代数重数. 注意矩阵的特征值、代数重数、几何重数都是相似不变量. 因此只需证明若 $J(\lambda) = \begin{bmatrix} J_{n_1}(\lambda) & & & \\ & J_{n_2}(\lambda) & & \\ & & \ddots & \\ & & & J_{n_k}(\lambda) \end{bmatrix}$ 和 $\widetilde{J}(\lambda) = \begin{bmatrix} J_{m_1}(\lambda) & & & \\ & J_{m_2}(\lambda) & & \\ & & \ddots & \\ & & & J_{m_k}(\lambda) \end{bmatrix}$ 相似，其中 $n_1 \geqslant n_2 \geqslant \cdots \geqslant n_k \geqslant 1, m_1 \geqslant m_2 \geqslant \cdots \geqslant m_k \geqslant 1, n_1 + n_2 + \cdots + n_k = m_1 + m_2 + \cdots + m_k$，则必有 $m_i = n_i, i = 1, 2, \cdots, k$.

若不然，则存在 j，使得 $m_i = n_i, i = 1, 2, \cdots, j-1$，但 $m_j \neq n_j$. 不妨设 $m_j > n_j$，令

$$J_1 = \begin{bmatrix} J_{n_1}(\lambda) & & & \\ & J_{n_2}(\lambda) & & \\ & & \ddots & \\ & & & J_{n_{j-1}}(\lambda) \end{bmatrix}, \quad J_2 = \begin{bmatrix} J_{n_j}(\lambda) & & & \\ & J_{n_{j+1}}(\lambda) & & \\ & & \ddots & \\ & & & J_{n_k}(\lambda) \end{bmatrix}, \quad \widetilde{J}_2 = \begin{bmatrix} J_{m_j}(\lambda) & & & \\ & J_{m_{j+1}}(\lambda) & & \\ & & \ddots & \\ & & & J_{m_k}(\lambda) \end{bmatrix},$$

则 $(J(\lambda) - \lambda I)^{n_j} = \begin{bmatrix} (J_1 - \lambda I)^{n_j} & \\ & O \end{bmatrix}, \left(\widetilde{J}(\lambda) - \lambda I\right)^{n_j} = \begin{bmatrix} (J_1 - \lambda I)^{n_j} & \\ & (\widetilde{J}_2 - \lambda I)^{n_j} \end{bmatrix}$，其中 $(\widetilde{J}_2 - \lambda I)^{n_j} \neq O$. 但二者相似，故秩相同，矛盾.

第 6 章 实对称矩阵

对称矩阵经常出现在实际生产生活中，前面很多例子也体现了这一点. 那么对称矩阵的特征值和特征向量有何特点？这是本章的出发点.

6.1 实对称矩阵的谱分解

在 5.3 节中我们得到，如果复方阵的特征值都半单，则该矩阵有谱分解. 现在假设实对称矩阵 A 有谱分解 $A = X\Lambda X^{-1}$，其中 X 可逆，Λ 为对角矩阵. 那么 $A^{\mathrm{T}} = (X^{-1})^{\mathrm{T}}\Lambda^{\mathrm{T}}X^{\mathrm{T}} = (X^{\mathrm{T}})^{-1}\Lambda X^{\mathrm{T}}$. 而 $A = A^{\mathrm{T}}$，因此 $(X^{-1})^{\mathrm{T}}\Lambda X^{\mathrm{T}} = X\Lambda X^{-1}$. 我们能找到矩阵 X，使得 $X^{\mathrm{T}} = X^{-1}$ 吗？如果 $X^{\mathrm{T}} = X^{-1}$ 且 X 是实矩阵，则 X 是正交矩阵. 于是 $A = X\Lambda X^{\mathrm{T}}$，该写法本身就暗示了 A 对称.

上面的猜想加了不少假设，我们需要一一验证，其重点在于分析实对称矩阵的特征值和特征向量. 首先考虑实对称矩阵的特征值.

命题 6.1.1 实对称矩阵的特征多项式的根都是实根，即实对称矩阵在 $\mathbb{C}$ 上的特征值都是实数.

证 对实对称矩阵 A，λ 是其复特征值，则存在复特征向量 $\boldsymbol{x} \in \mathbb{C}^n$，满足 $A\boldsymbol{x} = \lambda\boldsymbol{x}$. 两端取共轭，得 $A\overline{\boldsymbol{x}} = \overline{A}\overline{\boldsymbol{x}} = \overline{\lambda}\overline{\boldsymbol{x}}$. 考虑 $\overline{\boldsymbol{x}}^{\mathrm{T}}A\boldsymbol{x}$，一方面 $\overline{\boldsymbol{x}}^{\mathrm{T}}A\boldsymbol{x} = \lambda\overline{\boldsymbol{x}}^{\mathrm{T}}\boldsymbol{x}$；另一方面，由 $A\overline{\boldsymbol{x}} = \overline{\lambda}\overline{\boldsymbol{x}}$ 取转置得 $\overline{\boldsymbol{x}}^{\mathrm{T}}A = \overline{\lambda}\overline{\boldsymbol{x}}^{\mathrm{T}}$，于是 $\overline{\boldsymbol{x}}^{\mathrm{T}}A\boldsymbol{x} = \overline{\lambda}\overline{\boldsymbol{x}}^{\mathrm{T}}\boldsymbol{x}$. 因此 $\lambda\overline{\boldsymbol{x}}^{\mathrm{T}}\boldsymbol{x} = \overline{\lambda}\overline{\boldsymbol{x}}^{\mathrm{T}}\boldsymbol{x}$. 若令 $\boldsymbol{x} = \begin{bmatrix} x_1 & x_2 & \cdots & x_n \end{bmatrix}^{\mathrm{T}}$，注意 $\boldsymbol{x} \neq \boldsymbol{0}$，则 $\overline{\boldsymbol{x}}^{\mathrm{T}}\boldsymbol{x} = |x_1|^2 + |x_2|^2 + \cdots + |x_n|^2 > 0$. 因此 $\lambda = \overline{\lambda}$，即 λ 是实数. □

对实对称矩阵的实特征值，易知存在实向量作为对应的特征向量. 由此即可说明谱分解的存在性.

定理 6.1.2 (实对称矩阵的谱分解) 对 n 阶实对称矩阵 A，存在 n 阶正交矩阵 Q 和实对角矩阵 Λ，使得 $A = Q\Lambda Q^{\mathrm{T}}$.

证 采用数学归纳法. 当 $n = 1$ 时，显然. 假设任意 $n-1$ 阶实对称矩阵都有如上分解.

对 n 阶实对称矩阵 A，根据命题 6.1.1，总存在实特征对 $(\lambda_1, \boldsymbol{q}_1)$，不妨设 $\|\boldsymbol{q}_1\| = 1$. 把 $\boldsymbol{q}_1$ 扩充成 $\mathbb{R}^n$ 的一组标准正交基 $\boldsymbol{q}_1, \boldsymbol{q}_2, \cdots, \boldsymbol{q}_n$，令 $Q_1 = \begin{bmatrix} \boldsymbol{q}_1 & Q_{12} \end{bmatrix} = \begin{bmatrix} \boldsymbol{q}_1 & \boldsymbol{q}_2 & \cdots & \boldsymbol{q}_n \end{bmatrix}$.

由于 $\boldsymbol{q}_1$ 与 Q_{12} 的列向量都正交，则

$$Q_1^{\mathrm{T}}AQ_1=\begin{bmatrix}\boldsymbol{q}_1^{\mathrm{T}}A\boldsymbol{q}_1 & \boldsymbol{q}_1^{\mathrm{T}}AQ_{12}\\ Q_{12}^{\mathrm{T}}A\boldsymbol{q}_1 & Q_{12}^{\mathrm{T}}AQ_{12}\end{bmatrix}=\begin{bmatrix}\lambda_1\boldsymbol{q}_1^{\mathrm{T}}\boldsymbol{q}_1 & \lambda_1\boldsymbol{q}_1^{\mathrm{T}}Q_{12}\\ \lambda_1Q_{12}^{\mathrm{T}}\boldsymbol{q}_1 & Q_{12}^{\mathrm{T}}AQ_{12}\end{bmatrix}=\begin{bmatrix}\lambda_1 & \mathbf{0}^{\mathrm{T}}\\ \mathbf{0} & Q_{12}^{\mathrm{T}}AQ_{12}\end{bmatrix}.$$

注意 $Q_{12}^{\mathrm{T}}AQ_{12}$ 是 $n-1$ 阶实对称矩阵，根据归纳假设，存在正交矩阵 Q_2 和实对角矩阵 Λ_2，使得 $Q_{12}^{\mathrm{T}}AQ_{12}=Q_2\Lambda_2Q_2^{\mathrm{T}}$. 因此

$$A=Q_1\begin{bmatrix}\lambda_1 & \mathbf{0}^{\mathrm{T}}\\ \mathbf{0} & Q_2\Lambda_2Q_2^{\mathrm{T}}\end{bmatrix}Q_1^{\mathrm{T}}=Q_1\begin{bmatrix}1 & \mathbf{0}^{\mathrm{T}}\\ \mathbf{0} & Q_2\end{bmatrix}\begin{bmatrix}\lambda_1 & \mathbf{0}^{\mathrm{T}}\\ \mathbf{0} & \Lambda_2\end{bmatrix}\begin{bmatrix}1 & \mathbf{0}^{\mathrm{T}}\\ \mathbf{0} & Q_2\end{bmatrix}^{\mathrm{T}}Q_1^{\mathrm{T}}.$$

记 $Q=Q_1\begin{bmatrix}1 & \mathbf{0}^{\mathrm{T}}\\ \mathbf{0} & Q_2\end{bmatrix}$, $\Lambda=\begin{bmatrix}\lambda_1 & \mathbf{0}^{\mathrm{T}}\\ \mathbf{0} & \Lambda_2\end{bmatrix}$, 则 Q 为正交矩阵, Λ 为实对角矩阵, 而 $A=Q\Lambda Q^{\mathrm{T}}$. 综上，命题对任意 n 成立. □

分解 $A=Q\Lambda Q^{\mathrm{T}}$ 称为实对称矩阵 A 的**谱分解**.

如果令 $\Lambda=\operatorname{diag}(\lambda_1,\lambda_2,\cdots,\lambda_n)$, $Q=\begin{bmatrix}\boldsymbol{q}_1 & \boldsymbol{q}_2 & \cdots & \boldsymbol{q}_n\end{bmatrix}$，那么

$$A=Q\Lambda Q^{\mathrm{T}}=\lambda_1\boldsymbol{q}_1\boldsymbol{q}_1^{\mathrm{T}}+\lambda_2\boldsymbol{q}_2\boldsymbol{q}_2^{\mathrm{T}}+\cdots+\lambda_n\boldsymbol{q}_n\boldsymbol{q}_n^{\mathrm{T}}.$$

这种把矩阵写成 n 个秩为 1 的矩阵的和的分解往往也称为谱分解.

注意，$A=Q\Lambda Q^{\mathrm{T}}$，当且仅当 $AQ=Q\Lambda$. Λ 的对角元素是 A 的特征值，Q 的第 i 列就是 A 的属于该特征值的特征向量. 属于相同特征值的特征向量，亦即 Q 的对应列，构成了属于该特征值的特征子空间的一组基. 由 Q 的列互相正交，即得推论 6.1.3[①].

推论 6.1.3 实对称矩阵属于不同特征值的特征向量互相正交.

证 2 对实对称矩阵 A，λ_1,λ_2 是两个不同特征值，$\boldsymbol{x}_1,\boldsymbol{x}_2$ 是分别属于二者的特征向量. 那么 $\lambda_1\boldsymbol{x}_2^{\mathrm{T}}\boldsymbol{x}_1=\boldsymbol{x}_2^{\mathrm{T}}A\boldsymbol{x}_1=\boldsymbol{x}_1^{\mathrm{T}}A\boldsymbol{x}_2=\lambda_2\boldsymbol{x}_1^{\mathrm{T}}\boldsymbol{x}_2=\lambda_2\boldsymbol{x}_2^{\mathrm{T}}\boldsymbol{x}_1$. 由 $\lambda_1\neq\lambda_2$，必有 $\boldsymbol{x}_2^{\mathrm{T}}\boldsymbol{x}_1=0$. □

对角矩阵 D 显然对称，而 $M^{\mathrm{T}}DM$ 也一定对称，例 1.4.19 中复合映射的矩阵就是这种形式.

例 6.1.4 设 P 是正交投影矩阵，即 $P^2=P^{\mathrm{T}}=P$. 若 λ 是 P 的特征值，即 $P\boldsymbol{x}=\lambda\boldsymbol{x}$，则 $P^2\boldsymbol{x}=P(\lambda\boldsymbol{x})=\lambda^2\boldsymbol{x}$，因此 $\lambda^2\boldsymbol{x}=\lambda\boldsymbol{x},\lambda^2=\lambda$，即 $\lambda=0,1$. 容易证明，$P\boldsymbol{x}=\boldsymbol{x}$ 当且仅当 $\boldsymbol{x}\in\mathcal{R}(P)$；而 $P\boldsymbol{x}=\mathbf{0}$ 当且仅当 $\boldsymbol{x}\in\mathcal{N}(P)$. 从这两个子空间各取一组标准正交基 $\boldsymbol{q}_1,\boldsymbol{q}_2,\cdots,\boldsymbol{q}_r$ 和 $\boldsymbol{q}_{r+1},\boldsymbol{q}_{r+2},\cdots,\boldsymbol{q}_n$，合并成 $\mathbb{R}^n$ 的一组标准正交基. 令 $Q=\begin{bmatrix}\boldsymbol{q}_1 & \boldsymbol{q}_2 & \cdots & \boldsymbol{q}_n\end{bmatrix}$，则 $PQ=Q\begin{bmatrix}I_r & \\ & O\end{bmatrix}=Q\Lambda$. ☺

① 这是第一个证明！

可以看到，如果 $A=Q\Lambda Q^{\mathrm{T}}$ 是其谱分解，则 A 和 Λ 相似. 和普通的相似关系对比，区别在于矩阵 Q 是正交矩阵. 为此作如下定义.

定义 6.1.5 (正交相似) 对实方阵 A,B，如果存在正交矩阵 Q 使得 $Q^{\mathrm{T}}AQ=B$，则称 A 和 B **正交相似**，或 A 正交相似于 B.

命题 6.1.6 实方阵的正交相似关系是等价关系.

证明留给读者.

考虑等价关系的从属概念，对应与正交相似关系的等价变换称为**正交相似变换**，即 $\boldsymbol{T}\colon A\mapsto Q^{\mathrm{T}}AQ$. 注意正交相似变换不一定只变换实对称矩阵.

再考虑正交相似变换下的不变量. 首先，因为正交相似变换是一种特殊的相似变换，因此相似变换下的不变量，如特征值、代数重数、几何重数，都是正交相似变换下的不变量. 其次，对称性也是正交相似变换下的不变量，即对称矩阵作正交相似变换后得到的矩阵也是对称矩阵，反对称矩阵作正交相似变换后得到的也是反对称矩阵，非对称矩阵作正交相似变换后得到的也是非对称矩阵.

定理 6.1.2 说明，实对称矩阵在正交相似变换下的标准形是对角矩阵. 其他实矩阵的标准形将在第 8 章中阐述.

正交相似变换在化简问题时很常用，下面给出一个示范.

例 5.4.9 中，弹簧振子的动能为 $\dfrac{1}{2}mv^2$，势能为 $\dfrac{1}{2}kx^2$，而系统总机械能为 $\dfrac{1}{2}\boldsymbol{p}^{\mathrm{T}}K\boldsymbol{p}$. 类似地，多质点系统的能量常常可用 $\boldsymbol{x}^{\mathrm{T}}A\boldsymbol{x}$ 表示，其中 $\boldsymbol{x}\in\mathbb{R}^n$. 关于 $\boldsymbol{x}$ 的函数 $\boldsymbol{x}^{\mathrm{T}}A\boldsymbol{x}$ 常称为**能量函数**. 注意到 $\boldsymbol{x}$ 的长度很多情形下并不重要，为此作如下定义.

定义 6.1.7 (Rayleigh 商) 给定实矩阵 A 和非零向量 $\boldsymbol{x}\in\mathbb{R}^n$，实数 $\dfrac{\boldsymbol{x}^{\mathrm{T}}A\boldsymbol{x}}{\boldsymbol{x}^{\mathrm{T}}\boldsymbol{x}}$ 称为 $\boldsymbol{x}$ 关于 A 的 **Rayleigh 商**.

若 A 和 B 正交相似，即存在正交矩阵 Q 使得 $Q^{\mathrm{T}}AQ=B$，则

$$\frac{\boldsymbol{y}^{\mathrm{T}}B\boldsymbol{y}}{\boldsymbol{y}^{\mathrm{T}}\boldsymbol{y}}=\frac{\boldsymbol{y}^{\mathrm{T}}Q^{\mathrm{T}}AQ\boldsymbol{y}}{\boldsymbol{y}^{\mathrm{T}}\boldsymbol{y}}=\frac{\boldsymbol{y}^{\mathrm{T}}Q^{\mathrm{T}}AQ\boldsymbol{y}}{\boldsymbol{y}^{\mathrm{T}}Q^{\mathrm{T}}Q\boldsymbol{y}}=\frac{\boldsymbol{x}^{\mathrm{T}}A\boldsymbol{x}}{\boldsymbol{x}^{\mathrm{T}}\boldsymbol{x}},$$

即 $\boldsymbol{x}=Q\boldsymbol{y}$ 关于 A 的 Rayleigh 商等于 $\boldsymbol{y}$ 关于 B 的 Rayleigh 商.

由实对称矩阵的谱分解，可知其 Rayleigh 商和特征值之间存在如下重要联系.

命题 6.1.8 设实对称矩阵 A 的特征值为 $\lambda_1\geqslant\lambda_2\geqslant\cdots\geqslant\lambda_n$，相应的特征向量为 $\boldsymbol{q}_1,\boldsymbol{q}_2,\cdots,\boldsymbol{q}_n$ 并构成 $\mathbb{R}^n$ 的一组标准正交基，则

$$\lambda_1=\max_{\boldsymbol{x}\neq\boldsymbol{0}}\frac{\boldsymbol{x}^{\mathrm{T}}A\boldsymbol{x}}{\boldsymbol{x}^{\mathrm{T}}\boldsymbol{x}},\qquad \lambda_i=\max_{\substack{\boldsymbol{x}\neq\boldsymbol{0}\\ \boldsymbol{x}\perp\operatorname{span}(\boldsymbol{q}_1,\boldsymbol{q}_2,\cdots,\boldsymbol{q}_{i-1})}}\frac{\boldsymbol{x}^{\mathrm{T}}A\boldsymbol{x}}{\boldsymbol{x}^{\mathrm{T}}\boldsymbol{x}},\ i=2,\cdots,n.$$

类似地，有

$$\lambda_n=\min_{\boldsymbol{x}\neq\boldsymbol{0}}\frac{\boldsymbol{x}^{\mathrm{T}}A\boldsymbol{x}}{\boldsymbol{x}^{\mathrm{T}}\boldsymbol{x}},\qquad \lambda_i=\min_{\substack{\boldsymbol{x}\neq\boldsymbol{0}\\ \boldsymbol{x}\perp\operatorname{span}(\boldsymbol{q}_{i+1},\cdots,\boldsymbol{q}_n)}}\frac{\boldsymbol{x}^{\mathrm{T}}A\boldsymbol{x}}{\boldsymbol{x}^{\mathrm{T}}\boldsymbol{x}},\ i=1,2,\cdots,n-1.$$

证 先说明后者能由前者简单得到. 考察 $-A$, 注意 $-A$ 的特征值是 $-\lambda_n \geqslant -\lambda_{n-1} \geqslant \cdots \geqslant -\lambda_1$, 由前者就得到 $-\lambda_n = \max\limits_{\boldsymbol{x}\neq\boldsymbol{0}} \dfrac{\boldsymbol{x}^{\mathrm{T}}(-A)\boldsymbol{x}}{\boldsymbol{x}^{\mathrm{T}}\boldsymbol{x}}$, 于是 $\lambda_n = \min\limits_{\boldsymbol{x}\neq\boldsymbol{0}} \dfrac{\boldsymbol{x}^{\mathrm{T}}A\boldsymbol{x}}{\boldsymbol{x}^{\mathrm{T}}\boldsymbol{x}}$. 另一等式类似.

下证 $\lambda_1 = \max\limits_{\boldsymbol{x}\neq\boldsymbol{0}} \dfrac{\boldsymbol{x}^{\mathrm{T}}A\boldsymbol{x}}{\boldsymbol{x}^{\mathrm{T}}\boldsymbol{x}}$. 记 $A = Q\Lambda Q^{\mathrm{T}}$ 为 A 的谱分解. 则

$$\max_{\boldsymbol{x}\neq\boldsymbol{0}} \frac{\boldsymbol{x}^{\mathrm{T}}A\boldsymbol{x}}{\boldsymbol{x}^{\mathrm{T}}\boldsymbol{x}} = \max_{\boldsymbol{x}\neq\boldsymbol{0}} \frac{\boldsymbol{x}^{\mathrm{T}}Q\Lambda Q^{\mathrm{T}}\boldsymbol{x}}{\boldsymbol{x}^{\mathrm{T}}QQ^{\mathrm{T}}\boldsymbol{x}} = \max_{\boldsymbol{y}=Q^{\mathrm{T}}\boldsymbol{x}\neq\boldsymbol{0}} \frac{\boldsymbol{y}^{\mathrm{T}}\Lambda\boldsymbol{y}}{\boldsymbol{y}^{\mathrm{T}}\boldsymbol{y}} = \max_{\boldsymbol{y}\neq\boldsymbol{0}} \frac{\lambda_1 y_1^2 + \lambda_2 y_1^2 + \cdots + \lambda_n y_n^2}{y_1^2 + y_2^2 + \cdots + y_n^2} = \lambda_1,$$

最后一个等式成立, 是因为 $\lambda_1 y_1^2 + \lambda_2 y_2^2 + \cdots + \lambda_n y_n^2 \leqslant \lambda_1 y_1^2 + \lambda_1 y_2^2 + \cdots + \lambda_1 y_n^2 = \lambda_1(y_1^2 + y_2^2 + \cdots + y_n^2)$, 而令 $y_1 = 1, y_2 = \cdots = y_n = 0$, 等式成立.

再证 $\lambda_i = \max\limits_{\substack{\boldsymbol{x}\neq\boldsymbol{0} \\ \boldsymbol{x}\perp\operatorname{span}(\boldsymbol{q}_1,\boldsymbol{q}_2,\cdots,\boldsymbol{q}_{i-1})}} \dfrac{\boldsymbol{x}^{\mathrm{T}}A\boldsymbol{x}}{\boldsymbol{x}^{\mathrm{T}}\boldsymbol{x}}$. 注意 $\boldsymbol{x} \perp \operatorname{span}(\boldsymbol{q}_1, \boldsymbol{q}_2, \cdots, \boldsymbol{q}_{i-1})$ 与 $\boldsymbol{x} \in \operatorname{span}(\boldsymbol{q}_i, \boldsymbol{q}_{i+1}, \cdots, \boldsymbol{q}_n)$ 等价, 则

$$\begin{aligned}
\max_{\substack{\boldsymbol{x}\neq\boldsymbol{0} \\ \boldsymbol{x}\in\operatorname{span}(\boldsymbol{q}_i,\cdots,\boldsymbol{q}_n)}} \frac{\boldsymbol{x}^{\mathrm{T}}A\boldsymbol{x}}{\boldsymbol{x}^{\mathrm{T}}\boldsymbol{x}} &= \max_{\substack{\boldsymbol{x}\neq\boldsymbol{0} \\ \boldsymbol{x}\in\operatorname{span}(\boldsymbol{q}_i,\cdots,\boldsymbol{q}_n)}} \frac{\boldsymbol{x}^{\mathrm{T}}Q\Lambda Q^{\mathrm{T}}\boldsymbol{x}}{\boldsymbol{x}^{\mathrm{T}}QQ^{\mathrm{T}}\boldsymbol{x}} \\
&= \max_{\substack{\boldsymbol{y}\neq\boldsymbol{0} \\ \boldsymbol{y}\in\operatorname{span}(\boldsymbol{e}_i,\cdots,\boldsymbol{e}_n)}} \frac{\boldsymbol{y}^{\mathrm{T}}\Lambda\boldsymbol{y}}{\boldsymbol{y}^{\mathrm{T}}\boldsymbol{y}} \qquad (\text{变量替换 } \boldsymbol{y} = Q^{\mathrm{T}}\boldsymbol{x}) \\
&= \max_{\substack{\boldsymbol{y}\neq\boldsymbol{0} \\ \boldsymbol{y}\in\operatorname{span}(\boldsymbol{e}_i,\cdots,\boldsymbol{e}_n)}} \frac{\lambda_i y_i^2 + \cdots + \lambda_n y_n^2}{y_i^2 + \cdots + y_n^2} = \lambda_i.
\end{aligned}$$

□

最后来看一个例子说明实对称矩阵的谱分解的重要性.

例 6.1.9 (弹簧振子) 假设四根弹簧和三个振子如图 6.1.1 所示交替依次挂在天花板和地板之间, 弹簧的原始长度为 l_1, l_2, l_3, l_4, 劲度系数分别为 k_1, k_2, k_3, k_4, 振子的质量分别为 m_1, m_2, m_3, 天花板和地板的间距是 d, 而 $d > l_1 + l_2 + l_3 + l_4$. 系统本处于静止状态, 如果突然将弹簧 k_4 剪断, 这些振子将如何运动?

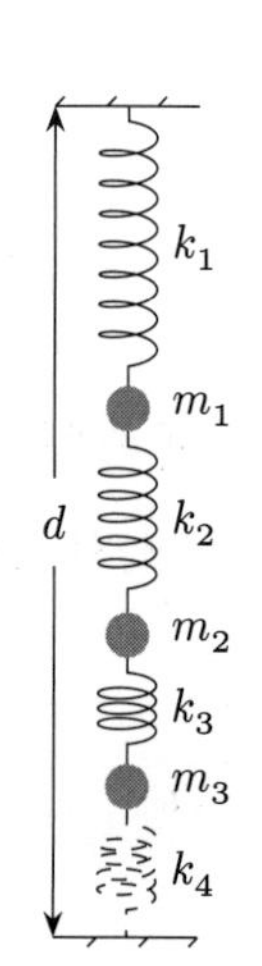

图 6.1.1 弹簧振子: 系统状态的转化

类似于例 5.4.9, 只需考虑振子的位置关于时间的函数, 分析过程整体与例 5.4.9 类似. 仍然假设三个振子到天花板的距离分别是 $l_1 + x_1, l_1 + l_2 + x_2, l_1 + l_2 + l_3 + x_3$, 欲求 x_1, x_2, x_3. 记所求函数为 $\boldsymbol{x}(t) = \begin{bmatrix} x_1(t) \\ x_2(t) \\ x_3(t) \end{bmatrix}$. 剪断前, 振子的位置在例 1.6.6 已经得出, 即

$$\boldsymbol{x}(0) = (D_{43}^{\mathrm{T}} K_4 D_{43})^{-1}(gM_3\mathbf{1} - \delta D_{43}^{\mathrm{T}} K_4 \boldsymbol{e}_4),$$

其中 $M_3 = \operatorname{diag}(m_1, m_2, m_3)$.

振子的速度 $\boldsymbol{v}(t)$ 是位移的导数, 即 $\boldsymbol{v}(t) = \boldsymbol{x}'(t), \boldsymbol{v}(0) = \mathbf{0}$. 振子的加速度是二阶导数 $\boldsymbol{a}(t) = \boldsymbol{v}'(t) = \boldsymbol{x}''(t)$. 振子所

受的重力 $\boldsymbol{g}(t)$、振子所受的拉力 $\boldsymbol{f}(t)$ 都与例 1.4.19 相同，即 $\boldsymbol{g}(t)=gM_3\mathbf{1}$，$\boldsymbol{f}(t)=D_{33}^{\mathrm{T}}K_3D_{33}\boldsymbol{x}(t)$. 利用 Newton 第二定律，我们有 $\boldsymbol{g}(t)-\boldsymbol{f}(t)=\begin{bmatrix}m_1a_1(t)\\m_2a_2(t)\\m_3a_3(t)\end{bmatrix}=M_3\boldsymbol{a}(t)$. 亦即 $M_3\boldsymbol{a}(t)=gM_3\mathbf{1}-D_{33}^{\mathrm{T}}K_3D_{33}\boldsymbol{x}(t)$. 因此得到微分方程组

$$\begin{bmatrix}\boldsymbol{x}'(t)\\\boldsymbol{v}'(t)\end{bmatrix}=\begin{bmatrix}\boldsymbol{v}(t)\\\boldsymbol{a}(t)\end{bmatrix}=\begin{bmatrix}\boldsymbol{v}(t)\\\boldsymbol{a}_0-T_0\boldsymbol{x}(t)\end{bmatrix}=\begin{bmatrix}\mathbf{0}\\\boldsymbol{a}_0\end{bmatrix}+\begin{bmatrix}&I\\-T_0&\end{bmatrix}\begin{bmatrix}\boldsymbol{x}(t)\\\boldsymbol{v}(t)\end{bmatrix},$$

其中 $\boldsymbol{a}_0=g\mathbf{1},T_0=M_3^{-1}D_{33}^{\mathrm{T}}K_3D_{33}$.因此,令 $\boldsymbol{p}(t)=\begin{bmatrix}\boldsymbol{x}(t)\\\boldsymbol{v}(t)\end{bmatrix},\boldsymbol{a}=\begin{bmatrix}\mathbf{0}\\\boldsymbol{a}_0\end{bmatrix},T=\begin{bmatrix}&I\\-T_0&\end{bmatrix}$, 方程组就变为 $\boldsymbol{p}'(t)=\boldsymbol{a}+T\boldsymbol{p}(t)$. 下面来看 T 是否有谱分解.

先看 T_0. 记 $M_3^{\pm\frac{1}{2}}=\operatorname{diag}\left(m_1^{\pm\frac{1}{2}},m_2^{\pm\frac{1}{2}},m_3^{\pm\frac{1}{2}}\right)$, 则 $M_3^{\frac{1}{2}}T_0M_3^{-\frac{1}{2}}=M_3^{-\frac{1}{2}}D_{33}^{\mathrm{T}}K_3D_{33}M_3^{-\frac{1}{2}}$ 是对称矩阵，因此存在谱分解 $Q_0\varLambda_0Q_0^{\mathrm{T}}$. 不难验证 $\varLambda_0$ 的对角元素都是正数（为什么?），记 $\varLambda_0=\operatorname{diag}(\mu_1^2,\mu_2^2,\mu_3^2)$. 因此 T_0 有谱分解 $T_0=M_3^{-\frac{1}{2}}Q_0\varLambda_0Q_0^{\mathrm{T}}M_3^{\frac{1}{2}}$. 先作相似变换 $\begin{bmatrix}Q_0^{\mathrm{T}}M_3^{\frac{1}{2}}&\\&Q_0^{\mathrm{T}}M_3^{\frac{1}{2}}\end{bmatrix}T\begin{bmatrix}M_3^{-\frac{1}{2}}Q_0&\\&M_3^{-\frac{1}{2}}Q_0\end{bmatrix}=\begin{bmatrix}&I\\-\varLambda_0&\end{bmatrix}=:\widetilde{T}$. 再利用置换矩阵 $P=P_{35}P_{24}P_{34}$ 作相似变换，有 $P^{\mathrm{T}}\widetilde{T}P=\begin{bmatrix}T_1&&\\&T_2&\\&&T_3\end{bmatrix}$，其中 $T_i=\begin{bmatrix}&1\\-\mu_i^2&\end{bmatrix},i=1,2,3$. 类似于例 5.4.9，每个 T_i 都有一对共轭复特征值 $\pm\mu_i\mathrm{i}$，都可对角化. 因此 T 可对角化，T 的特征值为 $\pm\mu_1\mathrm{i},\pm\mu_2\mathrm{i},\pm\mu_3\mathrm{i}$.

记 T 的谱分解为 $T=Q\varLambda Q^{-1}$，则 $\boldsymbol{p}'(t)=\boldsymbol{a}+Q\varLambda Q^{-1}\boldsymbol{p}(t)$. 令 $\boldsymbol{q}(t)=Q^{-1}\boldsymbol{p}(t),\boldsymbol{b}=Q^{-1}\boldsymbol{a}$, 则 $\boldsymbol{q}'(t)=\boldsymbol{b}+\varLambda\boldsymbol{q}(t)$. 问题就转化为六个互不相关的一阶常系数常微分方程 $q_i'(t)=b_i+\lambda_iq_i(t)$. 根据常微分方程知识可知, 其解是 $q_i(t)=C_i\mathrm{e}^{\lambda_it}-\dfrac{b_i}{\lambda_i}$, 其中 C_i 由初始值确定. 记 $\mathrm{e}^{\varLambda t}=\operatorname{diag}\left(\mathrm{e}^{\lambda_it}\right),\boldsymbol{c}=\left[C_i\right]$, 就有 $\boldsymbol{q}(t)=\mathrm{e}^{\varLambda t}\boldsymbol{c}-\varLambda^{-1}\boldsymbol{b}$. 于是 $\boldsymbol{p}(t)=Q\mathrm{e}^{\varLambda t}\boldsymbol{c}-T^{-1}\boldsymbol{a}$. 注意 $\boldsymbol{p}(0)=\begin{bmatrix}\boldsymbol{x}(0)\\\boldsymbol{v}(0)\end{bmatrix}=Q\boldsymbol{c}-T^{-1}\boldsymbol{a}$，其中 $T^{-1}\boldsymbol{a}=\begin{bmatrix}&-T_0^{-1}\\I&\end{bmatrix}\begin{bmatrix}\mathbf{0}\\\boldsymbol{a}_0\end{bmatrix}=\begin{bmatrix}-T_0^{-1}\boldsymbol{a}_0\\\mathbf{0}\end{bmatrix}$，由此即可解出 $\boldsymbol{c}=Q^{-1}\begin{bmatrix}\boldsymbol{x}(0)-T_0^{-1}\boldsymbol{a}_0\\\mathbf{0}\end{bmatrix}$. 因此 $\begin{bmatrix}\boldsymbol{x}(t)\\\boldsymbol{v}(t)\end{bmatrix}=Q\mathrm{e}^{\varLambda t}Q^{-1}\begin{bmatrix}\boldsymbol{x}(0)\\\mathbf{0}\end{bmatrix}+(I-Q\mathrm{e}^{\varLambda t}Q^{-1})\begin{bmatrix}T_0^{-1}\boldsymbol{a}_0\\\mathbf{0}\end{bmatrix}$. 注意 $\begin{bmatrix}\boldsymbol{x}(0)\\\mathbf{0}\end{bmatrix}$ 表示了例 1.6.6 的状态，$\begin{bmatrix}T_0^{-1}\boldsymbol{a}_0\\\mathbf{0}\end{bmatrix}$ 表示了例 1.4.19 的状态，因此振子的运动状态就可以视作二者的加权平均，权重由时间决定，而振子就在往复振荡中不断重复

这两种状态. ☺

习题

练习 6.1.1 求下列实对称矩阵的谱分解:

1. $\begin{bmatrix} 2 & -2 & 0 \\ -2 & 1 & -2 \\ 0 & -2 & 0 \end{bmatrix}$. 2. $\begin{bmatrix} 2 & 2 & -2 \\ 2 & 5 & -4 \\ -2 & -4 & 5 \end{bmatrix}$. 3. $\begin{bmatrix} 0 & 0 & 4 & 1 \\ 0 & 0 & 1 & 4 \\ 4 & 1 & 0 & 0 \\ 1 & 4 & 0 & 0 \end{bmatrix}$. 4. $\begin{bmatrix} 1 & 1 & 1 & 1 \\ 1 & 1 & 1 & 1 \\ 1 & 1 & 1 & 1 \\ 1 & 1 & 1 & 1 \end{bmatrix}$.

练习 6.1.2 设三阶实对称矩阵 A 的特征值是 $0,3,3$, $\begin{bmatrix} 1 \\ 1 \\ 1 \end{bmatrix} \in \mathcal{N}(A)$, $\begin{bmatrix} -1 \\ 1 \\ 0 \end{bmatrix} \in \mathcal{N}(3I - A)$, 求 A.

练习 6.1.3 设实对称矩阵 $A = \begin{bmatrix} a & 1 & 1 & -1 \\ 1 & a & -1 & 1 \\ 1 & -1 & a & 1 \\ -1 & 1 & 1 & a \end{bmatrix}$, 有一个单特征值 -3, 求 a 的值和 A 的谱分解.

练习 6.1.4 设三阶实对称矩阵 A 的各行元素之和均为 3, $\boldsymbol{a}_1 = \begin{bmatrix} -1 \\ 2 \\ -1 \end{bmatrix}$, $\boldsymbol{a}_2 = \begin{bmatrix} 0 \\ -1 \\ 1 \end{bmatrix} \in \mathcal{N}(A)$, 求 A 及其谱分解.

练习 6.1.5 求下列实对称矩阵 A 的谱分解:

1. A 满足 $A^3 = O$.
2. $A = a_1\boldsymbol{x}_1\boldsymbol{x}_1^{\mathrm{T}} + a_2\boldsymbol{x}_2\boldsymbol{x}_2^{\mathrm{T}}$, 其中 $\boldsymbol{x}_1, \boldsymbol{x}_2$ 是 $\mathbb{R}^2$ 的一组标准正交基, a_1, a_2 为实数.
3. $A = \begin{bmatrix} O & M \\ M & O \end{bmatrix}$, 其中 M 是 n 阶对称矩阵, 有谱分解 $M = Q\Lambda Q^{\mathrm{T}}$.

练习 6.1.6 设矩阵 $A = \begin{bmatrix} 2 & b \\ 1 & 0 \end{bmatrix}$. 计算满足下列条件的 b 的取值范围:

1. A 不可逆. 2. A 可以正交对角化. 3. A 不可对角化.

练习 6.1.7 计算下列矩阵及其特征值. 哪些是对称矩阵? 哪些矩阵的特征值是 ± 1? 由此看出正交相似的特殊性.

1. $\begin{bmatrix} 1 & 0 \\ 1 & 1 \end{bmatrix} \begin{bmatrix} 1 & 0 \\ 0 & -1 \end{bmatrix} \begin{bmatrix} 1 & 1 \\ 0 & 1 \end{bmatrix}$. 2. $\begin{bmatrix} 1 & 0 \\ 1 & 1 \end{bmatrix} \begin{bmatrix} 1 & 0 \\ 0 & -1 \end{bmatrix} \begin{bmatrix} 1 & 0 \\ -1 & 1 \end{bmatrix}$.

3. $\begin{bmatrix} 0 & -1 \\ 1 & 0 \end{bmatrix} \begin{bmatrix} 1 & 0 \\ 0 & -1 \end{bmatrix} \begin{bmatrix} 0 & 1 \\ -1 & 0 \end{bmatrix}$.

练习 6.1.8 证明命题 6.1.6.

练习 6.1.9 证明，两个实对称矩阵正交相似，当且仅当它们具有相同的特征多项式.

练习 6.1.10 设实对称矩阵 A 满足 $A^5 = I_n$，证明 $A = I_n$.

练习 6.1.11 ☕ 设 $A_1, A_2, \cdots, A_m$ 是 m 个两两可交换的实对称矩阵，证明它们可以同时正交对角化.

练习 6.1.12 当 n 充分大时，矩阵 $A = \begin{bmatrix} 1 & 10^{-n} \\ 0 & 1+10^{-n} \end{bmatrix}$ 非常接近对称矩阵. 计算其谱分解，并求两个线性无关的特征向量的夹角.

练习 6.1.13 设 λ_1 是实对称矩阵 A 的最大的特征值. 证明 A 的左上角元素 $a_{11} \leqslant \lambda_1$.

练习 6.1.14 将如下函数表示成对称矩阵的 Rayleigh 商，并通过 Rayleigh 商求表达式的最大值和最小值.

1. $\dfrac{3x^2 + 2xy + 3y^2}{x^2 + y^2}$.
2. $\dfrac{(x+4y)^2}{x^2 + y^2}$.

练习 6.1.15 (非对称矩阵的 Rayleigh 商)

1. 如下对实矩阵的特征值都是实数的证明，哪里有问题？

   设 $A\boldsymbol{x} = \lambda \boldsymbol{x}, \boldsymbol{x} \neq \boldsymbol{0}$，于是 $\boldsymbol{x}^{\mathrm{T}} A \boldsymbol{x} = \lambda \boldsymbol{x}^{\mathrm{T}} \boldsymbol{x}, \lambda = \dfrac{\boldsymbol{x}^{\mathrm{T}} A \boldsymbol{x}}{\boldsymbol{x}^{\mathrm{T}} \boldsymbol{x}}$. 由于分子、分母都是实数，特征值 λ 也是实数.

2. 设 $A = \begin{bmatrix} 0 & -1 \\ 1 & 0 \end{bmatrix}$，计算 $\max\limits_{\boldsymbol{x} \neq \boldsymbol{0}} \dfrac{\boldsymbol{x}^{\mathrm{T}} A \boldsymbol{x}}{\boldsymbol{x}^{\mathrm{T}} \boldsymbol{x}}$.

3. 设 $A = \begin{bmatrix} 2 & 10 \\ -2 & -2 \end{bmatrix}$，计算 $\max\limits_{\boldsymbol{x} \neq \boldsymbol{0}} \dfrac{\boldsymbol{x}^{\mathrm{T}} A \boldsymbol{x}}{\boldsymbol{x}^{\mathrm{T}} \boldsymbol{x}}$.

4. 对任意实矩阵 A 与非零实向量 $\boldsymbol{x}$，证明 $\dfrac{\boldsymbol{x}^{\mathrm{T}} A \boldsymbol{x}}{\boldsymbol{x}^{\mathrm{T}} \boldsymbol{x}} = \dfrac{\boldsymbol{x}^{\mathrm{T}} A^{\mathrm{T}} \boldsymbol{x}}{\boldsymbol{x}^{\mathrm{T}} \boldsymbol{x}} = \dfrac{\boldsymbol{x}^{\mathrm{T}} B \boldsymbol{x}}{\boldsymbol{x}^{\mathrm{T}} \boldsymbol{x}}$，其中 $B = \dfrac{A + A^{\mathrm{T}}}{2}$ 是对称矩阵.

练习 6.1.16 设实对称矩阵 $S = \begin{bmatrix} O & A \\ A^{\mathrm{T}} & O \end{bmatrix}$.

1. 证明，$S\boldsymbol{x} = \lambda \boldsymbol{x}$，当且仅当 $\boldsymbol{x} = \begin{bmatrix} \boldsymbol{y} \\ \boldsymbol{z} \end{bmatrix}$，满足 $A\boldsymbol{z} = \lambda \boldsymbol{y}, A^{\mathrm{T}} \boldsymbol{y} = \lambda \boldsymbol{z}$.
2. 证明，如果 λ 是 S 的特征值，则 $-\lambda$ 也是 S 的特征值.
3. 证明，如果 $\lambda \neq 0$ 是 S 的特征值，则 λ^2 是 $A^{\mathrm{T}} A$ 的特征值，也是 AA^{T} 的特征值.
4. 证明，AA^{T} 和 $A^{\mathrm{T}} A$ 的非零特征值相同，且有相同的重数.
5. 分别取 $A = I_2$ 或 $A = \begin{bmatrix} 1 \\ 1 \end{bmatrix}$，求对应 S 的谱分解.

练习 6.1.17 构造一个实方阵 A，满足 $AA^{\mathrm{T}} = A^{\mathrm{T}} A$ 但 $A \neq A^{\mathrm{T}}$，并验证 A 和 A^{T} 具有相同的特征值和特征向量. 注意，这里相同的特征向量不意味着对应的特征值相同.

注意：事实上，对实方阵 A，如果 $AA^{\mathrm{T}} = A^{\mathrm{T}} A$，则 A 和 A^{T} 具有相同的特征值和特征向量.

练习 6.1.18 考虑下列复对称矩阵.

1. 设复对称矩阵 $A=\begin{bmatrix}\mathrm{i} & 1\\ 1 & -\mathrm{i}\end{bmatrix}$，计算 A^2，并判断 A 是否可对角化.

2. 设复对称矩阵 $F_4=\begin{bmatrix}1 & 1 & 1 & 1\\ 1 & \mathrm{i} & -1 & -\mathrm{i}\\ 1 & -1 & 1 & -1\\ 1 & -\mathrm{i} & -1 & \mathrm{i}\end{bmatrix}$，计算 F_4^2 和 $F_4\overline{F_4}^{\mathrm{T}}$；根据 F_4^2 的特征值、F_4 的迹和行列式，求 F_4 的所有特征值. 是否存在实正交矩阵 Q，使得 $Q^{\mathrm{T}}F_4Q$ 是对角阵?

   这里 F_4 是一个 4 阶**离散 Fourier 变换**的表示矩阵，这类矩阵在信号处理和数值积分中有重要应用.

练习 6.1.19 (二阶差分矩阵与二阶导数) 函数 $f(x)$ 的二阶导数 $f''(x)\approx\dfrac{f(x+\delta)+f(x-\delta)-2f(x)}{\delta^2}$. 如果将一个区间等分，将函数 $f(x)$ 在等分点处的取值列成一个向量 $\boldsymbol{f}$，则 $\boldsymbol{f}$ 就是离散化的函数，计算中可以代替 $f(x)$. 而 $f(x)$ 的二阶导数就可以用 $\dfrac{1}{h^2}D\boldsymbol{f}$ 来表示，其中 h 是每个分出的小区间的长度，而 $D=\begin{bmatrix}* & 1 & & & & \\ 1 & -2 & 1 & & & \\ & 1 & -2 & \ddots & & \\ & & \ddots & \ddots & 1 & \\ & & & 1 & -2 & 1\\ & & & & 1 & *\end{bmatrix}$，其中 “$*$” 处元素与函数在区间端点处满足的条件有关.

1. 求 $A_3=\begin{bmatrix}2 & -1 & 0\\ -1 & 2 & -1\\ 0 & -1 & 2\end{bmatrix}$ 的谱分解，并将特征向量写成 $\begin{bmatrix}\sin d\\ \sin 2d\\ \sin 3d\end{bmatrix}$ 的形式.

   注意：这是离散化的正弦函数.

2. 求 $B_4=\begin{bmatrix}1 & -1 & 0 & 0\\ -1 & 2 & -1 & 0\\ 0 & -1 & 2 & -1\\ 0 & 0 & -1 & 1\end{bmatrix}$ 的谱分解，并将特征向量写成 $\begin{bmatrix}\cos d\\ \cos 3d\\ \cos 5d\\ \cos 7d\end{bmatrix}$ 的形式.

   注意：这是离散化的余弦函数.

注意，$\dfrac{\mathrm{d}^2}{\mathrm{d}x^2}\sin kx=-k^2\sin kx$，$\dfrac{\mathrm{d}^2}{\mathrm{d}x^2}\cos kx=-k^2\cos kx$. 对离散化的情形，也有类似结论. 这一点将在第 8 章中进一步地讨论. 在 Fourier 分析中，将函数写成正弦函数和余弦函数的和有极大的好处；而在计算上，将向量写成离散正弦或离散余弦的线性组合，也有类似的好处. 例如，图片的 JPEG 压缩就常用 B_8 谱分解产生的正交基来进行处理.

练习 6.1.20 考虑正方形铁丝上的热扩散问题，设四个顶点的温度组成向量 $\boldsymbol{t}$. 在热量扩散时，如果一个点的温度低于周围点温度的平均值，则该点温度升高；反之则该点温度降低. 假设每经过一个时间单位，一个点的温度变化与周围点平均温度和该点温度之差成正比，比例系数为 k.

1. 写出矩阵 A，使得 $A\boldsymbol{t}$ 表示经过一个单位时间之后四个点的温度.
2. 令 H 为 4 阶 Hadamard 矩阵（见练习 5.3.5），计算 AH.
3. 求 A 的谱分解.
4. 求 $\lim\limits_{t\to\infty}A^t$，它是否与 k 有关? 经过足够长的时间后，最终的温度分布是什么?

练习 6.1.21　采集 n 个人的三项数据, 例如身高、体重、收入, 组成向量 $\boldsymbol{a}_1, \boldsymbol{a}_2, \boldsymbol{a}_3 \in \mathbb{R}^n$. 令 x_1, x_2, x_3 为三组数据的平均值, $\mathbf{1} = \begin{bmatrix} 1 \\ 1 \\ 1 \end{bmatrix}$. 定义向量 $\boldsymbol{a}_i, \boldsymbol{a}_j$ 的协方差为 $\operatorname{cov}(\boldsymbol{a}_i, \boldsymbol{a}_j) = \frac{1}{n}(\boldsymbol{a}_i - x_i\mathbf{1})^{\mathrm{T}}(\boldsymbol{a}_j - x_j\mathbf{1})$. 称 $C = \left[\operatorname{cov}(\boldsymbol{a}_i, \boldsymbol{a}_j)\right]_{3\times 3}$ 为数据的协方差矩阵.

1. 令 $A = \begin{bmatrix} \boldsymbol{a}_1 & \boldsymbol{a}_2 & \boldsymbol{a}_3 \end{bmatrix}$, U 为所有元素都是 1 的 $n \times 3$ 矩阵, 求常数 k, 使得 $kUU^{\mathrm{T}}A = \begin{bmatrix} x_1\mathbf{1} & x_2\mathbf{1} & x_3\mathbf{1} \end{bmatrix}$.
2. 用 A, U 来表示 C, 并证明 C 是对称矩阵.
3. 任取 $\boldsymbol{y}_1, \boldsymbol{y}_2 \in \mathbb{R}^3$, 证明向量 $A\boldsymbol{y}_1, A\boldsymbol{y}_2$ 的协方差是 $\boldsymbol{y}_1^{\mathrm{T}} C \boldsymbol{y}_2$.
4. 设 C 有谱分解 $C = Q\Lambda Q^{\mathrm{T}}$, 考虑 $\begin{bmatrix} \boldsymbol{a}_1 & \boldsymbol{a}_2 & \boldsymbol{a}_3 \end{bmatrix} Q$ 的三个列向量对应的三组数据, 证明这三组数据两两协方差为零.

协方差为零的两组数据称为不相关的数据, 利用谱分解从原本相关的数据中得到不相关的数据的线性组合, 是统计学中很重要的一个方法.

6.2　正定矩阵

在上节中提到的关于 $\boldsymbol{x}$ 的能量函数 $\boldsymbol{x}^{\mathrm{T}}A\boldsymbol{x}$, 在很多物理系统中都具有**正定性**, 即 $\boldsymbol{x}^{\mathrm{T}}A\boldsymbol{x} \geqslant 0$, 且 $\boldsymbol{x}^{\mathrm{T}}A\boldsymbol{x} = 0$ 当且仅当 $\boldsymbol{x} = \mathbf{0}$. 特别地, 当 $A = I_n$ 时, 这就是内积的正定性.

定义 6.2.1 (正定矩阵)　*给定 n 阶实矩阵 A, 如果对任意非零向量 $\boldsymbol{x} \in \mathbb{R}^n$, 都有 $\boldsymbol{x}^{\mathrm{T}}A\boldsymbol{x} > 0$, 则称 A* **正定**.

若 $D = \operatorname{diag}(d_i)$ 是实对角矩阵, 则对任意 $\boldsymbol{x} = \begin{bmatrix} x_i \end{bmatrix}$, $\boldsymbol{x}^{\mathrm{T}}D\boldsymbol{x} = d_1x_1^2 + d_2x_2^2 + \cdots + d_nx_n^2$, 因此 D 正定当且仅当所有对角元素都是正数. 容易验证, 对任意可逆矩阵 T, A 正定当且仅当 $T^{\mathrm{T}}AT$ 正定.

实对称矩阵 A 有谱分解 $A = Q\Lambda Q^{\mathrm{T}}$, 其中 Λ 的对角元素是 A 的特征值. 回忆矩阵的三角分解. 如果条件合适, 则对称矩阵 A 有 $\mathrm{LDL^T}$ 分解 $A = LDL^{\mathrm{T}}$, 其中 D 的对角元素是主元, L 为单位下三角矩阵. 这时, A 正定、Λ 正定和 D 正定都等价, 这就把解方程组和求特征值这两个矩阵计算的主题联系起来了.

易见, Λ 的对角元素都是正数, D 的对角元素也都是正数 (为什么?). 而 $\det(A) = \det(\Lambda) = \det(D) > 0$. 事实上, 如下命题 6.2.2 说明, A 的第 i 个顺序主子阵, 记为 A_i, 的行列式 $\det(A_i) > 0$.

矩阵 A 的第 i 个顺序主子阵的行列式称为其第 i 个**顺序主子式**.

命题 6.2.2　*对实对称矩阵 A, 以下叙述等价:*

1. *A 正定;*
2. *A 的特征值都是正数;*
3. *存在可逆矩阵 T, 使得 $A = TT^{\mathrm{T}}$;*

4. A 有 $\mathrm{LDL^T}$ 分解，且 D 的对角元素都是正数；

5. A 的顺序主子式都是正数；

6. A 的顺序主子阵都正定.

证 采用轮转证法.

$1 \Rightarrow 2$：对任意特征值 λ，任取对应的特征向量 $\boldsymbol{x}$，则 $\boldsymbol{x}^{\mathrm{T}}A\boldsymbol{x} = \lambda\boldsymbol{x}^{\mathrm{T}}\boldsymbol{x} > 0$，于是 $\lambda > 0$.

$2 \Rightarrow 3$：对称矩阵 A 有谱分解 $A = Q\Lambda Q^{\mathrm{T}}$，由于 Λ 的对角元素是特征值且都是正数，因此存在对角矩阵 D 使得 $D^2 = \Lambda$. 令 $T = QD$，即得结论.

$3 \Rightarrow 4$：设 T^{T} 的 QR 分解为 $Q\widetilde{L}^{\mathrm{T}}$，则 $A = \widetilde{L}Q^{\mathrm{T}}Q\widetilde{L}^{\mathrm{T}} = \widetilde{L}\widetilde{L}^{\mathrm{T}}$. 令 $\widetilde{L} = L\widetilde{D}$，其中 L 是单位下三角矩阵，$\widetilde{D}$ 是对角矩阵，则有 $A = L\widetilde{D}^2L^{\mathrm{T}}$. 令 $D = \widetilde{D}^2$ 即得.

$4 \Rightarrow 5$：由 A 有 $\mathrm{LDL^T}$ 分解，按第 i 个顺序主子阵对 A 分块，有

$$\begin{bmatrix} A_i & A_{21}^{\mathrm{T}} \\ A_{21} & A_{22} \end{bmatrix} = A = LDL^{\mathrm{T}} = \begin{bmatrix} L_i & \\ L_{21} & L_{22} \end{bmatrix} \begin{bmatrix} D_i & \\ & D_{22} \end{bmatrix} \begin{bmatrix} L_i & \\ L_{21} & L_{22} \end{bmatrix}^{\mathrm{T}},$$

计算即得 $A_i = L_iD_iL_i^{\mathrm{T}}$，因此第 i 个顺序主子式

$$\det(A_i) = \det(L_i)\det(D_i)\det(L_i^{\mathrm{T}}) = \det(D_i) > 0.$$

$5 \Rightarrow 6$：对 n 用数学归纳法. 当 $n = 1$ 时，显然，现假设命题对任意 $n-1$ 阶实对称矩阵成立. 对 n 阶实对称矩阵 A，对 A 分块 $A = \begin{bmatrix} A_{n-1} & \boldsymbol{a} \\ \boldsymbol{a}^{\mathrm{T}} & a_{nn} \end{bmatrix}$，则 A_{n-1} 的顺序主子式都是正数，$\det(A)$ 也是正数. 根据归纳假设，A_{n-1} 的顺序主子阵都正定，只需再证 A 正定. 由于 A_{n-1} 正定，利用 “$1 \Rightarrow 2 \Rightarrow 3$”，即得 A_{n-1} 可逆. 做分块矩阵 LU 分解，如 (1.6.5) 式，有

$$A = \begin{bmatrix} A_{n-1} & \boldsymbol{a} \\ \boldsymbol{a}^{\mathrm{T}} & a_{nn} \end{bmatrix} = \begin{bmatrix} I & \\ \boldsymbol{a}^{\mathrm{T}}A_{n-1}^{-1} & 1 \end{bmatrix} \begin{bmatrix} A_{n-1} & \\ & a_{nn} - \boldsymbol{a}^{\mathrm{T}}A_{n-1}^{-1}\boldsymbol{a} \end{bmatrix} \begin{bmatrix} I & A_{n-1}^{-1}\boldsymbol{a} \\ & 1 \end{bmatrix}.$$

计算行列式即有 $a_{nn} - \boldsymbol{a}^{\mathrm{T}}A_{n-1}^{-1}\boldsymbol{a} = \dfrac{\det(A)}{\det(A_{n-1})} > 0$. 容易验证 $\begin{bmatrix} A_{n-1} & \\ & a_{nn} - \boldsymbol{a}^{\mathrm{T}}A_{n-1}^{-1}\boldsymbol{a} \end{bmatrix}$ 正定，因此 A 正定.

$6 \Rightarrow 1$：显然. □

命题 6.2.2 的证明中 “$3 \Rightarrow 4$” 说明，对实对称正定矩阵 A，存在下三角矩阵 L，使得 $A = LL^{\mathrm{T}}$，这称为 A 的 **Cholesky 分解**.

定义 6.2.3 给定 n 阶实矩阵 A，如果对任意非零向量 $\boldsymbol{x} \in \mathbb{R}^n$，都有

1. $\boldsymbol{x}^{\mathrm{T}}A\boldsymbol{x} > 0$，则称矩阵 A **正定**，如前定义；

2. $\boldsymbol{x}^{\mathrm{T}} A \boldsymbol{x} \geqslant 0$，则称矩阵 A **半正定**；
3. $\boldsymbol{x}^{\mathrm{T}} A \boldsymbol{x} < 0$，则称矩阵 A **负定**；
4. $\boldsymbol{x}^{\mathrm{T}} A \boldsymbol{x} \leqslant 0$，则称矩阵 A **半负定**；

如果 A 不满足以上任何一种条件，则称 A **不定**.

显然，负定矩阵和半负定矩阵能够转化为正定矩阵和半正定矩阵来研究.

对称半正定矩阵具有和对称正定矩阵相类似的刻画.

命题 6.2.4 对实对称矩阵 A，以下叙述等价：

1. A 半正定；
2. A 的特征值都是非负数；
3. 存在列满秩矩阵 T，使得 $A = TT^{\mathrm{T}}$；
4. A 存在 $\mathrm{LDL}^{\mathrm{T}}$ 分解，且 D 的对角元素都是非负数.

证明留给读者. 读者还可以思考如下问题：为什么 A 的顺序主子式都是非负数不能说明 A 半正定?

最后我们列出不定矩阵的性质.

命题 6.2.5 对 n 阶实对称矩阵 A，如果存在 $\boldsymbol{x}, \boldsymbol{y} \in \mathbb{R}^n$，使得 $\boldsymbol{x}^{\mathrm{T}} A \boldsymbol{x} > 0, \boldsymbol{y}^{\mathrm{T}} A \boldsymbol{y} < 0$，则存在非零向量 $\boldsymbol{z} \in \mathbb{R}^n$，使得 $\boldsymbol{z}^{\mathrm{T}} A \boldsymbol{z} = 0$.

证 拟设 $\boldsymbol{z} = \boldsymbol{x} + k\boldsymbol{y}$. 显然 $\boldsymbol{z} \neq \boldsymbol{0}$. 考虑 $\boldsymbol{z}^{\mathrm{T}} A \boldsymbol{z} = \boldsymbol{x}^{\mathrm{T}} A \boldsymbol{x} + 2k\boldsymbol{x}^{\mathrm{T}} A \boldsymbol{y} + k^2 \boldsymbol{y}^{\mathrm{T}} A \boldsymbol{y} = 0$. 注意判别式 $(2\boldsymbol{x}^{\mathrm{T}} A \boldsymbol{y})^2 - 4(\boldsymbol{x}^{\mathrm{T}} A \boldsymbol{x})(\boldsymbol{y}^{\mathrm{T}} A \boldsymbol{y}) > 0$，故方程有实数根. 因此存在 $k \in \mathbb{R}$，使得拟设的 $\boldsymbol{z}$ 满足条件. □

由对称矩阵的谱分解可知，对任意对称矩阵 A，存在正交矩阵 Q，使得 $Q^{\mathrm{T}} A Q = \Lambda$ 是对角矩阵. 而根据命题 6.2.2，对正定矩阵 A，存在可逆矩阵 T，使得 $T^{-1} A T^{-\mathrm{T}} = I$，也存在单位上三角矩阵 L，使得 $L^{-1} A L^{-\mathrm{T}} = D$ 是对角矩阵. 这启发我们作如下定义.

定义 6.2.6 (合同) 对方阵 A，如果存在可逆矩阵 X 使得 $X^{\mathrm{T}} A X = B$，则称 A 和 B **合同**，或 A 合同于 B.

命题 6.2.7 方阵的合同关系是等价关系.

证明留给读者.

考虑等价关系的从属概念，对应于合同关系的等价变换称为**合同变换**，即 $\boldsymbol{T}\colon A \mapsto X^{\mathrm{T}} A X$. 注意合同变换不一定只变换实对称矩阵. 可以看到正交相似变换是一种特殊的合同变换.

再考虑合同变换下的不变量. 合同变换是一种特殊的初等行列变换，因此相抵关系中的不变量，如秩，也是合同变换下的不变量. 容易看出，实矩阵正定、半正定、负定、半负定和不定等性质，是合同变换下的不变量. 另外，对称性也是合同变换下的不变量，即对称矩阵作合同变换后的得到的矩阵也是对称矩阵，反对称矩阵作合同变换后得到的也是反对称矩阵，非对称矩阵作合同变换后得到的也是非对称矩阵.

下面来看标准形，为简单起见，这里只考虑实对称矩阵在合同变换下的标准形.

命题 6.2.8　对实对称矩阵 A, 存在可逆矩阵 X, 使得 $X^{\mathrm{T}}AX = J = \begin{bmatrix} I_p & & \\ & -I_{r-p} & \\ & & O \end{bmatrix}$, 其中 $r = \operatorname{rank}(A), 0 \leqslant p \leqslant r$.

证　根据实对称矩阵的谱分解, 存在正交矩阵 Q, 使得 $Q^{\mathrm{T}}AQ = \Lambda$. 取置换矩阵 P, 使得 $P^{\mathrm{T}}\Lambda P = \operatorname{diag}(\lambda_1, \lambda_2, \cdots, \lambda_n)$，其中 $\lambda_1, \lambda_2, \cdots, \lambda_p > 0, \lambda_{p+1}, \lambda_{p+2}, \cdots, \lambda_r < 0, \lambda_{r+1} = \lambda_{r+2} = \cdots = \lambda_n = 0$. 令 $Y = \operatorname{diag}\left(\frac{1}{\sqrt{|\lambda_1|}}, \frac{1}{\sqrt{|\lambda_2|}}, \cdots, \frac{1}{\sqrt{|\lambda_r|}}, 1, 1, \cdots, 1\right)$，易知 $Y^{\mathrm{T}}\Lambda Y = \begin{bmatrix} I_p & & \\ & -I_{r-p} & \\ & & O \end{bmatrix} = J$. 令 $X = QPY$，则 $X^{\mathrm{T}}AX = (QPY)^{\mathrm{T}}A(QPY) = J$. □

命题 6.2.8 中的 J 称为实对称矩阵 A 的**合同标准形**.

定理 6.2.9 (Sylvester 惯性定律)　实对称矩阵的合同标准形唯一，且它的合同标准形中正、负、零对角元的个数分别和它的正、负、零特征值的个数相等.

证　只需证明合同标准形唯一，就可以得到合同标准形中正、负、零对角元的个数与正、负、零特征值的个数分别相等.

设该实对称矩阵为 $A \in \mathbb{R}^{n\times n}$，而 $r = \operatorname{rank}(A)$，且它有两个合同标准形 $J_1 = X_1^{\mathrm{T}}AX_1, J_2 = X_2^{\mathrm{T}}AX_2$. 根据合同关系的等价性，$J_1$ 合同于 J_2. 由于合同是特殊的相抵，因此 J_1, J_2 的秩相等，即零对角元的个数相等. 故可记 $J_1 = \begin{bmatrix} I_p & & \\ & -I_{r-p} & \\ & & O \end{bmatrix}, J_2 = \begin{bmatrix} I_q & & \\ & -I_{r-q} & \\ & & O \end{bmatrix}$. 下面来证明 $p = q$，即可推出合同标准形唯一.

设 $\mathcal{M}$ 是 X_1 的前 p 列生成的子空间, $\mathcal{N}$ 是 X_2 的第 $q+1$ 到 n 列生成的子空间. 由于 X_1 是可逆矩阵, 其列线性无关, 因此 $\dim\mathcal{M} = p$. 类似地, $\dim\mathcal{N} = n-q$. 对任意非零 $\boldsymbol{x} \in \mathcal{M}$, $\boldsymbol{x}^{\mathrm{T}}A\boldsymbol{x} > 0$; 对任意非零 $\boldsymbol{x} \in \mathcal{N}$, $\boldsymbol{x}^{\mathrm{T}}A\boldsymbol{x} \leqslant 0$. 因此 $\mathcal{M} \cap \mathcal{N} = \{\mathbf{0}\}$. 由此不难得到 $\mathcal{M}$ 的一组基与 $\mathcal{N}$ 的一组基线性无关. 于是 $p + n - q = \dim\mathcal{M} + \dim\mathcal{N} \leqslant \dim\mathbb{R}^n = n$. 由此立得 $p \leqslant q$. 由 J_1, J_2 地位相同，同理有 $q \leqslant p$，因此 $p = q$. □

实对称矩阵的合同标准形中，正对角元 1 的数目，即 p，称为 A 的**正惯性指数**；负对角元 -1 的数目，即 $r-p$，称为 A 的**负惯性指数**；三元组 $(p, r-p, n-r)$ 称为 A 的

惯性指数或**惯量**. 因此, 正负惯性指数是实对称矩阵在合同变换下的不变量, 而实对称矩阵的合同标准形由它的正负惯性指数唯一决定. 容易看出, 正惯性指数、负惯性指数分别等于正特征值、负特征值的个数. 特别地, 由命题 6.2.2 可知, n 阶实对称矩阵 A 正定, 当且仅当 A 的正惯性指数 $p=n$, 当且仅当 A 的合同标准形是 I_n.

根据命题 6.2.8 和定理 6.2.9, n 阶实对称矩阵在合同变换下的等价类数目有限, 只有 $\dfrac{(n+1)(n+2)}{2}$ 类.

合同变换对齐次二次函数有不少应用.

例 6.2.10 (配平方)　给定 $\mathbb{R}$ 上齐次二次函数 $f(x_1,x_2,\cdots,x_n)=\sum\limits_{i=1}^{n}\sum\limits_{j=1}^{n}a_{ij}x_ix_j$, 证明 f 可以写成齐次线性函数的平方的和差形式. ☺

证　令 $\boldsymbol{x}=\begin{bmatrix}x_1\\x_2\\\vdots\\x_n\end{bmatrix}, A=\left[\dfrac{a_{ij}+a_{ji}}{2}\right]$, 则 $f(\boldsymbol{x})=\boldsymbol{x}^{\mathrm{T}}A\boldsymbol{x}$. 根据命题 6.2.8, 存在可逆矩阵 $T=\left[t_{ij}\right]$, 使得 $A=T^{\mathrm{T}}JT$. 因此 $f(\boldsymbol{x})=(T\boldsymbol{x})^{\mathrm{T}}JT\boldsymbol{x}$. 令 $\boldsymbol{y}=T\boldsymbol{x}=\begin{bmatrix}y_1\\y_2\\\vdots\\y_n\end{bmatrix}$, 那么 $y_i=\sum\limits_{j=1}^{n}t_{ij}x_j$ 是齐次线性函数, 而 $f(\boldsymbol{x})=y_1^2+\cdots+y_p^2-y_{p+1}^2-\cdots-y_r^2$, 其中 p 是 A 的正惯性指数, r 是 A 的秩. □

注 6.2.11　齐次二次函数 $f(x_1,x_2,\cdots,x_n)=\sum\limits_{i=1}^{n}\sum\limits_{j=1}^{n}a_{ij}x_ix_j$ 称为自变量 $x_1,x_2,\cdots,x_n$ 的**二次型**.

在微积分中, 一元可微函数在某一临界点是否为极值点可以由函数在该点二阶导数的符号判断. 在多元可微函数的情形, 我们有如下的推广.

例 6.2.12 (Hesse 矩阵)　假定 n 元实函数 $f(\boldsymbol{x})$ 在一个单连通区域上有定义, $\boldsymbol{x}_0$ 是区域内一点. 如果 f 三阶连续可微, 则 f 在半径为 ρ 的小邻域上可以展开

$$f(\boldsymbol{x})=f(\boldsymbol{x}_0)+\nabla f(\boldsymbol{x}_0)^{\mathrm{T}}(\boldsymbol{x}-\boldsymbol{x}_0)+\frac{1}{2}(\boldsymbol{x}-\boldsymbol{x}_0)^{\mathrm{T}}H(\boldsymbol{x}_0)(\boldsymbol{x}-\boldsymbol{x}_0)+o(\rho^2),$$

其中 $\nabla f(\boldsymbol{x}_0)=\begin{bmatrix}\dfrac{\partial f}{\partial x_1}(\boldsymbol{x}_0)\\ \dfrac{\partial f}{\partial x_2}(\boldsymbol{x}_0)\\ \vdots\\ \dfrac{\partial f}{\partial x_n}(\boldsymbol{x}_0)\end{bmatrix}, H(\boldsymbol{x}_0)=\begin{bmatrix}\dfrac{\partial^2 f}{\partial x_1^2}(\boldsymbol{x}_0) & \dfrac{\partial^2 f}{\partial x_1\partial x_2}(\boldsymbol{x}_0) & \cdots & \dfrac{\partial^2 f}{\partial x_1\partial x_n}(\boldsymbol{x}_0)\\ \dfrac{\partial^2 f}{\partial x_2\partial x_1}(\boldsymbol{x}_0) & \dfrac{\partial^2 f}{\partial x_2^2}(\boldsymbol{x}_0) & \cdots & \dfrac{\partial^2 f}{\partial x_2\partial x_n}(\boldsymbol{x}_0)\\ \vdots & \vdots & & \vdots\\ \dfrac{\partial^2 f}{\partial x_n\partial x_1}(\boldsymbol{x}_0) & \dfrac{\partial^2 f}{\partial x_n\partial x_2}(\boldsymbol{x}_0) & \cdots & \dfrac{\partial^2 f}{\partial x_n^2}(\boldsymbol{x}_0)\end{bmatrix}$,
分别称为 f 在 $\boldsymbol{x}_0$ 点处的**梯度**和 **Hesse 矩阵**. 如果 $\boldsymbol{x}_0$ 是一个驻点，即 $\nabla f(\boldsymbol{x}_0)=\boldsymbol{0}$，则 $f(\boldsymbol{x})=f(\boldsymbol{x}_0)+\dfrac{1}{2}(\boldsymbol{x}-\boldsymbol{x}_0)^{\mathrm{T}}H(\boldsymbol{x}_0)(\boldsymbol{x}-\boldsymbol{x}_0)+o(\rho^2)$. 因此，可通过判断 Hesse 矩阵的正定性来确定 $\boldsymbol{x}_0$ 是否为极值点：

1. 如果 $H(\boldsymbol{x}_0)$ 正定，则在 $\boldsymbol{x}_0$ 邻域内任意点的函数值都比 $f(\boldsymbol{x}_0)$ 大，$\boldsymbol{x}_0$ 是极小值点；
2. 如果 $H(\boldsymbol{x}_0)$ 负定，则在 $\boldsymbol{x}_0$ 邻域内任意点的函数值都比 $f(\boldsymbol{x}_0)$ 小，$\boldsymbol{x}_0$ 是极大值点；
3. 如果 $H(\boldsymbol{x}_0)$ 不定，则在 $\boldsymbol{x}_0$ 邻域内点的函数值某些比 $f(\boldsymbol{x}_0)$ 小，某些比 $f(\boldsymbol{x}_0)$ 大，$\boldsymbol{x}_0$ 不是极值点；
4. 如果 $H(\boldsymbol{x}_0)$ 半正定或半负定，则条件不足，还需要补充其他条件才能判断.

例如，函数 $f(x_1,x_2)=x_1^2+x_2^2=\boldsymbol{x}^{\mathrm{T}}\boldsymbol{x}$ 在驻点 $\boldsymbol{x}_0=\boldsymbol{0}$ 处的 Hesse 矩阵为 I_2，因此 $\boldsymbol{x}_0$ 是一个极小值点，如图 6.2.1(a) 所示. 类似地，函数 $-x_1^2-x_2^2, x_1^2-x_2^2, x_1^2, -x_1^2$ 的情形分别如图 6.2.1(b) 至图 6.2.1(e) 所示. ☺

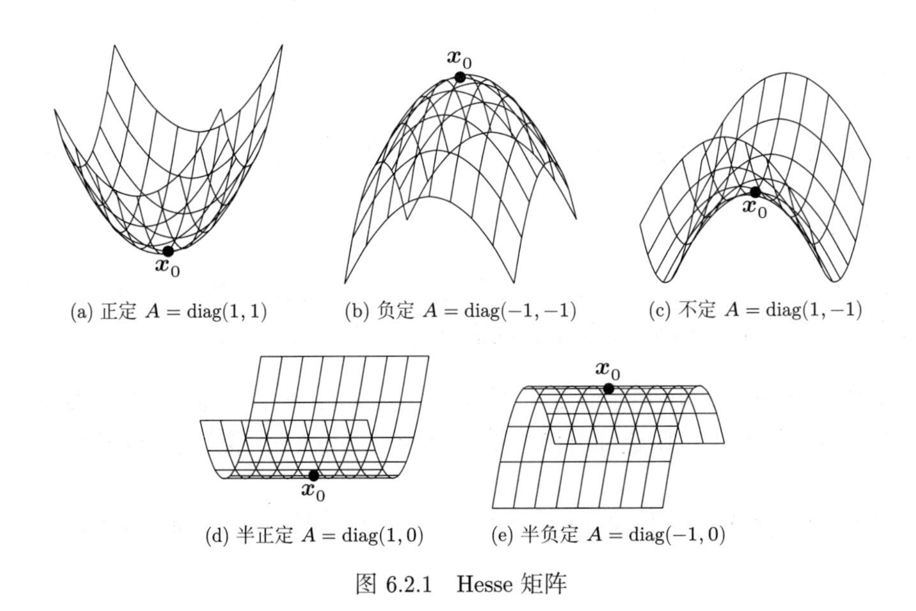

(a) 正定 $A=\mathrm{diag}(1,1)$　(b) 负定 $A=\mathrm{diag}(-1,-1)$　(c) 不定 $A=\mathrm{diag}(1,-1)$

(d) 半正定 $A=\mathrm{diag}(1,0)$　(e) 半负定 $A=\mathrm{diag}(-1,0)$

图 6.2.1　Hesse 矩阵

习题

练习 6.2.1 判断下列矩阵是否正定：

1. $\begin{bmatrix}5 & 6\\ 6 & 7\end{bmatrix}$.
2. $\begin{bmatrix}-1 & -2\\ -2 & -5\end{bmatrix}$.
3. $\begin{bmatrix}1 & 10\\ 10 & 100\end{bmatrix}$.
4. $\begin{bmatrix}1 & 10\\ 10 & 101\end{bmatrix}$.
5. $\begin{bmatrix}1 & 1 & 1\\ 1 & 0 & 2\\ 1 & 2 & 5\end{bmatrix}$.
6. $\begin{bmatrix}1 & 1 & 1\\ 1 & -1 & 2\\ 1 & 2 & 5\end{bmatrix}$.

练习 6.2.2 考虑实矩阵 $S=\begin{bmatrix}1 & b\\ b & 1\end{bmatrix}$. 求使得下列条件成立的 b 的取值范围：

1. S 不正定但是半正定.
2. S 不定.
3. S 半负定.

练习 6.2.3 下列实矩阵中未知元素满足什么条件时，矩阵正定？半正定？

1. $\begin{bmatrix}1 & b\\ b & 9\end{bmatrix}$.
2. $\begin{bmatrix}2 & 4\\ 4 & c\end{bmatrix}$.
3. $\begin{bmatrix}c & b\\ b & c\end{bmatrix}$.
4. $\begin{bmatrix}c & 1 & 1\\ 1 & c & 1\\ 1 & 1 & c\end{bmatrix}$.
5. $\begin{bmatrix}1 & 2 & 3\\ 2 & d & 4\\ 3 & 4 & 5\end{bmatrix}$.
6. $\begin{bmatrix}s & -4 & -4\\ -4 & s & -4\\ -4 & -4 & s\end{bmatrix}$.
7. $\begin{bmatrix}t & 3 & 0\\ 3 & t & 4\\ 0 & 4 & t\end{bmatrix}$.
8. $\begin{bmatrix}a & a & a\\ a & a+c & a-c\\ a & a-c & a+c\end{bmatrix}$.

练习 6.2.4 设 A 对称正定，B 是实矩阵.

1. 证明，对任意整数，A^k 也正定.
2. 若存在正整数 r，使得 $A^rB=BA^r$，证明 $AB=BA$.

练习 6.2.5 对 n 阶实对称矩阵 A，证明，当实数 t 充分大时，tI_n+A 正定.

练习 6.2.6 对 n 阶实对称矩阵 A，证明，存在正实数 c，使得对任意 $\boldsymbol{x}\in\mathbb{R}^n$，都有 $\left|\boldsymbol{x}^{\mathrm{T}}A\boldsymbol{x}\right|\leqslant c\boldsymbol{x}^{\mathrm{T}}\boldsymbol{x}$.

练习 6.2.7 (Hadamard 不等式) 给定 n 阶对称正定矩阵 A，求证：

1. 对任意 $\boldsymbol{y}$，$\det\left(\begin{bmatrix}A & \boldsymbol{y}\\ \boldsymbol{y}^{\mathrm{T}} & 0\end{bmatrix}\right)\leqslant 0$；
2. 记 $A=\left[a_{ij}\right]$，则 $\det(A)\leqslant a_{nn}\det(A_{n-1})$，其中 A_{n-1} 是 A 的 $n-1$ 阶顺序主子阵；
3. $\det(A)\leqslant a_{11}a_{22}\cdots a_{nn}$.

利用上述结论证明：如果实矩阵 $T=\left[t_{ij}\right]$ 可逆，那么 $\det(T)^2\leqslant\prod\limits_{i=1}^{n}(t_{1i}^2+t_{2i}^2+\cdots+t_{ni}^2)$.

注意：练习 4.2.28 用不同方法证明了相同结论.

练习 6.2.8 ☕☕ 证明 $A=\left[\dfrac{1}{i+j}\right]_{n\times n}$ 正定.

提示：法一：考虑 $\displaystyle\int_0^1 t(x_1+x_2t+\cdots+x_nt^{n-1})^2\,\mathrm{d}t$. 法二：证明 $\det(A)=\prod\limits_{\substack{1\leqslant i\leqslant n\\ 1\leqslant j\leqslant n}}\dfrac{1}{i+j}\prod\limits_{1\leqslant i<j\leqslant n}(i-j)^2$.

练习 6.2.9 ☕☕ 证明 Hilbert 矩阵 $H_n=\left[\dfrac{1}{i+j-1}\right]_{n\times n}$ 正定.

练习 6.2.10 设 A, B 是实对称矩阵，如果 $A-B$ 正定，则记作 $A \succ B$. 求证：

1. $A \succ B, B \succ C$ 可以推出 $A \succ C$.
2. $A \succ B$ 和 $B \succ A$ 不可能同时成立.
3. 对任意实对称矩阵 A，都存在实数 k_1, k_2 使得 $k_1 I_n \succ A \succ k_2 I_n$.

练习 6.2.11 举例说明，实对称矩阵 A 的所有顺序主子式都非负，但 A 并不半正定.

练习 6.2.12 证明命题 6.2.4.

练习 6.2.13 ☕☕ 证明，实对称矩阵半正定，当且仅当它的所有主子式都非负，其中主子式的定义见练习 4.3.22.

提示：法一：利用数学归纳法. 法二：考虑矩阵 A 的微小变化得到的正定矩阵 $A+\varepsilon I$.

练习 6.2.14 设 A 是实对称矩阵，证明：

1. A 半正定，当且仅当存在实对称矩阵 B，使得 $A = B^2$.
2. 若 A 半正定，则存在唯一的半正定实对称矩阵 B，使得 $A = B^2$.

练习 6.2.15 ☕ 证明，若实对称矩阵对角占优，且对角元素全为正数，则该矩阵正定.

练习 6.2.16 证明或举出反例：

1. 如果 A 对称正定，则 A^{-1} 正定.
2. 如果 A, B 对称正定，则 $A+B$ 正定.
3. 如果 A, B 对称半正定，则 $A+B$ 半正定.
4. 如果 A, B 对称不定，则 $A+B$ 不定.
5. 如果 A 列满秩，B 对称正定，则 $A^{\mathrm{T}}BA$ 正定.
6. 如果 $S = A^{\mathrm{T}}A$ 且 A 有简化 QR 分解 $A = QR$，则 $S = R^{\mathrm{T}}R$ 是 S 的 Cholesky 分解.
7. 如果 A, B 对称正定，则 AB 的特征值都是正数.

练习 6.2.17 证明命题 6.2.7.

练习 6.2.18 考虑实对称矩阵 $S = \begin{bmatrix} A & B \\ B^{\mathrm{T}} & C \end{bmatrix}$. 证明 S 正定当且仅当 A 及其 Schur 补都正定.

练习 6.2.19 ☕ 设 A, B 是 n 阶实对称矩阵，A 正定. 证明，存在可逆矩阵 T，使得 $T^{\mathrm{T}}AT$ 和 $T^{\mathrm{T}}BT$ 同时是对角矩阵.

练习 6.2.20 ☕☕ 设 A, B 是 n 阶实对称矩阵，A, B 半正定. 证明，存在可逆矩阵 T，使得 $T^{\mathrm{T}}AT$ 和 $T^{\mathrm{T}}BT$ 同时是对角矩阵.

提示：按 $\mathcal{N}(A) \cap \mathcal{N}(B)$ 是否为平凡子空间分类讨论，转化为练习 6.2.19.

6.3 奇异值分解

如果不加特别说明，本节中的矩阵都是实矩阵.

目前对特征值的讨论都局限于方阵. 对 $m \times n$ 矩阵 A，我们能够考虑特征值吗？特征值的关键是方程组 $A\boldsymbol{x} = \lambda \boldsymbol{x}$. 显然，当 $m \neq n$ 时，$A\boldsymbol{x} = \lambda \boldsymbol{x}$ 不能成立. 然而，A 定义了一个 $\mathbb{R}^n$ 到 $\mathbb{R}^m$ 的线性映射 $\boldsymbol{A}$，而 A^{T} 定义了一个 $\mathbb{R}^m$ 到 $\mathbb{R}^n$ 的线性映射 $\boldsymbol{A}^*$，那

么 $Ax=\lambda\boldsymbol{y}, A^{\mathrm{T}}\boldsymbol{y}=\lambda\boldsymbol{x}$ 可能成立吗? 这表示 $\boldsymbol{x}$ 被映射 $\boldsymbol{A}$ 变成了 $\mathbb{R}^m$ 中和 $\boldsymbol{y}$ 共线的向量，而这个向量被映射 $\boldsymbol{A}^*$ 变成了和 $\boldsymbol{x}$ 共线的向量. 事实上，注意到两个线性映射的复合 $\boldsymbol{A}^*\boldsymbol{A}$ 的表示矩阵是 $A^{\mathrm{T}}A$，而需要求解的是方程组 $A^{\mathrm{T}}A\boldsymbol{x}=\lambda^2\boldsymbol{x}$. 可见 λ^2 恰好是对称半正定矩阵 $A^{\mathrm{T}}A$ 的特征值.

6.3.1 基本概念

定义 6.3.1 (奇异值) 给定 $m\times n$ 矩阵 A, 如果存在非零向量 $\boldsymbol{x}\in\mathbb{R}^n, \boldsymbol{y}\in\mathbb{R}^m, \sigma\geqslant 0$，使得 $A\boldsymbol{x}=\sigma\boldsymbol{y}, A^{\mathrm{T}}\boldsymbol{y}=\sigma\boldsymbol{x}$，则称 σ 为 A 的一个**奇异值**，$\boldsymbol{x}$ 为 A 的属于 σ 的一个**右奇异向量**，$\boldsymbol{y}$ 为 A 的属于 σ 的一个**左奇异向量**.

容易验证，A 的右奇异向量是 $A^{\mathrm{T}}A$ 的特征向量，类似地，A 的左奇异向量是 AA^{T} 的特征向量，而 A 的奇异值是 $A^{\mathrm{T}}A$ 或 AA^{T} 的特征值的算术平方根.

类似于实对称矩阵的谱分解，我们有定理 6.3.2.

定理 6.3.2 (奇异值分解) 给定 $m\times n$ 矩阵 A，存在 m 阶正交矩阵 U 和 n 阶正交矩阵 V，使得 $A=U\Sigma V^{\mathrm{T}}$，其中

$$\Sigma=\begin{bmatrix}\Sigma_r & O\\ O & O\end{bmatrix},\quad \Sigma_r=\begin{bmatrix}\sigma_1 & & & \\ & \sigma_2 & & \\ & & \ddots & \\ & & & \sigma_r\end{bmatrix},\quad \sigma_1\geqslant\sigma_2\geqslant\cdots\geqslant\sigma_r>0.$$

证 由于 $A^{\mathrm{T}}A$ 对称半正定，因此有谱分解 $A^{\mathrm{T}}A=V\Lambda V^{\mathrm{T}}$，其中 Λ 的对角元素都是非负数，并由大到小排列. 设 $\Lambda=\begin{bmatrix}\Sigma_r^2 & \\ & O\end{bmatrix}$，其中 Σ_r 是 r 阶方阵. 记 $V=\begin{bmatrix}V_1 & V_2\end{bmatrix}$，其中 V_1 是 $n\times r$ 矩阵，V_2 是 $n\times(n-r)$ 矩阵. 则 $V_1^{\mathrm{T}}A^{\mathrm{T}}AV_1=\Sigma_r^2, V_2^{\mathrm{T}}A^{\mathrm{T}}AV_2=O$，即 $AV_2=O$. 令 $U_1=AV_1\Sigma_r^{-1}$，则有 $U_1^{\mathrm{T}}U_1=\Sigma_r^{-1}V_1^{\mathrm{T}}A^{\mathrm{T}}AV_1\Sigma_r^{-1}=I$，即 U_1 列正交. 把 U_1 补成正交矩阵 $U=\begin{bmatrix}U_1 & U_2\end{bmatrix}$（这相当于把 U_1 的列扩充成一组标准正交基），则有 $U^{\mathrm{T}}AV=\begin{bmatrix}U_1^{\mathrm{T}}AV_1 & U_1^{\mathrm{T}}AV_2\\ U_2^{\mathrm{T}}AV_1 & U_2^{\mathrm{T}}AV_2\end{bmatrix}=\begin{bmatrix}\Sigma_r & O\\ O & O\end{bmatrix}$.（为什么 $U_2^{\mathrm{T}}AV_1=O$?） □

分解 $A=U\Sigma V^{\mathrm{T}}$ 称为 A 的**奇异值分解**，简称 **SVD**.

由奇异值分解 $A=U\Sigma V^{\mathrm{T}}$，可得 $AV=U\Sigma, A^{\mathrm{T}}U=V\Sigma^{\mathrm{T}}$，这就说明 σ_i 是 A 的奇异值，$\boldsymbol{u}_i$ 是 A 的属于 σ_i 的左奇异向量，$\boldsymbol{v}_i$ 是 A 的属于 σ_i 的右奇异向量.

例 6.3.3 计算 $A=\begin{bmatrix}3 & 0\\ 4 & 5\\ 0 & 0\end{bmatrix}$ 的一个奇异值分解.

先计算 $A^{\mathrm{T}}A$ 的谱分解：

$$A^{\mathrm{T}}A=\begin{bmatrix}25 & 20\\ 20 & 25\end{bmatrix}=\begin{bmatrix}\frac{1}{\sqrt{2}} & -\frac{1}{\sqrt{2}}\\ \frac{1}{\sqrt{2}} & \frac{1}{\sqrt{2}}\end{bmatrix}\begin{bmatrix}45 & \\ & 5\end{bmatrix}\begin{bmatrix}\frac{1}{\sqrt{2}} & -\frac{1}{\sqrt{2}}\\ \frac{1}{\sqrt{2}} & \frac{1}{\sqrt{2}}\end{bmatrix}^{\mathrm{T}}=:VDV^{\mathrm{T}}.$$

奇异值是 $\sigma_1=3\sqrt{5},\sigma_2=\sqrt{5}$，记 $\varSigma_r=\begin{bmatrix}3\sqrt{5} & \\ & \sqrt{5}\end{bmatrix}$，则

$$U_1=AV\varSigma_r^{-1}=\begin{bmatrix}3 & 0\\ 4 & 5\\ 0 & 0\end{bmatrix}\begin{bmatrix}\frac{1}{\sqrt{2}} & -\frac{1}{\sqrt{2}}\\ \frac{1}{\sqrt{2}} & \frac{1}{\sqrt{2}}\end{bmatrix}\begin{bmatrix}\frac{1}{3\sqrt{5}} & \\ & \frac{1}{\sqrt{5}}\end{bmatrix}=\begin{bmatrix}\frac{1}{\sqrt{10}} & -\frac{3}{\sqrt{10}}\\ \frac{3}{\sqrt{10}} & \frac{1}{\sqrt{10}}\\ 0 & 0\end{bmatrix}.$$

将 U_1 补成正交矩阵 $U=\begin{bmatrix}\frac{1}{\sqrt{10}} & -\frac{3}{\sqrt{10}} & 0\\ \frac{3}{\sqrt{10}} & \frac{1}{\sqrt{10}} & 0\\ 0 & 0 & 1\end{bmatrix}$，令 $\varSigma=\begin{bmatrix}3\sqrt{5} & 0\\ 0 & \sqrt{5}\\ 0 & 0\end{bmatrix}$. 于是 A 的一个奇异值分解为 $U\varSigma V^{\mathrm{T}}$，其中 $U,\varSigma,V$ 如上. ☺

从例 6.3.3 的求解可以看出，在实际计算奇异值分解时，只需要计算左右奇异向量中的一组，就可以由定义导出另一组.

对 A 的奇异值分解 $A=U\varSigma V^{\mathrm{T}}$，记 $U=\begin{bmatrix}\boldsymbol{u}_1 & \boldsymbol{u}_2 & \cdots & \boldsymbol{u}_m\end{bmatrix},V=\begin{bmatrix}\boldsymbol{v}_1 & \boldsymbol{v}_2 & \cdots & \boldsymbol{v}_n\end{bmatrix}$，则有：

1. $\boldsymbol{u}_1,\boldsymbol{u}_2,\cdots,\boldsymbol{u}_r$ 是 $\mathcal{R}(A)$ 的一组标准正交基；
2. $\boldsymbol{u}_{r+1},\boldsymbol{u}_{r+2},\cdots,\boldsymbol{u}_m$ 是 $\mathcal{N}(A^{\mathrm{T}})$ 的一组标准正交基；
3. $\boldsymbol{v}_1,\boldsymbol{v}_2,\cdots,\boldsymbol{v}_r$ 是 $\mathcal{R}(A^{\mathrm{T}})$ 的一组标准正交基；
4. $\boldsymbol{v}_{r+1},\boldsymbol{v}_{r+2},\cdots,\boldsymbol{v}_n$ 是 $\mathcal{N}(A)$ 的一组标准正交基.

记 $U_r=\begin{bmatrix}\boldsymbol{u}_1 & \boldsymbol{u}_2 & \cdots & \boldsymbol{u}_r\end{bmatrix},V_r=\begin{bmatrix}\boldsymbol{v}_1 & \boldsymbol{v}_2 & \cdots & \boldsymbol{v}_r\end{bmatrix}$，则

$$A=U_r\varSigma_rV_r^{\mathrm{T}}=\sigma_1\boldsymbol{u}_1\boldsymbol{v}_1^{\mathrm{T}}+\sigma_2\boldsymbol{u}_2\boldsymbol{v}_2^{\mathrm{T}}+\cdots+\sigma_r\boldsymbol{u}_r\boldsymbol{v}_r^{\mathrm{T}},$$

这称为 A 的**简化奇异值分解**.

奇异值分解在理论和实际中都有广泛的应用.

例 6.3.4 (广义逆) 3.3 节中讨论过关于 A 的正交投影矩阵 P_A，若 $\mathcal{R}(A)$ 的一组基排成矩阵 B，则 $P_A=B(B^{\mathrm{T}}B)^{-1}B^{\mathrm{T}}$. 而矩阵 U_r 的列是 $\mathcal{R}(A)$ 的一组标准正交基，因此 $P_A=U_rU_r^{\mathrm{T}}$.

若记矩阵 $A^+ = V_r\Sigma_r^{-1}U_r^{\mathrm{T}}$，则 $AA^+ = U_rU_r^{\mathrm{T}}$ 是 $\mathcal{R}(A)$ 上的正交投影的表示矩阵，$A^+A = V_rV_r^{\mathrm{T}}$ 是 $\mathcal{R}(A^{\mathrm{T}})$ 上的正交投影的表示矩阵. 于是 $I - AA^+$ 是 $\mathcal{N}(A^{\mathrm{T}})$ 上的正交投影的表示矩阵，$I - A^+A$ 是 $\mathcal{N}(A)$ 上的正交投影的表示矩阵. 矩阵 $A^+ = V_r\Sigma_r^{-1}U_r^{\mathrm{T}}$ 称为 A 的 **Moore-Penrose 广义逆**，简称**广义逆**. 矩阵的广义逆唯一，证明留给读者.

广义逆在解线性方程组时很有用.

当 A 可逆时，线性方程组有唯一解 $A^{-1}\boldsymbol{b}$. 此时，A^+ 就是 A 的逆 A^{-1}.

当 $A\boldsymbol{x} = \boldsymbol{b}$ 有不只一个解时，A 不可逆，但注意到 $\boldsymbol{b} \in \mathcal{R}(A)$，就有 $AA^+\boldsymbol{b} = \boldsymbol{b}$，即 $A^+\boldsymbol{b}$ 是方程组的一个解. 不仅如此，$A^+\boldsymbol{b}$ 还是方程组所有解中长度最小的解. 方程组的解集是 $\{A^+\boldsymbol{b} + \boldsymbol{x}_0 \mid \boldsymbol{x}_0 \in \mathcal{N}(A)\}$，而 $\boldsymbol{x}_0^{\mathrm{T}}A^+\boldsymbol{b} = ((I - A^+A)\boldsymbol{x}_0)^{\mathrm{T}}A^+\boldsymbol{b} = \boldsymbol{x}_0^{\mathrm{T}}(I - A^+A)A^+\boldsymbol{b} = 0$，因此 $\|A^+\boldsymbol{b} + \boldsymbol{x}_0\|^2 = \|A^+\boldsymbol{b}\|^2 + \|\boldsymbol{x}_0\|^2 \geqslant \|A^+\boldsymbol{b}\|^2$，这就说明它是长度最小的解.

再考虑线性方程组无解的情形，即最小二乘问题. 由于 $AA^+\boldsymbol{b}$ 是 $\boldsymbol{b}$ 在 $\mathcal{R}(A)$ 上的正交投影，因此 $A^+\boldsymbol{b}$ 是一个最小二乘解. 事实上，$A^+\boldsymbol{b}$ 也是 $A\boldsymbol{x} = \boldsymbol{b}$ 的最小二乘解中长度最小的解（为什么?）. ☺

下面来说明奇异值是良态的，即如果矩阵变化不大，那么奇异值变化也不大.

例 6.3.5 考察 Jordan 块 $J_n = \begin{bmatrix} 0 & 1 & & \\ & 0 & \ddots & \\ & & \ddots & 1 \\ & & & 0 \end{bmatrix}_{n\times n}$，只有一个 n 重特征值 0；有两个奇异值，是 $n-1$ 重的 1 和 1 重的 0.

给 $J_n(0)$ 添加一点微小变化 $\widetilde{J}_n = \begin{bmatrix} 0 & 1 & & \\ & 0 & \ddots & \\ & & \ddots & 1 \\ 10^{-n} & & & 0 \end{bmatrix}_{n\times n}$，有 n 个单特征值 $10^{-1}\mathrm{e}^{2\pi\mathrm{i}\frac{j}{n}}$，$j = 1, 2, \cdots, n$；有两个奇异值，是 $n-1$ 重的 1 和 1 重的 10^{-n}.

可以看到，矩阵添加了一点微小变化，特征值的变化比矩阵的变化要大得多，而奇异值的变化则和矩阵的变化相差不大. ☺

对任意矩阵，要如何描述其变化呢? 当矩阵从 A 变成 $\widetilde{A}$，当然最好能找到一个 $\widetilde{A} - A$ 的函数来刻画. 我们知道，$m \times n$ 矩阵实质是 $\mathbb{R}^n$ 到 $\mathbb{R}^m$ 的线性映射，因此只要能描述变化前后任意向量的像的变化，就能描述矩阵的变化.

为了把所谓矩阵的变化更好地表述出来，我们引入如下定义.

定义 6.3.6 (矩阵的谱范数) 对任意矩阵 A，非负数 $\max\limits_{\boldsymbol{x}\neq\boldsymbol{0}} \dfrac{\|A\boldsymbol{x}\|}{\|\boldsymbol{x}\|}$ 称为矩阵 A 的**谱范数**，记为 $\|A\|$.

于是就可用 $\|\widetilde{A} - A\|$ 来表述矩阵的变化.

从例 6.3.5 中可以看到，奇异值的变化总是不超过矩阵的变化，即对任意奇异值 σ_i，$|\tilde{\sigma}_i-\sigma_i|\leqslant\left\|\widetilde{J}_n-J_n\right\|$；而特征值的变化则不满足此点，即对任意特征值 λ_i，不能得到 $\left|\tilde{\lambda}_i-\lambda_i\right|\leqslant\left\|\widetilde{J}_n-J_n\right\|$. 观察可得 $\left|\tilde{\lambda}_i-\lambda_i\right|\leqslant\left\|\widetilde{J}_n-J_n\right\|^{\frac{1}{n}}$.

如上观察对任意矩阵都成立吗？事实上，对任意矩阵 A 和 $\widetilde{A}$,

$$|\tilde{\sigma}_i-\sigma_i|\leqslant\left\|\widetilde{A}-A\right\|,\quad \left|\tilde{\lambda}_i-\lambda_i\right|\leqslant C_A\left\|\widetilde{A}-A\right\|^{\frac{1}{n}},$$

其中 C_A 是一个与 $A,\widetilde{A}$ 有关的常数①. 这就说明，奇异值是良态的，而特征值不是良态的.

下面给出谱范数的一些基本性质.

命题 6.3.7 矩阵的谱范数满足：

1. $\|A\|\geqslant 0$，且 $\|A\|=0$ 当且仅当 $A=O$；
2. $\|kA\|=|k|\|A\|$；
3. $\|A+B\|\leqslant\|A\|+\|B\|$；
4. $\|AB\|\leqslant\|A\|\|B\|$；
5. 如果 U,V 是正交矩阵，则 $\left\|UAV^{\mathrm{T}}\right\|=\|A\|$.

证明留给读者.

命题 6.3.8 对任意矩阵 A，矩阵的谱范数 $\|A\|$ 等于 A 的最大奇异值.

证 利用命题 6.1.8，有

$$\|A\|^2=\max_{\boldsymbol{x}\neq\boldsymbol{0}}\frac{\|A\boldsymbol{x}\|^2}{\|\boldsymbol{x}\|^2}=\max_{\boldsymbol{x}\neq\boldsymbol{0}}\frac{\boldsymbol{x}^{\mathrm{T}}A^{\mathrm{T}}A\boldsymbol{x}}{\boldsymbol{x}^{\mathrm{T}}\boldsymbol{x}}=\lambda_{\max}(A^{\mathrm{T}}A)=\sigma_{\max}(A)^2,$$

其中 $\lambda_{\max}(A^{\mathrm{T}}A)$ 是 $A^{\mathrm{T}}A$ 的最大特征值，亦即 A 的最大奇异值 $\sigma_{\max}(A)$ 的平方. □

命题 6.3.8 的证明提示了 $\|A\boldsymbol{x}\|$ 与 $\boldsymbol{x}$ 关于 $A^{\mathrm{T}}A$ 的 Rayleigh 商之间的关系，由此不难得到如下结论.

命题 6.3.9 设 $m\times n$ 实矩阵 A 的奇异值为 $\sigma_1\geqslant\sigma_2\geqslant\cdots\geqslant\sigma_n$，相应的右奇异向量为 $\boldsymbol{v}_1,\boldsymbol{v}_2,\cdots,\boldsymbol{v}_n$ 并构成 $\mathbb{R}^n$ 的一组标准正交基，则

$$\sigma_1=\max_{\boldsymbol{x}\neq\boldsymbol{0}}\frac{\|A\boldsymbol{x}\|}{\|\boldsymbol{x}\|},\qquad \sigma_i=\max_{\substack{\boldsymbol{x}\neq\boldsymbol{0}\\ \boldsymbol{x}\perp\operatorname{span}(\boldsymbol{v}_1,\boldsymbol{v}_2,\cdots,\boldsymbol{v}_{i-1})}}\frac{\|A\boldsymbol{x}\|}{\|\boldsymbol{x}\|},i=2,3,\cdots,n.$$

类似地

$$\sigma_n=\min_{\boldsymbol{x}\neq\boldsymbol{0}}\frac{\|A\boldsymbol{x}\|}{\|\boldsymbol{x}\|},\qquad \sigma_i=\min_{\substack{\boldsymbol{x}\neq\boldsymbol{0}\\ \boldsymbol{x}\perp\operatorname{span}(\boldsymbol{v}_{i+1},\boldsymbol{v}_{i+2},\cdots,\boldsymbol{v}_n)}}\frac{\|A\boldsymbol{x}\|}{\|\boldsymbol{x}\|},i=1,2,\cdots,n-1.$$

证 由命题 6.1.8 立得. □

① 证明这一结论需要较深入的矩阵论知识，这里不会展开，感兴趣的读者请查阅矩阵分析的教材或专著.

6.3.2 ☕ 低秩逼近

下面来分析矩阵逼近问题. 所谓矩阵逼近问题，就是给定一个矩阵和一个矩阵集合，试图在该集合中寻找一个和给定矩阵最接近的矩阵.

通常我们会设定给定集合是满足某种条件的矩阵，然后用逼近矩阵来代替原矩阵，参与其他计算，如此往往会带来一些便利.

定理 6.3.10 (低秩逼近) 设 $m\times n$ 矩阵 A 的简化奇异值分解为 $A=\sigma_1\boldsymbol{u}_1\boldsymbol{v}_1^{\mathrm{T}}+\sigma_2\boldsymbol{u}_2\boldsymbol{v}_2^{\mathrm{T}}+\cdots+\sigma_r\boldsymbol{u}_r\boldsymbol{v}_r^{\mathrm{T}}$. 则对任意正整数 $k<r$，$A_k=\sigma_1\boldsymbol{u}_1\boldsymbol{v}_1^{\mathrm{T}}+\sigma_2\boldsymbol{u}_2\boldsymbol{v}_2^{\mathrm{T}}+\cdots+\sigma_k\boldsymbol{u}_k\boldsymbol{v}_k^{\mathrm{T}}$ 是 A 的最佳秩 k 逼近，即对任意秩不超过 k 的 $m\times n$ 矩阵 B，都有 $\|A-A_k\|\leqslant\|A-B\|$，亦即

$$\|A-A_k\|=\min_{\operatorname{rank}(B)\leqslant k}\|A-B\|.$$

证 根据命题 6.3.8，$\|A-A_k\|=\left\|\sigma_{k+1}\boldsymbol{u}_{k+1}\boldsymbol{v}_{k+1}^{\mathrm{T}}+\cdots+\sigma_r\boldsymbol{u}_r\boldsymbol{v}_r^{\mathrm{T}}\right\|=\sigma_{k+1}$. 只需再证 $\|A-B\|\geqslant\sigma_{k+1}$ 对任意秩不超过 k 的矩阵 B 都成立.

由 $\mathcal{N}(B)=\mathcal{R}(B^{\mathrm{T}})^{\perp}$，可得 $\dim\mathcal{N}(B)=n-\dim\mathcal{R}(B^{\mathrm{T}})\geqslant n-k$. 记 $V_{k+1}=\begin{bmatrix}\boldsymbol{v}_1 & \boldsymbol{v}_2 & \cdots & \boldsymbol{v}_{k+1}\end{bmatrix}$，则存在非零向量 $\boldsymbol{x}\in\mathcal{N}(B)\cap\mathcal{R}(V_{k+1})$ 且 $\|\boldsymbol{x}\|=1$. 令 $\boldsymbol{x}=V_{k+1}\widehat{\boldsymbol{x}}$. 记 $A=U\Sigma V^{\mathrm{T}}=U_r\Sigma_rV_r^{\mathrm{T}}$ 为 A 的奇异值分解和简化奇异值分解. 则

$$\begin{aligned}\|A-B\|&\geqslant\|(A-B)\boldsymbol{x}\|=\|A\boldsymbol{x}\|=\left\|U\Sigma V^{\mathrm{T}}V_{k+1}\widehat{\boldsymbol{x}}\right\|\\&=\left\|\begin{bmatrix}\Sigma_k & & \\ & \sigma_{k+1} & \\ & & *\end{bmatrix}\begin{bmatrix}I_k & \\ & 1\\ & \mathbf{0}\end{bmatrix}\widehat{\boldsymbol{x}}\right\|=\left\|\begin{bmatrix}\Sigma_k & \\ & \sigma_{k+1}\end{bmatrix}\begin{bmatrix}I_k & \\ & 1\end{bmatrix}\widehat{\boldsymbol{x}}\right\|\geqslant\sigma_{k+1}.\end{aligned}$$ □

定理 6.3.10 中的 A_k 常称为 A 的**截断 SVD**.

下面我们来看低秩逼近的实际应用.

例 6.3.11 (图像处理) 计算机在存储图像时，往往是在照片上打上均匀的正方形网格，并只存储网格点的信息，这些网格点称为像素. 为简单起见，这里只考虑灰度图像. 灰度图像用 0 表示黑色，1 表示白色，二者之间的数字表示不同深浅的灰色. 那么所有像素的灰度值按位置排列就得到一个矩阵，换言之，我们就可以用矩阵来表示具有相同像素数的图像.

来源于现实生活的图像，产生的矩阵一般都低秩. 可以如此理解：理想情形下，来源于现实生活的图像总是可以划分为若干区域，每个区域内部的灰度、颜色等都比较单纯或者变化比较平滑，而区域之间则有很大的不同，从而形成了图像上明显的分界线. 每个区域由于变化比较平滑，因而对应的矩阵低秩，例如，区域上的数据按照格点坐标的线性函数来变化，则其秩应当不超过 2. 而图像相当于这些区域的总和，因此图片对应的矩阵的秩不会超过这些区域对应的矩阵的秩的和，于是也低秩.

因此，可以合理地对图像对应的矩阵做低秩逼近，这相当于舍去了少量误差（图像处理中称之为噪声）.

现在考虑对图像进行压缩，即适当减少图像占用的存储. 原来一幅 $m\times n$ 像素的图像，对应产生 $m\times n$ 矩阵 A，需要存储 mn 个元素. 如果对 A 做秩 k 逼近，设 A 的截断 SVD 为 $A_k=U_k\Sigma_kV_k^{\mathrm{T}}$，则只需存储 $mk+k+kn=k(m+n+1)$ 个元素. 当 m,n 很大时，后者所需存储显然会远小于前者. 图 6.3.1 是一幅 256×256 像素的图像的原图以及对相应矩阵分别做秩 $1,2,4,8,16,32,64,127$ 逼近得到的图像. 八幅压缩后的图像的压缩比，即低秩逼近图所占存储与原图所占存储之比 $\dfrac{k(m+n+1)}{mn}$，分别约为 $0.78\%,1.57\%,3.13\%,6.26\%,12.52\%,25.05\%,50.10\%,99.41\%$. 可见，适当选择 k，就能在图像细节和压缩比之间取得平衡. ☺

图 6.3.1 图片的低秩逼近

例 6.3.12 (主成分分析) 最后考虑一个统计模型. 假设我们测量了某类对象的多

个具体属性的值，并希望从中找到起决定性作用的某些属性的组合．例如体检中测量了一系列生化指标，我们希望知道何种指标的数值特征就能够标识某种疾病，例如糖尿病．识别糖尿病人，最简单的办法是测量大量糖尿病人的生化指标，从中发现特殊的指标特征．如果确实能够发现这种特征，那么只要某人的生化指标出现了该特征，更具体地说，只要某人的生化指标组成的向量接近大量糖尿病人的生化指标组成的向量全体构成的集合，就可以合理怀疑此人可能患有糖尿病．

现在把上述思考数学化．假设已测得 d 维空间上的随机变量的 n 个样本 $\boldsymbol{a}_1, \boldsymbol{a}_2, \cdots, \boldsymbol{a}_n$，这些样本往往聚集在如直线、平面等低维集合附近．不妨假设这些样本在任意方向上的均值都是 0，不然则通过平移数据来获得．那么这个低维集合可以认为是一个低维子空间．只要能得到这个与样本分布类似的低维子空间，就能近似地得到这个随机变量的分布特征．这组基就称为随机变量的**主成分**，这种模型称为**主成分分析**．

只要能得到这个低维子空间的一组标准正交基，就知道了这个低维子空间的全部信息．下面我们就来计算一组标准正交基．记该低维子空间为 $\mathcal{M}$，则每个数据点 $\boldsymbol{a}_i\,(i=1,2,\cdots,n)$ 到 $\mathcal{M}$ 的正交投影是 $\boldsymbol{P}_{\mathcal{M}}\boldsymbol{a}_i$．而所有数据点到 $\mathcal{M}$ 的距离的平方和，就是 $\sum\limits_{i=1}^{n}\|\boldsymbol{a}_i - \boldsymbol{P}_{\mathcal{M}}\boldsymbol{a}_i\|^2$．记 $\mathcal{M}$ 的一组标准正交基组成的矩阵为 Q，又记数据 $\boldsymbol{a}_i$ 作为列组成的矩阵为 A，则这个平方和是

$$
\begin{aligned}
\sum_{i=1}^{n}\|\boldsymbol{a}_i - \boldsymbol{P}_{\mathcal{M}}\boldsymbol{a}_i\|^2 &= \sum_{i=1}^{n}\left\|(I-QQ^{\mathrm{T}})\boldsymbol{a}_i\right\|^2 \\
&= \sum_{i=1}^{n}\boldsymbol{a}_i^{\mathrm{T}}(I-QQ^{\mathrm{T}})\boldsymbol{a}_i \\
&= \sum_{i=1}^{n}\operatorname{trace}\left((I-QQ^{\mathrm{T}})\boldsymbol{a}_i\boldsymbol{a}_i^{\mathrm{T}}\right) \\
&= \operatorname{trace}\left((I-QQ^{\mathrm{T}})\sum_{i=1}^{n}\boldsymbol{a}_i\boldsymbol{a}_i^{\mathrm{T}}\right) \\
&= \operatorname{trace}\left((I-QQ^{\mathrm{T}})AA^{\mathrm{T}}\right) \\
&= \operatorname{trace}(AA^{\mathrm{T}}) - \operatorname{trace}(Q^{\mathrm{T}}AA^{\mathrm{T}}Q).
\end{aligned}
$$

如果我们希望这个主成分空间越准确越好，则需要找一个列正交矩阵 Q，使得此平方和最小，亦即使得 $\operatorname{trace}(Q^{\mathrm{T}}AA^{\mathrm{T}}Q)$ 最大． ☺

对例 6.3.12，在 $\mathcal{M}$ 的维数 $m=1$ 时，最大值就是 AA^{T} 的最大特征值，亦即 A 的最大奇异值的平方，而主成分就是 A 的属于最大奇异值的左奇异向量．当 $\mathcal{M}$ 的维数 $m>1$ 时，最大值就是 AA^{T} 的最大 m 个特征值之和，而主成分就是 A 的属于最大 m 个奇异值的左奇异向量，这可由如下定理 6.3.13 得到．

定理 6.3.13 设 $m\times n$ 矩阵 A 的简化奇异值分解为 $A=\sigma_1\boldsymbol{u}_1\boldsymbol{v}_1^{\mathrm{T}}+\sigma_2\boldsymbol{u}_2\boldsymbol{v}_2^{\mathrm{T}}+\cdots+\sigma_r\boldsymbol{u}_r\boldsymbol{v}_r^{\mathrm{T}}$. 则对任意正整数 $k<r$，$U_k=\begin{bmatrix}\boldsymbol{u}_1 & \boldsymbol{u}_2 & \cdots & \boldsymbol{u}_k\end{bmatrix}$ 满足

$$\operatorname{trace}(U_k^{\mathrm{T}}AA^{\mathrm{T}}U_k)=\max_{\substack{Q\text{ 列正交}\\ \operatorname{rank}(Q)\leqslant k}}\operatorname{trace}(Q^{\mathrm{T}}AA^{\mathrm{T}}Q).$$

证 只需证明 $\operatorname{trace}(U_k^{\mathrm{T}}AA^{\mathrm{T}}U_k)=\max\limits_{\substack{Q\text{ 列正交}\\ \operatorname{rank}(Q)=k}}\operatorname{trace}(Q^{\mathrm{T}}AA^{\mathrm{T}}Q)$，结合 $\operatorname{trace}(U_1^{\mathrm{T}}AA^{\mathrm{T}}U_1)\leqslant\operatorname{trace}(U_2^{\mathrm{T}}AA^{\mathrm{T}}U_2)\leqslant\cdots\leqslant\operatorname{trace}(U_k^{\mathrm{T}}AA^{\mathrm{T}}U_k)$，可得结论.

利用数学归纳法. 命题 6.1.8 直接得到 $k=1$ 的情形. 现假设该命题对 $k-1$ 情形成立. 设 $W=\begin{bmatrix}W_0 & \boldsymbol{w}_k\end{bmatrix}$ 是一个最大解，即 $\operatorname{trace}(W^{\mathrm{T}}AA^{\mathrm{T}}W)=\max\limits_{\substack{Q\text{ 列正交}\\ \operatorname{rank}(Q)=k}}\operatorname{trace}(Q^{\mathrm{T}}AA^{\mathrm{T}}Q)$.

不妨假设 $U_{k-1}^{\mathrm{T}}\boldsymbol{w}_k=\mathbf{0}$. 这是因为，对任意正交矩阵 T，$\operatorname{trace}(T^{\mathrm{T}}W^{\mathrm{T}}AA^{\mathrm{T}}WT)=\operatorname{trace}(W^{\mathrm{T}}AA^{\mathrm{T}}W)$，故 W 可选其列空间 $\mathcal{R}(W)$ 的任意一组标准正交基；注意到 $\dim(\mathcal{R}(U_{k-1})^{\perp}\cap\mathcal{R}(W))\geqslant 1$，取其中任意单位向量作为 $\boldsymbol{w}_k$，就满足条件（为什么?）.

现在 $U_{k-1}^{\mathrm{T}}\boldsymbol{w}_k=\mathbf{0}$. 根据命题 6.1.8，$\boldsymbol{w}_k^{\mathrm{T}}AA^{\mathrm{T}}\boldsymbol{w}_k\leqslant\boldsymbol{u}_k^{\mathrm{T}}AA^{\mathrm{T}}\boldsymbol{u}_k$. 根据归纳假设，$\operatorname{trace}(W_0^{\mathrm{T}}AA^{\mathrm{T}}W_0)\leqslant\operatorname{trace}(U_{k-1}^{\mathrm{T}}AA^{\mathrm{T}}U_{k-1})$. 因此

$$\begin{aligned}trace(W^{\mathrm{T}}AA^{\mathrm{T}}W)&=\operatorname{trace}(W_0^{\mathrm{T}}AA^{\mathrm{T}}W_0)+\boldsymbol{w}_k^{\mathrm{T}}AA^{\mathrm{T}}\boldsymbol{w}_k\\&\leqslant\operatorname{trace}(U_{k-1}^{\mathrm{T}}AA^{\mathrm{T}}U_{k-1})+\boldsymbol{u}_k^{\mathrm{T}}AA^{\mathrm{T}}\boldsymbol{u}_k=\operatorname{trace}(U_k^{\mathrm{T}}AA^{\mathrm{T}}U_k).\end{aligned}$$

这就说明 $\operatorname{trace}(U_k^{\mathrm{T}}AA^{\mathrm{T}}U_k)=\max\limits_{\substack{Q\text{ 列正交}\\ \operatorname{rank}(Q)=k}}\operatorname{trace}(Q^{\mathrm{T}}AA^{\mathrm{T}}Q)$. □

由定理 6.3.13 可见，主成分分析本质上也是低秩逼近.

为了更简洁地描述上述过程，我们引入如下定义.

定义 6.3.14 (Frobenius 范数) 对任意矩阵 $A=\begin{bmatrix}a_{ij}\end{bmatrix}_{m\times n}$，非负数 $\sqrt{\operatorname{trace}(A^{\mathrm{T}}A)}=\sqrt{\sum\limits_{i=1}^{m}\sum\limits_{j=1}^{n}\left|a_{ij}\right|^2}$ 称为矩阵 A 的 **Frobenius 范数**，记为 $\|A\|_{\mathrm{F}}$.

下面给出 Frobenius 范数的一些基本性质.

命题 6.3.15 矩阵的 Frobenius 范数满足:

1. $\|A\|_{\mathrm{F}}\geqslant 0$，且 $\|A\|_{\mathrm{F}}=0$ 当且仅当 $A=O$;
2. $\|kA\|_{\mathrm{F}}=|k|\|A\|_{\mathrm{F}}$;
3. $\|A+B\|_{\mathrm{F}}\leqslant\|A\|_{\mathrm{F}}+\|B\|_{\mathrm{F}}$;
4. $\|AB\|_{\mathrm{F}}\leqslant\|A\|\|B\|_{\mathrm{F}},\|AB\|_{\mathrm{F}}\leqslant\|A\|_{\mathrm{F}}\|B\|$;
5. 如果 U,V 是正交矩阵，则 $\left\|UAV^{\mathrm{T}}\right\|_{\mathrm{F}}=\|A\|_{\mathrm{F}}$.

命题 6.3.16 对任意矩阵 A，其 Frobenius 范数平方 $\|A\|_{\mathrm{F}}^2$ 等于 A 的所有奇异值的平方和. 因此，$\|A\|_{\mathrm{F}} \geqslant \|A\|$.

证明留给读者. 注意命题 6.3.15 第 4 条不等式右端两个范数不同，不等式 $\|AB\|_{\mathrm{F}} \leqslant \|A\|_{\mathrm{F}}\|B\|_{\mathrm{F}}$ 当然也成立，但不如它精细.

定理 6.3.17 (低秩逼近) 设 $m \times n$ 矩阵 A 的简化奇异值分解为 $A = \sigma_1 \boldsymbol{u}_1 \boldsymbol{v}_1^{\mathrm{T}} + \sigma_2 \boldsymbol{u}_2 \boldsymbol{v}_2^{\mathrm{T}} + \cdots + \sigma_r \boldsymbol{u}_r \boldsymbol{v}_r^{\mathrm{T}}$. 则对任意正整数 $k < r$，$A_k = \sigma_1 \boldsymbol{u}_1 \boldsymbol{v}_1^{\mathrm{T}} + \sigma_2 \boldsymbol{u}_2 \boldsymbol{v}_2^{\mathrm{T}} + \cdots + \sigma_k \boldsymbol{u}_k \boldsymbol{v}_k^{\mathrm{T}}$ 是 A 在 Frobenius 范数意义下的最佳秩 k 逼近，即对任意秩不超过 k 的 $m \times n$ 矩阵 B，都有 $\|A - A_k\|_{\mathrm{F}} \leqslant \|A - B\|_{\mathrm{F}}$，亦即

$$\|A - A_k\|_{\mathrm{F}} = \min_{\operatorname{rank}(B) \leqslant k} \|A - B\|_{\mathrm{F}}.$$

证 对秩为 $k' \leqslant k$ 的 $m \times n$ 矩阵 B，令 QQ^{T} 是 $\mathcal{R}(B)$ 上的正交投影，其中 Q 是 $m \times k'$ 列正交矩阵，则 $QQ^{\mathrm{T}}B = B, (I - QQ^{\mathrm{T}})QQ^{\mathrm{T}} = O$，因此

$$\begin{aligned}
\|A - B\|_{\mathrm{F}}^2 &= \left\|A - QQ^{\mathrm{T}}A + QQ^{\mathrm{T}}A - QQ^{\mathrm{T}}B\right\|_{\mathrm{F}}^2 \\
&= \left\|A - QQ^{\mathrm{T}}A\right\|_{\mathrm{F}}^2 + \left\|QQ^{\mathrm{T}}(A - B)\right\|_{\mathrm{F}}^2 + 2\operatorname{trace}(A^{\mathrm{T}}(I - QQ^{\mathrm{T}})QQ^{\mathrm{T}}(A - B)) \\
&\geqslant \left\|A - QQ^{\mathrm{T}}A\right\|_{\mathrm{F}}^2.
\end{aligned}$$

但 $\left\|A - QQ^{\mathrm{T}}A\right\|_{\mathrm{F}}^2 = \|A\|_{\mathrm{F}}^2 - \left\|Q^{\mathrm{T}}A\right\|_{\mathrm{F}}^2 = \|A\|_{\mathrm{F}}^2 - \operatorname{trace}(Q^{\mathrm{T}}AA^{\mathrm{T}}Q)$. 记 $A_k = U_k \Sigma_k V_k^{\mathrm{T}}$，根据定理 6.3.13，$\operatorname{trace}(Q^{\mathrm{T}}AA^{\mathrm{T}}Q) \leqslant \operatorname{trace}(U_k^{\mathrm{T}}AA^{\mathrm{T}}U_k) = \sum_{j=1}^{k} \sigma_j^2$. 因此

$$\left\|A - QQ^{\mathrm{T}}A\right\|_{\mathrm{F}}^2 \geqslant \sum_{j=1}^{r} \sigma_j^2 - \sum_{j=1}^{k} \sigma_j^2 = \sum_{j=k+1}^{r} \sigma_j^2 = \|A - A_k\|_{\mathrm{F}}^2.$$

由此立得. □

定理 6.3.17 给出了截断 SVD 也是低秩逼近的最优解的另一描述.

习题

练习 6.3.1 求下列矩阵的奇异值分解：

1. $\begin{bmatrix} 3 & 4 & 0 \end{bmatrix}$.
2. $\begin{bmatrix} 1 & 1 & 0 \\ 0 & 1 & 1 \end{bmatrix}$.
3. $\begin{bmatrix} 2 & 2 \\ -1 & 1 \end{bmatrix}$.
4. $\begin{bmatrix} 0 & -1 \\ 1 & 0 \end{bmatrix}$.
5. $\begin{bmatrix} 1 & 1 \\ 3 & 3 \end{bmatrix}$.
6. $\begin{bmatrix} 0 & 1 & 0 & 0 \\ 0 & 0 & 0 & 2 \\ 3 & 0 & 0 & 0 \\ 0 & 0 & 4 & 0 \end{bmatrix}$.
7. $\begin{bmatrix} 1 & 0 \\ 2 & 1 \end{bmatrix}$.
8. $\begin{bmatrix} A & O \\ O & O \end{bmatrix}$，其中 A 有奇异值分解 $A = U\Sigma V^{\mathrm{T}}$.

练习 6.3.2 矩阵 A 的 QR 分解 $A=QR$，且 R 有奇异值分解 $R=U\Sigma V^{\mathrm{T}}$，求 A 的奇异值分解.

练习 6.3.3 设 A 的奇异值分解为 $A=U\Sigma V^{\mathrm{T}}$，求矩阵 $\begin{bmatrix} O & A^{\mathrm{T}} \\ A & O \end{bmatrix}$ 的谱分解.

练习 6.3.4 设矩阵 $A=\begin{bmatrix} 1 & 0 \\ -1 & 1 \end{bmatrix}$，考虑单位圆 $C=\{\boldsymbol{v}\in\mathbb{R}^2 \mid \|\boldsymbol{v}\|=1\}$ 及其在 A 对应的线性变换 $\boldsymbol{A}$ 下的像 $A(C)=\{A\boldsymbol{v}\in\mathbb{R}^2 \mid \|\boldsymbol{v}\|=1\}$.

1. 设 $\boldsymbol{w}\in A(C)$，证明 $\boldsymbol{w}^{\mathrm{T}}(AA^{\mathrm{T}})^{-1}\boldsymbol{w}=1$.
2. 求 A 的奇异值分解 $A=U\Sigma V^{\mathrm{T}}$.
3. 注意 V,U 为二阶正交矩阵，对应的线性变换是旋转或反射，而 Σ 是对角矩阵，对应伸缩变换. 从几何上看，曲线 $V^{\mathrm{T}}(C), \Sigma V^{\mathrm{T}}(C), U\Sigma V^{\mathrm{T}}(C)$ 分别是什么形状？

练习 6.3.5 设矩阵 A 的奇异值分解是 $A=U\Sigma V^{\mathrm{T}}$.

1. 证明 $AA^{\mathrm{T}}=U(\Sigma\Sigma^{\mathrm{T}})U^{\mathrm{T}}, A^{\mathrm{T}}A=V(\Sigma^{\mathrm{T}}\Sigma)V^{\mathrm{T}}$ 分别是这两个对称矩阵的谱分解，并得到 AA^{T} 和 $A^{\mathrm{T}}A$ 的非零特征值相同.
2. 对任意 A 的奇异值 $\sigma\neq 0$，设 $\boldsymbol{v}$ 和 $\boldsymbol{w}$ 分别是 $A^{\mathrm{T}}A$ 和 AA^{T} 的属于 σ^2 的特征向量，证明 $A\boldsymbol{v}$ 和 $A^{\mathrm{T}}\boldsymbol{w}$ 分别是 AA^{T} 和 $A^{\mathrm{T}}A$ 的属于 σ^2 的特征向量.

练习 6.3.6 (极分解) 对 n 阶方阵 A，存在正交矩阵 Q 和对称半正定矩阵 S，使得 $A=QS$.

分解式 $A=QS$ 称为 A 的**极分解**. 容易看到，$A=S_1Q_1$，即方阵分解为对称半正定矩阵和正交矩阵的乘积，也存在.

练习 6.3.7 ☕☕ 证明矩阵的广义逆唯一.

提示：耐心计算.

练习 6.3.8 证明命题 6.3.7.

练习 6.3.9 ☕ 证明矩阵任意特征值的绝对值不大于其最大的奇异值.

练习 6.3.10 证明或者举出反例.

1. n 阶方阵 A 为正交矩阵当且仅当它的 n 个奇异值都是 1.
2. n 阶方阵的 n 个奇异值的乘积等于所有特征值的乘积.
3. 设 n 阶方阵 A 和 $A+I_n$ 的奇异值分解分别为 $A=U\Sigma V^{\mathrm{T}}, A+I_n=U(\Sigma+I_n)V^{\mathrm{T}}$. 证明 A 是对称矩阵.
4. ☕ 如果 n 阶方阵 A 的 n 个奇异值就是它的 n 个特征值，则 A 是对称矩阵.

练习 6.3.11 证明命题 6.3.15.

练习 6.3.12 证明命题 6.3.16.

练习 6.3.13 (樊畿迹定理) ☕ 对任意 n 阶对称矩阵 $A\in\mathbb{R}^{n\times n}$，假设特征值为 $\lambda_1\geqslant\lambda_2\geqslant\cdots\geqslant\lambda_n$，对应特征向量为 $\boldsymbol{u}_1,\boldsymbol{u}_2,\cdots,\boldsymbol{u}_n$，则 $\max\limits_{\substack{n\times m\text{ 矩阵 }Q:\\ Q^{\mathrm{T}}Q=I}} \operatorname{trace}(Q^{\mathrm{T}}AQ)=\sum\limits_{i=1}^{m}\lambda_i$，且 $Q=\begin{bmatrix}\boldsymbol{u}_1 & \boldsymbol{u}_2 & \cdots & \boldsymbol{u}_m\end{bmatrix}$ 时取得最大值.

练习 6.3.14 (低秩逼近与数据拟合) 考虑平面上的点 $\begin{bmatrix}0\\0\end{bmatrix}, \begin{bmatrix}1\\8\end{bmatrix}, \begin{bmatrix}3\\8\end{bmatrix}, \begin{bmatrix}4\\20\end{bmatrix}$. 现在想找到一条直线，使得点到直线距离的平方和最小. 令 $A = \begin{bmatrix}0 & 1 & 3 & 4\\0 & 8 & 8 & 20\end{bmatrix}$.

1. 找到函数 $f(a,b,c)$，使得 $f(a,b,c)$ 就是每个点到直线 $ax+by+c=0$ 的距离的平方和.
2. 假设 a,b 已知，用导数证明此时最好的 c 是 $-\begin{bmatrix}a & b\end{bmatrix}\begin{bmatrix}x_0\\y_0\end{bmatrix}$，这里 x_0, y_0 代表四个点的 x 坐标平均值和 y 坐标平均值.
   注意：这意味着欲求直线应为 $a(x-x_0)+b(y-y_0)+c=0$.
3. 对 A 进行“中心化”，即对每一行所有元素减去该行的平均值，得到 B. 此时对 B 的列对应的四个点来说，最佳直线为何应该经过原点？A, B 对应的最佳直线为何一定平行？
4. 计算 B 的最佳秩 1 逼近.
5. 计算欲求直线.
6. 思考：如果考虑的不是平面上的点，而是 n 维空间中的点，问题如何处理？

练习 6.3.15 ☕ 考虑子空间 $\mathcal{M}, \mathcal{N}$，其对应的正交投影矩阵为 P, Q. 我们想要研究矩阵

$$H = P(P+Q)^+Q + Q(P+Q)^+P.$$

1. 计算 $(P+Q)(P+Q)^+$ 的列空间和零空间，该矩阵是否为一个正交投影矩阵？
2. 计算 $(P+Q)^+(P+Q)$ 的列空间和零空间，该矩阵是否为一个正交投影矩阵？和前一矩阵有何关联？
3. 证明 $Q(P+Q)^+(P+Q) = Q$，$(P+Q)(P+Q)^+Q = Q$.
4. 证明 $H = 2P(P+Q)^+Q = 2Q(P+Q)^+P$.
5. 假设 T 是 $\mathcal{M}\cap\mathcal{N}$ 上的正交投影矩阵，证明 $HP = HQ = HT = H$.
6. 证明 $HT = T$.

于是 $H = T$，由此即得 $\mathcal{M}\cap\mathcal{N}$ 的正交投影矩阵的表达式.

第 7 章 线性空间和线性映射

第 1 章至第 6 章主要研究了线性空间 $\mathbb{R}^n$ 中的向量、子空间以及其上的线性变换. 本章和第 8 章将把之前的概念推广到一个很大的范围, 从而使得线性代数不再仅仅局限于向量和矩阵, 使得线性代数被不同领域的工作者广泛运用在实际生产生活中.

7.1 线 性 空 间

求解线性方程组的计算过程只使用了加减乘除这四种四则运算. 有理数四则运算(除以 0 除外) 的结果还是有理数, 而自然数或整数却不是这样. 为此引入一个新的概念.

定义 7.1.1 (数域) 给定 $\mathbb{C}$ 的子集 $\mathbb{F}$, 如果 $\mathbb{F}$ 中至少包含一个非零复数, 且 $\mathbb{F}$ 对复数的加减乘除四则运算封闭, 即对任意 $a,b\in\mathbb{F}$, 都有 $a+b,a-b,ab\in\mathbb{F}$, 且当 $b\neq 0$ 时 $\dfrac{a}{b}\in\mathbb{F}$, 则称 $\mathbb{F}$ 是一个**数域**.

可以验证, $\mathbb{Q},\mathbb{R},\mathbb{C}$ 都是数域, 而 $\mathbb{N},\mathbb{Z}$ 不是数域. 数域 $\mathbb{F}$ 上的线性方程组的解 (如果存在) 也在数域 $\mathbb{F}$ 上.

我们在第 1 章中为向量和矩阵定义了加法和数乘两种线性运算, 并发现二者的线性运算满足相同的八条运算法则. 因此, 向量和矩阵在某种意义上相同, 因为二者定义的运算及其运算法则相同.

一般地, 我们作如下定义.

定义 7.1.2 (线性空间) 给定非空集合 $\mathcal{V}$ 和数域 $\mathbb{F}$, 如果:

1. $\mathcal{V}$ 上定义了**加法**运算, 即对任意 $\boldsymbol{a},\boldsymbol{b}\in\mathcal{V}$, 都以某种法则对应于 $\mathcal{V}$ 中唯一确定的一个元素, 记作 $\boldsymbol{a}+\boldsymbol{b}$;
2. $\mathcal{V}$ 的元素和 $\mathbb{F}$ 中的数之间定义了**数乘**运算, 即对任意 $\boldsymbol{a}\in\mathcal{V},k\in\mathbb{F}$, 都以某种法则对应于 $\mathcal{V}$ 中唯一确定的一个元素, 记作 $k\boldsymbol{a}$;

且这两种运算满足如下八条运算法则:

1. 加法结合律: 对任意 $\boldsymbol{a},\boldsymbol{b},\boldsymbol{c}\in\mathcal{V}$, $(\boldsymbol{a}+\boldsymbol{b})+\boldsymbol{c}=\boldsymbol{a}+(\boldsymbol{b}+\boldsymbol{c})$;
2. 加法交换律: 对任意 $\boldsymbol{a},\boldsymbol{b}\in\mathcal{V}$, $\boldsymbol{a}+\boldsymbol{b}=\boldsymbol{b}+\boldsymbol{a}$;
3. 零元素: 存在元素 $\boldsymbol{0}\in\mathcal{V}$, 对任意 $\boldsymbol{a}\in\mathcal{V}$, $\boldsymbol{a}+\boldsymbol{0}=\boldsymbol{a}$, 其中 $\boldsymbol{0}$ 称为**零元素**;
4. 负元素: 对任意 $\boldsymbol{a}\in\mathcal{V}$, 存在 $\boldsymbol{b}\in\mathcal{V}$, 满足 $\boldsymbol{a}+\boldsymbol{b}=\boldsymbol{0}$, 称它为 $\boldsymbol{a}$ 的**负元素**, 记为 $-\boldsymbol{a}$;

5. 单位数：对任意 $\boldsymbol{a} \in \mathcal{V}$，$1\boldsymbol{a} = \boldsymbol{a}$；

6. 数乘结合律：对任意 $\boldsymbol{a} \in \mathcal{V}, k, l \in \mathbb{F}$，$(kl)\boldsymbol{a} = k(l\boldsymbol{a})$；

7. 数乘对数的分配律：对任意 $\boldsymbol{a} \in \mathcal{V}, k, l \in \mathbb{F}$，$(k+l)\boldsymbol{a} = k\boldsymbol{a} + l\boldsymbol{a}$；

8. 数乘对向量的分配律：对任意 $\boldsymbol{a}, \boldsymbol{b} \in \mathcal{V}, k \in \mathbb{F}$，$k(\boldsymbol{a}+\boldsymbol{b}) = k\boldsymbol{a} + k\boldsymbol{b}$；

则称 $\mathcal{V}$ 是 $\mathbb{F}$ 上的**线性空间**或**向量空间**，其中的元素可以称为**向量**，零元素和负元素可以称为零向量和负向量.

减法可以自然地定义：$\boldsymbol{a} - \boldsymbol{b} = \boldsymbol{a} + (-\boldsymbol{b})$.

在定义 7.1.2 下，线性空间中的向量不再局限于 $\mathbb{R}^m$ 中的向量，而是满足运算法则的抽象对象. 因此一些基本性质不再不证自明.

命题 7.1.3 在线性空间中，

1. 零向量唯一；

2. 任意向量的负向量唯一；

3. 加法消去律，即由 $\boldsymbol{a} + \boldsymbol{b} = \boldsymbol{a} + \boldsymbol{c}$ 可以推出 $\boldsymbol{b} = \boldsymbol{c}$；

4. 可以移项，即由 $\boldsymbol{a} + \boldsymbol{b} = \boldsymbol{c}$ 可以推出 $\boldsymbol{a} = \boldsymbol{c} - \boldsymbol{b}$；

5. $0\boldsymbol{a} = \boldsymbol{0}, (-1)\boldsymbol{a} = -\boldsymbol{a}, k\boldsymbol{0} = \boldsymbol{0}$；

6. 可以约系数，即由 $k\boldsymbol{a} = \boldsymbol{b}, k \neq 0$ 可以推出 $\boldsymbol{a} = \dfrac{1}{k}\boldsymbol{b}$.

证 第 1 条：设有两个零向量 $\boldsymbol{0}, \tilde{\boldsymbol{0}}$，则 $\boldsymbol{0} = \boldsymbol{0} + \tilde{\boldsymbol{0}} = \tilde{\boldsymbol{0}} + \boldsymbol{0} = \tilde{\boldsymbol{0}}$.

第 2 条：设向量 $\boldsymbol{a}$ 有两个负向量 $\boldsymbol{b}, \boldsymbol{c}$，则 $\boldsymbol{b} = \boldsymbol{b} + \boldsymbol{0} = \boldsymbol{b} + (\boldsymbol{a} + \boldsymbol{c}) = (\boldsymbol{b} + \boldsymbol{a}) + \boldsymbol{c} = \boldsymbol{0} + \boldsymbol{c} = \boldsymbol{c}$.

第 3 条：$\boldsymbol{b} = \boldsymbol{0}+\boldsymbol{b} = (-\boldsymbol{a}+\boldsymbol{a})+\boldsymbol{b} = -\boldsymbol{a}+(\boldsymbol{a}+\boldsymbol{b}) = -\boldsymbol{a}+(\boldsymbol{a}+\boldsymbol{c}) = (-\boldsymbol{a}+\boldsymbol{a})+\boldsymbol{c} = \boldsymbol{c}$.

第 4 条：$\boldsymbol{a} = \boldsymbol{a} + \boldsymbol{0} = \boldsymbol{a} + (\boldsymbol{b} - \boldsymbol{b}) = (\boldsymbol{a} + \boldsymbol{b}) - \boldsymbol{b} = \boldsymbol{c} - \boldsymbol{b}$.

第 5 条：$0\boldsymbol{a} + \boldsymbol{0} = 0\boldsymbol{a} = (0+0)\boldsymbol{a} = 0\boldsymbol{a} + 0\boldsymbol{a}$，由消去律得 $0\boldsymbol{a} = \boldsymbol{0}$；$(-1)\boldsymbol{a} + \boldsymbol{a} = (-1+1)\boldsymbol{a} = \boldsymbol{0} = -\boldsymbol{a}+\boldsymbol{a}$，由消去律得 $(-1)\boldsymbol{a} = -\boldsymbol{a}$；对任意 $\boldsymbol{a}$，$k\boldsymbol{0}+k\boldsymbol{a} = k(\boldsymbol{0}+\boldsymbol{a}) = k\boldsymbol{a}$，因此 $k\boldsymbol{0}$ 也是一个零向量，由零向量唯一得 $k\boldsymbol{0} = \boldsymbol{0}$.

第 6 条：$\boldsymbol{a} = \left(\dfrac{1}{k}k\right)\boldsymbol{a} = \dfrac{1}{k}(k\boldsymbol{a}) = \dfrac{1}{k}\boldsymbol{b}$. □

在考察一个集合是否为线性空间时，除运算及运算法则外，还要注意两个隐含条件：

1. 集合非空；

2. 加法和数乘封闭.

下面列举一些常见的线性空间.

例 7.1.4

1. 只有一个零元素的集合构成数域 $\mathbb{F}$ 上的线性空间，记为 $\{\boldsymbol{0}\}$.

2. 数域的扩张：实数集 $\mathbb{R}$ 是有理数集 $\mathbb{Q}$ 上的线性空间，加法和数乘运算就是实数的运算. 注意，这与 $\mathbb{R}$ 作为 $\mathbb{R}$ 上的线性空间不同.
3. 几何空间：考虑三维几何空间中的所有向量（即有向线段），在向量的加法和数乘下构成 $\mathbb{R}$ 上的线性空间. 注意，未设定坐标系前，该线性空间与 $\mathbb{R}^3$ **并不相同**. ☺

例 7.1.5

1. 数组向量空间[①]及其子集：
   (a) m 维向量的全体 $\mathbb{F}^m$，加法和数乘运算由定义 1.1.4 给出.
   (b) $\mathbb{F}$ 中数组成的矩阵诱导的数组向量空间的子集，如列空间 $\mathcal{R}(A)$、零空间 $\mathcal{N}(A)$.
2. 矩阵空间及其子集：
   (a) $m\times n$ 矩阵的全体，记为 $\mathbb{F}^{m\times n}$，加法和数乘运算由定义 1.4.3 给出.
   (b) 矩阵空间的子集：n 阶上（下）三角矩阵的全体；n 阶对角矩阵的全体；n 阶（反）对称矩阵的全体.
3. 函数空间及其子集：
   (a) 定义域为 D 的实值函数 $f\colon D\to\mathbb{R}$ 的全体构成 $\mathbb{R}$ 上的线性空间，其中加法是函数的加法，数乘是常数和函数的乘法，称为函数空间.
   (b) 定义域相同的实值连续函数的全体也构成 $\mathbb{R}$ 上的线性空间，称为连续函数空间，记为 $C(D)$.
   (c) 定义域相同的实值无穷次可导函数的全体也构成 $\mathbb{R}$ 上的线性空间，称为光滑函数空间，记为 $C^\infty(D)$.
   (d) 实系数多项式的全体也构成 $\mathbb{R}$ 上的线性空间，称为多项式空间，记为 $\mathbb{R}[x]$.
   (e) 次数小于 n 的实系数多项式的全体添上零多项式也构成 $\mathbb{R}$ 上的线性空间，记为 $\mathbb{R}[x]_n$.
   (f) 类似地，系数取自 $\mathbb{F}$ 的多项式，其全体构成的线性空间记为 $\mathbb{F}[x]$，同样可有 $\mathbb{F}[x]_n$. ☺

这三类线性空间是我们主要的研究对象. 可以看到，构造新的线性空间的一个常用方法是考察已知线性空间的子集. 满足一定条件时，子集也可以构成线性空间.

定义 7.1.6 (子空间) 给定数域 $\mathbb{F}$ 上的线性空间 $\mathcal{V}$ 及其非空子集 $\mathcal{M}$. 如果 $\mathcal{M}$ 关于 $\mathcal{V}$ 上的加法和数乘也构成线性空间，则称 $\mathcal{M}$ 是 $\mathcal{V}$ 的 **(线性) 子空间**.

① 我们称用数组表示的向量所构成的线性空间为数组向量空间.

命题 7.1.7 线性空间 $\mathcal{V}$ 的非空子集 $\mathcal{M}$ 是一个子空间，当且仅当它对加法和数乘封闭.

证 "$\Rightarrow$": 显然. "$\Leftarrow$": 八条运算法则中只需验证零向量和负向量的存在性. 由于 $\mathcal{M}$ 非空，则存在 $\boldsymbol{a} \in \mathcal{M}$. 根据数乘的封闭性，$\mathbf{0} = 0\boldsymbol{a} \in \mathcal{M}, -\boldsymbol{a} = (-1)\boldsymbol{a} \in \mathcal{M}$. □

由命题 7.1.7 可知，子空间的定义 7.1.6 与 $\mathbb{R}^n$ 的子空间的定义 2.1.4 一致.

例 7.1.8 回顾例 7.1.5 中的子空间.

1. 对任意 $A \in \mathbb{F}^{m\times n}$，$\mathcal{R}(A)$ 是 $\mathbb{F}^m$ 的子空间，$\mathcal{N}(A)$ 是 $\mathbb{F}^n$ 的子空间.
2. 矩阵空间的子空间的包含链：

$$\{n\text{ 阶对角矩阵的全体}\} \subseteq \{n\text{ 阶上（下）三角矩阵的全体}\} \subseteq \{n\text{ 阶方阵的全体}\};$$

$$\{n\text{ 阶（反）对称矩阵的全体}\} \subseteq \{n\text{ 阶方阵的全体}\}.$$

3. 函数空间的子空间的包含链：

$$\text{多项式空间} \subseteq \text{光滑函数空间} \subseteq \text{连续函数空间} \subseteq \text{函数空间}.$$ ☺

例 7.1.9

1. n 阶可逆矩阵的全体**不是**线性空间，更不是 $\mathbb{F}^{n\times n}$ 的子空间，因为它对矩阵的加法和数乘运算不封闭.
2. 次数等于 $n-1$ 的实系数多项式的全体**不是**线性空间，更不是 $\mathbb{R}[x]_n$ 的子空间，因为它对多项式的加法运算不封闭. 例如，$(x^{n-1}+x^{n-2})+(-x^{n-1}) = x^{n-2}$，其次数不是 $n-1$. ☺

下面来考虑子空间的运算. 子空间作为线性空间的子集，自然有子集的运算，如交、并等.

定义 7.1.10 (子空间的交) 给定线性空间 $\mathcal{V}$ 的两个子空间 $\mathcal{M}_1, \mathcal{M}_2$，集合 $\mathcal{M}_1 \cap \mathcal{M}_2$ 是 $\mathcal{V}$ 的子空间，称为子空间 $\mathcal{M}_1$ 与 $\mathcal{M}_2$ 的**交**.

容易发现，两个子空间的并通常不是一个子空间. 例如，平面上的两个坐标轴的并集，显然对向量的加法运算不封闭. 为了使得对线性运算封闭，可以考虑两个子空间中向量的所有线性组合构成的集合.

定义 7.1.11 (子空间的和) 给定线性空间 $\mathcal{V}$ 的两个子空间 $\mathcal{M}_1, \mathcal{M}_2$，集合

$$\mathcal{M}_1 + \mathcal{M}_2 := \{\boldsymbol{m}_1 + \boldsymbol{m}_2 \mid \boldsymbol{m}_1 \in \mathcal{M}_1, \boldsymbol{m}_2 \in \mathcal{M}_2\}$$

是 $\mathcal{V}$ 的子空间，称为子空间 $\mathcal{M}_1$ 与 $\mathcal{M}_2$ 的**和**.

注意，子空间的交与和两个运算的前提是，它们都是同一个线性空间的子空间.

例 7.1.12 在数组向量空间 $\mathbb{R}^3$ 中，设 $\mathcal{M}_1, \mathcal{M}_2$ 是两个不同的二维子空间. 几何上，二者是两个不重合的过原点的平面. 此时，$\mathcal{M}_1 \cap \mathcal{M}_2$ 是过原点的一条直线，是一维子空间；而 $\mathcal{M}_1 + \mathcal{M}_2$ 是整个 $\mathbb{R}^3$.

设 $\mathcal{L}_1, \mathcal{L}_2$ 是两个不同的一维子空间，即两条不重合的过原点的直线，则 $\mathcal{L}_1 \cap \mathcal{L}_2$ 是原点，即零维子空间；而 $\mathcal{L}_1 + \mathcal{L}_2$ 是由两条直线生成的平面.

注意，$\mathcal{M}_1 \cup \mathcal{M}_2, \mathcal{L}_1 \cup \mathcal{L}_2$ 都不是子空间. ☺

例 7.1.13 矩阵的列空间的和容易描述. 设 A, B 分别是 $m \times n$ 矩阵和 $m \times p$ 矩阵，则

$$\mathcal{R}(A) + \mathcal{R}(B) = \mathcal{R}(C),$$

其中 $C = \begin{bmatrix} A & B \end{bmatrix}$ 是 $m \times (n+p)$ 矩阵. 三个列空间都是 $\mathbb{F}^m$ 的子空间.

矩阵的零空间的交也容易描述. 设 A, B 分别是 $m \times n$ 矩阵和 $p \times n$ 矩阵，二者的零空间 $\mathcal{N}(A), \mathcal{N}(B)$ 分别是齐次方程组 $A\boldsymbol{x} = \mathbf{0}, B\boldsymbol{x} = \mathbf{0}$ 的解空间. 因此，两个解空间的交集就是联立方程组 $D\boldsymbol{x} = \mathbf{0}$ 的解空间，其中 $D = \begin{bmatrix} A \\ B \end{bmatrix}$ 是 $(m+p) \times n$ 矩阵. 因此

$$\mathcal{N}(A) \cap \mathcal{N}(B) = \mathcal{N}(D),$$

三个零空间都是 $\mathbb{F}^n$ 的子空间. ☺

例 7.1.14 考虑线性空间 $\mathbb{F}^{n \times n}$，设 $\mathcal{U}, \mathcal{L}$ 分别是由所有上/下三角矩阵构成的子空间，则 $\mathcal{U} \cap \mathcal{L}$ 是所有对角矩阵构成的子空间. 而 $\mathcal{U} + \mathcal{L} = \mathbb{F}^{n \times n}$，因为任意方阵显然能分解为上三角矩阵和下三角矩阵的和，记 $A = U + L$. 注意，这个分解式并不唯一，因为对任意非零对角矩阵 D，$A = (U + D) + (L - D)$ 是一个不同的分解式. ☺

例 7.1.14 引出一个自然的问题：$\mathcal{M}_1 + \mathcal{M}_2$ 中的向量分解为 $\mathcal{M}_1$ 和 $\mathcal{M}_2$ 中的向量之和，分解方式何时唯一？为此引入如下定义.

定义 7.1.15 (子空间的直和) 给定线性空间 $\mathcal{V}$ 的两个子空间 $\mathcal{M}_1, \mathcal{M}_2, \mathcal{M} = \mathcal{M}_1 + \mathcal{M}_2$. 如果 $\mathcal{M}$ 的任意向量 $\boldsymbol{m}$ 的分解式

$$\boldsymbol{m} = \boldsymbol{m}_1 + \boldsymbol{m}_2, \quad \boldsymbol{m}_1 \in \mathcal{M}_1, \boldsymbol{m}_2 \in \mathcal{M}_2,$$

唯一，则称 $\mathcal{M}$ 为 $\mathcal{M}_1$ 与 $\mathcal{M}_2$ 的**直和**，也称 $\mathcal{M}_1 + \mathcal{M}_2$ 是直和，记作 $\mathcal{M} = \mathcal{M}_1 \oplus \mathcal{M}_2$.

子空间的和是直和，要求其中每一个向量的分解式都唯一，这看起来很苛刻. 然而事实上，只验证零向量的分解式唯一即可.

定理 7.1.16 对线性空间 $\mathcal{V}$ 的两个子空间 $\mathcal{M}_1, \mathcal{M}_2$，以下叙述等价：

1. $\mathcal{M}_1 + \mathcal{M}_2$ 是直和；

2. 零向量有唯一的分解式，即 $\boldsymbol{0} = \boldsymbol{m}_1 + \boldsymbol{m}_2, \boldsymbol{m}_1 \in \mathcal{M}_1, \boldsymbol{m}_2 \in \mathcal{M}_2$，推出 $\boldsymbol{m}_1 = \boldsymbol{m}_2 = \boldsymbol{0}$；
3. $\mathcal{M}_1 \cap \mathcal{M}_2 = \{\boldsymbol{0}\}$.

证 采用轮转证法.

$1 \Rightarrow 2$：显然，因为零向量是 $\mathcal{M}_1 + \mathcal{M}_2$ 中的一个向量.

$2 \Rightarrow 3$：对任意 $\boldsymbol{m} \in \mathcal{M}_1 \cap \mathcal{M}_2$，则 $\boldsymbol{m} \in \mathcal{M}_1, -\boldsymbol{m} \in \mathcal{M}_2$，于是零向量有分解式 $\boldsymbol{0} = \boldsymbol{m} + (-\boldsymbol{m})$，由第 2 条即有 $\boldsymbol{m} = \boldsymbol{0}$.

$3 \Rightarrow 1$：根据定义验证. 对任意 $\boldsymbol{m} \in \mathcal{M}$，有两个分解式

$$\boldsymbol{m} = \boldsymbol{m}_1 + \boldsymbol{m}_2 = \boldsymbol{m}_1' + \boldsymbol{m}_2'.$$

于是

$$\boldsymbol{m}_1 - \boldsymbol{m}_1' = \boldsymbol{m}_2' - \boldsymbol{m}_2.$$

注意，等式左端 $(\boldsymbol{m}_1 - \boldsymbol{m}_1') \in \mathcal{M}_1$，等式右端 $\boldsymbol{m}_2' - \boldsymbol{m}_2 \in \mathcal{M}_2$. 因此这个向量属于 $\mathcal{M}_1 \cap \mathcal{M}_2$，由第 3 条，只能是零向量. 因此 $\boldsymbol{m}_1 = \boldsymbol{m}_1', \boldsymbol{m}_2 = \boldsymbol{m}_2'$，即分解式唯一. □

例 7.1.17 考虑线性空间 $\mathbb{F}^{n\times n}$，设 $\mathcal{M}_1, \mathcal{M}_2$ 分别是由所有对称/反对称矩阵构成的子空间，则 $\mathcal{M}_1 \cap \mathcal{M}_2 = \{O\}$，$\mathcal{M}_1 \oplus \mathcal{M}_2$ 是直和. 任意方阵都能分解成对称矩阵和反对称矩阵的和：$A = \dfrac{1}{2}(A + A^{\mathrm{T}}) + \dfrac{1}{2}(A - A^{\mathrm{T}})$. 于是，$\mathcal{M}_1 \oplus \mathcal{M}_2 = \mathbb{F}^{n\times n}$. 因此，上述分解式唯一. ☺

习题

练习 7.1.1 在所有正实数构成的集合 $\mathbb{R}^+$ 上，定义加法和数乘运算：

$$a \oplus b := ab, \quad k \odot a := a^k, \quad \forall a, b \in \mathbb{R}^+, k \in \mathbb{R}.$$

判断 $\mathbb{R}^+$ 对这两个运算是否构成 $\mathbb{R}$ 上的线性空间.

练习 7.1.2 令 $\omega = \dfrac{-1 + \sqrt{3}\mathrm{i}}{2}$，$\mathbb{Q}[\omega] = \{a + b\omega \mid a, b \in \mathbb{Q}\}$.

1. 证明 $\mathbb{Q}[\omega]$ 关于数的加法和数乘构成 $\mathbb{Q}$ 上的一个线性空间.
2. 证明子集 $\mathbb{Q}$ 和 $\mathcal{M} = \{b\omega \mid b \in \mathbb{Q}\}$ 都是 $\mathbb{Q}[\omega]$ 的子空间. 并求二者的交与和.
3. 判断 $\mathbb{Q}[\omega]$ 是否为数域.

练习 7.1.3 把复数域 $\mathbb{C}$ 看作有理数域 $\mathbb{Q}$ 上的线性空间，子集 $\mathbb{R}$ 是否为子空间?

练习 7.1.4 设 $\mathbb{Q}[\mathrm{i}] = \{a + b\mathrm{i} \mid a, b \in \mathbb{Q}\}$.

1. 证明 $\mathbb{Q}[\mathrm{i}]$ 关于数的加法和数乘构成 $\mathbb{Q}$ 上的一个线性空间.
2. 证明 $\mathbb{Q}[\mathrm{i}]$ 是数域.
3. 把复数域 $\mathbb{C}$ 看作数域 $\mathbb{Q}[\mathrm{i}]$ 上的线性空间，子集 $\mathbb{R}$ 是否为子空间?

练习 7.1.5　设 $\mathcal{V}$ 是以 0 为极限的实数序列全体：$\mathcal{V}=\left\{\{a_n\}\,\middle|\,\lim\limits_{n\to\infty}a_n=0\right\}$. 定义加法和数乘分别为

$$\{a_n\}+\{b_n\}=\{a_n+b_n\};\quad k\{a_n\}=\{ka_n\},k\in\mathbb{R}.$$

证明 $\mathcal{V}$ 是 $\mathbb{R}$ 上的线性空间.

练习 7.1.6　考虑 $\mathbb{R}^3$ 中的平面 $S=\left\{\begin{bmatrix}x\\y\\z\end{bmatrix}\,\middle|\,x+y-z=1\right\}$. 对于平面上的任意两点 $\begin{bmatrix}x_1\\y_1\\z_1\end{bmatrix},\begin{bmatrix}x_2\\y_2\\z_2\end{bmatrix}$ 和实数 k，定义加法和数乘分别为

$$\begin{bmatrix}x_1\\y_1\\z_1\end{bmatrix}\oplus\begin{bmatrix}x_2\\y_2\\z_2\end{bmatrix}=\begin{bmatrix}x_1+x_2-1\\y_1+y_2\\z_1+z_2\end{bmatrix};\quad k\otimes\begin{bmatrix}x\\y\\z\end{bmatrix}=\begin{bmatrix}kx+1-k\\ky\\kz\end{bmatrix},k\in\mathbb{R}.$$

1. 证明 S 是 $\mathbb{R}$ 上线性空间.
2. 求单射 $f\colon S\to\mathbb{R}^3$，使得 $f(\boldsymbol{v}\oplus\boldsymbol{w})=f(\boldsymbol{v})+f(\boldsymbol{w})$，且 $f(k\otimes\boldsymbol{v})=kf(\boldsymbol{v})$.

可以看到，尽管这个平面不经过原点，但不妨在平面上任取一点 “装作” 原点，则任意取法都会产生一个线性空间，且不同取法对应不同的线性空间.

练习 7.1.7　对 n 阶方阵 A，令 $P(A)=\{f(A)\mid f(x)\in\mathbb{F}[x]\}$. 证明 $P(A)$ 关于矩阵的加法和数乘构成 $\mathbb{F}$ 上的线性空间.

练习 7.1.8　☕☕ 证明加法交换律在线性空间的定义中冗余，即由其他七条运算法则可以推出加法交换律.

练习 7.1.9　对 n 阶方阵 A，令 $\mathrm{Comm}(A)=\{n\text{ 阶方阵 }B\mid AB=BA\}$.

1. 证明，$\mathrm{Comm}(A)$ 是 $\mathbb{F}^{n\times n}$ 的子空间.
2. 证明，对任意 $B,C\in\mathrm{Comm}(A)$，都有 $BC\in\mathrm{Comm}(A)$；由此证明对任意多项式 $f(x)$，都有 $f(A)\in\mathrm{Comm}(A)$.

练习 7.1.10　考虑矩阵空间 $\mathbb{F}^{n\times n}$ 的分别满足以下条件的矩阵 A 的全体，判断是否为子空间.

1. A 可逆.　　2. A 不可逆.　　3. $A^2=O$.　　4. $AA^T=I$.
5. $\mathcal{R}(A)=\mathcal{M}$，其中 $\mathcal{M}$ 是 $\mathbb{F}^n$ 的给定子空间.　　6. $\mathcal{N}(A)=\mathcal{M}$，其中 $\mathcal{M}$ 是 $\mathbb{F}^n$ 的给定子空间.
7. 存在矩阵 B,C，使得 $A=\begin{bmatrix}C&-B\\B&C\end{bmatrix}$.

练习 7.1.11　考虑多项式空间 $\mathbb{R}[x]$ 的分别满足以下条件的多项式 p 的全体，判断是否为子空间.

1. $p(2)=0$.　　2. $p(2)=1$.　　3. $p'(2)=0$.　　4. p 的次数是奇数.
5. p 的根都是实数.

练习 7.1.12　设 $\mathcal{M}_1=\mathrm{span}(\boldsymbol{a}_1,\boldsymbol{a}_2),\mathcal{M}_2=\mathrm{span}(\boldsymbol{b}_1,\boldsymbol{b}_2)$，其中

$$\boldsymbol{a}_1=\begin{bmatrix}1\\-1\\0\\1\end{bmatrix},\quad\boldsymbol{a}_2=\begin{bmatrix}-2\\3\\1\\-3\end{bmatrix},\quad\boldsymbol{b}_1=\begin{bmatrix}1\\2\\0\\-2\end{bmatrix},\quad\boldsymbol{b}_2=\begin{bmatrix}1\\3\\1\\-3\end{bmatrix}.$$

分别求 $\mathcal{M}_1+\mathcal{M}_2,\mathcal{M}_1\cap\mathcal{M}_2$ 的一组基和维数.

练习 7.1.13 设 $\mathbb{F}_0^{n\times n}$ 是矩阵空间 $\mathbb{F}^{n\times n}$ 中所有迹为零的矩阵构成的子集.

1. 证明 $\mathbb{F}_0^{n\times n}$ 是 $\mathbb{F}^{n\times n}$ 的子空间.
2. 求子空间 $\mathbb{F}_0^{n\times n}$ 和 $\mathrm{span}(I_n):=\{kI_n\mid k\in\mathbb{F}\}$ 的交与和.

练习 7.1.14 考虑函数空间 $C(\mathbb{R})$ 的如下子集:

$$\mathcal{V}=\{f\mid f''+3f'+2f=0\},\quad \mathcal{M}=\{f\mid f'+2f=0\},\quad \mathcal{N}=\{f\mid f'+f=0\}.$$

1. 证明 $\mathcal{V},\mathcal{M},\mathcal{N}$ 都是 $C(\mathbb{R})$ 的子空间, 且 $\mathcal{M},\mathcal{N}$ 是 $\mathcal{V}$ 的子空间.
2. 描述 $\mathcal{M},\mathcal{N}$ 中的所有元素, 并证明 $\mathcal{M}\cap\mathcal{N}=\{0\}$.
3. 对任意 $f\in\mathcal{V}$, 证明 $f'+f\in\mathcal{M},f'+2f\in\mathcal{N}$.
4. 证明 $\mathcal{M}\oplus\mathcal{N}=\mathcal{V}$.
5. 设 $f\in\mathcal{V}$, 且满足 $f(0)=1,f'(0)=2$, 求 f.

7.2 基和维数

本节的概念都是第 2 章对应概念的直接推广, 结论及其证明也基本一致, 因此这里将略去大部分证明, 请读者参考 2.1 节及 2.2 节.

我们首先给出线性空间中向量的线性组合、线性无关/相关等概念.

定义 7.2.1 (线性组合、线性生成、线性无关) 给定数域 $\mathbb{F}$ 上的线性空间 $\mathcal{V}$ 内的向量组 $\boldsymbol{a}_1,\boldsymbol{a}_2,\cdots,\boldsymbol{a}_n$ 和数 $k_1,k_2,\cdots,k_n\in\mathbb{F}$, 称向量 $k_1\boldsymbol{a}_1+k_2\boldsymbol{a}_2+\cdots+k_n\boldsymbol{a}_n$ 是向量组 $\boldsymbol{a}_1,\boldsymbol{a}_2,\cdots,\boldsymbol{a}_n$ 的一个**线性组合**.

若向量 $\boldsymbol{b}$ 和向量组 $\boldsymbol{a}_1,\boldsymbol{a}_2,\cdots,\boldsymbol{a}_n$ 的一个线性组合相等, 则称 $\boldsymbol{b}$ 可以被向量组 $\boldsymbol{a}_1,\boldsymbol{a}_2,\cdots,\boldsymbol{a}_n$ **线性表示**.

若向量组 $\boldsymbol{b}_1,\boldsymbol{b}_2,\cdots,\boldsymbol{b}_m$ 中的每一个向量都可以被向量组 $\boldsymbol{a}_1,\boldsymbol{a}_2,\cdots,\boldsymbol{a}_n$ 线性表示, 则称向量组 $\boldsymbol{b}_1,\boldsymbol{b}_2,\cdots,\boldsymbol{b}_m$ 可以被向量组 $\boldsymbol{a}_1,\boldsymbol{a}_2,\cdots,\boldsymbol{a}_n$ **线性表示**.

向量组 $\boldsymbol{a}_1,\boldsymbol{a}_2,\cdots,\boldsymbol{a}_n$ 的线性组合的全体构成 $\mathcal{V}$ 的一个子空间, 称为该向量组 **(线性) 生成**的子空间, 记作 $\mathrm{span}(\boldsymbol{a}_1,\boldsymbol{a}_2,\cdots,\boldsymbol{a}_n)$.

如果存在 $\mathbb{F}$ 内的 n 个不全为 0 的数 $k_1,k_2,\cdots,k_n$, 使得 $k_1\boldsymbol{a}_1+k_2\boldsymbol{a}_2+\cdots+k_n\boldsymbol{a}_n=\boldsymbol{0}$, 则称向量组 $\boldsymbol{a}_1,\boldsymbol{a}_2,\cdots,\boldsymbol{a}_n$ **线性相关**.

如果由 $k_1\boldsymbol{a}_1+k_2\boldsymbol{a}_2+\cdots+k_n\boldsymbol{a}_n=\boldsymbol{0}$ 必定推出 $k_1=k_2=\cdots=k_n=0$, 则称向量组 $\boldsymbol{a}_1,\boldsymbol{a}_2,\cdots,\boldsymbol{a}_n$ **线性无关**.

在数组向量空间 $\mathbb{F}^n$ 中, 向量组的线性关系能够通过线性方程组判断. 对一般的线性空间, 则只能根据其上的线性运算具体分析.

例 7.2.2 实数集 $\mathbb{R}$ 作为 $\mathbb{R}$ 上的线性空间, 其中的向量组 $1,\pi$ 线性相关, 因为 $(\pi)\cdot 1+(-1)\cdot\pi=0$.

实数集 $\mathbb{R}$ 作为 $\mathbb{Q}$ 上的线性空间，其中的向量组 $1, \pi$ 线性无关，因为 π 是无理数，对任意不全为零的有理数 k_1, k_2，$k_1 \cdot 1 + k_2 \cdot \pi \neq 0$. ☺

例 7.2.3 连续函数空间 $C(\mathbb{R})$ 中的向量组 $\sin x, \sin 2x, \sin 3x$ 线性无关.

考察方程 $k_1 \sin x + k_2 \sin 2x + k_3 \sin 3x = 0$. 注意等式右端是零函数，即函数空间中的零向量. 两函数相等是指函数值处处相等. 选择三个值 $\dfrac{\pi}{2}, \dfrac{\pi}{3}, \dfrac{\pi}{4}$ 代入，有

$$\begin{cases} k_1 - k_3 = 0, \\ \dfrac{\sqrt{3}}{2} k_1 + \dfrac{\sqrt{3}}{2} k_2 = 0, \\ \dfrac{\sqrt{2}}{2} k_1 + k_2 + \dfrac{\sqrt{2}}{2} k_3 = 0. \end{cases}$$

这一线性方程组只有零解 $k_1 = k_2 = k_3 = 0$，因此向量组线性无关. ☺

例 7.2.4 给定相异实数 λ_1, λ_2，光滑函数空间 $C^\infty(\mathbb{R})$ 中的向量组 $\mathrm{e}^{\lambda_1 x}, \mathrm{e}^{\lambda_2 x}$ 线性无关.

考察方程 $k_1 \mathrm{e}^{\lambda_1 x} + k_2 \mathrm{e}^{\lambda_2 x} = 0$. 可以采用与例 7.2.3 相同的方法得到结论. 下面给出另一种方法.

由于函数等式成立, 故对其两端求导数等式也成立. 两端对 x 求导数, 得 $k_1 \lambda_1 \mathrm{e}^{\lambda_1 x} + k_2 \lambda_2 \mathrm{e}^{\lambda_2 x} = 0$. 由此得到关于函数的矩阵方程:

$$\begin{bmatrix} \mathrm{e}^{\lambda_1 x} & \mathrm{e}^{\lambda_2 x} \\ \lambda_1 \mathrm{e}^{\lambda_1 x} & \lambda_2 \mathrm{e}^{\lambda_2 x} \end{bmatrix} \begin{bmatrix} k_1 \\ k_2 \end{bmatrix} = \begin{bmatrix} 0 \\ 0 \end{bmatrix}.$$

系数矩阵的行列式是

$$\begin{vmatrix} \mathrm{e}^{\lambda_1 x} & \mathrm{e}^{\lambda_2 x} \\ \lambda_1 \mathrm{e}^{\lambda_1 x} & \lambda_2 \mathrm{e}^{\lambda_2 x} \end{vmatrix} = \mathrm{e}^{(\lambda_1 + \lambda_2) x} \begin{vmatrix} 1 & 1 \\ \lambda_1 & \lambda_2 \end{vmatrix} = \mathrm{e}^{(\lambda_1 + \lambda_2) x} (\lambda_2 - \lambda_1) \neq 0.$$

对任意实数 x，系数矩阵都可逆，因此方程组只有零解 $k_1 = k_2 = 0$.

利用同一方法能够证明，对任意相异实数 $\lambda_1, \lambda_2, \cdots, \lambda_n$，向量组 $\mathrm{e}^{\lambda_1 x}, \mathrm{e}^{\lambda_2 x}, \cdots, \mathrm{e}^{\lambda_n x}$ 线性无关. ☺

综合线性表示和线性无关两个概念有如下定义.

定义 7.2.5 (极大线性无关部分组) 给定线性空间 $\mathcal{V}$ 中的向量组 $\boldsymbol{a}_1, \boldsymbol{a}_2, \cdots, \boldsymbol{a}_s$，如果其部分组 $\boldsymbol{a}_{i_1}, \boldsymbol{a}_{i_2}, \cdots, \boldsymbol{a}_{i_r}$ 满足:

1. $\boldsymbol{a}_{i_1}, \boldsymbol{a}_{i_2}, \cdots, \boldsymbol{a}_{i_r}$ 线性无关;

2. $\boldsymbol{a}_1, \boldsymbol{a}_2, \cdots, \boldsymbol{a}_s$ 可以被 $\boldsymbol{a}_{i_1}, \boldsymbol{a}_{i_2}, \cdots, \boldsymbol{a}_{i_r}$ 线性表示;

则称 $\boldsymbol{a}_{i_1}, \boldsymbol{a}_{i_2}, \cdots, \boldsymbol{a}_{i_r}$ 是 $\boldsymbol{a}_1, \boldsymbol{a}_2, \cdots, \boldsymbol{a}_s$ 的一个**极大线性无关部分组**.

极大线性无关部分组仍然可以利用筛选法构造得到，从而证明其存在性. 关键仍然是如下线性表示与线性无关之间的关系.

命题 7.2.6 如果向量组 $\boldsymbol{a}_1, \boldsymbol{a}_2, \cdots, \boldsymbol{a}_s$ 线性无关，则对任意向量 $\boldsymbol{b}$，有:

1. 向量组 $\boldsymbol{a}_1, \boldsymbol{a}_2, \cdots, \boldsymbol{a}_s, \boldsymbol{b}$ 线性相关当且仅当 $\boldsymbol{b}$ 可以被向量组 $\boldsymbol{a}_1, \boldsymbol{a}_2, \cdots, \boldsymbol{a}_s$ 线性表示;
2. $\boldsymbol{b}$ 不能被向量组 $\boldsymbol{a}_1, \boldsymbol{a}_2, \cdots, \boldsymbol{a}_s$ 线性表示当且仅当 $\boldsymbol{a}_1, \boldsymbol{a}_2, \cdots, \boldsymbol{a}_s, \boldsymbol{b}$ 线性无关.

例 7.2.7 假设物体放在斜面上，一个人用力推着这个物体匀速往下走，如图 7.2.1 所示.

与三维几何空间类似，空间中的力在力的合成和倍数下构成 $\mathbb{R}$ 上的线性空间. 该物体受到四个力的作用：人的推力 $\boldsymbol{F}$，地面的摩擦力 $\boldsymbol{f}$，重力 $\boldsymbol{G}$，以及地面的支持力 $\boldsymbol{N}$. 考察这四个向量组成的向量组，其极大线性无关组可以利用筛选法得到. 先看 $\boldsymbol{F}$，它不为零，保留. 再看 $\boldsymbol{f}$，它与 $\boldsymbol{F}$ 方向相反，可以被 $\boldsymbol{F}$ 线性表示，因此去掉 $\boldsymbol{f}$. 再看 $\boldsymbol{G}$，重力方向竖直向下，而 $\boldsymbol{F}$ 沿着斜面的方向，二者不共线，因此 $\boldsymbol{F}, \boldsymbol{G}$ 线性无关. 最后看 $\boldsymbol{N}$，由力的分解可知，它可以被 $\boldsymbol{F}, \boldsymbol{G}$ 线性表示，因此 $\boldsymbol{F}, \boldsymbol{G}, \boldsymbol{N}$ 线性相关，去掉 $\boldsymbol{N}$. 于是极大线性无关部分组是 $\boldsymbol{F}, \boldsymbol{G}$.

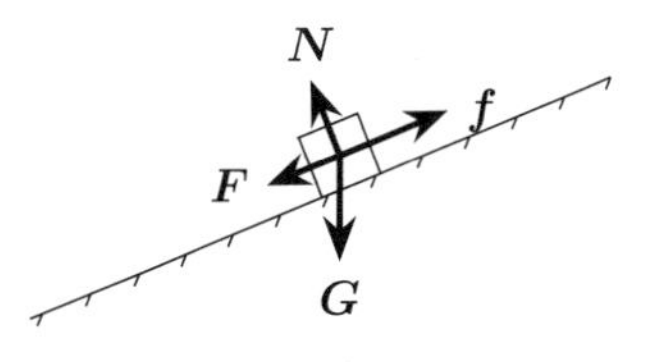

图 7.2.1 受力分析

不难发现，在这四个向量中任取两个，只要不是 $\boldsymbol{F}, \boldsymbol{f}$ 这一对，都是原向量组的极大线性无关部分组. ☺

如果 $\boldsymbol{b}$ 可以被 $\boldsymbol{a}_1, \boldsymbol{a}_2, \cdots, \boldsymbol{a}_s$ 线性表示，则存在数 $k_1, k_2, \cdots, k_s$，使得 $\boldsymbol{b} = k_1\boldsymbol{a}_1 + k_2\boldsymbol{a}_2 + \cdots + k_s\boldsymbol{a}_s$. 仿照矩阵和向量的乘法，这可以写作 $\boldsymbol{b} = (\boldsymbol{a}_1, \boldsymbol{a}_2, \cdots, \boldsymbol{a}_s)\begin{bmatrix} k_1 \\ k_2 \\ \vdots \\ k_s \end{bmatrix}$. 注意这并不是真正的矩阵和向量的乘法，而只是借用了记号来表示线性组合①. 类似地，如果 $\boldsymbol{b}_1, \boldsymbol{b}_2, \cdots, \boldsymbol{b}_t$ 可以被 $\boldsymbol{a}_1, \boldsymbol{a}_2, \cdots, \boldsymbol{a}_s$ 线性表示，仿照矩阵乘法，也可以写作

$$(\boldsymbol{b}_1, \boldsymbol{b}_2, \cdots, \boldsymbol{b}_t) = (\boldsymbol{a}_1, \boldsymbol{a}_2, \cdots, \boldsymbol{a}_s)\begin{bmatrix} k_{11} & k_{12} & \cdots & k_{1t} \\ k_{21} & k_{22} & \cdots & k_{2t} \\ \vdots & \vdots & & \vdots \\ k_{s1} & k_{s2} & \cdots & k_{st} \end{bmatrix},$$

注意这也不是真正的矩阵乘法，也只是借用了记号来表示线性组合. 利用这种表示方法，根据系数矩阵的性质，容易证明命题 2.2.10 的结论对一般的线性空间都成立. 由此立得如下结论.

① 为了提示与数组向量空间中的向量的区别，本书给该向量组外加圆括号.

命题 7.2.8 如果向量组 $\boldsymbol{a}_1,\boldsymbol{a}_2,\cdots,\boldsymbol{a}_s$ 和 $\boldsymbol{b}_1,\boldsymbol{b}_2,\cdots,\boldsymbol{b}_t$ 可以互相线性表示，且两个向量组分别线性无关，则 $s=t$.

如果两个向量组可以互相线性表示，则称二者**线性等价**. 一个向量组的任意两个极大线性无关部分组线性等价. 因此，二者中的向量个数相同.

定义 7.2.9 (秩) 一个向量组 S 的任意一个极大线性无关部分组中向量的个数称为这个向量组的**秩**，记为 $\operatorname{rank}(S)$. 一个只包含零向量的向量组的秩定义为零.

类似地，我们有如下关于线性空间的最重要的定义.

定义 7.2.10 (基、维数) 给定数域 $\mathbb{F}$ 上的线性空间 $\mathcal{V}$. 如果 $\mathcal{V}$ 中存在一个线性无关的向量组，$\mathcal{V}$ 中的任意向量都可以被它线性表示，则称该向量组为 $\mathcal{V}$ 的一组**基**.

如果 $\mathcal{V}$ 中存在 n 个向量组成的一组基，则称 $\mathcal{V}$ 为 $\boldsymbol{n}$ **维线性空间**，又称 $\mathcal{V}$ 的**维数**是 n，记为 $\dim\mathcal{V}=n$.

如果 $\mathcal{V}$ 中存在任意多个线性无关的向量，则称其为**无限维线性空间**；反之，则称其为**有限维线性空间**.

单由零向量组成的线性空间 $\{\mathbf{0}\}$，其维数定义为 0.

定义 7.2.10 与 $\mathbb{R}^n$ 的子空间的基的定义 2.1.13 一致. 特别地，$\mathbb{F}^n$ 的子空间都是有限维线性空间.

例 7.2.11 回顾例 7.1.4.

三维几何空间中，任意不共面的三个向量都是一组基，因此几何空间的维数是 3.

复数集 $\mathbb{C}$ 作为 $\mathbb{R}$ 上的线性空间，$1,\mathrm{i}$ 是一组基，维数是 2.

复数集 $\mathbb{C}$ 作为 $\mathbb{C}$ 上的线性空间，任意非零复数是一组基，维数是 1.

实数集 $\mathbb{R}$ 作为 $\mathbb{Q}$ 上的线性空间，由对任意 n，向量组 $1,\pi,\cdots,\pi^n$ 在 $\mathbb{Q}$ 上线性无关这一事实[①] 可知，$\mathbb{R}$ 是 $\mathbb{Q}$ 上的无限维线性空间. ☺

例 7.2.12 矩阵空间 $\mathbb{F}^{m\times n}$ 中，对任意的 $i=1,2,\cdots,m, j=1,2,\cdots,n$，设 E_{ij} 是 (i,j) 元为 1，其余元素都是 0 的矩阵. 根据定义直接验证，这 mn 个矩阵 E_{ij} 是 $\mathbb{F}^{m\times n}$ 的一组基. 因此，$\dim\mathbb{F}^{m\times n}=mn$. ☺

例 7.2.13 线性空间 $\mathbb{R}[x]_n$ 中，$1,x,\cdots,x^{n-1}$ 线性无关. 该命题有多种证法.

证 1 设一组数 $k_0,k_1,\cdots,k_{n-1}$ 使得 $k_0+k_1x+\cdots+k_{n-1}x^{n-1}=0$. 注意等式右端是零多项式. 选择 n 个两两不同的数 $\lambda_1,\lambda_2,\cdots,\lambda_n$ 代入，可以得到齐次线性方程组

$$\begin{bmatrix}1 & \lambda_1 & \cdots & \lambda_1^{n-1}\\ 1 & \lambda_2 & \cdots & \lambda_2^{n-1}\\ \vdots & \vdots & & \vdots\\ 1 & \lambda_n & \cdots & \lambda_n^{n-1}\end{bmatrix}\begin{bmatrix}k_0\\ k_1\\ \vdots\\ k_{n-1}\end{bmatrix}=\mathbf{0}.$$

① 这是因为 π 是超越数，感兴趣的读者请查阅数论教材或专著.

系数矩阵是 Vandermonde 矩阵，由于 $\lambda_1,\lambda_2,\cdots,\lambda_n$ 两两不同，系数矩阵可逆，方程组只有零解．故 $1,x,\cdots,x^{n-1}$ 线性无关． □

证 2 设一组数 $k_0,k_1,\cdots,k_{n-1}$ 使得 $k_0+k_1x+\cdots+k_{n-1}x^{n-1}=0$．注意等式右端是零多项式．由于函数等式成立，故对其两端求导数等式也成立，即 $k_1+2k_2x+\cdots+(n-1)k_{n-1}x^{n-2}=0$．类似地求 $n-1$ 次导数，我们可得齐次线性方程组

$$\begin{bmatrix}1 & x & x^2 & \cdots & x^{n-1}\\ 0 & 1 & 2x & \ddots & \vdots\\ 0 & 0 & 2 & \ddots & \dfrac{(n-1)!}{2}x^2\\ \vdots & \vdots & \ddots & \ddots & (n-1)!x\\ 0 & 0 & \cdots & 0 & (n-1)!\end{bmatrix}\begin{bmatrix}k_0\\ k_1\\ k_2\\ \vdots\\ k_{n-1}\end{bmatrix}=\mathbf{0}.$$

显然方程组只有零解．故 $1,x,\cdots,x^{n-1}$ 线性无关． □

证 3 利用数学归纳法．$n=1$ 时，显然线性无关．现假设 $1,x,\cdots,x^{n-2}$ 线性无关．若 $1,x,\cdots,x^{n-2},x^{n-1}$ 线性相关，则 x^{n-1} 可以被 $1,x,\cdots,x^{n-2}$ 线性表示．这意味着存在 $k_0,k_1,\cdots,k_{n-2}$ 使得 $x^{n-1}=k_0+k_1x+\cdots+k_{n-2}x^{n-2}$．将其看作一元 $n-1$ 次方程，则它至多有 $n-1$ 个不同的根．选择这些根之外的数 λ，则 $\lambda^{n-1}\neq k_0+k_1\lambda+\cdots+k_{n-2}\lambda^{n-2}$．矛盾．故 $1,x,\cdots,x^{n-1}$ 也线性无关．综上所述，对任意 n，结论都成立． □

向量组 $1,x,x^2,\cdots,x^{n-1}$ 显然可以线性生成 $\mathbb{R}[x]_n$，因此它是一组基，$\dim\mathbb{R}[x]_n=n$．

由于对任意 n，$1,x,x^2,\cdots,x^{n-1}$ 线性无关，多项式空间 $\mathbb{R}[x]$ 是无限维线性空间．而其中由 $1,x,x^2,\cdots,x^{n-1}$ 线性生成的子空间正是 $\mathbb{R}[x]_n$． ☺

如下结论与关于 $\mathbb{R}^n$ 的子空间的结论类似，见命题 2.2.17 和定理 2.2.14．

命题 7.2.14 对 n 维线性空间 $\mathcal{V}$，给定其中含有 n 个向量的向量组 $\boldsymbol{a}_1,\boldsymbol{a}_2,\cdots,\boldsymbol{a}_n$．

1. 如果 $\boldsymbol{a}_1,\boldsymbol{a}_2,\cdots,\boldsymbol{a}_n$ 线性无关，则 $\boldsymbol{a}_1,\boldsymbol{a}_2,\cdots,\boldsymbol{a}_n$ 是 $\mathcal{V}$ 的一组基；
2. 如果 $\mathcal{V}=\operatorname{span}(\boldsymbol{a}_1,\boldsymbol{a}_2,\cdots,\boldsymbol{a}_n)$，则 $\boldsymbol{a}_1,\boldsymbol{a}_2,\cdots,\boldsymbol{a}_n$ 是 $\mathcal{V}$ 的一组基．

事实上，$\dim\mathcal{V}=n$；$\boldsymbol{a}_1,\boldsymbol{a}_2,\cdots,\boldsymbol{a}_n$ 线性无关；$\boldsymbol{a}_1,\boldsymbol{a}_2,\cdots,\boldsymbol{a}_n$ 线性生成 $\mathcal{V}$：这三个条件中的任意两个都可以推出另外一个，因此都可以作为基的判定条件．

命题 7.2.15 有限维线性空间 $\mathcal{V}$ 中任意 r 个线性无关的向量 $\boldsymbol{a}_1,\boldsymbol{a}_2,\cdots,\boldsymbol{a}_r$ 都可以扩充成 $\mathcal{V}$ 的一组基．

证 设 $\dim\mathcal{V}=n$．显然 $r\leqslant n$，不然与维数定义矛盾．若 $r=n$，则该向量组已经是一组基．下面关注 $r<n$ 的情形．此时该向量组不是一组基，则 $\operatorname{span}(\boldsymbol{a}_1,\boldsymbol{a}_2,\cdots,\boldsymbol{a}_r)\neq\mathcal{V}$，故存在 $\boldsymbol{a}_{r+1}\in\mathcal{V}$，且 $\boldsymbol{a}_{r+1}\notin\operatorname{span}(\boldsymbol{a}_1,\boldsymbol{a}_2,\cdots,\boldsymbol{a}_r)$．此时 $\boldsymbol{a}_1,\boldsymbol{a}_2,\cdots,\boldsymbol{a}_r,\boldsymbol{a}_{r+1}$ 线性无关，因为若线性相关，则根据命题 7.2.6，$\boldsymbol{a}_{r+1}$ 能被 $\boldsymbol{a}_1,\boldsymbol{a}_2,\cdots,\boldsymbol{a}_r$ 线性表示，即 $\boldsymbol{a}_{r+1}\in\operatorname{span}(\boldsymbol{a}_1,\boldsymbol{a}_2,\cdots,\boldsymbol{a}_r)$，矛盾．

现在已有 $r+1$ 个线性无关的向量. 重复上述步骤 $n-r$ 次, 得到 n 个线性无关的向量 $\boldsymbol{a}_1, \boldsymbol{a}_2, \cdots, \boldsymbol{a}_n$. 因为 $\dim \mathcal{V} = n$, 由命题 7.2.14 可知, 该向量组是 $\mathcal{V}$ 的一组基. □

推论 7.2.16 给定有限维线性空间 $\mathcal{V}$ 的子空间 $\mathcal{M}$, 则 $\mathcal{M}$ 的任意一组基都可以扩充成 $\mathcal{V}$ 的一组基. 因此 $\dim \mathcal{M} \leqslant \dim \mathcal{V}$.

下面来看子空间的运算与维数之间的关系.

给定有限维线性空间 $\mathcal{V}$ 的两个子空间 $\mathcal{M}_1, \mathcal{M}_2$, 根据定理 2.2.14 和推论 7.2.16 中基扩张 "从小到大" 的原则, 先取 $\mathcal{M}_1 \cap \mathcal{M}_2$ 的一组基

$$R\colon \boldsymbol{a}_1, \boldsymbol{a}_2, \cdots, \boldsymbol{a}_r,$$

将其分别扩充成 $\mathcal{M}_1$ 和 $\mathcal{M}_2$ 的一组基 S 和 T:

$$S\colon \boldsymbol{a}_1, \boldsymbol{a}_2, \cdots, \boldsymbol{a}_r, \boldsymbol{b}_1, \boldsymbol{b}_2, \cdots, \boldsymbol{b}_s,$$

$$T\colon \boldsymbol{a}_1, \boldsymbol{a}_2, \cdots, \boldsymbol{a}_r, \boldsymbol{c}_1, \boldsymbol{c}_2, \cdots, \boldsymbol{c}_t.$$

此时, $R = S \cap T$. 那么 $S \cup T$ 是什么, 是 $\mathcal{M}_1 + \mathcal{M}_2$ 的一组基吗?

定理 7.2.17 结合如上记号, 向量组 $S \cup T\colon \boldsymbol{a}_1, \boldsymbol{a}_2, \cdots, \boldsymbol{a}_r, \boldsymbol{b}_1, \boldsymbol{b}_2, \cdots, \boldsymbol{b}_s, \boldsymbol{c}_1, \boldsymbol{c}_2, \cdots, \boldsymbol{c}_t$ 是 $\mathcal{M}_1 + \mathcal{M}_2$ 的一组基. 特别地, 如下维数公式成立:

$$\dim(\mathcal{M}_1 + \mathcal{M}_2) = \dim \mathcal{M}_1 + \dim \mathcal{M}_2 - \dim(\mathcal{M}_1 \cap \mathcal{M}_2).$$

证 根据基的定义, 只需验证 $S \cup T$ 线性生成 $\mathcal{M}_1 + \mathcal{M}_2$, 而且线性无关.

首先, $\mathcal{M}_1 + \mathcal{M}_2$ 中的任意向量都有分解式 $\boldsymbol{m} + \boldsymbol{n}$, 其中 $\boldsymbol{m} \in \mathcal{M}_1, \boldsymbol{n} \in \mathcal{M}_2$. 二者分别可以被向量组 S 和 T 线性表示, 因此 $\boldsymbol{m} + \boldsymbol{n}$ 可以被 $S \cup T$ 线性表示. 亦即, $\mathcal{M}_1 + \mathcal{M}_2 \subseteq \operatorname{span}(S \cup T)$. 因此 $\mathcal{M}_1 + \mathcal{M}_2 = \operatorname{span}(S \cup T)$.

其次, 证明向量组 $S \cup T$ 线性无关. 考虑方程

$$k_1\boldsymbol{a}_1 + k_2\boldsymbol{a}_2 + \cdots + k_r\boldsymbol{a}_r + l_1\boldsymbol{b}_1 + l_2\boldsymbol{b}_2 + \cdots + l_s\boldsymbol{b}_s + m_1\boldsymbol{c}_1 + m_2\boldsymbol{c}_2 + \cdots + m_t\boldsymbol{c}_t = \boldsymbol{0}. \tag{7.2.1}$$

目标是证明所有系数都是零. 移项可得

$$k_1\boldsymbol{a}_1 + k_2\boldsymbol{a}_2 + \cdots + k_r\boldsymbol{a}_r + l_1\boldsymbol{b}_1 + l_2\boldsymbol{b}_2 + \cdots + l_s\boldsymbol{b}_s = -(m_1\boldsymbol{c}_1 + m_2\boldsymbol{c}_2 + \cdots + m_t\boldsymbol{c}_t).$$

等式左端向量在 $\mathcal{M}_1$ 内, 右端向量在 $\mathcal{M}_2$ 内, 所以该向量在 $\mathcal{M}_1 \cap \mathcal{M}_2$ 内. 因此, 它可以被向量组 $R\colon \boldsymbol{a}_1, \boldsymbol{a}_2, \cdots, \boldsymbol{a}_r$ 线性表示:

$$-(m_1\boldsymbol{c}_1 + m_2\boldsymbol{c}_2 + \cdots + m_t\boldsymbol{c}_t) = n_1\boldsymbol{a}_1 + n_2\boldsymbol{a}_2 + \cdots + n_r\boldsymbol{a}_r.$$

移项即得

$$n_1\boldsymbol{a}_1 + n_2\boldsymbol{a}_2 + \cdots + n_r\boldsymbol{a}_r + m_1\boldsymbol{c}_1 + m_2\boldsymbol{c}_2 + \cdots + m_t\boldsymbol{c}_t = \boldsymbol{0}.$$

而向量组 T: $\boldsymbol{a}_1,\boldsymbol{a}_2,\cdots,\boldsymbol{a}_r,\boldsymbol{c}_1,\boldsymbol{c}_2,\cdots,\boldsymbol{c}_t$ 线性无关，因此 $n_1=n_2=\cdots=n_r=m_1=m_2=\cdots=m_t=0$. 代入 (7.2.1) 式，有

$$k_1\boldsymbol{a}_1+k_2\boldsymbol{a}_2+\cdots+k_r\boldsymbol{a}_r+l_1\boldsymbol{b}_1+l_2\boldsymbol{b}_2+\cdots+l_s\boldsymbol{b}_s=\boldsymbol{0}.$$

向量组 S: $\boldsymbol{a}_1,\boldsymbol{a}_2,\cdots,\boldsymbol{a}_r,\boldsymbol{b}_1,\boldsymbol{b}_2,\cdots,\boldsymbol{b}_s$ 线性无关，因此 $k_1=k_2=\cdots=k_r=l_1=l_2=\cdots=l_s=0$. 这说明 (7.2.1) 式中所有系数都是零，故向量组 $S\cup T$ 线性无关.

对四个子空间的基中向量计数，立得维数公式. □

从定理 7.2.17 中的维数公式可得如下结论.

推论 7.2.18 给定线性空间 $\mathcal{V}$ 的两个有限维子空间 $\mathcal{M}_1,\mathcal{M}_2$,

1. $\mathcal{M}_1+\mathcal{M}_2$ 是直和，当且仅当 $\dim(\mathcal{M}_1+\mathcal{M}_2)=\dim\mathcal{M}_1+\dim\mathcal{M}_2$.
2. 若 $\mathcal{M}=\mathcal{M}_1\oplus\mathcal{M}_2$，则 $\mathcal{M}_1$ 与 $\mathcal{M}_2$ 各取一组基，其并集就是 $\mathcal{M}$ 的一组基.

证 第 1 条：利用定理 7.1.16 和维数公式.

第 2 条：易见，两组基的并集可以线性表示 $\mathcal{M}_1$ 中的任意向量. 再由维数公式和命题 2.2.17 可知，它是一组基. □

例 7.2.19 例 7.2.12 给出了矩阵空间 $\mathbb{F}^{n\times n}$ 的一组基 E_{ij},下面给出几个子空间的基.

1. 考虑例 7.1.14 中的子空间 $\mathcal{U},\mathcal{L}$. 易得 $E_{ii},i=1,2,\cdots,n$ 是 $\mathcal{U}\cap\mathcal{L}$ 的一组基；由此扩充成 $\mathcal{U}$ 的一组基 $E_{ij},i,j=1,2,\cdots,n$, 且 $i\leqslant j$，和 $\mathcal{L}$ 的一组基 $E_{ij},i\geqslant j$. 于是，$\mathcal{U}+\mathcal{L}$ 的一组基是 E_{ij}，这得到 $\mathcal{U}+\mathcal{L}=\mathbb{F}^{n\times n}$. 此时的维数公式是 $n^2=\dfrac{n^2+n}{2}+\dfrac{n^2+n}{2}-n$.
2. 考虑例 7.1.17 中的子空间 $\mathcal{M}_1,\mathcal{M}_2$. 易得 $E_{ij}+E_{ji},E_{kk},i,j,k=1,2,\cdots,n$ 且 $i<j$ 是 $\mathcal{M}_1$ 的一组基，$E_{ij}-E_{ji}$ 是 $\mathcal{M}_2$ 的一组基. 两组基的并集是 $\mathbb{F}^{n\times n}$ 的一组基. ☺

习题

练习 7.2.1 把数域 $\mathbb{F}$ 看作自身上的线性空间，求它的一组基和维数.

练习 7.2.2 求练习 7.1.1 中线性空间 $\mathbb{R}^+$ 的一组基和维数.

练习 7.2.3 在练习 7.1.2 中的线性空间 $\mathbb{Q}[\omega]=\{a+b\omega\mid a,b\in\mathbb{Q}\}$ 内:

1. 求下列向量组的秩：$S_1:\dfrac{1}{2},3,-7$，$S_2:1,\omega,\omega^2,\omega^3$，$S_3:\omega,\overline{\omega},\sqrt{3}\mathrm{i}$.
2. 求 $\mathbb{Q}[\omega]$ 的一组基和维数.

练习 7.2.4 判断练习 7.1.5 中线性空间的维数是否有限.

练习 7.2.5 判断 $\mathbb{R}$ 上的线性空间 $C[-\pi,\pi]$ 内的下列向量组是否线性相关，并求其秩:

1. $\cos^2 x, \sin^2 x$.　2. $\cos^2 x, \sin^2 x, 1$.　3. $\cos 2x, \sin 2x$.

4. $1, \sin x, \sin 2x, \cdots, \sin nx$.　5. $1, \sin x, \sin^2 x, \cdots, \sin^n x$.

练习 7.2.6 考虑练习 7.1.9 中的线性空间 $\mathrm{Comm}(A)$，对下列 A 求 $\mathrm{Comm}(A)$ 的一组基.

1. $\begin{bmatrix} 0 & 1 & 0 \\ 0 & 0 & 1 \\ 0 & 0 & 0 \end{bmatrix}$.　2. $\begin{bmatrix} 1 & 1 & 0 \\ 0 & 1 & 1 \\ 0 & 0 & 1 \end{bmatrix}$.　3. $\begin{bmatrix} 0 & 1 & & \\ & \ddots & \ddots & \\ & & 0 & 1 \\ & & & 0 \end{bmatrix}_{n\times n}$.

4. $\mathrm{diag}(a_i)$，其中 a_i 各不相同.　5. $\mathrm{diag}(a_i)$.

练习 7.2.7 给定 $\mathbb{F}$ 中两两不等的数 $a_1, a_2, \cdots, a_n$.

1. 在线性空间 $\mathbb{F}[x]_n$ 中，令

$$f_i(x) = (x-a_1)\cdots(\widehat{x-a_i})\cdots(x-a_n), \quad i = 1, 2, \cdots, n,$$

其中 $(\widehat{x-a_i})$ 表示不含该项. 证明，$f_1(x), f_2(x), \cdots, f_n(x)$ 是 $\mathbb{F}[x]_n$ 的一组基.

2. 设 $b_1, b_2, \cdots, b_n$ 是 $\mathbb{F}$ 中任意 n 个数，找出 $f(x) \in \mathbb{F}[x]_n$，使得 $f(a_i) = b_i, i = 1, 2, \cdots, n$.

练习 7.2.8 证明，n 维线性空间中任意多于 n 个的向量都线性相关.

练习 7.2.9 考虑练习 7.1.7 中的线性空间 $P(A)$.

1. 判断其维数是否有限.
2. 证明存在次数不大于 n^2 的多项式 $f(x) \in \mathbb{F}[x]$，使得 $f(A) = O$.
3. 令 $A = \mathrm{diag}(1, \omega, \omega^2)$，其中 $\omega = \dfrac{-1+\sqrt{3}\mathrm{i}}{2}$，求 $P(A)$ 的维数和一组基.

练习 7.2.10 证明连续函数空间的子集 $\{f(x) = k_0 + k_1 \cos x + k_2 \cos 2x \mid f(0) = 0\}$ 是一个子空间，并求一组基.

练习 7.2.11 设 $\mathcal{M}_1, \mathcal{M}_2$ 是 $\mathbb{R}^n$ 的两个子空间，且 $\mathcal{M}_1 \subseteq \mathcal{M}_2$. 证明，如果 $\dim \mathcal{M}_1 = \dim \mathcal{M}_2$，则 $\mathcal{M}_1 = \mathcal{M}_2$.

练习 7.2.12 设 $\mathcal{M}$ 是 $\mathbb{R}^n$ 的子空间，$\mathcal{M}^\perp$ 是其正交补空间，证明，$\mathbb{R}^n = \mathcal{M} \oplus \mathcal{M}^\perp$.

练习 7.2.13 证明，练习 7.1.13 中的 $\mathbb{F}^{n\times n} = \mathbb{F}_0^{n\times n} \oplus \mathrm{span}(I_n)$，并求 $\dim \mathbb{F}_0^{n\times n}$.

7.3 线性映射

上节我们推广了线性空间的概念，本节将推广线性映射的概念.

定义 7.3.1 (线性映射) 给定数域 $\mathbb{F}$ 上的线性空间 $\mathcal{U}, \mathcal{V}$，如果从 $\mathcal{U}$ 到 $\mathcal{V}$ 的映射 f 满足

1. 对任意 $\boldsymbol{a}, \boldsymbol{b} \in \mathcal{U}$，有 $f(\boldsymbol{a}+\boldsymbol{b}) = f(\boldsymbol{a}) + f(\boldsymbol{b})$；
2. 对任意 $\boldsymbol{a} \in \mathcal{U}, k \in \mathbb{F}$，有 $f(k\boldsymbol{a}) = kf(\boldsymbol{a})$；

则称其为 $\mathcal{U}$ 到 $\mathcal{V}$ 的**线性映射**，$\mathcal{U}$ 到 $\mathcal{V}$ 的线性映射的全体记作 $\mathrm{Hom}(\mathcal{U}, \mathcal{V})$.

特别地，对任意线性映射 f，都有 $f(\mathbf{0}_{\mathcal{U}})=\mathbf{0}_{\mathcal{V}}$. 易见定义 7.3.1 中的两个条件和如下条件等价：

对任意 $\boldsymbol{a},\boldsymbol{b}\in\mathcal{U},k,l\in\mathbb{F}$，有 $f(k\boldsymbol{a}+l\boldsymbol{b})=kf(\boldsymbol{a})+lf(\boldsymbol{b})$.

例 7.3.2 下面列出几个常见的线性映射.

1. 设 $A\in\mathbb{F}^{m\times n}$，左乘矩阵 A 定义了一个线性映射：

$$\begin{aligned}\boldsymbol{L}_A\colon\ \mathbb{F}^{n\times p}&\to\mathbb{F}^{m\times p},\\ X&\mapsto AX.\end{aligned}$$

   类似地，右乘矩阵 A 也定义了一个线性映射：

$$\begin{aligned}\boldsymbol{R}_A\colon\ \mathbb{F}^{l\times m}&\to\mathbb{F}^{l\times n},\\ X&\mapsto XA.\end{aligned}$$

2. 转置：

$$\begin{aligned}\cdot^{\mathrm{T}}\colon\ \mathbb{F}^{m\times n}&\to\mathbb{F}^{n\times m},\\ A&\mapsto A^{\mathrm{T}}.\end{aligned}$$

3. 取迹：

$$\begin{aligned}\operatorname{trace}\colon\ \mathbb{F}^{n\times n}&\to\mathbb{F},\\ A&\mapsto\operatorname{trace}(A).\end{aligned}$$

4. 函数在若干给定点的取值：

$$\begin{aligned}C(\mathbb{R})&\to\mathbb{R}^n,\\ f&\mapsto\begin{bmatrix}f(x_1)\\ f(x_2)\\ \vdots\\ f(x_n)\end{bmatrix}.\end{aligned}$$

☺

与 $\mathbb{R}^n$ 到 $\mathbb{R}^m$ 的线性映射类似，也可以考虑推广的线性映射的运算.

定义 7.3.3 (线性运算) 给定数域 $\mathbb{F}$ 上的线性空间 $\mathcal{U},\mathcal{V}$，$\mathcal{U}$ 到 $\mathcal{V}$ 的线性映射全体是 $\mathrm{Hom}(\mathcal{U},\mathcal{V})$. 规定

1. $\mathrm{Hom}(\mathcal{U},\mathcal{V})$ 上的**加法**：给定 $f,g\in\mathrm{Hom}(\mathcal{U},\mathcal{V})$，定义

$$\begin{aligned}f+g\colon\ \mathcal{U}&\to\mathcal{V},\\ \boldsymbol{x}&\mapsto f(\boldsymbol{x})+g(\boldsymbol{x}),\end{aligned}$$

2. $\mathrm{Hom}(\mathcal{U},\mathcal{V})$ 上的**数乘**：给定 $f\in\mathrm{Hom}(\mathcal{U},\mathcal{V})$，定义

$$\begin{aligned}kf\colon\ \mathcal{U}&\to\mathcal{V},\\ \boldsymbol{x}&\mapsto kf(\boldsymbol{x}).\end{aligned}$$

命题 7.3.4　集合 $\mathrm{Hom}(\mathcal{U},\mathcal{V})$ 关于加法和数乘两种运算构成线性空间.

证明留给读者.

定义 7.3.5 (乘法 (复合))　给定数域 $\mathbb{F}$ 上的线性空间 $\mathcal{U},\mathcal{V},\mathcal{W}$, 若 $f\in\mathrm{Hom}(\mathcal{U},\mathcal{V})$, $g\in\mathrm{Hom}(\mathcal{V},\mathcal{W})$, 则定义 f 与 g 的**复合**为

$$\begin{aligned} g\circ f:\ & \mathcal{U}\to\mathcal{W},\\ & \boldsymbol{x}\mapsto g(f(\boldsymbol{x})), \end{aligned}$$

f 与 g 的复合运算又称为 g 与 f 的**乘法**, 记为 gf.

线性映射的乘积 (复合) 仍然是线性映射. 从已知的线性映射出发, 通过线性运算和乘法, 能得到更多的线性映射. 容易验证, 线性映射的运算法则和矩阵的运算法则类似.

我们知道, 矩阵能够给出数组向量空间之间的线性映射, 它有零空间和列空间. 如下是对应于线性映射的类似概念.

定义 7.3.6 (核、像集)　给定数域 $\mathbb{F}$ 上的线性空间 $\mathcal{U},\mathcal{V}$, 以及 $\mathcal{U}$ 到 $\mathcal{V}$ 的线性映射 f. 则集合 $\mathcal{N}(f):=\{\boldsymbol{a}\in\mathcal{U}\mid f(\boldsymbol{a})=\boldsymbol{0}\}$, 称为线性映射 f 的**核**; 集合 $\mathcal{R}(f):=\{f(\boldsymbol{a})\mid\boldsymbol{a}\in\mathcal{U}\}$, 称为线性映射 f 的**像集**.

类似于矩阵与对应子空间的关系, 也通过核和像集来分析线性映射与对应集合的关系.

命题 7.3.7　对 $\mathcal{U}$ 到 $\mathcal{V}$ 的线性映射 f, 有

1. $\mathcal{N}(f)$ 是 $\mathcal{U}$ 的子空间, 而且 f 是单射当且仅当 $\mathcal{N}(f)=\{\boldsymbol{0}\}$;
2. $\mathcal{R}(f)$ 是 $\mathcal{V}$ 的子空间, 而且 f 是满射当且仅当 $\mathcal{R}(f)=\mathcal{V}$.

证明留给读者.

定义 7.3.8 (线性变换)　线性空间 $\mathcal{U}$ 到自身的线性映射称为 $\mathcal{U}$ 上的**线性变换**.

注意, $\mathcal{U}$ 上任意两个线性变换都可以复合, 得到的还是 $\mathcal{U}$ 上的线性变换.

类似于 $\mathbb{F}^n$ 上的线性变换有特征值和特征向量, 这两个概念也可以推广到一般线性空间的线性变换上.

定义 7.3.9 (特征值)　给定 $\mathbb{F}$ 上的线性空间 $\mathcal{U}$, 以及其上的线性变换 f. 如果对 $\lambda\in\mathbb{F}$, 存在非零向量 $\boldsymbol{x}\in\mathcal{U}$, 使得 $f(\boldsymbol{x})=\lambda\boldsymbol{x}$, 则称 λ 为线性变换 f 的一个**特征值**, 而称非零向量 $\boldsymbol{x}$ 为 f 的一个属于特征值 λ 的**特征向量**.

二元组 $(\lambda,\boldsymbol{x})$ 常称为线性变换 f 的一个**特征对**.

易见, 非零向量 $\boldsymbol{x}$ 为 f 的属于特征值 λ 的特征向量, 当且仅当 $\boldsymbol{x}\in\mathcal{N}(\lambda\boldsymbol{I}-f)$. 子空间 $\mathcal{N}(\lambda\boldsymbol{I}-f)$ 称为 f 的属于特征值 λ 的**特征子空间**. 不难证明如下与命题 5.3.3 类似的结论, 留给读者.

命题 7.3.10 对 $\mathcal{U}$ 上的线性变换 f，属于不同特征值的特征向量线性无关.

例 7.3.11

1. 设 $A \in \mathbb{F}^{n\times n}$，取左乘矩阵和右乘矩阵映射的差:

$$\begin{aligned}\boldsymbol{L}_A-\boldsymbol{R}_A\colon\ \mathbb{F}^{n\times n} &\to \mathbb{F}^{n\times n},\\ X &\mapsto AX-XA,\end{aligned}$$

定义了 $\mathbb{F}^{n\times n}$ 上的线性变换. 其核 $\mathcal{N}(\boldsymbol{L}_A-\boldsymbol{R}_A)=\{X\in\mathbb{F}^{n\times n}\mid AX=XA\}$ 是 $\mathbb{F}^{n\times n}$ 的子空间，包含了所有与 A 交换的 n 阶方阵.

2. 恒同变换和转置的线性组合定义了 $\mathbb{F}^{n\times n}$ 上的线性变换:

$$\begin{aligned}\boldsymbol{S}\colon\ \mathbb{F}^{n\times n} &\to \mathbb{F}^{n\times n},\\ A &\mapsto \frac{1}{2}(A+A^{\mathrm{T}}).\end{aligned}$$

核 $\mathcal{N}(\boldsymbol{S})$ 是全体 n 阶反对称矩阵构成的子空间；像集 $\mathcal{R}(\boldsymbol{S})$ 是全体 n 阶对称矩阵构成的子空间.

注意，$\boldsymbol{S}^2=\boldsymbol{S}$，因此其特征值只能是 $1,0$（为什么?）. 两个特征子空间

$$\mathcal{N}(\boldsymbol{I}-\boldsymbol{S})=\{A\in\mathbb{F}^{n\times n}\mid \boldsymbol{S}(A)=A\}=\mathcal{R}(\boldsymbol{S}),$$

$$\mathcal{N}(0\boldsymbol{I}-\boldsymbol{S})=\{A\in\mathbb{F}^{n\times n}\mid \boldsymbol{S}(A)=O\}=\mathcal{N}(\boldsymbol{S}).$$

3. 在 $\mathbb{R}$ 上的光滑函数空间 $C^\infty(\mathbb{R})$ 上，求导运算定义了线性变换:

$$\begin{aligned}\boldsymbol{D}=\frac{\mathrm{d}}{\mathrm{d}x}\colon\ C^\infty(\mathbb{R}) &\to C^\infty(\mathbb{R}),\\ f(x) &\mapsto f'(x),\end{aligned}$$

称为求导算子. 核 $\mathcal{N}(\boldsymbol{D})$ 是常数函数的全体构成的线性空间.

再看 $\boldsymbol{D}$ 的特征值和特征向量. 对任意常数 $\lambda\in\mathbb{R}$，考虑线性变换:

$$\begin{aligned}\lambda\boldsymbol{I}-\boldsymbol{D}\colon\ C^\infty(\mathbb{R}) &\to C^\infty(\mathbb{R}),\\ f(x) &\mapsto \lambda f(x)-f'(x),\end{aligned}$$

容易验证，指数函数 $\mathrm{e}^{\lambda x}\in\mathcal{N}(\lambda\boldsymbol{I}-\boldsymbol{D})$. 事实上，利用常微分方程知识可知，$(\lambda\boldsymbol{I}-\boldsymbol{D})f=\lambda f-f'=0$ 的解只能是 $f(x)=k\mathrm{e}^{\lambda x}$. 因此 $\mathcal{N}(\lambda\boldsymbol{I}-\boldsymbol{D})$ 是一维线性空间，而 $\mathrm{e}^{\lambda x}$ 是一组基.

4. 求导算子和自身的乘积 $\boldsymbol{D}^2\colon f(x)\mapsto f''(x)$ 是 $C^\infty(\mathbb{R})$ 上的线性变换. 设 $\lambda\in\mathbb{R}$，考虑线性变换 $\lambda\boldsymbol{I}-\boldsymbol{D}^2\colon C^\infty(\mathbb{R})\to C^\infty(\mathbb{R})$.

利用常微分方程知识，可得 $\mathcal{N}(\lambda\boldsymbol{I}-\boldsymbol{D}^2)$ 是二维线性空间，而一组基是

$$\begin{cases}\mathrm{e}^{\sqrt{\lambda}x},\quad \mathrm{e}^{-\sqrt{\lambda}x}, & \lambda>0;\\ \cos(\sqrt{-\lambda}x),\quad \sin(\sqrt{-\lambda}x), & \lambda<0;\\ 1,x, & \lambda=0.\end{cases}$$

☺

下面来看一种特殊的线性映射.

定义 7.3.12 (线性空间的同构) 给定数域 $\mathbb{F}$ 上的线性空间 $\mathcal{U},\mathcal{V}$, 如果存在 $\mathcal{U}$ 到 $\mathcal{V}$ 的线性映射 f 是双射, 则称 $\mathcal{U}$ 和 $\mathcal{V}$ **(线性) 同构**, 称 f 为 $\mathcal{U}$ 到 $\mathcal{V}$ 的**同构映射**.

特别地, $\mathcal{U}$ 到 $\mathcal{U}$ 的同构映射称为 $\mathcal{U}$ 上的**自同构**.

例 7.3.13 定义 $\mathcal{V} := \left\{ \begin{bmatrix} a & b \\ -b & a \end{bmatrix} \middle| a,b\in\mathbb{R} \right\}$. 易见 $\mathcal{V}$ 是 $\mathbb{R}^{2\times 2}$ 的子空间. 可以验证, 映射

$$\begin{aligned} f\colon \quad & \mathbb{C}\to\mathcal{V}, \\ a+b\mathrm{i} \mapsto & \begin{bmatrix} a & b \\ -b & a \end{bmatrix}, \end{aligned}$$

是一个同构映射. ☺

例 7.3.14 给定可逆矩阵 $T\in\mathbb{F}^{n\times n}$, 那么映射

$$\begin{aligned} f\colon \ \mathbb{F}^n &\to \mathbb{F}^n, \\ \boldsymbol{x} &\mapsto T\boldsymbol{x}, \end{aligned}$$

是一个 $\mathbb{F}^n$ 上的自同构. ☺

同构映射是双射, 因此它有逆映射.

命题 7.3.15 给定数域 $\mathbb{F}$ 上的线性空间 $\mathcal{U},\mathcal{V},\mathcal{W}$, 以及 $\mathcal{U}$ 到 $\mathcal{V}$ 的同构映射 f, $\mathcal{V}$ 到 $\mathcal{W}$ 的同构映射 g, 则:

1. $g\circ f$ 是 $\mathcal{U}$ 到 $\mathcal{W}$ 的同构映射;
2. f^{-1} 是 $\mathcal{V}$ 到 $\mathcal{U}$ 的同构映射.

证 第 1 条: 显然.

第 2 条: 显然 f^{-1} 是双射, 只需验证它是线性映射. 由于 f 是线性映射, 因此对任意 $\boldsymbol{x}_1,\boldsymbol{x}_2\in\mathcal{V}$, $f(k_1f^{-1}(\boldsymbol{x}_1)+k_2f^{-1}(\boldsymbol{x}_2)) = k_1f(f^{-1}(\boldsymbol{x}_1))+k_2f(f^{-1}(\boldsymbol{x}_2)) = k_1\boldsymbol{x}_1+k_2\boldsymbol{x}_2$. 由于 f 是双射, 有 $k_1f^{-1}(\boldsymbol{x}_1)+k_2f^{-1}(\boldsymbol{x}_2) = f^{-1}(k_1\boldsymbol{x}_1+k_2\boldsymbol{x}_2)$. 因此 f^{-1} 是线性映射. □

利用命题 7.3.15 可得如下结论.

命题 7.3.16 线性空间的同构关系是等价关系.

那么, 这个等价关系的不变量和标准形是什么呢? 下节将分析有限维线性空间的情形.

习题

练习 7.3.1 证明命题 7.3.4.

练习 7.3.2 证明命题 7.3.7.

练习 7.3.3 考虑 $\mathbb{C}^n$ 上的变换 $\boldsymbol{C}(\boldsymbol{v}) = \overline{\boldsymbol{v}}$.

1. $\boldsymbol{C}$ 是否为一个 $\mathbb{C}$ 上线性空间的线性变换?
2. 如果将 $\mathbb{C}^n$ 看作一个 $\mathbb{R}$ 上的线性空间，那么 $\boldsymbol{C}$ 是否为一个 $\mathbb{R}$ 上线性空间的线性变换?

练习 7.3.4 给定 $a \in \mathbb{F}$，判断下面定义的 $\mathbb{F}[x]$ 上的变换 $\boldsymbol{T}_a$ 是否为线性变换:

$$\boldsymbol{T}_a(f(x)) = f(x+a), \quad \forall f(x) \in \mathbb{F}[x].$$

练习 7.3.5 在光滑函数空间 $C^\infty(\mathbb{R})$ 上定义变换: $\boldsymbol{A}(f(x)) = (f'(x))^2$. 判断 $\boldsymbol{A}$ 是否为线性变换.

练习 7.3.6 给定 $A = \begin{bmatrix} 1 & 0 & -1 \\ -1 & 1 & 0 \\ 0 & -1 & 1 \end{bmatrix}$ 和 $\mathbb{R}^{3\times 3}$ 上的线性变换 $f\colon X \mapsto AX$. 分别求 $\mathcal{N}(f)$ 和 $\mathcal{R}(f)$ 的维数和一组基.

练习 7.3.7 计算例 7.3.2 中线性映射的核与像集，并求二者的维数.

练习 7.3.8 ☕ 给定 m 阶方阵 A_1，n 阶方阵 A_2 和 $m \times n$ 矩阵 B. 证明，如果 A_1 和 A_2 没有相同的特征值，则:

1. 对 $m \times n$ 矩阵 X，$A_1 X = X A_2$ 只有平凡解.
   提示: 利用 Hamilton-Cayley 定理.
2. 对 $m \times n$ 矩阵 X，$A_1 X - X A_2 = B$ 只有唯一解.

注意: 练习 5.2.23 和练习 5.4.7 用不同方法证明了相同结论.

练习 7.3.9 定义 $\mathbb{F}[x]$ 上的变换: $\boldsymbol{A}(f(x)) = xf(x), \forall f(x) \in \mathbb{F}[x]$.

1. 证明 $\boldsymbol{A}$ 是 $\mathbb{F}[x]$ 上的一个线性变换.
2. 设 $\boldsymbol{D}$ 是求导算子，证明 $\boldsymbol{DA} - \boldsymbol{AD} = \boldsymbol{I}$.

练习 7.3.10 令 $\mathcal{V}$ 为全体实数数列组成的线性空间，其中元素记为 $(a_0, a_1, \cdots)$. 定义其上变换

$$\boldsymbol{D}\left((a_0, a_1, \cdots)\right) = (0, a_0, a_1, \cdots), \qquad \boldsymbol{M}\left((a_0, a_1, \cdots)\right) = (a_1, 2a_2, 3a_3, \cdots).$$

1. 证明 $\boldsymbol{D}, \boldsymbol{M}$ 都是线性变换.
2. 证明 $\boldsymbol{MD} - \boldsymbol{DM} = \boldsymbol{I}$.
3. 对于任意 n 阶方阵 A, B，证明 $AB - BA \neq I_n$.

练习 7.3.11 ☕ 设 f 是线性空间 $\mathcal{V}$ 上的线性变换，$\boldsymbol{a} \in \mathcal{V}$. 证明，如果存在正整数 m，使得 $f^{m-1}(\boldsymbol{a}) \neq \boldsymbol{0}, f^m(\boldsymbol{a}) = \boldsymbol{0}$，则 $\boldsymbol{a}, f(\boldsymbol{a}), \cdots, f^{m-1}(\boldsymbol{a})$ 线性无关. 由此推出 $\dim \mathcal{V} \geqslant m$.

练习 7.3.12 证明命题 7.3.10.

练习 7.3.13 对线性空间 $\mathbb{C}^{n\times n}$，考虑例 7.3.2 中的 $\boldsymbol{L}_A$ 和 $\boldsymbol{R}_A$，其中 $A \in \mathbb{C}^{n\times n}$.

1. 证明 $\boldsymbol{L}_A\boldsymbol{R}_A=\boldsymbol{R}_A\boldsymbol{L}_A$，并指出这是矩阵乘法的何种性质.
2. 证明 $\boldsymbol{L}_A$ 的特征值必是 A 的特征值.
3. ☕ 求 $\mathbb{C}^{n\times n}$ 上可逆线性变换 $\boldsymbol{T}$，使得 $\boldsymbol{L}_A=\boldsymbol{T}\boldsymbol{R}_A\boldsymbol{T}^{-1}$.

   提示：利用 A 与 A^{T} 相似，参见练习 5.4.5.

练习 7.3.14 设线性空间 $\mathcal{V}$ 有直和分解：$\mathcal{V}=\mathcal{M}_1\oplus\mathcal{M}_2$. 任取 $\boldsymbol{a}\in\mathcal{V}$，都有唯一的分解式：$\boldsymbol{a}=\boldsymbol{a}_1+\boldsymbol{a}_2$，其中 $\boldsymbol{a}_1\in\mathcal{M}_1,\boldsymbol{a}_2\in\mathcal{M}_2$. 定义 $\mathcal{V}$ 上的变换：

$$\boldsymbol{P}_{\mathcal{M}_1}(\boldsymbol{a})=\boldsymbol{a}_1,\quad \boldsymbol{P}_{\mathcal{M}_2}(\boldsymbol{a})=\boldsymbol{a}_2.$$

1. 证明，$\boldsymbol{P}_{\mathcal{M}_1},\boldsymbol{P}_{\mathcal{M}_2}$ 都是 $\mathcal{V}$ 上的线性变换. 称 $\boldsymbol{P}_{\mathcal{M}_1}$ 为沿 $\mathcal{M}_2$ 向 $\mathcal{M}_1$ 的投影变换.
2. 证明，$\mathcal{N}(\boldsymbol{P}_{\mathcal{M}_1})=\mathcal{M}_2,\mathcal{R}(\boldsymbol{P}_{\mathcal{M}_1})=\mathcal{M}_1$.
3. 证明，$\boldsymbol{P}_{\mathcal{M}_1}^2=\boldsymbol{P}_{\mathcal{M}_1},\boldsymbol{P}_{\mathcal{M}_1}+\boldsymbol{P}_{\mathcal{M}_2}=\boldsymbol{I},\boldsymbol{P}_{\mathcal{M}_1}\boldsymbol{P}_{\mathcal{M}_2}=\boldsymbol{O}$.
4. 分别求 $\boldsymbol{P}_{\mathcal{M}_1},\boldsymbol{P}_{\mathcal{M}_2}$ 的特征值和特征子空间.

练习 7.3.15 考虑例 7.3.11 中的线性变换 $\mathbb{F}^{n\times n}$ 上的线性变换 $\boldsymbol{S}$，试问它是否为投影变换.

练习 7.3.16 考虑练习 7.1.1 中的实线性空间 $\mathbb{R}^+$，给定 $a>0$，判断映射

$$\begin{aligned}\log_a:\ \mathbb{R}^+ &\to \mathbb{R},\\ x &\mapsto \log_a x,\end{aligned}$$

是否为线性映射. 如果是，进一步分析当 a 取何值时，该映射是同构.

练习 7.3.17 任取二阶实方阵 A，满足 $A^2=-I_2$. 考虑练习 7.1.7 中的线性空间 $P(A)$. 证明 $f:\mathbb{C}\to P(A), f(a+b\mathrm{i})=a+bA$ 是这两个线性空间的同构. 请举出至少两种可能的 A.

练习 7.3.18 证明矩阵空间 $\mathbb{F}^{m\times n}$ 与 $\mathbb{F}^{mn}$ 同构.

练习 7.3.19 证明多项式空间 $\mathbb{F}[x]_n$ 与 $\mathbb{F}^n$ 同构.

练习 7.3.20 证明练习 7.1.2 中的线性空间 $\mathbb{Q}[\omega]$ 与练习 7.1.4 中的线性空间 $\mathbb{Q}[\mathrm{i}]$ 同构.

7.4 向量的坐标表示

为简化讨论，**如果不加特别说明，本节和下节所涉及的线性空间都是有限维线性空间.**

在有限维线性空间 $\mathcal{V}$ 中取一组基，则 $\mathcal{V}$ 中任意向量都可以被这组基线性表示. 另一方面，类似于命题 2.1.16，容易证明如下结论，留给读者.

命题 7.4.1 向量组 $\boldsymbol{a}_1,\boldsymbol{a}_2,\cdots,\boldsymbol{a}_s$ 线性无关，如果 $\boldsymbol{b}$ 可以被其线性表示，则表示法唯一.

因此向量与表示法之间有一个一一对应，为此将表示法定义如下.

定义 7.4.2 (坐标) 对数域 $\mathbb{F}$ 上的 n 维线性空间 $\mathcal{V}$，设 $\boldsymbol{e}_1,\boldsymbol{e}_2,\cdots,\boldsymbol{e}_n$ 是它的一组基. 那么对任意向量 $\boldsymbol{x}\in\mathcal{V}$，都有 $\boldsymbol{x}$ 可以被这组基线性表示且表示法唯一，不妨写为 $\boldsymbol{x}=x_1\boldsymbol{e}_1+x_2\boldsymbol{e}_2+\cdots+x_n\boldsymbol{e}_n$. 有序数组 $x_1,x_2,\cdots,x_n$ 称为向量 $\boldsymbol{x}$ 在基 $\boldsymbol{e}_1,\boldsymbol{e}_2,\cdots,\boldsymbol{e}_n$ 下的**坐标**.

为书写简便，我们把它写作 $\boldsymbol{x}=(\boldsymbol{e}_1,\boldsymbol{e}_2,\cdots,\boldsymbol{e}_n)\begin{bmatrix}x_1\\x_2\\\vdots\\x_n\end{bmatrix}$. 注意这并不是真正的矩阵乘法，而只是借用了记号来表示线性组合①. 由表示法的唯一性，可以定义映射：

$$\begin{aligned}\sigma=\sigma_{\boldsymbol{e}_1,\boldsymbol{e}_2,\cdots,\boldsymbol{e}_n}:\ &\mathcal{V}\to\mathbb{F}^n,\\ &\boldsymbol{x}\mapsto\widehat{\boldsymbol{x}}=\begin{bmatrix}x_1\\x_2\\\vdots\\x_n\end{bmatrix}.\end{aligned}$$

映射 $\sigma_{\boldsymbol{e}_1,\boldsymbol{e}_2,\cdots,\boldsymbol{e}_n}$ 就是把 $\mathcal{V}$ 中向量映射成它在一组基 $\boldsymbol{e}_1,\boldsymbol{e}_2,\cdots,\boldsymbol{e}_n$ 下的坐标组成的 n 维向量. 注意，坐标表示写成 $\begin{bmatrix}x_1\\x_2\\\vdots\\x_n\end{bmatrix}$ 后，基 $\boldsymbol{e}_1,\boldsymbol{e}_2,\cdots,\boldsymbol{e}_n$ 中的向量就不再能随便改换顺序，因为把基向量改换顺序将引入不同的映射 σ，而坐标表示也不同. 换言之，改换顺序的基被认为是不同的基.

定理 7.4.3 映射 $\sigma_{\boldsymbol{e}_1,\boldsymbol{e}_2,\cdots,\boldsymbol{e}_n}:\mathcal{V}\to\mathbb{F}^n$ 是同构映射.

证 如果 $\boldsymbol{x}=x_1\boldsymbol{e}_1+x_2\boldsymbol{e}_2+\cdots+x_n\boldsymbol{e}_n,\boldsymbol{y}=y_1\boldsymbol{e}_1+y_2\boldsymbol{e}_2+\cdots+y_n\boldsymbol{e}_n$，则 $\boldsymbol{x}+\boldsymbol{y}=(x_1+y_1)\boldsymbol{e}_1+(x_2+y_2)\boldsymbol{e}_2+\cdots+(x_n+y_n)\boldsymbol{e}_n,k\boldsymbol{x}=(kx_1)\boldsymbol{e}_1+(kx_2)\boldsymbol{e}_2+\cdots+(kx_n)\boldsymbol{e}_n$. 因此，$\sigma(\boldsymbol{x}+\boldsymbol{y})=\sigma(\boldsymbol{x})+\sigma(\boldsymbol{y}),\sigma(k\boldsymbol{x})=k\sigma(\boldsymbol{x})$. 于是 σ 是线性映射. 根据基的定义，σ 是双射. □

同构映射 σ 的逆映射

$$\begin{aligned}\sigma^{-1}_{\boldsymbol{e}_1,\boldsymbol{e}_2,\cdots,\boldsymbol{e}_n}:\ &\mathbb{F}^n\to\mathcal{V},\\ &\widehat{\boldsymbol{x}}=\begin{bmatrix}x_1\\x_2\\\vdots\\x_n\end{bmatrix}\mapsto\boldsymbol{x}=(\boldsymbol{e}_1,\boldsymbol{e}_2,\cdots,\boldsymbol{e}_n)\begin{bmatrix}x_1\\x_2\\\vdots\\x_n\end{bmatrix},\end{aligned}$$

① 与前面注记类似，为了与数组向量空间中的向量相区别，本书给该向量组外加圆括号.

就是在形式上推广的矩阵乘法. 它在形式上满足分配律:

$$(\boldsymbol{e}_1, \boldsymbol{e}_2, \cdots, \boldsymbol{e}_n)(\widehat{\boldsymbol{x}} + \widehat{\boldsymbol{y}}) = (\boldsymbol{e}_1, \boldsymbol{e}_2, \cdots, \boldsymbol{e}_n)\widehat{\boldsymbol{x}} + (\boldsymbol{e}_1, \boldsymbol{e}_2, \cdots, \boldsymbol{e}_n)\widehat{\boldsymbol{y}},$$

$$(\boldsymbol{e}_1, \boldsymbol{e}_2, \cdots, \boldsymbol{e}_n)(k\widehat{\boldsymbol{x}}) = k(\boldsymbol{e}_1, \boldsymbol{e}_2, \cdots, \boldsymbol{e}_n)\widehat{\boldsymbol{x}}.$$

由定理 7.4.3 可知, $\mathbb{F}$ 上的任意 n 维线性空间都同构: 因为它们都和 $\mathbb{F}^n$ 同构, 而同构又是等价关系. 线性空间的同构这个等价关系的唯一不变量就是维数, 而标准形是 $\mathbb{F}^n$. 例如, 例 7.3.13 中的两个线性空间都和 $\mathbb{R}^2$ 同构, 因此也互相同构.

同构映射能够保持线性运算, 从而保持一切只与线性运算有关的性质. 因此, 常常可以把一般向量空间中的问题转化到 $\mathbb{F}^n$ 上, 例如如下结论.

命题 7.4.4 在数域 $\mathbb{F}$ 上 n 维线性空间 $\mathcal{V}$ 中取定一组基 $\boldsymbol{e}_1, \boldsymbol{e}_2, \cdots, \boldsymbol{e}_n$, 设 $\mathcal{V}$ 内向量组 $\boldsymbol{a}_1, \boldsymbol{a}_2, \cdots, \boldsymbol{a}_m$ 在这组基下的坐标表示为 $\boldsymbol{a}_i = (\boldsymbol{e}_1, \boldsymbol{e}_2, \cdots, \boldsymbol{e}_n)\hat{\boldsymbol{a}}_i, i = 1, 2, \cdots, m$, 则 $\boldsymbol{a}_1, \boldsymbol{a}_2, \cdots, \boldsymbol{a}_m$ 在 $\mathcal{V}$ 内线性无关, 当且仅当 $\hat{\boldsymbol{a}}_1, \hat{\boldsymbol{a}}_2, \cdots, \hat{\boldsymbol{a}}_m$ 在 $\mathbb{F}^n$ 内线性无关.

证 $\boldsymbol{a}_1, \boldsymbol{a}_2, \cdots, \boldsymbol{a}_m$ 在 $\mathcal{V}$ 内线性相关 $\iff$ 存在 $\mathbb{F}$ 内不全为 0 的数 $k_1, k_2, \cdots, k_m$, 使得 $k_1\boldsymbol{a}_1 + k_2\boldsymbol{a}_2 + \cdots + k_m\boldsymbol{a}_m = \boldsymbol{0}$ $\iff$ 存在 $\mathbb{F}$ 内不全为 0 的数 $k_1, k_2, \cdots, k_m$, 使得 $(\boldsymbol{e}_1, \boldsymbol{e}_2, \cdots, \boldsymbol{e}_n)(k_1\hat{\boldsymbol{a}}_1 + k_2\hat{\boldsymbol{a}}_2 + \cdots + k_m\hat{\boldsymbol{a}}_m) = \boldsymbol{0}$ $\overset{\sigma\text{ 是双射}}{\iff}$ 存在 $\mathbb{F}$ 内不全为 0 的数 $k_1, k_2, \cdots, k_m$, 使得 $k_1\hat{\boldsymbol{a}}_1 + k_2\hat{\boldsymbol{a}}_2 + \cdots + k_m\hat{\boldsymbol{a}}_m = \boldsymbol{0}$ $\iff$ $\hat{\boldsymbol{a}}_1, \hat{\boldsymbol{a}}_2, \cdots, \hat{\boldsymbol{a}}_m$ 在 $\mathbb{F}^n$ 内线性相关. □

例 7.4.5

1. 考虑例 7.2.12 中矩阵空间 $\mathbb{F}^{2\times 2}$ 的一组基

$$E_{11} = \begin{bmatrix} 1 & 0 \\ 0 & 0 \end{bmatrix}, E_{12} = \begin{bmatrix} 0 & 1 \\ 0 & 0 \end{bmatrix}, E_{21} = \begin{bmatrix} 0 & 0 \\ 1 & 0 \end{bmatrix}, E_{22} = \begin{bmatrix} 0 & 0 \\ 0 & 1 \end{bmatrix},$$

矩阵 $A = \begin{bmatrix} a_{11} & a_{12} \\ a_{21} & a_{22} \end{bmatrix} = a_{11}E_{11} + a_{12}E_{12} + a_{21}E_{21} + a_{22}E_{22}$, 即 A 在这组基下的坐标表示为 $A = (E_{11}, E_{12}, E_{21}, E_{22})\begin{bmatrix} a_{11} \\ a_{12} \\ a_{21} \\ a_{22} \end{bmatrix}$, 故 A 在这组基下的坐标是 $\boldsymbol{a} = \begin{bmatrix} a_{11} \\ a_{12} \\ a_{21} \\ a_{22} \end{bmatrix}$. 再考虑例 7.2.19 中线性空间 $\mathbb{F}^{2\times 2}$ 的一组基

$$E_{11}, E_{22}, E_{12} + E_{21} = \begin{bmatrix} 0 & 1 \\ 1 & 0 \end{bmatrix}, E_{12} - E_{21} = \begin{bmatrix} 0 & 1 \\ -1 & 0 \end{bmatrix},$$

矩阵 A 在这组基下的坐标表示为 $A=(E_{11},E_{22},E_{12}+E_{21},E_{12}-E_{21})\tilde{\boldsymbol{a}}$，其中

$$\tilde{\boldsymbol{a}}=\begin{bmatrix}a_{11}\\a_{22}\\\dfrac{a_{12}+a_{21}}{2}\\\dfrac{a_{12}-a_{21}}{2}\end{bmatrix}$$ 是 A 在这组基下的坐标.

2. 由例 7.2.13 可知，$1,x,\cdots,x^{n-1}$ 是多项式空间 $\mathbb{R}[x]_n$ 的一组基. 利用二项式展开 $x^k=(x-x_0+x_0)^k=\sum\limits_{i=0}^{k}\mathrm{C}_k^i x_0^i(x-x_0)^{k-i}$ 可知，$1,x,\cdots,x^{n-1}$ 可以被 $1,x-x_0,\cdots,(x-x_0)^{n-1}$ 线性表示，因此后者的秩不小于前者的秩，这说明 $1,x-x_0,\cdots,(x-x_0)^{n-1}$ 也是一组基.

对多项式 $f=a_0+a_1x+\cdots+a_{n-1}x^{n-1}$，它在基 $1,x,\cdots,x^{n-1}$ 下的坐标表示为 $f=(1,x,\cdots,x^{n-1})\boldsymbol{f}$，其中 $\boldsymbol{f}=\begin{bmatrix}a_0\\a_1\\\vdots\\a_{n-1}\end{bmatrix}$ 是 f 在这组基下的坐标. 另一方面，根据 Taylor 展开式，它在基 $1,x-x_0,\cdots,(x-x_0)^{n-1}$ 下的坐标表示为 $f=(1,x-x_0,\cdots,(x-x_0)^{n-1})\widetilde{\boldsymbol{f}}$，其中 $\widetilde{\boldsymbol{f}}=\begin{bmatrix}f(x_0)\\f'(x_0)\\\vdots\\\dfrac{1}{(n-1)!}f^{(n-1)}(x_0)\end{bmatrix}$ 是 f 在这组基下的坐标. ☺

可以看到，同一个向量在不同基下的坐标表示不同. 那么这些坐标表示有什么不同? 既然这些坐标表示对应同一个向量，那么它们总会有些共同点，应该如何把这些坐标表示联系起来?

首先来看两组基之间的关系. 给定 n 维线性空间的两组基 $\boldsymbol{e}_1,\boldsymbol{e}_2,\cdots,\boldsymbol{e}_n$ 和 $\boldsymbol{t}_1,\boldsymbol{t}_2,\cdots,\boldsymbol{t}_n$，每个 $\boldsymbol{t}_i\,(i=1,2,\cdots,n)$ 都能被 $\boldsymbol{e}_1,\boldsymbol{e}_2,\cdots,\boldsymbol{e}_n$ 线性表示，设

$$\begin{aligned}\boldsymbol{t}_1&=t_{11}\boldsymbol{e}_1+t_{21}\boldsymbol{e}_2+\cdots+t_{n1}\boldsymbol{e}_n,\\\boldsymbol{t}_2&=t_{12}\boldsymbol{e}_1+t_{22}\boldsymbol{e}_2+\cdots+t_{n2}\boldsymbol{e}_n,\\&\ \ \vdots\\\boldsymbol{t}_n&=t_{1n}\boldsymbol{e}_1+t_{2n}\boldsymbol{e}_2+\cdots+t_{nn}\boldsymbol{e}_n,\end{aligned}$$

那么就可以形式地写成

$$(\boldsymbol{t}_1,\boldsymbol{t}_2,\cdots,\boldsymbol{t}_n)=(\boldsymbol{e}_1,\boldsymbol{e}_2,\cdots,\boldsymbol{e}_n)\begin{bmatrix}t_{11}&t_{12}&\cdots&t_{1n}\\t_{21}&t_{22}&\cdots&t_{2n}\\\vdots&\vdots&&\vdots\\t_{n1}&t_{n2}&\cdots&t_{nn}\end{bmatrix}=:(\boldsymbol{e}_1,\boldsymbol{e}_2,\cdots,\boldsymbol{e}_n)T,$$

其中 T 称为从基 $\boldsymbol{e}_1,\boldsymbol{e}_2,\cdots,\boldsymbol{e}_n$ 到基 $\boldsymbol{t}_1,\boldsymbol{t}_2,\cdots,\boldsymbol{t}_n$ 的**过渡矩阵**.

命题 7.4.6　给定数域 $\mathbb{F}$ 上 n 维线性空间 $\mathcal{V}$ 的一组基 $\boldsymbol{e}_1,\boldsymbol{e}_2,\cdots,\boldsymbol{e}_n$，和 $\mathbb{F}$ 上 n 阶方阵 T. 令 $(\boldsymbol{t}_1,\boldsymbol{t}_2,\cdots,\boldsymbol{t}_n)=(\boldsymbol{e}_1,\boldsymbol{e}_2,\cdots,\boldsymbol{e}_n)T$，则有:

1. 如果 $\boldsymbol{t}_1,\boldsymbol{t}_2,\cdots,\boldsymbol{t}_n$ 是一组基，则 T 可逆;
2. 如果 T 可逆，则 $\boldsymbol{t}_1,\boldsymbol{t}_2,\cdots,\boldsymbol{t}_n$ 是一组基.

证　设 $T=\begin{bmatrix}\hat{\boldsymbol{t}}_1&\hat{\boldsymbol{t}}_2&\cdots&\hat{\boldsymbol{t}}_n\end{bmatrix}$，则 $\boldsymbol{t}_i=(\boldsymbol{e}_1,\boldsymbol{e}_2,\cdots,\boldsymbol{e}_n)\hat{\boldsymbol{t}}_i\,(i=1,2,\cdots,n)$. 因此: $\boldsymbol{t}_1,\boldsymbol{t}_2,\cdots,\boldsymbol{t}_n$ 是一组基 $\Longleftrightarrow$ $\boldsymbol{t}_1,\boldsymbol{t}_2,\cdots,\boldsymbol{t}_n$ 线性无关 $\xLeftrightarrow{\text{命题 7.4.4}}$ $\hat{\boldsymbol{t}}_1,\hat{\boldsymbol{t}}_2,\cdots,\hat{\boldsymbol{t}}_n$ 线性无关 $\Longleftrightarrow$ T 满秩，即 T 可逆. □

例 7.4.7　考虑例 7.4.5.

1. 易得 $(E_{11},E_{22},E_{12}+E_{21},E_{12}-E_{21})=(E_{11},E_{12},E_{21},E_{22})\begin{bmatrix}1&0&0&0\\0&0&1&1\\0&0&1&-1\\0&1&0&0\end{bmatrix}$,

   因此从 $E_{11},E_{12},E_{21},E_{22}$ 到 $E_{11},E_{22},E_{12}+E_{21},E_{12}-E_{21}$ 的过渡矩阵就是该四阶矩阵.
2. 易得 $(1,x-x_0,\cdots,(x-x_0)^{n-1})=(1,x,\cdots,x^{n-1})T$，其中

$$T=\begin{bmatrix}1&-x_0&x_0^2&\cdots&(-x_0)^{n-1}\\&1&-2x_0&\cdots&(n-1)(-x_0)^{n-2}\\&&\ddots&\ddots&\vdots\\&&&1&-(n-1)x_0\\&&&&1\end{bmatrix},$$

   因此从 $1,x,\cdots,x^{n-1}$ 到 $1,x-x_0,\cdots,(x-x_0)^{n-1}$ 的过渡矩阵为上三角矩阵 T. ☺

其次来看同一个向量在两组基下坐标表示的变化规律. 设 $\boldsymbol{a}\in\mathcal{V}$ 在一组基 $\boldsymbol{e}_1,\boldsymbol{e}_2,\cdots,\boldsymbol{e}_n$ 下的坐标为 $x_1,x_2,\cdots,x_n$，在另一组基 $\boldsymbol{t}_1,\boldsymbol{t}_2,\cdots,\boldsymbol{t}_n$ 下的坐标表示为 $y_1,y_2,\cdots,y_n$，那

么坐标表示就是

$$\boldsymbol{a}=(\boldsymbol{e}_1,\boldsymbol{e}_2,\cdots,\boldsymbol{e}_n)\begin{bmatrix}x_1\\x_2\\\vdots\\x_n\end{bmatrix}=:(\boldsymbol{e}_1,\boldsymbol{e}_2,\cdots,\boldsymbol{e}_n)\boldsymbol{x},\ \boldsymbol{a}=(\boldsymbol{t}_1,\boldsymbol{t}_2,\cdots,\boldsymbol{t}_n)\begin{bmatrix}y_1\\y_2\\\vdots\\y_n\end{bmatrix}=:(\boldsymbol{t}_1,\boldsymbol{t}_2,\cdots,\boldsymbol{t}_n)\boldsymbol{y}.$$

设两组基之间的过渡矩阵为 T，即 $(\boldsymbol{t}_1,\boldsymbol{t}_2,\cdots,\boldsymbol{t}_n)=(\boldsymbol{e}_1,\boldsymbol{e}_2,\cdots,\boldsymbol{e}_n)T$，则

$$\boldsymbol{a}=(\boldsymbol{t}_1,\boldsymbol{t}_2,\cdots,\boldsymbol{t}_n)\boldsymbol{y}=\Big((\boldsymbol{e}_1,\boldsymbol{e}_2,\cdots,\boldsymbol{e}_n)T\Big)\boldsymbol{y}=(\boldsymbol{e}_1,\boldsymbol{e}_2,\cdots,\boldsymbol{e}_n)(T\boldsymbol{y}). \tag{7.4.1}$$

而 $\boldsymbol{a}$ 在基 $\boldsymbol{e}_1,\boldsymbol{e}_2,\cdots,\boldsymbol{e}_n$ 下的表示法唯一，因此 $\boldsymbol{x}=T\boldsymbol{y}$. 可见，只要知道了向量在一组基下的坐标和这组基到另一组基的过渡矩阵，就能得到该向量在另一组基下的坐标.

注意，(7.4.1) 式还提示了坐标表示在形式上满足乘法结合律.

例 7.4.8 考虑例 7.4.5 和例 7.4.7.

1. 容易验证

$$\begin{bmatrix}a_{11}\\a_{12}\\a_{21}\\a_{22}\end{bmatrix}=\begin{bmatrix}1&0&0&0\\0&0&1&1\\0&0&1&-1\\0&1&0&0\end{bmatrix}\begin{bmatrix}a_{11}\\a_{22}\\\dfrac{a_{12}+a_{21}}{2}\\\dfrac{a_{12}-a_{21}}{2}\end{bmatrix}.$$

2. 可以验证

$$\begin{bmatrix}a_0\\a_1\\\vdots\\a_{n-2}\\a_{n-1}\end{bmatrix}=\begin{bmatrix}1&-x_0&x_0^2&\cdots&(-x_0)^{n-1}\\&1&-2x_0&\cdots&(n-1)(-x_0)^{n-2}\\&&\ddots&\ddots&\vdots\\&&&1&-(n-1)x_0\\&&&&1\end{bmatrix}\begin{bmatrix}f(x_0)\\f'(x_0)\\\vdots\\\dfrac{1}{(n-2)!}f^{(n-2)}(x_0)\\\dfrac{1}{(n-1)!}f^{(n-1)}(x_0)\end{bmatrix}.$$

这与上述坐标与过渡矩阵的关系相吻合. ☺

上述内容总结如下：

1. 基变换公式：$(\boldsymbol{t}_1,\boldsymbol{t}_2,\cdots,\boldsymbol{t}_n)=(\boldsymbol{e}_1,\boldsymbol{e}_2,\cdots,\boldsymbol{e}_n)T$，其中 T 可逆；
2. 坐标变换公式：若 $\boldsymbol{a}=(\boldsymbol{t}_1,\boldsymbol{t}_2,\cdots,\boldsymbol{t}_n)\boldsymbol{y}=(\boldsymbol{e}_1,\boldsymbol{e}_2,\cdots,\boldsymbol{e}_n)\boldsymbol{x}$，则 $\boldsymbol{x}=T\boldsymbol{y}$.

最后讨论 $\mathbb{F}^n$ 中的基变换. 线性空间 $\mathbb{F}^n$ 的一组基总能写成由其作为列向量组成的矩阵. 如果一组基组成矩阵 A，另一组基组成矩阵 B，两组基的过渡矩阵记为 T，那么

就有 $B = AT$，因此 $T = A^{-1}B$. 因此，只要给定了两组基，就能利用初等行变换求出二者的过渡矩阵：

$$\begin{bmatrix} A & B \end{bmatrix} \xrightarrow{\text{Gauss-Jordan}} \begin{bmatrix} I & A^{-1}B \end{bmatrix} = \begin{bmatrix} I & T \end{bmatrix},$$

即用相同的初等行变换作用在 A, B 上，当 A 化成 I 时，B 就化成了 T.

即使 $\mathcal{V}$ 只是 $\mathbb{F}^n$ 的子空间，且 $\dim \mathcal{V} = m < n$，也仍然能利用初等行变换，求出过渡矩阵：

$$\begin{bmatrix} A & B \end{bmatrix} \xrightarrow{\text{Gauss-Jordan}} \begin{bmatrix} I & T \\ O & O \end{bmatrix},$$

即用相同的初等行变换作用在 A, B 上，当 A 化成行简化阶梯形时，B 化成的矩阵的前 m 行就是过渡矩阵 T（为什么该矩阵的后 $n-m$ 行都是零行？）. 事实上，易得 $T = A^{+}B = (A^{\mathrm{T}}A)^{-1}A^{\mathrm{T}}B$.

习题

练习 7.4.1 证明命题 7.4.1.

练习 7.4.2 求 $\mathbb{F}^4$ 中由基 $\boldsymbol{e}_1, \boldsymbol{e}_2, \boldsymbol{e}_3, \boldsymbol{e}_4$ 到基 $\boldsymbol{t}_1, \boldsymbol{t}_2, \boldsymbol{t}_3, \boldsymbol{t}_4$ 的过渡矩阵，并分别求向量 $\boldsymbol{a}$ 在两组基下的坐标.

1. $$\boldsymbol{e}_1 = \begin{bmatrix} 1 \\ 0 \\ 0 \\ 0 \end{bmatrix}, \boldsymbol{e}_2 = \begin{bmatrix} 0 \\ 1 \\ 0 \\ 0 \end{bmatrix}, \boldsymbol{e}_3 = \begin{bmatrix} 0 \\ 0 \\ 1 \\ 0 \end{bmatrix}, \boldsymbol{e}_4 = \begin{bmatrix} 0 \\ 0 \\ 0 \\ 1 \end{bmatrix};$$

$$\boldsymbol{t}_1 = \begin{bmatrix} 2 \\ 1 \\ -1 \\ 1 \end{bmatrix}, \boldsymbol{t}_2 = \begin{bmatrix} 0 \\ 3 \\ 1 \\ 0 \end{bmatrix}, \boldsymbol{t}_3 = \begin{bmatrix} 5 \\ 3 \\ 2 \\ 1 \end{bmatrix}, \boldsymbol{t}_4 = \begin{bmatrix} 6 \\ 6 \\ 1 \\ 3 \end{bmatrix}; \quad \boldsymbol{a} = \begin{bmatrix} a_1 \\ a_2 \\ a_3 \\ a_4 \end{bmatrix}.$$

2. $$\boldsymbol{e}_1 = \begin{bmatrix} 1 \\ 2 \\ -1 \\ 0 \end{bmatrix}, \boldsymbol{e}_2 = \begin{bmatrix} 1 \\ -1 \\ 1 \\ 1 \end{bmatrix}, \boldsymbol{e}_3 = \begin{bmatrix} -1 \\ 2 \\ 1 \\ 1 \end{bmatrix}, \boldsymbol{e}_4 = \begin{bmatrix} -1 \\ -1 \\ 0 \\ 1 \end{bmatrix};$$

$$\boldsymbol{t}_1 = \begin{bmatrix} 2 \\ 1 \\ 0 \\ 1 \end{bmatrix}, \boldsymbol{t}_2 = \begin{bmatrix} 0 \\ 1 \\ 2 \\ 2 \end{bmatrix}, \boldsymbol{t}_3 = \begin{bmatrix} -2 \\ 1 \\ 1 \\ 2 \end{bmatrix}, \boldsymbol{t}_4 = \begin{bmatrix} 1 \\ 3 \\ 1 \\ 2 \end{bmatrix}; \quad \boldsymbol{a} = \begin{bmatrix} 1 \\ 0 \\ 0 \\ 0 \end{bmatrix}.$$

练习 7.4.3 考虑函数空间的子空间 $\operatorname{span}(\sin^2 x, \cos^2 x)$.

1. 证明 $\sin^2 x, \cos^2 x$ 和 $1, \cos 2x$ 分别是子空间的一组基.
2. 分别求从 $\sin^2 x, \cos^2 x$ 到 $1, \cos 2x$，和从 $1, \cos 2x$ 到 $\sin^2 x, \cos^2 x$ 的过渡矩阵.
3. 分别求 1 和 $\sin^2 x$ 在两组基下的坐标.

练习 7.4.4 考虑多项式空间 $\mathbb{R}[x]_4$.

1. 求如下这三组基之间的过渡矩阵:

$$1, x, x^2, x^3; \qquad 1, x+1, (x+1)^2, (x+1)^3; \qquad 1, x+2, (x+2)^2, (x+2)^3.$$

2. 求多项式 $p(x) = x^3 + 6x^2 + 12x + 8$ 在上述三组基下的坐标.

3. 设多项式 $q(x)$ 在基 $1, x+1, (x+1)^2, (x+1)^3$ 下的坐标为 $\begin{bmatrix} 4 \\ 3 \\ 2 \\ 1 \end{bmatrix}$. 求 $q(1), q(0), q'(0)$.

练习 7.4.5 考虑多项式空间 $\mathbb{R}[x]_4$ 中的的一组基 p_0, p_1, p_2, p_3，其中每个多项式 p_n 满足 $p_n(\cos\theta) = \cos(n\theta)$. 求这组基和基 $1, x, x^2, x^3$ 之间的过渡矩阵.

这样的多项式叫 Chebyshev 多项式，有很多特殊性质，参见例 8.1.11.

练习 7.4.6 考虑练习 7.2.7 中的线性空间 $\mathbb{F}[x]_n$，考虑 $n = 3$ 的情形.

1. 给定 $\mathbb{F}$ 中两两不等的数 a_1, a_2, a_3，求由基 $1, x, x^2$ 到基 $f_1(x), f_2(x), f_3(x)$ 的过渡矩阵.
2. 考虑练习 7.2.7 中的 $f(x)$，给定 $\mathbb{F}$ 中任意三个数 b_1, b_2, b_3，求 $f(x)$ 在两组基下的坐标.

练习 7.4.7 矩阵空间 $\mathbb{F}^{2\times 2}$ 有两组基 $\boldsymbol{e}_1 = \begin{bmatrix} 1 & 0 \\ 0 & 0 \end{bmatrix}, \boldsymbol{e}_2 = \begin{bmatrix} 0 & 1 \\ 0 & 0 \end{bmatrix}, \boldsymbol{e}_3 = \begin{bmatrix} 0 & 0 \\ 1 & 0 \end{bmatrix}, \boldsymbol{e}_4 = \begin{bmatrix} 0 & 0 \\ 0 & 1 \end{bmatrix}$，和 $\boldsymbol{t}_1 = \begin{bmatrix} 1 & 0 \\ 0 & 1 \end{bmatrix}, \boldsymbol{t}_2 = \begin{bmatrix} 1 & 0 \\ 0 & -1 \end{bmatrix}, \boldsymbol{t}_3 = \begin{bmatrix} 0 & 1 \\ 0 & 0 \end{bmatrix}, \boldsymbol{t}_4 = \begin{bmatrix} 0 & 0 \\ 1 & 0 \end{bmatrix}$. 求从基 $\boldsymbol{e}_1, \boldsymbol{e}_2, \boldsymbol{e}_3, \boldsymbol{e}_4$ 到基 $\boldsymbol{t}_1, \boldsymbol{t}_2, \boldsymbol{t}_3, \boldsymbol{t}_4$ 的过渡矩阵.

练习 7.4.8 设 $\boldsymbol{e}_1, \boldsymbol{e}_2, \boldsymbol{e}_3, \boldsymbol{e}_4$ 是线性空间 $\mathcal{V}$ 的一组基，求下列向量组的一个极大线性无关部分组:

$$\boldsymbol{t}_1 = \boldsymbol{e}_1 + \boldsymbol{e}_2 + \boldsymbol{e}_3 + 3\boldsymbol{e}_4, \qquad \boldsymbol{t}_2 = -\boldsymbol{e}_1 - 3\boldsymbol{e}_2 + 5\boldsymbol{e}_3 + \boldsymbol{e}_4,$$
$$\boldsymbol{t}_3 = 3\boldsymbol{e}_1 + 2\boldsymbol{e}_2 - \boldsymbol{e}_3 + 4\boldsymbol{e}_4, \quad \boldsymbol{t}_4 = -2\boldsymbol{e}_1 - 6\boldsymbol{e}_2 + 10\boldsymbol{e}_3 + 2\boldsymbol{e}_4.$$

练习 7.4.9 设 $\boldsymbol{e}_1, \boldsymbol{e}_2, \cdots, \boldsymbol{e}_n$ 是线性空间 $\mathcal{V}$ 的一组基.

1. 判断 $\boldsymbol{t}_1 = \boldsymbol{e}_1, \boldsymbol{t}_2 = \boldsymbol{e}_1 + \boldsymbol{e}_2, \cdots, \boldsymbol{t}_n = \boldsymbol{e}_1 + \boldsymbol{e}_2 + \cdots + \boldsymbol{e}_n$ 是否也是 $\mathcal{V}$ 的一组基.
2. 判断 $\boldsymbol{t}_1 = \boldsymbol{e}_1 + \boldsymbol{e}_2, \boldsymbol{t}_2 = \boldsymbol{e}_2 + \boldsymbol{e}_3, \cdots, \boldsymbol{t}_n = \boldsymbol{e}_n + \boldsymbol{e}_1$ 是否也是 $\mathcal{V}$ 的一组基.

练习 7.4.10 设 $a_1, a_2, \cdots, a_n$ 是 $\mathbb{F}$ 中两两不等的数，$\boldsymbol{e}_1, \boldsymbol{e}_2, \cdots, \boldsymbol{e}_n$ 是线性空间 $\mathcal{V}$ 的一组基，令 $\boldsymbol{t}_i = \boldsymbol{e}_1 + a_i\boldsymbol{e}_2 + \cdots + a_i^{n-1}\boldsymbol{e}_n, i = 1, 2, \cdots, n$. 证明 $\boldsymbol{t}_1, \boldsymbol{t}_2, \cdots, \boldsymbol{t}_n$ 也是 $\mathcal{V}$ 的一组基.

练习 7.4.11 设 (I): $\boldsymbol{e}_1, \boldsymbol{e}_2, \cdots, \boldsymbol{e}_n$, (II): $\boldsymbol{t}_1, \boldsymbol{t}_2, \cdots, \boldsymbol{t}_n$ 和 (III): $\boldsymbol{s}_1, \boldsymbol{s}_2, \cdots, \boldsymbol{s}_n$ 是线性空间 $\mathcal{V}$ 的三组基，如果从 (I) 到 (II) 的过渡矩阵是 P，从 (II) 到 (III) 的过渡矩阵是 Q，证明:

1. 从 (II) 到 (I) 的过渡矩阵是 P^{-1}.
2. 从 (I) 到 (III) 的过渡矩阵是 PQ.

7.5 线性映射的矩阵表示

给定 $\mathbb{F}$ 上 n 维线性空间 $\mathcal{V}$，只要选定一组基，任意向量就都有坐标表示，这些坐标构成了一个 $\mathbb{F}^n$ 中的向量，而且 $\mathcal{V}$ 中向量的线性运算就等价于 $\mathbb{F}^n$ 中向量的线性运算，即 $\mathcal{V}$ 和 $\mathbb{F}^n$ 同构.

第 1 章已经说明，$\mathbb{F}^n$ 到 $\mathbb{F}^m$ 的线性映射能够用 $\mathbb{F}$ 上 $m\times n$ 矩阵来表示. 那么，对任意线性映射，在定义域和陪域分别取一组基后，是否也有与向量的坐标类似的表示？更具体地，n 维线性空间到 m 维线性空间的线性映射是否也可由 $m\times n$ 矩阵刻画？

首先来说明只要知道基在线性映射下的像，线性映射就已经唯一确定.

命题 7.5.1 给定数域 $\mathbb{F}$ 上有限维线性空间 $\mathcal{U},\mathcal{V}$，而 $\boldsymbol{e}_1,\boldsymbol{e}_2,\cdots,\boldsymbol{e}_n$ 是 $\mathcal{U}$ 的一组基，则：

1. 任意 $\mathcal{U}$ 到 $\mathcal{V}$ 的线性映射 f 由 $\mathcal{U}$ 的基 $\boldsymbol{e}_1,\boldsymbol{e}_2,\cdots,\boldsymbol{e}_n$ 的像唯一确定，亦即，如果又有 $\mathcal{U}$ 到 $\mathcal{V}$ 的线性映射 g 使得 $g(\boldsymbol{e}_i)=f(\boldsymbol{e}_i),i=1,2,\cdots,n$，则对任意 $\boldsymbol{a}\in\mathcal{U}$，$g(\boldsymbol{a})=f(\boldsymbol{a})$，即 $g=f$；
2. 对任意 $\mathcal{V}$ 中 n 个向量 $\boldsymbol{a}_1,\boldsymbol{a}_2,\cdots,\boldsymbol{a}_n$，必存在唯一的 $\mathcal{U}$ 到 $\mathcal{V}$ 的线性映射 f，使得 $f(\boldsymbol{e}_i)=\boldsymbol{a}_i,i=1,2,\cdots,n$.

证 第 1 条：对任意 $\boldsymbol{a}\in\mathcal{U}$，如果 $\boldsymbol{a}=a_1\boldsymbol{e}_1+a_2\boldsymbol{e}_2+\cdots+a_n\boldsymbol{e}_n$，那么 $f(\boldsymbol{a})=a_1f(\boldsymbol{e}_1)+a_2f(\boldsymbol{e}_2)+\cdots+a_nf(\boldsymbol{e}_n)=a_1g(\boldsymbol{e}_1)+a_2g(\boldsymbol{e}_2)+\cdots+a_ng(\boldsymbol{e}_n)=g(\boldsymbol{a})$.

第 2 条：先定义映射

$$f:\quad \mathcal{U}\to\mathcal{V},$$
$$x_1\boldsymbol{e}_1+x_2\boldsymbol{e}_2+\cdots+x_n\boldsymbol{e}_n\mapsto x_1\boldsymbol{a}_1+x_2\boldsymbol{a}_2+\cdots+x_n\boldsymbol{a}_n.$$

只需证明它是线性映射，因为显然 $f(\boldsymbol{e}_i)=\boldsymbol{a}_i,i=1,2,\cdots,n$，而唯一性由第 1 条保证. 对向量 $\boldsymbol{x}=x_1\boldsymbol{e}_1+x_2\boldsymbol{e}_2+\cdots+x_n\boldsymbol{e}_n,\boldsymbol{y}=y_1\boldsymbol{e}_1+y_2\boldsymbol{e}_2+\cdots+y_n\boldsymbol{e}_n$，

$$\begin{aligned}f(k\boldsymbol{x}+l\boldsymbol{y})&=f\Big((kx_1+ly_1)\boldsymbol{e}_1+(kx_2+ly_2)\boldsymbol{e}_2+\cdots+(kx_n+ly_n)\boldsymbol{e}_n\Big)\\&=(kx_1+ly_1)\boldsymbol{a}_1+(kx_2+ly_2)\boldsymbol{a}_2+\cdots+(kx_n+ly_n)\boldsymbol{a}_n\\&=k(x_1\boldsymbol{a}_1+x_2\boldsymbol{a}_2+\cdots+x_n\boldsymbol{a}_n)+l(y_1\boldsymbol{a}_1+y_2\boldsymbol{a}_2+\cdots+y_n\boldsymbol{a}_n)\\&=kf(\boldsymbol{x})+lf(\boldsymbol{y}).\end{aligned}$$

□

根据命题 7.5.1，f 被 $f(\boldsymbol{e}_1),f(\boldsymbol{e}_2),\cdots,f(\boldsymbol{e}_n)$ 唯一确定. 设 $\boldsymbol{i}_1,\boldsymbol{i}_2,\cdots,\boldsymbol{i}_m$ 是 $\mathcal{V}$ 的一组基，则 $f(\boldsymbol{e}_i)$ 可以被 $\boldsymbol{i}_1,\boldsymbol{i}_2,\cdots,\boldsymbol{i}_m$ 线性表示. 设

$$f(\boldsymbol{e}_1)=f_{11}\boldsymbol{i}_1+f_{21}\boldsymbol{i}_2+\cdots+f_{m1}\boldsymbol{i}_m,$$

$$f(\boldsymbol{e}_2)=f_{12}\boldsymbol{i}_1+f_{22}\boldsymbol{i}_2+\cdots+f_{m2}\boldsymbol{i}_m,$$

$$\vdots$$

$$f(\boldsymbol{e}_n) = f_{1n}\boldsymbol{i}_1 + f_{2n}\boldsymbol{i}_2 + \cdots + f_{mn}\boldsymbol{i}_m,$$

令

$$F = \begin{bmatrix} f_{11} & f_{12} & \cdots & f_{1n} \\ f_{21} & f_{22} & \cdots & f_{2n} \\ \vdots & \vdots & & \vdots \\ f_{m1} & f_{m2} & \cdots & f_{mn} \end{bmatrix},$$

则可形式上写成

$$(f(\boldsymbol{e}_1), f(\boldsymbol{e}_2), \cdots, f(\boldsymbol{e}_n)) = (\boldsymbol{i}_1, \boldsymbol{i}_2, \cdots, \boldsymbol{i}_m)F.$$

其中 $m \times n$ 矩阵 F 称为线性映射 f 在两组给定基下的 **(表示) 矩阵**. 为简便起见，引入记号

$$f(\boldsymbol{e}_1, \boldsymbol{e}_2, \cdots, \boldsymbol{e}_n) := (f(\boldsymbol{e}_1), f(\boldsymbol{e}_2), \cdots, f(\boldsymbol{e}_n)),$$

因此 $f(\boldsymbol{e}_1, \boldsymbol{e}_2, \cdots, \boldsymbol{e}_n) = (\boldsymbol{i}_1, \boldsymbol{i}_2, \cdots, \boldsymbol{i}_m)F$.

例 7.5.2 下面列出一些线性映射的矩阵，其中部分来自例 7.3.2.

1. 矩阵 $E_{j1}, E_{j2}, j = 1, 2, \cdots, n$ 是 $\mathbb{F}^{n\times 2}$ 的一组基，$F_{i1}, F_{i2}, i = 1, 2, \cdots, m$ 是 $\mathbb{F}^{m\times 2}$ 的一组基. 设 $A = \begin{bmatrix} a_{ij} \end{bmatrix} \in \mathbb{F}^{m\times n}$，并记 $\boldsymbol{a}_j$ 为其第 j 列，考虑线性映射

$$\boldsymbol{L}_A: \quad \mathbb{F}^{n\times 2} \to \mathbb{F}^{m\times 2}, \\ X \mapsto AX.$$

则基向量 E_{j1} 的像为

$$\begin{aligned} \boldsymbol{L}_A(E_{j1}) = AE_{j1} = A\begin{bmatrix} \boldsymbol{e}_j & \boldsymbol{0} \end{bmatrix} = \begin{bmatrix} \boldsymbol{a}_j & \boldsymbol{0} \end{bmatrix} = a_{1j}F_{11} + a_{2j}F_{21} + \cdots + a_{mj}F_{m1} \\ = (F_{11}, F_{21}, \cdots, F_{m1}, F_{12}, F_{22}, \cdots, F_{m2}) \begin{bmatrix} \boldsymbol{a}_j \\ \boldsymbol{0} \end{bmatrix}, \end{aligned}$$

即基向量 E_{j1} 的像在基 $F_{11}, F_{21}, \cdots, F_{m1}, F_{12}, F_{22}, \cdots, F_{m2}$ 下的坐标为 $\begin{bmatrix} \boldsymbol{a}_j \\ \boldsymbol{0} \end{bmatrix}$. 类似地，则基向量 E_{j2} 的像在基 $F_{11}, F_{21}, \cdots, F_{m1}, F_{12}, F_{22}, \cdots, F_{m2}$ 下的坐标为 $\begin{bmatrix} \boldsymbol{0} \\ \boldsymbol{a}_j \end{bmatrix}$. 因此线性映射 $\boldsymbol{L}_A$ 在这两组基下的矩阵表示为

$$\begin{aligned} &\boldsymbol{L}_A(E_{11}, E_{21}, \cdots, E_{n1}, E_{12}, E_{22}, \cdots, E_{n2}) \\ &\quad = \big(\boldsymbol{L}_A(E_{11}), \boldsymbol{L}_A(E_{21}), \cdots, \boldsymbol{L}_A(E_{n1}), \boldsymbol{L}_A(E_{12}), \boldsymbol{L}_A(E_{22}), \cdots, \boldsymbol{L}_A(E_{n2})\big) \end{aligned}$$

$$= (F_{11}, F_{21}, \cdots, F_{m1}, F_{12}, F_{22}, \cdots, F_{n2}) \begin{bmatrix} \boldsymbol{a}_1 & \cdots & \boldsymbol{a}_n & \boldsymbol{0} & \cdots & \boldsymbol{0} \\ \boldsymbol{0} & \cdots & \boldsymbol{0} & \boldsymbol{a}_1 & \cdots & \boldsymbol{a}_n \end{bmatrix}$$

$$= (F_{11}, F_{21}, \cdots, F_{m1}, F_{12}, F_{22}, \cdots, F_{n2}) \begin{bmatrix} A & \\ & A \end{bmatrix},$$

即 $\boldsymbol{L}_A$ 在这两组基下的矩阵为 $L_A = \begin{bmatrix} A & \\ & A \end{bmatrix}$.

2. 矩阵 $E_{1j}, E_{2j}, j = 1, 2, \cdots, n$ 是 $\mathbb{F}^{2\times n}$ 的一组基，$F_{1i}, F_{2i}, i = 1, 2, \cdots, m$ 是 $\mathbb{F}^{2\times m}$ 的一组基. 设 $A = \left[a_{ij}\right] \in \mathbb{F}^{m\times n}$，并记 $\tilde{\boldsymbol{a}}_i^{\mathrm{T}}$ 为其第 i 行，考虑线性映射

$$\begin{aligned} \boldsymbol{R}_A:\ \ \mathbb{F}^{2\times m} &\to \mathbb{F}^{2\times n}, \\ X &\mapsto XA. \end{aligned}$$

则基向量 F_{1i} 的像为

$$\begin{aligned} \boldsymbol{R}_A(F_{1i}) = F_{1i}A = \begin{bmatrix} \boldsymbol{e}_i^{\mathrm{T}} \\ \boldsymbol{0} \end{bmatrix} A = \begin{bmatrix} \tilde{\boldsymbol{a}}_i^{\mathrm{T}} \\ \boldsymbol{0} \end{bmatrix} &= a_{i1}E_{11} + a_{i2}E_{12} + \cdots + a_{in}E_{1n} \\ &= (E_{11}, E_{12}, \cdots, E_{1n}, E_{21}, E_{22}, \cdots, E_{2n}) \begin{bmatrix} \tilde{\boldsymbol{a}}_i \\ \boldsymbol{0} \end{bmatrix}, \end{aligned}$$

即基向量 F_{1i} 的像在基 $E_{11}, E_{12}, \cdots, E_{1n}, E_{21}, E_{22}, \cdots, E_{2n}$ 下的坐标为 $\begin{bmatrix} \tilde{\boldsymbol{a}}_i \\ \boldsymbol{0} \end{bmatrix}$. 类似地，则基向量 F_{2i} 的像在基 $E_{11}, E_{12}, \cdots, E_{1n}, E_{21}, E_{22}, \cdots, E_{2n}$ 下的坐标为 $\begin{bmatrix} \boldsymbol{0} \\ \tilde{\boldsymbol{a}}_i \end{bmatrix}$. 因此线性映射 $\boldsymbol{R}_A$ 在这两组基下的矩阵表示为

$$\begin{aligned} &\boldsymbol{R}_A(F_{11}, F_{12}, \cdots, F_{1m}, F_{21}, F_{22}, \cdots, F_{2m}) \\ &\quad = \big(\boldsymbol{R}_A(F_{11}), \boldsymbol{R}_A(F_{12}), \cdots, \boldsymbol{R}_A(F_{1m}), \boldsymbol{R}_A(F_{21}), \boldsymbol{R}_A(F_{22}), \cdots, \boldsymbol{R}_A(F_{2m})\big) \\ &\quad = (E_{11}, E_{12}, \cdots, E_{1m}, E_{21}, E_{22}, \cdots, E_{2n}) \begin{bmatrix} \tilde{\boldsymbol{a}}_1 & \cdots & \tilde{\boldsymbol{a}}_n & \boldsymbol{0} & \cdots & \boldsymbol{0} \\ \boldsymbol{0} & \cdots & \boldsymbol{0} & \tilde{\boldsymbol{a}}_1 & \cdots & \tilde{\boldsymbol{a}}_n \end{bmatrix} \\ &\quad = (E_{11}, E_{12}, \cdots, E_{1n}, E_{21}, E_{22}, \cdots, E_{2n}) \begin{bmatrix} A^{\mathrm{T}} & \\ & A^{\mathrm{T}} \end{bmatrix}, \end{aligned}$$

即线性映射 $\boldsymbol{R}_A$ 在这两组基下的矩阵为 $R_A = \begin{bmatrix} A^{\mathrm{T}} & \\ & A^{\mathrm{T}} \end{bmatrix}$.

3. 在光滑函数空间的子空间 $\mathcal{V}=\operatorname{span}(1,\sin x,\cos x)$ 上考虑线性映射 $\boldsymbol{D}\colon f\mapsto f'$. 首先易得 $1,\sin x,\cos x$ 是一组基. 注意到 $\boldsymbol{D}1=0,\boldsymbol{D}\sin x=\cos x,\boldsymbol{D}\cos x=-\sin x$, 可知 $\boldsymbol{D}$ 可被定义为 $\mathcal{V}$ 上的线性变换.

于是 $\boldsymbol{D}(1,\sin x,\cos x)=(\boldsymbol{D}1,\boldsymbol{D}\sin x,\boldsymbol{D}\cos x)=(1,\sin x,\cos x)\begin{bmatrix}0&0&0\\0&0&-1\\0&1&0\end{bmatrix}$,

线性变换 $\boldsymbol{D}$ 在给定基下的矩阵就是该三阶矩阵. ☺

定义映射

$$\sigma=\sigma_{\boldsymbol{e}_1,\boldsymbol{e}_2,\cdots,\boldsymbol{e}_n;\boldsymbol{i}_1,\boldsymbol{i}_2,\cdots,\boldsymbol{i}_m}\colon\ \operatorname{Hom}(\mathcal{U},\mathcal{V})\to\mathbb{F}^{m\times n},\quad f\mapsto F,$$

其中, F 是 $f\in\operatorname{Hom}(\mathcal{U},\mathcal{V})$ 在给定基下的矩阵. 类似于线性空间与 $\mathbb{F}^n$ 的同构, 可有如下结论.

定理 7.5.3 映射 $\sigma=\sigma_{\boldsymbol{e}_1,\boldsymbol{e}_2,\cdots,\boldsymbol{e}_n;\boldsymbol{i}_1,\boldsymbol{i}_2,\cdots,\boldsymbol{i}_m}$ 是 $\operatorname{Hom}(\mathcal{U},\mathcal{V})$ 到 $\mathbb{F}^{m\times n}$ 的同构映射. 特别地, $\dim\operatorname{Hom}(\mathcal{U},\mathcal{V})=\dim\mathbb{F}^{m\times n}=mn$.

证 首先说明 σ 是双射. 命题 7.5.1 第 1 条说明不同线性映射的矩阵不同, 即 σ 是单射; 命题 7.5.1 第 2 条说明对任意矩阵都可以找到一个线性映射使其矩阵就是给定矩阵, 即 σ 是满射. 其次说明 σ 是线性映射. 设 $\sigma(f)=F,\sigma(g)=G$, 则计算有

$$\begin{aligned}(kf+lg)(\boldsymbol{e}_1,\boldsymbol{e}_2,\cdots,\boldsymbol{e}_n)&=(kf(\boldsymbol{e}_1)+lg(\boldsymbol{e}_1),kf(\boldsymbol{e}_2)+lg(\boldsymbol{e}_2),\cdots,kf(\boldsymbol{e}_n)+lg(\boldsymbol{e}_n))\\&=k(f(\boldsymbol{e}_1),f(\boldsymbol{e}_2),\cdots,f(\boldsymbol{e}_n))+l(g(\boldsymbol{e}_1),g(\boldsymbol{e}_2),\cdots,g(\boldsymbol{e}_n))\\&=k(\boldsymbol{i}_1,\boldsymbol{i}_2,\cdots,\boldsymbol{i}_m)F+l(\boldsymbol{i}_1,\boldsymbol{i}_2,\cdots,\boldsymbol{i}_m)G\\&=(\boldsymbol{i}_1,\boldsymbol{i}_2,\cdots,\boldsymbol{i}_m)(kF+lG),\end{aligned}$$

这就说明 $\sigma(kf+lg)=kF+lG=k\sigma(f)+l\sigma(g)$. □

设 $\boldsymbol{a}\in\mathcal{U}$, 它的坐标表示为 $\boldsymbol{a}=(\boldsymbol{e}_1,\boldsymbol{e}_2,\cdots,\boldsymbol{e}_n)\begin{bmatrix}a_1\\a_2\\\vdots\\a_n\end{bmatrix}=(\boldsymbol{e}_1,\boldsymbol{e}_2,\cdots,\boldsymbol{e}_n)\hat{\boldsymbol{a}}$, 则

$$\begin{aligned}f\Big((\boldsymbol{e}_1,\boldsymbol{e}_2,\cdots,\boldsymbol{e}_n)\hat{\boldsymbol{a}}\Big)=f(\boldsymbol{a})&=f(a_1\boldsymbol{e}_1+a_2\boldsymbol{e}_2+\cdots+a_n\boldsymbol{e}_n)\\&=a_1f(\boldsymbol{e}_1)+a_2f(\boldsymbol{e}_2)+\cdots+a_nf(\boldsymbol{e}_n)\\&=(f(\boldsymbol{e}_1),f(\boldsymbol{e}_2),\cdots,f(\boldsymbol{e}_n))\hat{\boldsymbol{a}}=\Big(f(\boldsymbol{e}_1,\boldsymbol{e}_2,\cdots,\boldsymbol{e}_n)\Big)\hat{\boldsymbol{a}}.\end{aligned}$$

这说明上式形式上满足结合律. 类似地, 对任意 $n \times p$ 矩阵 A, 也可以得到形式上的结合律:

$$f\Big((\boldsymbol{e}_1, \boldsymbol{e}_2, \cdots, \boldsymbol{e}_n)A\Big) = \Big(f(\boldsymbol{e}_1, \boldsymbol{e}_2, \cdots, \boldsymbol{e}_n)\Big)A.$$

利用上述形式上的计算, 可以得到复合映射在给定基下的矩阵.

命题 7.5.4 给定线性空间 $\mathcal{U}, \mathcal{V}, \mathcal{W}$, 分别取定一组基 $\boldsymbol{e}_1, \boldsymbol{e}_2, \cdots, \boldsymbol{e}_n; \boldsymbol{i}_1, \boldsymbol{i}_2, \cdots, \boldsymbol{i}_m; \boldsymbol{j}_1, \boldsymbol{j}_2, \cdots, \boldsymbol{j}_l$. 若 $f \in \mathrm{Hom}(\mathcal{U}, \mathcal{V}), g \in \mathrm{Hom}(\mathcal{V}, \mathcal{W})$, 则

$$\sigma_{\boldsymbol{e}_1, \boldsymbol{e}_2, \cdots, \boldsymbol{e}_n; \boldsymbol{j}_1, \boldsymbol{j}_2, \cdots, \boldsymbol{j}_l}(gf) = \sigma_{\boldsymbol{i}_1, \boldsymbol{i}_2, \cdots, \boldsymbol{i}_m; \boldsymbol{j}_1, \boldsymbol{j}_2, \cdots, \boldsymbol{j}_l}(g)\sigma_{\boldsymbol{e}_1, \boldsymbol{e}_2, \cdots, \boldsymbol{e}_n; \boldsymbol{i}_1, \boldsymbol{i}_2, \cdots, \boldsymbol{i}_m}(f).$$

证 根据定义域的不同, 我们可以放心地把不同的 σ 的下标省略, 而信息可以从自变量中得出. 设 $\sigma(f) = F, \sigma(g) = G$, 那么 $f(\boldsymbol{e}_1, \boldsymbol{e}_2, \cdots, \boldsymbol{e}_n) = (\boldsymbol{i}_1, \boldsymbol{i}_2, \cdots, \boldsymbol{i}_m)F, g(\boldsymbol{i}_1, \boldsymbol{i}_2, \cdots, \boldsymbol{i}_m) = (\boldsymbol{j}_1, \boldsymbol{j}_2, \cdots, \boldsymbol{j}_l)G$, 于是

$$\begin{aligned}
(gf)(\boldsymbol{e}_1, \boldsymbol{e}_2, \cdots, \boldsymbol{e}_n) &= (gf(\boldsymbol{e}_1), gf(\boldsymbol{e}_2), \cdots, gf(\boldsymbol{e}_n)) \\
&= g(f(\boldsymbol{e}_1), f(\boldsymbol{e}_2), \cdots, f(\boldsymbol{e}_n)) \\
&= g\Big((\boldsymbol{i}_1, \boldsymbol{i}_2, \cdots, \boldsymbol{i}_m)F\Big) \\
&= \Big(g(\boldsymbol{i}_1, \boldsymbol{i}_2, \cdots, \boldsymbol{i}_m)\Big)F \\
&= \Big((\boldsymbol{j}_1, \boldsymbol{j}_2, \cdots, \boldsymbol{j}_l)G\Big)F \\
&= (\boldsymbol{j}_1, \boldsymbol{j}_2, \cdots, \boldsymbol{j}_l)(GF),
\end{aligned}$$

这就说明 $\sigma(gf) = GF = \sigma(g)\sigma(f)$. □

定理 7.5.3 和命题 7.5.4 说明, 同构映射 σ: $\mathrm{Hom}(\mathcal{U}, \mathcal{V}) \to \mathbb{F}^{m \times n}$ 不仅能够保持线性运算, 在不同的空间之间使用合适的同构映射, 还能够保持乘法运算, 从而保持一切只与线性运算和乘法有关的性质. 简单应用如下, 证明留给读者.

命题 7.5.5 给定线性空间 $\mathcal{U}, \mathcal{V}$ 及各自一组基 $\boldsymbol{e}_1, \boldsymbol{e}_2, \cdots, \boldsymbol{e}_n; \boldsymbol{i}_1, \boldsymbol{i}_2, \cdots, \boldsymbol{i}_m$. 设 $f \in \mathrm{Hom}(\mathcal{U}, \mathcal{V})$, 而 F 是 f 在给定基下的矩阵, 则

$$\sigma_{\boldsymbol{e}_1, \boldsymbol{e}_2, \cdots, \boldsymbol{e}_n}: \mathcal{N}(f) \to \mathcal{N}(F), \qquad \sigma_{\boldsymbol{i}_1, \boldsymbol{i}_2, \cdots, \boldsymbol{i}_m}: \mathcal{R}(f) \to \mathcal{R}(F),$$

都是同构. 特别地, $\dim \mathcal{N}(f) = \dim \mathcal{N}(F), \dim \mathcal{R}(f) = \dim \mathcal{R}(F)$, 因此, $\dim \mathcal{N}(f) + \dim \mathcal{R}(f) = \dim \mathcal{U}$.

下面讨论线性映射的矩阵在基变换下的变化规律.

命题 7.5.6 给定数域 $\mathbb{F}$ 上线性空间 $\mathcal{U}, \mathcal{V}$, 和 $\mathcal{U}$ 的两组基 $\boldsymbol{e}_1, \boldsymbol{e}_2, \cdots, \boldsymbol{e}_n; \boldsymbol{t}_1, \boldsymbol{t}_2, \cdots, \boldsymbol{t}_n$ 与 $\mathcal{V}$ 的两组基 $\boldsymbol{i}_1, \boldsymbol{i}_2, \cdots, \boldsymbol{i}_m; \boldsymbol{s}_1, \boldsymbol{s}_2, \cdots, \boldsymbol{s}_m$. 记二者的过渡矩阵分别为 T, S, 即

$$(\boldsymbol{t}_1, \boldsymbol{t}_2, \cdots, \boldsymbol{t}_n) = (\boldsymbol{e}_1, \boldsymbol{e}_2, \cdots, \boldsymbol{e}_n)T, \quad (\boldsymbol{s}_1, \boldsymbol{s}_2, \cdots, \boldsymbol{s}_m) = (\boldsymbol{i}_1, \boldsymbol{i}_2, \cdots, \boldsymbol{i}_m)S.$$

如果 $\mathcal{U}$ 到 $\mathcal{V}$ 的线性映射 f 在基 $\boldsymbol{e}_1,\boldsymbol{e}_2,\cdots,\boldsymbol{e}_n;\boldsymbol{i}_1,\boldsymbol{i}_2,\cdots,\boldsymbol{i}_m$ 下的矩阵为 F，则该映射在基 $\boldsymbol{t}_1,\boldsymbol{t}_2,\cdots,\boldsymbol{t}_n;\boldsymbol{s}_1,\boldsymbol{s}_2,\cdots,\boldsymbol{s}_m$ 下的矩阵为 $S^{-1}FT$.

证 设 f 在后两组基下的矩阵为 $\widetilde{F}$. 由定义，有

$$f(\boldsymbol{e}_1,\boldsymbol{e}_2,\cdots,\boldsymbol{e}_n)=(\boldsymbol{i}_1,\boldsymbol{i}_2,\cdots,\boldsymbol{i}_m)F,\quad f(\boldsymbol{t}_1,\boldsymbol{t}_2,\cdots,\boldsymbol{t}_n)=(\boldsymbol{s}_1,\boldsymbol{s}_2,\cdots,\boldsymbol{s}_m)\widetilde{F}.$$

代入过渡矩阵，有 $f\Big((\boldsymbol{e}_1,\boldsymbol{e}_2,\cdots,\boldsymbol{e}_n)T\Big)=\Big((\boldsymbol{i}_1,\boldsymbol{i}_2,\cdots,\boldsymbol{i}_m)S\Big)\widetilde{F}$. 利用形式上的结合律，有

$$\begin{aligned}(\boldsymbol{i}_1,\boldsymbol{i}_2,\cdots,\boldsymbol{i}_m)(S\widetilde{F})&=\Big((\boldsymbol{i}_1,\boldsymbol{i}_2,\cdots,\boldsymbol{i}_m)S\Big)\widetilde{F}=f\Big((\boldsymbol{e}_1,\boldsymbol{e}_2,\cdots,\boldsymbol{e}_n)T\Big)\\&=\Big(f(\boldsymbol{e}_1,\boldsymbol{e}_2,\cdots,\boldsymbol{e}_n)\Big)T=\Big((\boldsymbol{i}_1,\boldsymbol{i}_2,\cdots,\boldsymbol{i}_m)F\Big)T\\&=(\boldsymbol{i}_1,\boldsymbol{i}_2,\cdots,\boldsymbol{i}_m)(FT).\end{aligned}$$

由 $\boldsymbol{i}_1,\boldsymbol{i}_2,\cdots,\boldsymbol{i}_m$ 线性无关可得 $S\widetilde{F}=FT$. 而过渡矩阵可逆，因此 $\widetilde{F}=S^{-1}FT$. □

命题 7.5.6 还能按如下方式理解：对 $\boldsymbol{a}\in\mathcal{U}$，如果它在基 $\boldsymbol{t}_1,\boldsymbol{t}_2,\cdots,\boldsymbol{t}_n$ 下的坐标是 $\hat{\boldsymbol{a}}$，则在基 $\boldsymbol{e}_1,\boldsymbol{e}_2,\cdots,\boldsymbol{e}_n$ 下的坐标是 $T\hat{\boldsymbol{a}}$；对像 $f(\boldsymbol{a})$，在基 $\boldsymbol{i}_1,\boldsymbol{i}_2,\cdots,\boldsymbol{i}_m$ 下的坐标是 $FT\hat{\boldsymbol{a}}$，在基 $\boldsymbol{s}_1,\boldsymbol{s}_2,\cdots,\boldsymbol{s}_m$ 下的坐标就是 $S^{-1}FT\hat{\boldsymbol{a}}$. 因此 f 在这组基下的矩阵就是 $S^{-1}FT$.

由 $\widetilde{F}=S^{-1}FT$ 可知，同一个线性映射在不同基下的矩阵相抵. 其逆命题也成立.

命题 7.5.7 给定数域 $\mathbb{F}$ 上线性空间 $\mathcal{U},\mathcal{V}$ 及各自一组基 $\boldsymbol{e}_1,\boldsymbol{e}_2,\cdots,\boldsymbol{e}_n;\boldsymbol{i}_1,\boldsymbol{i}_2,\cdots,\boldsymbol{i}_m$. 如果 $\mathcal{U}$ 到 $\mathcal{V}$ 的线性映射 f 在其下的矩阵是 F，则对任意与 F 相抵的矩阵 $\widetilde{F}$，都存在 $\mathcal{U},\mathcal{V}$ 各自一组基，使得 f 在其下的矩阵是 $\widetilde{F}$.

证 由于 $\widetilde{F}$ 与 F 相抵，根据命题 2.3.15，存在可逆矩阵 S,T，使得 $\widetilde{F}=S^{-1}FT$. 令

$$(\boldsymbol{t}_1,\boldsymbol{t}_2,\cdots,\boldsymbol{t}_n)=(\boldsymbol{e}_1,\boldsymbol{e}_2,\cdots,\boldsymbol{e}_n)T,\quad(\boldsymbol{s}_1,\boldsymbol{s}_2,\cdots,\boldsymbol{s}_m)=(\boldsymbol{i}_1,\boldsymbol{i}_2,\cdots,\boldsymbol{i}_m)S,$$

则 f 在基 $\boldsymbol{t}_1,\boldsymbol{t}_2,\cdots,\boldsymbol{t}_n;\boldsymbol{s}_1,\boldsymbol{s}_2,\cdots,\boldsymbol{s}_m$ 下的矩阵为 $\widetilde{F}=S^{-1}FT$. □

由此可得如下推论.

命题 7.5.8 给定数域 $\mathbb{F}$ 上线性空间 $\mathcal{U},\mathcal{V}$，对任意 $f\in\operatorname{Hom}(\mathcal{U},\mathcal{V})$，都存在 $\mathcal{U},\mathcal{V}$ 的一组基，使得 f 在其下的矩阵是 $D_r=\begin{bmatrix}I_r & O\\ O & O\end{bmatrix}$，其中 $r=\dim\mathcal{R}(f)$.

证 1 矩阵的相抵是等价关系，任意秩为 r 的矩阵的相抵标准形是 D_r，利用命题 7.5.7 立得. □

证 2 由于 $\dim\mathcal{N}(f)=\dim\mathcal{U}-\dim\mathcal{R}(f)=n-r$，取 $\mathcal{N}(f)$ 的一组基 $\boldsymbol{e}_{r+1},\boldsymbol{e}_{r+2},\cdots,\boldsymbol{e}_n$，扩充成 $\mathcal{U}$ 的一组基 $\boldsymbol{e}_1,\boldsymbol{e}_2,\cdots,\boldsymbol{e}_r,\boldsymbol{e}_{r+1},\boldsymbol{e}_{r+2},\cdots,\boldsymbol{e}_n$.

可证 $f(\boldsymbol{e}_1), f(\boldsymbol{e}_2), \cdots, f(\boldsymbol{e}_r)$ 线性无关.事实上,设 $k_1 f(\boldsymbol{e}_1)+k_2 f(\boldsymbol{e}_2)+\cdots+k_r f(\boldsymbol{e}_r)=\mathbf{0}$,则 $f(k_1\boldsymbol{e}_1+k_2\boldsymbol{e}_2+\cdots+k_r\boldsymbol{e}_r)=\mathbf{0}$, 即 $k_1\boldsymbol{e}_1+k_2\boldsymbol{e}_2+\cdots+k_r\boldsymbol{e}_r\in\mathcal{N}(f)$. 而 $\boldsymbol{e}_{r+1}, \boldsymbol{e}_{r+2}, \cdots, \boldsymbol{e}_n$ 是 $\mathcal{N}(f)$ 的一组基, 存在 $k_{r+1}, k_{r+2}, \cdots, k_n\in\mathbb{F}$, 使得 $k_1\boldsymbol{e}_1+k_2\boldsymbol{e}_2+\cdots+k_r\boldsymbol{e}_r=k_{r+1}\boldsymbol{e}_{r+1}+k_{r+2}\boldsymbol{e}_{r+2}+\cdots+k_n\boldsymbol{e}_n$. 但 $\boldsymbol{e}_1, \boldsymbol{e}_2, \cdots, \boldsymbol{e}_r, \boldsymbol{e}_{r+1}, \boldsymbol{e}_{r+2}, \cdots, \boldsymbol{e}_n$ 线性无关, 因此 $k_1=k_2=\cdots=k_r=k_{r+1}=k_{r+2}=\cdots=k_n=0$.

设 $\boldsymbol{i}_1=f(\boldsymbol{e}_1), \boldsymbol{i}_2=f(\boldsymbol{e}_2), \cdots, \boldsymbol{i}_r=f(\boldsymbol{e}_r)$, 将其扩充成 $\mathcal{V}$ 的一组基 $\boldsymbol{i}_1, \boldsymbol{i}_2, \cdots, \boldsymbol{i}_r, \boldsymbol{i}_{r+1}, \boldsymbol{i}_{r+2}, \cdots, \boldsymbol{i}_m$. 直接计算可得

$$
\begin{aligned}
f(\boldsymbol{e}_1, \boldsymbol{e}_2, \cdots, \boldsymbol{e}_r, \boldsymbol{e}_{r+1}, \boldsymbol{e}_{r+2}, \cdots, \boldsymbol{e}_n) &= (\boldsymbol{i}_1, \boldsymbol{i}_2, \cdots, \boldsymbol{i}_r, \mathbf{0}, \mathbf{0}, \cdots, \mathbf{0}) \\
&= (\boldsymbol{i}_1, \boldsymbol{i}_2, \cdots, \boldsymbol{i}_r, \boldsymbol{i}_{r+1}, \boldsymbol{i}_{r+2}, \cdots, \boldsymbol{i}_m)\begin{bmatrix} I_r & O \\ O & O \end{bmatrix},
\end{aligned}
$$

即其矩阵为 D_r. □

最后, 来考虑线性变换在基下的坐标表示. 设 f 是 $\mathcal{V}$ 上的线性变换, $\boldsymbol{e}_1, \boldsymbol{e}_2, \cdots, \boldsymbol{e}_n$ 是 $\mathcal{V}$ 的一组基, 则

$$
f(\boldsymbol{e}_1, \boldsymbol{e}_2, \cdots, \boldsymbol{e}_n)=(\boldsymbol{e}_1, \boldsymbol{e}_2, \cdots, \boldsymbol{e}_n)F,
$$

其中 n 阶方阵 F 称为线性变换 f 在给定基下的 **(表示) 矩阵**.

注意, 线性映射在基下的矩阵需要在定义域和陪域各取一组基, 而线性变换的矩阵在定义域和陪域取的是同一组基.

例 7.5.9 例 7.5.2 第 3 条给出了一个线性变换的矩阵的例子, 下面再列出一些线性变换的矩阵, 其中部分来自例 7.3.11.

1. 设 $A=\begin{bmatrix} a_{ij} \end{bmatrix}\in\mathbb{F}^{2\times 2}$, $\mathbb{F}^{2\times 2}$ 上的线性变换

$$
\begin{aligned}
\boldsymbol{C}_A=\boldsymbol{L}_A-\boldsymbol{R}_A\colon\ \mathbb{F}^{2\times 2} &\to \mathbb{F}^{2\times 2}, \\
X &\mapsto AX-XA,
\end{aligned}
$$

在基 $E_{11}, E_{21}, E_{12}, E_{22}$ 下的矩阵表示为

$$
\boldsymbol{C}_A(E_{11}, E_{21}, E_{12}, E_{22})=(E_{11}, E_{21}, E_{12}, E_{22})C_A,
$$

其中 $C_A=\begin{bmatrix} 0 & a_{12} & -a_{21} & 0 \\ a_{21} & a_{22}-a_{11} & 0 & -a_{21} \\ -a_{12} & 0 & a_{11}-a_{22} & a_{12} \\ 0 & -a_{12} & a_{21} & 0 \end{bmatrix}$ 是 $\boldsymbol{C}_A$ 在这组基下的矩阵.

2. $\mathbb{F}^{2\times 2}$ 上的线性变换

$$
\begin{aligned}
\boldsymbol{S}\colon\ \mathbb{F}^{2\times 2} &\to \mathbb{F}^{2\times 2}, \\
A &\mapsto \frac{1}{2}(A+A^{\mathrm{T}}).
\end{aligned}
$$

在基 $E_{11},E_{21},E_{12},E_{22}$ 下的矩阵表示为

$$\boldsymbol{S}(E_{11},E_{21},E_{12},E_{22})=(E_{11},E_{21},E_{12},E_{22})S,$$

其中 $S=\begin{bmatrix}1&0&0&0\\0&\frac{1}{2}&\frac{1}{2}&0\\0&\frac{1}{2}&\frac{1}{2}&0\\0&0&0&1\end{bmatrix}$ 是 $\boldsymbol{S}$ 在这组基下的矩阵. ☺

线性变换的特征值问题，通过矩阵表示可以转化为矩阵的特征值问题.

命题 7.5.10 给定 $\mathbb{F}$ 上的线性空间 $\mathcal{V}$ 及其一组基 $\boldsymbol{e}_1,\boldsymbol{e}_2,\cdots,\boldsymbol{e}_n$. 又设 f 是其上的线性变换，在给定基下的矩阵是 F. 对 $\lambda\in\mathbb{F},\boldsymbol{x}\in\mathcal{V}$，若 $\widehat{\boldsymbol{x}}\in\mathbb{F}^n$ 是 $\boldsymbol{x}$ 在该组基下的坐标，则 $(\lambda,\boldsymbol{x})$ 是 f 的特征对，当且仅当 $(\lambda,\widehat{\boldsymbol{x}})$ 是 F 的特征对，即

$$f(\boldsymbol{x})=\lambda\boldsymbol{x}\Leftrightarrow F\widehat{\boldsymbol{x}}=\lambda\widehat{\boldsymbol{x}}.$$

例 7.5.11 考虑例 7.5.9.

1. 线性映射 $\boldsymbol{C}_A$ 在给定基下的矩阵是 C_A. 计算可得，C_A 的特征多项式为

$$\begin{aligned}\lambda^2[\lambda^2-(a_{11}+a_{22})^2+4(a_{11}a_{22}-a_{12}a_{21})]&=\lambda^2[\lambda^2-\operatorname{trace}(A)^2+4\det(A)]\\&=\lambda^2[\lambda^2-(\mu_1-\mu_2)^2],\end{aligned}$$

   其中 μ_1,μ_2 是 A 的两个特征值.

   (a) 若 $\mu_1\neq\mu_2$，容易验证 $\operatorname{rank}(C_A)=2$，因此 $\dim\mathcal{N}(\boldsymbol{C}_A)=2$.

   (b) 若 $\mu_1=\mu_2$，但 $a_{12},a_{21},a_{11}-a_{22}$ 至少有一个不为零，则 $\dim\mathcal{N}(\boldsymbol{C}_A)=4-\operatorname{rank}(C_A)=2$.

   (c) 若 $a_{12}=a_{21}=a_{11}-a_{22}=0$，则 $\dim\mathcal{N}(\boldsymbol{C}_A)=4$，此时 $A=a_{11}I_2$ 而 $\boldsymbol{C}_A=\boldsymbol{O}$ 是零映射.

   不考虑 A 是数量矩阵的情形，通过计算属于 0 的特征向量，还能得到核 $\mathcal{N}(\boldsymbol{L}_A-\boldsymbol{R}_A)=\{X\in\mathbb{F}^{2\times2}\mid AX=XA\}$ 的一组基，由两个矩阵（$\mathbb{F}^{2\times2}$ 中的向量）组成，这比例 7.3.11 又深入了一步.

2. 线性映射 $\boldsymbol{S}$ 在给定基下的矩阵是 S. 而 S 是对称矩阵，可对角化，S 的四个线性无关的特征向量为：属于 0 的 $\begin{bmatrix}0\\1\\-1\\0\end{bmatrix}$；属于 1 的 $\begin{bmatrix}1\\0\\0\\0\end{bmatrix},\begin{bmatrix}0\\0\\0\\1\end{bmatrix},\begin{bmatrix}0\\1\\1\\0\end{bmatrix}$. 因此，核

和像集分别为

$$\mathcal{N}(\boldsymbol{S}) = \mathrm{span}\left(\begin{bmatrix} 0 & -1 \\ 1 & 0 \end{bmatrix}\right), \quad \mathcal{R}(\boldsymbol{S}) = \mathrm{span}\left(\begin{bmatrix} 1 & 0 \\ 0 & 0 \end{bmatrix}, \begin{bmatrix} 0 & 0 \\ 0 & 1 \end{bmatrix}, \begin{bmatrix} 0 & 1 \\ 1 & 0 \end{bmatrix}\right).$$

前者是全体反对称矩阵构成的子空间，后者是全体对称矩阵构成的子空间，这与例 7.3.11 的结论相一致. ☺

对线性空间 $\mathcal{V}$ 上的线性变换 f，先取 $\mathcal{V}$ 的一组基 $\boldsymbol{e}_1, \boldsymbol{e}_2, \cdots, \boldsymbol{e}_n$，由此得到 f 在该组基下的矩阵 F. 如果 F 可对角化，即存在可逆矩阵 T，使得 $T^{-1}FT = \Lambda$ 是对角矩阵，令 $(\boldsymbol{t}_1, \boldsymbol{t}_2, \cdots, \boldsymbol{t}_n) = (\boldsymbol{e}_1, \boldsymbol{e}_2, \cdots, \boldsymbol{e}_n)T$，则 f 在基 $\boldsymbol{t}_1, \boldsymbol{t}_2, \cdots, \boldsymbol{t}_n$ 下的矩阵就是 Λ，即 $\boldsymbol{t}_1, \boldsymbol{t}_2, \cdots, \boldsymbol{t}_n$ 都是 f 的特征向量. 这暗示了如下结论，证明留给读者.

命题 7.5.12 设 $\mathbb{F}$ 上 n 维线性空间 $\mathcal{V}$，f 是其上的线性变换，它在某组基下的矩阵是 F，则 F 可对角化当且仅当 f 有 n 个线性无关的特征向量.

下面讨论线性变换的矩阵在基变换下的变化规律.

命题 7.5.13 给定数域 $\mathbb{F}$ 上线性空间 $\mathcal{V}$ 和它的两组基 $\boldsymbol{e}_1, \boldsymbol{e}_2, \cdots, \boldsymbol{e}_n; \boldsymbol{t}_1, \boldsymbol{t}_2, \cdots, \boldsymbol{t}_n$. 记过渡矩阵为 T，即 $(\boldsymbol{t}_1, \boldsymbol{t}_2, \cdots, \boldsymbol{t}_n) = (\boldsymbol{e}_1, \boldsymbol{e}_2, \cdots, \boldsymbol{e}_n)T$. 如果 $\mathcal{V}$ 上线性变换 f 在基 $\boldsymbol{e}_1, \boldsymbol{e}_2, \cdots, \boldsymbol{e}_n$ 下的矩阵为 F，则 f 在基 $\boldsymbol{t}_1, \boldsymbol{t}_2, \cdots, \boldsymbol{t}_n$ 下的矩阵为 $T^{-1}FT$.

证明与命题 7.5.6 的证明类似，留给读者. **线性空间做基变换，其上线性变换的矩阵就做相似变换**. 事实上，有如下结论.

命题 7.5.14 数域 $\mathbb{F}$ 上两个 n 阶方阵 A, B 相似，当且仅当 A, B 是 n 维线性空间 $\mathcal{V}$ 上某个线性变换在两组基下的矩阵.

证 “$\Leftarrow$”：由命题 7.5.13 立得.

“$\Rightarrow$”：设 $B = T^{-1}AT$，其中 T 可逆. 根据定理 7.5.3，能构造 $\mathcal{V}$ 上线性变换 f 使得它在 $\mathcal{V}$ 的某组基下的矩阵为 A，记该组基为 $\boldsymbol{e}_1, \boldsymbol{e}_2, \cdots, \boldsymbol{e}_n$. 令 $(\boldsymbol{t}_1, \boldsymbol{t}_2, \cdots, \boldsymbol{t}_n) = (\boldsymbol{e}_1, \boldsymbol{e}_2, \cdots, \boldsymbol{e}_n)T$，由于 T 可逆，根据命题 7.4.6，$\boldsymbol{t}_1, \boldsymbol{t}_2, \cdots, \boldsymbol{t}_n$ 是 V 的一组基. 根据命题 7.5.13，f 在这组基下的矩阵就是 $T^{-1}AT = B$. □

命题 7.5.14 说明，把 n 阶矩阵 A 对角化，本质上就是为 $\mathbb{F}^n$ 找到一组基，使得 A 对应的线性变换在这组基下的矩阵是对角矩阵.

最后，给出求解定常齐次线性常微分方程的求解方法，来体会线性变换的矩阵表示.

例 7.5.15 (定常齐次线性常微分方程) 所谓定常齐次线性常微分方程，就是具有如下形式的方程：

$$\frac{\mathrm{d}^n u}{\mathrm{d}t^n} + a_{n-1}\frac{\mathrm{d}^{n-1} u}{\mathrm{d}t^{n-1}} + \cdots + a_1\frac{\mathrm{d}u}{\mathrm{d}t} + a_0 u = 0.$$

类似于 5.2 节最后对多项式的友矩阵的构造或例 5.4.9 和例 6.1.9，令 $\boldsymbol{v}=\begin{bmatrix} u \\ \dfrac{\mathrm{d}u}{\mathrm{d}t} \\ \vdots \\ \dfrac{\mathrm{d}^{n-1}u}{\mathrm{d}t^{n-1}} \end{bmatrix}$，则 $\dfrac{\mathrm{d}\boldsymbol{v}}{\mathrm{d}t}=C_p\boldsymbol{v}$，其中，而 C_p 是多项式 $t^n+a_{n-1}t^{n-1}+\cdots+a_1t+a_0$ 的友矩阵. 问题就转化为关于向量的常微分方程. 含有自变量的向量的微分，就是逐项微分得到的向量，这里不做更多说明.

下面考虑关于向量的常微分方程

$$\frac{\mathrm{d}\boldsymbol{u}(t)}{\mathrm{d}t}=A\boldsymbol{u}(t).$$

如果 $\boldsymbol{u}$ 是一个 1 维向量，即数，那么我们已经知道常微分方程的解是 $\boldsymbol{u}(t)=\mathrm{e}^{At}\boldsymbol{u}(0)$. 如果 $\boldsymbol{u}(t)$ 不是 1 维向量，该如何解决?

观察方程. 事实上，这一方程意味着，对向量 $\boldsymbol{u}(t)$ 作求导这一线性变换，相当于用矩阵 A 左乘这一线性变换，记为 $\boldsymbol{L}_A$. 只要能找到一组基，使得这两个线性变换在这组基下的矩阵很简单，问题就容易了. 如果矩阵 A 可对角化，则存在一组基，使得线性变换 $\boldsymbol{L}_A$ 在这组基下的矩阵是对角矩阵. 记其谱分解为 $A=X\varLambda X^{-1}$，则过渡矩阵是 X，于是 $\boldsymbol{u}$ 在这组基下的坐标就是 $\widehat{\boldsymbol{u}}=X^{-1}\boldsymbol{u}$. 方程就变为

$$\frac{\mathrm{d}\widehat{\boldsymbol{u}}(t)}{\mathrm{d}t}=\varLambda\widehat{\boldsymbol{u}}(t),$$

该方程可直接得到 n 个 1 维向量的常微分方程. 记 $\varLambda=\mathrm{diag}(\lambda_1,\lambda_2,\cdots,\lambda_n)$，解就是 $\widehat{\boldsymbol{u}}(t)=\mathrm{diag}(\mathrm{e}^{\lambda_1t},\mathrm{e}^{\lambda_2t},\cdots,\mathrm{e}^{\lambda_nt})\widehat{\boldsymbol{u}}(0)=:\mathrm{e}^{\varLambda t}\widehat{\boldsymbol{u}}(0)$. 再把基换回，就有 $\boldsymbol{u}(t)=X\mathrm{e}^{\varLambda t}X^{-1}\boldsymbol{u}(0)$.

通过以上分析可见，如果 A 可对角化，且特征值为 $\lambda_1,\lambda_2,\cdots,\lambda_n$，那么解是 e^{λ_1t}, $\mathrm{e}^{\lambda_2t},\cdots,\mathrm{e}^{\lambda_nt}$ 的线性组合. 然而，可对角化的 A 的特征值还有可能为复数，这一情形也需要特殊处理. 如果存在复特征值 $\lambda_i=\alpha+\mathrm{i}\beta\notin\mathbb{R}$，则 $\overline{\lambda}_i$ 也是特征值，容易验证

$$\mathrm{span}\left(\mathrm{e}^{\lambda_it},\mathrm{e}^{\overline{\lambda}_it}\right)=\mathrm{span}\big(\mathrm{e}^{\alpha t}\cos(\beta t),\mathrm{e}^{\alpha t}\sin(\beta t)\big),$$

解空间的基向量可以换为后两个实函数.

1. 如果 $\lambda_i\in\mathbb{R},\lambda_i>0$，则随着时间 t 的增长，$\mathrm{e}^{\lambda_it}\to\infty$;
2. 如果 $\lambda_i\in\mathbb{R},\lambda_i=0$，则随着时间 t 的增长，$\mathrm{e}^{\lambda_it}=1$ 一直成立;
3. 如果 $\lambda_i\in\mathbb{R},\lambda_i<0$，则随着时间 t 的增长，$\mathrm{e}^{\lambda_it}\to0$;
4. 如果 $\lambda_i\notin\mathbb{R},\mathrm{Re}\,\lambda_i>0$[①]，则随着时间 t 的增长，$\left|\mathrm{e}^{\lambda_it}\right|\to\infty$;

① 注意 $\mathrm{Re}\,\lambda_i$ 表示复数 λ_i 的实部.

5. 如果 $\lambda_i \notin \mathbb{R}, \operatorname{Re}\lambda_i = 0$，则随着时间 t 的增长，$\mathrm{e}^{\lambda_i t}$ 发散，但 $\left|\mathrm{e}^{\lambda_i t}\right| = 1$ 一直成立；

6. 如果 $\lambda_i \notin \mathbb{R}, \operatorname{Re}\lambda_i < 0$，则随着时间 t 的增长，$\mathrm{e}^{\lambda_i t} \to 0$.

因此，如果我们希望方程的解趋于 0，那么矩阵 A 的特征值的实部必须小于 0. 为此引入如下定义：特征值的实部全为负数的矩阵称为**稳定矩阵**. 可以证明，实矩阵 A 是稳定矩阵，当且仅当 A 负定（不一定对称），即对任意非零 $\boldsymbol{x} \in \mathbb{R}^n$，都有 $\boldsymbol{x}^{\mathrm{T}} A \boldsymbol{x} < 0$.

当 A 不可对角化时，A 有 Jordan 分解 $A = XJX^{-1}$，其中 J 是分块对角矩阵，对角块是 Jordan 块. 为 Jordan 块 $J_m(\lambda)$ 定义指数函数 $\mathrm{e}^{J_m(\lambda)t} = \mathrm{e}^{\lambda t}\begin{bmatrix} 1 & t & \cdots & \dfrac{t^{m-1}}{(m-1)!} \\ & \ddots & \ddots & \vdots \\ & & 1 & t \\ & & & 1 \end{bmatrix}$，然后类推定义，$\mathrm{e}^{Jt}$ 是分块对角矩阵，对角块是 J 的对角块的指数函数. 上述基变换仍然有效，因此方程的解为 $\boldsymbol{u}(t) = X\mathrm{e}^{Jt}X^{-1}\boldsymbol{u}(0)$.

如何用 A 来表示解？显然，如果定义 A 的指数函数 $\mathrm{e}^{At} = X\mathrm{e}^{Jt}X^{-1}$，则解的形式就和 1 维情形完全相同 $\boldsymbol{u}(t) = \mathrm{e}^{At}\boldsymbol{u}(0)$. 定义的难点在于：谱分解或 Jordan 分解不唯一，方阵的指数函数唯一吗？即如何良好定义方阵的指数函数. 这里不对此展开，感兴趣的读者可以参考阅读 7.5.17.

综上，常微分方程 $\dfrac{\mathrm{d}\boldsymbol{u}(t)}{\mathrm{d}t} = A\boldsymbol{u}(t)$ 的解就是 $\boldsymbol{u}(t) = \mathrm{e}^{At}\boldsymbol{u}(0)$. ☺

习题

练习 7.5.1 设 $\boldsymbol{A}$ 是 $\mathbb{F}^3$ 上的一个线性变换：

$$\boldsymbol{A}\begin{bmatrix} x_1 \\ x_2 \\ x_3 \end{bmatrix} = \begin{bmatrix} x_1 + 2x_2 \\ x_3 - x_2 \\ x_2 - x_3 \end{bmatrix}.$$

求 $\boldsymbol{A}$ 在标准基下的矩阵，并分别求 $\mathcal{N}(\boldsymbol{A})$ 和 $\mathcal{R}(\boldsymbol{A})$ 的一组基和维数.

练习 7.5.2 设 $\mathcal{V} = \operatorname{span}(f_1, f_2)$ 是函数空间的子空间，其中 $f_1 = \mathrm{e}^{ax}\cos bx, f_2 = \mathrm{e}^{ax}\sin bx$. 证明求导算子 $\boldsymbol{D}$ 是 $\mathcal{V}$ 上的线性变换，并求其在基 f_1, f_2 下的矩阵.

练习 7.5.3 设 $\mathbb{F}^{2\times 2}$ 上的线性变换 $\boldsymbol{L}_A\colon X \mapsto AX$，其中 $A = \begin{bmatrix} a & b \\ c & d \end{bmatrix}$. 求 $\boldsymbol{L}_A$ 在基 E_{11}，E_{12}，E_{21}，E_{22} 下的矩阵.

练习 7.5.4 设 $\mathcal{V}$ 是所有二阶对称矩阵构成的线性空间，f 是其上的线性变换：$f(X) = A^{\mathrm{T}}XA$，其中 $A = \begin{bmatrix} a & b \\ c & d \end{bmatrix}$. 求 f 在基 $E_{11}, E_{22}, E_{12} + E_{21}$ 下的矩阵.

练习 7.5.5 设 $\boldsymbol{A}$ 是数域 $\mathbb{F}$ 上的 n 维线性空间 $\mathcal{V}$ 上的一个线性变换，证明，存在 $\mathbb{F}[x]$ 中一个次数不超过 n^2 的多项式 $f(x)$，使得 $f(\boldsymbol{A}) = \boldsymbol{O}$.

练习 7.5.6 证明命题 7.5.5.

练习 7.5.7 设 $\mathcal{V}$ 是数域 $\mathbb{F}$ 上的 n 维线性空间，$\mathbb{F}$ 可以看作自身上的线性空间，而 $\mathcal{V}$ 到 $\mathbb{F}$ 的线性映射称为 $\mathcal{V}$ 上的**线性函数**. 令 $\mathcal{V}^* = \mathrm{Hom}(\mathcal{V}, \mathbb{F})$，称为 $\mathcal{V}$ 的**对偶空间**. 证明，$\mathcal{V}^*$ 和 $\mathcal{V}$ 同构.

练习 7.5.8 求导算子 $\boldsymbol{D}$ 定义了多项式空间 $\mathbb{F}[x]_n$ 上的线性变换，给定 $\mathbb{F}[x]_n$ 的两组基 $1, x, \cdots, x^{n-1}$ 和 $1, x, \cdots, \dfrac{1}{(n-1)!}x^{n-1}$.

1. 求两组基之间的过渡矩阵.
2. 分别求 $\boldsymbol{D}$ 在两组基下的矩阵.
3. 通过过渡矩阵验证这两个不同基下的矩阵相似.
4. 是否存在一组基，使得 $\boldsymbol{D}$ 在该组基下的矩阵是对角矩阵?

练习 7.5.9 设 $\mathcal{V}$ 是 n 维线性空间，f 是其上的线性变换，又设存在向量 $\boldsymbol{a} \in \mathcal{V}$，使得 $f^{n-1}(\boldsymbol{a}) \neq \boldsymbol{0}$，且 $f^n(\boldsymbol{a}) = \boldsymbol{0}$. 证明，$\mathcal{V}$ 存在一组基，使得 f 在该组基下的矩阵是

$$J_n = \begin{bmatrix} 0 & 1 & & \\ & \ddots & \ddots & \\ & & 0 & 1 \\ & & & 0 \end{bmatrix}.$$

练习 7.5.10 考虑练习 7.5.9 中的方阵 J_n，判断 J_n 与 J_n^{T} 是否相似.

练习 7.5.11 已知 $\mathbb{F}^3$ 上的线性变换 f 在标准基 $\boldsymbol{e}_1, \boldsymbol{e}_2, \boldsymbol{e}_3$ 下的矩阵是 $A = \begin{bmatrix} 15 & -11 & 5 \\ 20 & -15 & 8 \\ 8 & -7 & 6 \end{bmatrix}$. 设 $\boldsymbol{t}_1 = \begin{bmatrix} 2 \\ 3 \\ 1 \end{bmatrix}, \boldsymbol{t}_2 = \begin{bmatrix} 3 \\ 4 \\ 1 \end{bmatrix}, \boldsymbol{t}_3 = \begin{bmatrix} 1 \\ 2 \\ 2 \end{bmatrix}$ 是 $\mathbb{F}^3$ 的另一组基，求 f 在这组基下的矩阵.

练习 7.5.12 证明命题 7.5.12.

练习 7.5.13 证明命题 7.5.13.

练习 7.5.14 设三维线性空间 $\mathcal{V}$ 有一组基 $\boldsymbol{e}_1, \boldsymbol{e}_2, \boldsymbol{e}_3$，其上的线性变换 f 在该组基下的矩阵是

$$A = \begin{bmatrix} 2 & 3 & 2 \\ 1 & 8 & 2 \\ -2 & -14 & -3 \end{bmatrix}.$$

1. 求 f 的全部特征值和特征向量.
2. 判断是否存在一组基，使得 f 在该组基下的矩阵是对角矩阵. 如果存在，写出这组基及对应的对角矩阵.

练习 7.5.15　设 4 维线性空间 $\mathcal{V}$ 有一组基 e_1, e_2, e_3, e_4，其上的线性变换 f 在该组基下的矩阵是

$$A = \begin{bmatrix} 1 & 0 & 0 & 0 \\ 0 & 0 & 0 & 0 \\ 1 & 0 & 0 & 0 \\ 0 & 0 & 0 & 1 \end{bmatrix}.$$

1. 求 f 的全部特征值和特征向量.
2. 判断是否存在一组基，使得 f 在该组基下的矩阵是对角矩阵. 如果存在，写出这组基及对应的对角矩阵.

练习 7.5.16　设 $B = \begin{bmatrix} -1 & -1 \\ 2 & 1 \end{bmatrix}$，在 $\mathbb{F}^{2\times 2}$ 中定义如下变换:

$$f(X) = B^{-1}XB, \quad \forall X \in \mathbb{F}^{2\times 2}.$$

1. 证明 f 是线性变换.
2. 求 f 的全部特征值和特征向量.

阅读 7.5.17 (矩阵函数)　首先是例 7.5.15 中的指数函数的良定义问题. 最简单的做法是利用幂级数. 在收敛半径内，$\mathrm{e}^{\lambda t} = \sum_{k=0}^{\infty} \frac{1}{k!}(\lambda t)^k = 1 + \lambda t + \frac{1}{2}\lambda^2 t^2 + \cdots$. 因此

$$\begin{aligned} X\,\mathrm{diag}(\mathrm{e}^{\lambda_1 t}, \mathrm{e}^{\lambda_2 t}, \cdots, \mathrm{e}^{\lambda_n t})X^{-1} &= X\,\mathrm{diag}\left(\sum_k \frac{1}{k!}(\lambda_1 t)^k, \sum_k \frac{1}{k!}(\lambda_2 t)^k, \cdots, \sum_k \frac{1}{k!}(\lambda_n t)^k\right)X^{-1} \\ &= \sum_k \frac{1}{k!} t^k X\,\mathrm{diag}(\lambda_1^k, \lambda_2^k, \cdots, \lambda_n^k)X^{-1} \\ &= \sum_k \frac{1}{k!} t^k X \Lambda^k X^{-1} = \sum_k \frac{1}{k!} t^k A^k. \end{aligned}$$

这就得到了一个 A 的级数.

类似地，利用上述办法，在一定条件下，我们可以定义任意数量函数的矩阵版本. 对解析函数[①] $f(z)$，在其收敛半径内总能写成幂级数 $f(z) = \sum_k \frac{f^{(k)}(z_0)}{k!}(z - z_0)^k$. 定义矩阵函数为 $f(A) = \sum_k \frac{f^{(k)}(z_0)}{k!} \cdot (A - z_0 I)^k$. 通过细致的分析讨论可知，只要 A 的特征值全都在这一级数的收敛半径内，矩阵级数就收敛，从而矩阵函数有良定义.

① 一个函数解析，是指该函数在定义域内的每一点的邻域内的 Taylor 级数都收敛到该点的函数值. 注意这个条件比函数无穷次可微强.

第 8 章 内积空间

第 3 章讲述了 $\mathbb{R}^n$ 上的内积，并利用内积导出了长度、距离、正交等概念. 本章将为 $\mathbb{R}$ 或 $\mathbb{C}$ 上的一般线性空间定义内积，并同样定义相应的导出概念.

8.1 欧 氏 空 间

对给定集合 S，如果 S 中任意两个元素 s_1, s_2 都以某种法则对应于 $\mathbb{R}$ 中唯一确定的数，则称这个对应法则是 S 上的**二元实值函数**；类似地，如果对应于 $\mathbb{C}$ 中唯一确定的数，则称这个对应法则是 S 上的**二元复值函数**.

定义 8.1.1 (内积) 给定 $\mathbb{R}$ 上的线性空间 $\mathcal{V}$，如果 $\mathcal{V}$ 上定义的二元实值函数 $\langle\cdot,\cdot\rangle$，满足：

1. 对称：对任意 $\boldsymbol{a},\boldsymbol{b}\in\mathcal{V}$，$\langle\boldsymbol{a},\boldsymbol{b}\rangle=\langle\boldsymbol{b},\boldsymbol{a}\rangle$；
2. 双线性：对任意 $\boldsymbol{a}_1,\boldsymbol{a}_2,\boldsymbol{b}_1,\boldsymbol{b}_2\in\mathcal{V},k_1,k_2\in\mathbb{R}$，

$$\langle k_1\boldsymbol{a}_1+k_2\boldsymbol{a}_2,\boldsymbol{b}_1\rangle=k_1\langle\boldsymbol{a}_1,\boldsymbol{b}_1\rangle+k_2\langle\boldsymbol{a}_2,\boldsymbol{b}_1\rangle,$$

$$\langle\boldsymbol{a}_1,k_1\boldsymbol{b}_1+k_2\boldsymbol{b}_2\rangle=k_1\langle\boldsymbol{a}_1,\boldsymbol{b}_1\rangle+k_2\langle\boldsymbol{a}_1,\boldsymbol{b}_2\rangle;$$

3. 正定：对任意 $\boldsymbol{a}\in\mathcal{V}$，$\langle\boldsymbol{a},\boldsymbol{a}\rangle\geqslant 0$，且 $\langle\boldsymbol{a},\boldsymbol{a}\rangle=0$ 当且仅当 $\boldsymbol{a}=\boldsymbol{0}$；

则称二元函数 $\langle\cdot,\cdot\rangle$ 是 $\mathcal{V}$ 上的一个**内积**，称具有内积的线性空间 $\mathcal{V}$ 为一个**实内积空间**或 **Euclid 空间**，简称**欧氏空间**.

欧氏空间的**维数**定义为其作为线性空间的维数.

由对称性可知，双线性的性质中的两个条件，即对第一变量线性和对第二变量线性二者等价.

易见，为 $\mathbb{R}$ 上的线性空间添加一个内积运算，就得到了欧氏空间.

例 8.1.2

1. 数组向量空间 $\mathbb{R}^n$ 关于内积 $\langle\boldsymbol{a},\boldsymbol{b}\rangle=\boldsymbol{b}^{\mathrm{T}}\boldsymbol{a}$ 构成欧氏空间，这个内积常称为线性空间 $\mathbb{R}^n$ 上的**标准内积**. 不加额外说明时，欧氏空间 $\mathbb{R}^n$ 上的内积就是标准内积.

   对任意一个对角元素全为正数的对角矩阵 D，$\mathbb{R}^n$ 关于如下二元函数构成欧氏空间：$\langle\boldsymbol{a},\boldsymbol{b}\rangle=\boldsymbol{b}^{\mathrm{T}}D\boldsymbol{a}$.

一般地, $\mathbb{R}^n$ 上的二元函数 $\boldsymbol{b}^{\mathrm{T}}A\boldsymbol{a}$ 是一个内积, 当且仅当 A 对称正定 (为什么?). 可见，同一线性空间上可以添加不同的内积运算.

2. 矩阵空间 $\mathbb{R}^{m\times n}$ 关于如下二元函数构成欧氏空间: $\langle A,B\rangle=\operatorname{trace}(B^{\mathrm{T}}A)$. 请读者自己验证. 这个内积常称为线性空间 $\mathbb{R}^{m\times n}$ 上的**标准内积**.

3. 区间 $[a,b]$ 上的连续函数构成的线性空间 $C[a,b]$，如下二元函数定义了其上的一个内积：$\langle f,g\rangle=\displaystyle\int_a^b f(x)g(x)\,\mathrm{d}x$. 事实上，内积定义中的对称、双线性两条性质显然满足，而正定性，显然有 $\langle f,f\rangle=\displaystyle\int_a^b (f(x))^2\,\mathrm{d}x\geqslant 0$；由定积分的知识可知，$\displaystyle\int_a^b (f(x))^2\,\mathrm{d}x=0$，当且仅当连续函数 $f(x)$ 是零函数，即 $f(x)$ 是零向量. ☺

类似于 3.1 节中对欧氏空间 $\mathbb{R}^n$ 的讨论，在一般的欧氏空间中，也能从内积导出长度、距离、正交等概念.

向量 $\boldsymbol{a}$ 的**长度**或**范数**定义为 $\|\boldsymbol{a}\|:=\sqrt{\langle\boldsymbol{a},\boldsymbol{a}\rangle}$，而向量 $\boldsymbol{a},\boldsymbol{b}$ 的**距离**定义为 $\|\boldsymbol{a}-\boldsymbol{b}\|$.

例 8.1.3

1. 欧氏空间 $\mathbb{R}^{m\times n}$ 中向量 A 的长度，就是矩阵的 Frobenius 范数，见定义 6.3.14.
2. 欧氏空间 $C[a,b]$ 中向量 f 的长度，就是 $\sqrt{\displaystyle\int_a^b (f(x))^2\,\mathrm{d}x}$. ☺

定理 8.1.4 (Cauchy-Schwarz 不等式) 对欧氏空间中的任意向量 $\boldsymbol{a},\boldsymbol{b}$，都有

$$|\langle\boldsymbol{a},\boldsymbol{b}\rangle|\leqslant\|\boldsymbol{a}\|\|\boldsymbol{b}\|.$$

等号成立当且仅当 $\boldsymbol{a},\boldsymbol{b}$ 共线.

证 根据内积的正定性,对任意实数 t, $\langle\boldsymbol{a}+t\boldsymbol{b},\boldsymbol{a}+t\boldsymbol{b}\rangle=\langle\boldsymbol{a},\boldsymbol{a}\rangle+2t\langle\boldsymbol{a},\boldsymbol{b}\rangle+t^2\langle\boldsymbol{b},\boldsymbol{b}\rangle\geqslant 0$，而这意味着判别式 $(2\langle\boldsymbol{a},\boldsymbol{b}\rangle)^2-4\langle\boldsymbol{a},\boldsymbol{a}\rangle\langle\boldsymbol{b},\boldsymbol{b}\rangle\leqslant 0$，即得结论. □

例 8.1.5 将不同欧氏空间上的 Cauchy-Schwarz 不等式[①]具体写出，可得多种不等式.

1. 欧氏空间 $\mathbb{R}^{m\times n}$：$\left|\operatorname{trace}(A^{\mathrm{T}}B)\right|\leqslant\|A\|_{\mathrm{F}}\|B\|_{\mathrm{F}}$.
2. 欧氏空间 $C[a,b]$：$\left(\displaystyle\int_a^b f(x)g(x)\,\mathrm{d}x\right)^2\leqslant\displaystyle\int_a^b\Big(f(x)\Big)^2\,\mathrm{d}x\cdot\int_a^b\Big(g(x)\Big)^2\,\mathrm{d}x$. ☺

① Cauchy-Schwarz 不等式，是对一系列内积与范数关系的不等式的统称. 事实上，关于数组的不等式（即定理 3.1.4）是 Cauchy 的工作，常直称 **Cauchy 不等式**. 而关于积分的不等式由 Bunyakovsky 和 Schwarz 各自独立发现，也称为 **Cauchy-Bunyakovsky-Schwarz 不等式**. 后来这类不等式都统称如此.

立得如下推论.

推论 8.1.6 (三角不等式) 对欧氏空间中的任意向量 $\boldsymbol{a},\boldsymbol{b}$, 都有

$$\|\boldsymbol{a}+\boldsymbol{b}\| \leqslant \|\boldsymbol{a}\|+\|\boldsymbol{b}\|.$$

如果向量 $\boldsymbol{a},\boldsymbol{b}$ 的内积 $\langle\boldsymbol{a},\boldsymbol{b}\rangle=0$, 则称二者**正交**, 记为 $\boldsymbol{a}\perp\boldsymbol{b}$.

由两两正交的非零向量组成的向量组称为**正交向量组**. 如果正交向量组中的向量都是单位向量, 则称其为**正交单位向量组**. 正交向量组线性无关, 证明留给读者.

定义 8.1.7 (标准正交基) 在 n 维欧氏空间 $\mathcal{V}$ 中, n 个向量组成的正交向量组一定是 $\mathcal{V}$ 的一组基, 称为 $\mathcal{V}$ 的一组**正交基**; 由 n 个向量组成的正交单位向量组一定是 $\mathcal{V}$ 的一组基, 称为 $\mathcal{V}$ 的一组**标准正交基**.

例 8.1.8 具有标准内积的欧氏空间 $\mathbb{R}^{m\times n}$ 中, 设 E_{ij} 是 (i,j) 元为 1, 其余元素为 0 的矩阵. 容易验证, E_{ij}, $i=1,2,\cdots,m$, $j=1,2,\cdots,n$ 是一组标准正交基.

事实上, 若 $\boldsymbol{u}_1,\boldsymbol{u}_2,\cdots,\boldsymbol{u}_m$ 和 $\boldsymbol{v}_1,\boldsymbol{v}_2,\cdots,\boldsymbol{v}_n$ 分别为 $\mathbb{R}^m$ 和 $\mathbb{R}^n$ 的一组标准正交基, 则 $\boldsymbol{u}_i\boldsymbol{v}_j^{\mathrm{T}}$, $i=1,2,\cdots,m$, $j=1,2,\cdots,n$ 是 $\mathbb{R}^{m\times n}$ 的一组标准正交基. ☺

例 8.1.9 连续函数空间 $C[-\pi,\pi]$ 中, $1,\sin x,\cos x,\sin 2x,\cos 2x,\cdots,\sin nx,\cos nx,\cdots$ 是正交向量组:

$$\begin{aligned}
&\int_{-\pi}^{\pi}\sin mx\cos nx\,\mathrm{d}x=0, && m=1,2,\cdots,\ n=0,1,2,\cdots\\
&\int_{-\pi}^{\pi}\cos mx\cos nx\,\mathrm{d}x=\pi\delta_{mn}, && m=1,2,\cdots,\ n=0,1,2,\cdots\\
&\int_{-\pi}^{\pi}\sin mx\sin nx\,\mathrm{d}x=\pi\delta_{mn}, && m=1,2,\cdots,\ n=1,2,\cdots\\
&\int_{-\pi}^{\pi}1\,\mathrm{d}x=2\pi.
\end{aligned}$$

其中

$$\delta_{mn}=\begin{cases}1, & 若\ m=n,\\ 0, & 若\ m\neq n,\end{cases}$$

称为 **Kronecker 符号**. ☺

欧氏空间 $\mathbb{R}^n$ 中的 Gram-Schmidt 正交化方法, 可以直接推广到一般的欧氏空间. 给定欧氏空间 $\mathcal{V}$ 中线性无关的向量组 $\boldsymbol{a}_1,\boldsymbol{a}_2,\cdots,\boldsymbol{a}_r$, 利用 Gram-Schmidt 正交化方法能够得到与之线性等价的正交向量组, 具体操作如下:

$$\tilde{\boldsymbol{q}}_1=\boldsymbol{a}_1,$$

$$\tilde{\boldsymbol{q}}_2 = \boldsymbol{a}_2 - \frac{\langle \boldsymbol{a}_2, \tilde{\boldsymbol{q}}_1 \rangle}{\langle \tilde{\boldsymbol{q}}_1, \tilde{\boldsymbol{q}}_1 \rangle}\tilde{\boldsymbol{q}}_1,$$

$$\tilde{\boldsymbol{q}}_3 = \boldsymbol{a}_3 - \frac{\langle \boldsymbol{a}_3, \tilde{\boldsymbol{q}}_1 \rangle}{\langle \tilde{\boldsymbol{q}}_1, \tilde{\boldsymbol{q}}_1 \rangle}\tilde{\boldsymbol{q}}_1 - \frac{\langle \boldsymbol{a}_3, \tilde{\boldsymbol{q}}_2 \rangle}{\langle \tilde{\boldsymbol{q}}_2, \tilde{\boldsymbol{q}}_2 \rangle}\tilde{\boldsymbol{q}}_2,$$

$$\vdots$$

$$\tilde{\boldsymbol{q}}_r = \boldsymbol{a}_r - \frac{\langle \boldsymbol{a}_r, \tilde{\boldsymbol{q}}_1 \rangle}{\langle \tilde{\boldsymbol{q}}_1, \tilde{\boldsymbol{q}}_1 \rangle}\tilde{\boldsymbol{q}}_1 - \frac{\langle \boldsymbol{a}_r, \tilde{\boldsymbol{q}}_2 \rangle}{\langle \tilde{\boldsymbol{q}}_2, \tilde{\boldsymbol{q}}_2 \rangle}\tilde{\boldsymbol{q}}_2 - \cdots - \frac{\langle \boldsymbol{a}_r, \tilde{\boldsymbol{q}}_{r-1} \rangle}{\langle \tilde{\boldsymbol{q}}_{r-1}, \tilde{\boldsymbol{q}}_{r-1} \rangle}\tilde{\boldsymbol{q}}_{r-1}.$$

把以上正交向量组中的每个向量都单位化，就可以得到正交单位向量组：$\boldsymbol{q}_i = \dfrac{\tilde{\boldsymbol{q}}_i}{\|\tilde{\boldsymbol{q}}_i\|}, i = 1, 2, \cdots, r$. 用矩阵乘法表示如下：

$$(\boldsymbol{a}_1, \boldsymbol{a}_2, \cdots, \boldsymbol{a}_r) = (\boldsymbol{q}_1, \boldsymbol{q}_2, \cdots, \boldsymbol{q}_r)R, \tag{8.1.1}$$

其中 R 是上三角矩阵. 注意，这和矩阵的 QR 分解并不完全相同，因为此时向量组 $\boldsymbol{a}_1, \boldsymbol{a}_2, \cdots, \boldsymbol{a}_r$ 和 $\boldsymbol{q}_1, \boldsymbol{q}_2, \cdots \boldsymbol{q}_r$ 在一般的线性空间中，这仅仅是用来表示线性组合的形式上的记号.

当 $\boldsymbol{a}_1, \boldsymbol{a}_2, \cdots, \boldsymbol{a}_r$ 是欧氏空间 $\mathcal{V}$ 的一组基时，通过 Gram-Schmidt 正交化可以得到一组标准正交基.

定理 8.1.10 任意有限维欧氏空间都存在一组正交基，从而存在一组标准正交基.

此时，(8.1.1) 式中的上三角矩阵 R 是从标准正交基 $\boldsymbol{q}_1, \boldsymbol{q}_2, \cdots \boldsymbol{q}_r$ 到基 $\boldsymbol{a}_1, \boldsymbol{a}_2, \cdots, \boldsymbol{a}_r$ 的过渡矩阵.

例 8.1.11 多项式空间 $\mathbb{R}[x]$ 上的二元函数 $\langle f, g \rangle = \displaystyle\int_{-1}^{1} f(x)g(x)\,\mathrm{d}x$ 定义了其上的一个内积. 单项式 $1, x, x^2, \cdots, x^n$ 是其中的向量组，但不是正交向量组. 为得到正交向量组，利用 Gram-Schmidt 正交化方法，有

$$\varphi_0(x) = 1;$$

$$\varphi_1(x) = x - \frac{\langle \varphi_0, x \rangle}{\langle \varphi_0, \varphi_0 \rangle}\varphi_0 = x - \frac{\displaystyle\int_{-1}^{1} 1x\,\mathrm{d}x}{\displaystyle\int_{-1}^{1}\mathrm{d}x} = x;$$

$$\varphi_2(x) = x^2 - \frac{\langle \varphi_0, x^2 \rangle}{\langle \varphi_0, \varphi_0 \rangle}\varphi_0 - \frac{\langle \varphi_1, x^2 \rangle}{\langle \varphi_1, \varphi_1 \rangle}\varphi_1 = x^2 - \frac{1}{3};$$

$$\varphi_3(x) = x^3 - \frac{\langle \varphi_0, x^3 \rangle}{\langle \varphi_0, \varphi_0 \rangle}\varphi_0 - \frac{\langle \varphi_1, x^3 \rangle}{\langle \varphi_1, \varphi_1 \rangle}\varphi_1 - \frac{\langle \varphi_2, x^3 \rangle}{\langle \varphi_2, \varphi_2 \rangle}\varphi_2 = x^3 - \frac{3}{5}x;$$

$$\vdots$$

通过数乘能得到多项式

$$\mathrm{P}_n(x) = \frac{(2n)!}{2^n (n!)^2}\varphi_n(x), \quad n = 0, 1, 2, \cdots,$$

使得 $\mathrm{P}_n(1) = 1$，称 P_n 为 **Legendre 多项式**. 显然，$\mathrm{P}_0, \mathrm{P}_1, \cdots, \mathrm{P}_{n-1}$ 是 $\mathbb{R}[x]_n$ 的一组正交基. 可以验证如下递推关系和通项公式：

$$\mathrm{P}_{n+1}(x) = \frac{2n+1}{n+1} x\,\mathrm{P}_n(x) - \frac{n}{n+1}\mathrm{P}_{n-1}(x),$$

$$\mathrm{P}_n(x) = \frac{1}{2^n n!}\frac{\mathrm{d}^n}{\mathrm{d}x^n}(x^2-1)^n.$$

Legendre 多项式在偏微分方程和数学物理中有重要应用.

更一般地，对任意正函数（陪域是正实数的函数）$\rho(x)$，都可以定义内积

$$\langle f, g\rangle = \int_{-1}^{1} \rho(x) f(x) g(x)\,\mathrm{d}x.$$

当 $\rho(x) = \dfrac{1}{\sqrt{1-x^2}}$ 时，在具有该内积的欧氏空间中对向量 $1, x, x^2, \cdots, x^n, \cdots$ 做 Gram-Schmidt 正交化，得

$$\psi_0(x) = 1;$$

$$\psi_1(x) = x - \frac{\langle \psi_0, x\rangle}{\langle \psi_0, \psi_0\rangle}\psi_0 = x - \frac{\displaystyle\int_{-1}^{1}\frac{1x}{\sqrt{1-x^2}}\,\mathrm{d}x}{\displaystyle\int_{-1}^{1}\frac{1}{\sqrt{1-x^2}}\,\mathrm{d}x} = x;$$

$$\psi_2(x) = x^2 - \frac{\langle \psi_0, x^2\rangle}{\langle \psi_0, \psi_0\rangle}\psi_0 - \frac{\langle \psi_1, x^2\rangle}{\langle \psi_1, \psi_1\rangle}\psi_1 = x^2 - \frac{1}{2};$$

$$\psi_3(x) = x^3 - \frac{\langle \psi_0, x^3\rangle}{\langle \psi_0, \psi_0\rangle}\psi_0 - \frac{\langle \psi_1, x^3\rangle}{\langle \psi_1, \psi_1\rangle}\psi_1 - \frac{\langle \psi_2, x^3\rangle}{\langle \psi_2, \psi_2\rangle}\psi_2 = x^3 - \frac{3}{4}x;$$

$$\vdots$$

通过数乘能得到多项式

$$\mathrm{T}_n(x) = 2^{n-1}\psi_n(x), \quad n = 0, 1, 2, \cdots,$$

使得 $\mathrm{T}_n(1) = 1$，称 T_n 为 **Chebyshev 多项式**. 可以验证如下递推关系和通项公式：

$$\mathrm{T}_{n+1}(x) = 2x\,\mathrm{T}_n(x) - \mathrm{T}_{n-1}(x),$$

$$\mathrm{T}_n(x) = \cos(n\arccos(x)).$$

Chebyshev 多项式在函数逼近和数值分析中有重要应用. ☺

基扩充定理对欧氏空间也有直接推广.

命题 8.1.12 有限维欧氏空间中任意正交单位向量组都可以扩充成一组标准正交基.

证 先把正交单位向量组 $\boldsymbol{q}_1, \boldsymbol{q}_2, \cdots, \boldsymbol{q}_r$ 扩充成一组基 $\boldsymbol{q}_1, \boldsymbol{q}_2, \cdots, \boldsymbol{q}_r, \boldsymbol{a}_{r+1}, \cdots, \boldsymbol{a}_n$，再对其应用 Gram-Schmidt 正交化方法，即得一组标准正交基 $\boldsymbol{q}_1, \boldsymbol{q}_2, \cdots, \boldsymbol{q}_r, \boldsymbol{q}_{r+1}, \cdots, \boldsymbol{q}_n$. 注意，在 Gram-Schmidt 正交化过程中，前 r 个向量保持不变. □

下面讨论有限维欧氏空间上内积与坐标的关系.

给定欧氏空间 $\mathcal{V}$ 的一组基 $\boldsymbol{a}_1, \boldsymbol{a}_2, \cdots, \boldsymbol{a}_n$，对向量 $\boldsymbol{x} = x_1\boldsymbol{a}_1 + x_2\boldsymbol{a}_2 + \cdots + x_n\boldsymbol{a}_n$ 和向量 $\boldsymbol{y} = y_1\boldsymbol{a}_1 + y_2\boldsymbol{a}_2 + \cdots + y_n\boldsymbol{a}_n$，二者内积是

$$
\begin{aligned}
\langle \boldsymbol{x}, \boldsymbol{y} \rangle &= \left\langle \sum_{i=1}^{n} x_i\boldsymbol{a}_i, \sum_{j=1}^{n} y_j\boldsymbol{a}_j \right\rangle \\
&= \sum_{i=1}^{n}\sum_{j=1}^{n} x_i y_j \langle \boldsymbol{a}_i, \boldsymbol{a}_j \rangle \\
&= \begin{bmatrix} x_1 \\ x_2 \\ \vdots \\ x_n \end{bmatrix}^{\mathrm{T}} \begin{bmatrix} \langle \boldsymbol{a}_1, \boldsymbol{a}_1 \rangle & \langle \boldsymbol{a}_1, \boldsymbol{a}_2 \rangle & \cdots & \langle \boldsymbol{a}_1, \boldsymbol{a}_n \rangle \\ \langle \boldsymbol{a}_2, \boldsymbol{a}_1 \rangle & \langle \boldsymbol{a}_2, \boldsymbol{a}_2 \rangle & \cdots & \langle \boldsymbol{a}_2, \boldsymbol{a}_n \rangle \\ \vdots & \vdots & & \vdots \\ \langle \boldsymbol{a}_n, \boldsymbol{a}_1 \rangle & \langle \boldsymbol{a}_n, \boldsymbol{a}_2 \rangle & \cdots & \langle \boldsymbol{a}_n, \boldsymbol{a}_n \rangle \end{bmatrix} \begin{bmatrix} y_1 \\ y_2 \\ \vdots \\ y_n \end{bmatrix}.
\end{aligned}
$$

矩阵

$$
G := \begin{bmatrix} \langle \boldsymbol{a}_1, \boldsymbol{a}_1 \rangle & \langle \boldsymbol{a}_1, \boldsymbol{a}_2 \rangle & \cdots & \langle \boldsymbol{a}_1, \boldsymbol{a}_n \rangle \\ \langle \boldsymbol{a}_2, \boldsymbol{a}_1 \rangle & \langle \boldsymbol{a}_2, \boldsymbol{a}_2 \rangle & \cdots & \langle \boldsymbol{a}_2, \boldsymbol{a}_n \rangle \\ \vdots & \vdots & & \vdots \\ \langle \boldsymbol{a}_n, \boldsymbol{a}_1 \rangle & \langle \boldsymbol{a}_n, \boldsymbol{a}_2 \rangle & \cdots & \langle \boldsymbol{a}_n, \boldsymbol{a}_n \rangle \end{bmatrix},
$$

称为内积在基 $\boldsymbol{a}_1, \boldsymbol{a}_2, \cdots, \boldsymbol{a}_n$ 下的 **Gram 矩阵**或者**度量矩阵**.

因此，$\langle \boldsymbol{x}, \boldsymbol{y} \rangle = \widehat{\boldsymbol{x}}^{\mathrm{T}} G \widehat{\boldsymbol{y}}$，其中 $\widehat{\boldsymbol{x}}, \widehat{\boldsymbol{y}}$ 分别是两个向量在基 $\boldsymbol{a}_1, \boldsymbol{a}_2, \cdots, \boldsymbol{a}_n$ 下的坐标. 易见，基决定了矩阵 G，而矩阵 G 决定了内积的计算方式. 特别地，$G = I_n$，当且仅当基 $\boldsymbol{a}_1, \boldsymbol{a}_2, \cdots, \boldsymbol{a}_n$ 是标准正交基. 此时，$\langle \boldsymbol{x}, \boldsymbol{y} \rangle = \widehat{\boldsymbol{x}}^{\mathrm{T}} \widehat{\boldsymbol{y}} = \langle \widehat{\boldsymbol{x}}, \widehat{\boldsymbol{y}} \rangle$，其中后一内积是 $\mathbb{R}^n$ 上的标准内积. 可以看到，标准正交基在计算内积时很方便.

根据内积定义，度量矩阵是对称正定矩阵. 度量矩阵在基变换下有如下变换规律.

命题 8.1.13 给定 n 维欧氏空间 $\mathcal{V}$ 及其两组基 $\boldsymbol{e}_1, \boldsymbol{e}_2, \cdots, \boldsymbol{e}_n; \boldsymbol{t}_1, \boldsymbol{t}_2, \cdots, \boldsymbol{t}_n$. 记过渡矩阵为 T，即 $(\boldsymbol{t}_1, \boldsymbol{t}_2, \cdots, \boldsymbol{t}_n) = (\boldsymbol{e}_1, \boldsymbol{e}_2, \cdots, \boldsymbol{e}_n)T$. 如果内积在基 $\boldsymbol{e}_1, \boldsymbol{e}_2, \cdots, \boldsymbol{e}_n$ 下的度量矩阵为 G，则该内积在基 $\boldsymbol{t}_1, \boldsymbol{t}_2, \cdots, \boldsymbol{t}_n$ 下的度量矩阵为 $T^{\mathrm{T}}GT$.

证 设内积在后一组基下的度量矩阵为 $\widetilde{G}$. 由度量矩阵定义, 对任意向量

$$\boldsymbol{x}=(\boldsymbol{e}_1,\boldsymbol{e}_2,\cdots,\boldsymbol{e}_n)\widehat{\boldsymbol{x}}=(\boldsymbol{t}_1,\boldsymbol{t}_2,\cdots,\boldsymbol{t}_n)\widetilde{\boldsymbol{x}},\quad \boldsymbol{y}=(\boldsymbol{e}_1,\boldsymbol{e}_2,\cdots,\boldsymbol{e}_n)\hat{\boldsymbol{y}}=(\boldsymbol{t}_1,\boldsymbol{t}_2,\cdots,\boldsymbol{t}_n)\tilde{\boldsymbol{y}},$$

有

$$\begin{aligned}\langle\boldsymbol{x},\boldsymbol{y}\rangle&=\langle(\boldsymbol{e}_1,\boldsymbol{e}_2,\cdots,\boldsymbol{e}_n)\widehat{\boldsymbol{x}},(\boldsymbol{e}_1,\boldsymbol{e}_2,\cdots,\boldsymbol{e}_n)\hat{\boldsymbol{y}}\rangle=\widehat{\boldsymbol{x}}^{\mathrm{T}}G\hat{\boldsymbol{y}}\\&=\langle(\boldsymbol{t}_1,\boldsymbol{t}_2,\cdots,\boldsymbol{t}_n)\widetilde{\boldsymbol{x}},(\boldsymbol{t}_1,\boldsymbol{t}_2,\cdots,\boldsymbol{t}_n)\tilde{\boldsymbol{y}}\rangle\quad=\widetilde{\boldsymbol{x}}^{\mathrm{T}}\widetilde{G}\tilde{\boldsymbol{y}},\end{aligned}$$

代入过渡矩阵, 利用形式上的结合律, 有

$$\begin{aligned}\widetilde{\boldsymbol{x}}^{\mathrm{T}}\widetilde{G}\tilde{\boldsymbol{y}}&=\langle(\boldsymbol{t}_1,\boldsymbol{t}_2,\cdots,\boldsymbol{t}_n)\widetilde{\boldsymbol{x}},(\boldsymbol{t}_1,\boldsymbol{t}_2,\cdots,\boldsymbol{t}_n)\tilde{\boldsymbol{y}}\rangle\\&=\langle(\boldsymbol{e}_1,\boldsymbol{e}_2,\cdots,\boldsymbol{e}_n)T\widetilde{\boldsymbol{x}},(\boldsymbol{e}_1,\boldsymbol{e}_2,\cdots,\boldsymbol{e}_n)T\tilde{\boldsymbol{y}}\rangle\\&=(T\widetilde{\boldsymbol{x}})^{\mathrm{T}}G(T\tilde{\boldsymbol{y}})\\&=\widetilde{\boldsymbol{x}}^{\mathrm{T}}T^{\mathrm{T}}GT\tilde{\boldsymbol{y}}.\end{aligned}$$

由向量的任意性, 将 $\widetilde{\boldsymbol{x}},\tilde{\boldsymbol{y}}$ 取遍标准坐标向量, 即知 $\widetilde{G}=T^{\mathrm{T}}GT$. □

特别地, 两组标准正交基之间的过渡矩阵是正交矩阵.

命题 8.1.14 给定 n 维欧氏空间 $\mathcal{V}$ 中一组标准正交基 $\boldsymbol{e}_1,\boldsymbol{e}_2,\cdots,\boldsymbol{e}_n$ 和 $\mathbb{R}$ 上 n 阶方阵 T. 令 $(\boldsymbol{t}_1,\boldsymbol{t}_2,\cdots,\boldsymbol{t}_n)=(\boldsymbol{e}_1,\boldsymbol{e}_2,\cdots,\boldsymbol{e}_n)T$, 则 $\boldsymbol{t}_1,\boldsymbol{t}_2,\cdots,\boldsymbol{t}_n$ 是一组标准正交基, 当且仅当 T 是正交矩阵.

证 “$\Rightarrow$”: 若两组基都是标准正交基, 则内积在两组基下的度量矩阵都是 I_n. 根据命题 8.1.13, 就有 $I_n=T^{\mathrm{T}}I_nT=T^{\mathrm{T}}T$, 亦即 T 正交.

“$\Leftarrow$”: 若 T 正交, 则 T 可逆, 因此 $\boldsymbol{t}_1,\boldsymbol{t}_2,\cdots,\boldsymbol{t}_n$ 也是一组基, 内积在这组基下的度量矩阵是 $T^{\mathrm{T}}I_nT=T^{\mathrm{T}}T=I_n$, 因此 $\boldsymbol{t}_1,\boldsymbol{t}_2,\cdots,\boldsymbol{t}_n$ 是标准正交基. □

最后, 来说明第 3 章中的正交补、正交投影等概念可以推广到一般的欧氏空间. 由于结论及其证明基本与 3.3 节一致, 这里将略去大部分证明.

命题 8.1.15 给定欧氏空间 $\mathcal{V}$, 设 $\mathcal{M}$ 是线性空间 $\mathcal{V}$ 的子空间, 则 $\mathcal{M}$ 关于 $\mathcal{V}$ 上的内积也构成欧氏空间.

证明留给读者.

定义 8.1.16 (正交补) 给定欧氏空间 $\mathcal{V}$ 的子空间 $\mathcal{M}$, 称集合

$$\mathcal{M}^{\perp}:=\{\boldsymbol{a}\in\mathcal{V}\mid\boldsymbol{a}\perp\boldsymbol{b},\forall\boldsymbol{b}\in\mathcal{M}\}$$

为 $\mathcal{M}$ 的**正交补**.

容易验证，正交补 $\mathcal{M}^{\perp}$ 是 $\mathcal{V}$ 的子空间．正交补具有如下性质．

命题 8.1.17 给定欧氏空间 $\mathcal{V}$ 的有限维子空间 $\mathcal{M}$，则：

1. $\mathcal{M} \oplus \mathcal{M}^{\perp} = \mathcal{V}$;
2. $\dim \mathcal{M}^{\perp} = \dim \mathcal{V} - \dim \mathcal{M}$;
3. $(\mathcal{M}^{\perp})^{\perp} = \mathcal{M}$.

证 只证明第 1 条,其余留给读者.对任意 $\boldsymbol{a} \in \mathcal{M} \cap \mathcal{M}^{\perp}$, $\langle \boldsymbol{a}, \boldsymbol{a} \rangle = 0$,立得 $\boldsymbol{a} = \boldsymbol{0}$,因此 $\mathcal{M} \cap \mathcal{M}^{\perp} = \{\boldsymbol{0}\}$,即 $\mathcal{M} + \mathcal{M}^{\perp}$ 是直和.设 $\dim \mathcal{V} = n$.取 $\mathcal{M}$ 的一组标准正交基 $\boldsymbol{q}_1, \boldsymbol{q}_2, \cdots, \boldsymbol{q}_r$，根据基扩充定理，将其扩充成 $\mathcal{V}$ 的一组标准正交基 $\boldsymbol{q}_1, \boldsymbol{q}_2, \cdots, \boldsymbol{q}_r, \boldsymbol{q}_{r+1}, \boldsymbol{q}_{r+2}, \cdots, \boldsymbol{q}_n$. 易知 $\boldsymbol{q}_{r+1}, \boldsymbol{q}_{r+2}, \cdots, \boldsymbol{q}_n \in \mathcal{M}^{\perp}$，因此 $\mathcal{M} \oplus \mathcal{M}^{\perp} = \mathcal{V}$. □

例 8.1.18 具有标准内积的欧氏空间 $\mathbb{R}^{n \times n}$ 中，设 $\mathcal{M}$ 是由对称矩阵构成的子空间，下面计算 $\mathcal{M}^{\perp}$．对任意对称矩阵 A，反对称矩阵 B，有

$$\begin{aligned}\langle A, B \rangle &= \operatorname{trace}(B^{\mathrm{T}} A) = -\operatorname{trace}(BA) \\ &= -\operatorname{trace}(AB) = -\operatorname{trace}(A^{\mathrm{T}} B) = -\langle B, A \rangle = -\langle A, B \rangle,\end{aligned}$$

因而 $\langle A, B \rangle = 0$．于是，所有反对称矩阵都属于 $\mathcal{M}^{\perp}$．由维数公式可知

$$\dim \mathcal{M}^{\perp} = n^2 - \dim \mathcal{M} = n^2 - \frac{n(n+1)}{2} = \frac{n(n-1)}{2}.$$

由所有反对称矩阵构成的子空间的维数是 $\dfrac{n(n-1)}{2}$，因此它就是 $\mathcal{M}^{\perp}$. ☺

给定有限维欧氏空间 $\mathcal{V}$ 的子空间 $\mathcal{M}$，根据直和分解 $\mathcal{V} = \mathcal{M} \oplus \mathcal{M}^{\perp}$ 可知，对任意 $\boldsymbol{a} \in \mathcal{V}$，都有**唯一的**分解 $\boldsymbol{a} = \boldsymbol{a}_1 + \boldsymbol{a}_2$，其中 $\boldsymbol{a}_1 \in \mathcal{M}, \boldsymbol{a}_2 \in \mathcal{M}^{\perp}$．因此

$$\boldsymbol{P}_{\mathcal{M}} \colon \boldsymbol{a} \mapsto \boldsymbol{a}_1,$$

是 $\mathcal{V}$ 上的线性变换.

定义 8.1.19 给定有限维欧氏空间 $\mathcal{V}$ 的子空间 $\mathcal{M}$，其上线性变换 $\boldsymbol{P}_{\mathcal{M}}$ 称为 $\mathcal{V}$ 到子空间 $\mathcal{M}$ 上的**正交投影 (变换)**，而 $\boldsymbol{a}_1 = \boldsymbol{P}_{\mathcal{M}}(\boldsymbol{a})$ 称为向量 $\boldsymbol{a}$ 在 $\mathcal{M}$ 上的**正交投影**.

利用正交投影可得最小距离.

命题 8.1.20 给定有限维欧氏空间 $\mathcal{V}$ 的子空间 $\mathcal{M}$ 和向量 $\boldsymbol{a} \in \mathcal{V}$，而 $\boldsymbol{a}_1 = \boldsymbol{P}_{\mathcal{M}}(\boldsymbol{a})$ 为 $\boldsymbol{a}$ 在 $\mathcal{M}$ 上的正交投影，则 $\|\boldsymbol{a} - \boldsymbol{a}_1\| = \min\limits_{x \in \mathcal{M}} \|\boldsymbol{a} - \boldsymbol{x}\|$.

例 8.1.21 (主成分分析) 回顾例 6.3.12．测量数据 $\boldsymbol{a}_1, \boldsymbol{a}_2, \cdots, \boldsymbol{a}_n$ 作为列组成矩阵 A．测量数据在 m 维子空间 $\mathcal{M}$ 附近，该模型就是试图计算该子空间，确切来讲是一组

标准正交基 $\boldsymbol{q}_1, \boldsymbol{q}_2, \cdots, \boldsymbol{q}_m$. 设这组标准正交基组成矩阵 Q. 主成分分析告诉我们，设 A 的截断 SVD 为 $U_m \Sigma_m V_m^{\mathrm{T}}$，则矩阵 $Q = U_m$ 使得 $\operatorname{trace}(Q^{\mathrm{T}} A A^{\mathrm{T}} Q) = \|Q^{\mathrm{T}} A\|_{\mathrm{F}}^2$ 最大.

现在换用欧氏空间上的语言，希望找到矩阵 Q，使得 $\langle A^{\mathrm{T}} Q, A^{\mathrm{T}} Q \rangle$，即 $A^{\mathrm{T}} Q$ 在欧氏空间 $\mathbb{R}^{n \times m}$ 中范数的平方最大. 这不利于使用正交投影. 我们稍作变形，注意

$$\operatorname{trace}(Q^{\mathrm{T}} A A^{\mathrm{T}} Q) = \operatorname{trace}(Q Q^{\mathrm{T}} A A^{\mathrm{T}}) = \langle A A^{\mathrm{T}}, Q Q^{\mathrm{T}} \rangle,$$

问题就转换成了 QQ^{T} 与 AA^{T} 在欧氏空间 $\mathbb{R}^{d \times d}$ 中的内积最大，这等价于 $QQ^{\mathrm{T}} - AA^{\mathrm{T}}$ 在该空间中范数最小. 于是

$$\min_{\substack{Q \text{ 列正交} \\ \operatorname{rank}(Q)=m}} \|QQ^{\mathrm{T}} - AA^{\mathrm{T}}\|_{\mathrm{F}} = \|U_m U_m^{\mathrm{T}} - AA^{\mathrm{T}}\|_{\mathrm{F}}.$$ ☺

例 8.1.22 (信号处理) 在信号处理中，以时间为自变量的函数常称为信号. 不难发现，物理中的波也是一种信号. 中学物理提起过，最简单的波是简谐波，其函数表达式为 $A\sin(\omega t + \varphi)$，其中 A 是振幅，ω 是角频率，φ 是初始相位. 例 8.1.9 说明，振幅为 1、角频率是整数、初始相位是 0 或 $\dfrac{\pi}{2}$ 的简谐波是空间中的正交向量组. 出于各种考虑，人工信号的发射和接收，一般只限于有限频率有限相位内的波. 不妨假设只能接收到角频率为 $0, 1, 2$，相位为 $0, \dfrac{\pi}{2}$ 的波. 因此，任意信号 f，在如此接收端，所接收到的信号 $\hat{f}$，只能是原始信号在 $\operatorname{span}(1, \sin x, \cos x, \sin 2x, \cos 2x)$ 这一子空间上的正交投影. (注意，任意欧氏空间都有到其有限维子空间的正交投影，参见阅读 8.1.15.)

不难计算

$$\begin{aligned}\hat{f} = \left(\frac{1}{2\pi}\int_{-\pi}^{\pi} f(t)\,\mathrm{d}t\right) + \left(\frac{1}{\pi}\int_{-\pi}^{\pi} f(t)\sin x\,\mathrm{d}t\right)\sin x + \left(\frac{1}{\pi}\int_{-\pi}^{\pi} f(t)\cos x\,\mathrm{d}t\right)\cos x + \\ \left(\frac{1}{\pi}\int_{-\pi}^{\pi} f(t)\sin 2x\,\mathrm{d}t\right)\sin 2x + \left(\frac{1}{\pi}\int_{-\pi}^{\pi} f(t)\cos 2x\,\mathrm{d}t\right)\cos 2x.\end{aligned}$$

这就是在接收端得到的信号.

这一思想稍加推广，就能得到著名的 **Fourier 变换**，广泛应用于数学物理、偏微分方程、调和分析以及众多应用领域. ☺

习题

练习 8.1.1 在 $\mathbb{R}^2$ 中，对任意 $\boldsymbol{a} = \begin{bmatrix} a_1 \\ a_2 \end{bmatrix}, \boldsymbol{b} = \begin{bmatrix} b_1 \\ b_2 \end{bmatrix}$，定义二元函数

$$f(\boldsymbol{a}, \boldsymbol{b}) = a_1 b_1 - a_1 b_2 - a_2 b_1 + 2 a_2 b_2.$$

判断 $f(\boldsymbol{a}, \boldsymbol{b})$ 是否为 $\mathbb{R}^2$ 上的一个内积.

练习 8.1.2 证明，$\mathbb{R}^n$ 上的二元函数 $\boldsymbol{b}^{\mathrm{T}} A \boldsymbol{a}$ 定义了一个内积，当且仅当 A 是对称正定矩阵.

练习 8.1.3 证明，矩阵空间 $\mathbb{R}^{m\times n}$ 关于如下二元函数构成欧氏空间：$\langle A,B\rangle=\operatorname{trace}(B^{\mathrm{T}}A)$.

练习 8.1.4 证明正交向量组线性无关.

练习 8.1.5 设三维欧氏空间 $\mathcal{V}$ 的一组基是 $\boldsymbol{a}_1,\boldsymbol{a}_2,\boldsymbol{a}_3$，它的度量矩阵是 $\begin{bmatrix}1&0&1\\0&10&-2\\1&-2&2\end{bmatrix}$. 求 $\mathcal{V}$ 的一组标准正交基.

练习 8.1.6 设 $\boldsymbol{q}_1,\boldsymbol{q}_2,\boldsymbol{q}_3$ 是三维欧氏空间 $\mathcal{V}$ 的一组标准正交基，令

$$\boldsymbol{b}_1=\frac{1}{3}(2\boldsymbol{q}_1-\boldsymbol{q}_2+2\boldsymbol{q}_3),\quad \boldsymbol{b}_2=\frac{1}{3}(2\boldsymbol{q}_1+2\boldsymbol{q}_2-\boldsymbol{q}_3),\quad \boldsymbol{b}_3=\frac{1}{3}(\boldsymbol{q}_1-2\boldsymbol{q}_2-2\boldsymbol{q}_3).$$

证明，$\boldsymbol{b}_1,\boldsymbol{b}_2,\boldsymbol{b}_3$ 也是 $\mathcal{V}$ 的一组标准正交基.

练习 8.1.7 设 $\boldsymbol{q}_1,\boldsymbol{q}_2,\boldsymbol{q}_3,\boldsymbol{q}_4,\boldsymbol{q}_5$ 是 5 维欧氏空间 $\mathcal{V}$ 的一组标准正交基，令

$$\boldsymbol{a}_1=\boldsymbol{q}_1+\boldsymbol{q}_5,\quad \boldsymbol{a}_2=\boldsymbol{q}_1-\boldsymbol{q}_2+\boldsymbol{q}_4,\quad \boldsymbol{a}_3=2\boldsymbol{q}_1+\boldsymbol{q}_2+\boldsymbol{q}_3.$$

求 $\operatorname{span}(\boldsymbol{a}_1,\boldsymbol{a}_2,\boldsymbol{a}_3)$ 的一组标准正交基.

练习 8.1.8 计算例 8.1.11 中 Legendre 多项式作为多项式空间中向量的范数，并说明该向量组不是正交单位向量组.

练习 8.1.9 设 f 是 n 维欧氏空间 $\mathcal{V}$ 内的线性函数，证明，存在唯一的固定向量 $\boldsymbol{b}\in\mathcal{V}$，使得对任意 $\boldsymbol{a}\in\mathcal{V}$，都有 $f(\boldsymbol{a})=\langle\boldsymbol{a},\boldsymbol{b}\rangle$.

练习 8.1.10 证明命题 8.1.15.

练习 8.1.11 证明命题 8.1.17 第 2 条和第 3 条.

练习 8.1.12 考虑欧氏空间 $C[-1,1]$ 及其内积 $\langle f,g\rangle=\int_{-1}^{1}f(x)g(x)\,\mathrm{d}x$. 证明奇函数组成的子空间和偶函数组成的子空间互为正交补.

练习 8.1.13 设 $\mathcal{M}$ 是 n 维欧氏空间 $\mathcal{V}$ 的子空间，在 $\mathcal{M}$ 中取一组标准正交基 $\boldsymbol{q}_1,\boldsymbol{q}_2,\cdots,\boldsymbol{q}_r$. 证明，$\mathcal{V}$ 中任意向量 $\boldsymbol{a}$ 在 $\mathcal{M}$ 上的正交投影 $\boldsymbol{a}_1=\sum\limits_{i=1}^{r}\langle\boldsymbol{a},\boldsymbol{q}_i\rangle\boldsymbol{q}_i$.

练习 8.1.14 设 $\mathcal{M}$ 是 n 维欧氏空间 $\mathcal{V}$ 的子空间，$\boldsymbol{P}_{\mathcal{M}}$ 是 $\mathcal{V}$ 到 $\mathcal{M}$ 上的正交投影. 证明

$$\langle\boldsymbol{P}_{\mathcal{M}}(\boldsymbol{a}),\boldsymbol{b}\rangle=\langle\boldsymbol{a},\boldsymbol{P}_{\mathcal{M}}(\boldsymbol{b})\rangle,\quad \forall\boldsymbol{a},\boldsymbol{b}\in\mathcal{V}.$$

阅读 8.1.15 (无限维欧氏空间中的正交投影) 对欧氏空间 $\mathcal{V}$ 的有限维子空间 $\mathcal{M}$，命题 8.1.17 第 1 条也成立：$\mathcal{M}\oplus\mathcal{M}^{\perp}=\mathcal{V}$.

事实上，对任意 $\boldsymbol{a}\in\mathcal{M}\cap\mathcal{M}^{\perp}$，$\langle\boldsymbol{a},\boldsymbol{a}\rangle=0$，于是 $\boldsymbol{a}=\boldsymbol{0}$，这就说明 $\mathcal{M}\cap\mathcal{M}^{\perp}=\{\boldsymbol{0}\}$，即 $\mathcal{M}+\mathcal{M}^{\perp}$ 是直和. 根据定理 8.1.10，$\mathcal{M}$ 存在一组标准正交基，记为 $\boldsymbol{q}_1,\boldsymbol{q}_2,\cdots,\boldsymbol{q}_r$. 对任意 $\boldsymbol{b}\in\mathcal{V}$，定义向量 $\boldsymbol{b}_1:=\langle\boldsymbol{b},\boldsymbol{q}_1\rangle\boldsymbol{q}_1-\langle\boldsymbol{b},\boldsymbol{q}_2\rangle\boldsymbol{q}_2-\cdots-\langle\boldsymbol{b},\boldsymbol{q}_r\rangle\boldsymbol{q}_r\in\mathcal{M}$，$\boldsymbol{b}_2:=\boldsymbol{b}-\boldsymbol{b}_1$. 易见 $\langle\boldsymbol{q}_i,\boldsymbol{b}_2\rangle=0,\ i=1,2,\cdots,r$，于是 $\boldsymbol{b}_2\perp\mathcal{M}$，即得 $\boldsymbol{b}_2\in\mathcal{M}^{\perp}$. 因此 $\boldsymbol{b}=\boldsymbol{b}_1+\boldsymbol{b}_2\in\mathcal{M}\oplus\mathcal{M}^{\perp}$. 这就说明 $\mathcal{M}\oplus\mathcal{M}^{\perp}=\mathcal{V}$.

定义 8.1.19 显然可以推广成无限维欧氏空间到其有限维子空间上的正交投影.

8.2 欧氏空间上的线性映射

首先讨论欧氏空间之间的线性映射.

定义 8.2.1 (伴随映射) 给定欧氏空间 $\mathcal{U},\mathcal{V}$, 内积分别为 $\langle\cdot,\cdot\rangle_{\mathcal{U}},\langle\cdot,\cdot\rangle_{\mathcal{V}}$. 如果线性映射 $f\in\mathrm{Hom}(\mathcal{U},\mathcal{V}),g\in\mathrm{Hom}(\mathcal{V},\mathcal{U})$ 满足对任意 $\boldsymbol{x}\in\mathcal{U},\boldsymbol{y}\in\mathcal{V}$, 都有 $\langle f(\boldsymbol{x}),\boldsymbol{y}\rangle_{\mathcal{V}}=\langle\boldsymbol{x},g(\boldsymbol{y})\rangle_{\mathcal{U}}$ 成立, 则称 g 是 f 的**共轭映射**或**伴随映射**, 记为 $g=f^*$.

特别地, 如果 $\mathcal{U}=\mathcal{V}$, 则 f^* 又称为 f 的**伴随变换**.

伴随映射若存在则唯一, 且满足: $(f^*)^*=f$; 若 $g=f^*$, 则 $f=g^*$; $(gf)^*=f^*g^*$. 请读者自己验证.

命题 8.2.2 当 $\mathcal{U}=\mathbb{R}^n,\mathcal{V}=\mathbb{R}^m$ 时, 由 $A\in\mathbb{R}^{m\times n}$ 确定的线性映射 $\boldsymbol{A}\colon\boldsymbol{x}\mapsto A\boldsymbol{x}$ 的伴随映射是 $\boldsymbol{A}^*\colon\boldsymbol{y}\mapsto A^{\mathrm{T}}\boldsymbol{y}$.

证 由内积定义, 对任意 $\boldsymbol{x}\in\mathbb{R}^n,\boldsymbol{y}\in\mathbb{R}^m$, $\langle A\boldsymbol{x},\boldsymbol{y}\rangle=\boldsymbol{y}^{\mathrm{T}}A\boldsymbol{x}=(A^{\mathrm{T}}\boldsymbol{y})^{\mathrm{T}}\boldsymbol{x}=\langle\boldsymbol{x},A^{\mathrm{T}}\boldsymbol{y}\rangle$, 由此即得伴随映射. □

因此, 伴随映射是转置矩阵的推广. 一般地, 如下结论说明了伴随矩阵的存在性.

命题 8.2.3 给定欧氏空间 $\mathcal{U},\mathcal{V}$ 及各自一组标准正交基 $\boldsymbol{u}_1,\boldsymbol{u}_2,\cdots,\boldsymbol{u}_n;\boldsymbol{v}_1,\boldsymbol{v}_2,\cdots,\boldsymbol{v}_m$. 任意线性映射 $f\colon\mathcal{U}\to\mathcal{V}$ 都存在唯一的伴随映射 $f^*:\mathcal{V}\to\mathcal{U}$, 且若 f 在两组基下的矩阵是 F, 则 f^* 在两组基下的矩阵是 F^{T}.

证 唯一性易得, 下面说明存在性. 设由 F^{T} 定义的从 $\mathcal{V}$ 到 $\mathcal{U}$ 的线性映射为 g, 则

$$\langle f(\boldsymbol{u}_i),\boldsymbol{v}_j\rangle=\langle f_{1i}\boldsymbol{v}_1+f_{2i}\boldsymbol{v}_2+\cdots+f_{mi}\boldsymbol{v}_m,\boldsymbol{v}_j\rangle=f_{ji},$$

$$\langle\boldsymbol{u}_i,g(\boldsymbol{v}_j)\rangle=\langle\boldsymbol{u}_i,f_{j1}\boldsymbol{u}_1+f_{j2}\boldsymbol{u}_2+\cdots+f_{jn}\boldsymbol{u}_n\rangle=f_{ji}.$$

因此 $\langle f(\boldsymbol{u}_i),\boldsymbol{v}_j\rangle=\langle\boldsymbol{u}_i,g(\boldsymbol{v}_j)\rangle$, 利用双线性的性质, 对任意 $\boldsymbol{x}\in\mathcal{U},\boldsymbol{y}\in\mathcal{V}$, 有 $\langle f(\boldsymbol{x}),\boldsymbol{y}\rangle=\langle\boldsymbol{x},g(\boldsymbol{y})\rangle$, 即 g 是 f 的伴随映射. □

注意, 当给定基不是标准正交基时, 伴随映射的矩阵并不一定是原矩阵的转置.

其次讨论欧氏空间上的线性映射的矩阵在标准正交基的基变换下的变化规律. 在一般情形下, 线性映射的矩阵在基变换下的规律见命题 7.5.6. 当给定基都取作标准正交基时, 过渡矩阵是正交矩阵 (参见命题 8.1.14), 立得如下结论.

命题 8.2.4 给定欧氏空间 $\mathcal{U},\mathcal{V}$, 和 $\mathcal{U}$ 的两组标准正交基 $\boldsymbol{u}_1,\boldsymbol{u}_2,\cdots,\boldsymbol{u}_n;\boldsymbol{s}_1,\boldsymbol{s}_2,\cdots,\boldsymbol{s}_n$ 与 $\mathcal{V}$ 的两组标准正交基 $\boldsymbol{v}_1,\boldsymbol{v}_2,\cdots,\boldsymbol{v}_m;\boldsymbol{t}_1,\boldsymbol{t}_2,\cdots,\boldsymbol{t}_m$. 记二者的过渡矩阵分别为 V 和 U, 即

$$(\boldsymbol{s}_1,\boldsymbol{s}_2,\cdots,\boldsymbol{s}_n)=(\boldsymbol{u}_1,\boldsymbol{u}_2,\cdots,\boldsymbol{u}_n)V,\quad(\boldsymbol{t}_1,\boldsymbol{t}_2,\cdots,\boldsymbol{t}_m)=(\boldsymbol{v}_1,\boldsymbol{v}_2,\cdots,\boldsymbol{v}_m)U.$$

如果 $\mathcal{U}$ 到 $\mathcal{V}$ 的线性映射 f 在基 $\boldsymbol{u}_1,\boldsymbol{u}_2,\cdots,\boldsymbol{u}_n;\boldsymbol{v}_1,\boldsymbol{v}_2,\cdots,\boldsymbol{v}_m$ 下的矩阵为 F, 则该映射在基 $\boldsymbol{s}_1,\boldsymbol{s}_2,\cdots,\boldsymbol{s}_n;\boldsymbol{t}_1,\boldsymbol{t}_2,\cdots,\boldsymbol{t}_m$ 下的矩阵为 $U^{\mathrm{T}}FV$.

命题 8.2.4 说明，计算 $m\times n$ 矩阵 A 奇异值分解，本质上就是为 $\mathbb{R}^m$ 和 $\mathbb{R}^n$ 各找一组标准正交基，使得 A 对应的线性映射在给定基下的矩阵具有如下形式 $\begin{bmatrix}\Sigma_r & O\\ O & O\end{bmatrix}$，其中 Σ_r 是正定的对角矩阵.

当考虑线性变换，即 $\mathcal{U}=\mathcal{V}$ 时，直接有如下推论.

命题 8.2.5 给定欧氏空间 $\mathcal{V}$ 及其两组标准正交基 $\boldsymbol{e}_1,\boldsymbol{e}_2,\cdots,\boldsymbol{e}_n;\boldsymbol{q}_1,\boldsymbol{q}_2,\cdots,\boldsymbol{q}_n$，记过渡矩阵为 Q，即 $(\boldsymbol{q}_1,\boldsymbol{q}_2,\cdots,\boldsymbol{q}_n)=(\boldsymbol{e}_1,\boldsymbol{e}_2,\cdots,\boldsymbol{e}_n)Q$. 如果 $\mathcal{V}$ 上线性变换 f 在基 $\boldsymbol{e}_1,\boldsymbol{e}_2,\cdots,\boldsymbol{e}_n$ 下的矩阵为 F，那么 f 在基 $\boldsymbol{q}_1,\boldsymbol{q}_2,\cdots,\boldsymbol{q}_n$ 下的矩阵为 $Q^{-1}FQ=Q^{\mathrm{T}}FQ$.

这说明，**欧氏空间做标准正交基的基变换，其上线性变换的矩阵就做正交相似变换**. 事实上，有如下类似于命题 7.5.14 的结论.

命题 8.2.6 数域 $\mathbb{R}$ 上两个 n 阶方阵 A,B 正交相似，当且仅当 A,B 是 n 维欧氏空间 $\mathcal{V}$ 上某个线性变换在两组标准正交基下的矩阵.

命题 8.2.6 说明，把 n 阶对称矩阵 A 用正交矩阵对角化，本质上就是为 $\mathbb{R}^n$ 找到一组标准正交基，使得 A 对应的线性变换在这组基下的矩阵是对角矩阵.

下面重点讨论欧氏空间上的两类特殊的线性变换. 先来看对称变换.

定义 8.2.7 (对称变换) 给定欧氏空间 $\mathcal{V}$ 中的线性变换 f，如果对任意 $\boldsymbol{x},\boldsymbol{y}\in\mathcal{V}$，都有 $\langle f(\boldsymbol{x}),\boldsymbol{y}\rangle=\langle\boldsymbol{x},f(\boldsymbol{y})\rangle$，则称 f 为 $\mathcal{V}$ 上的一个**自伴变换**或**对称变换**.

命题 8.2.8 给定 n 维欧氏空间 $\mathcal{V}$ 上线性变换 f，则

1. f 是对称变换，当且仅当 $f=f^*$.
2. f 是对称变换，当且仅当 f 在任意标准正交基下的矩阵都是对称矩阵.

证 第 1 条：充分性显然，下证必要性. 由伴随变换的定义，对任意 $\boldsymbol{x},\boldsymbol{y}\in\mathcal{V}$，都有 $\langle\boldsymbol{x},f^*(\boldsymbol{y})\rangle=\langle f(\boldsymbol{x}),\boldsymbol{y}\rangle=\langle\boldsymbol{x},f(\boldsymbol{y})\rangle$. 取定 $\mathcal{V}$ 的一组标准正交基 $\boldsymbol{v}_1,\boldsymbol{v}_2,\cdots,\boldsymbol{v}_n$，则

$$
\begin{aligned}
f^*(\boldsymbol{y})&=\langle\boldsymbol{v}_1,f^*(\boldsymbol{y})\rangle\boldsymbol{v}_1+\langle\boldsymbol{v}_2,f^*(\boldsymbol{y})\rangle\boldsymbol{v}_2+\cdots+\langle\boldsymbol{v}_n,f^*(\boldsymbol{y})\rangle\boldsymbol{v}_n\\
&=\langle\boldsymbol{v}_1,f(\boldsymbol{y})\rangle\boldsymbol{v}_1+\langle\boldsymbol{v}_2,f(\boldsymbol{y})\rangle\boldsymbol{v}_2+\cdots+\langle\boldsymbol{v}_n,f(\boldsymbol{y})\rangle\boldsymbol{v}_n=f(\boldsymbol{y}).
\end{aligned}
$$

因此 $f^*=f$.

第 2 条：设 f 在某组标准正交基下的矩阵为 A，由命题 8.2.3 可知，f^* 的矩阵是 A^{T}. 利用线性映射与矩阵之间的一一对应（定理 7.5.3），即有 $f=f^*\Leftrightarrow A=A^{\mathrm{T}}$，立得结论. □

例 8.2.9

1. 具有标准内积的欧氏空间 $\mathbb{R}^{n\times n}$ 上，取转置这一线性变换 $f\colon A\mapsto A^{\mathrm{T}}$ 是对称变换. 先计算其伴随变换. 对任意 $A,B\in\mathbb{R}^{n\times n}$，有

$$
\langle f(A),B\rangle=\operatorname{trace}(B^{\mathrm{T}}A^{\mathrm{T}})=\operatorname{trace}(AB)=\operatorname{trace}(BA)=\langle A,B^{\mathrm{T}}\rangle,
$$

因此 $f^*(B)=B^{\mathrm{T}}$，即 $f=f^*$.

2. 周期函数组成的集合 $C_T^{\infty}(\mathbb{R})=\{f\in C^{\infty}(\mathbb{R})\mid f(x)=f(x+T),\forall x\in\mathbb{R}\}$ 是具有内积 $\langle f,g\rangle=\displaystyle\int_0^T f(x)g(x)\,\mathrm{d}x$ 的欧氏空间（为什么?）. 考虑其上的求导算子

$$\begin{aligned}\boldsymbol{D}\colon\ & C_T^{\infty}(\mathbb{R})\to C_T^{\infty}(\mathbb{R}),\\ & f(x)\mapsto f'(x).\end{aligned}$$

计算其伴随变换. 对任意 $f,g\in C_T^{\infty}(\mathbb{R})$，有

$$\langle\boldsymbol{D}(f),g\rangle=\int_0^T f'(x)g(x)\,\mathrm{d}x=[f(x)g(x)]\Big|_0^T-\int_0^T f(x)g'(x)\,\mathrm{d}x=\langle f,-\boldsymbol{D}(g)\rangle,$$

因此 $\boldsymbol{D}^*=-\boldsymbol{D}$，$\boldsymbol{D}$ 不是对称变换.

3. 光滑函数空间 $C^{\infty}[a,b]$ 是具有内积 $\langle f,g\rangle=\displaystyle\int_a^b f(x)g(x)\,\mathrm{d}x$ 的欧氏空间，它有一个子空间 $C_0^{\infty}[a,b]=\{f\in C^{\infty}[a,b]\mid f(a)=f(b)=0\}$（为什么是子空间?）. 而 $\mathcal{V}_{a,b}=\left\{f\in C_0^{\infty}[a,b]\,\middle|\,f^{(2k)}\in C_0^{\infty}[a,b],k=1,2,\cdots\right\}$ 是 $C_0^{\infty}[a,b]$ 的子空间（为什么?）. 考虑其上的二阶求导算子

$$\begin{aligned}\boldsymbol{D}^2\colon\ & \mathcal{V}_{a,b}\to\mathcal{V}_{a,b},\\ & f(x)\mapsto f''(x).\end{aligned}$$

利用分部积分可得，其伴随变换是 $(\boldsymbol{D}^2)^*=\boldsymbol{D}^2$，立得 $\boldsymbol{D}^2$ 是对称变换. ☺

例 8.2.10 给定 n 维欧氏空间 $\mathcal{V}$ 的子空间 $\mathcal{M}$，不难验证正交投影 $\boldsymbol{P}_{\mathcal{M}}$ 是 $\mathcal{V}$ 上的对称变换（练习 8.1.14）. 分别取 $\mathcal{M}$ 和 $\mathcal{M}^{\perp}$ 的一组标准正交基，其并集就是 $\mathcal{V}$ 的一组标准正交基，则 $\boldsymbol{P}_{\mathcal{M}}$ 在该组基下的矩阵是对角矩阵 $\begin{bmatrix}I_r & O\\ O & O\end{bmatrix}$，其中 $r=\dim\mathcal{M}$. 这显然是对称矩阵. ☺

给定线性变换，通过换基寻找其矩阵最简单的形式，就是计算其矩阵在正交相似这个等价关系下的标准形. 实对称矩阵正交相似于对角矩阵，因此有如下结论.

定理 8.2.11 给定 n 维欧氏空间 $\mathcal{V}$，对其上任意对称变换 f，都存在 $\mathcal{V}$ 的一组标准正交基，使得 f 在该组基下的矩阵是对角矩阵.

例 8.2.12 考虑例 8.2.9 中的对称变换的矩阵.

1. 欧氏空间 $\mathbb{R}^{n\times n}$ 上的对称变换 $f\colon A\mapsto A^{\mathrm{T}}$，由于 $f^2=\mathrm{id}$，因此 f 的特征值只能是 ±1. 考察其特征向量，$f(A)=A$，当且仅当 A 是对称矩阵；$f(A)=-A$，

当且仅当 A 是反对称矩阵. 由例 8.1.18 可知, 由对称矩阵和反对称矩阵构成的特征子空间互为正交补. 在两个特征子空间中分别取一组标准正交基, 合并成 $\mathbb{R}^{n\times n}$ 的一组标准正交基, 则对称变换 f 在该组基下的矩阵是对角矩阵. 例如, 取 $n=2$, 则对称变换 f 在基 $\begin{bmatrix}1&0\\0&0\end{bmatrix}, \begin{bmatrix}0&0\\0&1\end{bmatrix}, \begin{bmatrix}0&1\\1&0\end{bmatrix}, \begin{bmatrix}0&1\\-1&0\end{bmatrix}$ 下的矩阵就是 $\mathrm{diag}(1,1,1,-1)$.

2. 欧氏空间 $\mathcal{V}_{-\pi,\pi}$ (见例 8.2.9 第 3 条) 上的对称变换 $\boldsymbol{D}^2$: $f(x)\mapsto f''(x)$, 易得 $\boldsymbol{D}^2(\sin nx)=-n^2\sin nx$, 即 $-n^2$ 是 $\boldsymbol{D}^2$ 的特征值, 而 $\sin nx$ 是属于 $-n^2$ 的特征向量. 由例 8.1.9 可知, $\{\sin nx \mid n\geqslant 1\}$ 是正交向量组. 因此, 子空间 $\mathrm{span}(\sin x,\sin 2x,\cdots,\sin nx)$ 上的线性变换 $\boldsymbol{D}^2$, 在标准正交基 $\dfrac{1}{\sqrt{\pi}}\sin x$, $\dfrac{1}{\sqrt{\pi}}\sin 2x,\cdots,\dfrac{1}{\sqrt{\pi}}\sin nx$ 下的矩阵是对角矩阵 $\mathrm{diag}(-1,-4,\cdots,-n^2)$.

   事实上, 数学分析知识说明, $\left\{\dfrac{1}{\sqrt{\pi}}\sin nx \,\middle|\, n\geqslant 1\right\}$ 是无穷维欧氏空间 $\mathcal{V}_{-\pi,\pi}$ 的一组标准正交基, 而对称变换 $\boldsymbol{D}^2$ 的所有特征值是 $-1,-4,\cdots,-n^2,\cdots$. ☺

再来看正交变换.

定义 8.2.13 (正交变换) 给定欧氏空间 $\mathcal{V}$ 中的线性变换 f, 如果对任意 $\boldsymbol{x},\boldsymbol{y}\in\mathcal{V}$, 都有 $\langle f(\boldsymbol{x}),f(\boldsymbol{y})\rangle=\langle\boldsymbol{x},\boldsymbol{y}\rangle$, 则称 f 为 $\mathcal{V}$ 上的一个**正交变换**.

正交变换有如下等价描述, 这可以看作针对正交矩阵的命题 3.2.4 的推广, 证明留给读者.

命题 8.2.14 给定 n 维欧氏空间 $\mathcal{V}$ 上线性变换 f, 以下叙述等价:

1. f 是正交变换, 即, 对任意 $\boldsymbol{x},\boldsymbol{y}\in\mathcal{V}$, 都有 $\langle f(\boldsymbol{x}),f(\boldsymbol{y})\rangle=\langle\boldsymbol{x},\boldsymbol{y}\rangle$;
2. f 为保距变换, 即, 对任意 $\boldsymbol{x}\in\mathcal{V}$, 都有 $\|f(\boldsymbol{x})\|=\|\boldsymbol{x}\|$;
3. f 把 $\mathcal{V}$ 的标准正交基映射成标准正交基.

如下结论类似于命题 8.2.8, 证明也类似, 留给读者.

命题 8.2.15 给定 n 维欧氏空间 $\mathcal{V}$ 上线性变换 f,

1. f 是正交变换, 当且仅当 $ff^*=f^*f=\mathrm{id}_{\mathcal{V}}$;
2. f 是正交变换, 当且仅当 f 在任意标准正交基下的矩阵都是正交矩阵.

然后讨论正交变换的矩阵通过换基能得到的最简单的形式, 即正交矩阵在正交相似这个等价关系下的标准形. 先考虑正交矩阵的特征值和特征向量.

命题 8.2.16 给定正交矩阵 Q, 如果 $\lambda\in\mathbb{C}$ 是其特征值, 则 $|\lambda|=1$. 特别地, 正交矩阵的实特征值只能是 ±1.

证 设 $Q\boldsymbol{x}=\lambda\boldsymbol{x},\boldsymbol{x}\in\mathbb{C}^n$，取共轭转置得 $\overline{\boldsymbol{x}}^{\mathrm{T}}Q^{\mathrm{T}}=\overline{\lambda}\overline{\boldsymbol{x}}^{\mathrm{T}}$，因此

$$\overline{\boldsymbol{x}}^{\mathrm{T}}\boldsymbol{x}=\overline{\boldsymbol{x}}^{\mathrm{T}}Q^{\mathrm{T}}Q\boldsymbol{x}=\overline{\lambda}\lambda\overline{\boldsymbol{x}}^{\mathrm{T}}\boldsymbol{x}=|\lambda|^2\overline{\boldsymbol{x}}^{\mathrm{T}}\boldsymbol{x}.$$

而 $\boldsymbol{x}\neq\boldsymbol{0}$，$\overline{\boldsymbol{x}}^{\mathrm{T}}\boldsymbol{x}=|x_1|^2+|x_2|^2+\cdots+|x_n|^2>0$，因此 $|\lambda|=1$. □

命题 8.2.17 给定正交矩阵 Q, 如果 $\lambda=\cos\theta+\mathrm{i}\sin\theta$ 是其特征值, 其中 θ 不是平角的倍数, 而 $\boldsymbol{z}=\boldsymbol{x}-\mathrm{i}\boldsymbol{y}$ 是属于 λ 的特征向量, 其中 $\boldsymbol{x},\boldsymbol{y}\in\mathbb{R}^n$, 则 $\|\boldsymbol{x}\|=\|\boldsymbol{y}\|\neq0,\boldsymbol{x}^{\mathrm{T}}\boldsymbol{y}=0$.

证 由条件知 $Q\boldsymbol{z}=\lambda\boldsymbol{z}$, 取转置可得 $\boldsymbol{z}^{\mathrm{T}}Q^{\mathrm{T}}=\lambda\boldsymbol{z}^{\mathrm{T}}$, 因此 $\boldsymbol{z}^{\mathrm{T}}\boldsymbol{z}=\boldsymbol{z}^{\mathrm{T}}Q^{\mathrm{T}}Q\boldsymbol{x}=\lambda^2\boldsymbol{z}^{\mathrm{T}}\boldsymbol{z}$. 而 $\lambda^2\neq1$, 故 $\boldsymbol{z}^{\mathrm{T}}\boldsymbol{z}=0$, 即 $(\boldsymbol{x}-\boldsymbol{y}\mathrm{i})^{\mathrm{T}}(\boldsymbol{x}-\boldsymbol{y}\mathrm{i})=\boldsymbol{x}^{\mathrm{T}}\boldsymbol{x}-\boldsymbol{y}^{\mathrm{T}}\boldsymbol{y}+2\mathrm{i}\boldsymbol{x}^{\mathrm{T}}\boldsymbol{y}=0$, 立得结论. □

事实上，由于 $Q(\boldsymbol{x}-\boldsymbol{y}\mathrm{i})=(\cos\theta+\mathrm{i}\sin\theta)(\boldsymbol{x}-\boldsymbol{y}\mathrm{i})$，比较实部和虚部可得：

$$Q\boldsymbol{x}=\cos\theta\boldsymbol{x}+\sin\theta\boldsymbol{y},\quad Q\boldsymbol{y}=-\sin\theta\boldsymbol{x}+\cos\theta\boldsymbol{y}.$$

根据命题 8.2.17，$\boldsymbol{x},\boldsymbol{y}$ 正交且长度相等，因此单位化后得到的两个正交的单位向量 $\boldsymbol{x}_1=\dfrac{\boldsymbol{x}}{\|\boldsymbol{x}\|},\boldsymbol{x}_2=\dfrac{\boldsymbol{y}}{\|\boldsymbol{y}\|}$，满足

$$Q\begin{bmatrix}\boldsymbol{x}_1 & \boldsymbol{x}_2\end{bmatrix}=\begin{bmatrix}\boldsymbol{x}_1 & \boldsymbol{x}_2\end{bmatrix}\begin{bmatrix}\cos\theta & -\sin\theta\\ \sin\theta & \cos\theta\end{bmatrix}. \tag{8.2.1}$$

这意味着，在二维子空间 $\mathrm{span}(\boldsymbol{x}_1,\boldsymbol{x}_2)$ 上，线性变换 $\boldsymbol{Q}\colon\boldsymbol{x}\mapsto Q\boldsymbol{x}$ 是一个旋转.

下面就能得到正交矩阵的正交相似标准形.

定理 8.2.18 (正交矩阵的实 Schur 分解) 对 n 阶正交矩阵 Q，存在 n 阶正交矩阵 X，使得

$$X^{\mathrm{T}}QX=J=\begin{bmatrix}I_{n_1} & & & & & \\ & -I_{n_2} & & & & \\ & & R_{\theta_1} & & & \\ & & & R_{\theta_2} & & \\ & & & & \ddots & \\ & & & & & R_{\theta_s}\end{bmatrix}, \tag{8.2.2}$$

其中 $R_i=\begin{bmatrix}\cos\theta_i & -\sin\theta_i\\ \sin\theta_i & \cos\theta_i\end{bmatrix}$，而 $\theta_i\,(i=1,2,\cdots,s)$ 不是平角的倍数，即 J 是分块对角矩阵，其中对角块或者是一阶方阵 1，或者是一阶方阵 -1，或者是二阶旋转矩阵. 这种分块对角矩阵称为正交矩阵 Q 的**实相似标准形**，且除了这些对角块的排列次序外，J 被 Q 唯一确定.

证 采用数学归纳法. 当 $n=1$ 时，显然. 假设命题对 $1,2,\cdots,n-1$ 阶正交矩阵成立，考虑 n 阶正交矩阵.

如果 Q 有实特征值 $\lambda=\pm1$，则存在单位向量 $\boldsymbol{x}_1$，满足 $Q\boldsymbol{x}_1=\lambda\boldsymbol{x}_1$. 将 $\boldsymbol{x}_1$ 扩充成 $\mathbb{R}^n$ 的一组标准正交基 $\boldsymbol{x}_1,\boldsymbol{x}_2,\cdots,\boldsymbol{x}_n$，记 $X_1=\begin{bmatrix}\boldsymbol{x}_1 & \boldsymbol{x}_2 & \cdots & \boldsymbol{x}_n\end{bmatrix}=\begin{bmatrix}\boldsymbol{x}_1 & X_{12}\end{bmatrix}$，则

$$QX_1=Q\begin{bmatrix}\boldsymbol{x}_1 & X_{12}\end{bmatrix}=\begin{bmatrix}\boldsymbol{x}_1 & X_{12}\end{bmatrix}\begin{bmatrix}\lambda & \boldsymbol{y}^{\mathrm{T}}\\ \boldsymbol{0} & Q_2\end{bmatrix}=X_1Q_1.$$

由 Q 正交，X_1 正交可知，$Q_1=\begin{bmatrix}\lambda & \boldsymbol{y}^{\mathrm{T}}\\ \boldsymbol{0} & Q_2\end{bmatrix}$ 也正交. 因此 $\boldsymbol{y}^{\mathrm{T}}=\boldsymbol{0}^{\mathrm{T}}$，且 $Q_1=\begin{bmatrix}\lambda & \\ & Q_2\end{bmatrix}$，$Q_2$ 是 $n-1$ 阶正交矩阵. 由归纳假设，存在 $n-1$ 阶正交矩阵 X_2，使得 ${X_2}^{-1}Q_2X_2=J_2$ 为满足条件的分块对角矩阵. 于是

$$Q_1\begin{bmatrix}1 & \\ & X_2\end{bmatrix}=\begin{bmatrix}\lambda & \\ & Q_2\end{bmatrix}\begin{bmatrix}1 & \\ & X_2\end{bmatrix}=\begin{bmatrix}1 & \\ & X_2\end{bmatrix}\begin{bmatrix}\lambda & \\ & J_2\end{bmatrix}.$$

令 $X=X_1\begin{bmatrix}1 & \\ & X_2\end{bmatrix}, J=\begin{bmatrix}\lambda & \\ & J_2\end{bmatrix}$，则

$$QX=QX_1\begin{bmatrix}1 & \\ & X_2\end{bmatrix}=X_1Q_1\begin{bmatrix}1 & \\ & X_2\end{bmatrix}=X_1\begin{bmatrix}1 & \\ & X_2\end{bmatrix}J=XJ,$$

J 满足条件，而 X 是正交矩阵.

如果 Q 有非实数特征值 $\cos\theta+\mathrm{i}\sin\theta$，由命题 8.2.17 可知，存在两个单位正交向量 $\boldsymbol{x}_1,\boldsymbol{x}_2\in\mathbb{R}^n$，满足 (8.2.1) 式. 将 $\boldsymbol{x}_1,\boldsymbol{x}_2$ 扩充成 $\mathbb{R}^n$ 的一组标准正交基，重复前一情形的证明，可得结论.

唯一性可由特征多项式得到. □

从定理 8.2.18 中容易看到，正交矩阵 Q 有分解 $Q=XJX^{\mathrm{T}}$，称为 Q 的**实 Schur 分解**.

再回到正交变换，有如下推论.

定理 8.2.19　*给定 n 维欧氏空间 $\mathcal{V}$，对其上任意正交变换 f，都存在 $\mathcal{V}$ 的一组标准正交基，使得 f 在该组基下的矩阵形如 (8.2.2) 式中的 J.*

最后，我们来讨论正交矩阵的几何性质.

注 3.2.11，即如下推论，可以利用正交矩阵的实 Schur 分解来证明.

推论 8.2.20　*任意 n 阶正交矩阵 Q 都可以分解成不超过 n 个反射矩阵的乘积.*

证　先说明反射矩阵经过正交相似变换得到的矩阵还是反射. 反射矩阵 $H_{\boldsymbol{v}}=I_n-2\boldsymbol{v}\boldsymbol{v}^{\mathrm{T}}$ 满足 $H_{\boldsymbol{v}}\boldsymbol{v}=-\boldsymbol{v}$，对任意正交矩阵 X，$(X^{\mathrm{T}}H_{\boldsymbol{v}}X)(X^{\mathrm{T}}\boldsymbol{v})=X^{\mathrm{T}}H_{\boldsymbol{v}}\boldsymbol{v}=-X^{\mathrm{T}}\boldsymbol{v}$，因此 $X^{\mathrm{T}}H_{\boldsymbol{v}}X=H_{\boldsymbol{w}}$，其中 $\boldsymbol{w}=X^{\mathrm{T}}\boldsymbol{v}$.

一阶正交矩阵只能是 ± 1. 由例 3.2.5 可知，二阶正交矩阵或者是旋转，或者是反射；且任意旋转都可以写成两个反射的乘积.

根据定理 8.2.18，设 Q 的相似标准形是 J. 由于 J 是分块对角矩阵，易知有分解 $J = J_1 \cdots J_{n_2} K_1 \cdots K_s$，其中 J_i 是保留 J 中对角线上的第 i 个 -1，而其余对角块都变成一阶或二阶单位矩阵的分块对角矩阵，K_j 是保留 J 中对角线上的第 j 个二阶旋转矩阵，而其余对角块都变成一阶或二阶单位矩阵的分块对角矩阵. 由二阶正交矩阵的讨论可知，每个 K_j 都可以写成两个反射的乘积；而每个 J_i 都是反射矩阵. 因此 J 可以写成 $l = n_2 + 2s$ 个反射的乘积：$J = J_1 J_2 \cdots J_l$. 由 $n_1 + l = n$ 可知 $l \leqslant n$. 根据 $X^{\mathrm{T}} Q X = J$，$Q = XJX^{\mathrm{T}} = (XJ_1X^{\mathrm{T}})(XJ_2X^{\mathrm{T}}) \cdots (XJ_lX^{\mathrm{T}})$，其中每个 XJ_iX^{T} 都是反射矩阵. □

正交矩阵的实 Schur 分解还能用来讨论正交矩阵的几何分类.

例 8.2.21 (二阶正交矩阵) 根据定理 8.2.18，任意二阶正交矩阵正交相似且仅相似于下列矩阵之一（其中 $\theta \neq k\pi$）：

$$I_2 = \begin{bmatrix} 1 & \\ & 1 \end{bmatrix}, H_0 = \begin{bmatrix} 1 & \\ & -1 \end{bmatrix}, -I_2 = \begin{bmatrix} -1 & \\ & -1 \end{bmatrix}, R_\theta = \begin{bmatrix} \cos\theta & -\sin\theta \\ \sin\theta & \cos\theta \end{bmatrix}.$$

这说明，任意 $\mathbb{R}^2$ 上的保距变换，通过选择适当的直角坐标系，其矩阵在四者中必居其一. 其中 I_2 是恒同，也可以理解为转角为 $2k\pi$ 的旋转；H_0 是以 x 轴为反射轴的反射；$-I_2$ 是中心对称，也可以理解为转角为 $(2k+1)\pi$ 的旋转；R_θ 是转角为 θ 的旋转. 综上，$\mathbb{R}^2$ 上的保距变换，只能是旋转或反射，这与例 3.2.5 一致.

另外，不难看到 $\det(I_2) = \det(-I_2) = \det(R_\theta) = 1, \det(H_0) = -1$，因此旋转就是变积系数为 1 的保距变换，反射就是变积系数为 -1 的保距变换.

几何上，常常不将恒同称为旋转，这时 $\mathbb{R}^2$ 上的保距变换除恒同外有旋转、反射两种. ☺

例 8.2.22 (三阶正交矩阵) 根据定理 8.2.18，任意三阶正交矩阵正交相似且仅相似于下列矩阵之一（其中 $\theta \neq k\pi, \varphi = (2k+1)\pi$）：

$$I_3 = \begin{bmatrix} 1 & & \\ & 1 & \\ & & 1 \end{bmatrix}, H_z = \begin{bmatrix} 1 & & \\ & 1 & \\ & & -1 \end{bmatrix}, G_{\varphi;y,z} = \begin{bmatrix} 1 & & \\ & -1 & \\ & & -1 \end{bmatrix}, -I_3 = \begin{bmatrix} -1 & & \\ & -1 & \\ & & -1 \end{bmatrix},$$

$$G_{\theta;y,z} = \begin{bmatrix} 1 & & \\ & \cos\theta & -\sin\theta \\ & \sin\theta & \cos\theta \end{bmatrix}, H_x G_{\theta;y,z} = \begin{bmatrix} -1 & & \\ & \cos\theta & -\sin\theta \\ & \sin\theta & \cos\theta \end{bmatrix}.$$

这说明，任意 $\mathbb{R}^3$ 上的保距变换，通过选择适当的直角坐标系，其矩阵在六者中必居其一. 其中 I_3 是恒同；H_z 是以 z 轴为法向（以 xOy 平面为反射面）的反射；$G_{\varphi;y,z}, G_{\theta;y,z}$ 分别是以 x 轴为转轴、转角为 φ, θ 的旋转；$-I_3 = H_x G_{\varphi;y,z}, H_x G_{\theta;y,z}$ 是以 x 轴为转轴

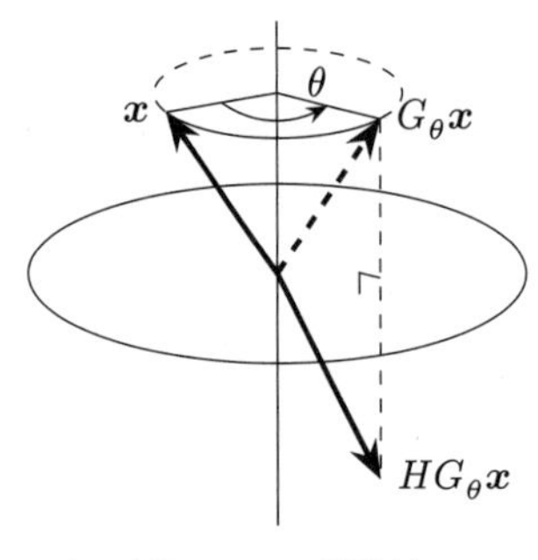

图 8.2.1 瑕旋转

的旋转与以 x 轴为法向的反射的复合.

一般地，以某直线为转轴的旋转与以同一直线为法向的反射的复合变换称为**瑕旋转**，如图 8.2.1 所示. 反射是特殊的瑕旋转.

综上，$\mathbb{R}^3$ 上的保距变换，只能是旋转或瑕旋转. 观察行列式可知，旋转就是变积系数为 1 的保距变换，瑕旋转就是变积系数为 -1 的保距变换.

几何上，常常不将恒同称为旋转，类似地，反射也不称为瑕旋转，这时，$\mathbb{R}^3$ 上的保距变换除恒同外有旋转、反射、瑕旋转三种. ☺

习题

练习 8.2.1 (线性变换的范数) ☕ 类似于定义 6.3.6，欧氏空间 $\mathcal{V}$ 上向量的范数可以自然地诱导出 $\mathcal{V}$ 上线性变换的范数，即 $\sup\limits_{\boldsymbol{x}\neq\boldsymbol{0}} \dfrac{\|f(\boldsymbol{x})\|}{\|\boldsymbol{x}\|}$ 称为 f 的**范数**，记为 $\|f\|$. 注意 $\|f\| = +\infty$ 有可能成立.

对练习 7.3.9 中的线性变换 $\boldsymbol{D}$ 和 $\boldsymbol{A}$，证明 $\|\boldsymbol{D}\|\|\boldsymbol{A}\| \geqslant \dfrac{1}{2}$.

这是量子力学中 **Heisenberg 不确定性原理**的一个简化模型.

练习 8.2.2 证明伴随映射的基本结论：

1. 伴随映射若存在则唯一.
2. 若 $g = f^*$，则 $f = g^*$.
3. $(g \circ f)^* = f^* \circ g^*$.

练习 8.2.3 给定对称矩阵 $A = \begin{bmatrix} 1 & 1 & 1 \\ 1 & 2 & 3 \\ 1 & 3 & 4 \end{bmatrix}$，它在标准欧氏空间 $\mathbb{R}^n$ 上定义的线性变换 $\boldsymbol{A}$ 是一个对称变换. 给 $\mathbb{R}^n$ 找一组基，使得 $\boldsymbol{A}$ 在新的基下的矩阵不再是对称矩阵. 这是否意味着 $\boldsymbol{A}$ 不再是对称变换了?

练习 8.2.4 给定多项式空间 $\mathbb{R}[x]$ 及其内积 $\langle p, q\rangle = \displaystyle\int_0^1 p(x)q(x)\,\mathrm{d}x$，考虑其上线性变换 $\boldsymbol{A}$，满足 $(\boldsymbol{A}p)(x) = xp(x)$. 证明 $\boldsymbol{A}$ 是对称变换，但没有特征值和特征向量.

练习 8.2.5 ☕ 考虑例 8.2.9 第 3 条中的子空间 $\mathcal{V}_{a,b}$ 上和其上对称变换 $\boldsymbol{D}^2$. 这个对称变换对应的 Rayleigh 商 $\dfrac{\langle f, \boldsymbol{D}^2 f\rangle}{\langle f, f\rangle}$ 对非零的 f，取值最大是多少? 此时 f 是什么函数?

练习 8.2.6 证明命题 8.2.14.

练习 8.2.7 证明命题 8.2.15.

练习 8.2.8 回忆阅读 3.1.23 和阅读 3.2.3 中的小波基和 Hadamard 矩阵 $A = \dfrac{1}{2}\begin{bmatrix} 1 & 1 & 1 & 1 \\ 1 & -1 & 1 & -1 \\ 1 & 1 & -1 & -1 \\ 1 & -1 & -1 & 1 \end{bmatrix}$，它是正交矩阵. 求其正交相似标准形.

练习 8.2.9 求正交矩阵 $\frac{1}{3}\begin{bmatrix} 2 & -1 & 2 \\ 2 & 2 & -1 \\ -1 & 2 & 2 \end{bmatrix}$ 的正交相似标准形.

练习 8.2.10 设 $\boldsymbol{q}$ 是 n 维欧氏空间 $\mathcal{V}$ 中的单位向量, $\boldsymbol{P}$ 是 $\mathcal{M}$ 向 $\mathrm{span}(\boldsymbol{q})$ 上的正交投影. 令 $\boldsymbol{Q}=\boldsymbol{I}-2\boldsymbol{P}$ 是 $\mathcal{V}$ 上的线性变换. 求证:

1. $\boldsymbol{P}(\boldsymbol{a})=\langle\boldsymbol{a},\boldsymbol{q}\rangle\boldsymbol{q}$.
2. $\boldsymbol{Q}$ 是正交变换, 且其正交相似标准形是 $\mathrm{diag}(-1,1,1,\cdots,1)$. 称 $\boldsymbol{Q}$ 为关于超平面 $\mathrm{span}(\boldsymbol{q})^{\perp}$ 的反射.

练习 8.2.11 设 $\boldsymbol{Q}$ 是 n 维欧氏空间 $\mathcal{V}$ 上的正交变换, $\lambda_0=1$ 是一个特征值, 对应的特征子空间 $\mathcal{N}(\boldsymbol{I}-\boldsymbol{Q})$ 的维数是 $n-1$. 证明, $\boldsymbol{Q}$ 是反射.

练习 8.2.12 对欧氏空间 $\mathcal{V}$ 的子空间 $\mathcal{W}$, 定义包含映射 $\boldsymbol{J}\colon\mathcal{W}\to\mathcal{V},\boldsymbol{J}\boldsymbol{v}=\boldsymbol{v}$. 证明 $\boldsymbol{J}\boldsymbol{J}^*$ 是到 $\mathcal{W}$ 的正交投影.

练习 8.2.13 欧氏空间 $\mathcal{V}$ 上的线性变换 f, 如果满足 $ff^*=f^*f$, 则称 f 是一个**正规变换**. 验证对称变换和正交变换都是正规变换.

实矩阵 A, 如果满足 $AA^{\mathrm{T}}=A^{\mathrm{T}}A$, 则称 A 是一个**正规矩阵**. 验证对称、反对称、正交矩阵都是正规矩阵.

8.3 酉 空 间

8.3.1 基本概念

如何为复数域 $\mathbb{C}$ 上的线性空间 $\mathcal{V}$ 定义内积呢?

从 $\mathcal{V}$ 到 $\mathbb{C}$ 二元函数 $\langle\cdot,\cdot\rangle$ 不可能同时具有对称、双线性和正定三条性质. 例如, 如果二元函数满足双线性, $\langle\mathrm{i}\boldsymbol{a},\mathrm{i}\boldsymbol{a}\rangle=\mathrm{i}^2\langle\boldsymbol{a},\boldsymbol{a}\rangle=-\langle\boldsymbol{a},\boldsymbol{a}\rangle$; 当 $\boldsymbol{a}\neq\boldsymbol{0}$ 时为负值, 这与正定性矛盾. 看来为定义 $\mathbb{C}$ 上线性空间的内积, 我们不得不放弃一些性质. 注意双线性这一条件事实上只需要对第一变量线性. 线性性质非常必要 (不然线性代数无以应用). 正定性也非常必要, 这是能够从内积得到长度和距离的必要条件. 放松对称性, 有如下定义.

定义 8.3.1 (内积) 给定 $\mathbb{C}$ 上的线性空间 $\mathcal{V}$. 如果 $\mathcal{V}$ 上定义的二元复值函数 $\langle\cdot,\cdot\rangle$, 满足:

1. 共轭对称: 对任意 $\boldsymbol{a},\boldsymbol{b}\in\mathcal{V}$, $\langle\boldsymbol{a},\boldsymbol{b}\rangle=\overline{\langle\boldsymbol{b},\boldsymbol{a}\rangle}$;
2. 线性和共轭线性: 对任意 $\boldsymbol{a}_1,\boldsymbol{a}_2,\boldsymbol{b}_1,\boldsymbol{b}_2\in\mathcal{V},k_1,k_2\in\mathbb{C}$, 有

$$\langle k_1\boldsymbol{a}_1+k_2\boldsymbol{a}_2,\boldsymbol{b}_1\rangle=k_1\langle\boldsymbol{a}_1,\boldsymbol{b}_1\rangle+k_2\langle\boldsymbol{a}_2,\boldsymbol{b}_1\rangle,$$

$$\langle\boldsymbol{a}_1,k_1\boldsymbol{b}_1+k_2\boldsymbol{b}_2\rangle=\overline{k_1}\langle\boldsymbol{a}_1,\boldsymbol{b}_1\rangle+\overline{k_2}\langle\boldsymbol{a}_1,\boldsymbol{b}_2\rangle;$$

3. 正定: 对任意 $\boldsymbol{a}\in\mathcal{V}$, $\langle\boldsymbol{a},\boldsymbol{a}\rangle$ 是非负实数, 且 $\langle\boldsymbol{a},\boldsymbol{a}\rangle=0$ 当且仅当 $\boldsymbol{a}=\boldsymbol{0}$;

那么称二元函数 $\langle\cdot,\cdot\rangle$ 是 $\mathcal{V}$ 上的一个**内积**, 称具有内积的线性空间 $\mathcal{V}$ 为一个**复内积空间**或**酉空间**.

酉空间的**维数**定义为其作为线性空间的维数.

酉空间与欧氏空间主要区别在于共轭对称性. 唯有如此, 才能保证 $\langle \boldsymbol{a}, \boldsymbol{a} \rangle$ 是实数, 因此可进一步要求正定性. 同样, 由于共轭对称性, 复内积仅仅对第一变量线性, 而对第二变量共轭线性[①].

例 8.3.2

1. 数组向量空间 $\mathbb{C}^n$ 关于内积 $\langle \boldsymbol{a}, \boldsymbol{b} \rangle = \overline{\boldsymbol{b}}^{\mathrm{T}} \boldsymbol{a}$ 构成酉空间, 这个内积常称为线性空间 $\mathbb{C}^n$ 上的**标准内积**. 不加额外说明时, 酉空间 $\mathbb{C}^n$ 指的就是标准内积.
   设 D 是一个对角元素全为正数的对角矩阵, $\mathbb{C}^n$ 关于如下二元函数构成酉空间: $\langle \boldsymbol{a}, \boldsymbol{b} \rangle = \overline{\boldsymbol{b}}^{\mathrm{T}} D \boldsymbol{a}$.
2. 矩阵空间 $\mathbb{C}^{m \times n}$ 关于如下二元函数构成酉空间: $\langle A, B \rangle = \operatorname{trace}(\overline{B}^{\mathrm{T}} A)$.
3. 区间 $[a, b]$ 上的复值连续函数构成的线性空间, 如下二元函数定义了其上的一个内积[②]: $\langle f, g \rangle = \displaystyle\int_a^b f(x) \overline{g(x)} \, \mathrm{d}x$. ☺

为书写简便, 对任意向量 $\boldsymbol{a}$ 或矩阵 A, 记其共轭转置为 $\boldsymbol{a}^{\mathrm{H}} = \overline{\boldsymbol{a}}^{\mathrm{T}}$ 或 $A^{\mathrm{H}} = \overline{A}^{\mathrm{T}}$.
有了正定性条件, 就能类似地定义长度和距离等概念, 并有如下结论.

定理 8.3.3 (Cauchy-Schwarz 不等式) 在酉空间 $\mathcal{V}$ 中, 对任意向量 $\boldsymbol{a}, \boldsymbol{b}$, 都有

$$|\langle \boldsymbol{a}, \boldsymbol{b} \rangle| \leqslant \|\boldsymbol{a}\| \|\boldsymbol{b}\|,$$

等号成立当且仅当 $\boldsymbol{a}, \boldsymbol{b}$ 共线.

注意, 角度的概念不能直接地推广, 因为两个向量的内积通常是复数. 尽管没有角度的概念, 当 $\langle \boldsymbol{a}, \boldsymbol{b} \rangle = 0$ 时, 仍称向量 $\boldsymbol{a}, \boldsymbol{b}$ **正交**. 由此自然地导出标准正交基、正交补、正交投影等概念. 特别地, Gram-Schmidt 正交化方法仍适用. 注意, 此时内积仅仅满足共轭对称性. 例如, 注意区别 $\langle \boldsymbol{a}_2, \tilde{\boldsymbol{q}}_1 \rangle$ 和 $\langle \tilde{\boldsymbol{q}}_1, \boldsymbol{a}_2 \rangle$.

下面讨论酉空间上的线性映射和线性变换. 一些平行的命题和定理也在此列出, 证明则和欧氏空间的相应结论几近相同, 略去.

伴随映射的概念与欧氏空间上的伴随映射 (定义 8.2.1) 相同, 即: 如果对任意 $\boldsymbol{x}, \boldsymbol{y}$, $\langle f(\boldsymbol{x}), \boldsymbol{y} \rangle = \langle \boldsymbol{x}, g(\boldsymbol{y}) \rangle$, 则称 g 是 f 的**共轭映射**或**伴随映射**, 记为 $g = f^*$.

命题 8.3.4 当 $\mathcal{U} = \mathbb{C}^n, \mathcal{V} = \mathbb{C}^m$ 时, 由 $A \in \mathbb{C}^{m \times n}$ 确定的映射 $\boldsymbol{A}\colon \boldsymbol{x} \mapsto A\boldsymbol{x}$ 的伴随映射是 $\boldsymbol{A}^*\colon \boldsymbol{y} \mapsto A^{\mathrm{H}} \boldsymbol{y}$.

---

① 在物理学中, 复内积常定义为对第一变量共轭线性, 对第二变量线性, 请读者注意文献的约定.

② 对一个复值函数 $f(x) = f_1(x) + \mathrm{i} f_2(x)$, 其中 $f_1(x), f_2(x)$ 是实值函数, 其积分定义为 $\int_a^b f(x) \, \mathrm{d}x = \int_a^b f_1(x) \, \mathrm{d}x + \mathrm{i} \int_a^b f(x) \, \mathrm{d}x$, 即实部、虚部分别积分. 类似地, 对复值函数求导数, 也是实部、虚部分别求导数, 即 $f'(x) = f_1'(x) + \mathrm{i} f_2'(x)$.

证　设伴随映射由矩阵 $B \in \mathbb{C}^{n\times m}$ 确定，则 $\langle A\boldsymbol{x}, \boldsymbol{y}\rangle = \langle \boldsymbol{x}, B\boldsymbol{y}\rangle$. 由内积定义，对任意 $\boldsymbol{x} \in \mathbb{C}^n, \boldsymbol{y} \in \mathbb{C}^m$，$\boldsymbol{y}^{\mathrm{H}} A\boldsymbol{x} = (B\boldsymbol{y})^{\mathrm{H}}\boldsymbol{x} = \boldsymbol{y}^{\mathrm{H}} B^{\mathrm{H}}\boldsymbol{x}$，由此即得 $A = B^{\mathrm{H}}, B = A^{\mathrm{H}}$. □

对伴随映射的矩阵，有如下结论.

命题 8.3.5　给定酉空间 $\mathcal{U}, \mathcal{V}$ 及各自一组标准正交基 $\boldsymbol{u}_1, \boldsymbol{u}_2, \cdots, \boldsymbol{u}_n; \boldsymbol{v}_1, \boldsymbol{v}_2, \cdots, \boldsymbol{v}_m$. 如果线性映射 $f\colon \mathcal{U} \to \mathcal{V}$ 在两组基下的矩阵是 F，则伴随映射 f^* 在两组基下的矩阵是 F^{H}.

定义 8.3.6 (自伴变换、酉变换、正规变换)　给定酉空间 $\mathcal{V}$ 中的线性变换 f，则：

1. 如果对任意 $\boldsymbol{x}, \boldsymbol{y} \in \mathcal{V}$，都有 $\langle f(\boldsymbol{x}), \boldsymbol{y}\rangle = \langle \boldsymbol{x}, f(\boldsymbol{y})\rangle$（等价于 $f = f^*$），则称 f 是 $\mathcal{V}$ 上的一个**自伴变换**；
2. 如果对任意 $\boldsymbol{x}, \boldsymbol{y} \in \mathcal{V}$，都有 $\langle f(\boldsymbol{x}), f(\boldsymbol{y})\rangle = \langle \boldsymbol{x}, \boldsymbol{y}\rangle$（等价于 $f^*f = ff^* = \mathrm{id}_{\mathcal{V}}$），则称 f 是 $\mathcal{V}$ 上的一个**酉变换**；
3. 如果 $ff^* = f^*f$，则称 f 是 $\mathcal{V}$ 上的一个**正规变换**.

定义 8.3.7 (Hermite 矩阵、酉矩阵、正规矩阵)　给定 n 阶复矩阵 A，如果：

1. $A^{\mathrm{H}} = A$，则称 A 为 n 阶 **Hermite 矩阵**；
2. $A^{\mathrm{H}}A = AA^{\mathrm{H}} = I_n$，则称 A 为 n 阶**酉矩阵**；
3. $AA^{\mathrm{H}} = A^{\mathrm{H}}A$，则称 A 为 n 阶**正规矩阵**.

易见，Hermite 矩阵是实对称矩阵的推广，而酉矩阵是正交矩阵的推广.

容易验证，酉变换、自伴随变换都是正规变换；酉矩阵、Hermite 矩阵都是正规矩阵. 如下结论是欧氏空间上的对应结论在酉空间上的推广.

命题 8.3.8　给定 n 维酉空间上线性变换 f，则：

1. f 是自伴变换，当且仅当 f 在任意标准正交基下的矩阵都是 Hermite 矩阵；
2. f 是酉变换，当且仅当 f 在任意标准正交基下的矩阵都是酉矩阵；
3. f 是正规变换，当且仅当 f 在任意标准正交基下的矩阵都是正规矩阵.

再看酉空间上的基变换与线性变换的矩阵在基变换下的变化规律.

命题 8.3.9　给定 n 维酉空间 $\mathcal{V}$ 中一组标准正交基 $\boldsymbol{e}_1, \boldsymbol{e}_2, \cdots, \boldsymbol{e}_n$ 和 $\mathbb{C}$ 上 n 阶方阵 U. 令 $(\boldsymbol{u}_1, \boldsymbol{u}_2, \cdots, \boldsymbol{u}_n) = (\boldsymbol{e}_1, \boldsymbol{e}_2, \cdots, \boldsymbol{e}_n)U$，则 $\boldsymbol{u}_1, \boldsymbol{u}_2, \cdots, \boldsymbol{u}_n$ 是一组标准正交基，当且仅当 U 是酉矩阵.

命题 8.3.10　矩阵 U 是酉矩阵，当且仅当 U 的（行）列向量组构成 $\mathbb{C}^n$ 的一组标准正交基.

命题 8.3.11　给定酉空间 $\mathcal{V}$ 及其两组标准正交基 $\boldsymbol{e}_1, \boldsymbol{e}_2, \cdots, \boldsymbol{e}_n; \boldsymbol{u}_1, \boldsymbol{u}_2, \cdots, \boldsymbol{u}_n$，设过渡矩阵为 U，即 $(\boldsymbol{u}_1, \boldsymbol{u}_2, \cdots, \boldsymbol{u}_n) = (\boldsymbol{e}_1, \boldsymbol{e}_2, \cdots, \boldsymbol{e}_n)U$. 如果 $\mathcal{V}$ 上线性变换 f 在基 $\boldsymbol{e}_1, \boldsymbol{e}_2, \cdots, \boldsymbol{e}_n$ 下的矩阵为 F，那么 f 在基 $\boldsymbol{u}_1, \boldsymbol{u}_2, \cdots, \boldsymbol{u}_n$ 下的矩阵为 $U^{-1}FU = U^{\mathrm{H}}FU$.

对复方阵 A,B，如果存在酉矩阵 U 使得 $U^{\mathrm{H}}AU=B$，则称 A 和 B **酉相似**，或 A 酉相似于 B. 复方阵的酉相似关系是等价关系，比相似关系更细致. 不难发现，酉空间上线性变换在标准正交基下矩阵的标准形问题，等价于矩阵酉相似变换下的标准形问题.

类似于命题 5.4.6 和定理 8.2.19，先利用酉相似变换尽量化简矩阵.

定理 8.3.12 (Schur 分解) 对 n 阶方阵 A，存在酉矩阵 U，使得 $U^{\mathrm{H}}AU=T$ 是上三角矩阵，且 T 的对角元素是 A 的 n 个特征值 (计重数). 进一步地，通过选择特定的 U，能够使 T 的对角元素是 A 的特征值的任意排列.

证 1 设复方阵为 A，对阶数 n 应用数学归纳法. 当 $n=1$ 时，显然. 现假设命题对任意 $n-1$ 阶方阵成立.

根据代数学基本定理，A 有 n 个特征值. 任取 A 的一个特征对 $(\lambda_1,\boldsymbol{u}_1)$，其中 $\boldsymbol{u}_1$ 是单位向量. 将其扩充成 $\mathbb{C}^n$ 的一组标准正交基 $\boldsymbol{u}_1,\boldsymbol{u}_2,\cdots,\boldsymbol{u}_n$. 记 $U_1=\begin{bmatrix}\boldsymbol{u}_1 & \boldsymbol{u}_2 & \cdots & \boldsymbol{u}_n\end{bmatrix}=\begin{bmatrix}\boldsymbol{u}_1 & U_{12}\end{bmatrix}$，则

$$AU_1=A\begin{bmatrix}\boldsymbol{u}_1 & U_{12}\end{bmatrix}=\begin{bmatrix}\boldsymbol{u}_1 & U_{12}\end{bmatrix}\begin{bmatrix}\lambda_1 & * \\ & A_2\end{bmatrix}=U_1\begin{bmatrix}\lambda_1 & * \\ & A_2\end{bmatrix},$$

其中 U_1 是酉矩阵. 因此，A 酉相似于分块上三角矩阵 $A_1=\begin{bmatrix}\lambda_1 & * \\ & A_2\end{bmatrix}$. 而 A_2 是 $n-1$ 阶方阵，根据归纳假设，存在酉矩阵 U_2，使得 $U_2^{\mathrm{H}}A_2U_2=T_2$ 是上三角矩阵. 因此

$$A=U_1\begin{bmatrix}\lambda_1 & * \\ & U_2T_2U_2^{\mathrm{H}}\end{bmatrix}U_1^{\mathrm{H}}=U_1\begin{bmatrix}1 & \\ & U_2\end{bmatrix}\begin{bmatrix}\lambda_1 & * \\ & T_2\end{bmatrix}\begin{bmatrix}1 & \\ & U_2\end{bmatrix}^{\mathrm{H}}U_1^{\mathrm{H}}=T.$$

令 $U=U_1\begin{bmatrix}1 & \\ & U_2\end{bmatrix}, T=\begin{bmatrix}\lambda_1 & * \\ & T_2\end{bmatrix}$，则 U 酉，T 上三角，且 $A=UTU^{\mathrm{H}}$.

综上，命题对任意 n 成立.

考察特征多项式，立得 T 的对角元素就是 A 的 n 个特征值. 通过上述证明能看到，按照特征值的排列选择特征对，就能使 T 的对角元素满足条件. □

证 2 根据命题 5.4.6，对复方阵 A，存在可逆矩阵 X 和上三角矩阵 $\widetilde{T}$，使得 $A=X\widetilde{T}X^{-1}$. 注意到 QR 分解与求标准正交基的联系，X 有 QR 分解 $X=UR$，其中 U 是酉矩阵，R 是对角元素全为正数的上三角矩阵，因此 $A=UR\widetilde{T}R^{-1}U^{\mathrm{H}}$. 令 $T=R\widetilde{T}R^{-1}$，即为所求. 另外，T 和 $\widetilde{T}$ 的对角元素总相同，可得 T 的对角元素可以是 A 的特征值的任意排列. □

分解 $A=UTU^{\mathrm{H}}$，称为 A 的 **Schur 分解**.

Schur 分解在数值计算时很重要. 在 5.2 节结尾处曾提到利用 Francis 算法计算矩阵的特征值和特征向量以及多项式的根. 事实上, Francis 算法就是在计算矩阵的 Schur 分解.

下面讨论 Hermite 矩阵、酉矩阵和正规矩阵在酉相似变换下的标准形.

命题 8.3.13

1. Hermite 矩阵的特征值都是实数;
2. 酉矩阵的特征值都是绝对值为 1 的复数.

定理 8.3.14 (Hermite 矩阵的谱分解) 对任意 Hermite 矩阵 A, 都存在酉矩阵 U 和实对角矩阵 Λ, 使得 $A=U\Lambda U^{\mathrm{H}}$.

分解 $A=U\Lambda U^{\mathrm{H}}$ 称为 Hermite 矩阵 A 的**谱分解**.

事实上, 正规矩阵都可以用酉矩阵对角化.

定理 8.3.15 复矩阵 A 是正规矩阵, 当且仅当 A 酉相似于对角矩阵, 即存在酉矩阵 U, 使得 $U^{\mathrm{H}}AU=\Lambda$ 是对角矩阵.

证 "$\Leftarrow$": 如果存在酉矩阵 U, 使得 $U^{\mathrm{H}}AU=\Lambda$ 是对角矩阵, 则 $A=U\Lambda U^{\mathrm{H}}, A^{\mathrm{H}}=U\Lambda^{\mathrm{H}}U^{\mathrm{H}}$, 因而 $AA^{\mathrm{H}}=U\Lambda\Lambda^{\mathrm{H}}U^{\mathrm{H}}=U\Lambda^{\mathrm{H}}\Lambda U^{\mathrm{H}}=A^{\mathrm{H}}A$, 即 A 正规.

"$\Rightarrow$": 正规矩阵 A 有 Schur 分解 $A=UTU^{\mathrm{H}}$, 易知 T 也是正规矩阵. 只需再证上三角的正规矩阵是对角矩阵. 对 n 用数学归纳法. 设 $T=\begin{bmatrix}\lambda_1 & \boldsymbol{x}^{\mathrm{H}}\\ & T_2\end{bmatrix}$, 由 $T^{\mathrm{H}}T=TT^{\mathrm{H}}$ 可知

$$\begin{bmatrix}\overline{\lambda}_1 & \\ \boldsymbol{x} & T_2^{\mathrm{H}}\end{bmatrix}\begin{bmatrix}\lambda_1 & \boldsymbol{x}^{\mathrm{H}}\\ & T_2\end{bmatrix}=\begin{bmatrix}\lambda_1 & \boldsymbol{x}^{\mathrm{H}}\\ & T_2\end{bmatrix}\begin{bmatrix}\overline{\lambda}_1 & \\ \boldsymbol{x} & T_2^{\mathrm{H}}\end{bmatrix}.$$

比较左上角元素可得 $\overline{\lambda}_1\lambda_1+\boldsymbol{x}^{\mathrm{H}}\boldsymbol{x}=\overline{\lambda}_1\lambda_1$, 因此 $\boldsymbol{x}^{\mathrm{H}}\boldsymbol{x}=0$, 即 $\boldsymbol{x}=\boldsymbol{0}$. 因此 $T=\begin{bmatrix}\lambda_1 & \\ & T_2\end{bmatrix}$. 再比较右下角的 $n-1$ 阶矩阵可得 $T_2T_2^{\mathrm{H}}=T_2^{\mathrm{H}}T_2$, 即 T_2 是正规矩阵. 根据归纳假设, 上三角矩阵 T_2 是对角矩阵. 因此 T 也是对角矩阵. □

酉矩阵是正规矩阵, 直接应用定理 8.3.15, 可得如下推论.

推论 8.3.16 任意酉矩阵酉相似于对角矩阵 Λ, 其中 Λ 对角元素的绝对值都是 1.

实正交矩阵是酉矩阵, 由推论 8.3.16 可以得到实 Schur 分解 (定理 8.2.18) 的又一证明, 细节留给读者.

最后, 我们把一系列平行概念列在表 8.3.1 中[①], 对应概念的定义、性质及其证明都类似, 不再赘述.

① 表中 "=" 表示概念名称相同.

表 8.3.1 欧氏空间与酉空间概念的对照

欧氏空间		酉空间	
转置	A^{T}	共轭转置	A^{H}
$\mathbb{R}^n$ 内积	$\boldsymbol{b}^{\mathrm{T}}\boldsymbol{a}$	$\mathbb{C}^n$ 内积	$\boldsymbol{b}^{\mathrm{H}}\boldsymbol{a}$
正交	$\boldsymbol{b}^{\mathrm{T}}\boldsymbol{a}=0$	=	$\boldsymbol{b}^{\mathrm{H}}\boldsymbol{a}=0$
正交矩阵	$A^{\mathrm{T}}A=I_n$	酉矩阵	$A^{\mathrm{H}}A=I_n$
列正交矩阵	$A^{\mathrm{T}}A=I_k$	=	$A^{\mathrm{H}}A=I_k$
反对称矩阵	$A=-A^{\mathrm{T}}$	反 Hermite 矩阵	$A=-A^{\mathrm{H}}$
对称矩阵	$A=A^{\mathrm{T}}$	Hermite 矩阵	$A=A^{\mathrm{H}}$
对称矩阵谱分解	$A=Q\Lambda Q^{\mathrm{T}}$	Hermite 矩阵 =	$A=Q\Lambda Q^{\mathrm{H}}$
Rayleigh 商	$\boldsymbol{x}^{\mathrm{T}}A\boldsymbol{x}$	=	$\boldsymbol{x}^{\mathrm{H}}A\boldsymbol{x}$
正定	$\boldsymbol{x}^{\mathrm{T}}A\boldsymbol{x}>0,\forall\boldsymbol{x}\neq\boldsymbol{0}$	=	$\boldsymbol{x}^{\mathrm{H}}A\boldsymbol{x}>0,\forall\boldsymbol{x}\neq\boldsymbol{0}$
奇异值分解	$A=U\Sigma V^{\mathrm{T}}$	=	$A=U\Sigma V^{\mathrm{H}}$
对称变换	$f=f^*$	=	$f=f^*$
正交变换	$f^*f=\mathrm{id}_{\mathcal{V}}$	=	$f^*f=\mathrm{id}_{\mathcal{V}}$
正规变换	$f^*f=ff^*$	=	$f^*f=ff^*$

注意，由于复矩阵有 n 个复特征值，很多结论要比实矩阵更简明. 例如，并非每个实矩阵都正交相似于实上三角矩阵. 正如定理 8.2.18 和推论 8.3.16 的对比，实矩阵可以有实 Schur 分解，参见阅读 8.3.21.

8.3.2 ☕ 快速 Fourier 变换

下面为本章的内容提供一个从理论到应用都十分重要的例子，请读者认真体会.

在数学物理、偏微分方程、信号处理等领域中，我们常常需要考虑周期函数. 把例 8.1.22 的思想稍加推广，利用数学分析（微积分）知识，就可以得到：满足一定条件的周期函数可以分解成一系列简谐波的和. 具体说来，一个满足相应条件的周期为 2π 的函数 f，可以写成

$$f(t)=\sum_{n=0}^{\infty}a_n\cos nt+\sum_{n=0}^{\infty}b_n\sin nt=a_0+\sum_{n=1}^{\infty}a_n\cos nt+\sum_{n=1}^{\infty}b_n\sin nt,$$

称为函数 f 的 **Fourier 级数**. 其中的系数 a_n 和 b_n，称为 **Fourier 系数**.

例 8.3.17

1. 周期函数的乘积是周期函数. 例如，$f(t)=\sin t\cos 2t$ 是一个周期为 2π 的函数. 根据积化和差公式，不难得到 $f(t)=\dfrac{1}{2}\sin 3t-\dfrac{1}{2}\sin t$.

2. 考虑周期为 2π 的函数 $f(t)=\begin{cases}\dfrac{t}{\pi}, & t\in[2k\pi,(2k+1)\pi),\\ 2-\dfrac{t}{\pi}, & t\in[(2k+1)\pi,2(k+1)\pi).\end{cases}$ 由数学分析

（微积分）知识可知，$f(t)=\dfrac{1}{2}-\dfrac{4}{\pi^2}\sum\limits_{n=1}^{\infty}\dfrac{1}{(2n-1)^2}\cos(2n-1)t.$ ☺

我们将上述满足相应条件的（即可写成 Fourier 级数的）周期为 2π 的函数的全体，记作 $C_{2\pi}(\mathbb{R})$. 这是一个酉空间（为什么？）. 根据例 8.1.9 可知，这一系列简谐波 $1,\sin t,\cos t,\sin 2t,\cos 2t,\cdots$ 是 $C_{2\pi}(\mathbb{R})$ 的一组正交基. 而函数 f 的 Fourier 系数就是 f 在这组基下的坐标.

将系数的取值范围扩大到 $\mathbb{C}$，即函数的范围扩大到实变复值函数，相应的线性空间记作

$$C_{2\pi}(\mathbb{C})=\left\{f\,\middle|\,f(t)=a_0+\sum_{n=1}^{\infty}a_n\cos nt+\sum_{n=1}^{\infty}b_n\sin nt, a_i,b_i\in\mathbb{C}\right\}.$$

它关于内积 $\langle f,g\rangle=\dfrac{1}{2\pi}\displaystyle\int_0^{2\pi}f(z)\overline{g(z)}\,\mathrm{d}z$ 构成酉空间，$1,\sin t,\cos t,\sin 2t,\cos 2t,\cdots$ 仍然是一组正交基. 由于 $\sin nt=\dfrac{\mathrm{e}^{int}-\mathrm{e}^{-int}}{2\mathrm{i}},\cos nt=\dfrac{\mathrm{e}^{int}+\mathrm{e}^{-int}}{2}$，或写作

$$(\sin nt,\cos nt)=(\mathrm{e}^{int},\mathrm{e}^{-int})\begin{bmatrix}\dfrac{1}{2\mathrm{i}} & \dfrac{1}{2}\\ -\dfrac{1}{2\mathrm{i}} & \dfrac{1}{2}\end{bmatrix},$$

不妨将基换作这一列复简谐波 $1,\mathrm{e}^{\mathrm{i}t},\mathrm{e}^{-\mathrm{i}t},\mathrm{e}^{2\mathrm{i}t},\mathrm{e}^{-2\mathrm{i}t},\cdots$. 不难验证这是一组标准正交基. 此时 Fourier 级数有更简便的形式：

$$f(t)=\sum_{n=-\infty}^{\infty}c_n\mathrm{e}^{int},$$

其中的 c_n 是复数，仍称为 Fourier 系数.

Fourier 系数组成的无穷维向量 $(\cdots,c_{-2},c_{-1},c_0,c_1,c_2,\cdots)$ 也构成一个酉空间，其上内积为 $\langle c,d\rangle=\sum\limits_{n=-\infty}^{+\infty}c_n\overline{d_n}$. 注意 $n=\cdots,-2,-1,0,1,2,\cdots$ 是基函数的频率，我们常称这个线性空间为**频域**[①]. 对应地，函数 f 一般看作关于时间的函数，常称上述 $C_{2\pi}(\mathbb{C})$ 为**时域**. 而函数到其 Fourier 系数的对应，定义了一个从时域到频域的映射，称为 **Fourier 变换**. 根据数学分析（微积分）知识，Fourier 变换是时域到频域的一个酉空间的同构.

实践中，我们常常用函数 f 在一个周期中 n 等分的格点上的值来表示这一函数. 这

① 这里的频域是一种简单说法. 事实上，c_n 是函数 $c(\omega)=\displaystyle\int_{-\infty}^{+\infty}f(t)\mathrm{e}^{-\mathrm{i}\omega t}\,\mathrm{d}t$ 在 n 处的值，即 $c_n=c(n)$. 满足相应条件的函数 $c(\omega)$ 组成的线性空间称为**频域**. 下文的 Fourier 变换也是简单说法.

些值组成的向量记作 $\boldsymbol{f}=\begin{bmatrix} f(0) \\ f\left(\dfrac{2\pi}{n}\right) \\ \vdots \\ f\left(\dfrac{2(n-1)\pi}{n}\right) \end{bmatrix}$，它是 $\mathbb{C}^n$ 中的向量. 而时域的那一列复简谐波 $1, \mathrm{e}^{\mathrm{i}t}, \mathrm{e}^{-\mathrm{i}t}, \mathrm{e}^{2\mathrm{i}t}, \mathrm{e}^{-2\mathrm{i}t}, \cdots$ 在格点上的值组成的向量组，排除重复向量后，就是

$$\begin{bmatrix} 1 \\ 1 \\ \vdots \\ 1 \end{bmatrix}, \quad \begin{bmatrix} 1 \\ \omega_n \\ \vdots \\ \omega_n^{n-1} \end{bmatrix}, \quad \cdots, \quad \begin{bmatrix} 1 \\ \omega_n^{n-1} \\ \vdots \\ \omega_n^{(n-1)^2} \end{bmatrix}, \tag{8.3.1}$$

其中 $\omega_n = \mathrm{e}^{\frac{2\pi}{n}\mathrm{i}} = \cos\dfrac{2\pi}{n} + \mathrm{i}\sin\dfrac{2\pi}{n}$. 容易验证 (8.3.1) 式是 $\mathbb{C}^n$ 的一组正交基. 设 $\boldsymbol{f}$ 在这组基下的坐标向量是 $\boldsymbol{x}=\begin{bmatrix} x_0 \\ x_1 \\ \vdots \\ x_{n-1} \end{bmatrix}$，则 $\boldsymbol{f}=F_n\boldsymbol{x}$，其中 F_n 是这组基组成的矩阵，即

$$F_n := \begin{bmatrix} 1 & 1 & 1 & \cdots & 1 \\ 1 & \omega_n & \omega_n^2 & \cdots & \omega_n^{n-1} \\ 1 & \omega_n^2 & \omega_n^4 & \cdots & \omega_n^{2(n-1)} \\ \vdots & \vdots & \vdots & & \vdots \\ 1 & \omega_n^{n-1} & \omega_n^{2(n-1)} & \cdots & \omega_n^{(n-1)(n-1)} \end{bmatrix}. \tag{8.3.2}$$

等式 (8.3.2) 中的 F_n 称为 n 阶 **Fourier 矩阵**，对应的 $\mathbb{C}^n$ 上从 $\boldsymbol{f}$ 到 $\boldsymbol{x}=F_n^{-1}\boldsymbol{f}$ 的线性变换称为**离散 Fourier 变换**，简称 **DFT**. 练习 6.1.18 曾给出了 F_4.

注意，矩阵 F_n 的逆十分容易计算.

命题 8.3.18　对 Fourier 矩阵 F_n，有 $nF_n^{-1}=\overline{F_n}=F_n^{\mathrm{H}}$.

证明留给读者. 易见，$\dfrac{1}{\sqrt{n}}F_n$ 是酉矩阵.

由于 Fourier 变换在实际应用中的广泛性，Fourier 矩阵与向量的乘法是一个需要频繁计算的问题. 先来看一个简单例子.

例 8.3.19　考虑 $F_4=\begin{bmatrix} 1 & 1 & 1 & 1 \\ 1 & \mathrm{i} & -1 & -\mathrm{i} \\ 1 & -1 & 1 & -1 \\ 1 & -\mathrm{i} & -1 & \mathrm{i} \end{bmatrix}$. 对任意向量 $\boldsymbol{a}=\begin{bmatrix} a_0 \\ a_1 \\ a_2 \\ a_3 \end{bmatrix}$，直接计算，有

$F_4\boldsymbol{a} = \begin{bmatrix} (a_0+a_2)+(a_1+a_3) \\ (a_0-a_2)-\mathrm{i}(a_1-a_3) \\ (a_0+a_2)-(a_1+a_3) \\ (a_0-a_2)+\mathrm{i}(a_1-a_3) \end{bmatrix}$. 可以看到，我们只需计算 $a_0 \pm a_2, a_1 \pm a_3$ 四次加法、与 $\pm\mathrm{i}$ 的两次乘法和之后的四次加法，共 10 次四则运算. 如果按普通的矩阵与向量的乘法计算，则需要 16 次乘法和 12 次加法，共 28 次四则运算. 这种想法可以推广到高阶 Fourier 矩阵吗? ☺

观察 F_4 不难发现，交换 F_4 的第二列和第三列后，有

$$F_4P_{2,3} = \begin{bmatrix} I_2 & D_2 \\ I_2 & -D_2 \end{bmatrix} \begin{bmatrix} F_2 & \\ & F_2 \end{bmatrix},$$

其中 $D_2 = \mathrm{diag}(1, \mathrm{i})$. 因此 F_4 与向量的计算，可以转换为 F_2 与向量的计算.

不难证明如下结论，留给读者.

定理 8.3.20 若 $D_n = \mathrm{diag}(1, \omega_{2n}, \cdots, \omega_{2n}^{n-1}), P_{2n} = \left[\boldsymbol{e}_1, \boldsymbol{e}_3, \cdots, \boldsymbol{e}_{2n-1}, \boldsymbol{e}_2, \boldsymbol{e}_4, \cdots, \boldsymbol{e}_{2n}\right]$ 是把单位矩阵的奇数列和偶数列分组按顺序排列得到的置换矩阵，则

$$F_{2n}P_{2n} = \begin{bmatrix} I_n & D_n \\ I_n & -D_n \end{bmatrix} \begin{bmatrix} F_n & \\ & F_n \end{bmatrix}.$$

注意 P_{2n} 是置换，不需要四则运算，而 D_n 是对角矩阵，计算矩阵向量乘法只需 n 次乘法. 因此定理 8.3.20 说明，求 $2n$ 维向量的离散 Fourier 变换，可以由其奇数项和偶数项分别组成的两个 n 维向量的离散 Fourier 变换经过简单计算得到. 利用这一思路，递归地计算 $n = 2^m$ 阶离散 Fourier 变换的算法，称为**快速 Fourier 变换**，简称 **FFT**[①]. 计算 n 阶离散 Fourier 变换时，快速 Fourier 变换只需约 $\dfrac{3}{2}n\log_2 n$ 次四则运算，远远快于普通乘法的 $n(2n-1)$ 次四则运算，大大减少了计算量，在谱分析、卷积计算、求解微分方程中得到了广泛应用.

快速 Fourier 变换在计算中有很多应用，参见练习 8.3.19 和阅读 8.3.20.

习题

练习 8.3.1 在 $\mathbb{C}[x]_n$ 中定义二元函数 $\langle f, g\rangle = \sum_{k=1}^{n} f(k)\overline{g(k)}$.

1. 证明，它定义了 $\mathbb{C}[x]_n$ 上的一个内积.
2. 当 $n = 3$ 时，求它的一组标准正交基.

① 这一算法也被认为是二十世纪对科学和工程领域产生最大影响力的十大算法之一.

练习 8.3.2 在具有标准内积的酉空间 $\mathbb{C}^3$ 中，设 $\boldsymbol{a}_1 = \begin{bmatrix} 1 \\ -1 \\ 1 \end{bmatrix}, \boldsymbol{a}_2 = \begin{bmatrix} 1 \\ 0 \\ \mathrm{i} \end{bmatrix}$，求与之线性等价的一个正交向量组.

练习 8.3.3 证明命题 8.3.9.

练习 8.3.4 证明命题 8.3.10.

练习 8.3.5 利用 Schur 分解证明命题 8.3.13.

练习 8.3.6 证明，酉矩阵的行列式的绝对值为 1；酉矩阵的特征值的绝对值为 1.

练习 8.3.7 设 f 是酉空间 $\mathcal{V}$ 上的 Hermite 变换，证明，对任意 $\boldsymbol{a} \in \mathcal{V}$，$\langle f(\boldsymbol{a}), \boldsymbol{a} \rangle$ 都是实数.

练习 8.3.8 如果矩阵的共轭转置等于其自身的负矩阵，那么该矩阵称为**反 Hermite 矩阵**或**斜 Hermite 矩阵**. 证明，反 Hermite 矩阵是正规矩阵，且其非零特征值都是纯虚数.

练习 8.3.9 如果一个 Hermite 矩阵的特征值都是正实数，则称其为**正定** Hermite 矩阵. 证明，二元函数 $\overline{\boldsymbol{b}}^{\mathrm{T}} A\boldsymbol{a}$ 定义了 $\mathbb{C}^n$ 上的一个内积，当且仅当 A 是正定 Hermite 矩阵.

练习 8.3.10 利用酉矩阵的酉相似标准形证明定理 8.2.18.

练习 8.3.11 判断以下矩阵是否为酉矩阵、Hermite 矩阵、反 Hermite 矩阵、正规矩阵，再计算谱分解.

1. $\begin{bmatrix} 0 & 1-\mathrm{i} \\ i+1 & 1 \end{bmatrix}$.
2. $\begin{bmatrix} 2 & 1+\mathrm{i} \\ \mathrm{i}-1 & 3 \end{bmatrix}$.
3. $\dfrac{1}{\sqrt{3}} \begin{bmatrix} 1 & 1-\mathrm{i} \\ 1+\mathrm{i} & -1 \end{bmatrix}$.
4. $\begin{bmatrix} 0 & \mathrm{i} & 0 \\ 0 & 0 & \mathrm{i} \\ \mathrm{i} & 0 & 0 \end{bmatrix}$.
5. $A = \begin{bmatrix} \mathrm{i} & 1 & \mathrm{i} \\ 1 & \mathrm{i} & 1 \end{bmatrix}$，考虑 $A^{\mathrm{H}}A$ 和 AA^{H}.

练习 8.3.12 证明或举出反例.

1. 既是 Hermite 矩阵又是酉矩阵的矩阵是对角阵.
2. 如果 H 是 Hermite 矩阵，则 $\mathrm{i}H$ 是反 Hermite 矩阵.
3. 如果 A 是 n 阶实方阵，则 $A + \mathrm{i}I_n$ 可逆.
4. 如果 A 是 n 阶酉矩阵，则 $A + \mathrm{i}I_n$ 可逆.
5. Hermite 矩阵的行列式是实数.
6. 反 Hermite 矩阵的行列式是纯虚数.

练习 8.3.13 给定 n 阶实方阵 A, B，我们考虑复矩阵 $A + \mathrm{i}B$ 和实矩阵 $\begin{bmatrix} A & -B \\ B & A \end{bmatrix}$ 的关系.

1. 证明 $A + \mathrm{i}B$ 是 Hermite 矩阵当且仅当 $\begin{bmatrix} A & -B \\ B & A \end{bmatrix}$ 是实对称矩阵.
2. 证明 $A + \mathrm{i}B$ 是酉矩阵当且仅当 $\begin{bmatrix} A & -B \\ B & A \end{bmatrix}$ 是正交矩阵.

3. 证明对 n 维实向量 $\boldsymbol{v},\boldsymbol{w}$ 和实数 a,b，我们有 $(A+\mathrm{i}B)(\boldsymbol{v}+\mathrm{i}\boldsymbol{w})=(\boldsymbol{v}+\mathrm{i}\boldsymbol{w})(a+\mathrm{i}b)$ 当且仅当 $\begin{bmatrix}A & -B\\ B & A\end{bmatrix}\begin{bmatrix}\boldsymbol{v} & -\boldsymbol{w}\\ \boldsymbol{w} & \boldsymbol{v}\end{bmatrix}=\begin{bmatrix}\boldsymbol{v} & -\boldsymbol{w}\\ \boldsymbol{w} & \boldsymbol{v}\end{bmatrix}\begin{bmatrix}a & -b\\ b & a\end{bmatrix}$.

4. 证明 $(A_1+\mathrm{i}B_1)(A_2+\mathrm{i}B_2)=A_3+\mathrm{i}B_3$ 当且仅当 $\begin{bmatrix}A_1 & -B_1\\ B_1 & A_1\end{bmatrix}\begin{bmatrix}A_2 & -B_2\\ B_2 & A_2\end{bmatrix}=\begin{bmatrix}A_3 & -B_3\\ B_3 & A_3\end{bmatrix}$，其中 $A_i,B_i,\ i=1,2,3$ 是 n 阶实方阵.

5. $\mathrm{trace}(A+\mathrm{i}B)$ 和 $\mathrm{trace}\left(\begin{bmatrix}A & -B\\ B & A\end{bmatrix}\right)$ 有何关系？$\det(A+\mathrm{i}B)$ 和 $\det\left(\begin{bmatrix}A & -B\\ B & A\end{bmatrix}\right)$ 如何？

6. 求可逆矩阵 C 使得矩阵 $\begin{bmatrix}A+\mathrm{i}B & O\\ O & A-\mathrm{i}B\end{bmatrix}=C\begin{bmatrix}A & -B\\ B & A\end{bmatrix}C^{-1}$.

注意：因此两矩阵相似.

练习 8.3.14 考虑酉矩阵 $U=\begin{bmatrix}a & b\\ c & d\end{bmatrix}$，其中 $a,b,c,d\in\mathbb{C}$.

1. 证明存在 $\phi\in\mathbb{R}$ 使得 $c=-\mathrm{e}^{\mathrm{i}\phi}\overline{b},d=\mathrm{e}^{\mathrm{i}\phi}\overline{a}$. 计算 $\det(U)$，将结果用 ϕ 表示.

2. 由 $|a|^2+|b|^2=1$ 可设 $|a|=\cos\theta,|b|=\sin\theta$，其中 $\theta\in\mathbb{R}$. 求 $\phi_1,\phi_2\in\mathbb{R}$ 满足 $U=\mathrm{e}^{\mathrm{i}\frac{\phi}{2}}\begin{bmatrix}\mathrm{e}^{\mathrm{i}\phi_1}\cos\theta & \mathrm{e}^{\mathrm{i}\phi_2}\sin\theta\\ -\mathrm{e}^{-\mathrm{i}\phi_2}\sin\theta & \mathrm{e}^{-\mathrm{i}\phi_1}\cos\theta\end{bmatrix}$.

注意：这说明一个二阶酉矩阵被四个实系数 $\phi,\phi_1,\phi_2,\theta$ 决定.

3. 求 $\psi_1,\psi_2\in\mathbb{R}$，使得 $U=\mathrm{e}^{\mathrm{i}\frac{\phi}{2}}D_1R_\theta D_2$，其中 R_θ 是旋转矩阵 $\begin{bmatrix}\cos\theta & \sin\theta\\ -\sin\theta & \cos\theta\end{bmatrix}$，而 $D_j=\begin{bmatrix}\mathrm{e}^{\mathrm{i}\psi_j} & 0\\ 0 & \mathrm{e}^{-\mathrm{i}\psi_j}\end{bmatrix}$.

注意：这也说明一个二阶酉矩阵被四个实系数 $\phi,\psi_1,\psi_2,\theta$ 决定.

练习 8.3.15 设 n 阶酉矩阵 A 满足 $A=A^{\mathrm{T}}$（A 未必是 Hermite 矩阵）.

1. 证明 $\overline{A}=A^{-1}$ 是 A 的逆矩阵.
2. 证明 A 的每个特征值都有实特征向量.
3. 证明存在对角阵 D 和（实）正交矩阵 P，使得 $A=PDP^{-1}$.

注意 $\frac{1}{\sqrt{n}}F_n$ 就满足条件，其中 F_n 是 n 阶 Fourier 矩阵.

练习 8.3.16 给定 n 阶 Fourier 矩阵 F_n，计算 $\det(F_n)$ 和 F_n^2.

练习 8.3.17 证明命题 8.3.18.

练习 8.3.18 证明定理 8.3.20.

练习 8.3.19 对任意复数 $c_1,c_2,\cdots,c_n$，形如 $\begin{bmatrix}c_0 & c_1 & \cdots & c_{n-2} & c_{n-1}\\ c_{n-1} & c_0 & c_1 & & c_{n-2}\\ \vdots & c_{n-1} & c_0 & \ddots & \vdots\\ c_2 & & \ddots & \ddots & c_1\\ c_1 & c_2 & \cdots & c_{n-1} & c_0\end{bmatrix}$ 的方阵称为**循环矩阵**.

1. 证明，对任意 n 阶循环矩阵 C，$F_n^{-1}CF_n$ 是对角矩阵，其中 F_n 是 n 阶 Fourier 矩阵.
2. 设计一个计算 Cx，其中 C 为循环矩阵的快速算法.
3. 设计一个求解 $Cx=b$，其中 C 为循环矩阵的快速算法.

阅读 8.3.20 (Toeplitz 矩阵)　给定数 $c_{1-n},\cdots,c_{-2},c_{-1},c_0,c_1,c_2,\cdots,c_{n-1}$，矩阵 $T=\begin{bmatrix}t_{ij}\end{bmatrix}_{n\times n}$，其中 $t_{ij}=c_{i-j}$，称为 **Toeplitz 矩阵**. 换言之，形如 $\begin{bmatrix}c_0 & c_1 & \cdots & c_{n-2} & c_{n-1}\\ c_{-1} & c_0 & c_1 & & c_{n-2}\\ \vdots & c_{-1} & c_0 & \ddots & \vdots\\ c_{2-n} & & \ddots & \ddots & c_1\\ c_{1-n} & c_{2-n} & \cdots & c_{-1} & c_0\end{bmatrix}$ 的方阵称为 Toeplitz 矩阵. 例 1.4.6 中的差分矩阵、练习 6.1.19 中的二阶差分矩阵、循环矩阵、Jordan 块，都是 Toeplitz 矩阵.

Toeplitz 矩阵与向量的乘法也可以利用快速 Fourier 变换来计算.

首先扩展矩阵 T 来得到循环矩阵. 不难得到第一行为 $\begin{bmatrix}c_0 & \cdots & c_{n-1} & c_{1-n} & \cdots & c_{-1}\end{bmatrix}$ 的循环矩阵 $C=\begin{bmatrix}T & *\\ * & *\end{bmatrix}$. 注意到 $\begin{bmatrix}T & *\\ * & *\end{bmatrix}\begin{bmatrix}\boldsymbol{v}\\ \boldsymbol{0}\end{bmatrix}=\begin{bmatrix}T\boldsymbol{v}\\ *\end{bmatrix}$，因此计算 $T\boldsymbol{v}$ 时，只需将 n 维向量 $\boldsymbol{v}$ 扩展成 $2n$ 维向量 $\begin{bmatrix}\boldsymbol{v}\\ \boldsymbol{0}\end{bmatrix}$，然后计算 $C\begin{bmatrix}\boldsymbol{v}\\ \boldsymbol{0}\end{bmatrix}$，其结果的前 n 个元素组成的向量即为所求. 由于 C 是循环矩阵，我们可以利用快速 Fourier 变换来迅速得到结果.

阅读 8.3.21 (实 Schur 分解)　给定 $\mathbb{R}$ 上 n 阶方阵 A，则存在正交矩阵 Q，使得

$$Q^{\mathrm{T}}AQ=T=\begin{bmatrix}T_{11} & T_{12} & \cdots & T_{1r}\\ & T_{22} & \ddots & \vdots\\ & & \ddots & T_{r-1,r}\\ & & & T_{rr}\end{bmatrix},$$

其中 T_{ii} 或者是一阶实矩阵，或者是二阶实矩阵且其特征多项式的两个零点是一对共轭复数. 并且通过对 Q 的选取，可以实现对对角块 T_{ii} 的任意排列.

分解 $A=QTQ^{\mathrm{T}}$ 称为 A 的**实 Schur 分解**.

证　采用数学归纳法. $n=1$ 时，显然. 假设任意不超过 $n-1$ 阶实矩阵都有如上分解，观察 n 阶实矩阵.

如果 A 存在实特征值 λ_1，则存在实特征向量 $\boldsymbol{q}_1$，$\|\boldsymbol{q}_1\|=1$. 把 $\boldsymbol{q}_1$ 扩充成 $\mathbb{R}^n$ 的一组标准正交基 $\boldsymbol{q}_1,\boldsymbol{q}_2,\cdots,\boldsymbol{q}_n$. 记 $Q_1=\begin{bmatrix}\boldsymbol{q}_1 & \boldsymbol{q}_2 & \cdots & \boldsymbol{q}_n\end{bmatrix}=\begin{bmatrix}\boldsymbol{q}_1 & Q_{12}\end{bmatrix}$. 于是

$$Q_1^{\mathrm{T}}AQ_1=\begin{bmatrix}\boldsymbol{q}_1^{\mathrm{T}}A\boldsymbol{q}_1 & \boldsymbol{q}_1^{\mathrm{T}}AQ_{12}\\ Q_{12}^{\mathrm{T}}A\boldsymbol{q}_1 & Q_{12}^{\mathrm{T}}AQ_{12}\end{bmatrix}=\begin{bmatrix}\lambda_1\boldsymbol{q}_1^{\mathrm{T}}\boldsymbol{q}_1 & \boldsymbol{q}_1^{\mathrm{T}}AQ_{12}\\ \lambda_1Q_{12}^{\mathrm{T}}\boldsymbol{q}_1 & Q_{12}^{\mathrm{T}}AQ_{12}\end{bmatrix}=\begin{bmatrix}\lambda_1 & \boldsymbol{q}_1^{\mathrm{T}}AQ_{12}\\ \boldsymbol{0} & Q_{12}^{\mathrm{T}}AQ_{12}\end{bmatrix}.$$

注意 $Q_{12}^{\mathrm{T}}AQ_{12}$ 是 $n-1$ 阶实矩阵，根据归纳假设，存在正交矩阵 Q_2 和分块上三角矩阵 T_2，使得 $Q_{12}^{\mathrm{T}}AQ_{12}=Q_2T_2Q_2^{\mathrm{T}}$，其中 T_2 的对角块只有如命题所列的两种. 因此

$$A=Q_1\begin{bmatrix}\lambda & *\\ \boldsymbol{0} & Q_2\varLambda_2Q_2^{\mathrm{T}}\end{bmatrix}Q_1^{\mathrm{T}}=Q_1\begin{bmatrix}1 & \boldsymbol{0}^{\mathrm{T}}\\ \boldsymbol{0} & Q_2\end{bmatrix}\begin{bmatrix}\lambda_1 & *\\ \boldsymbol{0} & \varLambda_2\end{bmatrix}\begin{bmatrix}1 & \boldsymbol{0}^{\mathrm{T}}\\ \boldsymbol{0} & Q_2\end{bmatrix}^{\mathrm{T}}Q_1^{\mathrm{T}}.$$

记 $Q=Q_1\begin{bmatrix}1 & \mathbf{0}^{\mathrm{T}}\\ \mathbf{0} & Q_2\end{bmatrix}, T=\begin{bmatrix}\lambda_1 & *\\ \mathbf{0} & T_2\end{bmatrix}$，则 Q 是正交矩阵，T 是满足条件的块上三角矩阵，而 $A=QTQ^{\mathrm{T}}$.

如果 A 的特征多项式有虚数零点 $\alpha+\mathrm{i}\beta,\beta\neq 0$，事实上它是 A 看作 $\mathbb{C}$ 上矩阵时的特征值，记属于它的一个特征向量为 $\boldsymbol{x}+\mathrm{i}\boldsymbol{y}$. 由 $A(\boldsymbol{x}+\mathrm{i}\boldsymbol{y})=(\alpha+\mathrm{i}\beta)(\boldsymbol{x}+\mathrm{i}\boldsymbol{y})$ 可知，$A(\boldsymbol{x}-\mathrm{i}\boldsymbol{y})=(\alpha-\mathrm{i}\beta)(\boldsymbol{x}-\mathrm{i}\boldsymbol{y})$，即 $(\alpha-\mathrm{i}\beta,\boldsymbol{x}-\mathrm{i}\boldsymbol{y})$ 也是 A 的一个特征对. 易知 $\boldsymbol{x},\boldsymbol{y}$ 线性无关，且 $A\begin{bmatrix}\boldsymbol{x} & \boldsymbol{y}\end{bmatrix}=\begin{bmatrix}\boldsymbol{x} & \boldsymbol{y}\end{bmatrix}\begin{bmatrix}\alpha & \beta\\ -\beta & \alpha\end{bmatrix}$.
令 $\begin{bmatrix}\boldsymbol{x} & \boldsymbol{y}\end{bmatrix}=\begin{bmatrix}\boldsymbol{q}_1 & \boldsymbol{q}_2\end{bmatrix}R_1$ 是简化 QR 分解. 将 $\boldsymbol{q}_1,\boldsymbol{q}_2$ 扩充成一组标准正交基 $\boldsymbol{q}_1,\boldsymbol{q}_2,\cdots,\boldsymbol{q}_n$. 记 $Q_1=\begin{bmatrix}Q_{11} & Q_{12}\end{bmatrix}$，其中 $Q_{11}=\begin{bmatrix}\boldsymbol{q}_1 & \boldsymbol{q}_2\end{bmatrix}, Q_{12}=\begin{bmatrix}\boldsymbol{q}_3 & \cdots & \boldsymbol{q}_n\end{bmatrix}$. 那么 $AQ_{11}=A\begin{bmatrix}\boldsymbol{x} & \boldsymbol{y}\end{bmatrix}R^{-1}=\begin{bmatrix}\boldsymbol{x} & \boldsymbol{y}\end{bmatrix}\begin{bmatrix}\alpha & \beta\\ -\beta & \alpha\end{bmatrix}R^{-1}=Q_{11}R\begin{bmatrix}\alpha & \beta\\ -\beta & \alpha\end{bmatrix}R^{-1}=:Q_{11}T_{11}$. 而

$$Q_1^{\mathrm{T}}AQ_1=\begin{bmatrix}Q_{11}^{\mathrm{T}}AQ_{11} & Q_{11}^{\mathrm{T}}AQ_{12}\\ Q_{12}^{\mathrm{T}}AQ_{11} & Q_{12}^{\mathrm{T}}AQ_{12}\end{bmatrix}=\begin{bmatrix}Q_{11}^{\mathrm{T}}Q_{11}T_{11} & Q_{11}^{\mathrm{T}}AQ_{12}\\ Q_{12}^{\mathrm{T}}Q_{11}T_{11} & Q_{12}^{\mathrm{T}}AQ_{12}\end{bmatrix}=\begin{bmatrix}T_{11} & Q_{11}^{\mathrm{T}}AQ_{12}\\ O & Q_{12}^{\mathrm{T}}AQ_{12}\end{bmatrix}.$$

类似前一种情形，利用 $n-2$ 时的归纳假设，即得结论.

综上，原命题对任意 n 成立. □

练习 8.2.13 中定义了实正规矩阵，即如果 $AA^{\mathrm{T}}=A^{\mathrm{T}}A$，则 A 正规. 类似于定理 8.3.15，有如下结论：实矩阵 A 是正规矩阵，当且仅当存在正交矩阵 Q 和块对角矩阵 T，使得 $Q^{\mathrm{T}}AQ=T$，其中 T 的对角块或者是一阶实矩阵，或者是形如 $\begin{bmatrix}\alpha & \beta\\ -\beta & \alpha\end{bmatrix}$ 的二阶实矩阵.

由此立得定理 8.2.18.

类似于 Schur 分解，针对实矩阵的特征值问题，Francis 算法就是在计算矩阵的实 Schur 分解.

名词索引

伴随变换 adjoint (transformation), 297
伴随映射 adjoint (mapping), 297, 306
半单 semi-simple, 202
半负定 negative semidefinite, 229
半正定 positive semidefinite, 228
包含 contain, 8
倍乘变换, 38, 39
倍乘矩阵, 66
倍加变换, 38, 39
倍加矩阵, 66
必要条件 necessary condition, 7
变换 transformation, 13
变积系数, 164
标准基 standard basis, 98
标准内积 standard inner product, 287, 288, 306
标准形 canonical form, 72
标准正交基 orthonormal basis, 133, 289
标准坐标向量 standard unit vectors, 22, 27
标准坐标向量组 standard unit vectors, → 标准坐标向量
表示矩阵 matrix, 30
并（集） union, 8
补（集） complement, 8
补矩阵 adjugate matrix, 180
不变量 invariant, 72
不定 indefinite, 229
不属于 not belong to, 8

Cauchy-Bunyakovsky-Schwarz 不等式 Cauchy-Bunyakovsky-Schwarz inequality, → Cauchy-Schwarz 不等式
Cauchy-Schwarz 不等式 Cauchy-Schwarz inequality, 131, 288, 306
Cauchy 不等式 Cauchy inequality, → Cauchy-Schwarz 不等式
Chebyshev 多项式 Chebyshev polynomials, 291
Cholesky 分解 Cholesky factorization, 228
Cramer 法则 Cramer's rule, 180
采样 sampling, 155
叉积 cross product, 26
插值 interpolation, 171
差（集） difference, 8
超平面 hyperplane, 48
乘法 multiplication, 262
充分必要条件 sufficient and necessary condition, 7
充分条件 sufficient condition, 7
初等变换 elementary transformation, 38
初等矩阵 elementary matrix, 65
初等行（列）变换 elementary transformation, 39
垂直 perpendicular, 132
存在量词 existential quantifier, 7
错切变换 shearing, 24

DFT, → 离散 Fourier 变换
代数学基本定理 fundamental theorem of algebra, 190
代数余子式 cofactor, 177
代数重数 algebraic multiplicity, 195
单 simple, 195
单射 injection, 13
单位化（向量） unitization, 131
单位矩阵 identity matrix, → 恒同矩阵
单位上（下）三角矩阵 unit upper(lower) triangular matrix, 33
单位向量 unit vector, 131

当且仅当 if and only if, 7
导出方程组 induced equations, 121
等价 equivalent, 7
等价变换 equivalence transformation, 72
等价关系 equivalence relation, 72
等价类 equivalence class, 72
第二数学归纳法 the second mathematical induction, 10
第一数学归纳法 the first mathematical induction, 10
点积 dot product, → 内积
点空间 point space, 47
定义域 domain, 13
度量矩阵 Gram matrix, 292
对称 symmetry, 131
对称变换 symmetric transformation, 298
对称矩阵 symmetric matrix, 52
对换 transposition, 182
对换变换, 38, 39
对换变换 transposition, 23
对换矩阵, 65
对角矩阵 diagonal matrix, 33
对角占优矩阵 diagonally dominant matrix, 70
对偶空间 dual space, 285

Euclid 空间 Euclidean space, → 欧氏空间
Euler 公式 Euler formula, 124
二次型 quadratic form, 231
二维 Haar 小波基 Haar wavelet bases, 139
二元复值函数, 287
二元实值函数, 287

FFT, → 快速 Fourier 变换
Fourier 变换 Fourier transformation, 295, 311
Fourier 级数 Fourier series, 310
Fourier 矩阵 Fourier matrix, 312
Fourier 系数 Fourier coefficient, 310
Fredholm 二择一定理 Fredholm Alternative Theorem, 127
Frobenius 范数 Frobenius norm, 242
法向量 normal vector, 47, 135
樊𤅷迹定理 Ky Fan trace theorem, 244
反 Hermite 矩阵 skew-Hermitian matrix, 314
反对称矩阵 skew-symmetric matrix, 52
反射变换 reflection, 23
反证法 proof by contradiction, 9
范数 norm, 288, 304
方阵 square matrix, 31
仿射变换 affine transformation, 86
非零解 nonzero solution, 44
非零行 nonzero row, 40
非平凡 nontrivial, 95
非平凡解 nontrivial solution, 44
非奇异矩阵 nonsingular matrix, → 可逆矩阵
非齐次 inhomogeneous, 44
分块对角矩阵 block diagonal matrix, 78
分量 entry, 17
复合 composition, 13, 262
复内积空间 complex inner product space, → 酉空间
负定 negative definite, 229
负惯性指数 negative index of inertia, 230
负矩阵 opposite matrix, 50
负向量 opposite vector, 19
负元素 opposite vector, 246

Gauss-Jordan 消元法 Gauss-Jordan elimination, 42
Gauss 消元法 Gauss elimination, 42
Gershgorin 圆盘定理 Gershgorin disc theorem, 195
Givens 变换 Givens transformation, 141
Gram-Schmidt 正交化 Gram-Schmidt process, 134
Gram 矩阵 Gram matrix, 149, → 度量矩阵
共轭 conjugate, 190
共轭映射 conjugate mapping, 297, 306
共线 colinear, 106
勾股定理 Pythagoras' theorem, 132
关联矩阵 incident matrix, 99
惯量 inertia, 231
惯性指数 inertia, 231
广义逆 generalized inverse, → Moore-Penrose 广义逆
过渡矩阵 transition matrix, 270

Hadamard 不等式 Hadamard inequality, 175, 233
Hadamard 猜想 Hadamard conjecture, 147
Hadamard 矩阵 Hadamard matrix, 147
Hamilton-Cayley 定理 Hamilton-Cayley theorem, 210
Heisenberg 不确定性原理 Heisenberg's Uncertainty Principle, 304
Hermite 矩阵 Hermitian matrix, 307
Hesse 矩阵 Hessian, 232
Hilbert 矩阵 Hilbert matrix, 173
Householder 变换 Householder transformation, 142
行（向量）空间 row space, 115
行简化阶梯形矩阵 row reduced echelon matrix, 41
行列式 determinant, 165
行列式函数 determinant function, 165
行满秩 row full rank, 116
行向量 row (vector), 29
合同 congruent, 229
合同变换 congruent transformation, 229
合同标准形, 230
和 sum, 103, 249
核 kernel, 262
恒同变换 identity map, 14, 21
恒同矩阵 identity matrix, 33
化零多项式 annihilating polynomial, 198
回代法 backward substitution, 34, 42

Jordan 标准形 Jordan canonical form, 211
Jordan 分解 Jordan decomposition, 211
Jordan 块 Jordan block, 203
Jordan 链 Jordan chain, 216
基 basis, 98, 256
迹 trace, 63, 196
极大线性无关部分组, 104, 254
极分解 polar decomposition, 244
集合 set, 7
几何重数 geometric multiplicity, 201
加法 addition, 246, 261
夹角 angle, 132
假命题 false proposition, 7
减法 substraction, 19, 49, 50
简化 QR 分解 reduced QR decomposition, 146
简化奇异值分解 reduced singular value decomposition, 236
交 intersection, 103, 249
交（集） intersection, → 交
阶梯数, 40
阶梯形矩阵 echelon matrix, 40
截断 SVD truncated SVD, 239
结论 conclusion, 7
解空间 solution space, 96
矩阵 matrix, 4, 29, 275, 280
距离 distance, 131, 288

Kirchhoff 电流定律 Kirchhoff Current Law, 125
Kirchhoff 电压定律 Kirchhoff Voltage Law, 100
Kronecker 符号 Kronecker symbol, 289
可对角化 diagonalizable, 200
可加性 additivity, 1
可交换 commutable, 56
可逆 invertable, 14
可逆矩阵 invertable matrix, 67
空集合 empty set, 8
快速 Fourier 变换 Fast Fourier Transform, 313
亏损 defective, 202

LDL^T 分解 LDL^T factorization, 90
LDU 分解 LDU factorization, 90
Legendre 多项式 Legendre polynomials, 291
LU 分解 LU factorization, 88
离散 Fourier 变换 discretized Fourier transformation, 226, 312
连通 connected, 124
量词 quantifier, 7
列（向量）空间 column space, 96
列满秩 column full rank, 116
列向量 column (vector), 29
列正交矩阵 column orthogonal matrix, 144
邻接矩阵 adjacent matrix, 64

零解 zero solution, 44
零矩阵 zero matrix, 50
零空间 null space, 96
零向量 zero vector, 19
零行 zero row, 40
零映射 zero map, 49
零元素 zero vector, 246

Moore-Penrose 广义逆 Moore-Penrose generalized inverse, 237
满射 surjection, 13
满秩 full rank, 116
满秩分解 rank decomposition, 120
矛盾 contradition, 9
命题 proposition, 7

n 维线性空间, → 维数
内积 inner product, 30, 131, 287, 305
能量函数 energy function, 221
逆（矩阵） inverse, 67
逆（映射） inverse (map), 14

Ohm 定律 Ohm's Law, 123
欧氏空间 Euclidean space, 287
偶排列 even permutation, 182

Pascal 矩阵 Pascal matrix, 89
Pauli 矩阵 Pauli matrix, 215
PLU 分解 PLU factorization, 91
排列 permutation, → 置换
陪域 codomain, 13
偏导数 partial derivative, 175
频域 frequency domain, 311
平凡 trivial, 95
平凡解 trivial solution, 44
谱 spectrum, 200
谱范数 spectral norm, 237
谱分解 spectral decomposition, 200, 220, 309

QR 分解 QR decomposition, 143, 146
奇排列 odd permutation, 182
奇异矩阵 singular matrix, 67
奇异值 singular value, 235
奇异值分解 singular value decomposition, 235
齐次 homogeneous, 44
齐次性 homogeneity, 1
前代法 forward substitution, 34
全称量词 universal quantifier, 7

Rayleigh 商 Rayleigh quotient, 221
Riesz 表示定理 Riesz Representation Theorem, 137
弱对角占优矩阵 weakly diagonally dominant matrix, 75

Schur 补 Schur complement, 81
Schur 分解 Schur decomposition, 308
Sherman-Morrison 公式 Sherman-Morrison formula, → Sherman-Morrison-Woodbury 公式
Sherman-Morrison-Woodbury 公式 Sherman-Morrison-Woodbury formula, 81
SVD, → 奇异值分解
Sylvester 方程 Sylvester equation, 199
三对角矩阵 tridiagonal matrix, 47
三角不等式 triangular inequality, 132, 289
上三角矩阵 upper triangular matrix, 33
伸缩变换 compression, 23
生成 span, 96, 253
生成向量 spanning set, 96
实 Schur 分解 real Schur decomposition, 302, 316
实内积空间 real inner product space, → 欧氏空间
实相似标准形, 301
时域 time domain, 311
属于 belong to, 8
数乘 scalar multiplication, 18, 246, 261
数据拟合 data fitting, 156
数量矩阵 scalar matrix, 57
数学归纳法 mathematical induction, 10
数域 number field, 246
双射 bijection, 13
双线性 bilinearity, 131
顺序主子式 leading principal minor, 175, 227
顺序主子阵 leading principal submatrix, 88

随机矩阵 stochastic matrix, Markov matrix, 205
随机游走 random walk, 204

Toeplitz 矩阵 Toeplitz matrix, 316
特解 particular solution, 121
特征对 eigenpair, 191, 262
特征多项式 characteristic polynomial, 192
特征向量 eigenvector, 191, 262
特征值 eigenvalue, 191, 262
特征子空间 eigenspace, 192, 262
梯度 gradient, 232
条件 condition, 7
通解 general solution, 40
同构 isomorphic, 264
同构映射 isomorphism, 264
同时对角化 simultaneously diagonalizable, 213
投影变换 projection, 24

Vandermonde 矩阵 Vandermonde matrix, 171
Vieta 定理 Vieta's formulae, 190

维数 dimension, 109, 256, 287, 306
稳定矩阵 stable matrix, 284
无限维线性空间 infinite dimensional space, 256

系数矩阵 coefficient matrix, 37
瑕旋转 improper rotation, 304
下三角矩阵 lower triangular matrix, 33
线性变换 linear transformation, 21, 262
线性表示 linear expressed, 27, 104, 253
线性等价 linearly equivalent, 106, 256
线性函数 linear function, 25, 285
线性空间 linear space, 4, 18, 247
线性无关 linearly independent, 97, 253
线性系统 linear system, 1, 16
线性相关 linearly dependent, 97, 253
线性映射 linear map, 4, 20, 260
线性运算 linear operation, 18
线性组合 linear combination, 27, 253
相等 equal, 8, 17, 29
相抵, 117
相抵标准形, 117
相似 similar, 208
相似变换 similar transformation, 209
相似标准形, 209
像 image, 13
像集 range, image (set), 13, 262
向后差分 backward difference (transformation), 52
向后差分矩阵 backward difference matrix, 52
向量 vector, 4, 17, 247
向量加法 vector addition, 18
向量空间 vector space, → 线性空间, 247
向前差分 forward difference (transformation), 50
向前差分矩阵 forward difference matrix, 51
斜 Hermite 矩阵 skew-Hermitian matrix, → 反 Hermite 矩阵
斜对称矩阵 skew-symmetric matrix, → 反对称矩阵
斜投影 oblique projection (transformation), 161
斜投影矩阵 oblique projection matrix, 161
旋转变换 rotation, 22
循环矩阵 circulant matrix, 315

严格上（下）三角矩阵 strictly upper(lower) triangular matrix, 33
一般解 general solution, → 通解
映射 map, 13
友矩阵 companion matrix, 197
有限维线性空间 finite dimensional space, 256
酉变换 unitary transformation, 307
酉矩阵 unitary matrix, 307
酉空间 unitary space, 305
酉相似 unitarily similar, 308
右奇异向量 right singular vector, 235
余子式 minor, 177
元素 element, 7
原像 preimage, 13
蕴涵 imply, 7

增广矩阵 augmented matrix, 38
长度 length, 131, 288

真命题 true proposition, 7
真子集 proper subset, 8
正定 positive definite, 227, 228, 314
正定 positive definiteness, 131
正惯性指数 positive index of inertia, 230
正规变换 normal transformation, 305, 307
正规矩阵 normal matrix, 305, 307
正交 orthogonal, 132, 151, 289, 306
正交变换 orthogonal transformation, 300
正交补 orthogonal complement, 151, 293
正交单位向量组 orthogonal unit vectors, 133, 289
正交化方法 orthogonalization method, 157
正交基 orthogonal basis, 133, 289
正交矩阵 orthogonal matrix, 140
正交投影 orthogonal projection, 132
正交投影 orthogonal projection, 153, 294
正交投影（变换） orthogonal projection transformation, 153, 294
正交投影矩阵 orthogonal projection matrix, 154
正交相似 orthogonally similar, 221
正交相似变换 orthogonally similar transformation, 221
正交向量组 orthogonal vectors, 133, 289
正则化方法 normal equation method, 157
值域 range, → 像集
直和 direct sum, 250
秩 rank, 108, 112, 256
秩一分解 rank-1 decomposition, 120
置换 permutation, 181
置换矩阵 permutation matrix, 69
重数 multiplicity, 190, 195
主变量 pivot variables, 40
主成分 principal component, 241
主成分分析 principal component analysis, 241
主列 pivot column, 40
主元 pivot, 40
主子式 principal minor, 186
主子阵 principal submatrix, 186
转置 transpose, 52
自伴变换 self-adjoint transformation, 298, 307
自同构 automorphism, 264
自由变量 free variables, 40
自由列 free column, 40
子集 subset, 8
子空间 subspace, 95, 248
最小二乘 least squares, 156
最小二乘解 LS solution, 156
左零空间 left nullspace, 123
左奇异向量 left singular vector, 235
左相抵, 71
左相抵标准形, 71
坐标 coordinate, 17, 267

人名表

Bunyakovsky (Буняковский) 布尼雅科夫斯基, 288

Cauchy 柯西, 131, 288, 306
Cayley 凯莱, 210
Chebyshev (Чебышёв) 切比雪夫，车贝晓夫, 291
Cholesky 乔列斯基，晓列斯基, 228
Cramer 克莱姆, 180

De Morgan 德 · 摩根, 9, 159

Euclid (Εὐκλείδης) 欧几里得, 287
Euler 欧拉, 124

Fan, Ky 樊𰋀, 244
Fibonacci 斐波那契, 51, 204
Fourier 傅里叶，富里埃, 226, 295, 310
Francis 弗朗西斯, 196
Fredholm 弗雷德霍姆, 127
Frobenius 弗罗贝尼乌斯, 242

Gauss (Gauß) 高斯, 42
Gershgorin (Гершгорин) 格什戈林, 195
Givens 吉文斯, 141
Gram 格拉姆, 134, 149

Haar 哈尔, 139
Hadamard 阿达马, 147, 175
Hamilton 哈密顿, 210
Heisenberg 海森伯，海森伯格, 304
Hermite 埃尔米特，厄密特, 307
Hesse 黑塞, 232
Hessenberg 黑森伯格, 184
Hooke 胡克, 58
Householder 豪斯霍尔德, 142

Jordan 若尔当, 42, 203, 210

Kirchhoff 基希霍夫, 1, 100, 125
Kronecker 克罗内克, 289

Laplace 拉普拉斯, 103
Legendre 勒让德, 291

Moore 摩尔, 237
Morrison 莫里森, 81

Newton 牛顿, 1, 211, 223

Ohm 欧姆, 123

Pascal 帕斯卡, 89
Pauli 泡利, 215
Penrose 彭罗斯, 237
Pythagoras (Πυθαγόρας ὁ Σάμιος) 毕达哥拉斯, 132

Rayleigh 瑞利, 221
Riesz 里斯, 137

Schmidt 施密特, 134
Schur 舒尔, 81, 302
Schwarz 施瓦茨, 131, 288, 306
Sherman 舍曼, 81
Sylvester 西尔维斯特, 199

Taylor 泰勒, 269, 286
Toeplitz 特普利茨, 316

Vandermonde 范德蒙德, 171
Venn 威恩，文氏, 9
Vieta (Viète) 韦达, 190

Woodbury 伍德伯里, 81

符号表

$:=$, $=:$, 18
$\cdot!$, 70
$\cdot^*$, 297
$\cdot^+$, 237
$\cdot^{\mathrm{H}}$, 306
$\cdot^{\mathrm{T}}$, 52
$\circ$, 13
$\|\cdot\|$, 131, 237, 304
$\|\cdot\|_{\mathrm{F}}$, 242
$\oplus$, 250
$\overline{\cdot}$, 191
$\perp$, 132, 151
$\prod$, 171
$\sum$, 54

$\mathbb{C}$, 8, 16
C_a^b, 89

$\det(\cdot)$, 165
$\mathrm{diag}(\cdot)$, 33
$\dim\cdot$, 109, 256

$\mathrm{Hom}(\cdot,\cdot)$, 260

id, 14

$\mathbb{N}$, 8, 16
$\mathcal{N}(\cdot)$, 94, 262

$\mathbb{Q}$, 8, 16

$\mathbb{R}$, 8, 16
$\mathcal{R}(\cdot)$, 94, 262
$\mathrm{rank}(\cdot)$, 108, 112, 256
$\mathrm{rref}(\cdot)$, 41

$\mathrm{sign}(\cdot)$, 182
$\mathrm{span}(\cdot)$, 96

$\mathrm{trace}(\cdot)$, 196

$\mathbb{Z}$, 8, 16